Forschungsberichte des
Landesmuseums für Vorgeschichte Halle
Band 9 | 2017

Beständig ist nur der Wandel!

*Die Rekonstruktion der Besiedelungsgeschichte Europas
während des Neolithikums mittels paläo- und
populationsgenetischer Verfahren*

GUIDO BRANDT

Forschungsberichte des
Landesmuseums für Vorgeschichte Halle

Band 9 | 2017

Beständig ist nur der Wandel!

Die Rekonstruktion der Besiedelungsgeschichte Europas während des Neolithikums mittels paläo- und populationsgenetischer Verfahren

GUIDO BRANDT

Landesamt für Denkmalpflege und Archäologie Sachsen-Anhalt
LANDESMUSEUM FÜR VORGESCHICHTE

herausgegeben von
Harald Meller

Halle an der Saale
2017

Rastlos vorwärts mußt du streben,
Nie ermüdet stille stehn
(Friedrich von Schiller, 1785)

Für Jakob, Anton und Tina

Bibliografische Information der Deutschen Nationalbibliothek
Die Deutsche Nationalbibliothek verzeichnet diese Publikation in der Deutschen
Nationalbibliografie; detaillierte bibliografische Daten sind im Internet
über https://portal.dnb.de abrufbar.

ISSN 2194-9441
ISBN 978-3-944507-27-9

Lektorat Florian Liesegang
Technische Bearbeitung Brigitte Parsche

Für den Inhalt der Arbeit ist der Autor eigenverantwortlich.

© by Landesamt für Denkmalpflege und Archäologie Sachsen-Anhalt – Landesmuseum für Vorgeschichte Halle (Saale). Das Werk einschließlich aller seiner Teile ist urheberrechtlich geschützt. Jede Verwertung außerhalb der engen Grenzen des Urheberrechtsgesetzes ist ohne Zustimmung des Landesamtes für Denkmalpflege und Archäologie Sachsen-Anhalt unzulässig. Dies gilt insbesondere für Vervielfältigungen, Übersetzungen, Mirkoverfilmungen sowie die Einspeicherung und Verarbeitung in elektronischen Systemen.

Gestaltungskonzept Carolyn Steinbeck · Berlin
Umschlaggestaltung Klaus Pockrandt · Halle (Saale)
Layout, Satz Brigitte Parsche
Druck und Bindung Salzland Druck GmbH & Co. KG

Inhalt

Danksagung 11

1 Einleitung 13

2 Archäologische Grundlagen 14

    2.1 Das Neolithikum – Kulturwandel in der Menschheitsgeschichte 14
        2.1.1 Die Ursprünge 15
        2.1.2 Die Verbreitung 16
        2.1.3 Die weitere Entwicklung 17
    2.2 Die Kulturdiversität des Mittelelbe-Saale-Gebietes 18
        2.2.1 Die Linienbandkeramikkultur 19
        2.2.2 Die Stichbandkeramikkultur 19
        2.2.3 Die Rössener Kultur 21
        2.2.4 Die Gaterslebener Kultur 21
        2.2.5 Die Schöninger Gruppe 21
        2.2.6 Die Baalberger Kultur 21
        2.2.7 Die Tiefstichkeramikkultur 23
        2.2.8 Die Salzmünder Kultur 23
        2.2.9 Die Walternienburger Kultur 23
        2.2.10 Die Bernburger Kultur 23
        2.2.11 Die Kugelamphorenkultur 23
        2.2.12 Die Schnurkeramikkultur 24
        2.2.13 Die Glockenbecherkultur 24
        2.2.14 Die Aunjetitzer Kultur 25
    2.3 Modelle zum Kulturwandel 25

3 Genetische Grundlagen 27

    3.1 Genetische Marker 27
    3.2 Mitochondriale DNA 28
        3.2.1 Aufbau und Struktur 28
        3.2.2 Vererbung, Homoplasmie und Rekombination 28
        3.2.3 Mutationsrate 30
        3.2.4 Diversität 31
        3.2.5 Phylogenie und Phylogeografie 34
        3.2.6 Die Besiedelungsgeschichte Europas aus Sicht der Rezentgenetik 38
            3.2.6.1 Klassische Marker und das wave-of-advance-Modell 38
            3.2.6.2 Die Mitochondriale DNA mischt sich ein 40
            3.2.6.3 Glaziale Refugien und deren Einfluss auf die heutige mtDNA-Variabilität Europas 41
            3.2.6.4 Synthese 44
    3.3 Alte DNA 44
        3.3.1 Grenzen der Rezentgenetik und die Vorteile alter DNA 44
        3.3.2 Alte DNA – Molekulargenetische Spurenanalytik und ihre Anwendung 45
        3.3.3 Taphonomische Veränderungen von Nukleinsäuren und Charakteristika alter DNA 50
        3.3.4 Die Authentifizierungskriterien der aDNA-Forschung 54
        3.3.5 Die Besiedelungsgeschichte Europas aus Sicht der Paläogenetik 55
            3.3.5.1 Frühe Studien 55

   3.3.5.2 Zentraleuropa 56
   3.3.5.3 Südskandinavien 59
   3.3.5.4 Südwesteuropa 59
   3.3.5.5 Osteuropa 62
   3.3.5.6 Synthese 63

4 Konzept, Fragestellung und Zielsetzung der Arbeit 65

5 Material 67

 5.1 Fundorte 67
 5.2 Individuen, Projekte und Proben 67
 5.3 Post excavation history 69
 5.4 Datierung 69

6 Methoden 71

 6.1 Molekulargenetische Methoden 71
  6.1.1 Kontaminationsvermeidung 71
  6.1.2 Probenvorbereitung 73
  6.1.3 Extraktion 73
  6.1.4 Amplifikation der *control region* 73
  6.1.5 Klonierung 75
  6.1.6 Sequenzierung 76
  6.1.7 Amplifikation der *coding region* 79
  6.1.8 Reproduktion 80
  6.1.9 Bearbeiter 80
 6.2 Populationsgenetische Methoden 82
  6.2.1 Datenstruktur und Vergleichsdaten 82
   6.2.1.1 MESG-Daten 82
   6.2.1.2 Prähistorische Vergleichsdaten 82
   6.2.1.3 Rezente Vergleichsdaten 90
  6.2.2 Diachrone Vergleichsanalysen 90
   6.2.2.1 Haplogruppenfrequenzen 90
   6.2.2.2 Haplotypen- und Haplogruppendiversität 90
   6.2.2.3 Fisher-Test 91
   6.2.2.4 Genetische Distanzen 91
   6.2.2.5 Ward-Clusteranalyse 91
   6.2.2.6 Analyse molekularer Varianz (AMOVA) 91
  6.2.3 Prähistorische Vergleichsanalysen 92
   6.2.3.1 Ward-Clusteranalyse 92
   6.2.3.2 Hauptkomponentenanalyse (PCA) 92
   6.2.3.3 Ancestral shared haplotype analysis (ASHA) 92
  6.2.4 Rezente Vergleichsanalysen 93
   6.2.4.1 Multidimensionale Skalierung (MDS) 93
   6.2.4.2 Hauptkomponentenanalyse (PCA) 93
   6.2.4.3 Ward-Clusteranalyse 93
   6.2.4.4 Procrustes-Analyse 93
   6.2.4.5 Genetische Distanzkarten 94

7 Ergebnisse 95

 7.1 Ergebnisse der molekulargenetischen Analyse 95
  7.1.1 Amplifikationserfolg 95
  7.1.2 Bearbeiter 101
  7.1.3 Leerkontrollen 101
 7.2 Ergebnisse der populationsgenetischen Analyse 105
  7.2.1 Diachrone Vergleichsanalysen 105
   7.2.1.1 Haplogruppenfrequenzen 105
   7.2.1.2 Haplotypen und Haplogruppendiversität 108

   7.2.1.3 Fisher-Test 110
   7.2.1.4 Genetische Distanzen 112
   7.2.1.5 Ward-Clusteranalyse 114
   7.2.1.6 Analyse molekularer Varianz (AMOVA) 115
  7.2.2 Prähistorische Vergleichsanalysen 122
   7.2.2.1 Ward-Clusteranalyse 122
   7.2.2.2 Hauptkomponentenanalyse (PCA) 125
   7.2.2.3 Ancestral shared haplotype analysis (ASHA) 127
  7.2.3 Rezente Vergleichsanalysen 135
   7.2.3.1 Multidimensionale Skalierung (MDS) 135
   7.2.3.2 Hauptkomponentenanalyse (PCA) 135
   7.2.3.3 Ward-Clusteranalyse 154
   7.2.3.4 Procrustes-Analyse 154
   7.2.3.5 Genetische Distanzkarten 154

8 Diskussion 172

 8.1 Diskussion der molekulargenetischen Ergebnisse 172
  8.1.1 Authentizität der Ergebnisse 172
 8.2 Diskussion der populationsgenetischen Ergebnisse 173
  8.2.1 Die genetische Diversität im europäischen Mesolithikum 173
  8.2.2 Die frühen Bauern der Linienbandkeramikkultur in Zentraleuropa 175
  8.2.3 Die Verbreitung der Landwirtschaft nach Südwesteuropa
   über die mediterrane Route 178
  8.2.4 Die kulturelle und genetische Diversität in Zentraleuropa nach der LBK 180
  8.2.5 Die Neolithisierung Südskandinaviens und die Trichterbecherkultur .. 182
  8.2.6 Die Entstehung und Verbreitung der Schnurkeramikkultur 185
  8.2.7 Die Entstehung und Verbreitung der Glockenbecherkultur 187
  8.2.8 Der Übergang in die frühe Bronzezeit und die Genese der Aunjetitzer Kultur 189
  8.2.9 Die Entstehung rezenter mtDNA-Variabilität 190
  8.2.10 Diskussion der Ergebnisse im Kontext benachbarter Forschungsdisziplinen 192
   8.2.10.1 Linguistik 192
   8.2.10.2 Demografie 193
   8.2.10.3 Paläoklimatologie 194
   8.2.10.4 Kulturwandel und adaptive Zyklen 196

9 Zusammenfassung und Ausblick 198

10 Literatur 201

11 Anhang

 11.1 Tabellen 227
 11.2 Geräte, Material, Chemikalien und Software 278
 11.3 Abkürzungs- und Abbildungsverzeichnis 281

Danksagung

Meinem Doktorvater Prof. Dr. Kurt W. Alt danke ich sehr für die Möglichkeit, zu diesem Thema zu promovieren, für sein Vertrauen und für die stetige Ermunterung zur selbstständigen und freien Forschung.

Bei Herrn Prof. Dr. Michael Hofreiter vom Institut für Biochemie und Biologie der Universität Potsdam möchte ich mich für die freundliche Bereitschaft bedanken, das Zweitgutachten anzufertigen.

Dr. Wolfgang Haak vom Max-Planck-Institut für Menschheitsgeschichte in Jena, der mein Interesse für die Paläogenetik weckte und mich seit meiner Studienzeit begleitete, gilt mein aufrichtiger Dank für seine stete Unterstützung und Bereitschaft, sein Wissen und seinen Erfahrungsschatz uneigennützig zu teilen.

Mein ganz besonderer Dank gilt Sabine Möller-Rieker für ihre unermüdliche und stets engagierte Unterstützung bei den molekulargenetischen Analysen des Probenmaterials. Ohne ihre Hilfe wäre diese Arbeit bis heute nicht fertig!

Ebenso möchte ich mich bei meinen Kolleginnen Christina Roth, Anna Szécsényi-Nagy, Victoria Keerl, Sarah Karimnia, Corina Knipper und allen weiteren Mitarbeitern der Arbeitsgruppe Bioarchäometrie für die Unterstützung bei der Sammlung genetischer Vergleichsdaten, die stets angenehme, kollegiale und hilfsbereite Zusammenarbeit sowie für die unzähligen privaten und fachlichen Diskussionen und Gespräche bedanken. Vor allem die Grill- und Filmabende werden mir in schöner Erinnerung bleiben.

Bei Prof. Dr. Harald Meller, Dr. Susanne Friederich, Dr. Veit Dresely, Dr. Robert Ganslmeier und Dr. Ralf Schwarz vom Landesamt für Denkmalpflege und Archäologie Sachsen-Anhalt in Halle (Saale), möchte ich mich für die Bereitstellung des Probenmaterials, die archäologischen Informationen, die vielen fruchtbaren Arbeitssitzungen und die kollegiale Zusammenarbeit im Zuge des Projektes »Kulturwandel = Bevölkerungswechsel?« herzlich bedanken.

Nicole Nicklisch, die im Rahmen ihrer Dissertation die anthropologische Bearbeitung des Skelettmaterials durchführte, danke ich sehr für ihre osteologische Expertise bei der Individualisierung.

Für die vielen wertvollen und unverzichtbaren Tipps sowie die Programmierung von Software und Skripten, die mir die Strukturierung der unzähligen rezenten und prähistorischen Vergleichsdaten für die populationsgenetischen Analysen enorm erleichtert haben, gilt Gabor Krizsma und Jonathan Osthof mein aufrichtiger Dank.

Weiterhin bedanke ich mich bei Prof. Dr. Frank Sirocko vom Institut für Geowissenschaften der Johannes Gutenberg-Universität Mainz für die anregende Diskussion der Daten im paläoklimatologischen Kontext.

Bei Dr. Christina J. Adler, Dr. Laura Weyrich und Prof. Dr. Alan Cooper vom Australian Centre for Ancient DNA in Adelaide sowie bei Prof. Dr. David Reich vom Department of Genetics an der Harvard Medical School in Boston und Dr. Joseph K. Pickrell vom New York Genome Center an der Columbia University möchte ich mich für ihre Unterstützung im Zuge der Publikation dieser Arbeit bedanken.

Für die finanzielle Förderung und Unterstützung dieser Arbeit danke ich der Deutschen Forschungsgemeinschaft, dem Landesamt für Denkmalpflege und Archäologie Sachsen-Anhalt und dem Landesmuseum für Vorgeschichte in Halle (Saale) sowie dem Forschungszentrum Erdsystemwissenschaften Geocycles der Johannes Gutenberg-Universität Mainz.

Ich danke Herrn Prof. Harald Meller für die Aufnahme dieses Manuskriptes in die Reihe Forschungsberichte des Landesmuseums für Vorgeschichte Halle und insbesondere Frau Brigitte Parsche, Herrn Florian Liesegang und Frau Manuela Schwarz für die professionelle redaktionelle Überarbeitung dieses Manuskriptes.

Meinem Freund Dr. Thorolf Hardt danke ich sehr herzlich für die sorgfältige Korrektur des Manuskripts und die vielen wertvollen Verbesserungsvorschläge.

Nicht zuletzt bedanke ich mich von ganzem Herzen bei meiner Familie für ihre unermessliche Geduld, ihr Verständnis und ihre Liebe während dieser entbehrungsreichen und nicht immer einfachen Zeit.

»*Nur wo du zu Fuß warst, bist du auch wirklich gewesen.*«
(Johann Wolfgang von Goethe)

1 Einleitung

Die Besiedelung Europas wird im Wesentlichen durch zwei Ereignisse erklärt. Einerseits durch die Einwanderung des anatomisch modernen Menschen während des Paläolithikums vor etwa 45 000 Jahren. Andererseits durch die Expansion früher Bauerngesellschaften während der neolithischen Transition vor etwa 10 000 Jahren, die mit dem Übergang von der wildbeuterischen Lebensweise des Paläo-/Mesolithikums zu Sesshaftigkeit, Ackerbau und Viehzucht verbunden war. In Zentraleuropa setzte das Neolithikum vor etwa 7500 Jahren ein und ist durch zahlreiche archäologisch abgrenzbare Kulturgruppen gekennzeichnet. Am Beginn stehen die ersten bäuerlichen Gemeinschaften, denen regionale und überregionale kulturelle Gruppen späterer neolithischer Phasen folgen, bis sich vor etwa 4000 Jahren die Frühbronzezeit in Europa durchsetzt. Insbesondere das Mittelelbe-Saale-Gebiet (MESG) im südlichen Teil Sachsen-Anhalts wurde durch zahlreiche wechselnde Kulturen geprägt. Während der ersten 3 500 Jahre bäuerlichen Lebens trafen in dieser Region wiederholt überregionale Kultur- und Bevölkerungsgruppen aufeinander, was zu einer großen Zahl eigenständiger neolithischer Gruppen führte. Ob dieser kulturelle Wandel durch die Einführung von Innovationen und Ideen (Akkulturation) oder durch Bevölkerungsverschiebungen (Migration) induziert wurde, ist eine der Kernfragen, die Archäologie und Anthropologie gemeinsam zu lösen versuchen.

In den vergangenen drei Jahrzehnten wurden zunehmend molekular- und populationsgenetische Studien an rezentem und prähistorischem Fundmaterial in die Überlegungen einbezogen. Dabei stand nicht nur der grundlegende Prozess der Neolithisierung im Fokus, sondern auch die Frage, ob die Entstehung der genetischen Variabilität heutiger Europäer stärker auf einen paläo-/mesolithischen oder neolithischen Ursprung zurückführbar ist. Paläogenetische Studien haben in den letzten Jahren profunde Erkenntnisse zum Neolithisierungsprozess in Europa beigetragen. Durch die Analyse alter DNA von paläo-/mesolithischen und neolithischen Individuen wurde eine genetische Diskontinuität zwischen Jäger-Sammlern und frühen Bauern sowie zwischen diesen und der Rezentbevölkerung Europas nachgewiesen. Dies unterstützt nicht nur ein Migrationsmodell während der meso-/neolithischen Transition, sondern auch die Annahme weiterer populationsdynamischer Ereignisse nach der initialen Neolithisierung, die zu der heutigen Variabilität Europas beigetragen haben.

Die vielschichtigen Prozesse des neolithischen Kulturwandels machen eine fachübergreifende Herangehensweise und Expertise erforderlich. Das interdisziplinäre Forschungsprojekt »Kulturwandel = Bevölkerungswechsel? Die Jungsteinzeit des Mittelelbe-Saale-Gebietes im Spiegel populationsdynamischer Prozesse« (gefördert durch die Deutsche Forschungsgemeinschaft, Förderkennzeichen Al 287/7-1, Al 287-7-2, Me 3245/1-1 und Me 3245/1-2) wird diesem Ansatz durch die integrative Vernetzung von Archäologie mit naturwissenschaftlichen Analyseverfahren gerecht. Hierzu zählen neben paläogenetischen auch klassisch-anthropologische Verfahren sowie die Analyse stabiler Isotope.

Die vorgelegte Arbeit repräsentiert das paläogenetische Teilprojekt. Darin wurde die mitochondriale DNA von 472 Individuen aus dem MESG typisiert, die mit elf Kulturen des Neolithikums und der Frühbronzezeit assoziiert sind. Die generierten Daten liefern ein lückenloses diachrones Profil der mitochondrialen Variabilität in Zentraleuropa, das den Zeitraum von der Etablierung der Landwirtschaft bis zur Entstehung stratifizierter Gesellschaften der Frühbronzezeit abdeckt (5500–1550 cal BC)[1]. Umfangreiche populationsgenetische Analysen ermöglichen es, die zugrunde liegenden genetischen Prozesse des kulturellen Wandels während des Neolithikums und seine Auswirkungen auf die genetische Zusammensetzung heutiger Europäer detailliert nachzuvollziehen. Letztlich führte dies zur Rekonstruktion eines Besiedelungsmodells für das Neolithikum in Europa.

---

1 Zur Differenzierung kalibrierter und unkalibrierter Radiokohlenstoffdaten werden in der vorliegenden Arbeit die englischen Begriffe calibrated Before Christ (cal BC, »kalibriert vor Christus«), Before Christ (BC, »vor Christus«) und Before Present (BP, »vor heute«) verwendet.

2 Archäologische Grundlagen

2.1 Das Neolithikum – Kulturwandel in der Menschheitsgeschichte

Der Übergang von einer aneignenden, nomadischen Jäger-Sammler-Gesellschaft im Paläo-/Mesolithikum zur produzierenden und sesshaften Lebensweise im Neolithikum war eines der folgenreichsten Ereignisse in der Menschheitsgeschichte. Nach dem letzten glazialen Maximum vor etwa 20 000 Jahren und dem Ende des letzten Glazials vor etwa 12 000 Jahren, das den Übergang vom Pleistozän zum Holozän kennzeichnet, führten klimatische Veränderungen zu einem massiven Wandel von Flora und Fauna. Durch die ansteigenden Temperaturen zogen sich die Gletscher zurück und gaben einen Großteil der nördlichen Landmassen frei. Das Schmelzen der Eismassen hatte einen Anstieg des Meeresspiegels um etwa 120 Meter zur Folge, wodurch ehemalige Landbrücken überflutet und die heutigen Schelfgebiete geformt wurden. Die einstigen Tundren und Steppen mit spärlicher Vegetation entwickelten sich zu üppigen Grasebenen und halb offenen Waldgebieten (Barker 2006). Dieser Klimawandel bildete die Voraussetzung für einen Wechsel der Gesellschaftssysteme, der sich in unterschiedlichen Regionen der Erde, darunter im Nahen Osten, China, Mittelamerika und Afrika, unabhängig vollzog. Dieser Umbruch steht mit der Entwicklung und Prägung unserer heutigen Gesellschaften, mit ihren positiven, aber auch negativen sozialen, wirtschaftlichen sowie ökologischen Konsequenzen in direkter Verbindung. Für die Neolithisierung Europas und weite Teile Westeurasiens sind insbesondere die Vorgänge im Nahen Osten von zentraler Bedeutung.

Der Begriff »Neolithikum« wurde 1865 vom britischen Prähistoriker Sir John Lubbock geprägt (Lubbock 1865) und setzt sich aus den altgriechischen Wörtern »*neos*« für neu und »*lithos*« für Stein zusammen. In seiner ursprünglichen Definition beschreibt der Begriff das Erscheinen geschliffener Steinwerkzeuge im archäologischen Fundgut. Diese Artefakte grenzen die Neu- bzw. Jungsteinzeit von der Mittel- und Altsteinzeit (Meso- bzw. Paläolithikum) ab. Wesentlich später wurde die Bedeutung des Neolithisierungsprozesses im Hinblick auf die drastischen Veränderungen in der Subsistenzstrategie durch den australischen Archäologen Vere Gordon Childe erkannt und unabdingbar mit der Etablierung von Sesshaftigkeit, Ackerbau und Viehzucht verknüpft (Childe 1929; Childe 1936; Childe 1957). Childe prägte den Begriff der »Neolithischen Revolution« und brachte damit seine Ansicht über den drastischen Kulturwandel zum Ausdruck, den er in der meso-/neolithischen Transition sah und den er mit der industriellen Revolution des 18. und 19. Jahrhunderts parallelisierte. Anders als es der Begriff »Revolution« jedoch suggeriert, erfolgte dieser Wechsel nicht schlagartig, sondern ist vielmehr als ein stetiger Kulturwandel zu verstehen, der sich aus seinen Entstehungsgebieten über Jahrtausende allmählich und schrittweise ausbreitete.

Heutzutage wird die Entwicklung neolithischer Gesellschaften mit der Etablierung eines gesamten Pakets (*Neolithic package*) assoziiert, das neben wirtschaftlichen auch technologische, kulturelle, soziale, spirituelle und möglicherweise auch genetische Veränderungen beinhaltete (Price 2000; Bogucki/Crabtree 2004; Whittle/Cummings 2007). In Westeurasien ist mit diesem Paket vor allem die Domestikation von Getreidearten wie Gerste, Emmer und Weizen sowie bestimmter Tierarten wie Schaf, Ziege, Schwein und Rind verknüpft, welche in vielen Fällen die ursprünglichen Wildformen verdrängten. Die Bestellung der Felder und die Zucht der Tiere erforderten nicht nur eine sesshafte Lebensweise, sondern ermöglichten sie zugleich. Die Sesshaftigkeit gab den Anlass zu einer soliden Architektur mit massiv gebauten, festen Häusern und Vorratslagern, die durch die Feldwirtschaft zwingend erforderlich wurden. Umfangreiche Kenntnisse über die Entwicklung geeigneter Werkzeuge waren zu diesem Zweck notwendig. Lagerung und Verarbeitung der landwirtschaftlichen Produkte führten zur Entwicklung charakteristischer Keramikgefäße. Diese neuartige Form der Nahrungsbeschaffung und Lagerhaltung erzeugte einen wirtschaftlichen Überschuss, der letztlich ein erhöhtes Bevölkerungswachstum bewirkte. Dies wiederum führte zur Entstehung zahlreicher neolithischer Siedlungszentren, aus denen später die ersten Städte entstanden. Die Tierhaltung führte in den späteren Epochen des Neolithikums zur Nutzbarmachung landwirtschaftlicher Sekundärerzeugnisse. Die Entwicklung der Weberei zur Verarbeitung von Schafswolle und zur Herstellung von Kleidung, die Verarbeitung von Kuh-, Schafs- und Ziegenmilch zur Produktion von milchwirtschaftlichen Erzeugnissen oder die Verwendung von Ochsen und später Pferden in Gespannen für Wagen und/oder Pflüge sind nur einige Beispiele, die unter dem Begriff der »*secondary products revolution*« zusammengefasst werden (Sherrat 1981; Sherrat 1983; Sherrat 1986; Zusammenfassung bei Greenfield 2010). Neben diesen produktiven Neuerungen entwickelten sich zudem soziale und spirituelle Strukturen, die z. B. in der Errichtung ritueller Bauten oder Versammlungsorte sowie komplexen Bestattungsriten zum Ausdruck kamen.

Nach dem Auftreten erster neolithischer Kulturen im Nahen Osten entwickelten sich auch in Europa die ersten Siedlungen. Die Neolithisierung verlief nicht einheitlich; in einigen Bereichen setzte das Neolithikum früher ein als in anderen. Vom Auftreten erster sesshafter Gesellschaften im Nahen Osten bis zur vollständigen Neolithisierung Europas dauerte es etwa 9 000 Jahre – ca. 13 000 bis 4 000 BC. Der

Prozess der neolithischen Transition ist mit der Entwicklung verschiedener lokaler Gemeinschaften mit eigenständigem Kulturbewusstsein assoziiert, welche die Basis für gesellschaftliche Entwicklungen in späteren Phasen legten und im ausgehenden Neolithikum in die Frühebronzezeit übergingen. Diese Gemeinschaften lassen sich innerhalb eines zeitlichen und geografischen Rahmens aufgrund gemeinsamer archäologischer Funde als Kultur charakterisieren und differenzieren.

Im Folgenden wird ein grober chronologischer und geografischer Überblick zur Entstehung des Neolithikums im Nahen Osten, zu dessen Ausbreitung über Europa und zu den Kulturentwicklungen in nachfolgenden Perioden gegeben. Eine detaillierte Betrachtung der Kulturen Mitteleuropas, die Gegenstand der hier vorgelegten Arbeit sind, erfolgt hingegen in den darauffolgenden Kapiteln (Kap. 2.2.1–2.2.14).

2.1.1 Die Ursprünge

Das früheste Zentrum des Übergangs von Jäger-Sammlern zu Ackerbauern und Viehzüchtern ist der sog. »Fruchtbare Halbmond«. Dieser umschließt ein Gebiet, das sich von der südlichen Levante, Jordanien und Palästina, dem Verlauf des Taurus- und Zagros-Gebirges folgend, durch Südost-Anatolien, Syrien und Irak bis zum Persischen Golf erstreckt. Die ersten sesshaften Gesellschaften in dieser Region werden dem Natufien (~13 000–9 500 BC) zugeordnet, das sich im südlichen Teil der Levante entwickelte und bis an den Euphrat im Norden Syriens verbreitet war (Bar-Yosef 1998; Moore u. a. 2000; Goring-Morris/Belfer-Cohen 2011). Aus Stein und Lehm errichtete Grubenhäuser mit Durchmessern von drei bis zehn Metern sind charakteristisch für das Natufien und dokumentieren die Anfänge des sesshaften Lebens. Die Subsistenzstrategie beruhte vor allem auf einer Intensivierung der Jagd – vornehmlich auf Gazellen – und dem Sammeln von Wildgetreide. Die hohe Anzahl von steinernen Mahlwerkzeugen wie Mörsern und Stößeln oder auch Sichelsteinen im archäologischen Fundgut deutet erstmals auf eine intensivere und effizientere Verarbeitung pflanzlicher Nahrung hin (Bar-Yosef 1998; Goring-Morris/Belfer-Cohen 2011). Offenbar nutzten diese Gemeinschaften die reichhaltigen natürlichen Getreide- und Wildtiervorkommen, die sich in dieser Region nach der letzten Eiszeit entwickelten. Eine nomadische Lebensweise war dadurch nicht mehr zwingend erforderlich. Allerdings kultivierten oder domestizierten die Bewohner der damaligen Levante zu jener Zeit weder Pflanzen noch Tiere (Gronenborn 2005).

In der zweiten Hälfte des 11. Jts. BC entwickelte sich das präkeramische Neolithikum A (*Pre-Pottery Neolithic A* = PPNA, ~10 200–9 000 BC), welches das Natufien ablöste (Bar-Yosef 1998; Goring-Morris/Belfer-Cohen 2011). Vom PPNA sind zahlreiche Siedlungen bekannt, darunter Jericho und Gilgal in der Levante sowie Göbekli Tepe und Körtik Tepe in Anatolien, die zum Teil in das 10. und 9. Jt. BC datieren[2]. Es ist bislang ungeklärt, ob zu diesem frühen Zeitpunkt bereits Arten domestiziert wurden. Allerdings liegen zahlreiche Belege für die Kultivierung von Pflanzen vor, darunter die Wildformen von Gerste, Einkorn, Emmer, Roggen und Linsen (Bar-Yosef 1998; Weiss u. a. 2006; Willcox u. a. 2008; Goring-Morris/Belfer-Cohen 2011). Möglicherweise katalysierten Klimafluktuationen während der sog. jüngeren Dryaszeit den Übergang von der intensiven Sammeltätigkeit des Natufien hin zur Kultivierung von Wildgetreidesorten während des PPNA (Bar-Yosef 1998; Goring-Morris/Belfer-Cohen 2011). In dieser Periode, die etwa 1300 Jahre andauerte (~10 800–9 500 BC), herrschten nochmals eiszeitlich kalte und trockene Bedingungen und die reichhaltigen Wald- und Graslandschaften gingen erneut zurück. Offenbar begannen die Menschen damit, Pflanzen, die sie lange Zeit nur gesammelt hatten, aktiv anzubauen (Gronenborn 2005). Mit der Kultivierung konnte eine kontinuierliche Versorgung sichergestellt werden, die möglicherweise auch zu Nahrungsmittelüberschüssen führte, wie es die Konstruktion von Silos im PPNA vermuten lässt (Goring-Morris/Belfer-Cohen 2011). Diese Vorräte erlaubten es der Bevölkerung, auf widrige Klima- und Umweltbedingungen besser reagieren zu können.

An das PPNA schließt sich das präkeramische Neolithikum B (*Pre-Pottery Neolithic B* = PPNB, ~9 000–6 500 BC) an. Das PPNB entwickelte sich nach der jüngeren Dryas, während eines Klimaoptimums im Frühholozän, in dessen Verlauf sich die klimatischen Bedingungen von Jahr zu Jahr verbesserten (Goring-Morris/Belfer-Cohen 2011). Während des PPNB entstanden in der Levante, Anatolien, Zypern und möglicherweise auch im Iran zahlreiche große Siedlungen, teilweise mit komplexen Tempelanlagen, was für eine allgemein zunehmende Siedlungsdichte und ein ansteigendes Bevölkerungswachstum spricht (Bar-Yosef 1998; Hauptmann/Özdoğan 2007; Goring-Morris/Belfer-Cohen 2011; Özdoğan 2011). Die größten dieser Siedlungen mit geschätzten Einwohnerzahlen zwischen 1000 und 2000 Menschen sind Jericho, Beidha und 'Ain Gazhal in der südlichen Levante, Bouqras und Abu Hureyra in der nördlichen Levante sowie Çatalhöyük in Anatolien[3]. Im PPNB ist die Domestikation zahlreicher Nahrungspflanzen wie Weizen, Gerste, Bohnen, Linsen und Erbsen nachgewiesen. Zudem finden sich erste Hinweise auf domestizierte Schafe, Ziegen und Rinder (Mellaart 1967, Barker 2006, Weiss u. a. 2006, Simmons 2007). Es kann daher davon ausgegangen werden, dass in der zweiten Hälfte des 7. Jts. BC die meisten Getreide- und Haustierarten bereits domestiziert waren (Benecke 1994). Des Weiteren finden sich im gleichen Zeitraum die ersten Keramiken und Hinweise auf die Nutzung von Sekundärerzeugnissen wie z. B. Milch (Barker 2006; Hauptmann/Özdoğan 2007), welche die charakteristischen Merkmale eines vollständig ausgebildeten Neolithikums komplettieren. Allerdings können in dieser späten Phase des PPNB auch eine erhöhte Zahl aufgegebener Siedlungen und eine Reduktion der Populationsgröße beobachtet werden, deren Auslöser möglicherweise in klimatischen Fluktuatio-

---

2 Kenyon 1957; Holland/Kenyon 1981; Bar-Yosef 1998; Hauptmann/Özdoğan 2007; Özkaya 2007; Schmidt 2009; Goring-Morris/Belfer-Cohen 2011; Özkaya 2012.

3 Kenyon 1957; Mellaart 1967; Holland/Kenyon 1981; Moore u. a. 2000; Barker 2006; Hauptmann/Özdoğan 2007.

nen oder sozialen Konflikten im Zuge einer Überbevölkerung begründet sind (Özdoğan 2007).

In diesem Kontext sind eventuell auch die ersten Siedlungen außerhalb Anatoliens zu erklären, die sich ab 7000 BC in den nördlichen Regionen der Ägäis entwickelten und die einsetzende westliche Expansion des Neolithikums vom Fruchtbaren Halbmond Richtung Europa dokumentieren (Özdoğan 2007; Özdoğan 2011). Eine der frühesten Kulturen, die sich außerhalb des Fruchtbaren Halbmondes formierte, ist die Fikirtepe-Kultur (~6 450–6 100 BC), die sich über Westanatolien und Thrakien verbreitete und durch eine schwarz-monochrome Keramik charakterisiert ist (Özdoğan 2007; Özdoğan 2011).

2.1.2 Die Verbreitung

Mittlerweile besteht in der Archäologie, neben dem allgemein akzeptierten Ursprung im Nahen Osten, auch Konsens darüber, dass sich das Neolithikum mit all seinen wirtschaftlichen und sozialen Neuerungen über mindestens zwei Routen in Europa verbreitet hat. Diese unterscheiden sich in eine mediterrane Route, die Richtung Westen entlang der nördlichen Mittelmeerküsten bis nach Südwesteuropa verlief und eine kontinentale Route, die über Südosteuropa und dessen Tiefebenen Zentraleuropa erreichte[4].

Ausgehend von West- und Südanatolien gelangte das Neolithikum über die Ägäis nach Griechenland (Bogucki/Crabtree 2004; Özdoğan 2011). Ab 6200 BC traten die ersten Siedlungen in Griechenland auf, die sich vor allem in der fruchtbaren Tiefebene Thessaliens entwickelten. Die frühen Phasen sind überwiegend durch schwarz- oder rot-monochrome Keramik geprägt, deren Ursprünge in der Fikirtepe-Kultur gesehen werden (Özdoğan 2011; Kap. 2.1.1). In einer späteren Phase wird die monochrome Keramik durch eine rote Verzierung auf weißer Oberfläche abgelöst. Dieser Keramikstil wird nach dem gleichnamigen Fundplatz in Thessalien als Sesklo-Kultur bezeichnet (Bogucki/Crabtree 2004; Özdoğan 2011).

Entlang der kontinentalen Route finden sich in Südosteuropa vergleichbare Parallelen zum Keramikstil der Sesklo-Kultur in der Protostarčevo-Kultur, die als Vorstufe für die weitere Kulturentwicklung in Südosteuropa gilt. Die Protostarčevo-Kultur ist durch zahlreiche Fundstätten Ostmakedoniens und Westbulgariens bekannt und durch eine Keramik mit weißen Verzierungen auf roter Oberfläche gekennzeichnet (Kalicz 1983; Pavúk 1995).

Gegen Ende des 7. Jts. BC entwickelte sich aus der Protostarčevo-Kultur der Starčevo-Körös-Criş-Komplex (~6 200–5 400 BC), dessen Bezeichnung auf drei frühneolithische Kulturen zurückgeht, die in unterschiedlichen Regionen Südosteuropas auftraten. Diese sind die Starčevo-Kultur, die in Südwestungarn (Transdanubien) und Serbien verbreitet war und nach dem serbischen Fundplatz Starčevo benannt wurde, die Körös-Kultur, die in der ungarischen Tiefebene (Alföld) vornehmlich am namensgebenden Fluss Körös siedelte, und die Criş-Kultur, die überwiegend in Rumänien vorkam und deren Bezeichnung sich vom rumänischen Wort für den Fluss Körös ableitet (Gronenborn 1999; Bogucki/Crabtree 2004; Scharl 2004). Die Differenzierung der Kulturen äußert sich in Unterschieden in der Keramikdekoration. Während für die Starčevo-Kultur schwarze Verzierungsmuster auf roter Oberfläche charakteristisch waren, entwickelte sich in der Körös-Kultur eine nicht verzierte, rot-monochrome Keramik (Kalicz 1983; Pavúk 1995). Dass diese Differenzierung möglicherweise mit der Interaktion zwischen immigrierenden Siedlern aus dem ägäischen Raum und einheimischen Jäger-Sammler-Gemeinschaften einherging, zeigen Fundplätze wie Lepenski Vir am Eisernen Tor, dem Donaudurchbruch zwischen den Südkarpaten und dem serbischen Erzgebirge[5].

Die letzte Stufe der kontinentalen Route ist durch die Linienbandkeramikkultur (LBK, ~5600–4750 BC) repräsentiert, die im westlichen Teil Ungarns – dem heutigen Transdanubien – aus der Starčevo-Kultur hervorging (Gronenborn 1999, Bánffy 2000, Lüning 2000, Gronenborn 2003, Bánffy 2004, Scharl 2004, Dolukhanov 2005, Whittle/Cummings 2007, Oross/Bánffy 2009; Kap. 2.2.1; Abb. 2.1–2.2). Innerhalb der nächsten 500 Jahre breitete sich die LBK über weite Teile Mitteleuropas aus. Sie erreichte im Westen den Rhein und im Osten die Ukraine und entwickelte sich somit zu einer der bedeutendsten neolithischen Kulturen Zentraleuropas.

Die mediterrane Neolithisierungsroute ist eng verbunden mit der Verbreitung von Keramik mit Impressions-Dekor (*Impressed Ware*), die durch das Eindrücken bestimmter Gegenstände wie z. B. Muscheln in den noch weichen Ton charakterisiert ist. Zur *Impressed Ware* zählen einerseits die Impressa-Kultur, die sich über die Küsten der adriatischen, tyrrhenischen und ligurischen See verbreitete und andererseits die Cardial-Kultur, die vornehmlich an den mediterranen Küsten Südostfrankreichs, Spaniens und Portugals verbreitet war[6]. Der Ursprung der *Impressed Ware* liegt in Südosteuropa. Vermutlich erfolgte gegen Ende des 7. Jts. BC eine Differenzierung der Keramik, die über Anatolien nach Thessalien eingeführt wurde. Einerseits entwickelte sich eine rot und später weiß bemalte Keramik, die den nördlichen und östlichen Balkan beeinflusste und letztlich in der Herausbildung des Starčevo-Körös-Criş-Komplexes resultierte. Andererseits formierte sich an den Ufern des adriatischen und ionischen Meeres eine Gruppe, welche die Keramik allmählich mittels »Impressionen« von Fingerspitzen und -nägeln oder Muscheln dekorierte (Bogucki/Crabtree 2004). Keramiken am Fundplatz Obre in Bosnien und Herzegowina, bei denen Elemente der bemalten Keramik und der *Impressed Ware* in Kombination vorkommen und die als mögliche Anzeichen für eine synthetisierte Starčevo-Impresso-Kultur interpretiert wurden, sprechen für eine Überlagerung beider Kulturstränge in dieser Region (Bogucki/Crabtree 2004).

---

4 Price 2000; Bogucki/Crabtree 2004; Whittle/Cummings 2007; Rowley-Conwy 2011.

5 Srejović 1966; Srejović 1971; Srejović 1972; Srejović 1973; Kalicz 1983.

6 Zilhão 1997; Zilhão 2001; Price 2000; Gronenborn 2003; Bogucki/Crabtree 2004; van Willigen 2006; Guilaine 2007; Whittle/Cummings 2007; Rowley-Conwy 2011.

Ausgehend von der adriatischen Küste verbreitete sich die *Impressed Ware* zunächst über Italien – genauer die südliche Region Apuliens – und wird dort als Impressa-Kultur bezeichnet (~5 900–5 300 BC; Müller 1994). Früheste Funde aus dieser Region von den Fundplätzen Coppa Nevigata und Rippa Tetta werden auf ~5 900–5 600 BC datiert (Zapata u. a. 2004). Im Folgenden breitete sich das Impressa in nordwestlicher Richtung aus und ist in Ligurien im Nordwesten Italiens am Fundplatz Arene Candide um ~5800–5300 BC erstmals nachweisbar (Bogucki/Crabtree 2004).

Von Norditalien aus erreichte das Frühneolithikum zunächst die Regionen der Provence und Languedoc im Südosten Frankreichs und breitete sich anschließend innerhalb von 100–200 Jahren entlang der mediterranen Küsten Spaniens bis nach Nordportugal aus (Zilhão u. a. 2001). In diesen Regionen wird die *Impressed Ware* als franko-iberische Cardial-Kultur bezeichnet (~5600–4700 BC; van Willigen 2006), die sich ab ~5300 BC in den nordwestlichen mediterranen Regionen zum Epi-Cardial weiterentwickelte (van Willigen 2006). Aufgrund der schnellen Ausbreitung des Neolithikums entlang der mediterranen Küsten wird im Allgemeinen eine Besiedelung durch Küstenseefahrt angenommen (Zilhão 1997; Zilhão u. a. 2001). Ausgehend von diesen mediterranen Kernregionen erfolgte die Neolithisierung des iberischen Binnenlandes (Zilhão 2001; Zapata u. a. 2004; Rowley-Conwy 2011). Im Gegensatz zu Zentraleuropa sind die Neolithisierungsvorgänge in Südwesteuropa allerdings durch eine starke Interaktion zwischen immigrierenden Bauern und den autochthonen Jäger-Sammler-Gemeinschaften geprägt[7].

Westlich des Rheins treten um ~5600–5100 BC Artefakte auf, die aufgrund von Übereinstimmungen in der Keramik Beziehungen zur Cardial-Kultur aufweisen. Diese Kultur wird, entsprechend ihrem ersten Fundort in der Normandie, als La-Hoguette-Kultur bezeichnet (Jeunesse 1986). Das Verbreitungsgebiet der La-Hoguette-Kultur erstreckt sich vom Rhein bis tief nach Nordfrankreich hinein. Der Verbreitungsschwerpunkt liegt jedoch im Einzugsgebiet von Maas, Mosel und Rhein. Obwohl Anzeichen für die Kultivierung und Domestikation von Pflanzen und Tieren nachgewiesen wurden, wird aufgrund fehlender Hausstrukturen von nomadischen Viehzüchtern ausgegangen, die nicht ganzjährig in Siedlungen lebten (Gronenborn 1999). Die Entstehung der La-Hoguette-Kultur ist vermutlich auf spätmesolithische Kulturen in den westlichen Gebieten Zentraleuropas zurückzuführen und hat sich durch Einflüsse aus den mediterranen Regionen entwickelt (Lüning 1989; Gronenborn 1999). Die chronologische und geografische Verbreitung der La-Hoguette-Kultur überschneidet sich in Westdeutschland mit der der LBK. Es kann also davon ausgegangen werden, dass die aus Südosteuropa kommende Besiedelungswelle der bandkeramischen Kultur am Rhein auf die mediterran geprägte La-Hoguette-Kultur traf und beide Kulturen – zumindest temporär – koexistierten (Lüning 1989). Ausgehend von ihren Ursprungsgebieten in Südosteuropa trafen in der Mitte des 6. Jt. BC die kontinentale und mediterrane Route der initialen Neolithisierung in Westeuropa vermutlich aufeinander.

Offenbar kam die Neolithisierung an den nördlichen Grenzen des LBK-Verbreitungsgebietes zum Stillstand. In den Regionen Nordwest- und Nordosteuropas hielten sich noch lange nach der Etablierung der Landwirtschaft lokale Jäger-Sammler-Gesellschaften, obwohl Kontakte und Handelsbeziehungen dieser letzten Wildbeuter zu den neolithischen Nachbarn nachgewiesen sind (Whittle/Cummings 2007; Bogucki/Crabtree 2004; Rowley-Conwy 2011). Diese letzten Jäger-Sammler-Kulturen sind in den Niederlanden durch die Swifterband-Kultur (~5300–4000 BC), in Südskandinavien durch die Ertebølle-Kultur (~5400–4100 BC) und in Osteuropa bzw. dem Baltikum durch die Zedmar-Neman- (~5000–4000 BC) bzw. Narva-Kultur (~5300–3500 BC) repräsentiert (Gronenborn 2003; Whittle/Cummings 2007; Bogucki/Crabtree 2004; Rowley-Conwy 2011). Es dauerte weitere 1500 Jahre bis sich auch in diesen Regionen ein voll ausgebildetes Neolithikum entwickelte. Dieser Prozess war jedoch stark mit der weiteren Kulturentwicklung nach der initialen Neolithisierung verbunden und ist daher Gegenstand des anschließenden Kapitels.

2.1.3 Die weitere Entwicklung

Im Folgenden ist es von Bedeutung, sich vor Augen zu halten, dass zur Zeit der Neolithisierung Südwest- und Zentraleuropas im Nahen Osten bereits die ersten strukturierten und staatenähnlichen Gesellschaftssysteme der Kupferzeit (Chalkolithikum) entstanden, die zum Teil riesige Städte und Tempelanlagen hervorbrachten. In Südosteuropa sind frühe Kupferfunde mit der Vinča-Kultur (~5400–4500 BC) verbunden, die sich nach den Starčevo-Körös-Criş-Kulturen (Kap. 2.1.2) schwerpunktmäßig in den Gebieten des heutigen Serbien, Südungarn und Westrumänien entwickelte. Obwohl die Verbreitung metallurgischer Kenntnisse vom Nahen Osten nach Südosteuropa weitestgehend ungeklärt ist, besteht kein Zweifel daran, dass die Kupferverarbeitung in Südosteuropa ab dem 5. Jt. BC wesentlich weiter fortgeschritten war als im Nahen Osten und maßgeblich die Entwicklung von Handelsnetzwerken bzw. sozioökonomischen Organisationsstrukturen beeinflusste. Neben der Vinča-Kultur sind hierbei vor allem die Tiszapolgár-Kultur (~4500–3800 BC) in Nordserbien, Westrumänien und Ostungarn sowie die späte Phase der Lengyel-Kultur (s. u.) hervorzuheben (Bogucki/Crabtree 2004).

In Zentraleuropa zerfällt die homogene und weit verbreitete LBK in der ersten Hälfte des 5. Jts. BC in mehrere eigenständige Kulturen mit geringerer geografischer Ausdehnung. Dazu zählen im östlichen Bereich des LBK-Verbreitungsgebietes die Stichbandkeramikkultur (~4925–4550 BC), im südöstlichen die Lengyel-Kultur (~4900–4200 BC) und im westlichen die Rössener Kultur (~4700–4250 BC), die sich aus den Kulturen Großgartach und Hinkelstein entwickelte[8]. Vor allem die Lengyel-Kultur ist in der archäologischen

---

7 Vicent-García 1997; Zilhão 1997; Zilhão 2001; van Willigen 2006; Fernández López de Pablo/Goméz Puche 2009; Rowley-Conwy 2011; Schuhmacher/Sanz González de Lema 2013.

8 Behrens 1973; Einicke 1994; Pratsch 1994; Ehrhardt 1994; Pavlů 1998; Zápotocká 1998; Beran 1998; Bogucki/Crabtree 2004; Whittle/Cummings 2007; Kap. 2.2.2–2.2.6; Abb. 2.1–2.2.

Literatur als einer der Kulturhorizonte beschrieben, welcher die Entwicklung zahlreicher früh-/mittelneolithischer Kulturen maßgeblich beeinflusste (Behrens 1973, Bogucki/Crabtree 2004; Kap. 2.2.2–2.2.6; Abb. 2.1–2.2). Die Lengyel-Kultur entwickelte sich unter südöstlichen Einflüssen in Transdanubien und breitete sich über ein Gebiet aus, welches das heutige Österreich, die Tschechische Republik, Ungarn, die Slowakei und Polen umfasst (Bogucki/Crabtree 2004). Im Verlauf der Lengyel-Expansion wurden die frühesten Kupferobjekte in Zentraleuropa eingeführt, was die Bedeutung dieser Kultur im 5. Jt. BC unterstreicht.

An den atlantischen Küsten Westeuropas entwickelte sich ab der zweiten Hälfte des 5. Jts. BC ein Kulturphänomen, das sich von der Iberischen Halbinsel über Frankreich und Großbritannien bis nach Skandinavien erstreckte und durch zahlreiche eigenständige Kulturen repräsentiert ist – der Megalithkreis. Dieser ist vor allem durch die Errichtung von monumentalen Grabanlagen und Kultplätzen charakterisiert, die aus großen Steinblöcken konstruiert wurden (Bogucki/Crabtree 2004).

Eine der frühesten Kulturen des Megalithkreises, die sich unter Einflüssen frühneolithischer Gesellschaften Südwest- und Westeuropas in Südostfrankreich entwickelte, ist die Chasséen-Kultur (~4500–3500 BC), die nach dem gleichnamigen Fundplatz in der Normandie benannt wurde (Thévenot 1969). Sie breitete sich nordostwärts über weite Teile des heutigen Frankreichs aus. Als eine Weiterentwicklung des Chasséen kann die Michelsberger Kultur angesehen werden (~4300–3500 BC), die im Pariser Becken und in Südwestdeutschland auf die Rössener Kultur folgte (Jeunesse 1998; Bogucki/Crabtree 2004; Whittle/Cummings 2007; Jeunesse 2010).

In Südskandinavien verzögerten weniger fruchtbare Böden, widrigere klimatische Bedingungen und die Verfügbarkeit reichhaltiger mariner Ressourcen, die einen Wechsel zur Subsistenzwirtschaft nicht zwingend erforderlich machten, die Etablierung der neolithischen Lebensweise (Whittle/Cummings 2007). Konsequenterweise hielten Jäger-Sammler-Gemeinschaften der Ertebølle-Kultur (~5400–4100 cal BC; Kap. 2.1.2) aus Norddeutschland, Dänemark und Südschweden mehr als 1500 Jahre nach dem Aufkommen der LBK in Zentraleuropa an einer wildbeuterischen Lebensweise fest, obwohl intensive Kontakte mit frühen Bauern in südlicheren Regionen archäologisch nachgewiesen sind (Whittle/Cummings 2007; Bogucki/Crabtree 2004; Rowley-Conwy 2011; Kap. 2.1.3–2.2.3; Abb. 2.2). Ob die sesshafte Lebensweise bereits früher in die nördlichen Regionen eingeführt wurde, aber daran scheiterte, dass die lokale Bevölkerung zur gewohnten wildbeuterischen Subsistenzstrategie zurückkehrte, ist Gegenstand kontroverser Diskussionen (Rowley-Conwy 2011). Die produzierende Lebensweise setzte sich erst mit der Etablierung des Trichterbecher-Komplexes durch (~4100–2650 cal BC), der zum Megalithkreis zählt und vor allem durch Viehzucht charakterisiert werden kann (Whittle/Cummings 2007; Rowley-Conwy 2011). Die Trichterbecherkultur entwickelte sich gegen Ende des 5. Jts. BC in Norddeutschland und Dänemark und breitete sich in den folgenden Jahrhunderten über die angrenzenden Gebiete Südschwedens, Nordwestdeutschlands und Polens aus. In diesen Gebieten können zahlreiche eigenständige Gruppen und Kulturen unterschieden werden, darunter eine nördliche, westliche und südliche Gruppe sowie die Baalberger Kultur, Salzmünder Kultur, Tiefstichkeramikkultur, Walternienburger Kultur und Bernburger Kultur[9]. In Zentraleuropa markiert der Trichterbecher-Komplex den Übergang vom Früh- zum Mittelneolithikum. Seine Entstehung wird eng mit Einflüssen aus der Rössener, Michelsberger und Lengyel-Kultur verknüpft (Bogucki/Crabtree 2004; Whittle/Cummings 2007; Rowley-Conwy 2011).

Im ausgehenden 4. Jt. BC treten erstmals nach der LBK wieder überregionale Kulturphänomene auf. Diese Entwicklung wird durch die Kugelamphorenkultur eingeläutet (~3100–2650 BC), die von der Nordsee bis zum Schwarzen Meer verbreitet war und sich vermutlich aus den Trichterbecher-Kulturen entwickelte (Behrens 1973; Beier 1998; Kap. 2.2.11; Abb. 2.1–2.2). Die Kugelamphorenkultur nimmt die Entstehung großräumiger Kulturen vorweg, welche die letzte Phase des europäischen Neolithikums prägten und in Zentraleuropa den Übergang zum Spätneolithikum kennzeichnen. Diese Phase wird vor allem durch die Schnurkeramikkultur (~2900–2000 BC) und die Glockenbecherkultur (~2800–1800 BC) bestimmt, die von der Wolga bis an den Rhein bzw. von Marokko bis an die Elbe verbreitet waren und in der Mitte des 3. Jts. BC in Zentraleuropa aufeinandertrafen[10]. Beide Kulturen wurden durch die Entstehung frühbronzezeitlicher Gesellschaften abgelöst, die sich ab 2300 BC in Südosteuropa entwickelten und innerhalb weniger hundert Jahre weite Teile Europas beeinflussten (Kap. 2.2.14).

2.2 Die Kulturdiversität des Mittelelbe-Saale-Gebietes

Das MESG beschreibt eine Region am Zusammenfluss von Saale und Elbe, die sich darüber hinaus auch über die angrenzenden Flusssysteme der Bode und Unstrut erstreckt. Das MESG liegt im Süden von Sachsen-Anhalt und reicht von Magdeburg im Norden bis an die thüringische Grenze im Süden. Im Westen grenzt das MESG an den Harz, während Halle (Saale) den östlichsten Punkt des Verbreitungsgebiets darstellt. Eine der bedeutendsten Eigenschaften dieser Region für die archäologische Forschung stellt die Tatsache dar, dass eine kontinuierliche Besiedelung durch den anatomisch modernen Menschen seit dem Paläolithikum nachweisbar ist.

Während des Neolithikums ist das MESG durch eine Fülle von archäologisch abgrenzbaren Kulturen gekennzeichnet, die eine lückenlose Aufzeichnung der Kulturgeschichte vom Beginn der neolithischen Lebensweise in der

---

9 Behrens 1973; Kubenz 1994; Schindler 1994; Schwertfeger 1994; Voigt 1994; Torres-Blanco 1994; Beran 1998c–f; Hilbig 1998; Kap. 2.2.6–2.2.10; Abb. 2.1–2.2.

10 Behrens 1973; Buchvaldek/Strahm 1992; Beran 1998g; Nicolis 2001; Czebreszuk/Szmyt 2003; Furholt 2003; Bogucki/Crabtree 2004; Heyd 2007; Vander Linden 2007a; Vander Linden 2007b; Kap. 2.2.12–2.2.13; Abb. 2.1–2.2.

Mitte des 6. Jts. BC bis zur Entstehung der ersten bronzezeitlichen Gesellschaften in der zweiten Hälfte des 3. Jts. BC ermöglicht (Behrens 1973; Beier/Einicke 1994; Preuß 1998). Diese Kultursequenz dokumentiert die ersten 4000 Jahre bäuerlichen Lebens in Zentraleuropa (5500–1550 cal BC; Abb. 2.1) und ist sowohl durch regionale als auch weite Landstriche überspannende Kultur- und Bevölkerungsphänomene repräsentiert. Diese hohe Kulturdichte und -diversität ist primär in der zentralen Lage des MESG am Schnittpunkt südost- und nordwesteuropäischer Kulturströme (Behrens 1973) sowie der räumlichen Begrenztheit in Kombination mit besonders siedlungsgünstigen Faktoren, wie fruchtbaren und hochproduktiven Lössböden, begründet. Die geografischen und ökologischen Bedingungen des MESG resultieren in einer der höchsten Funddichten archäologischer Kulturgüter in Zentraleuropa. Dies manifestiert sich vor allem in den eponymen Fundplätzen Rössen, Gatersleben, Baalberge, Schiepzig, Salzmünde, Walternienburg, Bernburg und Schönfeld sowie in bedeutsamen Entdeckungen des letzten Jahrzehnts, die unser Verständnis prähistorischer Gesellschaften nachhaltig beeinflussten. Hier seien exemplarisch die Himmelsscheibe von Nebra (Meller/Garrett 2004) oder das Sonnenobservatorium von Goseck (Bertemes u. a. 2004) genannt.

In den folgenden Kapiteln werden die einzelnen Kulturen des MESG in chronologischer Reihenfolge vorgestellt, um geografische Verbreitung, charakteristische Keramik und Bestattungssitten, archäologische Hypothesen zu Entstehung, Ursprung und Niedergang der jeweiligen Kultur sowie deren Verflechtungen und Interaktion miteinander zu erläutern. Die in der Arbeit verwendete Chronologie der neolithischen Kulturen in Mitteldeutschland und deren Verbreitung stützt sich im Wesentlichen auf den bereits 2009 in gesetzter Form vorliegenden Beitrag von R. Schwarz »Zur Chronologie und Verbreitung der früh- und mittelneolithischen Kulturen in Sachsen-Anhalt« (Schwarz in Vorber.; Abb. 2.1–2.2).

2.2.1 Die Linienbandkeramikkultur

Der Übergang von der wildbeuterischen zur bäuerlichen Lebensweise definiert den Beginn des Frühneolithikums in Zentraleuropa und wird im Wesentlichen mit der Entwicklung und Verbreitung der Linienbandkeramikkultur (LBK, 5500–4775 cal BC) verbunden[11]. In ihren frühen Phasen war die LBK in Westungarn, Österreich, Deutschland, Polen, Rumänien, der Slowakei, der Tschechischen Republik und der Ukraine verbreitet und erstreckte sich zum Zeitpunkt ihrer größten Ausdehnung von der Ukraine bis in das Pariser Becken (Abb. 2.1). Der Ursprung der LBK wird vonseiten der Archäologie im heutigen Transdanubien vermutet. Hier finden sich die ältesten Nachweise der LBK, die in die erste Hälfte des 6. Jts. BC datieren (Oross/Bánffy 2009). In dieser frühesten Phase koexistierte die LBK in Transdanubien für etwa 100–150 Jahre zusammen mit der Starčevo-Kultur (~6000–5400 cal BC) (Bánffy 2004). Ein bedeutender Einfluss der Starčevo-Kultur auf die Genese der LBK wird in der archäologischen Forschung derzeit als weitestgehend gesichert angesehen[12]. Dieser formativen Phase folgte ein rasche Ausbreitung der LBK, die innerhalb von nur 150 Jahren im Westen den Rhein erreichte (Dolukhanov 2005). Das eponyme Merkmal der LBK bildet eine charakteristische Verzierung der keramischen Gefäße, die aus Bändern mit eckigen, wellen- oder spiralförmigen Linien bestehen (Quitta 1960; Behrens 1973; Pavlů 1998). Parallel zur räumlichen Ausbreitung vollzog sich in den späteren Phasen der LBK eine Differenzierung des einheitlichen keramischen Stils, welche im Wesentlichen den großen Flusssystemen folgte. Es können daher eine Seine-, Rhein-, Elbe-, Oder-, Weichsel- und Donaugruppe unterschieden werden (Lüning 1988). Die Unterschiede dieser Lokalstile sind teilweise sehr ausgeprägt ohne jedoch die überregionale Vergleichbarkeit zu verlieren. Die Verstorbenen wurden entweder auf Gräberfeldern oder innerhalb der Siedlung bestattet. Die Niederlegung erfolgte in der Regel in Hockerstellung, auf der rechten oder linken Körperseite ruhend (Behrens 1973; Einicke 1994; Pavlů 1998). Die homogen erscheinende Einheit der LBK in Zentraleuropa zerfiel gegen Ende des 6. und Anfang des 5. Jts. BC in mehrere eigenständige Kulturen mit geringerer geografischer Ausdehnung[13].

2.2.2 Die Stichbandkeramikkultur

Die Stichbandkeramikkultur (SBK, 4925–4650 cal BC) entwickelte sich aus östlichen Gemeinschaften der früheren LBK in Böhmen und verbreitete sich über Deutschland, die Tschechische Republik, Polen und Österreich (Kap. 2.1.3; Abb. 2.1). Das namensgebende Merkmal dieser Kultur ist eine Dekorationstechnik der Keramik, die aus eckigen Stichbändern besteht und als Weiterentwicklung der LBK-Verzierung angesehen wird (Behrens 1973; Pratsch 1994; Zápotocká 1998). In der Stichbandkeramikkultur waren Körper- und Brandbestattungen innerhalb einer Siedlung oder in deren Umgebung reguläre Bestattungsformen. Die Körperbestattungen wurden überwiegend in Hockerstellung auf der rechten oder linken Seite und in östlicher Ausrichtung vorgenommen (Behrens 1973; Pratsch 1994; Zápotocká 1998). Eine architektonische Besonderheit der Stichbandkeramikkultur stellen konzentrische Palisadenringe aus Holz mit Durchmessern von 60 bis 150 Metern dar, die durch Öffnungen und Tore unterbrochen und mit Kreisgräben umgeben wurden (z. B. Goseck in Sachsen-Anhalt). Die Öffnungen wurden vermutlich dazu verwendet, astronomische Konstellationen wie Sommersonnenwenden und Tag-und-Nacht-Gleichen zu beobachten, die wichtige Zeitpunkte innerhalb eines Erntejahres markierten (Bertemes u. a. 2004). Diese Observatorien zeigen vergleichbare Parallelen zu Stonehenge, wurden aber bereits 1800 Jahre früher im Verbreitungsgebiet der Stichbandkeramikkultur errichtet (Stonehenge ~3000 cal BC; Goseck

---

11 Behrens 1973; Einicke 1994; Pavlů 1998; Price 2000; Bogucki/Crabtree 2004; Whittle/Cummings 2007; Kap. 2.1.2.

12 Gronenborn 1999; Bánffy 2000; Gronenborn 2003; Bánffy 2004; Whittle/Cummings 2007; Kap. 2.1.2; Abb. 2.2.

13 Behrens 1973; Einicke 1994; Pavlů 1998; Whittle/Cummings 2007; Kap. 2.2.2–2.2.3.

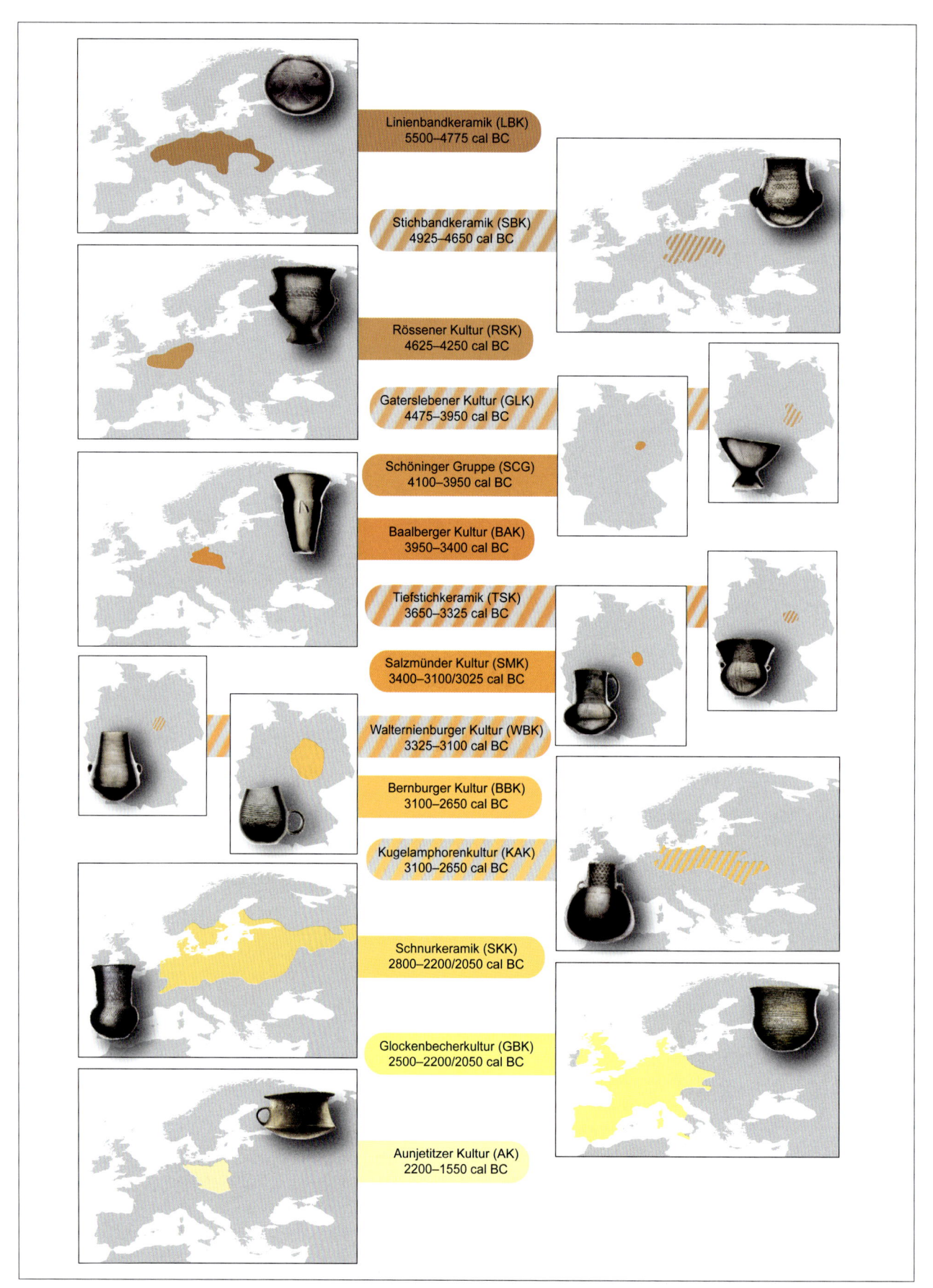

Abb. 2.1 Chronologie und Verbreitung prähistorischer Kulturen des MESG

Die neolithischen und frühbronzezeitlichen Kulturen sind in chronologischer Reihenfolge aufgeführt. Die Datierungen beziehen sich auf die Chronologie des MESG nach Schwarz (in Vorber.). Die Karten zeigen die größte Verbreitung jeder Kultur innerhalb Europas bzw. Deutschlands, sowie deren charakteristische oder namengebende Keramikgefäße (Photos © Landesamt für Denkmalpflege und Archäologie in Sachsen-Anhalt; Juraj Lipták). Die Farben kennzeichnen frühneolithische (braun), mittelneolithische (orange) und spätneolithische/frühbronzezeitliche Kulturen (gelb). Streifenmuster zeigen Kulturen an, die in der vorliegenden Arbeit nicht schwerpunktmäßig genetisch untersucht wurden.

~4800 cal BC). Das Ende der Stichbandkeramikkultur wurde durch die Lengyel-Kultur eingeleitet, die sich ausgehend von ihrem Entstehungsgebiet in Transdanubien nordostwärts nach Böhmen und Mähren ausbreitete (Zápotocká 1998; Kap. 2.1.3; Abb. 2.2). Im MESG wurde die Stichbandkeramikkultur durch die Rössener Kultur abgelöst (Kap. 2.2.3; Abb. 2.2).

2.2.3 Die Rössener Kultur

Die Rössener Kultur (RSK, 4625–4250 cal BC) wurde nach dem eponymen Fundplatz Rössen in Sachen-Anhalt benannt. Sie entwickelte sich über Hinkelstein und Großgartach aus dem westlichen LBK-Substrat in Südwestdeutschland und breitete sich über West- und Zentraldeutschland, Belgien und Nordostfrankreich aus (Behrens 1973; Ehrhardt 1994; Kap. 2.1.3; Abb. 2.1). Im MESG beeinflusste die Rössener Kultur die vorangegangene Stichbandkeramikkultur (Abb. 2.2). Funde der Rössener Kultur in der spätmesolithischen Ertebølle-Kultur Südskandinaviens zeugen von weitreichenden und lang anhaltenden Handelskontakten zwischen nördlichen Fischergemeinschaften und südlicheren Bauern (Ehrhardt 1994; Whittle/Cummings 2007), die möglicherweise zur Entwicklung produzierender Subsistenzstrategien in Südskandinavien beigetragen haben könnten (Kap. 2.1.3). Die charakteristische Keramik der Rössener Kultur besteht aus Schüsseln und Bechern, dekoriert mit Standfüßen und flächendeckenden Doppelstichverzierungen (Behrens 1973; Ehrhardt 1994; Beran 1998a). Die Bestattungen erfolgten in der Regel auf Gräberfeldern, auf denen die Verstorbenen in Hockerstellung mit unterschiedlicher Position und Ausrichtung beigesetzt wurden (Behrens 1973; Ehrhardt 1994). In der Saale-Region wurde die Rössener Kultur durch die Entstehung der Gaterslebener Kultur (Kap. 2.2.4) um die Mitte des 5. Jts. BC abgelöst, während in anderen Regionen die Entwicklung kultureller Gruppen des Epi-Rössen-/Epi-Lengyel-Horizonts (Kap. 2.2.5) das Ende der Rössener Kultur kennzeichnen (Abb. 2.2).

2.2.4 Die Gaterslebener Kultur

Gatersleben in Sachsen-Anhalt ist der namensgebende Fundplatz der Gaterslebener Kultur (GLK, 4475–3950 cal BC), deren Verbreitung auf Sachsen-Anhalt und Sachsen beschränkt war (Abb. 2.1). Das typische Keramikinventar der Gaterslebener Kultur besteht aus unverzierten Bechern mit flachen Böden und prominenten Knicken. Dieser Keramikstil zeigt auffällige Parallelen zu der Lengyel-Kultur (Kap. 2.1.3), sodass die Gaterslebener Kultur archäologisch als regionale Variante des Lengyel-Horizonts angesehen wird (Behrens 1973; Steinmann 1994; Beran 1998b; Abb. 2.2). Grablegungen wurden überwiegend in Hockerstellung auf der rechten Seite und mit dem Kopf im Süden vorgenommen, sodass die Toten Richtung Osten blickten (Behrens 1973; Steinmann 1994; Beran 1998b). Durch die Entstehung der Baalberger Kultur (Kap. 2.2.6) wurde die Gaterslebener Kultur abgelöst bzw. ging in dieser auf (Behrens 1973; Steinmann 1994; Beran 1998b; Abb. 2.2).

2.2.5 Die Schöninger Gruppe

Die Verbreitung der Schöninger Gruppe (SCG, 4100–3950 cal BC) war auf den südlichen Teil des MESG sowie die angrenzenden Regionen Niedersachsens beschränkt (Abb. 2.1). Benannt wurde diese archäologische Formation nach dem Fundplatz Schöningen in Niedersachsen. Charakteristische Gefäße der Schöninger Gruppe sind durch s-förmige Schüsseln repräsentiert, die mit punktierten Bändern verziert wurden. Die Form dieser Keramik lässt auf Einflüsse der Lengyel-Kultur (Kap. 2.1.3) schließen, während die Verzierungstechnik Parallelen zur Rössener Kultur (Kap. 2.2.3) aufweist. Basierend auf diesen Merkmalen erfolgte die Klassifizierung der Schöninger Gruppe in den Epi-Rössen-/Epi-Lengyel-Horizont (Schunke 1994), der durch das Aufkommen der Baalberger Kultur (Kap. 2.2.6) im MESG abgelöst wurde (Abb. 2.2). Derzeit sind Funde der Schöninger Gruppe und des Epi-Rössen-/Epi-Lengyel-Horizonts im MESG vergleichsweise selten, sodass eine umfassende archäologische Studie bezüglich der Einordnung der Schöninger Gruppe und dessen Beziehungen zu anderen zeitgleichen Kulturen bislang nicht vorliegt.

2.2.6 Die Baalberger Kultur

Die Entstehung der Baalberger Kultur (BAK, 3950–3400 cal BC) markiert den Beginn des Mittelneolithikums in Zentraleuropa. Diese Periode ist vor allem durch die Entwicklung des Trichterbecher-Komplexes charakterisiert[14]. Die Baalberger Kultur repräsentiert im MESG die älteste Kultur des Trichterbecher-Komplexes. Sie ist nach dem eponymen Fundplatz in Sachsen-Anhalt benannt und war schwerpunktmäßig in Mitteldeutschland verbreitet. Siedlungen und Gräber finden sich aber auch entlang der Flüsse Oder und Elbe, in Südwestpolen und im Norden der Tschechischen Republik (Abb. 2.1). Gemeinsamkeiten in der Keramik lassen vermuten, dass die Genese der Baalberger Kultur durch den Lengyel-Horizont beeinflusst wurde, vornehmlich durch die vorangegangene Gaterslebener Kultur, die eine lokale Variante der Lengyel-Kultur im MESG darstellt (Behrens 1973; Kubenz 1994; Beran 1998c; Kap. 2.2.4; Abb. 2.2). Das typische Keramikinventar der Baalberger Kultur umfasst nicht dekorierte Trichterbecher, Krüge, Amphoren und Tassen (Kubenz 1994). Die Verstorbenen wurden in der Regel ohne geschlechtsspezifische Unterschiede in Hockerstellung auf der rechten Körperseite bestattet. Der Kopf wurde Richtung Osten oder Westen aus-

---

14 Behrens 1973; Kubenz 1994; Beran 1998c; Whittle/Cummings 2007; Rowley-Conwy 2011; Kap. 2.1.3.

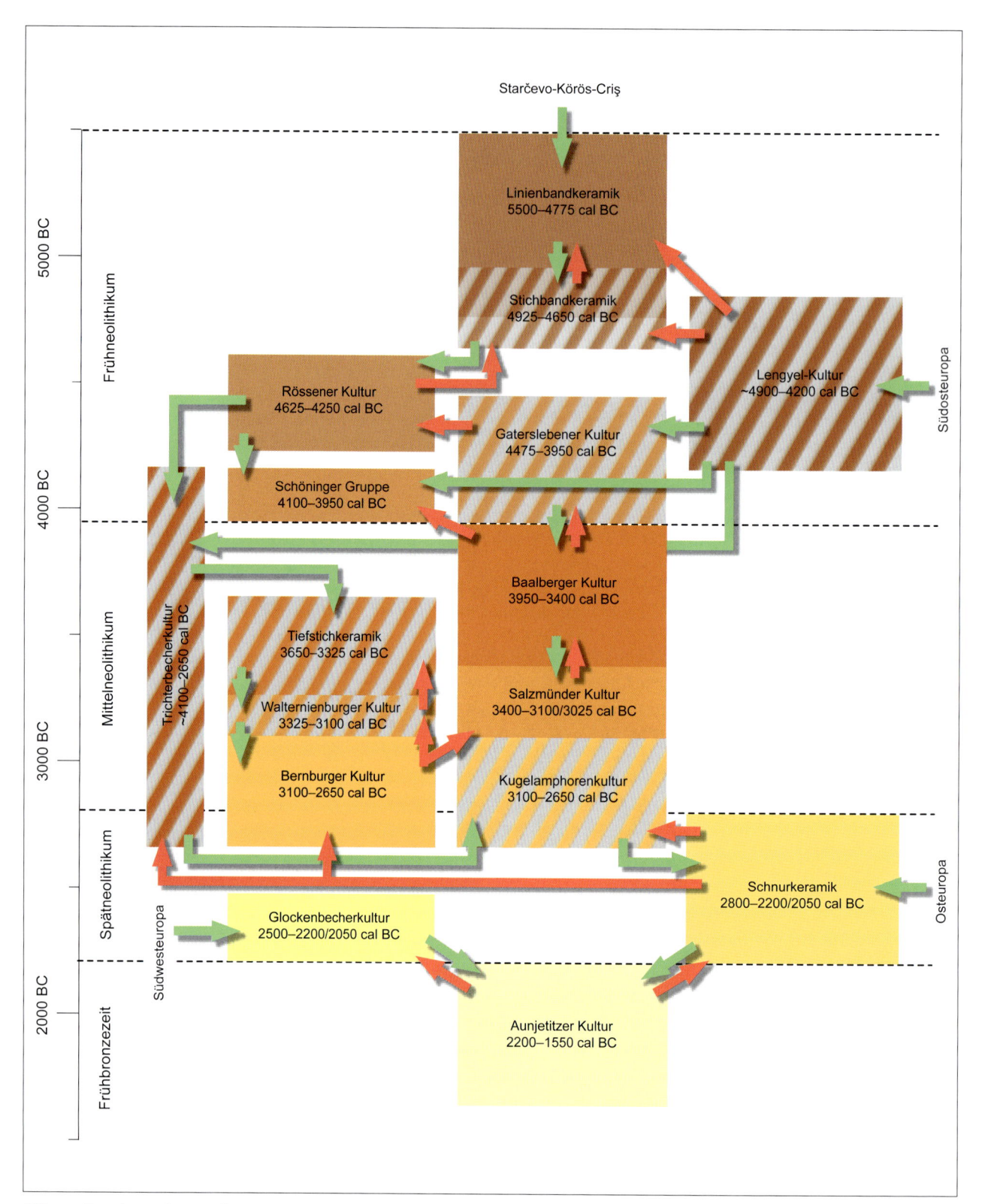

Abb. 2.2 Komplexität der Interaktionen zwischen den prähistorischer Kulturen des MESG

Die neolithischen und frühbronzezeitlichen Kulturen des MESG sind in chronologischer Reihenfolge aufgeführt. Zusätzlich wurden Kulturen oder Kulturkomplexe mit kontextueller Bedeutung integriert (Starčevo-Körös-Criş-Komplex, Lengyel-Kultur und Trichterbecherkultur). Die Farbgebung entspricht Abbildung 2.1. Die Pfeile zeigen potenzielle Kontakte oder Einflüsse, die nach archäologischen Erkenntnissen zur Entstehung (grün) oder zum Niedergang (rot) der Kulturen beigetragen haben könnten.

gerichtet, sodass die Individuen nach Norden oder Süden blickten (Behrens 1973; Kubenz 1994; Beran 1998c). Eine Besonderheit der Baalberger Kultur stellen Grabmonumente wie Grabhügel oder Trapezanlagen dar, die vermutlich als Anzeichen einer sozialen Differenzierung innerhalb der Baalberger Gesellschaft interpretiert werden können (Behrens 1973; Kubenz 1994). Das Ende der Baalberger Kultur ist durch das Auftreten der Salzmünder Kultur markiert, in der sie vermutlich aufging (Schwarz 2013; Kap. 2.2.8; Abb. 2.2).

2.2.7 Die Tiefstichkeramikkultur

Die Tiefstichkeramikkultur (TSK, 3650–3325 cal BC) war eine regionale Variante der Trichterbecherkultur (Kap. 2.1.3), die hauptsächlich in der Altmark, einer Region im Norden von Sachsen-Anhalt, verbreitet war (Abb. 2.1) und zeitweise mit der Baalberger Kultur (Kap. 2.2.6) koexistierte (Abb. 2.2). Das eponyme Merkmal der Tiefstichkeramikkultur bildet eine charakteristische Verzierung der trichterförmigen Gefäße, die aus großflächigen Einstichmustern besteht (Behrens 1973; Hilbig 1998). In der archäologischen Forschung wird vermutet, dass sich die Tiefstichkeramikkultur aus Trichterbecher-Gemeinschaften der norddeutschen Tiefebene entwickelte und in südlichere Regionen Zentraleuropas einwanderte (Voigt 1994; Hilbig 1998). Dies wird unterstützt durch die Tatsache, dass Verstorbene in der Tiefstichkeramikkultur in Megalith-Gräbern bestattet wurden, die eine übliche Bestattungsform nördlicher Trichterbecher-Gruppen darstellt (Behrens 1993; Voigt 1994; Hilbig 1998). Diese Gräber bestanden aus großen Steinblöcken, aus denen eine Grabkammer konstruiert wurde. Die Tiefstichkeramikkultur kann als die erste Stufe einer Kulturabfolge angesehen werden, die durch die nachfolgende Walternienburger Kultur (Kap. 2.2.9) fortgesetzt wurde und mit der Bernburger Kultur (Kap. 2.2.10) endete (Voigt 1994; Schwarz 2013; Abb. 2.2).

2.2.8 Die Salzmünder Kultur

Der Fundplatz Salzmünde-Schiepzig in Sachsen-Anhalt ist namensgebend für die Salzmünder Kultur (SMK, 3400–3100/3025 cal BC), die eine lokale Gruppe der Trichterbecherkultur im südlichen Teil von Sachsen-Anhalt darstellt (Abb. 2.1). Typische Gefäßformen der Salzmünder Kultur sind langhalsige Kannen, die mit vertikal verlaufenden linearen Mustern verziert wurden (Behrens 1973; Schindler 1994). Basierend auf der Kulturabfolge und Gemeinsamkeiten in der Keramik wird vermutet, dass sich die Salzmünder Kultur aus der vorangegangen Baalberger Kultur (Kap. 2.2.6) entwickelte (Schwarz 2013; Abb. 2.2). Die Totenbettung erfolgte auf Gräberfeldern oder innerhalb einer Siedlung in Hockerstellung auf der rechten oder linken Körperseite in Nord-Süd oder Ost-West Ausrichtung. Eine Besonderheit des Bestattungsritus stellen Scherbenpackungsgräber dar, in denen die Toten mit mehreren tausend Keramikscherben abgedeckt wurden[15]. Das Ende der Salzmünder Kultur wurde durch die Expansion der Bernburger Kultur (Kap. 2.2.10) induziert (Schwarz 2013; Abb. 2.2).

2.2.9 Die Walternienburger Kultur

Die Walternienburger Kultur (WBK, 3325–3100 cal BC), die nach dem eponymen Fundplatz in Sachsen-Anhalt benannt wurde, stellt ebenfalls eine regionale Variante der Trichterbecherkultur dar, die zwischen Elbe und Havel im nördlichen Teil von Sachsen-Anhalt verbreitet war (Abb. 2.1). Die Walternienburger Kultur entwickelte sich zeitgleich zur südlicheren Salzmünder Kultur (Kap. 2.2.8). Ihre Keramik zeigt jedoch charakteristische Elemente der Tiefstichkeramik (Kap. 2.2.7), sodass Archäologen von einer direkten Kulturabfolge von Tiefstichkeramikkultur und Walternienburger Kultur ausgehen (Behrens 1973; Schwertfeger 1994; Beran 1998e; Abb. 2.2). Die Verstorbenen wurden in Hockerstellung oder gestreckter Position mit dem Kopf im Osten bestattet. Die Walternienburger Kultur ging Ende des 4. Jts. BC in die nachfolgende Bernburger Kultur über (Schwarz 2013; Kap. 2.2.10; Abb. 2.2).

2.2.10 Die Bernburger Kultur

Die Bernburger Kultur (BBK, 3100–2650 cal BC) war einer der letzten Repräsentanten des Trichterbecher-Komplexes in Zentraleuropa und ist nach dem eponymen Fundplatz in Sachsen-Anhalt benannt. Zugleich bildet die Bernburger Kultur die letzte Stufe der Kultursequenz, die archäologisch über die Walternienburger Kultur (Kap. 2.2.9) bis zur Tiefstichkeramikkultur (Kap. 2.2.7) zurückverfolgt werden kann (Schwarz 2013). Die Bernburger Kultur verbreitete sich über Sachsen-Anhalt, Thüringen, Sachsen und Niedersachsen (Behrens 1973; Torres-Blanco 1994; Abb. 2.1). Im MESG koexistierte die Bernburger Kultur mit der Kugelamphorenkultur (Kap. 2.2.11; Abb. 2.2). Bauchige Tassen mit breiten Henkeln charakterisieren den Bernburger Keramikstil (Beran 1998f). Der Bestattungsritus folgte der megalithischen Tradition. Die Leichname wurden in der Regel kollektiv in Totenhütten bestattet, die aus Holzbohlen und Steinen errichtet wurden (Torres-Blanco 1994; Berthold 2008). Im MESG wurde die Bernburger Kultur durch die Anfang des 3. Jts. BC aufkommende Schnurkeramikkultur (Kap. 2.2.12; Abb. 2.2) verdrängt oder assimiliert.

2.2.11 Die Kugelamphorenkultur

Die Kugelamphorenkultur (KAK, 3100–2650 cal BC) war eine überregionale Kultur des Mittelneolithikums, die über Nordost- und Zentraldeutschland, die Tschechische Republik und die Ukraine verbreitet war (Abb. 2.1). Archäologisch

---

15 Behrens 1973; Schindler 1994; Beran 1998d; Stecher u. a. 2013; Schlenker/Stecher 2013.

wird der Ursprung der Kugelamphorenkultur in der Region Kujawien des heutigen Polens vermutet, in der sie sich aus lokalen Gemeinschaften der Trichterbecherkultur entwickelte (Behrens 1973; Beier 1998; Abb. 2.2). In Zentraldeutschland sind intensive Kontakte zwischen der Kugelamphorenkultur und der zeitgleichen Bernburger Kultur (Kap. 2.2.10) archäologisch nachgewiesen. Bauchige Amphoren mit verlängertem Hals repräsentieren die charakteristische Keramik der Kugelamphorenkultur (Behrens 1973; Montag 1994). Der Bestattungsritus weist geschlechtsspezifische Unterschiede auf. In der Regel wurden Männer in rechter und Frauen in linker Hockerlage bestattet, wobei die Köpfe jeweils östlich ausgerichtet wurden. Eine Eigenheit der Kugelamphorenkultur sind Rinderbestattungen, die zusammen mit Menschen oder isoliert angelegt wurden und möglicherweise die Bedeutung domestizierter Rinder im täglichen Leben und der rituellen Praxis widerspiegeln (Behrens 1973; Montag 1994). In ihrer letzten Phase koexistierte die Kugelamphorenkultur parallel mit der sich ausbreitenden Schnurkeramikkultur (Behrens 1973; Montag 1994; Kap. 2.2.12; Abb. 2.2). Das Verbreitungsgebiet der Kugelamphorenkultur wird nahezu vollständig von der nachfolgenden Schnurkeramikkultur überlagert (Abb. 2.1), sodass archäologisch davon ausgegangen wird, dass die Kugelamphorenkultur durch die Schnurkeramikkultur assimiliert wurde (Behrens 1973; Beier 1998).

2.2.12 Die Schnurkeramikkultur

Die Entwicklung und Ausbreitung der Schnurkeramikkultur (SKK, 2800–2200/2050 cal BC) markiert den Beginn des Spätneolithikums in Zentraleuropa. Diese Periode ist durch zwei bedeutende archäologische Phänomene mit paneuropäischer Verbreitung charakterisiert. Dazu zählen die Schnurkeramikkultur im Osten und die Glockenbecherkultur im Westen Europas (Kap. 2.2.13; Abb. 2.1). In Zentraleuropa, inklusive des MESG, trafen beide Großkulturen aufeinander, was in einer Überlagerung ihrer Verbreitungsgebiete und einer zeitweisen Koexistenz beider Kulturen in diesen Regionen resultierte. Die Schnurkeramikkultur war im 3. Jt. BC in weiten Regionen Nordost-, Ost- und Zentraleuropas verbreitet. Während ihrer größten Ausdehnung erstreckte sie sich vom Rhein im Westen bis an die Wolga im Osten und von der Donau im Süden bis nach Südskandinavien und dem Baltikum im Norden[16]. Innerhalb dieses Gebietes können verschiedene Gruppen der Schnurkeramikkultur archäologisch unterschieden werden, die jedoch aufgrund gemeinsamer charakteristischer Befunde wie z. B. Keramikverzierung, geschlechtsspezifische Bestattungen und Steinäxte in einem erweiterten archäologischen Kontext zusammengefasst werden können (Mallory 1989; Buchvaldek/Strahm 1992; Beran 1998g; Bogucki/Crabtree 2004). Das Verbreitungsgebiet der Schnurkeramikkultur überlagerte sich mit oder grenzte an zahlreiche frühere Kulturen Nordosteuropas (Trichterbecherkultur und *Pitted-Ware*-Kultur), Zentral- und Osteuropas (Kugelamphorenkultur, Kap. 2.2.11) und Südosteuropas (Kurgan-Kulturen der pontisch-kaspischen Steppe wie z. B. die Jamnaja-Kultur; Abb. 2.1). Diese Konstellation führte dazu, dass seitens der Archäologie verschiedene Einflüsse auf die Genese der Schnurkeramikkultur vermutet und bis heute diskutiert werden (Gimbutas 1970; Buchvaldek/Strahm 1992; Bogucki/Crabtree 2004). Der Ursprung der Schnurkeramikkultur wird bisweilen in der Region zwischen Weichsel und Dnjepr gesehen (Beran 1998g; Furholt 2003). Das typische und namensgebende Merkmal der Schnurkeramikkultur ist eine Gefäßverzierung, die durch das Eindrücken einer gewundenen Schnur in den noch weichen Ton erzeugt wurde. Das Bestattungsritual ist durch eine geschlechtsspezifische Differenzierung gekennzeichnet. Männer wurden in der Regel in Hockerstellung auf der rechten Seite und mit dem Kopf im Westen bestattet, während Frauen auf der linken Körperseite mit östlicher Orientierung niedergelegt wurden. Auf diese Weise blickten beide Geschlechter Richtung Süden (Buchvaldek/Strahm 1992; Behrens 1973; Bertram 1994; Beran 1998g). Die Schnurkeramikkultur endete mit der Entwicklung frühbronzezeitlicher Gesellschaften in Europa (Abb. 2.2).

2.2.13 Die Glockenbecherkultur

Die Glockenbecherkultur (GBK, 2500–2200/2050 cal BC) repräsentiert ein Kulturphänomen, das im Kontrast zur Schnurkeramikkultur (Kap. 2.2.12) steht. Die Glockenbecherkultur war über weite Teile West- und Zentraleuropas, die Britischen Inseln und Teile Nordafrikas verbreitet (Abb. 2.1). Analog zur Schnurkeramikkultur können bei der Glockenbecherkultur verschiedene Regionalgruppen unterschieden werden, die aufgrund verbindender Merkmale wie z. B. Keramik, Kupferobjekte, Bögen und spezifische Bestattungssitten zusammengefasst werden können (Bogucki/Crabtree 2004; Vander Linden 2007a; Vander Linden 2007b). Im MESG trat die Glockenbecherkultur etwa 300 Jahre später als die Schnurkeramikkultur auf und beide Kulturen koexistierten in Zentraleuropa für mehr als 300 Jahre[17]. Neben dem Verbreitungsgebiet weisen auch die Bestattungssitten der Glockenbecherkultur konträre Merkmale zu denen der Schnurkeramikkultur auf und zeugen von der Existenz zweier eigenständiger und abgrenzbarer Kulturen mit einem klaren Kulturbewusstsein[18]. In der Glockenbecherkultur wurden die Verstorbenen in Hockerstellung und mit geschlechtsspezifischer Ausrichtung bestattet. Im Gegensatz zur Schnurkeramikkultur wurden Männer auf der linken Seite mit dem Kopf im Norden und Frauen auf der rechten Körperhälfte mit dem Kopf im Süden niedergelegt. Somit blickten beide Geschlechter Richtung Osten (Nicolis 2001). Das eponyme Merkmal bildet die charakteristische glockenförmige Gefäßform. Neben der Keramik wird die Glockenbecherkultur hauptsächlich mit der Entwicklung metallurgischer Kenntnisse in Verbindung gebracht, insbe-

---

16 Behrens 1973; Buchvaldek/Strahm 1992; Bertram 1994; Beran 1998g; Abb. 2.1.

17 Puttkammer 1994; Czebreszuk/Szmyt 2003; Bogucki/Crabtree 2004; Vander Linden 2007a; Vander Linden 2007b; Hille 2012; Abb. 2.1–2.2.

18 Nicolis 2001; Czebreszuk/Szmyt 2003; Heyd 2007; Harrison/Heyd 2007; Vander Linden 2007b.

sondere der Herstellung von Kupfer- und Goldobjekten, die durch die Glockenbecherkultur eine weite Verbreitung im prähistorischen Europa erfuhren (Nicolis 2001; Bogucki/Crabtree 2004). Die Genese der Glockenbecherkultur ist Gegenstand zahlreicher Diskussionen in der archäologischen Forschung (Nicolis 2001; Vander Linden 2007b) die von einer autochthonen Entwicklung auf der Iberischen Halbinsel (Spanisches Modell; Castillo 1928) über die Adaptierung von Schnurkeramikkultur-Traditionen in den Regionen der heutigen Niederlande (Niederländisches Modell; Lanting/Van der Waals 1976) bis zur Kombination dieser beiden Modelle (Reflux Modell; Sangmeister 1967) reichen. Die ältesten Funde der Glockenbecherkultur, die laut Radiokohlenstoffdaten in die erste Hälfte des 3. Jts. BC datieren, stammen aus dem Tagus-Tal in der portugiesischen Extremadura und unterstützen das Spanische Modell (Nicolis 2001; Bogucki/Crabtree 2004; Abb. 2.2). Mit der Etablierung frühbronzezeitlicher Gesellschaften wie der Aunjetitzer Kultur (Kap. 2.2.14) in Zentraleuropa endet die Glockenbecherkultur.

2.2.14 Die Aunjetitzer Kultur

Eines der kennzeichnendsten Merkmale der Frühbronzezeit ist die weiterentwickelte Metallurgie. Obwohl die Techniken zur Produktion von Kupfer- und Goldobjekten bereits ab dem 5. Jt. BC in Europa bekannt waren und praktiziert wurden (Kap. 2.1.3), bedingte die Innovation der Verhüttung von Kupfer und Zinn zu Bronze einen tief greifenden ökonomischen und sozialen Wandel im prähistorischen Europa. Das Wissen um die Bronzeverarbeitung entwickelte sich im 4. Jt. BC im Vorderen Orient und erreichte Zentraleuropa etwa 1000 Jahre später. Die begrenzte Verfügbarkeit von Erzen führte zur Neuorganisation von Handelsrouten und die Kontrolle über Ressourcen, Bergbau, Handel und Metallverarbeitung zur Herausbildung sozial stratifizierter Gesellschaften, die vor allem durch prachtvolle Fürstengräber der »Oberschicht« wie an den Fundplätzen Leubingen und Helmsdorf zum Ausdruck kommen (Behrens 1973; Neubert 1994). Die Aunjetitzer Kultur (AK, 2200–1550 cal BC) repräsentiert die erste Kultur der Frühbronzezeit in Zentraleuropa, die nach dem Fundplatz Ùnětice in der Tschechischen Republik benannt wurde. Die Verbreitung der Aunjetitzer Kultur reichte von Thüringen, Sachsen-Anhalt und Sachsen in Zentraldeutschland über Böhmen und Mähren in der Tschechischen Republik, Schlesien in Polen und der Südwestslowakei bis nach Niederösterreich. Somit deckte dieses Territorium den Großteil des Überschneidungsgebietes zwischen der Schnurkeramikkultur (Kap. 2.2.12) und der Glockenbecherkultur (Kap. 2.2.13) in Zentraleuropa ab (Abb. 2.1). Demzufolge wurde seitens der Archäologie die Vermutung geäußert, dass sich die Aunjetitzer Kultur aus lokalen Gemeinschaften der Schnurkeramikkultur und der Glockenbecherkultur entwickelte (Behrens 1973; Neubert 1994; Czebreszuk/Szmyt 2003; Abb. 2.2). Charakteristische Funde sind durch die Aunjetitzer Tasse oder Bronzeobjekte wie die böhmische Ösenkopfnadel repräsentiert. Die Bestattung erfolgte ohne geschlechtsspezifische Unterschiede in Hockerstellung auf der rechten Körperseite und mit dem Kopf im Süden, sodass die Verstorbenen Richtung Osten blickten.

2.3 Modelle zum Kulturwandel

Seit Vere Gordon Childe (1936) den Begriff der »Neolithischen Revolution« prägte und damit den immensen kulturellen Wandel betonte, den er im Übergang von der aneignenden zur produzierenden Wirtschaftsweise erkannte, hat die Entwicklung modellhafter Vorstellungen zur Erklärung kultureller Umbrüche eine lange Tradition. Es ist vor allem dem enormen Forschungsinteresse an der Verbreitung von Ackerbau und Viehzucht geschuldet, dass ein Großteil dieser Modelle auf der initialen Neolithisierung in den unterschiedlichen Regionen Europas basieren. Allerdings ist zu beachten, dass bei einer Fragestellung mit fast hundertjähriger Forschungstradition die einzelnen Hypothesen durch dominierende Schulen und dogmenhafte Lehrmeinungen, Moden und Zeitgeist oder sogar politische Orientierungen geprägt sind (Zusammenfassung bei Scharl 2004). Die Entwicklung agrarischer Gesellschaften in Europa wird in der Regel durch drei grundlegende Modelle erklärt:

1. Migrationsmodell oder Diffusionsmodell: Dieses Modell basiert auf der Annahme, dass der Prozess der Neolithisierung in Europa durch einwandernde Bauern aus dem Nahen Osten katalysiert wurde. Demnach besiedelten die frühen Bauern die fruchtbaren Lössregionen Europas und durchliefen aufgrund der überlegenen landwirtschaftlichen Techniken und Subsistenzstrategien ein rasches Bevölkerungswachstum, im Zuge dessen die lokale mesolithische Bevölkerung verdrängt wurde[19].
2. Akkulturationsmodell oder kulturelles Diffusionsmodell: Die zweite Hypothese formuliert eine konträre Ansicht und nimmt an, dass die Verbreitung der neolithischen Lebensweise durch kulturelle Diffusion erfolgte. Dabei wurden Ideen und technologische Neuerungen transportiert. Diese wurden möglicherweise über Handelskontakte verbreitet und von ansässigen Gesellschaften übernommen und weiterentwickelt. Einer Einwanderung von neolithischen Bauern wird daher nur eine untergeordnete Rolle beigemessen bzw. wird diese gänzlich ausgeschlossen[20].
3. Integrationsmodell: Der dritte Erklärungsansatz stellt eine Synthese der zuvor genannten Modelle dar und vermutet, dass beide Szenarien zu unterschiedlichen Zeiten und in verschiedenen Regionen mit variierenden Beiträgen an der neolithischen Transition beteiligt waren[21].

---

19 Childe 1957; Piggott 1965; Clark 1965; Ammerman/Cavalli-Sforza 1984; van Andel/Runnels 1995.

20 Dennell 1983; Barker 1985; Thomas 1988; Tilley 1994; Thomas 1996; Whittle 1996.

21 Zvelebil 1989; Chapman 1994; Thorpe 1996; Zilhão 1997; Zilhão 2001; Zvelebil 2002.

Diese drei grundlegenden Modelle stellen allerdings nur extreme Varianten dar, welche die sehr komplexen und zumeist kleinräumigen Neolithisierungsprozesse idealisiert und stark vereinfacht wiedergeben. In der Archäologie werden daher längst differenzierte Modelle diskutiert, die den vielschichtigen Entwicklungsprozessen eher gerecht werden (Zusammenfassung bei Zvelebil 2001). Im Wesentlichen unterscheiden sich diese spezifischen Modelle in variierenden Beiträgen, Einflüssen und Interaktionen einer lokalen Grundbevölkerung mit einer immigrierenden Population (im Falle der Neolithisierung sind diese durch die ansässigen Jäger-Sammler-Gruppen bzw. frühen Bauern repräsentiert). Die in den Modellen verankerten Grundprinzipien sind daher in gewissem Maß auch auf den Kulturwandel in späteren Perioden des Neolithikums übertragbar. Im Folgenden werden einige dieser Modelle – ohne einen Anspruch auf Vollständigkeit – kurz vorgestellt:

1. *Folk migration*: gerichtete und einmalige massive Migration einer Bevölkerungsgruppe in ein definiertes Gebiet.
2. *Demic diffusion*: fortlaufende Kolonisierung eines Gebietes über mehrere Generationen, bei der die Folgegeneration einer Siedlung ungerichtet neue Territorien besiedelt (Ammerman/Cavalli-Sforza 1984; Renfrew 1987).
3. *Elite dominance*: Eindringen einer kleinen, aber sozial, politisch oder wirtschaftlich elitären Gruppe in ein besiedeltes Gebiet, die im Folgenden die Kontrolle über die lokale Bevölkerung erringt und diese dominiert (Renfrew 1987).
4. *Infiltration*: graduelle Unterwanderung eines Gebiets durch kleine spezialisierte Gruppen, die spezifische ökonomische, gesellschaftliche oder wirtschaftliche Nischen besetzen (Neustupny 1982).
5. *Leapfrog colonisation*: selektive Besiedelung einer Region durch kleine Pioniergruppen, die gezielt siedlungsgünstige Naturräume besetzen und somit Enklaven innerhalb der autochthonen Bevölkerungsstruktur bilden (Zilhão 1993; van Andel/Runnels 1995; Renfrew 1996; Renfrew 2000).
6. *Maritime pioneer colonisation*: schnelle Ausbreitung kleiner Pioniergruppen, die sich entlang von Küstenlinien verbreiten und mit der autochthonen Bevölkerung interagieren (Zilhão 1997, Zilhão 2001).
7. *Frontier mobility*: kleinräumige Mobilität innerhalb einer Kontaktzone zwischen Jäger-Sammlern und Bauern im Zuge wirtschaftlicher Handelskontakte und/oder sozialer Netzwerke sowie Verwandtschafts- und Heiratsmuster (Zvelebil 1995; Zvelebil 1996).
8. *Contact*: ausschließlich wirtschaftliche Kontakte, die als Kommunikations- und Handelskanäle fungieren, über die sich technische Innovationen, domestizierte Tiere und Pflanzen verbreiten, ohne, dass sich dies auf die Bevölkerungsstruktur auswirkt.

Basierend auf der Annahme, dass sich autochthone und immigrierende Populationen genetisch unterscheiden, sollte ein Großteil der hier aufgezeigten Modelle anhand geeigneter genetischer Marker rekonstruiert werden können. Eine genetische Analyse kann dazu beitragen, prähistorische Bevölkerungen zu charakterisieren und zu unterscheiden, um weitere Perspektiven zum Prozess der Neolithisierung und dem nachfolgenden Kulturwandel während des Neolithikums zu liefern.

3 Genetische Grundlagen

3.1 Genetische Marker

Um archäologische und anthropologische Fragestellungen mittels molekulargenetischer Verfahren beantworten zu können, bedarf es geeigneter Marker mit einem entsprechend hohen Informationsgehalt in Bezug auf die spezifische Fragestellung. Im Wesentlichen können im menschlichen Genom vier Komponenten unterschieden werden, die für paläogenetische Fragestellungen von Bedeutung sind (Abb. 3.1). Dazu zählen innerhalb des Zellkerns Autosomen, X- und Y-Chromosom sowie das mitochondriale Genom, das außerhalb des Zellkerns im Cytoplasma lokalisiert ist. Ein Großteil der Gene eines Menschen ist auf 22 Chromosomenpaaren organisiert, die als Autosomen bezeichnet werden. Autosomen werden geschlechtsunspezifisch, also von Vater und Mutter (biparental) auf die Nachkommen vererbt. Die Gene der Autosomen weisen den größten Informationsgehalt auf, der in bisherigen Studien jedoch nur ansatzweise ausgeschöpft wurde. Dies ist zum Teil darin begründet, dass die Funktion identifizierter Gene vielfach unbekannt ist und im Fokus der aktuellen molekulargenetischen Forschung steht. Bislang wurden Gene überwiegend zur Bestimmung phänotypischer Ausprägungen wie Haar-, Augen- und Hautfarbe oder genetischer Prädispositionen für bestimmte Krankheiten sowie Ernährungsanpassungen verwendet. Neben den Genen enthalten Autosomen jedoch auch nicht codierende, also »genleere« Bereiche. Diese nicht codierenden Abschnitte sind häufig weniger stark konserviert als Gene und weisen eine höhere Mutationsrate auf. Demzufolge zeigen sie eine hohe Variabilität, die durch biparentale Vererbung noch weiter erhöht wird und somit für unterschiedliche Fragestellungen verwendet werden kann. Dazu zählen neben Populationsgenetik und Verwandtschaftsrekonstruktion auch forensische Anwendungen, wie z. B. die Identifikation von Personen mithilfe eines genetischen Fingerabdrucks.

Im Gegensatz zu den Autosomen stehen die Gene der Geschlechtschromosomen (Gonosomen) – also des X- und Y-Chromosoms – bislang weniger im Mittelpunkt des Forschungsinteresses. Ihre nicht codierenden Bereiche enthalten eine Fülle an Variation und Information, die für populationsgenetische Fragestellungen, zur Identifikation im forensischen Kontext und zur Geschlechtsbestimmung verwendet werden. Das Y-Chromosom kann aufgrund seiner uniparental paternalen Vererbung – also vom Vater auf den Sohn – auch für Verwandtschaftsrekonstruktionen im Sinne eines Vaterschaftstests verwendet werden.

Mitochondriale DNA weist aufgrund ihrer hohen Mutationsrate eine große Variabilität auf und ist im Zusammenhang mit einer uniparental maternalen Vererbung – also

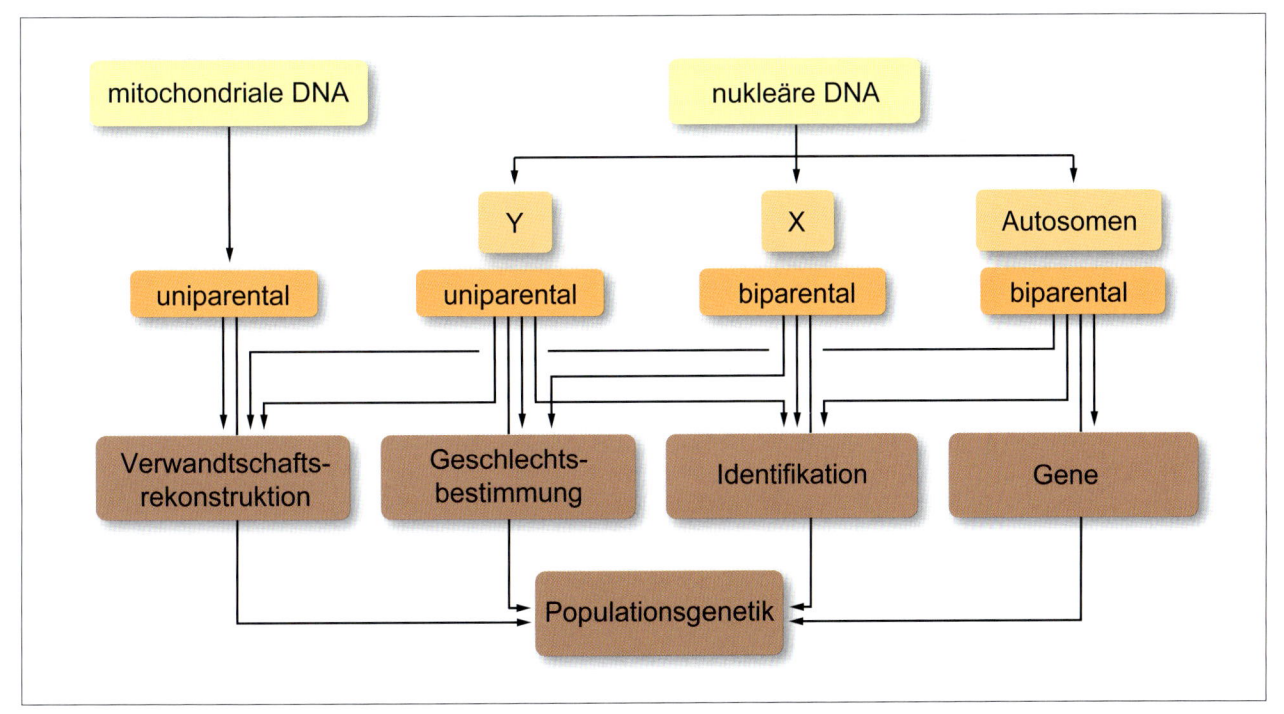

Abb. 3.1 Anwendungsmöglichkeiten genetischer Marker
Die Wahl aussagekräftiger genetischer Marker hängt von der archäologischen und/oder anthropologischen Fragestellung ab. Das Flussdiagramm zeigt die bedeutendsten genetischen Marker, ihren Vererbungsmechanismus und den jeweiligen Informationsgehalt für bestimmte Fragestellungen auf.

von der Mutter auf deren Kinder – sowohl zur Rekonstruktion von verwandtschaftlichen Matrilinien als auch für populationsgenetische Fragestellungen von Interesse.

Dem Fokus der hier vorgelegten Arbeit folgend, werden in den anschließenden Kapiteln die genetischen Grundlagen schwerpunktmäßig vor dem Hintergrund mitochondrialer DNA gelegt. An entsprechender Stelle wurden jedoch auch bedeutende Kontextinformationen autosomaler und Y-chromosomaler DNA integriert.

3.2 Mitochondriale DNA

Neben der chromosomalen DNA im Zellkern enthalten eukaryotische Zellen Mitochondrien, die eigenständige Genome besitzen und dadurch unabhängig vom Zellkern repliziert und transkribiert werden können. Mitochondrien sind stäbchenförmige cytoplasmatische Organellen mit einer Länge von wenigen Mikrometern, die aus einer inneren und äußeren Membran aufgebaut sind. Die Innenmembran umschließt den Innenraum – die Matrix – des Mitochondriums, in der bis zu zehn Kopien des mitochondrialen Genoms vorliegen können. Die Anzahl der Mitochondrien pro Zelle variiert zwischen mehreren hundert bis über hunderttausend und ist stark vom Energiebedarf des jeweiligen Gewebetyps abhängig (Lightowlers u. a. 1997; Jansen 2000; Thorburn/Dahl 2001). Im Vergleich zur zweifachen Kopie des diploiden Chromosomensatzes der nukleären DNA enthält eine Zelle also erheblich mehr Kopien der mitochondrialen DNA (mtDNA).

3.2.1 Aufbau und Struktur

Das humane mitochondriale Genom besteht aus einem zirkulären doppelsträngigen DNA-Molekül mit einer Größe von 16 569 Basenpaaren (bp; Anderson u. a. 1981; Andrews u. a. 1999; Abb. 3.2). Die beiden Einzelstränge der mtDNA weisen eine asymmetrische Verteilung von Guanin und Cytosin auf und werden nach ihrer Basenzusammensetzung als heavy- (H) und light- (L) strand bezeichnet. Der guaninreiche Strang entspricht dem *H-strand*, der cytosinreiche dem *L-strand*. Das mitochondriale Genom enthält insgesamt 37 Gene, die für zwei Ribosomale-RNAs (rRNA), 22 Transfer-RNAs (tRNA) und 13 Proteine codieren (Anderson u. a. 1981; Wallace 2001). Die tRNA-Gene sind immer zwischen die Gene der Proteine bzw. der rRNA geschaltet (Abb. 3.2). Die Proteine sind überwiegend am Elektronentransfer im Rahmen der Atmungskette und an den energieerzeugenden Prozessen der oxidativen Phosphorylierung beteiligt, die an der inneren Membran des Mitochondriums ablaufen (Attardi u. a. 1986). rRNA und tRNA hingegen ermöglichen den Mitochondrien eine Proteinbiosynthese, die weitestgehend autark vom Nukleus abläuft. Die Anordnung des mitochondrialen Genoms kann als äußerst effizient bewertet werden. Alle codierenden Bereiche liegen kompakt hintereinander und werden nur durch wenige bis keine nicht codierende Basen voneinander getrennt. Die einzige Ausnahme bildet eine 1121 bp lange nicht codierende Region (Nukleotidposition 16024–576), die als *control region* oder auch als *displacement loop* (*D-loop*) bezeichnet wird. Diese Region beinhaltet nicht nur die Promotoren für die Transkription (Ojala u. a. 1981), sondern ist auch maßgeblich an der Initialisierung der Replikation beteiligt (Crews u. a. 1979; Tapper/Clayton 1981). Innerhalb der *control region* lassen sich zwei hochvariable Segmente differenzieren, die als *hypervariable segment* I und II (HVS-I, Nukleotidposition 16024–16365 und HVS-II, Nukleotidposition 73–340) bezeichnet werden und eine Länge von 342 bp bzw. 268 bp aufweisen (Abb. 3.2).

Der Ursprung der mtDNA war aufgrund zahlreicher Unterschiede zur nukleären DNA lange Zeit nicht eindeutig geklärt. Mittlerweile ist allgemein akzeptiert, dass es sich bei den Mitochondrien um endosymbiontische Bakterien handelt, die vor ca. 1,5 Milliarden Jahren in proto-eukaryotische Zellen aufgenommen wurden (Margulis/Bermudes 1985). Als »Gegenleistung« für die gesicherte Umgebung innerhalb ihres Wirts leisteten sie verbesserte Verstoffwechselung und Energiegewinnung. Viele mitochondriale Merkmale wie das zirkuläre Genom, keine Histonproteine, nur ein Replikationsursprung, Gene ohne Introns, polycistronische *messenger*-RNA, Ribosomen mit 12S und 16S rRNA, die Verwendung von N-Formyl-Methionin statt Methionin als Startcodon und die äußerst effiziente Anordnung der Gene ohne *repeats* oder Zwischensequenzen sind charakteristisch für prokaryotische Organismen. Der wesentlichste Punkt jedoch, der für einen eigenständigen Ursprung der mtDNA spricht, sind Abweichungen vom genetischen Triplettcode, der für alle eukaryotischen Organismen universell gültig ist (Barrell u. a. 1979).

Es ist zu vermuten, dass das mitochondriale Genom ursprünglich weitere Gene trug, welche für die autonomen Funktionen des ehemaligen Prokaryoten »Mitochondrium« notwendig waren, wie z. B. mtDNA-Polymerasen, mtRNA-Polymerasen sowie Transport- und Strukturproteine. Diese Gene wurden im Verlauf der Evolution in das nukleäre Genom integriert. Solche nukleären Insertionen werden als *nuclear mtDNA insertions* (Numts) bezeichnet. Zu diesen zählen ebenfalls Bereiche der mtDNA, die als Kopie in das nukleäre Genom integriert wurden und dort als sog. Pseudogene vorliegen. Numts sind sehr heterogen und ihrer mitochondrialen Kopie zwar ähnlich, aber nicht identisch, da sie in ihrer Größe variieren und manchmal als *tandem repeats* angeordnet sein können. Mittlerweile wurden ca. 300 Numts im nukleären Genom des Menschen identifiziert, die in ihrer Größe zwischen 39 und 14 654 bp variieren und zusammen eine Größe von über 500 000 bp erreichen (Tourmen u. a. 2002). Da jedes Pseudogen eine Momentaufnahme des mitochondrialen Genoms zum Zeitpunkt der Integration widerspiegelt, sind einige Numts charakteristisch für bestimmte Taxa und somit für phylogenetische Fragestellungen von großer Bedeutung (Blanchard/Lynch 2000).

3.2.2 Vererbung, Homoplasmie und Rekombination

Die Vererbung der mtDNA erfolgt maternal. Das mitochondriale Genom wird ausschließlich von der Mutter mit hoher genetischer Konstanz auf die Nachkommen übertragen, wodurch die Rekonstruktion maternaler Genealogien ermög-

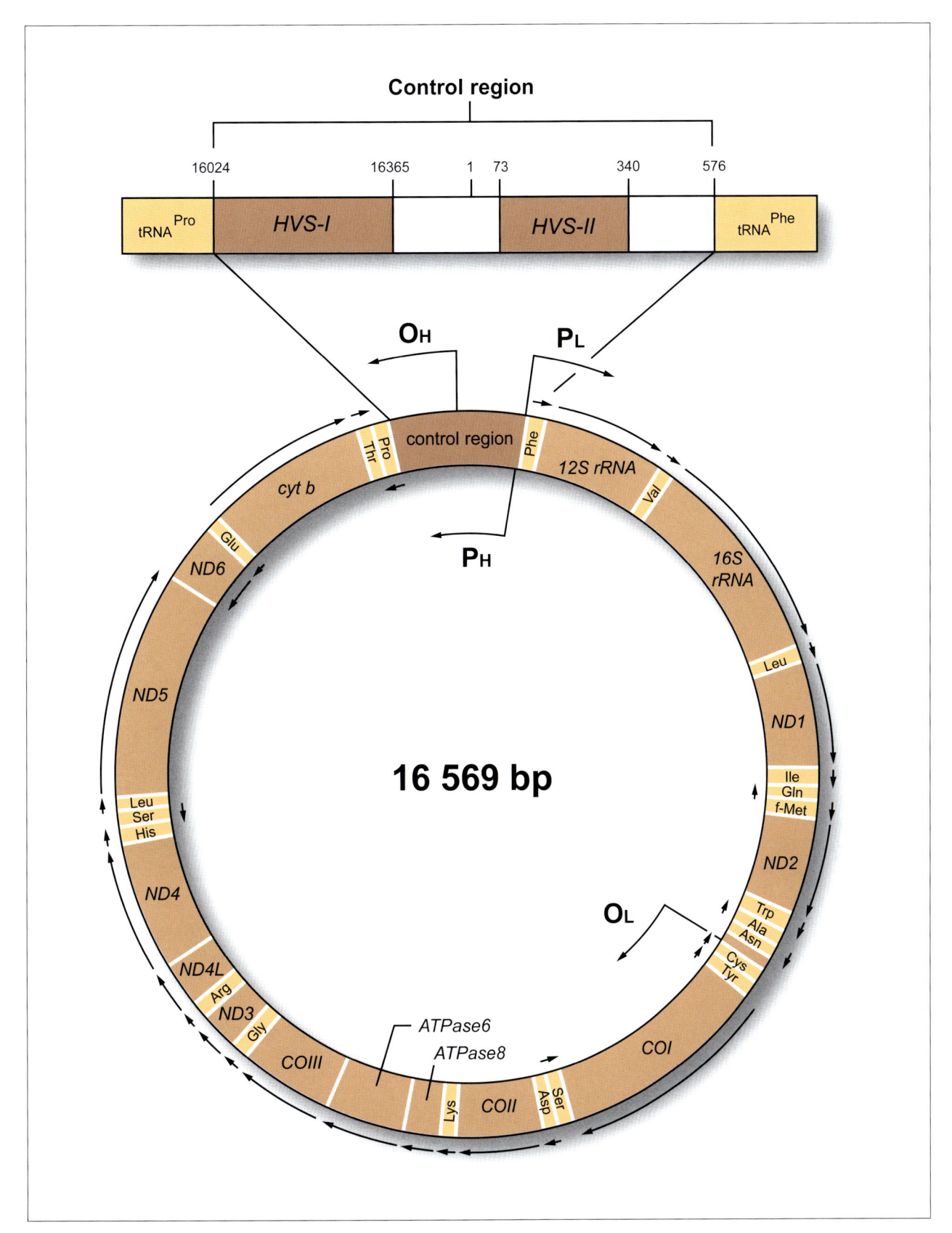

Abb. 3.2 Schematische Darstellung des menschlichen mitochondrialen Genoms

Das menschliche mitochondriale Genom ist ein doppelsträngiges DNA-Molekül (*L*- und *H-strand*). Der *H-strand* ist innen, der *L-strand* außen dargestellt. Die Replikationsursprünge des *L*- (O_L) und H-strand (O_H) sowie die Promotoren für die Transkription beider Stränge (P_L und P_H) sind ebenfalls angezeigt. Das mitochondriale Genom codiert für insgesamt 37 Gene, darunter 13 Proteine, zwei rRNAs und 22 tRNAs. Die proteincodierenden und rRNA-Gene sind braun und die tRNA-Gene orange dargestellt. Die Abkürzungen der Gene kennzeichnen die Proteine (ND1-6 = NADH-Dehydrogenase 1-6, COI-II = Coenzym I-III, ATPase 6 & 8 = Adenosintriphosphatase 6 & 8, cyt b = Cytochrom b) bzw. Aminosäuren, für die sie codieren (Phe = Phenylalanin, Val = Valin, Leu = Leucin, Ile = Isoleucin, Gln = Glutamin, f-Met = N-formyl-Methionin, Trp = Tryptophan, Ala = Alanin, Asn = Asparagin, Cys = Cystein, Tyr = Tyrosin, Ser = Serin, Asp = Asparaginsäure, Lys = Lysin, Gly = Glycin, Arg = Arginin, His = Histidin, Glu = Glutaminsäure, Thr = Threonin, Pro = Prolin). Die Replikations- und Transkriptionsrichtung beider Stränge bzw. deren proteincodierende rRNA- oder tRNA-Gene sind durch Pfeile gekennzeichnet. Die Struktur der *control region* und die Lokalisierung der HVS-I und HVS-II sind im oberen Teil vergrößert dargestellt.

licht wird. Obwohl Spermien Mitochondrien enthalten, die auch im Zuge der Fertilisation in die Zygote überführt werden können (Gyllensten u. a. 1991; Ankel-Simmons/Cummins 1996), setzen sich diese während der Embryogenese nicht gegenüber den maternalen Mitochondrien durch. Die matrilineare Vererbung wird im Wesentlichen durch zwei Faktoren während und nach der Fertilisation bedingt. Zum einen trägt ein enormes quantitatives Ungleichgewicht zwischen Mitochondrien der Spermien und der Oocyte bei. Während Spermien bis zu 100 Mitochondrien tragen, liegt dessen Anzahl in der Oocyte bei über 100 000. Auch wenn während der Fertilisation einige paternale Mitochondrien in die Zygote gelangen, so sind diese in den nachfolgenden Embryonalstadien kaum mehr nachweisbar. Des Weiteren werden männliche Mitochondrien in der Zygote nach der Fertilisation durch einen Prozess, der als Ubiquitinierung bezeichnet wird, abgebaut. Die paternalen Mitochondrien werden bereits im Spermium mit dem Protein Ubiquitin markiert, das durch Proteasen der Zygote erkannt wird, woraufhin eine selektive Degradierung männlicher Mitochondrien in einer frühen Phase der Embryogenese induziert wird (Manfredi u. a. 1997; Thompson u. a. 2003; Sutovsky u. a. 2004).

Ein weiteres charakteristisches Merkmal der mtDNA ist Homoplasmie, welche die theoretische Etablierung nur einer mtDNA-Sequenzvariante in allen somatischen und gametischen Zellen beschreibt. Der homoplasmatische Status wird im Wesentlichen durch zwei Prozesse erreicht. Zum einen durchlaufen die Mitochondrien der Oocyten einen genetischen Flaschenhals (*genetic bottleneck*), der als cytoplasmatische Segregation bezeichnet wird. Während der Oogenese, zwischen dem Stadium der primordialen Stammzellen und den primären Oocyten, werden alle Mitochondrien bis auf ein Minimum reduziert. In den folgenden Stadien bildet dieser selektionierte Pool die Basis für die enorme Vermehrung der Mitochondrien in der Oocyte, die letztlich in der Etablierung identischer mtDNA-Moleküle resultiert (Thorburn/Dahl 2001). Selbst wenn in einem frühen Stadium der Oogenese verschiedene mtDNA-Sequenzvarianten vorliegen, so ist es äußerst unwahrscheinlich, dass nach der cytoplasmatischen Segregation mehrere mtDNA-Varianten selektiert wurden und in der gereiften Oocyte parallel existent sind. Außerdem tragen die oben erläuterten Prozesse der Degradierung paternaler Mitochondrien dazu bei, den homoplasmatischen Status der Oocyte auch nach der Fertilisation zu erhalten.

Die erläuterten Vorgänge der Oogenese und Fertilisation sowie die daraus resultierende Homoplasmie tragen entscheidend zu einem weiteren Merkmal mitochondrialer Genome bei. Aufgrund der gleichförmigen Ausprägung der mtDNA innerhalb einer Zelle – und im weiteren Sinne innerhalb eines Organismus – sind Rekombinationsereignisse, die einen genetischen Austausch zwischen zwei unterschiedlichen Sequenzvarianten beschreiben, weitestgehend ausgeschlossen. Somit weist mtDNA eine gewisse genetische Konstanz auf, die es erlaubt, individuelle genetische Linien über zahlreiche Generationen hinweg zu verfolgen und die Entwicklung der Genealogie in Zeit und Raum zu rekonstruieren. Wenngleich Homoplasmie und fehlende Rekombination mitochondrialer Genome in der genetischen Literatur heute allgemein anerkannt sind, verursachten diese in den 1980er- und 1990er-Jahren kontroverse Diskussionen. Einige Studien postulierten, dass Rekombinationsereignisse zwischen unterschiedlichen mtDNA-Molekülen, wesentlich häufiger angenommen werden müssten, als es bis dato allgemein akzeptiert war (Hagelberg u. a. 1999; Awadalla u. a. 1999; Eyre-Walker u. a. 1999; Schwartz/Vissing 2002). Als Gründe für die zugrunde liegende Heteroplasmie wurde entweder ein Eintrag paternaler Mitochondrien im Zuge einer unvollständigen Degradierung nach der Fertilisation oder Mutationsereignisse in den Stamm- oder Somazellen der Mutter, die bei der cytoplasmatischen Segregation selektioniert wurden, angeführt. Allerdings wurden diese Studien aufgrund methodischer Mängel oder nicht adäquater Daten stark kritisiert (Macaulay u. a. 1999a; Kivisild/Villems 2000; Kumar u. a. 2000). Zur Klärung des Ausmaßes von Homoplasmie und Rekombination von mtDNA wurden in den Folgejahren mehrere unabhängige Studien initiiert, die letztlich keine Hinweise dafür erbrachten, dass Rekombinationsereignisse zwischen mitochondrialen Genomen regelhafte Vorgänge darstellen (Ingman u. a. 2000; Jorde/Bamshad 2000; Elson u. a. 2001; Piganeau/Eyre-Walker 2004).

3.2.3 Mutationsrate

Eine Eigenschaft von mtDNA, die sie erheblich von der DNA des Nukleus unterscheidet, ist eine im Durchschnitt zehnfach höhere Mutationsrate (Brown u. a. 1979; Ingman/Gyllensten 2001). In der Evolutions- und Populationsgenetik wird diese hohe Mutationsrate häufig eingesetzt, um mithilfe des Prinzips der »molekularen Uhr« Informationen zu zeitlichen Abläufen evolutionsbiologischer Prozesse, wie z. B. der Trennung zweier Spezies, zu gewinnen. Unter der Voraussetzung einer gleichförmigen und durch die Zeit konstanten Mutationsrate aller genetischen Linien ermöglicht die molekulare Uhr eine relative Datierung evolutiver Prozesse. Die Qualität dieser Datierung ist jedoch in hohem Maße von einer präzisen Kalibrierung durch eine zuverlässige Bestimmung der Mutationsrate abhängig.

Die exakte Mutationsrate ist Gegenstand wiederholter Diskussionen in der wissenschaftlichen Forschung (Scally/Durbin 2012), die vor allem zwei Aspekten geschuldet sind. Zum einen weist mtDNA keinesfalls eine gleichförmige Mutationsrate auf, die für das gesamte Genom Gültigkeit besitzt. Vielmehr unterscheiden sich die konservierten Protein- und RNA-codierenden Bereiche der *coding region* von den schneller evolvierenden nicht codierenden Bereichen der *control region* (Ingman u. a. 2000; Parson u. a. 1997; Richards u. a. 2000). Zum anderen hängt die errechnete Mutationsrate von der angewendeten Methodik ab, bei der unterschiedliche Verfahren zum Einsatz kommen. Einerseits kann die Mutationsrate mittels rezenter Stammbaumanalysen direkt ermittelt werden, indem die mtDNA-Sequenz innerhalb der Generationenabfolge miteinander verglichen und die Anzahl der Mutationen bestimmt wird (Parson u. a. 1997). Andererseits kann die erfasste Variabilität einer Rezentbevölkerung indirekt ins Verhältnis zu einem gut datierbaren Ereignis gesetzt werden. Hierbei stehen wiederum zwei Möglichkeiten zur Auswahl. Entweder nutzt man die bekannte Datierung eines Besiedelungsereignisses (z. B. Ozeanien) und bestimmt die Anzahl der seitdem akkumulierten Mutationen in der lokalen Population (Friedlaender u. a. 2005) oder man wählt den letzten gemeinsamen Vorfahren (*most recent common ancestor* = *MRCA*) einer Art als Außengruppe und ermittelt die Anzahl der Variationen seit der paläontologisch datierten phylogenetischen Trennung beider Spezies (z. B. Mensch und Schimpanse; Ingman u. a. 2000; Mishmar u. a. 2003; Soares u. a. 2009). Eine direktere Herangehensweise verfolgt die Analyse alter DNA (Kap. 3.3). Durch die genetische Analyse radiokohlenstoffdatierter prähistorischer Funde mit präziser zeitlicher Einstufung ist es möglich, Kalibrierungspunkte auf der Zeitskala zu setzen und die Menge angehäufter Variabilität zwischen den zeitlichen Querschnitten und der Rezentbevölkerung zur Bestimmung der Mutationsrate zu verwenden (Brotherton u. a. 2013; Fu u. a. 2013).

Im Hinblick auf den untersuchten Bereich des mitochondrialen Genoms und die angewendete Methodik werden derzeit folgende Mutationsraten in der Literatur diskutiert: Anhand des weithin akzeptierten Kalibrierungspunktes von 45 000 Jahren für die Besiedelung des ozeanischen Raums wurde eine Mutationsrate von $1{,}69 \times 10^{-8}$ Substitutionen pro Jahr für die *control region* errechnet (Friedlaender u. a. 2005). Diese Rate entspricht weitestgehend den ermittelten Werten von $1{,}26 \times 10^{-8}$ (Mishmar u. a. 2003) bzw. $1{,}70 \times 10^{-8}$ (Ingman u. a. 2000) Substitutionen pro Jahr für die *coding region* und $1{,}67 \times 10^{-8}$ Substitutionen pro Jahr für das gesamte mitochondriale Genom (Soares u. a. 2009), die anhand variierender Daten für die Trennung von Mensch und Schimpanse vor 5–7 Millionen Jahren berechnet wurden. Neuere Studien, welche auf die genetische Analyse prähistorischer Funde des anatomisch modernen Menschen fokussieren, geben hingegen etwa 1,5-fach höhere Substitutionsraten an. Durch die Sequenzierung kompletter mitochondrialer Genome von zehn radiokohlenstoffdatierten prähistorischen Funden des *Homo sapiens*, die eine Zeitspanne von etwa 40 000 Jahren abdecken, wurde eine Mutationsrate von $1{,}57 \times 10^{-8}$ Substitutionen pro Jahr für die *coding region* und $2{,}67 \times 10^{-8}$ Substitutionen pro Jahr für das komplette mitochondriale Genom ermittelt (Fu u. a. 2013). Eine weitere Studie verwendete 39 mitochondriale Genome des Neolithikums und der Frühbronzezeit, die etwa 4000 Jahre abdecken (5500–1550 cal BC) und errechnete eine Rate von $2{,}4 \times 10^{-8}$ Substitutionen pro Jahr für das komplette mitochondriale Genom (Brotherton u. a. 2013), was in Übereinstimmung mit der Studie Fu u. a. 2013 steht. In Hinblick auf die Möglichkeit einer direkten Kalibrierung mittels eindeutig datierter Individuen erscheint der Ansatz der Analyse alter DNA bislang als die verlässlichste Methode zur Bestimmung der mitochondrialen Mutationsrate.

Für die vergleichsweise hohe Mutationsrate der mtDNA werden im Allgemeinen folgende Ursachen zugrunde gelegt (Bogenhagen 1999; Jobling u. a. 2004): Ein wesentlicher Faktor, der Mutationen begünstigt, sind freie Radikale, die im Zusammenhang mit der Elektronentransportkette während des Zellstoffwechsels entstehen können. Vor allem freie Sauerstoffradikale wie Superperoxidanionradikale ($\cdot O_2$), Hydroxilradikale ($\cdot HO$) und Peroxidradikale ($\cdot HOO$), die zusammenfassend als *reactive oxygen species* (ROS) bezeichnet werden, sind in hoher Konzentration im Mitochondrium vorhanden und können oxidative Schäden der DNA verursachen (Kap. 3.3.3). In diesem Zusammenhang ist auch das Fehlen von Histonproteinen, an die nukleäre DNA gebunden und zu komplexeren »Verpackungseinheiten« aggregiert wird, herauszustellen, da die DNA dadurch effektiv gegen freie Radikale abgeschirmt und geschützt wird. Obwohl die DNA-Polymerase, die das mitochondriale Genom repliziert, über eine *proof-reading*-Aktivität verfügt, welche den korrekten Einbau der Nukleotide bei der Replikation überprüft und gegebenenfalls korrigiert, existieren innerhalb der Mitochondrien keine weiteren Reparatursysteme, die Fehlpaarungen bei der Replikation erkennen und reparieren können. Daher treten häufiger Replikationsfehler auf (Shadel/Clayton 1997; Mason/Lightowlers 2003). Im Zusammenhang mit einer wesentlich höheren Replikationsrate mitochondrialer Genome entstehen solche Fehler deutlich häufiger als im nukleären Genom. Eine Möglichkeit, die zur schnellen Fixierung von Mutationen führen kann, ist die theoretische Wahrscheinlichkeit, dass während der Reduzierung der Mitochondrien im Rahmen der cytoplasmatischen Segregation (Kap. 3.2.2) zufällig eine mutierte Form selektiert wird. Dadurch ist es hypothetisch möglich, dass mtDNA-Moleküle, die in den Somazellen der Mutter nicht vorkommen, durch Mutation und Selektion in der Keimbahn an die nachfolgende Generation vererbt werden.

Da sich aufgrund der oben angeführten Prozesse zu Lebzeiten eines Organismus Mutationen der mtDNA in den Geweben akkumulieren und sich daher die Mitochondrien in den Zellen unterscheiden können, wirkt die hohe Mutationsrate der oben angesprochenen Homoplasmie entgegen (Kap. 3.2.2). Dieser Zustand ist *in vivo* vor allem vom Energiebedarf der Gewebe und den damit entstehenden Sauerstoffradikalen abhängig. Da Mutationen ungerichtet auftreten, ist jedoch zu vermuten, dass sich mutierte mtDNA-Linien zwischen Mitochondrien in einer Zelle, zwischen verschiedenen Zellen und letztlich zwischen Geweben unterscheiden. Infolgedessen ist die Kopienzahl der mutierten mtDNA-Linien in den meisten Fällen so gering, dass die Auswirkungen auf den homoplasmatischen Zustand eines Organismus zu vernachlässigen sind.

3.2.4 Diversität

Aufgrund der hohe Mutationsrate mitochondrialer DNA entstehen – aus evolutiver Sicht – innerhalb relativ kurzer Zeitabschnitte neue Sequenzvarianten, die aufgrund der uniparentalen Vererbung und der fehlenden Rekombination nicht weiter variieren und daher ausschließlich auf reine Mutationsereignisse zurückzuführen sind. Diese Varianten werden als Haplotypen bezeichnet, da sie im Genom nur als einzelnes Allel vorkommen, also haploid vorliegen. Die Identifizierung und Dokumentation aller polymorphen Positionen eines Haplotypen erfolgt durch den Abgleich mit einer Referenzsequenz. Traditionell wird hierfür die *Cambridge Reference Sequence* (CRS) verwendet, die das erste komplett sequenzierte mitochondriale Genom des Menschen darstellt (Anderson u. a. 1981). Aufgrund ihrer

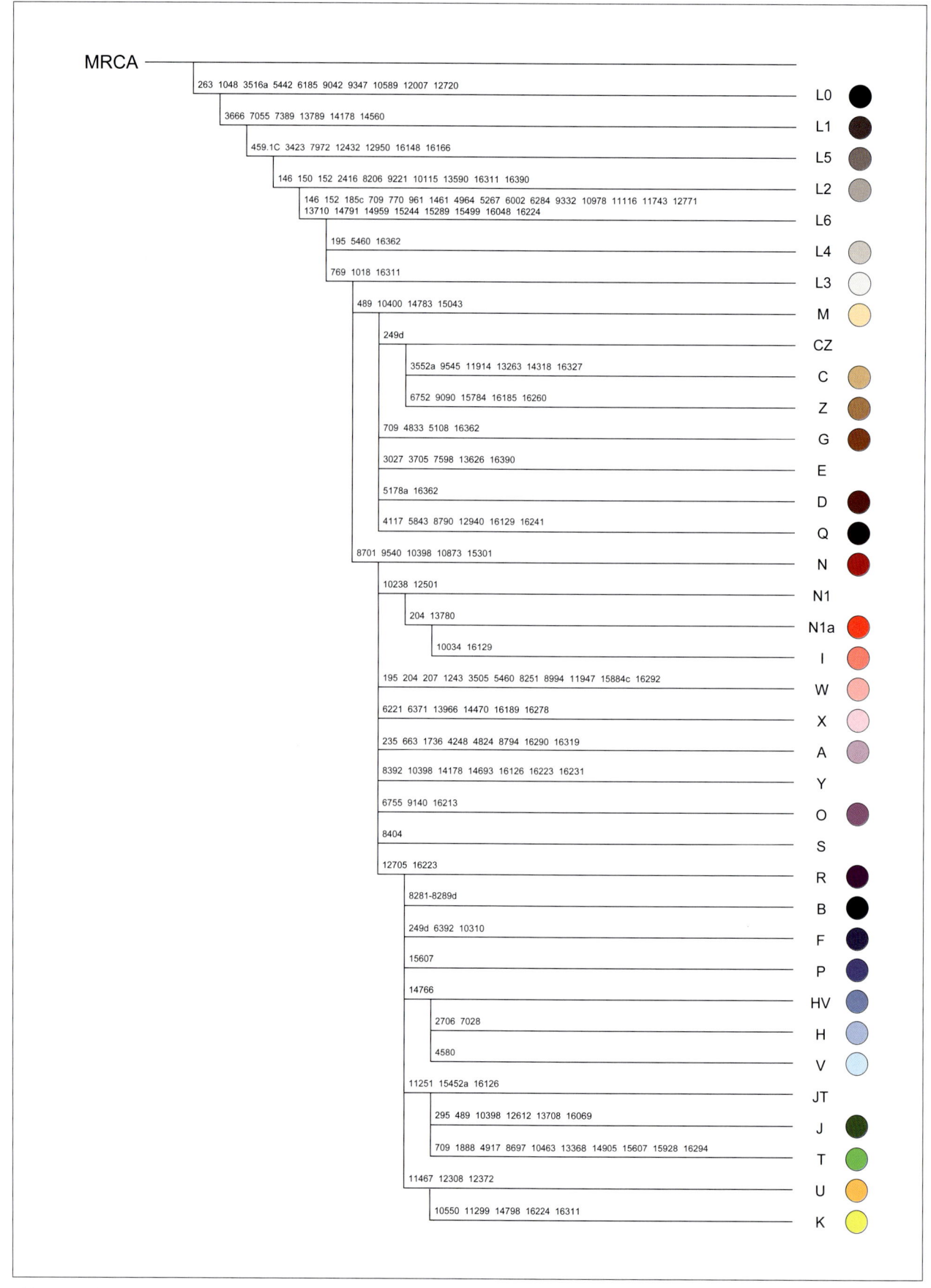

Abb. 3.3 Phylogenie der wichtigsten mtDNA-Haplogruppen

Schematische Darstellung der phylogenetischen Beziehungen zwischen den Haplogruppen und ihren charakteristischen Mutationsmustern. Die Mutationen entsprechen Transitionen, sofern nicht anderweitig gekennzeichnet. Im Falle von Transversionen sind die abgewandelten Allele durch Kleinbuchstaben angegeben. Insertionen sind durch einen Punkt sowie die Anzahl und Ausprägung der zusätzlichen Basen nach der Positionsangabe gekennzeichnet. Deletionen sind durch Angabe der Position und ein dahinterstehendes »d« markiert. Die Farbgebung kennzeichnet die Hauptcluster L (grau), M (braun), N (rot/lila), R und HV (blau), JT (grün) sowie UK (gelb/orange).

zunehmenden Bedeutung für die populationsgenetische Forschung wurde die CRS Ende der 1990er-Jahre erneut sequenziert und überarbeitet. Diese Referenzsequenz wird als revised *Cambridge Reference Sequence* (rCRS) bezeichnet (Andrews u. a. 1999). Im Laufe der Zeit stellte sich die CRS jedoch als zu kompliziert für die Angabe von Haplotypen heraus, da sich die CRS-Linie nicht an der Basis, sondern innerhalb der mitochondrialen Diversität des Menschen befindet und somit nur einen subjektiven Bezugspunkt darstellt. Nach der unabhängigen Veröffentlichung mitochondrialer Genome des Neandertalers (Green u. a. 2008; Briggs u. a. 2009) wurden diese zur *Reconstructed Sapiens Reference Sequence* (RSRS) synthetisiert und als neutraler Bezugspunkt für die Notation mitochondrialer Haplotypen des *Homo sapiens* vorgeschlagen (http://www.mtdnacommunity.org; Behar u. a. 2012a). Dies ermöglichte es, Haplotypen anhand einer Außengruppe jenseits der mtDNA-Variabilität des *Homo sapiens* angeben zu können und somit entsprechend ihrer phylogenetischen Beziehungen (Kap. 3.2.5) einheitlich zu strukturieren. Obwohl diese Umstellung eine sinnvolle Neuorientierung darstellte, erfolgte die Annahme der RSRS in der wissenschaftlichen Fachliteratur bislang nur zögerlich, was vermutlich der von den Autoren der Studie als »kopernikanische Wende« bezeichneten Neuausrichtung lang etablierter Verfahren geschuldet ist.

Wenngleich die Wahl der Referenzsequenz derzeit nicht vereinheitlicht ist, so ist es die Nomenklatur der Haplotypen gleichwohl. Laut Konvention werden Haplotypen durch die Angabe aller polymorphen Positionen im mitochondrialen Genom und der entsprechenden Basensubstitution dokumentiert. Transitionen werden mit Großbuchstaben und Transversionen mit Kleinbuchstaben gekennzeichnet. Demnach beschreibt der Haplotyp C16147a T16172C C16223T C16248T C16320T C16355T im Vergleich zur CRS sechs Mutationen an den Nukleotidpositionen 16147, 16172, 16223, 16248, 16320 und 16355 des mitochondrialen Genoms. Zudem ist hieraus ersichtlich, dass an Position 16147 eine Transversion von Cytosin zu Adenin, an der Position 16172 eine Transition von Thymin zu Cytosin und an den folgenden vier Positionen 16223, 16248, 16320, und 16355 Transitionen von Cytosin zu Thymin stattgefunden haben. Es ist zu beachten, dass abweichend von dieser Konvention das anzestrale (ursprüngliche) Allel aus Gründen der Vereinfachung häufig nicht aufgeführt wird, sodass der Haplotyp alternativ auch folgendermaßen angegeben werden kann 16147a 16172C 16223T 16248T 16320T 16355T. In dieser Arbeit richtet sich die Angabe von Haplotypen nach diesem erläuterten Schema.

Jeder Haplotyp kann weiter mutieren und somit die Basis für die Entwicklung neuer Sequenzvarianten bilden. Daraus folgt zum einen, dass alle Haplotypen in einer bestimmten genealogischen oder phylogenetischen Beziehung zueinander stehen (Kap. 3.2.5) und zum anderen, dass sich Haplotypen aufgrund gemeinsam vorkommender charakteristischer Mutationen in übergeordnete Familien oder monophyletische Kladen klassifizieren lassen, die als Haplogruppen bezeichnet werden (http://www.phylotree.org; van Oven/Keyser 2009; Abb. 3.3). Die Haplogruppennomenklatur folgt in erster Linie dem Alphabet, wobei die Haupthaplogruppen durch Großbuchstaben gekennzeichnet sind (z. B. Haplogruppe N). Die feinere hierarchische Differenzierung in Subhaplogruppen, die letztlich auf dem Niveau individueller Haplotypen endet, wird durch eine abwechselnde Kombination aus Zahlen und Kleinbuchstaben angegeben (z. B. Subhaplogruppen N1, N1a, N1a1, N1a1a usw.). Derzeit sind über 3000 verschiedene Subhaplogruppen identifiziert, die sich auf 27 Haupthaplogruppen verteilen. Aufgrund der stetig anwachsenden Zahl populationsgenetischer Studien, die eine immer feinere Differenzierung und Klassifizierung mitochondrialer Diversität ermöglichen, stellen diese Angaben jedoch nur eine Momentaufnahme dar (http://www.phylotree.org, build 16, veröffentlicht am 19. Februar 2014; van Oven/Keyser 2009).

Die Erfassung und Klassifizierung mitochondrialer Diversität geht bis in die frühen 1990er-Jahre zurück und war anfänglich durch zwei methodisch unterschiedliche Ansätze geprägt. Die Arbeitsgruppe um Antonio Torroni verfolgte das Prinzip des Restriktionsfragment-Längen-Polymorphismus (RFLP) mittels enzymatischen Verdaus[22]. Dabei wurden mitochondriale Genome mithilfe verschiedener Restriktionsenzyme geschnitten, wodurch polymorphe Positionen, die Ursache für die Erzeugung neuer oder die Entfernung bestehender Restriktionsschnittstellen sind, identifiziert und die entstandenen Verdaumuster in Haplogruppen klassifiziert werden konnten. Parallel erfolgte – vor allem durch die Arbeitsgruppe um Brian Sykes und Martin Richards – die Sequenzierung der schnell evolvierenden HVS-I- und HVS-II-Regionen der nicht codierenden control region (Richards u. a. 1996; Richards u. a. 1998; Richards u. a. 2000). Ende der 1990er-Jahre wurden RFLP und Sequenzdaten kombiniert und eine einheitliche Nomenklatur festgelegt (Macaulay u. a. 1999b). Diese richtete sich nach der von Torroni vorgeschlagenen alphabethischen Gliederung[23] und ermöglichte die zuverlässige Zuordnung mitochondrialer Haplotypen in die verschiedenen Haplogruppen.

In den folgenden Jahren wurde eine Fülle weiterer Studien veröffentlicht, welche auf die Erfassung mitochondrialer Diversität in unterschiedlichsten Regionen der Erde fokussierten[24]. In den letzten Jahren wurde aufgrund der Etablierung effektiver Sequenziertechnologien jedoch vermehrt dazu übergegangen, für populationsgenetische Studien bevorzugt das komplette mitochondriale Genom zu

---

22 Torroni u. a. 1993a; Torroni u. a. 1993b; Torroni u. a. 1994a; Torroni u. a. 1994b; Torroni u. a. 1996; Torroni u. a. 1998; Torroni u. a. 2001.
23 Torroni u. a. 1993a; Torroni u. a. 1993b; Torroni u. a. 1994a; Torroni u. a. 1994b; Torroni u. a. 1996; Torroni u. a. 1998.
24 Stoneking u. a. 1990; Di Rienzo and Wilson 1991; Vigilant u. a. 1991; Shields u. a. 1993; Pult u. a. 1994; Bertranpetit u. a. 1995; Sykes u. a. 1995; Calafell u. a. 1996; Comas u. a. 1996; Côrte-Real u. a. 1996; Horai u. a. 1996; Lahermo u. a. 1996; Sajantila u. a. 1996; Watson u. a. 1996; Comas u. a. 1997; Lee u. a. 1997; Watson u. a. 1997; Comas u. a. 1998; Melton u. a. 1998; Parson u. a. 1998; Rando u. a. 1998; Salas u. a. 1998; Kivisild u. a. 1999; Nishimaki u. a. 1999; Schurr u. a. 1999; Helgasson u. a. 2000; Pereira u. a. 2000; Fucharoen u. a. 2001; Helgasson u. a. 2001; Malyarchuk u. a. 2002; Yao u. a. 2002a; Derenko u. a. 2003; González u. a. 2003; Kong u. a. 2003; Comas u. a. 2004; Kivisild u. a. 2004; Metspalu u. a. 2004; Quintana-Murci u. a. 2004; Rowold u. a. 2007; Lappalainen u. a. 2008; Irwin u. a. 2010.

sequenzieren, um deren gesamte Diversität zu erfassen und damit die phylogenetische Auflösung zu maximieren[25].

3.2.5 Phylogenie und Phylogeografie

Im vorangegangenen Kapitel wurde bereits deutlich, dass sich die mtDNA-Diversität in bestimmte Haplogruppen klassifizieren lässt und dass sowohl Haplotypen als auch Haplogruppen in einer bestimmten genealogischen und phylogenetischen Beziehung zueinander stehen (Abb. 3.3). Die wegbereitende Studie zur mtDNA-Phylogenie wurde gegen Ende der 1980er-Jahre von Rebecca Cann und Kollegen veröffentlicht (Cann u. a. 1987a). Anhand einer weltweiten Stichprobe von 147 Individuen konnte gezeigt werden, dass an der Basis der erfassten mtDNA-Variabilität ausschließlich afrikanische Linien standen. Die Resultate wurden dahingehend interpretiert, dass letztlich die gesamte mtDNA-Variabilität des anatomisch modernen Menschen auf eine einzige maternale Linie zurückgeführt werden kann, die vor etwa 200 000 Jahren in Afrika existierte, wodurch der Begriff der »mitochondrialen Eva« nachhaltig geprägt wurde. Diese Studie unterstützte maßgeblich die *Out-of-Africa*-Hypothese, die eine Entwicklung des anatomisch modernen Menschen in Afrika und eine anschließend sukzessive Besiedelung der übrigen Kontinente durch moderne Menschengruppen postulierte (Bräuer 1984). Dieses Modell stand im starken Kontrast zur multiregionalen Hypothese, die eine mehrfache autochthone Entwicklung des *Homo sapiens* in unterschiedlichen Regionen der Erde aus dem vor etwa 1,8 Millionen Jahren aus Afrika expandierten Homo erectus vertrat[26]. Wenngleich die Studie von Cann und Kollegen in den Folgejahren kontrovers diskutiert wurde[27], bestätigten zahlreiche weitere Arbeiten, sowohl anhand mitochondrialer (Stoneking u. a. 1990; Vigilant u. a. 1991) als auch nukleärer DNA (Bowcock u. a. 1994; Tishkoff u. a. 1996; Kaessmann u. a. 1999), den Ursprung des *Homo sapiens* in Afrika, sodass das *Out-of-Africa*-Modell zur Ausbreitung des anatomisch modernen Menschen heute weithin akzeptiert ist.

Neben der Erkenntnis, dass alle mtDNA-Linien in einem bestimmen phylogenetischen Verhältnis zueinander stehen und somit die genealogische Entwicklung widerspiegeln, ließ die Studie von Cann und Kollegen bereits erahnen, dass mitochondriale Diversität regionale oder besser gesagt kontinentale Unterschiede aufweist. In den Folgejahren konnten großregional angelegte mtDNA-Studien zeigen, dass jeder Kontinent durch eigenständige und phylogenetisch differenzierte Haplogruppen charakterisiert ist[28]. Dadurch ist nicht nur eine phylogenetische, sondern auch eine geografische Differenzierung mitochondrialer DNA-Variabilität zu beobachten, wofür 1987 von John C. Avise der Begriff der »Phylogeografie« geprägt wurde, der die Entwicklung und Verbreitung mitochondrialer Linien in Zeit und Raum beschreibt (Avise u. a. 1987).

Aufgrund zahlreicher genetischer Studien gehen Wissenschaftler heute davon aus, dass sich zum einen alle anatomisch modernen Menschen auf ein Speziationsereignis in Afrika zurückführen lassen und zum anderen, dass im Anschluss an eine Expansion aus Afrika eine kontinentale Differenzierung und Herausbildung regionaler Verbreitungsmuster erfolgte. Die systematische Erfassung mitochondrialer Variabilität in den verschieden Regionen der Erde und die Berechnung ihrer Koaleszenzzeiten über die molekulare Uhr (Kap. 3.2.3) haben zu einer sehr detaillierten Rekonstruktion der Ausbreitung des anatomisch modernen Menschen über die Kontinente geführt, die im Folgenden resümiert wird.

Im Wesentlichen kann die globale mtDNA-Diversität in afrikanische und nicht-afrikanische Cluster unterschieden werden. Mit Ausnahme von nord- und nordostafrikanischen Populationen, die durch nahöstliche und europäische Einflüsse vor, während und nach der letzten Eiszeit beeinflusst wurden, wird die mitochondriale Diversität Afrikas – vor allem in den Regionen südlich der Sahara – ausschließlich durch Linien der Haplogruppe L dominiert (Abb. 3.4). L wird derzeit in die sieben Subcluster L0–L6 differenziert, die zusammen mehr als 440 Subhaplogruppen enthalten (http://www.phylotree.org, build 16, veröffentlicht am 19. Februar 2014; van Oven/Keyser 2009; Abb. 3.3). Obwohl die Haplogruppendiversität in Afrika relativ gering ist, ist die Variabilität innerhalb der Haplogruppen extrem hoch, was maßgeblich zur Unterstützung der *Out-of-Africa*-Hypothese beigetragen hat. Von den sieben Subgruppen machen L1, L2 und L3, die sich durch die Mutationsmuster G3666A A7055G T7389C T13789C T14178C G14560A (L1), T146C C150T T152C T2416C G8206A A9221G T10115C G13590A C16311T G16390A (L2) und A769G, A1018G C16311T (L3) unterscheiden, den größten Anteil der afrikanischen mtDNA-Diversität aus, der in Populationen südlich der Sahara 50–90% der Gesamtvariabilität beträgt (Abb. 3.4). Dass sich diese Haplogruppen zu unterschiedlichen Zeiten in den östlichen Regionen Afrikas entwickelten und anschließend in mehreren unabhängigen Expansionsbewegungen über Süd-, West- und Nordafrika verbreiteten, ist mittlerweile allgemein akzeptiert (Watson 1997; Forster 2004; Behar u. a. 2008; Soares u. a. 2012). Vermutlich war die erste Welle vor etwa 130 000 Jahren mit der Differenzierung und Ausbreitung von Haplogruppe L1 verbunden, die durch spätere Expansionen der Haplogruppen L2 und L3

---

25 Ingman u. a. 2000; Finnilä u. a. 2001; Maca-Meyer u. a. 2001; Richards/Macaulay 2001; Herrnstadt u. a. 2002; Kong u. a. 2003; Mishmar u. a. 2003; Achilli u. a. 2004; Loogväli u. a. 2004; Palanichamy u. a. 2004; Tanaka u. a. 2004; Pereira u. a. 2005; Torroni u. a. 2006; Derenko u. a. 2007; Ingman and Gyllensten 2007; Roostalu u. a. 2007; Tamm u. a. 2007; Volodko u. a. 2008; Chandrasekar u. a. 2009; Derenko u. a. 2010; Malyarchuk u. a. 2010a; Malyarchuk u. a. 2010b; Batini u. a. 2011; Garcia u. a. 2011; Schönberg u. a. 2011; Behar u. a. 2008; Behar u. a. 2012a; Behar u. a. 2012b; Pala u. a. 2012; Soares u. a. 2012; Oliveri u. a. 2013.

26 Thorne/Wolpoff 1981; Wolpoff u. a. 1984; Zusammenfassung bei Smith/Spencer 1984 und Stringer/Andrews 1988.

27 Cann u. a. 1987b; Darlu/Tassy 1987; Saitou/Omoto 1987; Vigilant u. a. 1991; Wills 1992; Templeton 1992; Hedges u. a. 1992; Gee 1992.

28 Stoneking u. a. 1990; Di Rienzo and Wilson 1991; Vigilant u. a. 1991; Torroni u. a. 1993a; Torroni u. a. 1993b; Torroni u. a. 1994a; Torroni u. a. 1996b; Sykes u. a. 1995; Calafell u. a. 1996; Comas u. a. 1996; Côrte-Real u. a. 1996; Horai u. a. 1996; Richards u. a. 1996; Torroni u. a. 1996; Watson u. a. 1996; Comas u. a. 1997; Lee u. a. 1997; Watson u. a. 1997; Comas u. a. 1998; Melton u. a. 1998; Rando u. a. 1998; Schurr u. a. 1999; Kivisild u. a. 1999.

3 GENETISCHE GRUNDLAGEN   35

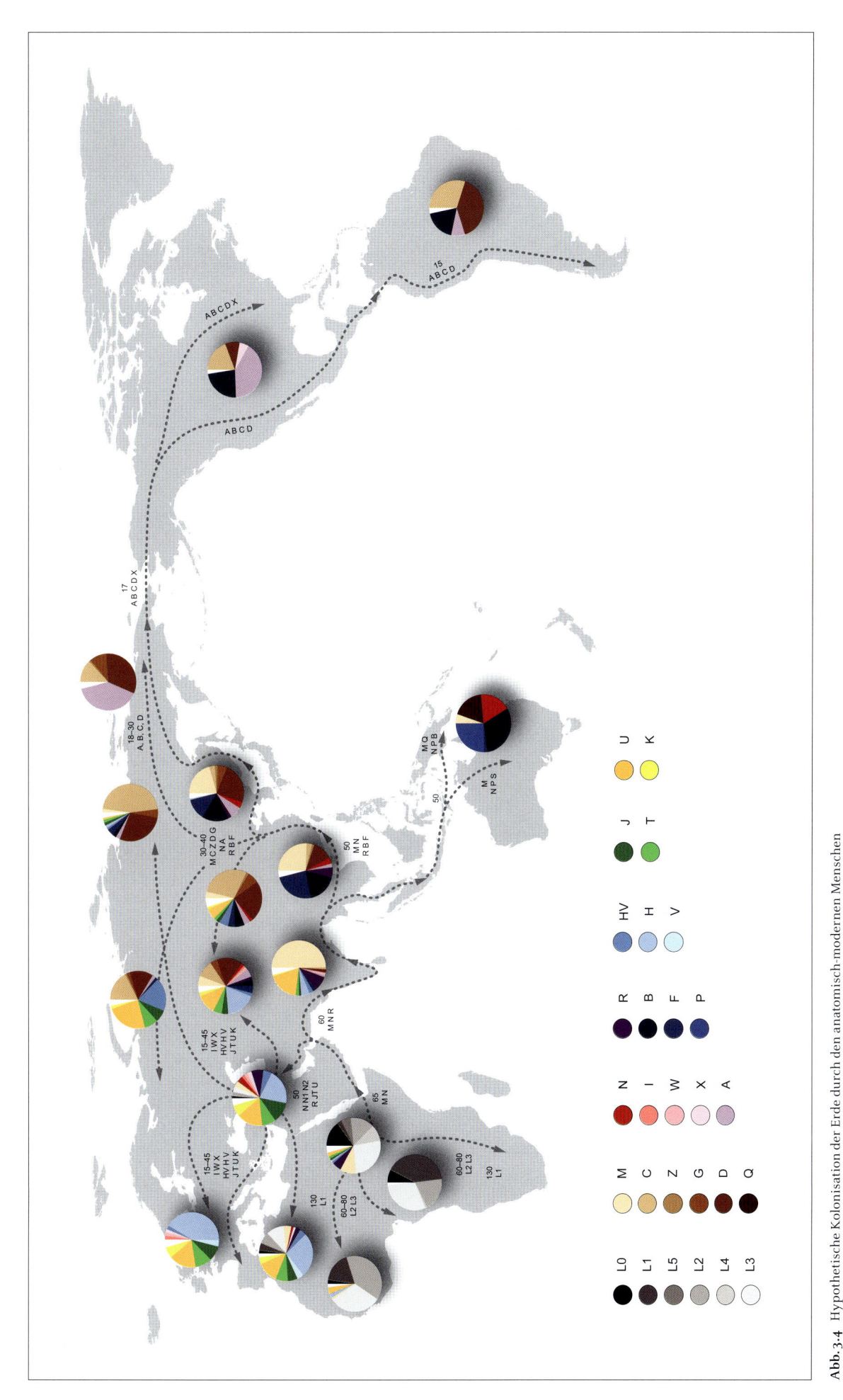

Abb. 3.4 Hypothetische Kolonisation der Erde durch den anatomisch-modernen Menschen

Die Pfeile markieren die potenzielle Ausbreitung des *Homo sapiens* sowie die zeitliche und geografische Entwicklung spezifischer Haplogruppen in bestimmten Schlüsselregionen der Erde. Diese basieren auf den berechneten Koaleszenzzeiten rezenter mtDNA-Variabilität (Angaben in tausend Jahren BP). Die phylogeografische Verteilung mitochondrialer Haplogruppen ist durch Kreisdiagramme dargestellt. Die Farbgebung der Haplogruppen entspricht Abbildung 3.3.

FORSCHUNGSBERICHTE DES LANDESMUSEUMS FÜR VORGESCHICHTE HALLE · BAND 9 · 2017 · GUIDO BRANDT vor etwa 60 000–80 000 Jahren überlagert wurde (Watson u. a. 1997; Forster 2004; Behar u. a. 2008).

Unter den afrikanischen Haplogruppen ist L3 die einzige, aus der eine Radiation sowohl afrikanischer als auch nicht-afrikanischer Subgruppen erfolgte. L3 repräsentiert also den alleinigen Ursprung der gesamten mtDNA-Diversität außerhalb Afrikas[29]. Die Variabilität außerhalb Afrikas wird in zwei große Makrohaplogruppen – M und N – differenziert, die alle mtDNA-Linien Eurasiens, Ozeaniens, Australiens und der amerikanischen Kontinente in sich vereinigen[30]. M und N unterscheiden sich vom L3-Cluster durch die Mutationen T489C C10400T T14783C G15043A bzw. G8701A C9540T G10398A C10873T A15301G (Abb. 3.3). Beide Makrohaplogruppen umfassen weitere Haplogruppen, die durch spezifische Mutationen charakterisiert sind. Zum M-Cluster zählen die Haplogruppen C, Z, G, E, D und Q sowie weitere Subgruppen von M selbst. Das N-Cluster besteht aus den Haplogruppen I, W, X, A, Y, O und S sowie einem weiteren Cluster R, welches die Haplogruppen B, F, P, HV, H, V, J, T, U, K beinhaltet (Abb. 3.3).

Die Makrohaplogruppen M und N weisen bereits eine phylogeografische Struktur auf. Während M und deren Derivate überwiegend in Süd-, Nord-, Ost- und Südostasien sowie Ozeanien, Australien und Amerika zu finden sind, kommen N-Haplogruppen mehrheitlich in Europa, Westasien und Nordafrika vor. Die Haplogruppen A, Y, O, S, B, F und P des N-Clusters sind dabei ausschließlich auf Ostasien, Ozeanien, Australien und Amerika beschränkt (Abb. 3.4). Vermutlich entwickelten sich M und N vor etwa 65 000 Jahren in Ostafrika, genauer in den Regionen des heutigen Äthiopiens, und verbreiteten sich zunächst über das Horn von Afrika auf die Arabische Halbinsel[31]. Die Differenzierung der Makrohaplogruppen M und N setzte vermutlich bereits während der ersten Expansionsphase zwischen Ostafrika und dem Persischen Golf ein und führte zu einer raschen Entwicklung des R-Clusters vor etwa 60 000 Jahren, welches sich durch die Mutationen T12705C T16223C von N unterscheidet (Metspalu u. a. 2004; Macaulay 2005; Torroni 2006). Demzufolge können M, N und R als Gründerlinien der gesamten mtDNA-Variabilität außerhalb Afrikas angesehen werden. Die Trennung von ost- und westeurasischen Linien erfolgte möglicherweise in den Regionen nördlich des Persischen Golfes zwischen dem heutigen Iran und dem Industal (Metspalu u. a. 2004; Quintana-Murci u. a. 2004). Daran schloss sich eine weitere Expansion und Differenzierung an, einerseits entlang der südlichen Küsten Asiens und andererseits in den Nahen Osten[32].

Die Ausbreitung entlang der südasiatischen Küsten setzte direkt nach dem Exodus aus Afrika vor etwa 65 000 Jahren ein und führte innerhalb weniger Jahrtausende zu einer sehr frühen und raschen Besiedelung des südostasiatischen, ozeanischen und austronesischen Raums[33]. Ausgehend von Südostasien erreichten Siedler spätestens vor etwa 50 000 Jahren den ozeanischen und austronesischen Raum[34]. Aufgrund des niedrigeren Meeresspiegels waren zu dieser Zeit sowohl das Festland Südostasiens mit Sumatra und Borneo als auch Australien und Neuguinea zu einer Landmasse (Sunda- bzw. Sahul-Landmasse) vereint. Der Zugang zum australischen Kontinent war daher durch eine kurze Seepassage zwischen beiden Landmassen möglich. Diese Expansion war mit einer weiteren Diversifizierung spezifischer Haplogruppen sowohl des M- als auch des N- bzw. R-Clusters verbunden. Zur Makrohaplogruppe M zählt hierbei Q, zur Makrohaplogruppe N die Haplogruppe S und zum R-Cluster die Haplogruppe P, deren Vorkommen auf Ozeanien und Australien beschränkt und daher typisch für diese Regionen ist[35]. Während sich Q durch die Mutationen T4117C A5843G G8790A G12940A G16129A A16241G von allen übrigen Haplogruppen unterscheidet, kennzeichnen die Transitionen T8404C und A15607G die Haplogruppen S bzw. P (Abb. 3.3).

In den Regionen Südostasiens und Südchinas erfolgte möglicherweise eine weitere Aufsplittung von M, N und R, aus der sich vor etwa 50 000 Jahren die Haplogruppen B und F entwickelten[36], die sich durch eine neun Basenpaare lange Deletion zwischen Position 8281 und 8289 bzw. die Mutationen T6392C G10310A vom übrigen R-Cluster unterscheiden (Abb. 3.3). Beide Haplogruppen verbreiteten sich im weiteren Verlauf primär über Südost- und Ostasien sowie die ozeanischen Inselgruppen. Ausgehend von Südostasien und Südchina erfolgte eine nördliche Expansion, die weite Teile Ostasiens inklusive Nordchina, Korea sowie die Japanischen Inseln erfasste (Jin/Su 2000; Yao u. a. 2000; Kivisild u. a. 2002; Tanaka u. a. 2004). Diese war nicht nur mit der Verbreitung spezifischer Haplogruppen von M, N und R sowie B und F verbunden, sondern zog auch die Differenzierung weiterer Haplogruppen nach sich. Dazu zählen vor allem C, Z, D und G des M-Clusters und A des N-Clusters. C und Z entwickelten sich aus der gemeinsamen Haplogruppe CZ, die durch eine Deletion an Position 249 charakterisiert ist. C und Z unterscheiden sich weiterhin durch die zusätzlichen Mutationen T3552a A9545G G11914A A13263G T14318C C16327T bzw. A6752G T9090C T15784C C16185T C16260T. Die Haplogruppen D und G gingen direkt aus dem M-Cluster hervor und sind durch die Mutationen C5178a T16362C bzw. G709A A4833G T5108C T16362C gekennzeichnet. Analog differenzierte sich Haplogruppe A durch die Transitionen A235G A663G A1736G T4248C A4824G C8794T C16290T G16319A von basalen N-Linien (Abb. 3.3). Diese Haplogruppen entwickelten sich vermutlich vor etwa 30 000–40 000 Jahren in Ostasien und verbreiteten sich

---

29 Macaulay u. a. 1999b; Ingman u. a. 2000; Kivisild u. a. 2004; Torroni u. a. 2006; Soares u. a. 2012; Abb. 3.3.

30 Macaulay u. a. 2005; Quintana-Murci u. a.1999; Kivisild u. a. 2004; Metspalu u. a. 2004; Torroni u. a. 2006; Soares u. a. 2010.

31 Quintana-Murci u. a. 1999; Kivisild u. a. 2004; Metspalu u. a. 2004; Quintana-Murci u. a. 2004; Macaulay u. a. 2005; Torroni u. a. 2006; Soares u. a. 2010; Abb. 3.4.

32 Kivisild u. a. 2004; Metspalu u. a. 2004; Quintana-Murci u. a. 1999; Quintana-Murci u. a. 2004; Torroni u. a. 2006; Soares u. a. 2010; Abb. 3.4.

33 Quintana-Murci u. a. 1999; Metspalu u. a. 2004; Forster/Matsumura 2005; Macaulay u. a. 2005; Thangaraj u. a. 2005; Friedlaender u. a. 2005; Hudjashov u. a. 2007; Kumar u. a. 2009.

34 Ballinger u. a. 1992; Friedlaender u. a. 2005; Hudjashov u. a. 2007; Kumar u. a. 2009; Abb. 3.4.

35 Sykes u. a. 1995; Melton u. a. 1998; Forster u. a. 2001; Friedlaender u. a. 2005; Hudjashov u. a. 2007; Abb. 3.4.

36 Ballinger u. a. 1992; Yao u. a. 2000; Macaulay u. a. 2005; Li u. a. 2007; Hill u. a. 2006; Abb. 3.4.

anschließend über Südsibirien[37]. Von dort erfolgte eine weitere Differenzierung und Ausbreitung der ostasiatischen Komponenten vorwiegend nach Nordsibirien, Nordasien und auf die Beringia-Landmasse sowie nach Zentralasien[38]. Die Erstbesiedelung der Beringia-Landmasse und der nordasiatischen Regionen könnte bereits vor 30 000 Jahren eingesetzt haben. Allerdings waren die ersten Siedler während der letzten Eiszeit gezwungen, sich in südlichere Regionen zurückzuziehen. Aus diesen Refugien erfolgte vor etwa 18 000 Jahren, nach dem Rückgang der Gletschermassen, eine Wiederbesiedelung Beringias[39].

Die Besiedelung des nord- und südamerikanischen Kontinents erfolgte nur kurze Zeit später vor etwa 17 000 Jahren[40]. Während der letzten Eiszeit waren Asien und Amerika aufgrund des niedrigeren Meeresspiegels über eine Landbrücke miteinander verbunden (Beringia-Landmasse), die während des letzten glazialen Maximums jedoch von Gletschern überzogen wurde. Vermutlich führte der Rückgang der Gletscher erst nach dem letzten glazialen Maximum zu einer eisfreien Passage im Süden Beringias, über die nord- und nordostasiatische Populationen zunächst den nordamerikanischen Kontinent erreichten und innerhalb von 2000 Jahren entlang der Pazifikküste bis nach Südamerika vordrangen[41]. Die mtDNA-Variabilität der indigenen Bevölkerung Nord- und Südamerikas ist daher vornehmlich durch Haplogruppen geprägt, die in nord-, nordost- und ostasiatischen Populationen zu finden sind. Dies sind die Haplogruppen A und B des N-Clusters sowie C und D des M-Clusters[42]. In Nordamerika findet sich zudem Haplogruppe X, die in Europa und dem Nahen Osten vorhanden, in indigenen Populationen Sibiriens jedoch weitestgehend abwesend ist und vermutlich eine separate Expansion durch eurasische Bevölkerungsgruppen über den zirkumpolaren Raum erfuhr (Brown u. a. 1998; Derenko u. a. 2001; Schurr 2004).

Zeitlich versetzt zur Küstenroute Südasiens erfolgte eine weitere Ausbreitung und Differenzierung in Richtung Naher Osten (Metspalu u. a. 2004; Quintana-Murci u. a. 2004; Metspalu u. a. 2006; Torroni u. a. 2006). Aufgrund trockenerer Klimabedingungen, die eine Ausweitung der Wüstenregionen von Nordafrika bis nach Zentralasien bewirkten, erfolgte die Besiedelung des Nahen Ostens vermutlich nicht bevor sich die klimatischen Bedingungen vor etwa 50 000 Jahren verbesserten und einen Zugang in die Levante ermöglichten (Metspalu u. a. 2006; Olivieri u. a. 2006; Soares u. a. 2010; Abb. 3.4). Diese nördliche Expansion in den Nahen Osten war vermutlich mit der Differenzierung der Subgruppen N1 und N2 des N-Clusters sowie JT (A11251G C15452a T16126C) und U (A11467G A12308G G12372A) des R-Clusters verbunden, die Koaleszenzzeiten von 45 000–60 000 Jahren aufweisen[43]. Im Nahen Osten selbst erfolgte eine weitere Aufspaltung in zahlreiche Subgruppen, bei der sich aus N1 und N2 die Haplogruppen I und W entwickelten, die durch die Mutationen T10034C G16129A bzw. T195C T204C G207A T1243C A3505G G5460A G8251A G8994A A11947G G15884c T16292T charakterisiert sind. Zudem entstand aus basalen N-Linien durch die Transitionen T6221C C6371T A13966G T14470C T16189C C16278T die Haplogruppe X. Das R-Cluster differenzierte sich weiter in das Cluster HV (T14766C), aus dem im Folgenden die Haplogruppen H (G2706A T7028C) und V (G4580A) hervorgingen sowie in die Haplogruppen J (C295T T489C A10398G A12612G G13708A C16069T) und T (C295T T489C A10398G A12612G G13708A C16069T), die sich aus der gemeinsamen Haplogruppe JT entwickelten. Des Weiteren differenzierte sich Haplogruppe U in unterschiedliche Subgruppen, zu denen auch K (A10550G T11299C T14798C T16224C T16311C) zählt (Abb. 3.3). Die mitochondriale Diversität des Nahen Ostens verbreitete sich ab 45 000 Jahren vor heute einerseits über Nordafrika und Europa und erreichte andererseits weite Teile Nord- und Zentralasiens über den Kaukasus (Olivieri u. a. 2006; Torroni u. a. 2006; Schönberg u. a. 2011). In Nord- und Zentralasien vermischten sich diese westlichen Einflüsse mit den östlichen Haplogruppen C, Z, D, G, A, B und F. Das Kerngebiet Asiens stellt daher eine ausgedehnte Kontaktzone dar, die sich vom Ural bis nach Sibirien erstreckt und in der westliche und östliche mtDNA-Komponenten vor, während und nach der letzen Eiszeit wiederholt aufeinander trafen[44].

Die europäische mtDNA-Variabilität wurde stark durch Populationen des Nahen Ostens geprägt. Demzufolge dominieren in Europa heutzutage die Haplogruppen I, W, X, HV, H, V, J, T, U und K[45]. Vermutlich erreichte die mtDNA-Variabilität des Nahen Ostens Europa durch mehrere Besiedelungsereignisse vor, während und nach dem letzten glazialen Maximum, deren Darstellung Gegenstand der folgenden Kapitel ist (Kap. 3.2.6.1–3.2.6.3).

Abschließend bleibt festzuhalten, dass die erläuterten Besiedelungsvorgänge durch den anatomisch modernen Menschen idealisiert und stark vereinfacht dargestellt sind. Sie basieren rein auf der phylogenetischen Entwicklung mitochondrialer DNA. In der populationsgenetischen Literatur werden die entsprechenden Vorgänge jedoch auf einem detaillierteren Subhaplogruppenniveau diskutiert. Wenngleich verschiedene Studien häufig mit variierenden Koaleszenzzeiten aufwarten, die einen zeitlichen Konsens nicht immer zweifelsfrei ermöglichen (oder nur mit sehr weiten Zeitspannen), so scheinen sich sowohl die zeitliche Einordnung des Exodus aus Afrika als auch die frühe Besiedelung des ozeanischen und austronesischen Raums zunehmend zu bestätigen.

---

37 Derenko u. a. 2003; Starikovskaya u. a. 2005; Metspalu u. a. 2006; Derenko u. a. 2007; Volodko u. a. 2008; Derenko u. a. 2010; Derenko u. a. 2012; Abb. 3.4.
38 Derenko u. a. 2003; Metspalu u. a. 2006; Derenko u. a. 2007; Volodko u. a. 2008; Derenko u. a. 2010; Derenko u. a. 2012; Abb. 3.4.
39 Derbeneva u. a. 2002a; Starikovskaya u. a. 2005; Tamm u. a. 2007; Volodko u. a. 2008; Derenko u. a. 2010; Derenko u. a. 2012.

40 Tamm u. a. 2007; Achilli u. a. 2008; Derenko u. a. 2010; Perego u. a. 2010; Bodner u. a. 2012.
41 Silva u. a. 2002; Schurr 2004; Tamm u. a. 2007; Achilli u. a. 2008; Derenko u. a. 2010; Perego u. a. 2010; Bodner u. a. 2012; Derenko u. a. 2012.
42 Schurr u. a. 1990; Torroni u. a. 1993a; Torroni u. a. 1993b; Torroni u. a. 1994a; Torroni u. a. 1994b; Tamm u. a. 2007; Achilli u. a. 2008; Perego u. a. 2010; Bodner u. a. 2012; Abb. 3.4.

43 Richards u. a. 2000; Metspalu u. a. 2004; Fernandez u. a. 2012; Pala u. a. 2013; Abb. 3.3.
44 Comas u. a. 2004; Metspalu u. a. 2004; Quintana-Murci u. a. 2004; Metspalu u. a. 2006; Gokcumen u. a. 2008.
45 Richards u. a. 1996; Torroni u. a. 1996; Richards u. a. 1998; Torroni u. a. 1998; Richards u. a. 2000; Torroni u. a. 2001; Achilli u. a. 2004; Loogväli u. a. 2004; Pala u. a. 2012; Olivieri u. a. 2013; Abb. 3.4.

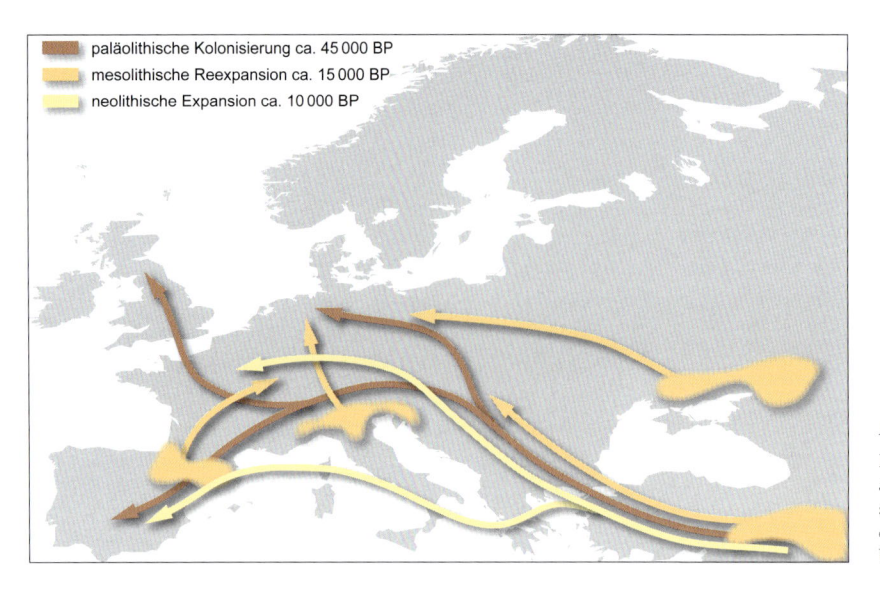

Abb. 3.5 Die Besiedelung Europas
Die Karte zeigt drei Besiedelungswellen des anatomisch modernen Menschen, die zu verschiedenen Zeiten maßgeblich zur Entstehung der heutigen genetischen Variabilität Europas beigetragen haben sollen.

3.2.6 Die Besiedelungsgeschichte Europas aus Sicht der Rezentgenetik

Die Diskussion um den Neolithisierungsprozess in Europa, die jahrzehntelang zwischen den archäologischen Lagern der »Migrationisten« und »Indigenisten« geführt wurde (Kap. 2.3), erhielt Mitte der 1980er-Jahre neue Einflüsse von Human- und Populationsgenetikern. Auch hier stand noch immer die Frage im Mittelpunkt, ob sich der neolithische Lebensstil durch genetische Einflüsse neolithischer Bauern aus dem Nahen Osten oder durch Akkulturation bzw. kulturelle Diffusion verbreitet hatte.

In der populations- und humangenetischen Literatur werden häufig drei Ereignisse angeführt, welche die Besiedelung Europas durch den anatomisch modernen Menschen maßgeblich beeinflussten und auf deren Basis die wesentlichen Theorien zur Entstehung und zum Ursprung der heutigen genetischen Variabilität formuliert wurden (Abb. 3.5). Demnach erfolgte die primäre Besiedelung im Paläolithikum, die ausgehend von den afrikanischen Ursprungsgebieten über den Nahen Osten verlief und den europäischen Kontinent vor etwa 45 000 Jahren erreichte. Dieser Prozess war vermutlich durch günstige klimatische Bedingungen während des letzten Glazials bedingt, die geeignet waren, um auch Regionen nördlich der Alpen zu besiedeln. Während des letzten glazialen Maximums vor etwa 20 000 Jahren verschlechterten sich jedoch die Bedingungen und es erfolgte ein Rückzug der paläolithischen Bevölkerung in südlichere Refugien mit gemäßigteren klimatischen Bedingungen. Mittlerweile werden vier solcher Refugien diskutiert, die in Südwesteuropa (franko-kantabrisches Refugium)[46], Norditalien, der osteuropäischen Tiefebene (Malyarchuk u. a. 2008a; Malyarchuk u. a. 2010a) und möglicherweise im Nahen Osten (Pala u. a. 2012; Olivieri u. a. 2013) lokalisiert werden. Vermutlich erfolgte aus diesen Refugien nach dem glazialen Maximum vor etwa 15 000 Jahren eine Rekolonisierung Europas, die bisweilen auch als mesolithische Reexpansion bezeichnet wird. Das dritte Besiedelungsereignis erfolgte vermutlich im Zuge der Expansion neolithischer Gesellschaften aus dem Nahen Osten vor etwa 10 000 Jahren. Zusätzlich zu diesen drei Besiedelungswellen sind weitere Ereignisse während und nach dem Neolithikum in Europa wahrscheinlich, wenngleich diese in der populationsgenetischen Forschung bislang einen geringeren Stellenwert einnehmen.

3.2.6.1 Klassische Marker und das wave-of-advance-Modell

Die Besiedelungsgeschichte Europas mithilfe der Genetik zu rekonstruieren, wurde maßgeblich und nachhaltig durch die 1984 erschienene Arbeit des Archäologen Albert Ammerman und des Populationsgenetikers Luca L. Cavalli-Sforza geprägt (Ammermann / Cavalli-Sforza 1984). In ihrer Studie untersuchten Ammermann und Cavalli-Sforza zunächst 39, später 95 (Cavalli-Sforza u. a. 1994) sog. klassische Marker, die neben den Blutgruppensystemen und Antigenen des HLA-Systems (*human leucocyte antigen*) auch einige Enzyme umfassten. Die Komplexität der gewonnenen Daten wurde mithilfe der Hauptkomponentenanalyse ausgewertet, die es ermöglichte, Frequenzen mehrerer Genorte für bestimmte geografische Regionen zusammenzufassen und die Fülle der Information in einem dimensionsreduzierten Raum abzubilden. Die geografischen Allel-Verteilungen der einzelnen Hauptkomponenten wurden in Form von isochronen Verteilungslinien auf eine geografische Karte projiziert, was unterschiedliche Verteilungsgradienten (clines) erkennen ließ (Abb. 3.6). Die erste Hauptkomponente erklärte 27 % der gesamten geografischen Allelvariation und zeigte einen Verteilungsgradienten von Südost nach Nordwest. Die Karten der zweiten, dritten und vierten Hauptkomponente umfassten 22 %, 11 % und 7 % der genetischen Variabilität und bildeten einen Südwest-Nordost-, Ost-West- und Süd-Nord-Gradienten ab.

Die beobachteten graduellen Verteilungen wurden als Beleg für unterschiedliche Wanderungsbewegungen in Europa gedeutet, die entsprechend der aufsteigenden Rei-

---

[46] Torroni u. a. 1998; Torroni u. a. 2001; Achilli u. a. 2004; Achilli u. a. 2005.

henfolge der Hauptkomponenten zeitlich aufeinander folgten. Die erste Hauptkomponente wurde mit der neolithischen Expansion aus den Regionen des Fruchtbaren Halbmondes assoziiert. Da der Anteil genetischer Variation an den höheren Komponenten als geringer zu erachten war, schlussfolgerten die Autoren, dass es sich hierbei um Prozesse handelte, die nach dem Neolithikum stattfanden. Dementsprechend wurde für die dritte und vierte Hauptkomponente ein genetischer Einfluss aus dem Osten durch bronzezeitliche Kurgan-Kulturen (Gimbutas 1965) bzw. während der Antike aus dem östlichen Mittelmeerraum angenommen. Für die zweite Hauptkomponente konnte zum damaligen Zeitpunkt hingegen kein prähistorisches Ereignis angeführt werden, das in den durch die erste und dritte Hauptkomponente vorgegebenen zeitlichen Rahmen zwischen Neolithikum und Bronzezeit passte.

Anhand der Daten wurde ein Modell zur Neolithisierung Europas entwickelt und formuliert. Basierend auf der Annahme, dass sich Europa und der Nahe Osten im ausgehenden Paläo-/Mesolithikum genetisch unterschieden und somit sowohl Akkulturation (europäische und nahöstliche Populationen unterscheiden sich) und Migration (europäische und nahöstliche Populationen unterscheiden sich nicht) als auch integrative Prozesse (europäische und nahöstliche Populationen haben sich vermischt) anhand genetischer Daten nachweisbar wären, wurde der Gradient der ersten Hauptkomponente als klares Anzeichen eines Migrationsprozesses mit mesolithischem Beitrag gewertet, der zu einer Ausdünnung genetischer Elemente der immigrierenden Bauern entlang der Ausbreitungsrichtung führte. Diese Erkenntnisse wurden in Bezug zu archäologischen Daten radiokohlenstoffdatierter neolithischer Funde gesetzt, die Aussagen über die relative Geschwindigkeit der neolithischen Expansion in Europa erlaubten. Die zeitliche und geografische Verteilung der Radiokohlenstoffdaten ließ ebenfalls auf einen gleichförmigen graduellen Verlauf der Neolithisierung schließen, der mit einer konstanten Rate von einem Kilometer pro Jahr bzw. 25 Kilometern pro Generation relativ schnell vonstatten ging. Aus beiden Beobachtungen schlussfolgerten die Autoren, dass die Neolithisierung das Resultat eines singulären und übergreifenden Diffusionsprozesses war und definierten dafür den Begriff der *demic diffusion* um diesen Prozess klar von der *cultural diffusion* abzugrenzen, der ausschließlich die Adaptierung neolithischer Ideen und Technologien in indigenen europäischen Jäger-Sammler-Gemeinschaften beschrieb (Kap. 2.3). Als Erklärungsansatz formulierten Ammermann und Cavalli-Sforza gleichzeitig das *wave-of-advance*-Modell, welches ein Anwachsen der neolithischen Bevölkerung aufgrund eines wirtschaftlichen Überschusses postulierte, dem eine radiale Expansion folgte, während der sich die Träger der neolithischen Kultur verbreiteten und lokale Jäger-Sammler-Gemeinschaften assimilierten oder verdrängten. Auch wenn der Begriff der *demic diffusion* ursprünglich als integrativer Ansatz definiert wurde, der Migration und Akkulturation vereint, wurde er in späteren Jahren häufig als Synonym für Migrations- und Kolonisationsprozesse verwendet, die nicht zwangsläufig eine Beteiligung der lokalen mesolithischen Bevölkerung vorsahen.

Die Studie von Ammermann und Cavalli Sforza entfachte eine bis heute anhaltende Diskussion um einen paläolithi-

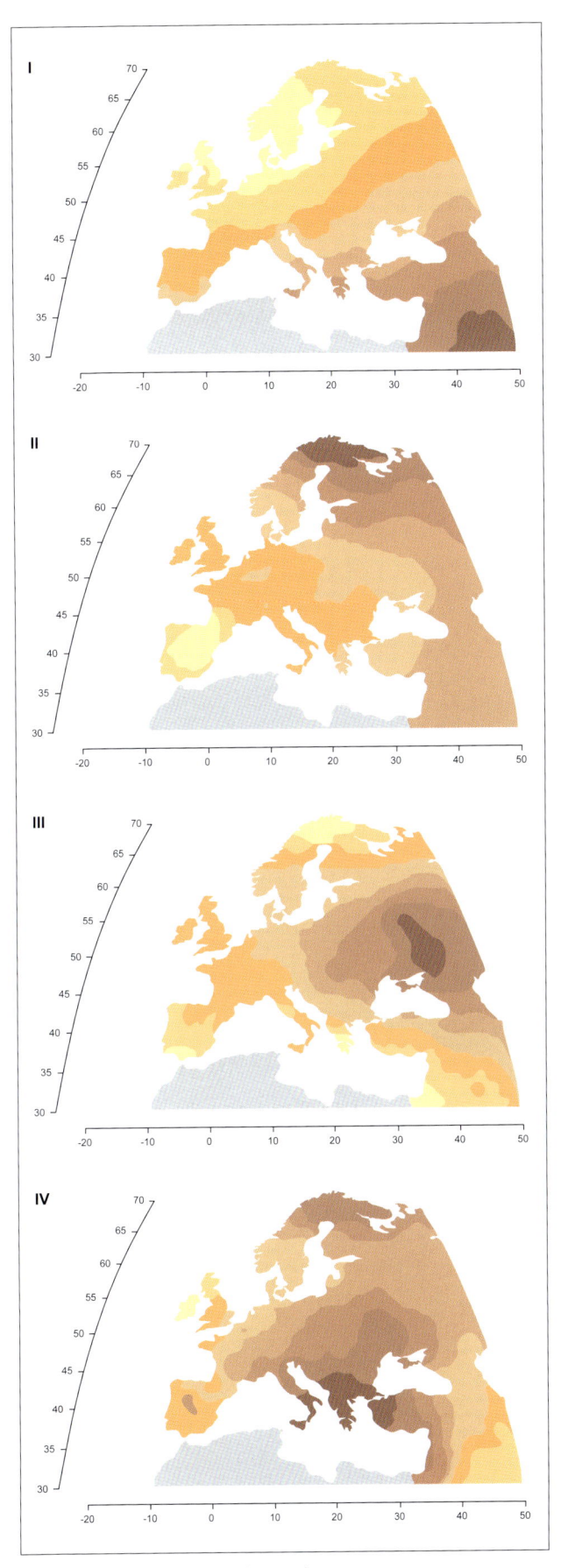

Abb. 3.6 Die *clines* der klassischen Marker in Europa

Die Karten zeigen die ersten vier Hauptkomponenten (I–IV) der Allelvariation klassischer Marker in Europa. Diese erklären 27 %, 22 %, 11 % und 7 % der gesamten genetischen Variabilität und zeigen einen Südost-Nordwest-, Südwest-Nordost-, Ost-West- bzw. Süd-Nord-Gradienten an.

schen oder neolithischen Ursprung des rezenten europäischen Genpools (Kap. 3.2.6.2). Der Anteil neolithischer Siedler an der heutigen genetischen Diversität wurde mit dem Anteil an erklärter Variabilität der ersten Hauptkomponente gleichgesetzt, der etwa einem Drittel entsprach. Demnach könnte die Basis der heutigen genetischen Variabilität bereits im Neolithikum gelegt worden sein, während der übrige Teil durch spätere Besiedelungsereignisse erklärt werden könnte (Ammerman/Cavalli-Sforza 1984; Cavalli-Sforza u. a. 1994).

In den folgenden Jahren wurden die Schlussfolgerungen von Ammermann und Cavalli-Sforza jedoch stark kritisiert. Primär richtete sich die Kritik gegen die analysierten genetischen Marker, von denen ein Großteil dem HLA-System angehört, das eine bedeutende Rolle bei der menschlichen Immunabwehr spielt (Fix 1996; Fix 1999). Da diese Marker im Zuge der Anpassung an Krankheitserreger oder klimatische Bedingungen jedoch einer starken Selektion unterliegen, wurde bezweifelt, dass der beobachtete Südost-Nordwest-Gradient eine immigrierende Bauernpopulation widerspiegelt. Vielmehr könnte dies das Resultat einer differenzierten und umweltbedingten Anpassung an veränderte Lebensbedingungen darstellen.

Ein zweiter wesentlicher Kritikpunk wurde von Archäologen geäußert und bezog sich auf die Deutung der unterschiedlichen Gradienten (Zvelebil 1989; Zvelebil 1998). Demnach gebe es keinen Grund den Südost-Nordwest-Gradienten der ersten Hauptkomponente allein durch die neolithische Expansion zu erklären. Vielmehr wäre es wahrscheinlich, dass Europa im Verlauf der Menschheitsgeschichte mehreren voneinander unabhängigen Besiedelungswellen ausgesetzt war, von denen jeweils die letzte die vorherige überlagerte. Für diese Prozesse wurde der Begriff »Palimpsest« entlehnt, der im Altertum und im Mittelalter ein Pergament beschrieb, das nach Abkratzen oder Abwaschen wiederbeschriftet wurde (Zvelebil 1998).

Schließlich war die Theorie, dass die aufsteigenden Hauptkomponenten zeitlich aufeinanderfolgende Besiedelungsereignisse abbilden, nicht länger aufrecht zu erhalten, als 1998 Torroni und Kollegen den bis dato undefinierten Südwest-Nordost-Gradienten der zweiten Hauptkomponente durch eine postglaziale Reexpansion aus dem frankokantabrischen Refugium während des Mesolithikums erklärten (Torroni u. a. 1998). Somit würde die zweite Hauptkomponente ein Ereignis beschreiben, dass zeitlich vor der Neolithisierung stattgefunden hatte, die von Ammermann und Cavalli-Sforza durch die erste Hauptkomponente erklärt wurde.

Trotz der Kritik setzte sich das *wave-of-advance*-Modell in den Folgejahren als anerkannte Lehrmeinung durch (Richards 2003) und ist bis heute eines der meistzitierten Modelle zum Neolithikum in Archäologie, Anthropologie und Genetik.

3.2.6.2 Die mitochondriale DNA mischt sich ein

Die Kontroverse um das *demic-diffusion*-Modell von Ammerman und Cavalli-Sforza erfuhr Mitte der 1990er-Jahre weiteren Auftrieb. Richards und Kollegen verwendeten 821 mtDNA-Sequenzen von unterschiedlichen Populationen Europas und des Mittleren Ostens und errechneten mithilfe der molekularen Uhr (Kap. 3.2.3) Koaleszenzzeiten für die beobachtete mtDNA-Diversität (Richards u. a. 1996). Demnach zeigte ein Großteil der identifizierten Haplogruppen ein Alter von 17 500–36 500 Jahren und wäre damit zu alt, um sich während des Neolithikums differenziert und ausgebreitet zu haben. Im Detail wiesen die Haplogruppen I, T und U, die mit einer Gesamthäufigkeit von etwa 20 % in dem europäischen Datensatz nachgewiesen wurden, ein Alter von 34 000–36 500 Jahren auf und könnten demnach mit der Erstbesiedelung im Paläolithikum assoziiert werden. Etwa 70 % der europäischen Variabilität entfiel auf die Haplogruppen K und H, die ein Alter von 17 500–23 500 Jahren zeigten und somit vermutlich postglaziale Prozesse während des Mesolithikums repräsentieren. Einzig die Haplogruppe J deutete mit einer Koaleszenzzeit von 6000–12 500 Jahren auf einen neolithischen Ursprung hin. Da die Häufigkeit von J in den einzelnen Regionen Europas jedoch nur 5–18 % betrug, wäre der Einfluss neolithischer Bauern am heutigen Genpool relativ gering gewesen.

In den Folgejahren konnten die Ergebnisse der Erststudie weitestgehend bestätigt und präzisiert werden (Richards u. a. 1998; Richards u. a. 2000). Speziell die Studie von Richards und Kollegen aus dem Jahre 2000 stellt bis heute eine der grundlegendsten Arbeiten zur Besiedelungsgeschichte Europas aus mitochondrialer Sicht dar (Richards u. a. 2000). Durch eine starke Ausweitung des Datensatzes auf 4246 untersuchte Individuen aus Europa, dem Nahen Osten und Nordafrika konnten mithilfe der *founder analysis* potenzielle Gründerlinien identifiziert werden, aus denen die heutige Variabilität der einzelnen Haplogruppen vermutlich hervorgegangen ist. Mit diesem Bezugspunkt war es möglich, deutlich präzisere Koaleszenzzeiten für die Entstehung der Haplogruppen in den unterschiedlichen Regionen Europas zu berechnen. Analog zur Studie von 1996 zeigte ein Großteil der Haplogruppen Koaleszenzzeiten, die in das Paläolithikum und Mesolithikum fielen (Abb. 3.7). Demnach entstanden die Haplogruppen HV, I, U, und U4 im Früh- bzw. Mittelpaläolithikum vor etwa 16 100–54 400 Jahren, während die Haplogruppen H, K, T2, W und X vermutlich das Resultat postglazialer Reexpansionsereignisse während des Spätpaläolithikums und Mesolithikums vor 9300–24 700 Jahren darstellen. Einzig die Haplogruppen J und T1 datierten mit 6900–10 900 bzw. 6100–12 800 Jahren deutlich jünger und wurden mit der neolithischen Expansion in Verbindung gebracht. Gleichzeitig wurde dies als Beweis gedeutet, dass die meisten europäischen mtDNA-Linien auf autochthone paläolithische Vorfahren zurückzuführen seien und demnach nur ein geringer Anteil von etwa 20 % einem neolithischen Einfluss zuzurechnen wäre. Darüber hinaus ließen die Analysen erkennen, dass der Großteil rezenter Variabilität aus einem genetischen Flaschenhals (*genetic bottleneck*) während des letzten glazialen Maximums hervorging, was maßgeblich die Theorie der mesolithischen Rekolonisierung aus glazialen Refugien unterstützte (Kap. 3.2.6.3).

Die Ergebnisse von Richards und Kollegen, die eindeutig ein *cultural-diffusion*-Modell unterstützten, standen im klaren Widerspruch zum *demic-diffusion*-Modell (Kap. 2.3). Dies löste einen jahrelangen Disput in der molekulargeneti-

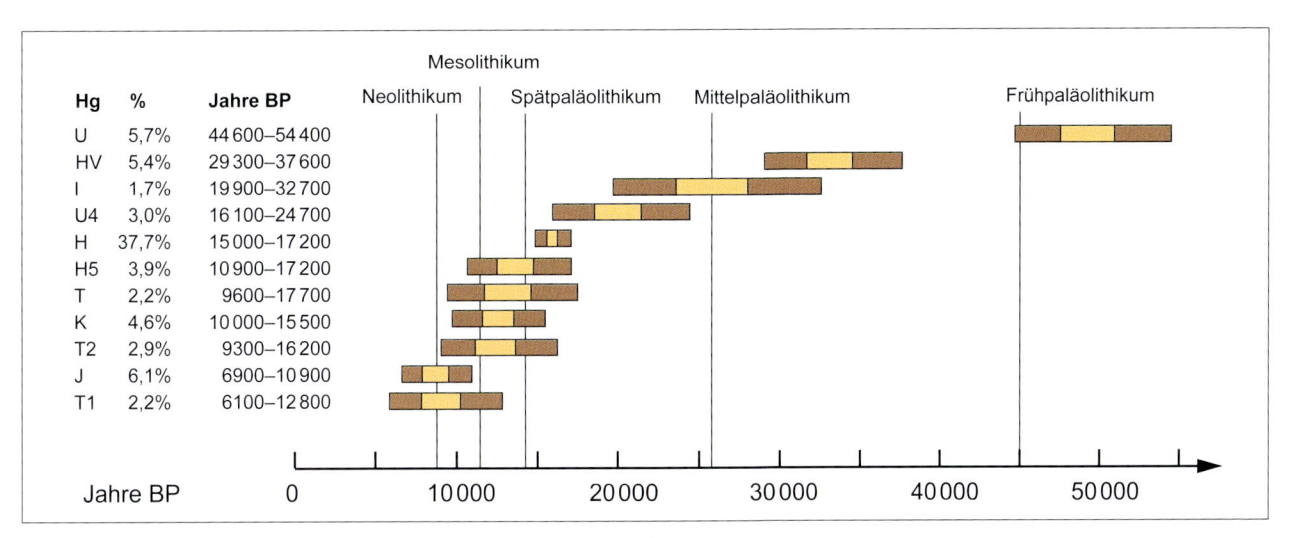

Hg	%	Jahre BP
U	5,7%	44 600–54 400
HV	5,4%	29 300–37 600
I	1,7%	19 900–32 700
U4	3,0%	16 100–24 700
H	37,7%	15 000–17 200
H5	3,9%	10 900–17 200
T	2,2%	9600–17 700
K	4,6%	10 000–15 500
T2	2,9%	9300–16 200
J	6,1%	6900–10 900
T1	2,2%	6100–12 800

Abb. 3.7 Gründerlinien des europäischen mtDNA-Genpools und ihre Entstehungszeiten

Aufgeführt sind die Gründerlinien der häufigsten Haplogruppen (Hg) Europas, die etwa 75 % der gesamten mtDNA-Diversität in sich vereinen. Die Querbalken entsprechen dem 95 %- (braun) bzw. 50 %-Konfidenzintervall (orange) der Koaleszenzzeitberechnungen.

schen Forschungsgemeinschaft zwischen »Migrationisten« und »Indigenisten« aus, wie er zuvor in der Archäologie geführt wurde. Der wesentliche Streitpunkt betraf die Höhe des Anteils neolithischer Siedler an der rezenten genetischen Variabilität Europas und schloss nunmehr auch Y-chromosomale und autosomale DNA-Daten mit ein[47].

3.2.6.3 Glaziale Refugien und deren Einfluss auf die heutige mtDNA-Variabilität Europas

Aus den vorangegangenen Kapiteln wurde bereits deutlich, dass der Großteil (~95 %) der mtDNA-Variabilität rezenter Europäer durch die Haplogruppen I, W und X des N-Clusters und die Haplogruppen HV (inklusive H und V), JT (inklusive J und T) und U (inklusive U und K) des R-Clusters gekennzeichnet ist (Kap. 3.2.5 u. 3.2.6.2). Die Derivate des N-Clusters sind dabei mit etwa 5 % relativ selten vertreten, während der überwiegende Teil des europäischen mtDNA-Genpools (~90 %) aus Haplogruppen des R-Clusters besteht (Abb. 3.3–3.4). Basierend auf der Aussage von Richards und Kollegen, dass der Großteil heutiger mtDNA-Diversität auf Prozesse während des letzten glazialen Maximums zurückzuführen sei (Richards u. a. 1996; Richards u. a. 2000; Kap. 3.2.6.2), konzentrierten sich die Studien der folgenden Jahren speziell auf die Rekonstruktion von postglazialen Besiedelungsereignissen aus südlichen Refugien und die Identifizierung potenziell damit assoziierter Haplogruppen.

Allen voran sind die Arbeiten zum franko-kantabrischen Refugium herauszustellen[48]. Diese konzentrieren sich vor allem auf die Schwestergruppen V und H, die aus der gemeinsamen Haplogruppe HV hervorgegangen sind und gemeinsam etwa die Hälfte der rezenten Variabilität Europas in sich vereinigen (Kap. 3.2.5; Abb. 3.3–3.4). HV selbst entwickelte sich vermutlich vor 24 300–29 000 Jahren im Nahen Osten und weist dort mit über 5 % bis heute die höchste Frequenz in dieser Region auf. In Europa, Zentralasien und auf dem indischen Subkontinent nimmt ihre Frequenz bis auf etwa 2 % ab (Richards u. a. 2000; Abb. 3.4).

Die Haplogruppe V entwickelte sich aus der Subhaplogruppe HVo und weist mit etwa 50 bekannten Subgruppen eine relativ geringe Diversität auf (http://www.phylotree.org, build 16, veröffentlicht am 19. Februar 2014; van Oven/Keyser 2009). Ihr Vorkommen ist mit durchschnittlich 5% auf Europa und Nordafrika beschränkt. Im Nahen Osten sowie Westasien ist V hingegen nicht vorhanden (Abb. 3.4). Haplogruppe V wurde bereits sehr früh mit der Entstehung bzw. Diversifizierung im franko-kantabrischen Refugium und einer anschließenden Verbreitung über Zentral- und Nordeuropa in Verbindung gebracht (Torroni u. a. 1998). Die Ergebnisse dieser Studie trugen maßgeblich dazu bei, die zweite Hauptkomponente aus der Analyse von Ammermann und Cavalli-Sforza (Ammermann/Cavalli-Sforza 1984) durch postglaziale Besiedelungsprozesse zu erklären (Kap. 3.2.6.1). Drei Jahre später wurden in einer Folgestudie mit erheblich erweiterter Datenbasis die Aussagen bezüglich der Entstehung und Verbreitung von Haplogruppe V bestätigt und präzisiert (Torroni u. a. 2001). Innerhalb Europas konnte ein Häufigkeitsgradient beobachtet werden, dessen Frequenzen ausgehend von der Iberischen Halbinsel in nordöstlicher Richtung abnahmen. Ausnahmen bildeten die Populationen der Samen und der Basken, in denen V etwa 52 % bzw. 12 % der Gesamtvariabilität ausmachte (Torroni u. a. 1998; Torroni u. a. 2001). In Verbindung mit einem Entstehungsalter von etwa 8500–13 900 Jahren (Torroni u. a. 2001; Soares u. a. 2010) wurde das gehäufte Vorkommen von V in Südwesteuropa durch einen Ursprung im franko-kantabrischen Refugium während der letzten Eiszeit erklärt, von dem aus sich V über das nacheis-

---

47 Cavalli-Sforza/Minch 1997; Barbujani u. a. 1998; Chikhi u. a. 1998; Richards/Sykes 1998; Richards u. a. 1998; Torroni u. a. 1998; Rosser u. a. 2000; Semino u. a. 2000; Simoni u. a. 2000a; Simoni u. a. 2000b; Chikhi u. a. 2002; Richards u. a. 2002; Richards 2003; Dupanloup u. a. 2004; Currat/Excoffier 2005; Roewer u. a. 2005; Novembre/Stephens 2008; Novembre u. a. 2008.

48 Torroni u. a. 1998; Torroni u. a. 2001; Achilli u. a. 2004; Achilli u. a. 2005; Pereira u. a. 2005; Soares u. a. 2010.

zeitliche Europa und Nordafrika ausbreitete[49]. V repräsentiert somit eine der wenigen Haplogruppen, die sich vermutlich in Europa entwickelte.

Im Gegensatz zu V vereinigt H im Durchschnitt mehr als 40% der Gesamtvariabilität und ist damit die mit Abstand häufigste Haplogruppe in Europa. In Richtung Naher Osten und Kaukasus nimmt ihre Frequenz auf etwa 25% ab (Richards u. a. 2000; Achilli u. a. 2004; Loogväli u. a. 2004; Pereira u. a. 2005). H ist auch in Nordafrika (Cherni u. a. 2009; Rhouda u. a. 2009) und West- bzw. Zentralasien mit etwa 20–30% relativ häufig (Metspalu u. a. 1999; Comas u. a. 2004; Quintana-Murci u. a. 2004) und reduziert sich in den Randgebieten der Verbreitung wie Indien oder der Arabischen Halbinsel auf 5–10% (Abb. 3.4). Haplogruppe H ist jedoch nicht nur durch ihre weiträumige Verbreitung, sondern auch durch eine hohe Variabilität innerhalb der Haplogruppe mit derzeit etwa 800 differenzierten Subgruppen gekennzeichnet (http://www.phylotree.org, build 16, veröffentlicht am 19. Februar 2014; van Oven/Keyser 2009). Die Koaleszenzzeit von H in Europa liegt unter der des Nahen Ostens, sodass nach derzeitigem Kenntnisstand ein Ursprung im Nahen Osten vor etwa 23 000–29 000 Jahren und eine Expansion über Europa und Westasien vor dem letzten glazialen Maximum (20 000–25 000 Jahre) angenommen werden kann (Richards u. a. 2000; Pereira u. a. 2005).

Im Jahre 2004 wurde Haplogruppe H erstmals durch die Sequenzierung gesamter Genome phylogenetisch genauer differenziert (Achilli u. a. 2004). Diese Studie konnte frühere Erkenntnisse (Torroni u. a. 1998; Richards u. a. 2000) bestätigen, dass H bzw. spezifische Subgruppen von H mit einer Expansion spätglazialer Jäger-Sammler-Gemeinschaften aus dem franko-kantabrischen Refugium assoziiert werden können, die weite Teile Zentral- und Nordeuropas wiederbesiedelten. Diese Aussagen basierten im Wesentlichen auf der Häufigkeitsverteilung der Subhaplogruppen H1 und H3, welche die häufigsten Subgruppen von H in Europa repräsentieren und zusammen mehr als die Hälfte der gesamten H-Variabilität bilden (Pereira u. a. 2005). Entgegen der relativ gleichmäßigen Verteilung von H über Europa zeigten diese Subgruppen – analog zu V – klare phylogeografische Verbreitungsmuster mit Häufigkeitsmaxima auf der Iberischen Halbinsel und in den angrenzenden Gebieten sowie eine graduelle Abnahme Richtung Zentral- und Nordosteuropa (Achilli u. a. 2004; Loogväli u. a. 2004; Pereira u. a. 2005). Koaleszenzzeitberechnungen ergaben ein Alter von 9 300–12 800 bzw. 8 900–12 900 Jahren für H1 und H3 (Achilli u. a. 2004; Soares u. a. 2010) und fielen damit in den Zeitrahmen der mesolithischen Reexpansion. Im darauffolgenden Jahr konnten die Ergebnisse von Achilli und Kollegen unabhängig bestätigt werden (Pereira u. a. 2005).

Nach den Haplogruppen H und V des HV-Clusters vereint das U-Cluster mit über 20% den zweitgrößten Anteil der mtDNA-Variabilität Europas. Das U-Cluster gliedert sich in die neun Subgruppen U1–U9, von denen momentan etwa 340 Untergruppen bekannt sind. Hinzu kommt Haplogruppe K, die aus der Subgruppe U8 hervorgegangen ist und in weitere 320 Subhaplogruppen differenziert werden kann (http://www.phylotree.org, build 16, veröffentlicht am 19. Februar 2014; van Oven/Keyser 2009; Kap. 3.2.5; Abb. 3.3). Neben H weist Haplogruppe U die weiteste Verbreitung in Westeurasien auf (Abb. 3.4), mit Häufigkeitsmaxima von über 20% in nordasiatischen Populationen (Tambets u. a. 2004; Derbeneva u. a. 2002a; Derbeneva u. a. 2002b; Derenko u. a. 2003). In Europa, dem Nahen Osten und auf dem indischen Subkontinent beträgt die Frequenz etwa 16%, während sie in Nordafrika und Zentralasien auf etwa 12% und in Südsibirien bis auf etwa 5% absinkt. Allerdings unterscheiden sich die einzelnen Regionen in diesem weiten Verbreitungsgebiet zum Teil erheblich in der Häufigkeit und/oder der Präsenz bestimmter U-Subgruppen[50]. In Europa kommen vor allem die Subgruppen U2–U5 vor, von denen U5 und U4 am häufigsten sind und etwa 55% bzw. 15% der gesamten U-Variabilität Europas in sich vereinigen. Koaleszenzzeitberechnungen ergaben für Haplogruppe U ein sehr hohes Alter von 50 400–58 900 Jahren sowohl in Europa als auch im Nahen Osten (Richards u. a. 2000; Abb. 3.7). Es wird daher vermutet, dass ein Großteil der paläolithischen Bevölkerung im eurasischen Raum Haplogruppe U angehörte.

Erst kürzlich wurden Haplogruppe U5 und deren zwei Subgruppen U5a und U5b detaillierter untersucht. Malyarchuk und Kollegen analysierten insgesamt 113 komplette U5a- und U5b-Genome zentral- und osteuropäischer Populationen und verglichen diese Daten mit 100 publizierten Genomen Zentral- und Südwesteuropas (Malyarchuk u. a. 2010a). Koaleszenzzeitberechnungen erbrachten ein Alter des U5-Clusters von 24 800–30 400 Jahren und entsprechend jüngere Zeiten für U5a (16 100–19 900 Jahre) und U5b (20 200–23 800 Jahre). Diese Datierungen unterstützten eine Entstehung von U5b während und von U5a nach dem letzten glazialen Maximum. Die Häufigkeitsverteilung und phylogenetische Struktur von U5b sowie deren Subhaplogruppen ließen zudem darauf schließen, dass ihre Differenzierung während des glazialen Maximums in Refugien Südwesteuropas einsetzte und sich im Folgenden spezifische Subhaplogruppen von U5b bis nach Osteuropa verbreiteten. Andererseits konnte U5a stärker mit osteuropäischen Populationen assoziiert werden und deutete somit auf einen Ursprung und eine Verbreitung aus dem osteuropäischen Refugium hin, die jedoch im Gegensatz zu U5b erst nach dem letzten glazialen Maximum einsetzte. Die Autoren vermuteten ferner, dass sich westliche und östliche Einflüsse in Zentraleuropa nach dem letzten glazialen Maximum trafen und miteinander vermischten.

Diese Interpretationen stimmten mit zuvor publizierten Studien überein, die für bestimmte Subhaplogruppen von U5b ebenfalls eine postglaziale Expansion aus südwestlichen Refugien postulierten (Achilli u. a. 2005; Pala u. a. 2009). So zeigten Achilli und Kollegen anhand von 39 kompletten mitochondrialen U-Genomen europäischer und nordafrikanischer Populationen, dass sich U5b1b mit einem

---

[49] Torroni u. a. 1998; Torroni u. a. 2001; Achilli u. a. 2004; Pereira u. a. 2005; Soares u. a. 2010.

[50] Derbeneva u. a. 2002a; Derbeneva u. a. 2002b; Derenko u. a. 2003; Maca-Meyer u. a. 2003a; Metspalu u. a. 2004; Quintana-Murci u. a. 2004; González u. a. 2006a; Malyarchuk u. a. 2008a; Malyarchuk u. a. 2008b; Pereira u. a. 2010a; Malyarchuk u. a. 2010a.

Alter von 6200–11 000 Jahren im Zuge einer postglazialen Reexpansion aus dem franko-kantabrischen Refugium verbreitete. Die heutigen phylogeografischen Verbreitungsmuster von U5b1b ließen zudem auf eine genetische Verbindung zwischen den Populationen der nordskandinavischen Samen und nordafrikanischen Berber schließen (Achilli u. a. 2005). Diese Ergebnisse wurden im Hinblick auf frühere Erkenntnisse bezüglich der Haplogruppen H1, H3 und V interpretiert und daraus geschlussfolgert, dass nur eine südliche und nördliche Expansion der Haplogruppen U5b1b, H1, H3 und V bzw. U5b1b und V nach dem letzten glazialen Maximum aus dem franko-kantabrischen Refugium zu den beobachteten phylogeografischen Mustern geführt haben könne. Analog wurde die Subhaplogruppe U5b3 mit einer postglazialen Expansion aus dem norditalienischen Refugium assoziiert (Pala u. a. 2009). Phylogeografische Analysen von 52 kompletten mitochondrialen Genomen ergaben ein Alter von 8100–10 100 Jahren und legten die Vermutung nahe, dass der potenzielle Ursprung von U5b3 in Italien zu finden ist. Von dort breitete sich U5b3 entlang der Mittelmeerküsten bis nach Südfrankreich, Spanien und Sardinien aus. Im Gegensatz zu einem Ursprung in Südwesteuropa wurde Haplogruppe U4 – analog zu U5a – mit einer Entstehung im glazialen Refugium Osteuropas vor 19 160–21 760 Jahren in Verbindung gebracht, an die sich eine Verbreitung ihrer Subgruppen über Zentral- und Osteuropa sowie Nordasien anschloss (Malyarchuk u. a. 2008a).

Haplogruppe K ging aus der Subhaplogruppe U8 des U-Clusters hervor, die mit 44 000–58 800 Jahren neben U5 die älteste Subgruppe von U in Europa darstellt (Soares u. a. 2010), heutzutage jedoch nur mit unter 1 % in Europa vorkommt. Die Häufigkeit von K beträgt in Europa und dem Nahen Osten etwa 6 % und reduziert sich in Zentral-, Nord- und Südasien auf etwa 1–2 % (Abb. 3.4). Derzeit wird davon ausgegangen, dass sich Haplogruppe K vor 24 200–39 200 Jahren im Nahen Osten entwickelte und sich während der letzten Eiszeit über Europa verbreitete (Richards u. a 2000.; Soares u. a. 2010).

Die Haplogruppen J und T sind Schwesterlinien des JT-Clusters (Kap. 3.2.5; Abb. 3.3), das etwa 18 % der rezenten mtDNA-Variabilität Europas vereint und sich aufgrund einer Koaleszenzzeit von 50 500–65 500 Jahren vermutlich vor der Besiedelung des Nahen Ostens entwickelte (Pala u. a. 2012). Haplogruppe J weist im Nahen Osten eine Häufigkeit von etwa 13 % und in Europa von etwa 9 % auf (Abb. 3.4). In Nordafrika, Westasien und auf dem indischen Subkontinent verringert sich die Frequenz auf 6 %, 4 % bzw. 2 %. Derzeit sind etwa 200 Subhaplogruppen bekannt, die sich auf zwei Cluster J1 und J2 verteilen (http://www.phylotree.org, build 16, veröffentlicht am 19. Februar 2014; van Oven/Keyser 2009). Analog zu J kann auch die Diversität von T in zwei Hauptcluster T1 und T2 unterteilt werden, von denen bislang etwa 180 Subgruppen bekannt sind (http://www.phylotree.org, build 16, veröffentlicht am 19. Februar 2014; van Oven/Keyser 2009). Haplogruppe T vereint etwa 10 % der europäischen und 8 % der nahöstlichen mtDNA-Variabilität (Pala u. a. 2012; Abb. 3.4). In Nordafrika, Westasien und Indien schwächt sich die Häufigkeit auf 7 %, 5 % bzw. 2 % ab.

Beide Haplogruppen wurden jüngst mit einem glazialen Refugium im Nahen Osten in Verbindung gebracht (Pala u. a. 2012). Anhand von 902 kompletten mitochondrialen Genomen der Haplogruppen J und T konnte gezeigt werden, dass sich beide Haplogruppen vermutlich vor dem letzten glazialen Maximum im Nahen Osten entwickelten. Die Koaleszenzzeitberechnungen ergaben ein Alter von 37 200–49 400 Jahren für J und 22 400–35 200 für Haplogruppe T sowie entsprechend jüngere Zeiten für deren Subgruppen J1, J2, T1 und T2 und legten damit einen Ursprung im Nahen Osten vor dem letzten glazialen Maximum nahe (Pala u. a. 2012). Ferner ergaben die Koaleszenzzeitberechnungen zahlreicher Subhaplogruppen von J1, J2, T1 und T2 ein Alter von 10 000–19 000 Jahren, sodass für deren Diversifizierung und Verbreitung über Europa, Westasien und den indischen Subkontinent spät- und nacheiszeitliche Ereignisse angenommen werden konnten. Dies datierte einen Großteil der J- und T-Diversität Europas, die bis dato mit der neolithischen Expansion assoziiert wurde (Richards u. a. 2000; Kap. 3.2.6.2), um mehrere tausend Jahre zurück. Basierend darauf wurde vermutet, dass neben den großen glazialen Refugien auf der Iberischen Halbinsel und in der osteuropäischen Tiefebene auch im Nahen Osten ein Rückzugsgebiet existierte, aus dem vermutlich eine Rekolonisierung Südosteuropas erfolgte.

Im Gegensatz zu den Haplogruppen HV, JT und U des R-Clusters entwickelten sich die Haplogruppen I, W und X aus bestimmten Subgruppen der Makrohaplogruppe N (Kap. 3.2.5; Abb. 3.3). Diese finden sich im heutigen Europa in wesentlich geringerer Häufigkeit als die Haplogruppen des R-Clusters. Haplogruppe I ging aus dem Subcluster N1a, genauer N1a1b, hervor (Olivieri u. a. 2013) und wird in sieben Subcluster I1–I7 untergliedert, von denen bislang etwa 30 Subhaplogruppen bekannt sind (http://www.phylotree.org, build 16, veröffentlicht am 19. Februar 2014; van Oven/Keyser 2009). Die Häufigkeit von I beträgt etwa 2 % in Europa und hat im Nahen Osten und Zentralasien einen Anteil von 1–1,5 % (Abb. 3.4). Im Gegensatz zu I, findet sich Haplogruppe N1a, von der bislang 16 Subgruppen bekannt sind (http://www.phylotree.org, build 16, veröffentlicht am 19. Februar 2014; van Oven/Keyser 2009), nur äußerst selten in Europa, Asien und Afrika. In Europa beträgt die Häufigkeit von N1a nur etwa 0,2 % und erhöht sich im Nahen Osten, Zentralasien und Ostafrika auf 0,5–0,7 % mit Häufigkeitsmaxima auf der Arabischen Halbinsel und in Ostafrika (Fernandez u. a. 2012). Haplogruppe W entwickelte sich aus der Subgruppe N2 und wird in die Subcluster W1 und W3–W7 untergliedert (Fernandez u. a. 2012; Olivieri u. a. 2013), von denen derzeit etwa 35 weitere Subhaplogruppen bekannt sind (http://www.phylotree.org, build 16, veröffentlicht am 19. Februar 2014; van Oven/Keyser 2009). Die geografische Verbreitung erreicht Häufigkeitsmaxima von etwa 6 % im Nahen Osten, dem Kaukasus und Indien und reduziert sich in Europa auf durchschnittlich 2 % (Abb. 3.4). In den Populationen Rumäniens und Finnlands wurden allerdings höhere Frequenzen von 4–6 % beobachtet (Fernandez u. a. 2012; Olivieri u. a. 2013). Haplogruppe X ging direkt aus N hervor und wird in etwa 55 Subhaplogruppen differenziert. Diese verteilen sich auf die Subcluster X1–X4, von denen X2 den Großteil der Diversität vereinigt (http://www.phylotree.org, build 16, veröffentlicht am 19. Februar 2014; van Oven/Keyser 2009). Haplogruppe X weist mit über 5 % in indigenen Populationen Nordamerikas, etwa 3 % im Nahen Osten und dem Kaukasus, ungefähr 1,5 % in Europa und Nordafrika und unter 1 % in West-, Zentral- und Ostasien eine komplexe phylogeografische Struktur auf (Reidla u. a. 2003; Fernandez u. a. 2012; Abb. 3.4).

Aktuelle Studien gehen von einer Entwicklung dieser Haplogruppen im Nahen Osten und einer Verbreitung über Europa nach dem letzten glazialen Maximum aus (Fernandez u. a. 2012; Olivieri u. a. 2013). Fernandez und Kollegen sequenzierten 85 komplette Genome der Haplogruppen N1, N2, I, W und X und verglichen diese mit weiteren 300 publizierten Daten (Fernandez u. a. 2012). Mittels phylogeografischer Analysen errechneten sie Koaleszenzzeiten für die Haplogruppen N1 und N2 von 50 000–63 000 bzw. 44 000–50 000 Jahren und vermuteten, dass die Differenzierung beider Haplogruppen von Makrohaplogruppe N kurze Zeit nach dem Exodus des *Homo sapiens* aus Afrika auf der Arabischen Halbinsel einsetzte. Die Haplogruppen I, W und X entwickelten sich vermutlich vor 20 000–30 000 Jahren im Nahen Osten. Ein Jahr später wurden diese Ergebnisse im Wesentlichen bestätigt und präzisiert. Olivieri und Kollegen sequenzierten 419 komplette mitochondriale Genome der Haplogruppen N1a1b, I und W und bestätigten, dass sich diese drei Haplogruppen im Nahen Osten vor dem letzten glazialen Maximum aus N1 und N2 entwickelten (Olivieri u. a. 2013). Die Koaleszenzzeiten für N1a1b (23 500–33 900 Jahre), I (18 400–21 900 Jahre) und W (14 200–19 500 Jahre) sowie deren Subhaplogruppen ließen zudem vermuten, dass deren Verbreitung – vergleichbar mit J und T (Pala u. a. 2012) – während spät- und nacheiszeitlicher Perioden stattgefunden haben musste. Durch diese Studie wurden nicht nur weitere Argumente für die Existenz eines glazialen Refugiums im Nahen Osten angeführt, das kurz zuvor anhand der Haplogruppen J und T postuliert wurde, sondern diese Hypothese auch um N1a1b, I und W erweitert. Es ist zu vermuten, dass diese Prozesse aufgrund der weitestgehend übereinstimmenden Koaleszenzzeiten und der phylogeografischen Verteilung analog auch auf Haplogruppe X übertragbar sind.

3.2.6.4 Synthese

Die Vehemenz der anfänglichen Debatte um den paläolithischen und neolithischen Anteil an der rezenten mtDNA-Variabilität Europas[51] hat sich in den letzten Jahren weitestgehend abgeschwächt. Mittlerweile besteht zunehmend Konsens darüber, dass sich ein Großteil der heutigen mtDNA-Variabilität bereits während des Paläo-/Mesolithikums im Nahen Osten entwickelt und sich aus glazialen Refugien über das nacheiszeitliche Europa verbreitet hat (Soares u. a. 2010; Kap. 3.2.6.3). Demnach währe der Anteil neolithischer Siedler am rezenten mtDNA-Genpool nur auf wenige Subhaplogruppen beschränkt, wenngleich eine umfassende Quantifizierung in der aktuellen populationsgenetischen Literatur bislang nicht vorliegt. Daher kann der bis heute häufig zitierte Anteil von 20 % neolithischer Linien (Richards u. a. 2000) an der heutigen Variabilität Europas bislang nur als Arbeitshypothese bewertet werden. Hinzu kommt, dass der bis heute aktuellen Diskussion um die Besiedelungsgeschichte Europas mit der Etablierung des molekulargenetischen Arbeitsbereichs alter DNA (Kap. 3.3) eine neue Interpretationsebene hinzugefügt wurde. Analysen alter DNA haben in den letzten Jahren eine Fülle an genetischen Daten paläolithischer, mesolithischer und neolithischer Individuen generiert (Kap. 3.3.5.1–3.3.5.6) und damit die Komplexität bei der Rekonstruktion bevölkerungshistorischer Prozesse weiter erhöht.

3.3 Alte DNA

Alte DNA (*ancient DNA* = aDNA) wird im Allgemeinen als DNA definiert, die aus Hart- oder Weichgeweben musealer Exponate, archäologischer Funde oder fossiler Überreste isoliert wurde (Pääbo u. a. 2004). Seit Mitte der 1980er-Jahre stellt die aDNA-Analytik einen kontinuierlich expandierenden Forschungszweig dar, der durch eine hochgradige Spezialisierung auf unterschiedlichste Fragestellungen fundamental dazu beigetragen hat, unser Verständnis evolutiver Prozesse zu erweitern.

3.3.1 Grenzen der Rezentgenetik und die Vorteile alter DNA

Während die Rezentgenetik Fragen nach evolutiven oder demografischen Prozessen anhand der genetischen Diversität heutiger Populationen nachgeht, verfolgt die Forschung an aDNA einen direkten Ansatz. Die Analyse alter DNA ermöglicht unmittelbare Einblicke in prähistorische Prozesse, die anhand moderner DNA nur indirekt und unzureichend beantwortet werden können. Die Bedeutung alter DNA im Vergleich mit rezenter DNA hat Wolfgang Haak an einem Beispiel deutlich gemacht, das hier wiedergegeben werden soll (Haak 2006; Abb. 3.8).

Als Ausgangspunkt fungiert eine gegebene hypothetische Genealogie eines genetischen Markers, der sich durch evolutive und/oder populationsdynamische Prozesse zur heutigen Verteilung (t_0) entwickelt hat. Ausgehend von dieser Rezentverteilung ist es jedoch nur begrenzt möglich, wenn nicht sogar fehlerbehaftet möglich, Rückschlüsse auf die genetische Zusammensetzung einer Population zu einem beliebigen Zeitpunkt (t_1 oder t_2) in der Vergangenheit zu ziehen, da der rezentgenetische Querschnitt lediglich die Situation zum heutigen Zeitpunkt erfasst. Anhand moderner genetischer Daten wäre es weder möglich, die Existenz einer ausgestorbenen Linie a3, noch die höhere Frequenz von a1 zum früheren Zeitpunkt t_1 nachzuweisen. Ein zeitlicher Querschnitt bei t_1 würde zudem Informationen zur Aufsplittung der Linien a2

---

51 Ammermann/Cavalli-Sforza 1984; Cavalli-Sforza u. a. 1994; Richard u. a. 1996; Chikhi u. a. 1998; Richards u. a. 2000; Semino u. a. 2000; Chikhi u. a. 2002; Kap. 3.2.6.1–3.2.6.2.

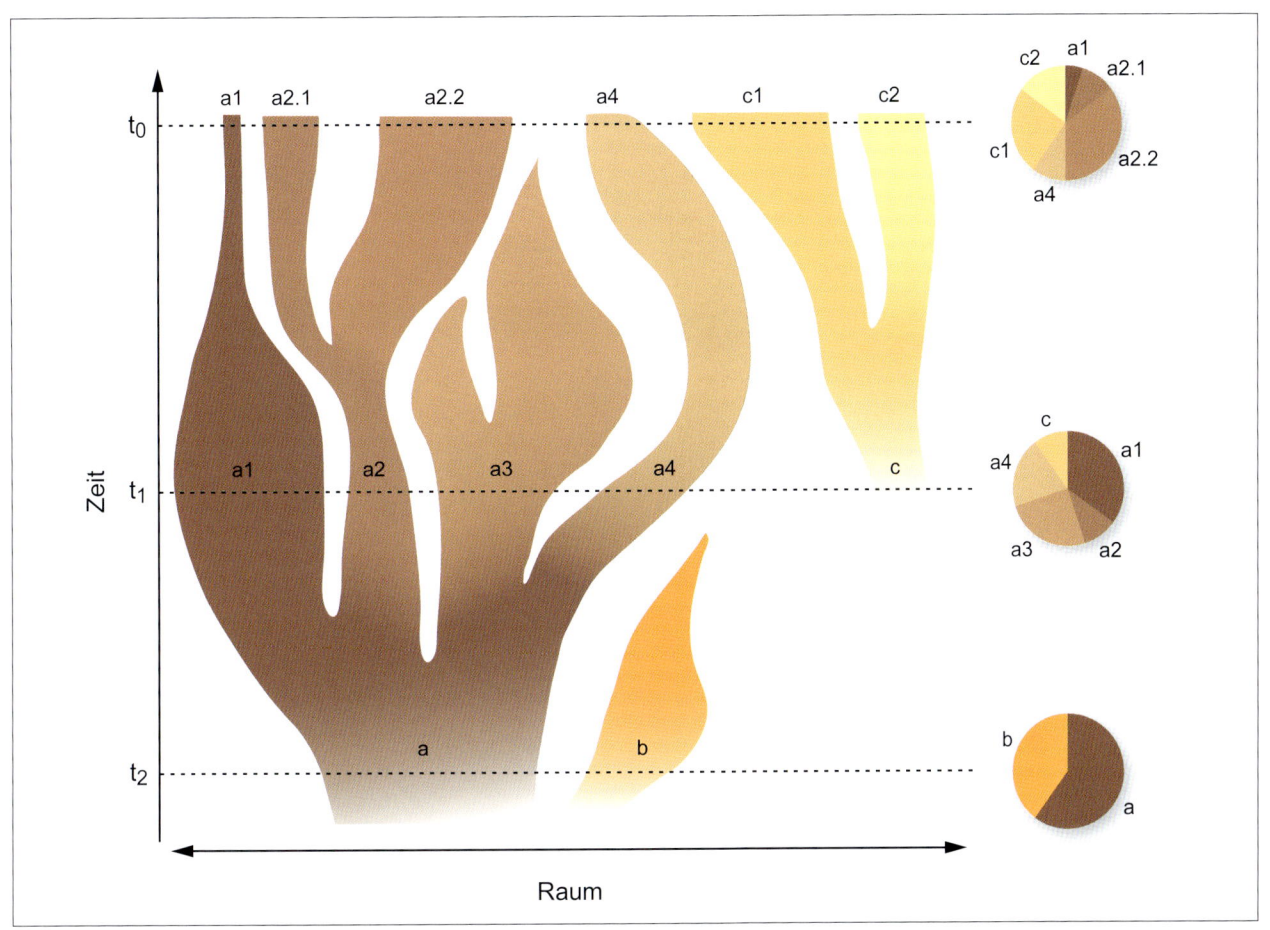

Abb. 3.8 Schematische Darstellung der genealogischen Entwicklung genetischer Variabilität

Die hypothetische Entwicklung der Variabilität eines genetischen Markers (a–c) ist in Zeit und Raum dargestellt. Die gestrichelten Linien markieren Querschnitte zu unterschiedlichen Zeitpunkten (t_0–t_2), die Kreisdiagramme zeigen die jeweilige Frequenzverteilung.

in a2.1 und a2.2 sowie c in c1 und c2 erlauben. Ein weiterer Querschnitt, am noch tiefer in der Vergangenheit wurzelnden Punkt t_2, würde zeigen, dass sich die Linien a1, a2, a3 und a4 noch nicht von a differenziert haben. Zudem könnte die Präsenz einer heute nicht mehr existenten Linie b sowie die Abwesenheit von c detektiert werden.

Diese Zusammenhänge verdeutlichen das Potenzial von aDNA-Studien, »genetische Zeitreisen« zu unternehmen und die Entwicklung und das Timing evolutiver Prozesse wesentlich detaillierter zu beschreiben, als dies durch Studien an Rezentmaterial möglich ist. Des Weiteren veranschaulicht das Beispiel, dass besonders diachron angelegte Studien – wie die vorgelegte Arbeit – mit genetischen Querschnitten zu unterschiedlichen Zeitpunkten in der Lage sind, Veränderungen der genetischen Diversität und deren mögliche Ursachen exakt abzubilden. Diese Eigenschaften alter DNA machen sie zu einem inzwischen unverzichtbaren Werkzeug zur genetischen Rekonstruktion unserer Vergangenheit.

3.3.2 Alte DNA – Molekulargenetische Spurenanalytik und ihre Anwendung

Die aDNA-Analytik entwickelte sich Mitte der 1980er-Jahre aus der Genetik. In ihrer nunmehr dreißigjährigen Geschichte durchlief die aDNA-Forschung Phasen, die einerseits von euphorischer »Goldgräberstimmung« und andererseits von ernüchternden Rückschlägen geprägt waren (Hofreiter u. a. 2001; Pääbo u. a. 2004; Willerslev/Cooper 2005). Vermutlich ist es gerade dieser turbulenten Forschungsgeschichte zu verdanken, dass sich die aDNA-Forschung durch fortwährende Weiterentwicklung und Optimierung ihres Methodenspektrums sowie die Erschließung neuer Anwendungsmöglichkeiten zu einem Wissenschaftszweig etabliert hat, der evolutive und menschheitsgeschichtliche Fragestellungen mit naturwissenschaftlichen Analyseverfahren interdisziplinär vernetzt.

Erste wegbereitende Arbeiten wurden Mitte der 1980er-Jahre veröffentlicht und beschrieben die erfolgreiche DNA-Isolierung und klonale Vermehrung aus historischen Weichgeweben des ausgestorbenen Quagga (Higushi u. a. 1984) und einer ägyptischen Mumie (Pääbo 1984; Pääbo 1985). 1986 folgte der erste Nachweis prähistorischer DNA aus etwa 8000 Jahre altem menschlichem Gehirngewebe (Doron u. a. 1986). Doch erst durch die Entwicklung der Polymerase Kettenreaktion (*polymerase chain reaction* = PCR) gegen Ende der 1980er-Jahre (Saiki u. a. 1985; Mullis/ Faloona 1987; Saiki u. a. 1988) erfuhr die noch junge Forschungsdisziplin einen enormen Aufschwung. Das Potenzial der innovativen Methode, einzelne erhaltene DNA-Moleküle enzymatisch zu amplifizieren und zu analysieren, wurde sofort in zahlreichen

Publikationen angewendet[52]. Als 1989 die Isolierung von aDNA aus Knochengewebe gelang (Hagelberg u. a. 1989; Horai u. a. 1989), waren die Grundlagen für eine neue Forschungsdisziplin mit breiter Anwendung in Paläontologie, Archäologie und Anthropologie gelegt.

Allerdings führten das enorme Potenzial der PCR und die damit erzielten anfänglichen Erfolge des heranwachsenden Wissenschaftszweiges auch zu einer Fülle an Arbeiten, deren Ergebnisse einer unabhängigen Überprüfung nicht standhielten. Dies betraf vor allem Studien, welche die Isolierung und Amplifikation von bis zu mehreren Millionen Jahre alter DNA postulierten. Hierzu zählte potenzielle Chloroplasten-DNA miozäner Pflanzen mit einem Alter von 15–20 Millionen Jahren (Golenberg u. a. 1990; Soltis u. a. 1992), deren Nachweis in Kontrolluntersuchungen jedoch nicht validiert werden konnte und vermutlich auf Kontaminationen mit moderner DNA beruhte (Pääbo/Wilson 1991; Sidow u. a. 1991). Ähnlich verlief die Diskussion um Studien, welche auf die Analyse von 25–135 Millionen Jahre alten Insekten und Pflanzen aus Bernsteineinschlüssen fokussierten[53]. Mehrere unabhängige Labore konnten keinen positiven Nachweis authentischer DNA aus Bernsteineinschlüssen erzielen, sodass auch diese Ergebnisse in Zweifel gezogen wurden[54]. Diese Entwicklung erreichte 1994 mit der Veröffentlichung von DNA aus einem 80 Millionen Jahre alten Dinosaurierknochen ihren Höhepunkt (Woodward u. a. 1994) und schien die Fiktion des Steven-Spielberg-Films »Jurassic Park«, der ein Jahr zuvor veröffentlicht wurde, Wirklichkeit werden zu lassen. Phylogenetische Analysen der vermeintlichen Dinosaurier-Sequenzen deuteten jedoch auf einen Säugetier-Ursprung (Allard u. a. 1995; Henikoff u. a. 1995) und molekulargenetische Untersuchungen zeigten, dass es sich bei den beschriebenen mtDNA-Sequenzen um Numts (Kap. 3.2.1) handelte, die vor langer Zeit als Pseudogene in das humane nukleäre Genom integriert wurden (Zischler u. a. 1995). Die Ergebnisse basierten somit auf Kontaminationen mit moderner DNA menschlichen Ursprungs. Die Authentizität weiterer Studien, die auf bakterieller DNA aus Bernstein oder Salzkristallen basieren (Cano u. a. 1994; Cano/Borucki 1995; Vreeland u. a. 2000; Fish u. a. 2002), ist aufgrund des Probenalters von 25–250 Millionen Jahren ebenfalls zweifelhaft (Willerslev u. a. 2004a), obwohl eine unabhängige Reproduktion und abschließende Bewertung der Ergebnisse bislang noch aussteht. Rückblickend ist diese »Krise« der aDNA-Forschung jedoch positiv zu bewerten, da fortan Kriterien formuliert wurden, die bis dato praktizierte methodische Unzulänglichkeiten anmahnten und zukünftig der Authentifizierung von aDNA-Resultaten zugrunde gelegt wurden[55].

Seit der Wende zum 21. Jahrhundert beeinflussten vor allem technologische Innovationen der Rezentgenetik die Forschungsgeschichte der aDNA. Das *Human Genome Project*, dass 2001 in der Veröffentlichung der vorläufigen (International Human Genome Sequencing Consortium 2001; Venter u. a. 2001) und 2004 in der Publikation der finalen Genomsequenz des Menschen resultierte (International Human Genome Sequencing Consortium 2004), verschlang in seiner 15 jährigen Laufzeit über 300 Millionen US-Dollar. Angesichts dieser Aufwendungen wurde schon vor Abschluss des *Human Genome Project* die Notwendigkeit effizienterer Sequenziertechnologien evident. Durch Optimierung der klassischen Sanger-Sequenzierung und Kapillargelelektrophorese gelang es bereits drei Jahre später, die Kosten auf etwa 10 Millionen US-Dollar pro Genom zu reduzieren (Levy u. a. 2007). Doch erst durch die methodische Entwicklung der nächsten, zweiten Sequenziergeneration (engl. *next generation sequencing* oder *second generation sequencing*) sanken die Kosten drastisch, aktuell bis auf unter 10 000 US-Dollar pro Genom (http://www.genome.gov/sequencingcosts/; 21.10.2013). Verschiedene Sequenzierplattformen wurden zwischen 2005 und 2008 zur Marktreife gebracht und seitdem ständig weiterentwickelt. Darunter zählen vor allem die Systeme 454™ (Roche; Marguilis u. a. 2005), Illumina® (Bentley u. a. 2008) und SOLiD™ (Life Technologies™, Applied Biosystems®; Shendure u. a. 2005). Wenngleich sich die technischen Verfahren unterscheiden (Zusammenfassung bei Kirchner/Kelso 2010; Metzker 2010; von Bubnoff 2010; Mardis 2011), ist diesen Sequenziertechnologien ein Hochdurchsatzverfahren gemein, dass es ermöglicht, Millionen von DNA-Molekülen zeitgleich zu sequenzieren. Dieser parallele Ansatz hat nicht nur einen enormen Zeit- und Kostenvorteil, sondern erhöht auch die DNA-Ausbeute, da – anders als zuvor bei PCR und Sanger-Sequenzierung – nicht ein selektiver Bereich untersucht wird, sondern alle erhaltenen DNA-Moleküle simultan analysiert und später mithilfe computergestützter Verfahren den entsprechenden Genombereichen zugeordnet werden können. Wie zuvor die Entwicklung der PCR, revolutionierten auch die neuen Verfahren die noch junge aDNA-Forschung. Stand zuvor aufgrund der höheren Erhaltungswahrscheinlichkeit und Detektionsgrenze (Kap. 3.2.1) die Analyse kurzer Sequenzabschnitte der mtDNA im Fokus der aDNA-Studien, ermöglichten die neuen Sequenziertechnologien seither die Analyse ganzer mitochondrialer oder sogar nukleärer Genome[56].

Die Technologieentwicklung ist jedoch keinesfalls abgeschlossen. Derzeit gibt es verschiedene Systeme in unterschiedlichen Entwicklungsstadien, welche die nächste Generation (*next next generation sequencing* oder *third generation sequencing*) einläuten. Diese Plattformen sind entweder in der Lage, DNA-Moleküle direkt und ohne vorherige Amplifikation zu sequenzieren (*True Single Molecule Sequencing*), wie z. B. die Systeme HeliScope™ (Helicos BioSciences Corporation; Harris u. a. 2008; Thompson/

---

[52] Pääbo/Wilson 1988; Pääbo u. a. 1988; Pääbo 1989; Pääbo u. a. 1989; Hagelberg u. a. 1989; Horai u. a. 1989; Thomas u. a. 1989; Pääbo 1991; Cooper u. a. 1992; Janczewski u. a. 1992; Krajewski u. a. 1992; Hagelberg u. a. 1994; Hänni u. a. 1994; Höss u. a. 1994; Bailey u. a. 1996; Höss u. a. 1996a; Robinson u. a. 1996; Krings u. a. 1997; Abb. 3.9.

[53] Cano u. a. 1992a; Cano u. a. 1992b; DeSalle u. a. 1992; Cano u. a. 1993; DeSalle u. a. 1993; Poinar u. a. 1993; DeSalle 1994.

[54] Howland/Hewitt 1994; Pawlowski u. a. 1996; Austin u. a. 1997a; Austin u. a. 1997b; Lindahl 1997; Sykes 1997; Walden/Robertson 1997.

[55] Handt u. a. 1994a; Handt u. a. 1996; Poinar u. a. 1996; Pääbo 1989; Cooper/Poinar 2000; Hofreiter u. a. 2001; Pääbo u. a. 2004; Hebsgaard u. a. 2005; Willerslev/Cooper 2005; Gilbert u. a. 2005a; Kap. 3.3.4.

[56] Krause u. a. 2006; Ermini u. a. 2008; Green u. a. 2008; Miller u. a. 2008; Krause u. a. 2010b; Rasmussen u. a. 2010; Green u. a. 2010; Keller u. a. 2012; Paijmans u. a. 2013; Abb. 3.9.

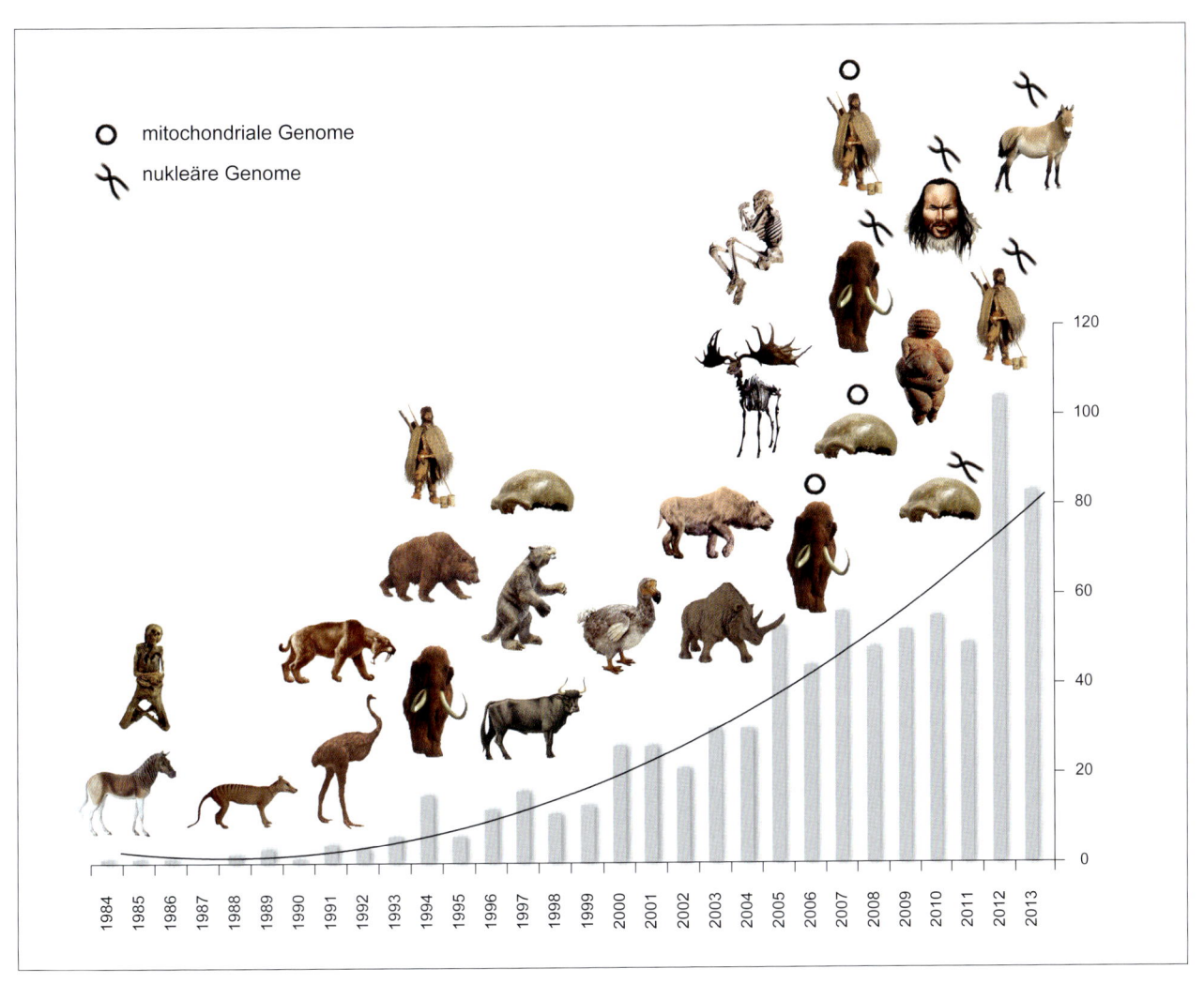

Abb. 3.9 aDNA – ein expandierender Forschungszweig

Zunahme von aDNA-Publikationen während der letzten 30 Jahre (nach PubMed-Abfrage der Schlagwörter »aDNA« und »ancient DNA« vom 21. Oktober 2013, National Center for Biotechnology Information, http://www.ncbi.nlm.nih.gov/pubmed), sowie eine Auswahl bedeutender Arbeiten: Quagga (Higushi u. a. 1984), ägyptischen Mumie (Pääbo 1984; Pääbo 1985), Beutelwolf (Thomas u. a. 1989), Moa (Cooper u. a. 1992), Säbelzahntiger (Janczewski u. a. 1992), Mammut (Hagelberg u. a. 1994; Höss u. a. 1994), Höhlenbär (Hänni u. a. 1994), »Ötzi« (Handt u. a. 1994b), Auerochsen (Bailey u. a. 1996), Riesenfaultier (Höss u. a. 1996), Neandertaler (Krings u. a. 1997), Dodo (Shapiro u. a. 2002), Wollhaarnashorn (Orlando u. a. 2003a), Höhlenlöwe (Burger u. a. 2004), Riesenhirsch (Lister u. a. 2005), Neolithiker der Linienbandkeramikkultur (Haak u. a. 2005), mtDNA-Genom Mammut (Krause u. a. 2006; Poinar u. a. 2006, Rogaev u. a. 2006), mtDNA-Genom Neandertaler (Green u. a. 2008; Briggs u. a. 2009), nukleäres Genom Mammut (Miller u. a. 2008), mtDNA-Genom »Ötzi« (Ermini u. a. 2008), Mesolithiker (Bramanti u. a. 2009), nukleäres Genom Neandertaler (Green u. a. 2010), nukleäres Genom Paläoeskimo (Rasmussen u. a. 2010), nukleäres Genom »Ötzi« (Keller u. a. 2012), Pleistozänes Pferd (Orlando u. a. 2013).

Steinmann 2010) und SMRT™ (*Single Molecule Real Time Sequencing*; Pacific Bioscience®; Korlach u. a. 2008; Eid u. a. 2009) oder verfolgen alternative Sequenzierungstechniken, wie die Detektion des DNA-Elektronenpotenzials durch das GridION™-System (Oxford Nanopore Technologies®; Astier u. a. 2006; Stoddart u. a. 2009; Clarke u. a. 2009) oder die massenspektrometrische Analyse von Nukleinsäuren (Edwards u. a. 2005; Hall u. a. 2005). Solche Sequenzierplattformen reduzieren den Einsatz von teuren Enzymen oder Farbstoffen erheblich, sodass zu vermuten ist, dass die anhaltende Technologieentwicklung in den kommenden Jahren das vom *National Human Genome Research Institute* gesetzte 1000–Dollar-pro-Genom-Ziel (http://www.genome.gov/11008124#al-4, 21.10.2013) erreichen wird. Vermutlich wird sich auch diese Entwicklung auf die aDNA-Forschung auswirken. Wurden bislang zwar ganze Genome aus prähistorischen Geweben rekonstruiert, so waren diese Erfolge jedoch an einzelne Individuen gebunden. Durch die nächste Innovationsstufe könnten zukünftig die Sensitivität und Effizienz weiter erhöht sowie die Kosten gesenkt und somit der Weg zu Studien kompletter Genome mit statistisch relevanten Stichprobengrößen für fundierte populationsgenetische Analysen geebnet werden.

Durch die kontinuierliche Weiterentwicklung der Methoden ist die aDNA-Forschung in ihrer dreißigjährigen Geschichte bemerkenswert interdisziplinär geworden. Durch eine hochgradige Spezialisierung auf unterschiedlichste Fachgebiete konnten grundlegende Arbeiten zu aktuellen Forschungsebenen publiziert werden, die im Folgenden kurz resümiert werden:

1. Die Stammesgeschichte des Menschen war lange Zeit durch die Erforschung des Neandertalers und dessen phylogenetische Stellung zum anatomisch modernen Menschen geprägt[57]. Vor allem die Veröffentlichung der vorläufigen Neandertaler-Genomsequenz erfuhr ein

breites Interesse in der Öffentlichkeit und ist bislang wohl eine der bekanntesten Arbeiten über die Analyse alter DNA (Green u. a. 2010).

Die Verfügbarkeit der Neandertaler-DNA-Sequenz führte 2010 ebenfalls zur Entdeckung einer anhand von paläontologischen Merkmalen bisher nicht bekannten Hominidenform, dem Denisova-Menschen, der möglicherweise parallel zum Homo sapiens während des Pleistozäns in Europa und Asien existierte[58].

2. Die Analyse alter DNA anatomisch moderner Menschen nimmt in der aDNA-Forschung zweifellos eine besondere Stellung ein. Humane aDNA-Daten werden vor allem für populationsgenetische Fragestellungen und zur Rekonstruktion von (prä-)historischen Wanderungsbewegungen oder Besiedelungsvorgängen herangezogen. Während des letzten Jahrzehnts standen hier besonders demografische Prozesse vor, während und nach der Neolithisierung in Europa im Mittelpunkt des Forschungsinteresses. Dies mündete in einer Fülle an aDNA-Studien, die profunde Erkenntnisse zur genetischen Variabilität Europas und zu dessen Besiedelungsgeschichte während des Paläo-/Mesolithikums und Neolithikums erbrachten[59]. Da diese Studien in direkter Beziehung zu der hier vorgelegten Arbeit stehen, erfolgt eine intensive Betrachtung der Ergebnisse an späterer Stelle (Kap. 3.3.5.1–3.3.5.6).

Vergleichbar mit den auf Europa bezogenen Studien finden sich auch Arbeiten zur genetischen Diversität prähistorischer Populationen Zentral- und Ostasiens[60].

Wenngleich die oben genannten Fragestellungen von zentralem Interesse in der archäologischen, anthropologischen und populationsgenetischen Forschung sind, waren die ersten Studien dieser Art starker Kritik und Skepsis ausgesetzt. Aufgrund der methodenimmanenten Kontaminationsgefahr durch den Menschen als Bearbeiter von Probenmaterial humanen Ursprungs, die niemals zu 100 % ausgeschlossen werden kann, wurde vor dem Hintergrund der Krise Mitte der 1990er-Jahre die Authentizität der ersten Arbeiten diesbezüglich infrage gestellt und kontrovers diskutiert[61]. In den Folgejahren konnten jedoch verschiedene Studien durch die Einhaltung strenger Authentifizierungskriterien und phylogenetisch sinnvolle Ergebnisse überzeugen, sodass heute allgemein akzeptiert wird, humane DNA mittels geeigneter Qualitäts- und Validierungskriterien zweifelsfrei nachweisen zu können.

3. Ein weiteres Anwendungsgebiet, das auf die Analyse humaner aDNA fokussiert, ist die Rekonstruktion von Verwandtschaftsverhältnissen und die Bestimmung des biologischen Geschlechts unter Anwendung forensischer Analysemethoden. Im archäologischen Kontext sind derartige Untersuchungen vor allem bei der Binnenanalyse von Gräberfeldern von Bedeutung und können wesentliche Einblicke in die biologischen und sozialen Strukturen (prä-)historischer Gesellschaften liefern[62]. An dieser Stelle soll insbesondere auf eine Studie dieser Art aus dem Untersuchungsgebiet hingewiesen werden, in der mittels paläogenetischer Analysen an vier schnurkeramischen Mehrfachbestattungen des Fundplatzes Eulau der bislang früheste Nachweis einer Kernfamilie erbracht werden konnte, die in die Mitte des 3. Jt. BC datiert (Haak u. a. 2008).

4. Einen noch verhältnismäßig jungen Forschungszweig bildet die gezielte Analyse nukleärer Polymorphismen, welche die allelische Ausprägung bestimmter Gene beeinflussen und somit z. B. Aussagen über ernährungsbedingte Anpassungen bzw. Krankheiten eines Menschen wie Laktasepersistenz (Burger u. a. 2007; Itan u. a. 2009; Gerbault u. a. 2011; Leonardi u. a. 2012) und Zöliakie (Gasbarrini u. a. 2012) oder phänotypische Merkmale wie Augen-, Haar- und Hautfarbe zulassen[63].

5. Unter dem Begriff »Identifikation« werden Studien zusammengefasst, deren Ziel darin besteht, mittels forensischer Methoden die Identität historischer Persönlichkeiten oder deren Zugehörigkeit zu einer Ahnenreihen (bevorzugt eines Adelsgeschlechts) validieren oder falsifizieren zu können. Als Beispiele seien hier die Zarenfamilie der Romanows (Gill u. a. 1994; Ivanov u. a. 1996; Knight u. a. 2004; Rogaev u. a. 2009), Kaspar Hauser (Weichhold u. a. 1998), Jesse James (Stone u. a. 2001), der Evangelist Lukas (Vernesi u. a. 2001), Sir Isaac Newton (Gilbert u. a. 2004a), Francesco Petrarca (Caramelli u. a. 2007b), Friedrich Schiller (Maatsch/Schmälzle 2009; http://gerichtsmedizin.at/friedrichschillercode.html; 21.10.2013), die Pharaonenfamilie Tutanchamuns (Hawass u. a. 2010) und der österreichische Landespatron Leopold III (Bauer u. a. 2013a) genannt. Wenngleich derartige Studien ein breites Interesse in der Öffentlich-

---

57 Krings u. a. 1997; Nordborg 1998; Krings u. a. 1999a; Ovchinnikov u. a. 2000; Krings u. a. 2002; Gutiérrez u. a. 2002; Schmitz u. a. 2002; Knight 2003; Cooper u. a. 2004; Currat/Excoffier 2004; Serre u. a. 2004; Beauval u. a. 2005; Lalueza-Fox u. a. 2005; Green u. a. 2006; Noonan u. a. 2006; Orlando u. a. 2006a; Hebsgaard u. a. 2007; Krause u. a. 2007a; Krause u. a. 2007b; Green u. a. 2008; Briggs u. a. 2009; Green u. a. 2010; Hofreiter 2011.

58 Krause u. a. 2010a; Reich u. a. 2010; Reich u. a. 2011; Lalueza-Fox/Gilbert 2011; Cooper/Stringer 2013.

59 Handt u. a. 1994b; Di Benedetto u. a. 2000; Caramelli u. a. 2003; Chandler 2003; Chandler u. a. 2005; Haak u. a. 2005; Caramelli u. a. 2007a; Sampietro u. a. 2007; Bramanti 2008; Ermini u. a. 2008; Haak u. a. 2008; Bramanti u. a. 2009; Malmström u. a. 2009; Ghirotto u. a. 2010; Haak u. a. 2010; Krause u. a. 2010b; Melchior u. a. 2010; Deguilloux u. a. 2011; Lacan 2011; Lacan u. a. 2011a; Lacan u. a. 2011b; Simón u. a. 2011; Deguilloux u. a. 2012; Der Sarkissian u. a. 2013; Gamba u. a. 2012; Hervella u. a. 2012; Keller u. a. 2012; Lee u. a. 2012a; Lee u. a. 2012b; Mannino u. a. 2012; Nikitin u. a. 2012; Pinhasi u. a. 2012; Sánchez-Quinto u. a. 2012; Skoglund u. a. 2012; Zvelebil/Pettitt 2013; Brandt u. a. 2013; Bollongino u. a. 2013; Brotherton u. a. 2013; Fu u. a. 2013; Hughey u. a. 2013; Lacan u. a. 2013.

60 Keyser-Tracqui u. a. 2003; Lalueza-Fox u. a. 2004; Ricaut u. a. 2004a; Ricaut u. a. 2004b; Ricaut u. a. 2004c; Ricaut u. a. 2005; Keyser-Tracqui u. a. 2006; Mooder u. a. 2006; Keyser u. a. 2008; Keyser u. a. 2009; Li u. a. 2010; Ricaut u. a. 2010; Zhang u. a. 2010; González-Ruiz u. a. 2012; Raghavan u. a. 2014.

61 Handt u. a. 1996; Cooper u. a. 2001a; Abbott 2003; Barbujani/Bertorelle 2003; Serre u. a. 2004; Cooper u. a. 2004.

62 Gerstenberger u. a. 1999; Hummel u. a. 1999; Schultes u. a. 2000; Keyser-Tracqui u. a. 2003; Ricaut u. a. 2004a; Ricaut u. a. 2004b; Schilz 2006; Gilbert u. a. 2007a; Bouwman u. a. 2008; Di Bernardo u. a. 2009; Haak u. a. 2008; Vanek u. a. 2009; Gamba u. a. 2011; Lacan u. a. 2011a; Lacan u. a. 2011b; Simón u. a. 2011; Baca u. a. 2012; Lee u. a. 2012a; Malmström u. a. 2012; Bauer u. a. 2013b.

63 Bouakaze u. a. 2009; Rassmussen u. a. 2010; Keller u. a. 2012; Draus-Barini u. a. 2013; Fortes u. a. 2013.

keit erfahren, sind ihr wissenschaftlicher Nutzen und die ethische Bewertung bisweilen zweifelhaft (Pääbo u. a. 2004; Andrews u. a. 2004).

6. Die Analyse ausgestorbener Tierarten stellt seit der Veröffentlichung der ersten aDNA-Studie am Quagga (Higuchi u. a. 1984) einen der Grundpfeiler der aDNA-Forschung dar. Es liegen zahlreiche Publikationen zu mehr als 50 ausgestorbenen Tierarten des Pleistozäns und Holozäns vor, welche den Großteil der paläogenetischen Literatur repräsentieren und wesentlich zu unserem Verständnis über die systematische und phylogenetische Einordnung der untersuchten Tierarten sowie über deren genetische Diversität und phylogeografische Verteilung beitragen konnten. Fokussierten die ersten Arbeiten überwiegend auf die phylogenetische Stellung anhand mitochondrialer Sequenzbereiche, rückten durch die Etablierung der neuen Technologien und der damit verbundenen Sequenzierung ganzer mitochondrialer oder nukleärer Genome differenziertere Fragestellungen bezüglich der genetischen Diversität und der populationsgenetischen Charakterisierung innerhalb einer Art in den Mittelpunkt (Zusammenfassung bei Paijmans u. a. 2013). Zu den bislang analysierten Arten zählen Quagga (Higushi u. a. 1984; Higushi u. a. 1987; Leonard u. a. 2005a), Beutelwolf[64], Säbelzahntiger (Janczewski u. a. 1992), Moa[65], Mammut[66] und Mastodon (Yang u. a. 1996; Rohland u. a. 2007; Rohland u. a. 2010), Höhlenbär[67], Blaue Antilope (Robinson u. a. 1996), Riesenfaultier (Höss u. a. 1996a; Clack u. a. 2012), Auerochsen[68], Stellers Seekuh (Ozawa u. a. 1997), Höhlenziege (Lalueza Fox u. a. 2000; Lalueza Fox u. a. 2002; Lalueza Fox u. a. 2005), Dodo (Shapiro u. a. 2002), Wollhaarnashorn (Orlando u. a. 2003a; Willerslev u. a. 2009), Höhlenlöwe (Burger u. a. 2004; Barnett u. a. 2009), Riesenadler (Bunce u. a. 2005), Höhlenhyäne (Rohland u. a. 2005; Bon u. a. 2012), Riesenhirsch (Lister u. a. 2005; Kühn u. a. 2005; Hughes u. a. 2006), Kaspischer Tiger (Driscoll u. a. 2009), Falklandfuchs (Austin u. a. 2013) und Wandertaube (Fulton u. a. 2012; Hung u. a. 2013).

Zudem konnten durch vergleichbare Arbeiten an (prä-)historischem Fundmaterial noch existenter Spezies wertvolle Erkenntnisse zu deren evolutiver Entwicklung, taxonomischer Klassifizierung und populationsdynamischer Verbreitung gewonnen werden. Dazu zählen Hasen (Hardy u. a. 1994; Hardy u. a. 1995), Pferde[69], Braun- und Polarbären[70], Adélie-Pinguine (Lambert u. a. 2002; Ritchie u. a. 2004; Subramanian u. a. 2009), Wölfe (Sharma u. a. 2004; Leonard u. a. 2005b; Leonard u. a. 2007), Bisons (Shapiro u. a. 2004), Saiga-Antilopen (Campos u. a. 2010) und Rotfüchse (Teacher u. a. 2011; Edwards u. a. 2012). Der Tasmanische Teufel, dessen Vorkommen durch infektiöse Gesichtstumore mittlerweile stark reduziert ist, ist ein Beispiel, bei dem aDNA-Analysen angewendet werden, um den genetischen Ursachen für das Aussterben einer bedrohten Spezies nachzugehen, die dann für die Entwicklung von Konservierungsstrategien herangezogen werden können (Miller u. a. 2011; Morris u. a. 2013).

7. Die Untersuchung domestizierter Tier- und Pflanzenarten zielt darauf ab, die geografischen Ursprünge und die Verbreitung der heutigen Nutztiere und Pflanzen sowie die Einflussnahme des Menschen auf deren Wildformen nachvollziehen zu können. Derartige Studien liefern nicht nur wertvolle Erkenntnisse über die domestizierten Arten selbst und deren Beziehungen zu ihren Wildformen, sondern auch indirekte Informationen über die dahinterstehenden Menschen prähistorischer Gesellschaften (Larson / Burger u. a. 2013; Linderholm / Larson 2013). Im Zentrum derartiger Studien standen in der Vergangenheit vor allem bedeutende Nutztiere wie Rind[71], Schwein[72], Schaf (Niemi u. a. 2013), Ziege (Loreille u. a. 1997; Kahila Bar-Gal u. a. 2002) und Huhn (Storey u. a. 2012). Aber auch zur Domestikation von Pferden[73], Hunden[74] und Hasen (Hardy u. a. 1994; Hardy u. a. 1995) wurden entscheidende Beiträge veröffentlicht.

Studien zur Domestikation von Nutzpflanzen waren lange Zeit aufgrund der wesentlich schlechteren Erhaltung pflanzlicher Überreste und den daraus resultierenden methodischen Einschränkungen stark limitiert. Erst durch verbesserte Extraktionsmethoden und die Verwendung des geeigneten Probenmaterials wurden die anfänglichen Schwierigkeiten überwunden, sodass während der letzten Jahre die Anzahl von aDNA-Studien an Pflanzenmaterial stetig angestiegen ist (Palmer u. a. 2012). Weizen[75], Gerste (Lister u. a. 2009; Palmer u. a.

---

64 Thomas u. a. 1989; Krajewski u. a. 1992; Krajewski u. a. 1997; Krajewski u. a. 2000; Miller u. a. 2009.

65 Janczewski u. a. 1992, Moa (Cooper u. a. 1992; Cooper / Cooper 1995; Cooper / Penny 1997; Cooper u. a. 2001b; Haddrath / Baker 2001; Paton u. a. 2002; Bunce u. a. 2003; Huynen u. a. 2003; Baker u. a. 2005; Lambert u. a. 2005; Allentoft u. a. 2009; Bunce u. a. 2009; Rawlence u. a. 2009; Huynen u. a. 2010; Oskam u. a. 2010; Phillips u. a. 2010; Allentoft u. a. 2011; Allentoft / Rawlence 2012; Huynen u. a. 2012; McCallum u. a. 2013.

66 Hagelberg u. a. 1994; Höss u. a. 1994; Derenko u. a. 1997; Ozawa u. a. 1997; Noro u. a. 1998; Barriel u. a. 1999; Greenwood u. a. 1999; Thomas u. a. 2000; Debruyne u. a. 2003; Cooper 2006; Krause u. a. 2006; Poinar u. a. 2006; Rogaev u. a. 2006; Barnes u. a. 2007; Binladen u. a. 2007; Gilbert u. a. 2007b; Debruyne u. a. 2008; Gilbert u. a. 2008a; Miller u. a. 2008; Haile u. a. 2009; Roca u. a. 2009; Campbell u. a. 2010; Rohland u. a. 2010; Enk u. a. 2010; Palkopoulou u. a. 2013.

67 Hänni u. a. 1994; Loreille u. a. 2001; Orlando u. a. 2002; Hofreiter u. a. 2002; Hofreiter u. a. 2004; Noonan u. a. 2005; Krause u. a. 2008; Bon u. a. 2008; Stiller u. a. 2009; Stiller u. a. 2010; Dabney u. a. 2013.

68 Bailey u. a. 1996; Beja-Pereira u. a. 2006; Edwards u. a. 2007; Bollongino u. a. 2008a; Edwards u. a. 2010; Mona u. a. 2010; Lari u. a. 2011; Gravlund u. a. 2012; Zeyland u. a. 2013.

69 Lister u. a. 1998; Vilà u. a. 2001; Orlando u. a. 2003b; Alberti u. a. 2005; Weinstock u. a. 2005; MacGahern u. a. 2006; Orlando u. a. 2006b; Orlando u. a. 2008; Haile u. a. 2009; Ludwig u. a. 2009; Orlando u. a. 2009; Lira u. a. 2010; Lippold u. a. 2011; Orlando u. a. 2011; Miller u. a. 2013; Orlando u. a. 2013; Vilstrup u. a. 2013.

70 Leonard u. a. 2000; Barnes u. a. 2002; Calvignac u. a. 2008; Lindquist u. a. 2010; Edwards u. a. 2011.

71 Bailey u. a. 1996; Bollongino 2005; Beja-Pereira u. a. 2006; Bollongino u. a. 2006; Edwards u. a. 2007; Bollongino u. a. 2008a; Scheu u. a. 2008; Stock u. a. 2009; Edwards u. a. 2010; Mona u. a. 2010; Lari u. a. 2011; Bollongino u. a. 2012; Gravlund u. a. 2012; Zeyland u. a. 2013.

72 Larson u. a. 2005; Larson u. a. 2007a; Larson u. a. 2007b; Larson u. a. 2010; Ottoni u. a. 2013; Krause-Kyora u. a. 2013.

73 Lister u. a. 1998; Vilà u. a. 2001; Ludwig u. a. 2009; Lira u. a. 2010; Lippold u. a. 2011; Orlando u. a. 2013.

74 Leonard u. a. 2002; Sharma u. a. 2004; Germonpré u. a. 2009; Druzhkova u. a. 2013; Ollivier u. a. 2013.

75 Allaby u. a. 1997; Brown u. a. 1998; Schlumbaum u. a. 1998; Allaby u. a. 1999; Blatter u. a. 2002; Asplund u. a. 2010; Nasab u. a. 2010; Li u. a. 2011.

2009), Hirse[76], Reis (Tanaka u. a. 2010; Li u. a. 2011), Mais[77], Kürbis (Erickson u. a. 2005; Schaefer u. a. 2009; Sebastian u. a. 2010), Wein (Manen u. a. 2003; Cappellini u. a. 2010), Oliven (Elbaum u. a. 2006; Hansson/Foley 2008) und Kartoffel (Ames/Spooner 2008) sind nur einige der Nutzpflanzen, für die mittlerweile profunde Beiträge zu deren Domestikationsursprüngen und Verbreitung vorliegen.

8. Unter der Rubrik Epidemiologie werden Studien zusammengefasst, die auf den Nachweis von Bakterien und Viren in Hart- oder Weichgeweben fokussieren. Verbindendes Element dieser Arbeiten ist der Forschungsansatz, den Ursprung und die Evolution bestimmter Krankheitserreger zu erforschen und deren Interaktion mit dem Menschen nachzugehen, um so Rückschlüsse auf die zukünftige Entwicklung bestimmter Pathogene ziehen zu können (Donoghue/Spiegelmann 2006; Stone u. a. 2009; Anastasiou u. a. 2013). In den vergangenen zwei Jahrzehnten standen vor allem die bakteriellen Erreger der Tuberkulose (*Mycobacterium tuberculosis*)[78], Pest (*Yersinia pestis*)[79] und Lepra (*Mycobacterium laprae*)[80] im Mittelpunkt des Forschungsinteresses. Aber auch zu viralen Infektionskrankheiten wie der Spanischen Grippe[81] oder Hepatitis B (Kahila Bar-Gal u. a. 2012) liegen mittlerweile aDNA-Studien vor. Allerdings wurde die Analyse pathogener DNA aus (prä-)historischen Geweben bisweilen mit Skepsis betrachtet, da die Kontaminationsgefahr durch moderne Mikroorganismen ein erhebliches Problem darstellt, das noch extremere Ausmaße annimmt, als es bei der Bearbeitung menschlicher DNA der Fall ist[82].

9. Einen sehr innovativen Forschungsansatz verfolgen Studien, die sich auf die Extraktion und Analyse von aDNA aus bislang unerschlossenen und ungewöhnlichen Probenmaterialien spezialisiert haben. Allen voran ist hier die Analyse von Koprolithen zu nennen. Diese fossilen Fäkalien enthalten nicht nur DNA der erzeugenden Tiere, sondern auch der verdauten, zumeist pflanzlichen Nahrung und liefern somit Informationen über die Tiere selbst und deren Ernährungsgewohnheiten[83].

Ebenso ungewöhnlich erscheint der Ansatz, aDNA in Sedimenten nachzuweisen. Ausgangspunkt derartiger Studien sind häufig Bohrkerne aus Permafrostböden, Höhlen oder sogar vom Meeresgrund. Diese geologischen Archive können DNA von Tieren, Pflanzen und Mikroorganismen unterschiedlicher Schichten des Holo-

zäns und Pleistozäns enthalten und somit Hinweise für die Rekonstruktion vergangener Ökosysteme liefern[84]. Verhältnismäßig neu ist die Erkenntnis, dass auch Eierschalen DNA enthalten (Oskam u. a. 2010; Oskam/Bunce 2012). Erste Anwendungen konnten vor allem Erkenntnisse zur Eimorphologie des Moa liefern (Huynen u. a. 2010).

Ebenso neu ist der Ansatz, die mikrobielle Diversität der menschlichen Mundflora anhand von Zahnstein zu erfassen. Mithilfe chronologisch angelegter Studien können diese Daten dazu beitragen, bedeutende Veränderung in der Ernährungsweise des Menschen zu rekonstruieren (Adler u. a. 2013).

3.3.3 Taphonomische Veränderungen von Nukleinsäuren und Charakteristika alter DNA

Den vielfältigen und speziellen Anwendungsmöglichkeiten von aDNA (Kap. 3.3.2) stehen hohe finanzielle und zeitliche Aufwendungen entgegen, die jedoch notwendig sind, um dem Probenmaterial gerecht zu werden. Der Grund dafür liegt in der durch die Liegezeit bedingten biochemischen Degradierung und Modifikation von Nukleinsäuren, die einen Einfluss auf die Quantität und Qualität der aDNA haben[85]. *In vivo* ist das Genom durch verschiedene zellinterne Reparaturmechanismen geschützt, die Mutationen erkennen und beseitigen (Lindahl 1993). Nach dem Tod des Organismus sind diese Mechanismen jedoch inaktiv, sodass Nukleinsäuren ungeschützt postmortalen Veränderungen unterliegen.

Direkt nach dem Tod setzt die Autolyse des Organismus ein. Unter Autolyse versteht man den Abbau organischer Substanzen, der durch Zellenzyme nach dem Tod initiiert wird. Für den Abbau der DNA sind Nukleasen verantwortlich, welche die Phosphodiesterbindungen zwischen Nukleotiden hydrolytisch spalten und damit die Degradierung der Nukleinsäuren in immer kleinere Fragmente verursachen (Majno/Joris 1995; Johnson/Ferris 2002). Nach der Autolyse setzen Prozesse ein, die vom Liegemilieu abhängig sind und im Vergleich zur Autolyse langsamer, aber dafür dauerhaft ablaufen. Das Liegemilieu hat auf die DNA-Erhaltung einen größeren Einfluss als die Liegezeit selbst (Smith u. a. 2003; Willerslev/Cooper 2005). Vor allem Mikroorganismen, Feuchtigkeit, elektromagnetische Strahlung, Temperatur und pH-Wert beeinflussen den Abbau der DNA[86].

---

76 Deakin u. a. 1998a; Deakin 1998b; Lágler u. a. 2005; Gyulai u. a. 2006; Lágler u. a. 2006.
77 Rollo u. a. 1988; Goloubinoff u. a. 1993; Freitas u. a. 2003; Jaenicke-Després u. a. 2003; Lia u. a. 2007; Fordyce u. a. 2013.
78 Salo u. a. 1994; Arriaza u. a. 1995; Nerlich u. a. 1997; Donoghue u. a. 1998; Taylor u. a. 1999; Rothschild u. a. 2001; Zink u. a. 2001; Brosch u. a.2002; Zink u. a. 2002; Zink u. a. 2003a; Zink u. a. 2003b; Donoghue u. a. 2004; Zink u. a. 2005; Gutierrez u. a. 2005; Taylor u. a. 2007; Hershberg u. a. 2008; Hershkovitz u. a. 2008; Wirth u. a. 2008; Donoghue 2009; Donoghue u. a. 2010; Lee u. a. 2012; Nicklisch u. a. 2012.
79 Drancourt u. a. 1998; Raoult u. a. 2000; Drancourt/Raoult 2002; Drancourt u. a. 2004; Drancourt/Raoult 2004; Gilbert u. a. 2004b; Haensch u. a. 2010; Bos u. a. 2011; Harbeck u. a. 2013.
80 Rafi u. a. 1994; Haas u. a. 2000; Taylor u. a. 2000; Donoghue u. a. 2001; Spiegelmann/Donoghue 2001; Montiel u. a. 2003; Donoghue u. a. 2005; Suzuki u. a. 2010; Economou u. a. 2013.
81 Taubenberger u. a. 1997; Reid u. a. 1999; Reid u. a. 2001; Taubenberger u. a. 2005; Taubenberger u. a. 2007.
82 Gilbert u. a. 2004b; Pääbo u. a. 2004; Gilbert u. a. 2005b; Willerslev/Cooper 2005; Roberts/Ingham 2008; Stone u. a. 2009.
83 Poinar u. a. 1998; Hofreiter u. a. 2000; Poinar u. a. 2001; Poinar u. a. 2003; Gilbert u. a. 2008b; Wood u. a. 2008; Poinar u. a. 2009; Goldberg u. a. 2009; Bon u. a. 2012; Clack u. a. 2012; Wood u. a. 2012; Wood u. a. 2013a; Wood u. a. 2013b.
84 Willerslev u. a. 1999; Willerslev u. a. 2003; Willerslev u. a. 2004b; Hebsgaard u. a. 2005; Lydolph u. a. 2005; Haile u. a. 2007; Anderson-Carpenter u. a. 2011; Epp u. a. 2012; Jørgensen u. a. 2012a; Jørgensen u. a. 2012b; Gugerli u. a. 2013; Lejzerowicz u. a. 2013.
85 Lindahl 1993; Hofreiter u. a. 2001; Hebsgaard u. a. 2005; Willerslev/Cooper 2005; Campos u. a. 2012.
86 Burger u. a. 1999; Hofreiter u. a. 2001; Hebsgaard u. a. 2005; Willerslev/Cooper 2005; Campos u. a. 2012.

Diese Faktoren können in direkt und indirekt wirkende Faktoren unterschieden werden.

Direkte Faktoren:

1. Mikroorganismen haben einen unmittelbaren Einfluss auf den Erhalt der Knochenstruktur und der Nukleinsäuren, da Bakterien und Pilze des Bodens DNA und Kollagen relativ schnell zersetzen und metabolisieren (Bell 1990; Jans u. a. 2004).
2. Die relative Feuchtigkeit des Bodens fördert die hydrolytische Spaltung der DNA-Stränge in kürzere Fragmente. Diese Degradierung wird entweder durch Hydrolyse der Phosphodiesterbindung zwischen dem Phosphat und der Desoxyribose der Nukleotide (Zucker-Phosphat-Rückgrat) oder durch einen Prozess, der als Depurinierung bezeichnet wird, verursacht (Abb. 3.10). Die Depurinierung beschreibt den hydrolytischen Verlust der Purinbasen Adenin oder Guanin, bei denen die N-glycosidische Bindung zwischen Base und Desoxyribose relativ geringe chemische Bindungskräfte aufweist und daher sehr häufig hydrolisert wird (Lindahl 1993; Willerslev/Cooper 2005). Durch Depurinierungen entstehen Nukleotide ohne Basen, die eine korrekte Basenpaarung nicht mehr zulassen und daher zur Instabilisierung des DNA-Doppelstranges führen. In einer Folgereaktion, die als β-Eliminierung bezeichnet wird, kann die Depurinierung daher auch zum Bruch des komplementären DNA-Stranges führen (Abb. 3.10). Es wird vermutet, dass die Depurinierung den primären Degradierungsprozess von aDNA darstellt (Willerslev/Cooper 2005; Allentoft u. a. 2012a).

Nukleotide können ebenfalls durch Hydrolyse modifiziert werden. Hier ist vor allem der Vorgang der Deaminierung zu nennen, der die Abspaltung stickstoffhaltiger Molekülgruppen (Aminogruppen) der Basen beschreibt. Die Hydrolyse von Aminogruppen ist in der Regel mit drastischen Veränderungen der Molekülstruktur verbunden. Deaminierungen wirken sich auf die Doppelbindungen innerhalb der Ringstruktur einer Base aus, die dadurch ihre Position im Ring verändern. Daraus resultieren Konformationsänderungen der Seitengruppen, die dazu führen, dass die regulären Wasserstoffbrücken zwischen den komplementären Basen nicht ausgebildet werden können. Deaminierte Basen paaren daher in der Regel mit nicht komplementären Nukleotiden (Lindahl 1993; Hansen u. a. 2001; Abb. 3.10). Deaminierungen von Cytosin und 5-Methylcytosin sind die häufigsten DNA-Schäden (Lindahl 1993; Hofreiter u. a. 2001). Die Deaminierung von Cytosin führt zur Entstehung von Uracil, dass eine analoge Molekülstruktur zu Thymin aufweist. Bei einer Replikation paart Uracil daher nicht mit Guanin, sondern mit Adenin. Ein weiterer Replikationszyklus führt zu einem Einbau von Thymin anstelle von Cytosin. Nach zwei Replikationszyklen entsteht daher an der deaminierten Position eine Transition von Cytosin zu Thymin (Abb. 3.10). Die Deaminierung von 5-Methylcytosin resultiert direkt in einer Transition von Cytosin zu Thymin (Abb. 3.10). Methylierte Cytosine deaminieren drei- bis viermal häufiger als nicht methylierte (Lindahl 1993) und sind daher häufig an Basensubstitutionen beteiligt. Neben Cytosin und 5-Methylcytosin sind auch Deaminierungen bei Adenin und Guanin bekannt, die jedoch wesentlich seltener auftreten. Der Verlust der Aminogruppe führt bei Adenin zur Bildung von Hypoxanthin. Hypoxanthin paart bevorzugt mit Cytosin und nicht mit Guanin. Die Deaminierung von Adenin resultiert daher in einer Transition von Adenin zu Guanin (Abb. 3.10). Analog führt die Deaminierung von Guanin zur Bildung von Xanthin, das mit Cytosin paart und daher keine Veränderung in der komplementären Basenpaarung verursacht. Deaminierungen sind besonders problematisch für die Bearbeitung von aDNA, da sie leicht als authentische Mutationen interpretiert werden können und somit die Ergebnisse falsch positiv beeinflussen (Gilbert u. a. 2003; Gilbert u. a. 2006). Da Deaminierungsereignisse allerdings ungerichtet und spontan auftreten und in den seltensten Fällen reproduzierbar sind, können derartige aDNA-Phänomene mittels geeigneter Reproduktionsstrategien erkannt und bewertet werden (Kap. 6.1.8).
3. Durch elektromagnetische Strahlung wie z. B. UV-Strahlung wird die Bildung freier Radikale begünstigt, welche die DNA oxidativ schädigen können (Lindahl 1993). Hieran sind vor allem freie Sauerstoffradikale (ROS) beteiligt, die über Umwege bei Reaktionen der Atmungskette in den Mitochondrien entstehen und dort in hoher Konzentration vorliegen (Kap. 3.2.3). Oxidative Schäden der DNA verursachen drastische Strukturveränderungen der Basen, was Einfluss auf die Stabilität des Doppelstranges hat und letztlich die Replikation bzw. Amplifikation blockiert (Höss u. a. 1996b; Simandan u. a. 1998). Mittlerweile sind ca. 100 verschiedene Reaktionsprodukte bekannt, die durch freie Radikale verursacht werden. Der häufigste oxidative Schaden, ist die Umwandlung von Guanin in 8-Hydroxyguanin, das mit Adenin paart und somit eine Transversion von Guanin zu Thymin bewirkt (Lindahl 1993; Höss u. a. 1996b; Abb. 3.11). Des Weiteren können durch Oxidation Pyrimidinderivate entstehen, die als Hydantoine bezeichnet werden. Bei Hydantoinen ändert sich die Ringstruktur der Basen. Durch Verlust des C6-Atoms und Absättigung des heterozyklischen Ringes geht die Doppelbindung zwischen den Kohlenstoffatomen C5 und C6 verloren. Die Folge ist eine planare Ringstruktur, die *in vivo* zum Abbruch der Replikation und in *vitro* zur Inhibierung der Amplifikation führt (Lindahl 1993; Höss u. a. 1996b; Hofreiter u. a. 2001; Abb. 3.11). Einen ähnlichen Effekt haben 8, 5´ Cyclopurindesoxyribonukleoide, die durch eine zusätzliche kovalente Bindung zwischen dem C8-Atom einer Purinbase und dem C5-Atom der Ribose entsteht. Die Verknüpfung von Base und Zucker-Phosphat-Rückgrat hat eine Verformung des Doppelstranges zur Folge, die zum Abbruch der Replikation bzw. Amplifikation führt (Lindahl 1993).

Indirekte Faktoren:

1. Feuchtigkeit wirkt sich nicht nur direkt durch die Katalyse enzymatischer oder biochemischer Prozesse auf den

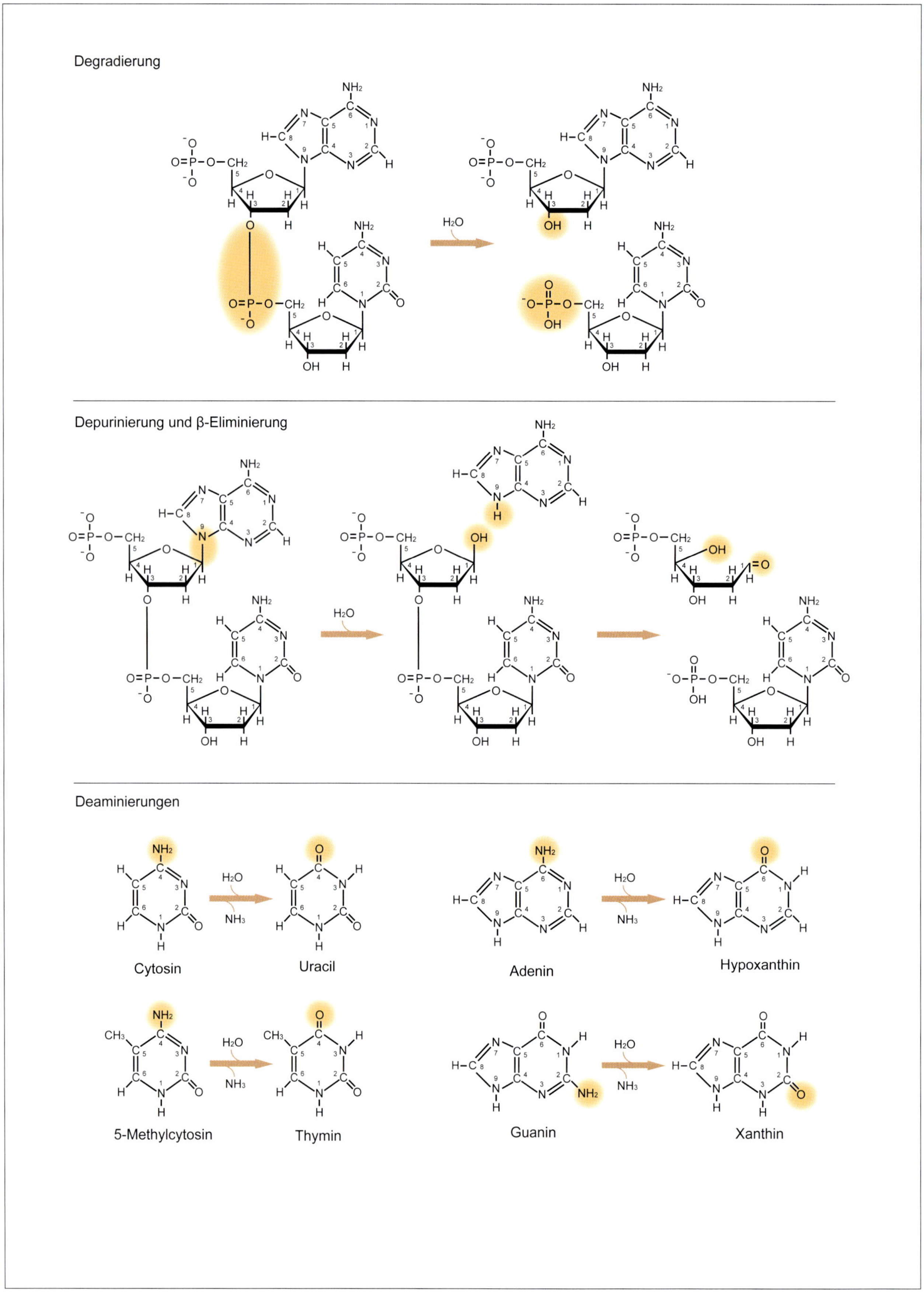

Abb. 3.10 Hydrolytische Modifikationen von Nukleinsäuren

Durch Hydrolyse können Strangbrüche am Zuckerphosphatrückgrat (Degradierung), der Basenverlust von Purinen (Depurinierung) oder die Abspaltung von Aminogruppen (Deaminierung) verursacht werden.

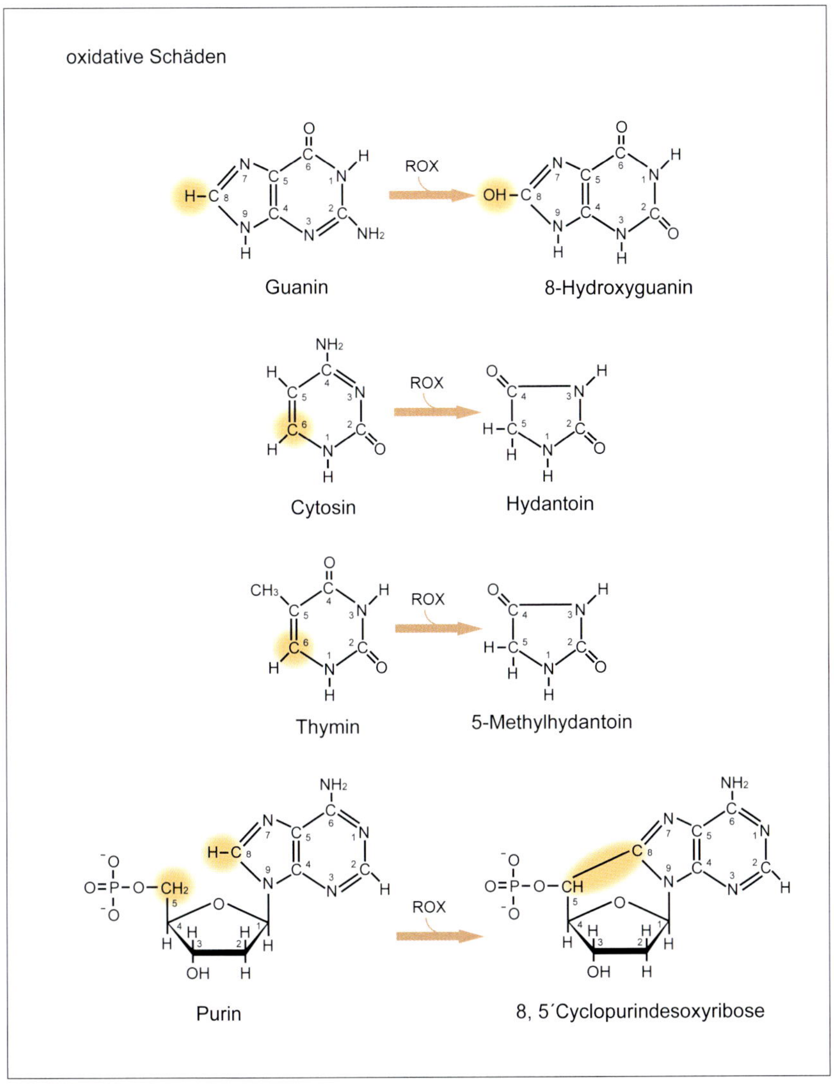

Abb. 3.11 Oxidative Modifikationen von Nukleinsäuren

Durch Oxidation können Strukturveränderungen der Nukleotide bewirkt werden, die entweder die Kohlenstoff-Doppelbindungen innerhalb der Basen (Hydantoine) oder das Zuckerphosphatrückgrat betreffen.

DNA-Erhalt aus, sondern auch indirekt. Bodenwasser diffundiert in Knochen- und Zahngewebe und verursacht dort diagenetische Abbauprozesse der Mineralmatrix (Hedges/Millard 1995). Nukleinsäuren, die in der Knochenmatrix schützend verpackt sind, werden durch deren Abbau somit stärker wirkenden enzymatischen und bakteriellen Abbauprozessen ausgesetzt.

2. Ein weiterer Faktor, der diesen Prozess entscheidend beeinflusst, ist der pH-Wert des Bodens. Ein saures Liegemilieu beschleunigt den Abbau von Hydroxylapatit (Nielsen-Marsh/Hedges 2000).

3. Die Temperatur ist neben der Feuchtigkeit derjenige Faktor, der die Geschwindigkeit postmortaler Degradierungsprozesse am maßgeblichsten beeinflusst und sich am stärksten auf die Langzeiterhaltung von aDNA auswirkt (Lindahl/Nyberg 1972; Smith u. a. 2001; Campos u. a. 2012). Dies ist vor allem darin begründet, dass höhere Temperaturen nicht nur die Kinetik der meisten chemischen Reaktionen begünstigen, sondern ebenfalls enzymatische Reaktionen, deren Wirkungsoptimum im menschlichen Organismus bei ca. 37 °C liegt, katalysieren. Des Weiteren fördern hohe Temperaturen die Proliferation von Mikroorganismen, die Nukleinsäuren und andere Makromoleküle metabolisieren (Bell 1990; Jans u. a. 2004) sowie die hydrolytische Depurinierung, die als einer der wesentlichsten Degradierungsprozesse von aDNA diskutiert wird (Smith u. a. 2003; Willerslev/Cooper 2005). Prinzipiell beeinflusst die Temperatur nahezu alle direkt wirkenden Einflussfaktoren, die sich auf den DNA-Erhalt auswirken. Dies ist auch aus Beobachtungen ersichtlich, bei denen die Erhaltungswahrscheinlichkeit für DNA-Proben mit vergleichbarem Alter in kälteren Klimazonen häufig günstiger ist als in wärmeren (Smith u. a. 2001; Smith u. a. 2003).

Aus diesen Faktoren resultieren im Wesentlichen zwei Hauptproblematiken, die bei der Analyse von aDNA zu beachten sind. Zum einen besteht die größte Schwierigkeit darin, dass die hier aufgezeigten postmortalen Prozesse zu einem stetigen Abbau der Nukleinsäuren führen und abhängig vom Alter und den taphonomischen Bedingungen die DNA bis zu ihrer Nachweisgrenze reduzieren können. Derzeit wird von einer Haltbarkeit für Nukleinsäuren in gemäßigten Regionen und bei optimalen Bedingungen (konstant niedrige Temperatur, neutraler pH-Wert und physiologische Salzkonzentration) von maximal 100 000 Jahren ausgegangen (Hofreiter u. a. 2001). Unter Permafrost-Bedingungen sind auch Nachweise endogen konservierter DNA mit einem Alter von bis zu 800 000 Jahren möglich (Orlando u. a. 2013). Basierend auf kinetischen Berechnungen wird die Nachweisgrenze auf etwa 1 000 000 Jahre geschätzt (Willerslev/Cooper 2005; Allentoft u. a. 2012a). Die aufgeführten Degradierungsprozesse resultieren zudem in einer sukzessiven Verringerung der nachweisbaren Fragmentlänge. In der Regel beträgt die maximal nachweisbare Fragmentlänge daher nur 200–500 bp (Hofreiter u. a. 2001b; Pääbo 1989; Pääbo u. a. 2004). Aufgrund des geringen DNA-Gehaltes und der starken Fragmentierung werden bei aDNA-Analysen daher häufig mitochondriale Loci betrachtet, da mtDNA aufgrund ihrer im Vergleich zum nukleären Genom wesentlich höheren Kopienanzahl eine höhere Erhaltungswahrscheinlichkeit aufweist (Kap. 3.2).

Das zweite Problem, das mit dem geringen DNA-Gehalt zusammenhängt, ist das Risiko, die endogene aDNA mit moderner DNA zu kontaminieren und somit der Überlagerung durch intakte Spuren fremden Ursprungs auszusetzen. Da nur sehr wenig endogene DNA erhalten ist, besteht die Gefahr, dass die endogenen Zielsequenzen durch qualitativ und/oder quantitativ begünstigte moderne DNA-Kontaminationen überlagert werden, wodurch falsch positive Ergebnissen generiert würden[87]. Vor allem bei der Bearbeitung menschlicher aDNA besteht dieses Problem, da das Knochenmaterial vor den genetischen Analysen häufig mit einer Vielzahl von Bearbeitern (Archäologen, Anthropologen oder Museumsangestellte) in Kontakt gekommen ist. Zudem besteht bei den genetischen Analysen selbst die Gefahr der Kontamination durch den Bearbeiter. Daher erfordert die Analyse alter oder degradierter DNA besonders sensible methodische Verfahren und strukturelle Maßnahmen, die in ihrer Gesamtheit dazu beitragen, Kontaminationen zu verhindern und damit die Validierung der Ergebnisse zu gewährleisten (Kap. 6.1.1 u. 8.1.1).

3.3.4 Die Authentifizierungskriterien der aDNA-Forschung

Das methodenimmanente Problem der Kontaminationen und der postmortalen Veränderungen von Nukleinsäuren, die zu falsch positiven Resultaten und zu Fehlinterpretationen derselben führen, wurde durch die Veröffentlichung zahlreicher fehlerbehafteter aDNA-Studien frühzeitig offensichtlich[88]. Der noch junge Forschungszweig der aDNA reagierte auf diese Krise mit der Ausarbeitung von Kriterien, die einen Mindeststandard für die Bewertung der Authentizität von aDNA-Daten setzen sollten[89] und an dieser Stelle kurz resümiert werden.

1. Trennung von Prä-PCR- und Post-PCR-Bereichen: Institutionen, in denen aDNA analysiert wird, sollten eine strikte Separierung der Laborräumlichkeiten vornehmen. Zum einen in einen Prä-PCR-Bereich, in dem die sensiblen Arbeitsschritte der Probenvorbereitung, Extraktion und das Ansetzten der PCR erfolgen und der möglichst frei gehalten wird von modernen DNA-Molekülen. Zum anderen in einen Post-PCR-Bereich in dem molekulargenetische Standardtechniken wie Klonierung und Sequenzierung durchgeführt werden.
2. Reproduktion der Ergebnisse: Alle Daten sollten durch mehrere unabhängige Experimente reproduziert werden. Dies beinhaltet multiple Amplifikationen aus einem oder bevorzugt mehreren DNA-Extrakten. Erst durch diese Herangehensweise sind sporadische Kontaminationen aufzudecken und postmortale Degradierungsphänomene (Kap. 3.3.3), die sich aufgrund von zu geringer Ausgangs-DNA konsistent in einer Amplifikation durchsetzen können, zu identifizieren.
3. Klonierung: Amplifikationsprodukte sollten kloniert und mehrere Klone sequenziert werden, um einen Überblick über sporadische Kontaminationen und postmortal veränderte Sequenzen zu erhalten.
4. Leerkontrollen: Mehrere Leerkontrollen sollten bei jeder Extraktion und Amplifikation mitgeführt werden, um Labor- oder Chemikalienkontaminationen während der Analyse detektieren zu können.
5. Amplifizierbare Fragmentlängen: Bei den Proben sollte eine negative Korrelation zwischen Amplifikationserfolg und Produktlänge zu beobachten sein, da aufgrund der postmortalen DNA-Degradierung (Kap. 3.3.3) kürzere Fragmente häufiger zu erwarten sind als längere.
6. Quantifizierung: Die Anzahl der Ausgangsmoleküle sollte quantifiziert werden, um einschätzen zu können, ob konsistente Ergebnisse auch auf ausreichend erhaltenen Startermolekülen beruhen oder ob sich von einigen wenigen erhaltenen DNA-Molekülen eines durchgesetzt hat. Im Falle von mehr als 1000 Ausgangsmolekülen ist eine PCR-Reaktion als ausreichend zu bewerten.
7. Makromolekülerhaltung: Der Erhaltungszustand anderer Bio- bzw. Makromoleküle sollte simultan getestet werden, um den generellen biochemischen Erhaltungszustand einer Probe abschätzen zu können, was einen indirekten Hinweis auf die Erhaltungswahrscheinlichkeit der DNA liefern kann.
8. Unabhängige Reproduktion: Die Ergebnisse sollten in einem zweiten Labor unabhängig bestätigt werden, um laborinterne Kontaminationen ausschließen zu können.
9. Assoziierte Funde: Der Erhaltungszustand anderer Proben desselben Fundplatzes sollte vergleichbar sein. Bei der Analyse humaner DNA ist es darüber hinaus von Vorteil, eine Tierkontrolle mitzuführen und diese mit menschspezifischen Primern zu testen, um den generellen Kontaminationsgrad des Fundmaterials bewerten zu können.
10. Zusätzliche Informationen: In vielen Fällen, vor allem bei der Analyse humaner DNA, ist es notwendig, zusätzliche Informationen über das Probenmaterial in die Bewertung der Authentizität einfließen zu lassen. Hier sind vor allem Informationen über die sog. *post excavation history* zu erwähnen, welche die Geschichte

---

87 Handt u. a. 1994a; Handt u. a. 1996; Hofreiter u. a. 2001; Pääbo 1989; Pääbo u. a. 2004.
88 Golenberg u. a. 1990; Cano u. a. 1992a; Cano u. a. 1992b; DeSalle u. a. 1992; Soltis u. a. 1992; Cano u. a. 1993; DeSalle u. a. 1993; Poinar u. a. 1993; DeSalle 1994; Woodward u. a. 1994; Kap. 3.3.2.
89 Handt u. a. 1994a; Handt u. a. 1996; Poinar u. a. 1996; Pääbo 1989; Cooper/Poinar 2000; Hofreiter u. a. 2001; Pääbo u. a. 2004; Hebsgaard u. a. 2005; Willerslev/Cooper 2005; Gilbert u. a. 2005a.

der Probe von der Ausgrabung bis zur DNA-Analyse beschreibt. Diese beinhaltet mitunter Bergungs- und Lagerungsbedingungen, Lagerungsdauer, archäologische und/oder anthropologische Bearbeitung, Bearbeiter die mit dem Material in Kontakt gekommen sind und letztlich die Bedingungen bei der DNA-Beprobung selbst.

3.3.5 Die Besiedelungsgeschichte Europas aus Sicht der Paläogenetik

Wie bereits in Kapitel 3.3.2 erwähnt, befasst sich ein Forschungszweig der aDNA-Analytik mit der Rekonstruktion von Besiedelungsvorgängen und (prä-)historischen Wanderungsbewegungen des anatomisch modernen Menschen sowie deren Auswirkung auf die Variabilität heutiger Populationen. Innerhalb dieses Zweigs lag der Fokus bislang vor allem auf der meso-/neolithischen Transition in den unterschiedlichen Regionen Europas und deren genetischen Hintergründen (Zusammenfassung bei Deguilloux u. a. 2012; Pinhasi u. a. 2012; Lacan u. a. 2013). Auch zu späteren Perioden des Neolithikums liegen mittlerweile erste aDNA-Studien vor. Da diese die Grundlage der vorgelegten Arbeit darstellen, sollen hier die Erkenntnisse der letzten zwei Jahrzehnte resümiert werden. Dabei erfolgt die Darstellung des Forschungstandes nicht immer in chronologischer Reihenfolge der publizierten Studien, sondern in einem logischen Zusammenhang, um Studien mit vergleichbarem Fokus zusammenzufassen.

3.3.5.1 Frühe Studien

Die erste Studie, die sich mit der Erfassung mitochondrialer Variabilität während des Neolithikums in Europa befasste, war die Analyse der Gletschermumie »Ötzi«, die 1991 in den Ötztaler Alpen am Tisenjoch entdeckt wurde (Handt u. a. 1994b). Die etwa 5000 Jahre alten Überreste zeigten einen Haplotypen, der charakteristisch für die Haplogruppe K ist. Durch spätere Analysen konnte der ursprünglich anhand der HVS-I ermittelte Haplotyp durch die Sequenzierung des gesamten mitochondrialen Genoms bestätigt werden (Ermini u. a. 2008). Zugleich erlaubte das mitochondriale Genom eine feinere Einteilung in die damalige mtDNA-Phylogenie, die der Eismumie zunächst den Sonderstatus einer eigenen Subhaplogruppe K1ö einbrachte, da eine vergleichbare Genomsequenz zum damaligen Zeitpunkt nicht bekannt war. Im Zuge der zunehmenden Erfassung rezenter mtDNA-Variabilität durch Genomsequenzierung wurde dieser Sonderstatus jedoch wieder aufgehoben und »Ötzis« mtDNA der Subhaplogruppe K1f zugewiesen (http://www.phylotree.org, build 16, veröffentlicht am 19. Februar 2014; van Oven/Keyser 2009). Wenngleich die Aussagen zur Besiedelungsgeschichte Europas anhand einer DNA-Sequenz sehr begrenzt waren, so konnte bei der Erstbeschreibung zumindest festgestellt werden, dass »Ötzis« mtDNA in die Variabilität moderner Europäer fällt (Handt u. a. 1994b; Ermini u. a. 2008). Im Jahr 2012 erreichte die Forschung um »Ötzi« durch die Veröffentlichung seiner kompletten Genomsequenz ihren bisherigen Höhepunkt (Keller u. a. 2012). Neben einer phänotypischen Charakterisierung und der Identifizierung genetischer Prädispositionen für bestimmte Krankheitsbilder, erfolgte auch eine populationsgenetische Auswertung der Y-chromosomalen und autosomalen DNA. Die Ergebnisse zeigten Gemeinsamkeiten mit südeuropäischen Populationen und insbesondere zur Population Sardiniens, die möglicherweise das Resultat genetischen Drifts in isolierten Populationen darstellen. Dadurch gewannen genetische Elemente, die im Zuge der Neolithisierung in Europa eingeführt wurden an Häufigkeit.

Anfang 2000 erschienen zwei weitere Studien, die auf Fundplätze in Italien fokussierten. Di Benedetto und Kollegen analysierten ein mesolithisches und zwei neolithische Individuen der Fundplätze Villabruna, Mezzocorona und Borgo Nuovo in den östlichen Alpen Südtirols mit einem Alter zwischen 14 000 und 6000 Jahren (Di Benedetto u. a. 2000). Insgesamt konnten drei unterschiedliche Haplotypen identifiziert werden, die im Falle des mesolithischen Individuums von Villabruna der Haplogruppe H und im Falle der neolithischen Individuen aus Mezzocorona und Borgo Nuovo den Haplogruppen T2 bzw. H zugeordnet werden konnten. Nach heutigen Gesichtspunkten muss jedoch angemerkt werden, dass der Haplotyp des Villabruna-Individuums eine unzureichende Reproduktion aufweist und daher nicht als authentisch angesehen werden kann. Dafür spricht auch die Erkenntnis der Autoren selbst, das Vergleichsanalysen mit rezenten Populationsdaten kein Äquivalent der Villabruna-Sequenz hervorbrachten, während die Haplotypen der neolithischen Individuen aus Mezzocorona und Borgo Nuovo im heutigen Europa weit verbreitet sind. Nichtsdestotrotz interpretierten die Autoren ihre Beobachtungen als Anzeichen für genetische Diskontinuität zwischen Mesolithikern und heutigen Europäern. Zudem vermuteten sie die genetische Kontinuität in Europa seit dem Frühneolithikum.

Die zweite Studie erschien drei Jahre später und basierte auf zwei paläolithischen Individuen aus der Paglicci-Höhle im Nordosten Apuliens mit einem Alter von 23 000–25 000 Jahren (Caramelli u. a. 2003), deren Haplotypen den Haplogruppen HV und N* angehörten. Diese neuen Daten wurden zusammen mit der »Ötzi«-Sequenz und den zuvor veröffentlichten Daten der Di-Benedetto-Studie mit bis dato verfügbaren Neandertaler-Sequenzen (Krings u. a. 1997; Ovchinnikov u. a. 2000; Krings u. a. 2000; Schmitz u. a. 2002) und Rezentdaten verglichen. Die Autoren kamen zu dem Schluss, dass die verfügbaren prähistorischen Daten des anatomisch modernen Menschen weitestgehend die rezente Variabilität Europas widerspiegeln, nicht aber die des Neandertalers, sodass zwar eine Diskontinuität zwischen anatomisch modernen Menschen und Neandertalern, nicht aber zwischen prähistorischen *Homo sapiens*-Individuen und rezenten Europäern anzunehmen sei. Diese Studie wurde zum Anlass genommen, nochmals darauf hinzuweisen, dass Kontaminationen mit moderner DNA niemals hundertprozentig ausgeschlossen werden können und dass dieser Umstand insbesondere bei Studien an humaner DNA problematisch ist (Abbott 2003; Barbujani/Bertorelle 2003; Serre u. a. 2004; Cooper u. a. 2004). Da die Studie von Caramelli und Kollegen jedoch einer ganzen Reihe an geforderten Authentifizierungskriterien genügte

(Kap. 3.3.4), erscheinen die erhobenen Zweifel rückblickend zwar in der Sache richtig, im speziellen Fall jedoch eher als unbegründet.

3.3.5.2 Zentraleuropa

Im Jahre 2005 erschien die erste Studie zum zentraleuropäischen Neolithikum mit statistisch relevanter Stichprobengröße. Haak und Kollegen untersuchten insgesamt 23 Individuen der LBK (Kap. 2.1.2 u. 2.2.1) sowie ein Individuum der Alföld-Linienbandkeramikkultur, einer Parallelentwicklung der LBK im Osten Ungarns, von diversen Fundplätzen aus Mittel- und Südwestdeutschland, Österreich und Ungarn mit einem Alter von etwa 7000–7500 Jahren (Haak u. a. 2005). Bei drei Vierteln der untersuchten Individuen konnten Haplogruppen identifiziert werden, die heutzutage eine weite Verbreitung in europäischen und westeurasischen Populationen aufweisen, darunter T2 (20,8 %), K (16,7 %), H (16,7 %), HV (8,3 %), V (4,2 %), J (4,2 %) und U3 (4,2 %). Die übrigen 25 % hingegen zeigten eine hohe Variabilität der Haplogruppe N1a, die in rezenten Populationen weltweit nur mit etwa 0,2 % zu finden ist. Mittels koaleszenzbasierter Simulationsmethoden konnte gezeigt werden, dass diese drastische Verringerung der N1a-Frequenz seit Beginn des Neolithikums nicht allein durch genetische Drift erklärbar ist, sondern entweder (post-)neolithische bevölkerungsdynamische Prozesse oder eine Ausdünnung der frühen Bauernlinien durch die lokale Jäger-Sammler-Bevölkerung angenommen werden müssten. Vor dem Hintergrund rezentgenetischer Erkenntnisse bezüglich der zeitlichen Entstehung mitochondrialer Haplogruppen und deren Anteil am heutigen Genpool Europas (Richards u. a. 2000; Kap. 3.2.6.2) wurden die Ergebnisse dahingehend interpretiert, dass die ersten Bauern Europas nur einen sehr geringen Anteil an der heutigen mtDNA-Variabilität gehabt haben können und infolgedessen die rezente Diversität vermutlich eher auf einen paläolithischen Ursprung zurückzuführen wäre. Aus diesem Grunde favorisierte die Studie für den Neolithisierungsprozess in Zentraleuropa eher das cultural-diffusion-Modell (Kap. 2.3). Als Reaktion auf die Studie von Haak und Kollegen wurde vor allem von archäologischer Seite bezüglich der Stichprobengröße, der uniparentalen Vererbung mitochondrialer DNA, die nur Aussagen bezüglich der maternalen Bevölkerungsgeschichte zulässt, und der zeitlichen Einordnung der untersuchten Individuen Kritik geäußert, da die analysierten Proben keinesfalls die ersten Bauern Zentraleuropas, sondern vielmehr einen zeitlichen Querschnitt früher LBK-Gemeinschaften repräsentierten (Ammermann u. a. 2006; Burger u. a. 2006; Barbujani/Chikhi 2006).

Drei Jahre später wurden mitochondriale Daten von sechs LBK-Individuen vom Fundplatz Vedrovice in der Tschechischen Republik veröffentlicht (Bramanti 2008). Da diese Studie jedoch eher ein Teilprojekt einer interdisziplinären Bearbeitung des Fundplatzes darstellte, die 2013 zur Publikation kam (Zvelebil/Pettitt 2013), erfolgte die Interpretation der genetischen Daten in einem bevölkerungshistorischen Kontext nur begrenzt. Die Detektion von N1a blieb in dem Vedrovice-Datensatz zwar aus, dennoch fanden sich ausnahmslos Haplogruppen wie T2 (33,3 %), K (33,3 %), H (16,7 %) und J (16,7 %), welche in die bereits bekannte Variabilität der LBK eingegliedert werden konnten.

Die Sichtweise bezüglich eines paläolithischen Ursprungs der heutigen mtDNA-Variabilität änderte sich jedoch schlagartig, als 2009 erstmals Daten von Jäger-Sammler-Gemeinschaften in Europa publiziert wurden (Bramanti u. a. 2009). Insgesamt wurden 20 Jäger-Sammler-Individuen von neun Fundplätzen aus Deutschland, Polen, Litauen und Russland mit einem Alter von etwa 4300–15 400 Jahren analysiert, die erstmals einen Einblick in die mtDNA-Variabilität der letzten Jäger-Sammler in Europa ermöglichte. 13 Individuen stammten von Fundplätzen, die zur Zeit ihrer Belegung in das lokale Mesolithikum datierten. Die übrigen sieben Individuen repräsentierten den Fundplatz Ostorf in Norddeutschland, der als Wildbeuter-Enklave inmitten der mittelneolithischen Trichterbecherkultur (Kap. 2.1.3) angesehen wird. Nach archäologischen Erkenntnissen repräsentieren die Menschen von Ostorf jedoch ehemalige Bauern, die zu einer vom Fischfang geprägten Subsistenzwirtschaft übergingen (Lübke u. a. 2007). Somit stellen die Ostorf-Individuen keine ursprünglichen Jäger-Sammler dar, sondern sind vermutlich eher mit der neolithischen Trichterbecherkultur zu assoziieren. Die Ergebnisse zeigten, dass die 13 Jäger-Sammler-Individuen eine hohe Diversität der Haplogruppe U (7,7 %) und deren Subhaplogruppen U4 (15,4 %), U5a (30,8 %) und U5b (46,2 %) aufwiesen, während am Fundplatz Ostorf neben U5a (14,3 %) und U5b (28,7 %) auch Haplogruppen wie T2 (28,6 %), K (14,3 %) und J (14,3 %) existierten, die bereits von neolithischen Individuen der LBK bekannt waren. Die charakteristische N1a-Signatur der frühen LBK-Bauern hingegen wurde nicht detektiert. Die erhobenen Daten wurden mit bis dato verfügbaren LBK- sowie Rezentdaten verglichen. Die Analysen erbrachten signifikante Unterschiede zwischen allen drei Gruppen. Zudem unterstützen koaleszenzbasierte Simulationen sowohl eine genetische Diskontinuität zwischen Jäger-Sammlern und LBK-Bauern als auch zwischen Letzteren und der europäischen Rezentbevölkerung. Die Ergebnisse wurden dahingehend interpretiert, dass die ersten Bauern Europas nicht die genetischen Nachfahren der letzten Jäger-Sammler gewesen sein können und daher von außerhalb nach Zentraleuropa immigriert sein müssen. Zudem wäre die rezente Variabilität Europas nicht durch eine simple Vermischung von Jäger-Sammler- und Bauern-Komponenten erklärbar, was die Möglichkeit von späteren, möglicherweise postneolithischen Migrationsereignissen stärker in den Fokus stellte.

Erst kürzlich wurden fünf weitere Individualdaten von Jäger-Sammlern aus Deutschland, Luxemburg und der Tschechischen Republik veröffentlicht, die alle mit dem U-Cluster assoziiert sind, darunter U (40 %), U5b (40 %) und U8 (20 %) (Fu u. a. 2013). Auch wenn diese Studie primär auf die Kalibrierung der molekularen Uhr (Kap. 3.2.3) mittels prähistorischer Daten fokussierte, bekräftigte sie jedoch aus populationsgenetischer Sicht das Bild einer hohen U-Variabilität während des Paläo-/Mesolithikums in Europa der Bramanti-Studie (Bramanti u. a. 2009).

Im Jahre 2010 konnten die Ergebnisse von Bramanti und Kollegen bestätigt und detaillierter verifiziert werden, indem ein komplettes Gräberfeld der LBK vom Fundplatz

Derenburg aus dem MESG mit 22 Individuen, die um 5500–4900 cal BC datierten, analysiert wurde (Haak u. a. 2010). Die erhobene Stichprobe wurde gemeinsam mit den bereits publizierten LBK-Daten (Haak u. a. 2005) mit einer Datenbank von 23 394 HVS-I-Sequenzen eurasicher Populationen mittels umfangreicher populationsgenetischer Methoden verglichen. Diese Analysen wurden durchgeführt, um einerseits die LBK anhand ihrer mtDNA-Variabilität zu charakterisieren und andererseits genetische Affinitäten der LBK zu modernen eurasichen Populationen zu identifizieren, die Rückschlüsse über einen potenziellen geografischen Ursprung der LBK und dessen Verbreitung nach Europa zulassen. Die Ergebnisse zeigten, dass die LBK im Vergleich zu den Rezentpopulationen vor allem durch hohe Frequenzen der Haplogruppen N1a (14,3 %), T (19,1 %), K (14,3 %), J (9,5 %), W (7,1 %), HV (7,1 %) und V (4,8 %), die Abwesenheit von afrikanischen und asiatischen Linien und moderate Frequenzen von H (19,1 %) charakterisiert werden kann und dass die größten Gemeinsamkeiten dieser Signatur zu rezenten Populationen des Nahen Ostens und Anatoliens bestehen. Im Gegensatz dazu wurden die charakteristischen Jäger-Sammler-Haplogruppen des U-Clusters in diesem erweiterten LBK-Datensatz nicht oder im Falle von U5a nur mit geringer Frequenz detektiert (2,4 %). Neben der Erfassung der mitochondrialen Diversität wurden in dieser Studie ebenfalls die ersten Y-chromosomalen Daten einer neolithischen Population Europas veröffentlicht. Insgesamt konnten drei Y-chromosomale Profile erhoben werden, die nach aktueller Phylogenie den Haplogruppen G2a1c (33,3 %) und F* (66,7 %) zugeordnet werden können. Da beide Haplogruppen ihre größte Häufigkeit in rezenten Populationen des Nahen Ostens und der Kaukasusregion aufweisen, unterstützten die Y-chromosomalen Daten die Nahost-Affinitäten der mtDNA-Diversität. Koaleszenzbasierte Simulationen bestätigten, dass die Unterschiede in der mtDNA-Variabilität zwischen Jäger-Sammlern und der LBK nicht auf genetischer Drift beruhten, sondern dass diese Diskontinuität am wahrscheinlichsten durch einen genetischen Einfluss aus dem Nahen Osten im Zuge der Neolithisierung mit einer Migrationsrate von 50–75 % erklärt werden kann. Durch diese und die zuvor veröffentlichten Ergebnisse der Bramanti-Studie (Bramanti u. a. 2009) musste die anfängliche Interpretation eines paläolithischen Ursprungs heutiger Europäer und die damit verbundene Unterstützung des *cultural-diffusion*-Modells (Haak u. a. 2005) revidiert und das *demic-diffusion*-Modell (Kap. 2.3 u. 3.2.6.1) bevorzugt angenommen werden. Daneben unterstützen die Simulationen eine Diskontinuität zwischen der LBK und heutigen Europäern, die vermutlich aus weiteren bevölkerungsdynamischen Ereignissen nach der Etablierung der Landwirtschaft in Europa resultierte.

Obwohl die Diskontinuität zwischen den ersten Bauern und der heutigen Bevölkerung Zentraleuropas durch mehrere Studien unabhängig belegt wurde, gibt es bislang nur eine geringe Zahl an Publikationen und Daten, die sich mit späteren Kulturen oder Perioden des Neolithikums in Zentraleuropa befassen. 2013 wurden sechs Individuen der Rössener Kultur, welche die LBK in ihrem westlichen Verbreitungsgebiet ablöste (Kap. 2.1.3 u. 2.2.3), vom Fundplatz Wittmar in Niedersachsen analysiert (Lee u. a. 2013). Die Funde datierten zwischen 5200–4300 cal BC und weisen eine Haplogruppenzusammensetzung, bestehend aus H (16,7 %), HV0 (50 %), K (16,7 %) und U5b (16,7 %) auf, deren Haplotypen mit frühneolithischen Daten früherer Publikationen übereinstimmten und somit weitestgehend der bekannten mitochondrialen Signatur früher Bauern in Zentraleuropa entsprachen.

Dass an der westlichen Peripherie des ehemaligen LBK-Verbreitungsgebietes möglicherweise andere Prozesse während und nach der Neolithisierung angenommen werden können, die vermutlich durch eine stärkere Interaktion mit der autochthonen Jäger-Sammler-Bevölkerung geprägt waren, zeigen erst kürzlich erschienene Daten. Bollongino und Kollegen analysierten insgesamt 25 Individuen der Blätterhöhle bei Hagen in Nordrhein-Westfalen, die sowohl in das Mesolithikum (9210–8638 cal BC) als auch in das Neolithikum (3922–3020 cal BC) datierten (Bollongino u. a. 2013). Wie schon in früheren Studien (Bramanti u. a. 2009; Fu u. a. 2013; Kap. 3.3.5.2), konnten auch in dieser Arbeit alle untersuchten Mesolithiker ausnahmslos unterschiedlichen Subhaplogruppen von U zugeordnet werden, darunter U (20 %), U2 (20 %), U5a (40 %) und U5b (20 %). Interessanterweise zeigte die neolithische Stichprobe jedoch eine Mixtur aus hohen Frequenzen der typischen Jäger-Sammler-Linien U5 (20 %) und U5b (40 %) und den Haplogruppen H (35 %) und J (5 %), die mit frühen Bauern assoziiert wurden. Das wohl überraschendste Ergebnis zeigte sich jedoch im Abgleich der genetischen Daten mit Isotopenanalysen zur Ernährungsrekonstruktion. Hierbei konnten alle Individuen mit genetischer Jäger-Sammler-Signatur durch eine vom Fischfang geprägte wildbeuterische Ernährung charakterisiert werden, während die genetisch als Bauern identifizierten Individuen eine terrestrisch geprägte herbivore Ernährung aufwiesen. Die Ergebnisse wurden dahingehend interpretiert, dass 2000 Jahre nach Etablierung der sesshaften Lebensweise durch die LBK in Europa Jäger-Sammler und Bauern offenbar parallel existierten. Allerdings ist dieser genetische Einfluss von Wildbeutern in der neolithischen Stichprobe derzeit nur schwer mit einer archäologischen Kulturstufe zu assoziieren, da charakteristische archäologische Artefakte nur selten gefunden wurden und/oder diese aufgrund einer gestörten Fundsituation nicht eindeutig mit bestimmten Individuen assoziiert werden konnten. Geografisch ist die Blätterhöhle im ehemaligen Verbreitungsgebiet der LBK und der Rössener Kultur lokalisiert. Chronologisch datieren die neolithischen Daten in das 4. Jt. BC und fallen somit in einen Zeitrahmen, in dem die Verbreitungsgebiete der Trichterbecherkultur und der Michelsberger Kultur in dieser Region aufeinander trafen (Kap. 2.1.3). Daher können unterschiedliche Einflüsse auf die genetische Zusammensetzung der neolithischen Funde aus der Blätterhöhle weder differenziert noch ausgeschlossen werden.

Im Jahr 2008 wurde die erste Studie veröffentlicht, die sich mit spätneolithischen Individuen der schnurkeramischen Kultur (Kap. 2.1.3 u. 2.2.12) vom Fundplatz Eulau aus dem MESG beschäftigte (Haak u. a. 2008). Insgesamt wurden die mitochondriale DNA von neun und die Y-chromosomale DNA von drei Individuen untersucht, die in vier Kollektivgräbern bestattet waren. Während anhand der mtDNA zum Teil identische Linien der Haplogruppen K (44,4 %), X (22,2 %), H (11,1 %), I (11,1 %) und U5b (11,1 %) sequenziert wurden, zeigten die drei untersuchten männlichen Individuen die Y-chromosomale Haplogruppe R1a1a, die bislang nicht in neolithischen Populationen Europas nachgewiesen werden konnte. Da der Schwerpunkt dieser Studie jedoch auf einer Verwandtschaftsrekonstruktion der Individuen innerhalb der Mehrfachbestattungen lag, wurden die erhoben mitochondrialen und Y-chromosomalen Ergebnisse nicht in einem bevölkerungshistorischen Kontext diskutiert. Vielmehr deuten identische maternale und paternale Linien innerhalb der jeweiligen Gräber auf verwandtschaftliche Beziehungen zwischen den Individuen hin, die in einem konkreten Fall sogar die gemeinschaftliche Bestattung einer Kernfamilie, bestehend aus den Eltern und ihren zwei Söhnen, belegte. In Kombination mit Strontium-Isotopenanalysen, die Rückschlüsse auf die Mobilität erlaubten, lieferten diese Daten wertvolle Erkenntnisse über die soziale Organisation und die Bestattungssitten der spätneolithischen Schnurkeramiker, bei denen familiäre Beziehungen vermutlich eine bedeutende Rolle spielten.

Im Jahre 2012 wurde von Lee und Kollegen die mitochondriale und Y-chromosomale DNA von sechs bzw. zwei Individuen des Fundplatzes Kromsdorf in Thüringen analysiert (Lee u. a. 2012a). Die Funde datierten ebenfalls in das zentraleuropäische Spätneolithikum (2600–2500 cal BC) und wurden mit der Glockenbecherkultur (Kap. 2.1.3 u. 2.2.13) assoziiert. Während anhand der mtDNA eine hohe Diversität, bestehend aus den Haplogruppen I, W, T1, K, U2 und U5a (jeweils 16,7 %), identifiziert werden konnte, zeigte die Y-chromosomale DNA der zwei analysierten männlichen Individuen ein homogenes Bild, das ausschließlich durch die Haplogruppe R1b charakterisiert war. In früheren Studien neolithischer Populationen Europas konnte R1b bislang nicht nachgewiesen werden, sodass die Studie von Lee und Kollegen den ersten Nachweis dieser heutzutage in Europa weit verbreiteten Haplogruppe erbrachte. Die heterogene mtDNA-Variabilität wurde schwerpunktmäßig im Kontext der Bestattungssitten spätneolithischer Gesellschaften diskutiert. Im Fokus standen hier vor allem die zuvor veröffentlichten Erkenntnisse der Familiengräber von Eulau (Haak u. a. 2008). Die hohe mtDNA-Diversität wurde darauf zurückgeführt, dass die Bestattungsrituale der Glockenbecherkultur am Fundplatz Kromsdorf – im Gegensatz zur Schnurkeramikkultur – vermutlich nicht durch biologische Verwandtschaftsverhältnisse bestimmt waren. Aufgrund der geringen Stichprobe und der zu diesem Zeitpunkt nur spärlich verfügbaren Vergleichsdaten aus späteren neolithischen Perioden Zentraleuropas wurden in dieser Studie jedoch nur verhaltene Aussagen bezüglich demografischer Prozesse getätigt. Anhand der Haplogruppe U5 wurde mittels phylogenetischer Netzwerke und bereits veröffentlichter mesolithischer und neolithischer Daten der Anteil am Genpool rezenter Europäer untersucht. Die Analysen zeigten, dass zwar einige der U5-Linien des Mesolithikums in neolithischen Populationen nachweisbar sind, dass aber sowohl mesolithische als auch neolithische U5-Linien keinen signifikanten Anteil an der rezenten U5-Variabilität Europas haben. Basierend auf diesen Beobachtungen wurden die Erkenntnisse früherer Studien (Bramanti u. a. 2009; Haak u. a. 2010), dass genetische Kontinuität seit dem Neolithikum in Zentraleuropa auszuschließen sei und dass vermutlich demografische Prozesse seit dem Neolithikum entscheidend zur heutigen Variabilität beigetragen haben, unterstützt.

Detailliertere Erkenntnisse bezüglich demografischer Prozesse nach der initialen Neolithisierung in Zentraleuropa wurden erst im darauffolgenden Jahr publiziert (Brotherton u. a. 2013). In dieser Studie wurden insgesamt 37 Individuen von neun Kulturen aus dem MESG – die ebenfalls Gegenstand der hier vorgelegten Arbeit sind – reanalysiert und vorab publiziert. Die Studie zielte auf die Sequenzierung kompletter mitochondrialer Genome der Haplogruppe H, welche die dominierende Haplogruppe heutiger europäischer Populationen repräsentiert (Kap. 3.2.6.3). Die Studie sollte die phylogenetische Auflösung dieser diversen Haplogruppe erhöhen und deren Entwicklung durch die Zeit nachvollziehen. Die Daten lieferten ein lückenloses chronologisches Profil der H-Diversität in Zentraleuropa von Beginn des Neolithikums bis in die frühe Bronzezeit. Mittels umfangreicher populationsgenetischer Analysen konnte eine Zunahme der H-Variabilität in Zentraleuropa während des Neolithikums festgestellt werden. Zudem zeigten H-Linien des Frühneolithikums keine oder nur selten Äquivalente in rezenten Populationen Europas, während die H-Diversität des Mittel- und Spätneolithikums im heutigen Genpool häufiger zu finden waren. Diese Beobachtung spiegelte sich ebenfalls in differenzierten genetischen Affinitäten zu modernen Populationen wider. Während das Frühneolithikum die größte Übereinstimmung mit der H-Variabilität des Nahen Osten, Anatoliens und des Kaukasus aufwies, konnten für die mittelneolithischen Daten die stärksten Affinitäten zu zentraleuropäischen Populationen und für die spätneolithische Glockenbecherkultur zur Iberischen Halbinsel festgestellt werden. Die Autoren interpretierten die Ergebnisse als Diskontinuität zwischen dem Frühneolithikum und den nachfolgenden Perioden des Neolithikums und schlussfolgerten daraus, dass demografische Prozesse nach der initialen Neolithisierung maßgeblich zur Etablierung der heutigen H-Diversität beitrugen. Demnach wurde die H-Variabilität, die im Zuge der Neolithisierung durch immigrierende Bauern aus dem Nahen Osten nach Zentraleuropa eingeführt wurde, durch im 5. Jt. BC einsetzende demografische Prozesse überlagert, denen durch die Glockenbecherkultur im 3. Jt. BC weitere genetische Einflüsse aus Südwesteuropa folgten. Auch wenn diese Studie erstmalig überzeugende Belege für populationsdynamische Prozesse nach der initialen Neolithisierung in Zentraleuropa erbrachte, basierten die Ergebnisse jedoch nur auf der Rekonstruktion der phylogenetischen Entwicklung einer Haplogruppe, wodurch die Diversität der übrigen Haplogruppen bei der Rekonstruktion demografischer Prozesse keine Berücksichtigung fand.

3.3.5.3 Südskandinavien

Die ersten neolithischen Daten aus Südskandinavien wurden 2009 von Malmström und Kollegen veröffentlicht (Malmström u. a. 2009). In dieser Studie wurden drei Individuen der neolithischen Trichterbecherkultur Südschwedens mit einem Alter von 4500–5500 Jahren und 19 Individuen der *Pitted-Ware*-Kultur von Fundplätzen der Insel Gotland mit einem Alter von 4000–4800 Jahren analysiert. Die *Pitted-Ware*-Kultur repräsentiert eine der letzten wildbeuterisch lebenden Gesellschaften in Europa, die etwa 1000 Jahre parallel mit der Trichterbecherkultur in Südostschweden existierte (Kap. 2.1.3). Die Analysen zeigten, dass die Jäger-Sammler-Population der *Pitted-Ware*-Kultur vor allem durch hohe Frequenzen der Haplogruppen U4 (42,1 %), U5a (15,8 %) und U5b (15,8 %) charakterisiert werden konnte, eine Signatur, die auffällige Parallelen zu zentraleuropäischen Wildbeutern aufwies (Bramanti u. a. 2009; Kap. 3.3.5.2). In der Stichprobe der *Pitted-Ware*-Kultur konnten jedoch auch weitere Haplogruppen wie HV (10,5 %), V (5,3 %), T2 (5,3 %) und K (5,3 %) in geringerer Frequenz identifiziert werden, die bereits durch frühere Studien in der LBK Zentraleuropas nachgewiesen wurden (Haak u. a. 2005; Kap. 3.3.5.2). Die drei Individuen der Trichterbecherkultur zeigten hingegen ausschließlich Haplotypen außerhalb des U-Clusters (H, J, T2). Die Sequenzen der *Pitted-Ware*-Kultur wurden dazu verwendet, dem Ursprung heutiger Skandinavier nachzugehen. Koaleszenzbasierte Simulationen unterstützen, dass weder die heutige Population Skandinaviens noch die der Samen direkte Nachkommen der *Pitted-Ware*-Kultur sein können. Letztere wies jedoch die größten Gemeinsamkeiten zu rezenten Populationen des östlichen Baltikums auf. Diese Ergebnisse wurden dahingehend interpretiert, dass sich die rezente mtDNA-Variabilität Skandinaviens vermutlich durch spätere (post-)neolithische Bevölkerungsprozesse formierte. Außerdem wurde vermutet, dass das östliche Baltikum ein genetisches Refugium für einige der europäischen Jäger-Sammler-Populationen war. Allerdings konnte aufgrund der geringen Zahl analysierter Trichterbecher-Individuen nicht ausgeschlossen werden, dass eine Vermischung von lokalen Jäger-Sammler-Gemeinschaften und möglicherweise immigrierenden Bauernpopulationen der Trichterbecherkultur zur heutigen Variabilität Skandinaviens geführt hat. Letztlich waren die Aussagen dieser Studie zum Neolithisierungsprozess in Skandinavien aufgrund der zu geringen Trichterbecher-Stichprobe äußerst begrenzt.

Dies änderte sich, als 2012 ein Individuum der Trichterbecherkultur und drei der *Pitted-Ware*-Kultur reanalysiert wurden (Skoglund u. a. 2012). Neben der Sequenzierung kompletter mitochondrialer Genome wurden in dieser Folgestudie ebenfalls mehrere zehntausend nukleäre *single nucleotide polymorphisms* (SNPs) analysiert, die in Verbindung mit rezenten Vergleichsdaten dazu verwendet wurden, genetische Affinitäten und potenzielle geografische Ursprünge der Trichterbecherkultur und der *Pitted-Ware*-Kultur in Europa zu identifizieren. Anhand der autosomalen Daten konnte im Falle des Trichterbecher-Individuums die größte genetische Affinität zu rezenten Populationen Süd- und Südosteuropas festgestellt werden, während die drei Jäger-Sammler der *Pitted-Ware*-Kultur in Übereinstimmung mit der Erststudie (Malmström u. a. 2009) die größten Gemeinsamkeiten zu nordosteuropäischen Populationen aufzeigten. Die Autoren der Studie deuteten diese Ergebnisse dahingehend, dass die Etablierung der Landwirtschaft in Südskandinavien vermutlich durch Migration aus den südöstlichen Regionen Europas katalysiert und dass durch Vermischung von lokalen Jäger-Sammler-Populationen mit immigrierenden Bauern möglicherweise die Basis der heutigen genetischen Variabilität gelegt wurde.

Analog zu Zentraleuropa liegen auch in Südskandinavien bislang nur wenige Daten aus späteren neolithischen Perioden vor, die möglicherweise weitere Einblicke in die Entstehung rezenter Variabilität in dieser Region gewähren würden. 2010 wurden mitochondriale Sequenzen von zwei Individuen der Glockenbecherkultur (Kap. 2.1.3 u. 2.2.13) und einem bronzezeitlichen Individuum der Fundplätze Damsbo und Bredtoftegård in Dänemark zusammen mit weiteren eisenzeitlichen und mittelalterlichen Daten veröffentlicht (Melchior u. a. 2010). Die drei spätneolithischen und bronzezeitlichen Individuen zeigten ausnahmslos Haplogruppe U (U4 und U5a) und ließen darauf schließen, dass in Südskandinavien mesolithische Elemente auch während des Spätneolithikums und der Bronzezeit persistierten. Die eisenzeitliche Stichprobe ergab jedoch eine wesentlich heterogenere Haplogruppenzusammensetzung, in der neben U (16,6 %), J (8,3 %), K (8,3 %) und T2 (4,2 %), die Haplogruppen H (41,7 %) und I (12,5 %) dominierten. Da diese Zusammensetzung auffällige Parallelen zur Rezentbevölkerung Skandinaviens aufzeigte, schlussfolgerten die Autoren, dass postneolithische Prozesse vermutlich während der frühen Eisenzeit zur Formierung der heutigen mtDNA-Variabilität in Nordeuropa beigetragen haben.

3.3.5.4 Südwesteuropa

Eine Vielzahl paläogenetischer Studien der letzten Jahre fokussierte auf die neolithische Transition in Südwesteuropa. Die ersten Daten wurden von mesolithischen und neolithischen Fundplätzen in Portugal veröffentlicht (Chandler u. a. 2005). In dieser Studie wurden neun mesolithische Individuen von fünf Fundplätzen und 23 neolithische von drei Fundplätzen analysiert. Aus heutiger Sicht muss jedoch angemerkt werden, dass zwei mesolithische und sechs neolithische Individuen eine unzureichende phylogenetische Auflösung aufweisen, um eine zweifelsfreie Zuordnung zu einer bestimmten Haplogruppe gewährleisten zu können, sodass diese Individualdaten nur unter Vorbehalt für populationsgenetische Analysen verwendbar sind. Die generierten Sequenzen wurden mit Rezentdaten verglichen, um Aussagen zum Neolithisierungsprozess in Portugal treffen zu können. Auf den ersten Blick zeigten beide Stichproben eine sehr ähnliche Haplogruppensignatur, die sich vor allem aus Haplogruppe U (Mesolithikum 28,6 %, Neolithikum 23,5 %) und hohen Frequenzen von H (Mesolithikum 42,9 %, Neolithikum 70,6 %) zusammensetzte. Daneben wurden in der mesolithischen Stichprobe N* (28,6 %) und in der neolithischen V (5,9 %) detektiert. Phylogenetische Netzwerke und vergleichende statistische Verfahren ergaben, dass die augenscheinlich ähnliche Haplogruppenzusammensetzung auf unterschiedlichen Haplotypen basierte und dass letztlich nur eine gemeinsame Linie zwischen der mesolithischen und neolithischen Stichprobe identifiziert werden konnte. Im Vergleich mit den Rezentdaten zeigten beide prähistorischen Populationen die größten Gemeinsamkeiten zur heutigen Bevölkerung der Iberischen Halbinsel, nicht jedoch zu Populationen des Nahen Osten, wie es zumindest für die neolithische Stichprobe hätte vermutet werden können. Dieser Umstand wurde vor allem auf das Fehlen der Haplogruppe J zurückgeführt, die nach damaligen Erkenntnissen der Rezentgenetik den wahrscheinlichsten Marker für eine Migration aus den Regionen des Fruchtbaren Halbmondes repräsentierte (Richards u. a. 2000; Kap. 3.2.6.2). Trotz der homogenen Haplogruppenverteilung der mesolithischen und neolithischen Stichprobe interpretierten die Autoren der Studie die konträre Haplotypenzusammensetzung als genetische Diskontinuität und somit als Anzeichen für ein Kolonisierungsevent mit Einsetzen der bäuerlichen Lebensweise in Portugal, da bei einer autochthonen Entwicklung des Neolithikums mehr gemeinsame Linien zwischen beiden Stichproben hätten beobachtet werden müssen. Des Weiteren zogen die Autoren den Schluss, dass die Landwirtschaft in Portugal vermutlich durch kleinere Gruppen etabliert wurde, die sich entlang der mediterranen Küste verbreiteten (*maritime-pioneer-colonisation*-Modell; Kap. 2.3). Der Ursprung der Migranten, die letztlich Portugal erreichten, lag jedoch nicht direkt im Nahen Osten. Vielmehr wäre es wahrscheinlich, dass eine mediterrane Gruppe, die selbst Kenntnisse der Landwirtschaft durch einen Ideentransfer oder begrenzte Immigration von Menschen aus dem mediterranen Raum adaptierte, in die Küstenregionen Portugals vordrang, um dort die produzierende Lebensweise einzuführen.

Zwei Jahre später wurden die ersten spanischen Daten publiziert (Sampietro u. a. 2007). Sampietro und Kollegen analysierten elf Individuen vom Fundplatz Camí de Can Grau im Nordosten Kataloniens, die in das spanische Mittelneolithikum datierten (3500–3000 cal BC). Die Daten zeigten eine Haplogruppenzusammensetzung, bestehend aus H (36,4 %), J (18,2 %), T2 (18,2 %), I (9,1 %), W (9,1 %) und U4 (9,1 %), die vergleichbar mit der Studie von Chandler und Kollegen (Chandler u. a. 2005) starke Gemeinsamkeiten mit der Rezentbevölkerung der Iberischen Halbinsel aufwies. Die Autoren schlossen daraus, dass seit dem Neolithikum genetische Kontinuität in Spanien herrschte. Im Vergleich mit den bis dato publizierten LBK-Daten (Haak u. a. 2005; Kap. 3.3.5.2) wurden zudem erhebliche Unterschiede in der genetischen Zusammensetzung zwischen neolithischen Populationen der Iberischen Halbinsel und Zentraleuropas offensichtlich, die vor allem durch das Ausbleiben der Haplogruppe N1a in der neolithischen Population Spaniens begründet wurden. Die Autoren schlossen daraus, dass unterschiedliche Neolithisierungsmodelle für Zentral- und Südwesteuropa angenommen werden müssten. Während die Daten der Studie von Haak und Kollegen zum damaligen Zeitpunkt eher einen paläolithischen Ursprung der rezenten mtDNA-Variabilität Europas und somit das *cultural-diffusion*-Modell unterstützten (Kap. 3.3.5.2), wurde die Kontinuität zwischen neolithischen und rezenten Populationen der Iberischen Halbinsel als Anzeichen für das *demic-diffusion*-Modell gewertet (Kap. 2.3 u. 3.2.6.1). Es muss jedoch erwähnt werden, dass, obwohl die Daten der Sampietro-Studie Kontinuität seit dem Neolithikum auf der Iberischen Halbinsel unterstützen, außer diesen Resultaten keine Aussagen zum Neolithisierungsprozess in dieser Region belegbar waren. Die Unterstützung des *demic-diffusion*-Modells beruhte einzig auf der Annahme, dass die erfasste mtDNA-Variabilität durch Migrationsereignisse im Zuge der neolithischen Expansion in Südwesteuropa eingeführt wurde, wofür die Studie von Sampietro und Kollegen jedoch keine Beweise vorlegen konnte. Rückblickend bleibt festzuhalten, dass im Zuge der Veröffentlichung mesolithischer (Bramanti u. a. 2009) und weiterer LBK-Daten aus Zentraleuropa (Haak u. a. 2010) offensichtlich wurde, dass die anfängliche Interpretation eines paläolithischen Ursprungs des rezenten zentraleuropäischen Genpools nicht länger aufrecht erhalten werden konnte, sodass nach heutigen Erkenntnissen auch für Zentraleuropa das *demic-diffusion*-Modell als das wahrscheinlichere Erklärungsmodell angenommen werden kann (Kap. 3.3.5.2).

Erst im Jahre 2011 wurden präzisere Aussagen zum Neolithisierungsprozess in Südwesteuropa publiziert (Lacan 2011; Lacan u. a. 2011a). Lacan und Kollegen analysierten insgesamt 29 Individuen der Treilles-Kultur aus einer Höhle im Südosten Frankreichs, die in das ausgehende Mittelneolithikum datieren (3030–2890 cal BC). Neben der Erfassung mitochondrialer Variabilität wurde ferner die Y-chromosomale DNA von 22 Individuen analysiert. Während anhand der mtDNA die Haplogruppen H (20,7 %), J (20,7 %), X (13,8 %), U5b (13,8 %), HV (6,9 %), T2 (6,9 %), K (6,9 %), V (3,4 %), U (3,4 %) und U5a (3,4 %) identifiziert wurden, ergaben die Y-chromosomalen Daten sehr hohe Frequenzen von G2a (90,9 %) und moderate Häufigkeiten von I2a (9,1 %). Vor allem die Haplogruppe G2a, die zuvor bereits in der LBK Zentraleuropas nachgewiesen wurde (Haak u. a. 2010; Kap. 3.3.5.2), rückte durch diese Studie als Y-chromosomaler Marker der neolithischen Expansion in den Mittelpunkt des Interesses. Populationsgenetische Analysen zeigten, dass die mtDNA- und Y-chromosomale Diversität der Treilles-Individuen die größten Affinitäten zu rezenten Populationen des mediterranen Raums aufwiesen, was als Verbreitung des Neolithikums nach Südwesteuropa über die mediterrane Route und Kontinuität seit dem Neolithikum bis in die Gegenwart interpretiert wurde.

Im selben Jahr veröffentlichten die Autoren eine Folgestudie, die auf sieben neolithischen Funden des 5. Jts. BC aus der Avelaner Höhle im Nordosten Kataloniens basierte und die Ergebnisse der Treilles-Stichprobe weitestgehend bestätigte (Lacan u. a. 2011b; Lacan 2011). Auch in dieser Studie konnten hohe Frequenzen der Y-chromosomalen Haplogruppe G2a (83,3 %) detektiert werden, während die mtDNA-Linien den Haplogruppen K (42,9 %), T2 (28,6 %), H (14,3 %) und U5b (14,3 %) angehörten, die überwiegend in neolithischen Populationen nachgewiesen wurden. Somit sprach sich auch diese Studie für eine Verbreitung des Neolithikums entlang der mediterranen Küsten nach Südwesteuropa und für Kontinuität in dieser Region seit dem Neolithikum aus.

Im darauffolgenden Jahr wurden weitere Daten publiziert, die mit der ersten neolithischen Kultur im Nordosten Spaniens – der Cardial-Kultur (Kap. 2.1.2) – assoziiert sind (Gamba u. a. 2012). Insgesamt wurden 13 Individuen von drei Fundplätzen in Katalonien und Aragonien analysiert, von denen zwei in das Cardial (5475–4999 cal BC) und einer in das Epi-Cardial (4250–3700 cal BC) datierten. In der Stichprobe wurden neben den Haplogruppen H (30,8 %), K (23,1 %) und U5 (7,7 %) vor allem hohe Frequenzen von N* (30,8 %) und X (7,7 %) detektiert. Die erhobenen Daten wurden einerseits mit den publizierten mittelneolithischen Daten der Sampietro-Studie (Sampietro u. a. 2007) und andererseits mit rezenten Daten aus der Region verglichen. Die Ergebnisse zeigten, dass die (Epi-) Cardial-Stichprobe sowohl signifikante Unterschiede zur mittelneolithischen Population Kataloniens als auch zur rezenten Bevölkerung aufwies. Im Gegensatz dazu zeigte die mittelneolithische Population keine signifikanten Unterschiede zur Rezentbevölkerung. In Kombination mit koaleszenzbasierten Simulationen unterstützten diese Ergebnisse die These, dass vermutlich genetische Drift im Nordosten Spaniens zwischen dem Früh- und Mittelneolithikum eine bedeutende Rolle spielte und dass diese Prozesse maßgeblich zur Formierung der rezenten mtDNA-Variabilität beigetragen haben. Die hohen Frequenzen von N* und X, die in der rezenten Population Spaniens nur selten, im Nahen Osten jedoch häufiger verbreitet sind, wurden als Beleg für eine genetische Affinität der ersten iberischen Bauern zu den Regionen des Fruchtbaren Halbmondes angesehen, sodass sich die Studie in der Gesamtschau für eine vermutlich durch kleine Pioniergruppen katalysierte Verbreitung des Iberischen Neolithikums über die mediterrane Route aussprach. Im Anschluss an die initiale Neolithisierung führte eine Durchmischung der immigrierten Pioniere mit der lokalen mesolithischen Bevölkerung zu einer Verdriftung der N*- und X-Linien. Im Kern unterstützte die Gamba-Studie daher die Aussagen, die bereits sieben Jahre zuvor anhand der portugiesischen Daten getroffen wurden (Chandler u. a. 2005; Chandler 2003). Diese fanden bei der Interpretation der Daten jedoch keine Berücksichtigung. Somit blieb auch der Nachweis von N* sowohl in der mesolithischen Population Portugals als auch in einem mesolithischen Individuum Italiens (Caramelli u. a. 2003; Kap. 3.3.5.1) in der Studie von Gamba und Kollegen unberücksichtigt. Abschließend bleibt zu erwähnen, dass mindestens zwei der analysierten Individuen bei strikter Bewertung als unzureichend reproduziert angesehen werden müssen, da diese Individuen durch zahlreiche kontaminierte Linien beeinflusst sind, welche die zweifelsfreie Erhebung des Haplotypen erschweren.

Im selben Jahr erschien eine weitere Studie zur Neolithisierung der Iberischen Halbinsel mit Daten aus dem Paläo-/Mesolithikum und Neolithikum im Norden Spaniens (Hervella u. a. 2012; Hervella 2010). Insgesamt wurden 47 Individuen von neun Fundplätzen des Baskenlandes, der Navarre und Kantabriens analysiert, von denen vier Individuen in das Paläo-/Mesolithikum und die übrigen 43 in das Neolithikum datierten. In der mesolithischen Stichprobe konnten zu jeweils 50 % die Haplogruppen U5b und H nachgewiesen werden, eine Haplogruppenzusammensetzung mit auffälligen Parallelen zu den mesolithischen Daten aus Portugal (Chandler u. a. 2005; Chandler 2003). Obwohl die Autoren der Studie nicht genauer darauf eingingen, lässt sich dennoch schlussfolgern, dass zur Zeit des Mesolithikums in Südwesteuropa neben Haplogruppe U auch H eine bedeutende Rolle gespielt haben könnte. Dies würde im deutlichen Kontrast zur mesolithischen mtDNA-Variabilität Zentraleuropas stehen, die anhand der bisherigen Daten ausnahmslos durch eine hohe Diversität von Haplogruppe U und deren Subhaplogruppen charakterisiert werden kann (Bramanti u. a. 2009; Fu u. a. 2013; Bollongino u. a. 2013; Kap. 3.3.5.2–3.3.5.3). Interessanterweise spiegelte die neolithische Stichprobe die Haplogruppenzusammensetzung der mesolithischen weitestgehend wider. Auch hier waren H (44,2 %) und U (32,6 %) die dominierenden Haplogruppen. Daneben wurden in geringer Frequenz die Haplogruppen K (9,3 %), J (4,7 %), T2 (2,3 %), HV (2,3 %), X (2,3 %) und I (2,3 %) nachgewiesen. Die erhobenen Daten wurden einerseits mit rezenten Populationen der Iberischen Halbinsel und des Nahen Ostens und andererseits mit Jäger-Sammlern aus Zentraleuropa (Bramanti u. a. 2009) und Skandinavien (Malmström u. a. 2009) sowie mit mittelneolithischen Daten aus Katalonien (Sampietro u. a. 2007), der Treilles-Kultur im Südosten Frankreichs (Lacan u. a. 2011a) und der LBK Zentraleuropas verglichen (Haak u. a. 2005; Haak u. a. 2010). Die populationsgenetischen Analysen ergaben, dass die neolithischen Datensätze durch abweichende mtDNA-Zusammensetzungen charakterisiert werden können, die vermutlich aus variierenden genetischen Einflüssen immigrierender Bauern aus dem Nahen Osten in die unterschiedlichen Regionen Europas resultierten. Demnach wäre der Einfluss in Zentraleuropa am größten gewesen und hätte über die mediterranen Regionen bis zur Atlantikküste hin abgenommen. Während die Unterschiede zwischen der zentraleuropäischen LBK und den neolithischen Populationen Südwesteuropas durch die Verbreitung des Neolithikums über die kontinentale Route ableitbar wären, wurden die Unterschiede zwischen den Populationen des mediterranen Raums und Nordspaniens durch ein *random-dispersion*-Modell erklärt. Hierbei besiedelten, vermutlich durch *maritime pioneer colonisation*, kleine und genetisch variierende Gruppen aus dem Nahen Osten die unterschiedlichen Regionen.

Kurze Zeit später wurden zwei Individuen vom Fundplatz La Braña im Norden Spaniens publiziert, die in das späte Mesolithikum datierten (6010–5740 cal BC; Sánchez-Quinto u. a. 2012). Beide Individuen wiesen einen identischen Haplotypen der Haplogruppe U5b auf, der vermutlich auf ein verwandtschaftliches Verhältnis beider Individuen schließen lässt. Wesentlich bedeutender war jedoch die Erkenntnis, dass auch diese neuen mesolithischen Daten in die bekannte U-Variabilität der Jäger-Sammler-Populationen Südwest-, Zentral- und Nordeuropas eingegliedert werden konnte, was maßgeblich zur Interpretation der Autoren beitrug, dass die mesolithische Variabilität Europas durch eine homogene Signatur gekennzeichnet ist, die eine geografisch variierende Populationsstruktur weitestgehend ausschließt. Allerdings muss an dieser Stelle angemerkt werden, dass weder der Nachweis von Haplogruppe H während des Mesolithikums in Nordspanien noch in Portugal in dieser Studie berücksichtigt und diskutiert wurde. In Übereinstimmung mit früheren Studien (Bramanti u. a. 2009; Haak u. a. 2010; Kap. 3.3.5.2) ergaben koaleszenzbasierte Simulationen, dass eine genetische Kontinuität zwischen dem Meso- und dem Neolithikum ausgeschlossen werden kann. Neben der Erfassung mitochondrialer Diversität wurde ebenfalls genomische DNA analysiert und mit rezenten Populationen verglichen. Dabei konnten die größten Gemeinsamkeiten der La-Braña-Individuen in Übereinstimmung mit den Ergebnissen genomischer DNA von südskandinavischen Jäger-Sammlern (Skoglund u. a. 2012; Kap. 3.3.5.3) in Nordeuropa festgestellt werden. In der Gesamtschau wurden diese Daten dahingehend inter-pretiert, dass das homogene genetische Substrat des Paläo-/Mesolithikums vermutlich mit nordeuropäischen Populationen in Beziehung steht, aber einen Genpool repräsentiert, der heutzutage in Südwesteuropa nicht mehr existent ist und in dieser Region vermutlich im Zuge der neolithischen Transition ersetzt wurde. Erst kürzlich wurden die genomischen Daten eines der beiden La-Braña-Individuen komplettiert und ein vollständiges nukleäres Genom sequenziert (Olalde u. a. 2014). Die Ergebnisse bestätigten die Aussagen der früheren Studie bezüglich der nordosteuropäischen Affinitäten und der homogenen Signatur während des Paläo-/Mesolithikums in Europa (Sánchez-Quinto u. a. 2012).

Einer der bislang offensichtlichsten Unterschiede zwischen neolithischen Populationen Südwest- und Zentraleuropas ist das Ausbleiben von N1a in Südwesteuropa, was bislang als stärkstes Argument für einen abweichenden Neolithisierungsprozess in dieser Region (vermutlich über die mediterrane Route) gewertet worden ist. Die Erkenntnis, dass N1a auch außerhalb des LBK-Verbreitungsgebietes vorkam und somit eine weite Verbreitung innerhalb Zentral- und Westeuropas aufwies, wurde durch eine Studie offensichtlich, die auf drei Individuen vom Fundplatz Prissé-la-Charrière im Westen Frankreichs basierte (Deguilloux u. a. 2011). Die Funde wurden in die Zeit um 4340–4076 cal BC datiert und sind daher mit dem Megalithkreis zu assoziieren (Kap. 2.1.3). In diesem Datensatz wurde neben den Haplogruppen X und U5b auch N1a detektiert. Die Autoren stellten mehrere Erklärungsansätze für das Vorkommen von N1a im Westen Frankreichs zur Auswahl, ohne sich genauer auf ein Szenario festzulegen. Neben einem paläolithischen Ursprung von N1a, der jedoch bereits durch frühere Studien weitestgehend ausgeschlossen wurde (Bramanti u. a. 2009; Haak u. a. 2010; Kap. 3.3.5.2), und einer Verbreitung von N1a in späteren Perioden nach der initialen Neolithisierung, wurde auch die Möglichkeit eines Einflusses der LBK bzw. deren Nachfolgekulturen auf westlichere Regionen diskutiert.

3.3.5.5 Osteuropa

Studien, die sich mit der Erfassung mesolithischer und neolithischer mtDNA-Variabilität in den östlichen Regionen Europas befassen, sind bislang noch sehr begrenzt. Im Jahre 2010 wurde erstmals ein komplettes mitochondriales Genom eines paläolithischen Individuums mit einem Alter von ungefähr 30 000 Jahren vom Fundplatz Kostenki im Südwesten Russlands publiziert (Krause u. a. 2010b). Wenngleich diese Studie eher einen methodischen Ansatz zur Validierung und Authentifizierung humaner DNA-Sequenzen mittels *next generation sequencing* verfolgte, so bestätigte die identifizierte Haplogruppe U2 dennoch die hohe Variabilität von U und dessen Subhaplogruppen in präneolithischen Jäger-Sammler-Gemeinschaften Europas (Bramanti u. a. 2009; Malmström u. a. 2009; Kap. 3.3.5.2–3.3.5.3).

Drei Jahre später wurden weitere Daten aus Nordosteuropa veröffentlicht (Der Sarkissian u. a. 2013). In dieser Studie wurden neben eisenzeitlichen Daten auch elf mesolithische Individuen von zwei Fundplätzen Kareliens im Nordosten Russlands analysiert, die auf ein Alter von 7000–7500 Jahren datiert wurden. Neben den Haplogruppen U4 (36,4 %), U2 (18,2 %) und U5a (9,1 %), die bereits zuvor in Jäger-Sammler-Gemeinschaften Zentral-, Ost- und Nordeuropas nachgewiesen wurden (Bramanti u. a. 2009; Malmström u. a. 2009; Krause u. a. 2010), konnten ebenfalls die Haplogruppen C (27,3 %) und H (9,1 %) in den karelischen Jäger-Sammlern identifiziert werden. Die erhobene Stichprobe wurde mittels umfangreicher populationsgenetischer Analysen und Simulationen sowohl mit bis dato veröffentlichten prähistorischen Daten als auch mit rezenten Populationen Eurasiens verglichen. Anhand der populationsgenetischen Analysen wurden genetische Affinitäten der karelischen Stichprobe zu rezenten Populationen Westsibiriens ersichtlich, die vor allem auf hohen Frequenzen der Haplogruppen U4 und C basierten und einen genetischen Einfluss asiatischer Regionen auf Nordosteuropa nicht ausschließen konnten. Zudem unterstützten koaleszenzbasierte Simulationen ein Modell der genetischen Diskontinuität zwischen dem Mesolithikum und der heutigen Bevölkerung Nordosteuropas, die vermutlich auf eine zehnprozentige Migrationsrate aus den Regionen Zentraleuropas während der letzten 7500 Jahre zurückzuführen ist. Im Vergleich mit den veröffentlichten Jäger-Sammler-Daten zeigte die karelische Stichprobe die größten Übereinstimmungen mit der *Pitted-Ware*-Kultur (Malmström u. a. 2009; Kap. 3.3.5.3). Da diese Gemeinsamkeit überwiegend aus der hohen Frequenz von Haplogruppe U4 resultierte, wurde angenommen, dass U4 in mesolithischen Populationen des Baltikums häufiger vertreten war als in den übrigen Regionen Europas. Analog wurde vermutet, dass die Frequenz der Haplogruppe U5a in mesolithischen Populationen Zentral- und Nordosteuropas höher war als in Südwesteuropa, da U5a bislang nicht in Südwesteuropa nachgewiesen wurde. Obwohl diese Studie sich nicht auf die Existenz einer Populationsstruktur während des Mesolithikums in Europa festlegte, sprachen die Aussagen dennoch gegen eine homogene Verteilung mesolithischer mtDNA-Variabilität, die anhand der Haplogruppe U5b am Fundplatz La Braña kurz zuvor postuliert wurde (Sánchez-Quinto u. a. 2012; Kap. 3.3.5.4).

Der Nachweis von Haplogruppe C in prähistorischen Populationen Osteuropas wurde auch durch eine weitere Studie an sieben neolithischen Individuen (5557–4792 cal BC) von zwei ukrainischen Fundplätzen bekräftig (Nikitin u. a. 2012), in denen die Haplogruppe C neben H (28,6 %), U3 (14,3 %) und U5a (14,3 %) mit 42,9 % nachgewiesen wurde. In der Gesamtschau kann anhand der bisherigen Daten Osteuropas ein genetischer Einfluss aus asiatischen Regionen nicht ausgeschlossen werden.

3.3.5.6 Synthese

In der Gesamtbewertung der vorgestellten paläogenetischen Studien zur Rekonstruktion der Besiedelungsgeschichte Europas während des Mesolithikums und des Neolithikums (Kap. 3.3.5.1–3.3.5.5) erscheinen die bislang veröffentlichten Arbeiten eher als regionale und zeitliche Momentaufnahmen. Die Synthese der bisherigen Daten in einem gesamteuropäischen Kontext hingegen erfolgte nur zögerlich (Deguilloux u. a. 2012; Pinhasi u. a. 2012; Lacan u. a. 2013), was vermutlich der noch immer geringen Datenlage geschuldet ist, in der vor allem großflächig angelegte geografische oder diachrone Studien einzelner Regionen fehlen. Derartige Studien würden die Möglichkeit eröffnen, die bisherigen Daten in einen überregionalen und chronologischen Kontext zu stellen. Trotzdem sollen an dieser Stelle die wesentlichen Erkenntnisse für die einzelnen Regionen Europas kondensiert werden.

Die Studien der letzten Jahre haben durch die stetig wachsende Zahl mesolithischer Daten immer tiefere Einblicke in die genetische Zusammensetzung der Jäger-Sammler in Europa ermöglicht und auf mitochondrialer Ebene vor allem Haplogruppe U und deren Subhaplogruppen als verbindendes Element des mesolithischen Grundsubstrats zwischen geografisch distanzierten Wildbeuterpopulationen herausgestellt[90]. Ob sich abseits dieser offensichtlichen Übereinstimmungen eine Populationsstruktur mesolithischer Gemeinschaften verbirgt, die durch variierende Haplogruppensignaturen charakterisiert werden kann, ist Gegenstand aktueller Diskussionen in der paläogenetischen Literatur[91]. In diesem Zusammenhang trägt die derzeit aktuellste Studie zu einer neuen Sichtweise bei. Lazaridis und Kollegen analysierten die mitochondriale, Y-chromosomale und autosomale DNA eines LBK-Individuums aus Stuttgart-Mühlhausen, eines Jäger-Sammlers vom Fundplatz Loschbour in Luxemburg und von sieben Mesolithikern vom Fundplatz Motala in Südschweden und verglichen die autosomalen Daten mit bislang verfügbaren prähistorischen und rezenten Daten (Lazaridis u. a. 2013). Die mitochondrialen Ergebnisse zeigten – in Übereinstimmung mit früheren Studien – eine hohe Variabilität der Haplogruppe U (U2, U4, U5a). Überaschenderweise scheinen die ersten Y-chromosomalen Daten europäischer Mesolithiker, die alle mit der Haplogruppe I assoziiert sind, ebenfalls auf die Dominanz einer Haplogruppe hinzuweisen, und stellen somit vermutlich ein Analogon zur mitochondrialen Haplogruppe U dar. Die autosomalen Ergebnisse allerdings unterstützen die Differenzierung von mindestens drei prähistorischen Komponenten, die in unterschiedlichen Anteilen zur Entstehung der heutigen Diversität innerhalb Europas beigetragen haben. Die erste stellt eine »*ancient north eurasian component*« dar, die durch ein paläolithisches Individuum vom sibirischen Fundplatz Mal'ta repräsentiert ist (Raghavan u. a. 2014). Die zweite wird als »*western hunter-gatherer component*« bezeichnet und ist durch die beiden Individuen vom spanischen Fundplatz La Braña (Sánchez-Quinto u. a. 2012) sowie das Individuum aus Loschbour definiert. Die dritte bildet eine »*early European farmer component*« und beinhaltet den LBK-Siedler aus Stuttgart-Mühlhausen, ein Individuum der Trichterbecherkultur (Skoglund u. a. 2012) und »Ötzi« (Keller u. a. 2012). Die skandinavischen Jäger-Sammler vom Fundplatz Motala bilden zusammen mit drei Individuen der *Pitted-Ware*-Kultur (Skoglund u. a. 2012) ein eigenes Cluster, das jedoch aufgrund des Anteils gemeinsamer Allele die größten Übereinstimmungen zur »*ancient north eurasian component*« aufweist. Demzufolge kann im Gegensatz zu der bislang angenommenen homogenen genetischen Signatur von einer differenzierten Populationsstruktur während des Paläo-/Mesolithikums in Europa ausgegangen werden.

Im Gegensatz zu der aufkeimenden Kontroverse um die genetische Diversität während des Paläo-/Mesolithikums liegen zur neolithischen Transition in Zentraleuropa mittlerweile profunde Beiträge vor, die eine weithin akzeptierte und unabhängig bestätigte Diskontinuität zwischen den letzten Jäger-Sammlern und den ersten Bauern der LBK unterstützen (Bramanti u. a. 2009; Haak u. a. 2010; Brandt u. a. 2013; Kap. 3.3.5.2). Demnach wurden die mitochondriale und vermutlich auch die Y-chromosomale Diversität des Mesolithikums durch immigrierende Bauern weitestgehend ersetzt. Genetische Affinitäten der LBK zu rezenten Populationen des Fruchtbaren Halbmondes sprechen dafür, dass diese Diskontinuität am wahrscheinlichsten durch einen Eintrag genetischer Linien aus dem Nahen Osten erklärt werden kann, der entlang der kontinentalen Route Zentraleuropa erreichte (Haak u. a. 2010). Allerdings spiegelt die genetische mtDNA-Variabilität der ersten Bauernpopulation in Zentraleuropa keinesfalls die gesamte beobachtete Diversität der europäischen Rezentbevölkerung wider (Bramanti u. a. 2009; Haak u. a. 2010), sodass weitere bevölkerungsdynamische Prozesse angenommen werden können, die zur Entstehung der heutigen mtDNA-Variabilität beigetragen haben. Wenngleich erste Studien Hinweise auf die Existenz solcher populationsdynamischer Prozesse in späteren Perioden des Neolithikums geben konnten (Haak u. a. 2008; Lee u. a. 2012a; Brotherton u. a. 2013), basierten diese jedoch entweder auf zu geringen Stichprobengrößen oder erfassten nur einen spezifischen Teil der gesamten mtDNA-Variabilität (Kap. 3.3.5.2).

Es verdichten sich die Belege dafür, dass die Etablierung der Landwirtschaft in Südskandinavien, die etwa 1500 Jahre später als in Zentraleuropa einsetzte, durch immigrierende Bauern der Trichterbecherkultur aus den südöstlichen Regionen Europas katalysiert wurde (Skoglund u. a. 2012). Im Gegensatz zu Zentraleuropa führte dieser Prozess in Südskandinavien allerdings nicht zur Verdrängung der lokalen mesolithischen Urbevölkerung. Vielmehr deuten die bisherigen Daten auf eine Vermischung von Jäger-

---

90 Caramelli u. a. 2003; Chandler u. a. 2005; Bramanti u. a. 2009; Malmström u. a. 2009; Krause u. a. 2010b; Der Sarkissian u. a. 2012; Hervella u. a. 2012; Sánchez-Quinto u. a. 2012; Fu u. a. 2013; Bollongino u. a. 2013; Kap. 3.3.5.1–3.3.5.5.

91 Sánchez-Quinto u. a. 2012; Der Sarkissian u. a. 2012; Olalde u. a. 2014; Brandt u. a. 2014a; Kap. 3.3.5.4–3.3.5.5.

Sammlern und Bauern (Skoglund u. a. 2012), die vermutlich wesentlich zur Formierung des skandinavischen Genpools beigetragen hat, wenngleich spätere, möglicherweise postneolithische Besiedelungsprozesse nicht ausgeschlossen werden können (Melchior u. a. 2010; Kap. 3.3.5.3).

In Südwesteuropa wird die Einführung der Landwirtschaft in zunehmendem Maße durch die Expansion kleinerer Pioniergruppen entlang der mediterranen Route erklärt, welche die Mittelmeerküsten Südwesteuropas erreichten (Lacan u. a. 2011a; Lacan u. a. 2011b; Gamba u. a. 2012; Hervella u. a. 2012). Vergleichbar mit Südskandinavien resultierte eine Durchmischung von immigrierenden Bauern mit der lokalen mesolithischen Bevölkerung vermutlich in einer Reduktion nahöstlicher Komponenten (Gamba u. a. 2012) und nachfolgender genetischer Kontinuität in Südwesteuropa seit dem Mittelneolithikum (Sampietro u. a. 2007; Gamba u. a. 2012; Hervella u. a. 2012; Kap. 3.3.5.4). Die Neolithisierung des Binnenlandes und der atlantischen Küsten erfolgte vermutlich ebenfalls durch kleinere Pioniergruppen aus den Kernregionen der mediterranen Küsten Nordostspaniens und Südostfrankreichs. Diese Prozesse waren vermutlich durch Interaktionen mit der mesolithischen Grundbevölkerung verbunden und mündeten in einer weiteren Reduktion nahöstlicher Komponenten (Chandler u. a. 2005; Hervella u. a. 2012). Nach der Neolithisierung wird in diesen Regionen ebenfalls eine genetische Kontinuität bis in die Gegenwart angenommen (Chandler u. a. 2005; Hervella u. a. 2012; Kap. 3.3.5.4).

In Osteuropa sprechen die bisherigen Daten hingegen für einen Einfluss asiatischer Linien (vornehmlich der Haplogruppe C; Nikitin u. a. 2012; Der Sarkissian u. a. 2013), der vermutlich während des Mesolithikum auftrat, sich bis ins Neolithikum hielt und durch (post-)neolithische Einflüsse aus Zentraleuropa in der heutigen Population reduziert wurde (Kap. 3.3.5.5).

4 Konzept, Fragestellung und Zielsetzung der Arbeit

Die vorangehenden Kapitel haben verdeutlicht, dass es keinesfalls ausreichend ist, die Neolithisierung als einheitlichen Prozess anzusehen oder durch ein einziges Modell erklären zu wollen. Vielmehr ist unter dem aktuellen archäologischen und paläogenetischen Wissensstand anzunehmen, dass für unterschiedliche Regionen und unterschiedliche Zeiträume auch differenzierte Modelle formuliert werden müssen.

Paläogenetische Studien haben vor allem in Zentraleuropa profunde Erkenntnisse zum Neolithisierungsprozess beitragen können (Kap. 3.3.5.2). Allerdings kann die heutige Diversität europäischer Populationen weder durch die genetische Variabilität der letzten Jäger-Sammler noch der ersten Bauern oder einer Vermischung beider Komponenten erklärt werden (Bramanti u. a. 2009; Haak u. a. 2010). Diese Tatsache lässt vermuten, dass nach der initialen Neolithisierung weitere populationsdynamische Prozesse stattgefunden haben müssen, welche die heutige Variabilität formten. Zur Entstehung der Kulturdiversität in späteren neolithischen Perioden liegen seitens der Archäologie ebenfalls komplexe populationsdynamische Hypothesen vor (Kap. 2.2.1–2.2.14), die aufgrund der sehr geringen paläogenetischen Datenlage bislang jedoch nur in Ansätzen verifiziert oder falsifiziert werden konnten (Kap. 3.3.5.2).

Das MESG gilt aufgrund seiner Lage im Herzen Europas, am Schnittpunkt südost- sowie nordwesteuropäischer Kulturströme, und seiner Vielzahl jungsteinzeitlicher Kulturen als »neolithischer Schmelztiegel« (Kaufmann 1994; Kap. 2.2). Daher lassen sich gerade im MESG grundsätzliche Fragen zur Neolithisierung und zum kulturellen Wandel während des Neolithikums sowie zu deren Initialisierung – entweder durch autochthone Entwicklungen oder populationsdynamische Prozesse – klar formulieren und auch beantworten. Das MESG bietet nicht nur durch seine hohe archäologische Befunddichte die Grundlage für feinstufige Kartierungen. Das stabile Kontinentalklima sorgt mit moderaten Niederschlagsmengen und fruchtbaren Lössböden mit guten Konservierungseigenschaften zudem für eine hervorragende DNA-Erhaltung und somit die einmalige Möglichkeit, Hypothesen zur Populationsdynamik mithilfe paläogenetischer Methoden zu überprüfen.

Aus diesen Sachverhalten ergeben sich folgende Ziele bzw. Fragestellungen für die hier vorgelegte Arbeit:

1. Lassen sich durch die Generierung eines lückenlosen diachronen genetischen Profils mit statistisch relevanten Stichprobengrößen, das die Kulturdiversität Zentraleuropas von Beginn des Neolithikums bis zum Ende der Frühbronzezeit (5500–1550 cal BC) in einer klar abgrenzbaren Region (MESG) beschreibt, Veränderungen in der genetischen Zusammensetzung während des Untersuchungszeitraums direkt nachvollziehen?
2. Erlaubt diese Datenbasis Aussagen darüber, ob archäologisch abgrenzbare Kulturen auch genetisch differenzierbare Einheiten abbilden, die sich durch bestimmte genetische Marker charakterisieren lassen, d. h. korreliert der kulturelle Wandel mit Bevölkerungswechseln?
3. Lassen sich charakteristische Unterschiede oder Gemeinsamkeiten in der genetischen Zusammensetzung zwischen den Kulturen feststellen, die auf eine genetische Diskontinuität oder Kontinuität hinweisen und möglicherweise als Indikatoren für populationsdynamische Prozesse dienen können?
4. Sind nach der initialen Neolithisierung weitere Populationsdynamiken rekonstruierbar, und wie häufig kommen diese im Untersuchungszeitraum Neolithikum bis Frühbronzezeit vor?
5. Können mithilfe populationsgenetischer Methoden potenzielle geografische Ursprünge der Kulturen identifiziert werden, um dadurch Bevölkerungsbewegungen rekonstruieren zu können?
6. Können die Ergebnisse bereits formulierte Modelle zum Kulturwandel in Europa verifizieren bzw. falsifizieren?
7. Lassen sich anhand eines umfangreichen diachronen Datensatzes aus der Zielregion MESG durch populationsgenetische Vergleiche mit prähistorischen und rezenten Daten auch Rückschlüsse auf demografische Prozesse in anderen Schlüsselregionen Europas treffen?
8. Erlaubt die Gesamtheit der Ergebnisse die Rekonstruktion eines Besiedelungsmodells während des Neolithikums und der Frühbronzezeit in Europa?
9. Können während des Neolithikums und der Frühbronzezeit populationsdynamische Veränderungen nachgewiesen werden, die den rezenten Genpool Europas beeinflussten?
10. In welchem Ausmaß beeinflussten prähistorische Wanderungen die genetische Vielfalt heutiger Europäer, d. h. kann der Anteil bestimmter Zeitperioden (z. B. Paläo-/Mesolithikum, Frühneolithikum und Spätneolithikum) an der heutigen genetischen Diversität abgeschätzt werden?

Das übergeordnete Ziel dieser Arbeit bestand darin, einen repräsentativen Datensatz zu generieren, der ein lückenloses genetisches Profil im Untersuchungszeitraum Neolithikum bis Frühbronzezeit im Untersuchungsgebiet MESG abbildet und zur Beantwortung der oben formulierten Fragen herangezogen werden kann. Dazu wurden insgesamt 472 Individuen von 28 Fundplätzen des MESG genetisch analysiert, die der Linienbandkeramikkultur, Rössener Kultur, Gaterslebener Kultur, Schöninger Gruppe, Baalberger

Kultur, Salzmünder Kultur, Bernburger Kultur, Kugelamphorenkultur, Schnurkeramikkultur, Glockenbecherkultur und Aunjetitzer Kultur zugeordnet werden können (Kap. 2.2.1–2.2.14). Von jedem Individuum wurden charakteristische Bereiche des mitochondrialen Genoms sequenziert, um Haplotyp und Haplogruppe differenzieren zu können. Auf Populationsebene wurden die erhobenen Datensätze der untersuchten Kulturen dazu verwendet, Veränderungen in der genetischen Zusammensetzung während der erfassten 4000 Jahre detektieren zu können. Mithilfe umfangreicher populationsgenetischer Analysen wurden zudem Unterschiede oder Gemeinsamkeiten der MESG-Kulturen zu anderen prähistorischen bzw. rezenten Populationen Eurasiens identifiziert, die Aussagen zu geografischem Ursprung und Verbreitung ermöglichten. Die Gesamtheit aller molekularen und populationsgenetischen Ergebnisse wurde zu einem Besiedelungsmodell mit paneuropäischer Geltung synthetisiert.

5 Material

5.1 Fundorte

In der vorgelegten Arbeit wurden Individuen von insgesamt 28 Fundplätzen des MESG ausgewählt, deren Material vom Landesamt für Denkmalpflege und Archäologie Sachsen-Anhalt, Halle (Saale), Deutschland (LDA) zur Verfügung gestellt wurde (Abb. 5.1; Tab. 5.1). Für das Projekt wurden überwiegend neuere Grabungen der Jahre 2000–2010 herangezogen, darunter die Fundplätze Alberstedt, Benzingerode I, Benzingerode-Heimburg, Esperstedt, Eulau, Halle-Queis, Karsdorf, Osterwieck, Quedlinburg (III, VII, VIII, IX, XII, und XIV), Rothenschirmbach und Salzmünde-Schiepzig. Die übrigen Fundplätze Derenburg-Meerenstieg II, Halberstadt-Sonntagsfeld, Leau 2, Naumburg, Oberwiederstedt (1–5), Plötzkau 3, und Röcken 2 wurden bereits in den frühen und späten 90er-Jahren ausgegraben. Die Fundplätze Alberstedt, Benzingerode-Heimburg, Esperstedt, Eulau, Karsdorf, Osterwieck, Profen, Quedlinburg (III, VII, XII, XIV) und Salzmünde-Schiepzig stellen mehrphasige Fundplätze dar, die in verschieden neolithischen Perioden besiedelt wurden. Allgemeine Informationen zu den Fundplätzen sind in Tab. 5.1 aufgelistet. Detaillierte Beschreibungen zu den einzelnen Fundplätzen sowie eine Zusammenfassung aller archäologischen, anthropologischen und auch paläogenetischen Ergebnisse der Individualbefunde sind im projektbegleitenden Katalogband (Ganslmeier unpubliziert) ausführlich dargelegt.

5.2 Individuen, Projekte und Proben

Von den insgesamt 28 Fundplätzen standen etwa 900 Individuen der LBK, Rössener Kultur, Gatersleber Kultur, Schöninger Gruppe, Baalberger Kultur, Salzmünder Kultur, Bernburger Kultur, Kugelamphorenkultur, Schnurkeramikkultur, Glockenbecherkultur und Aunjetitzer Kultur (Kap. 2.2.1–2.2.14) zur Verfügung, von denen insgesamt 472 Individuen für die genetische Bearbeitung ausgewählt wurden. Diese Individuen repräsentieren einen Zusammenschluss verschiedener Teilprojekte und Kooperationen (Tab. 5.2):

1. Der Großteil, der in dieser Studie erzeugten und verwendeten Daten ist Gegenstand eines von der Deutschen Forschungsgemeinschaft geförderten interdisziplinären Kooperationsprojektes (»Kulturwandel = Bevölkerungswechsel? Die Jungsteinzeit des Mittelelbe-Saale-Gebietes im Spiegel populationsdynamischer Prozesse«) zwischen dem LDA und dem Institut für Anthropologie der Johannes Gutenberg-Universität, Mainz, Deutschland (IfA). Im Rahmen dieses Kooperationsprojektes (Projekt KwBw, IfA), das ebenfalls die hier vorgelegte Dissertation beinhaltet, wurden insgesamt 262 Individuen bearbeitet, von denen 14 durch Christina Roth im Zuge ihrer Diplomarbeit (Roth 2008) untersucht wurden.

2. Um der umfangreichen und zeitaufwendigen Analyse von aDNA gerecht zu werden, wurden weitere 164 Individuen in Kooperation mit dem *Australian Centre for Ancient DNA*, Adelaide, Australien (ACAD) unter finanzieller Förderung des *Genografic Project* (National Geografic Society, IBM und Waitt Family Foundation) durch Wolfgang Haak und Christina J. Adler bearbeitet (Adler 2012; Projekt KwBw, ACAD).

3. Darüber hinaus wurden 22 Bestattungen der Aunjetitzer Kultur von den Fundplätzen Leau 2, Röcken 2 und Plötzkau 3 berücksichtigt, die in Kooperation mit dem Institut für Vor- und Frühgeschichtliche Archäologie der Ludwig-Maximilians-Universität München und unter finanzieller Förderung der Deutschen Forschungsgemeinschaft durch Anna Szécsényi-Nagy am IfA bearbeitet wurden (Projekt AK).

4. Zudem wurden vier Daten der Schöninger Gruppe und der Salzmünder Kultur vom Fundplatz Salzmünde aus einem von der Volkswagen Stiftung geförderten Kooperationsprojekt zwischen dem LDA und dem IfA integriert, die von Sarah Karimnia im Rahmen ihrer Dissertation am IfA genetisch bearbeitet wurden (Meller 2013; Projekt SALZ).

5. Für die populationsgenetische Auswertung fanden ebenfalls 20 Daten der Bernburger Kultur aus der Totenhütte von Benzingerode Berücksichtigung, die im Zuge eines Kooperationsprojektes zwischen dem LDA und dem IfA von Barbara Bramanti generiert wurden (Berthold 2008; Projekt BENZ).

Von jedem Individuum wurden zwei bis fünf Proben von verschiedenen Skelettelementen entnommen (Tab. 11.1). In der Regel wurde nur Probenmaterial ausgewählt, das nach morphologischer Begutachtung als »gut erhalten« beurteilt wurde. Doppelbeprobungen identischer Skelettelemente wurden nach Möglichkeit vermieden, um die Reproduktion der Ergebnisse durch mindestens zwei unabhängige Proben pro Individuum gewährleisten zu können. Zahnmaterial wurde bevorzugt entnommen, sofern Zähne erhalten waren. Anderenfalls wurden Langknochen (*Femur, Humerus, Tibia, Fibula, Ulna* und *Radius*) oder das *Pars petrosa* gewählt. Aufgrund der parallel zu den genetischen Analysen durchgeführten osteologischen Bearbeitung ist eine Identifikation und Individualisierung aller Individuen verfügbar, die eine Doppelbeprobung von Einzelindividuen mit großer Wahrscheinlichkeit ausschließt. Demnach kann davon ausgegangen werden, dass alle erhobenen Daten von unterschiedlichen Individuen stammen.

Nr.	Fundplatz	Kreis	Ausgrabungsjahr	neolithische Kulturen
1	Alberstedt	Saalekreis	2005	SKK, *GBK*, AK
2	Benzingerode I	Harz	2001	BBK
3	Benzingerode-Heimburg	Harz	2001	SKK, GBK, AK
4	Derenburg-Meerenstieg II	Harz	1996–1997	LBK
5	Esperstedt	Saalekreis	2005	RSK, BAK, SMK, SKK, *GBK*, AK
6	Eulau	Burgenlandkreis	2001–2005	GLK, BAK, SKK, GBK, AK
7	Halberstadt-Sonntagsfeld	Harz	1999–2000	LBK, RSK
8	Halle-Queis	Saalekreis	2001–2002	BAK
9	Karsdorf	Burgenlandkreis	2004–2010	LBK, BAK, SKK, GBK, AK
10	Leau 2	Salzlandkreis	1996	AK
11	Naumburg	Burgenlandkreis	1996–1997	LBK, *SBK*
12	Oberwiederstedt 1, Unterwiederstedt	Mansfeld-Südharz	1999	LBK
13	Oberwiederstedt 2	Mansfeld-Südharz	1998	SKK
14	Oberwiederstedt 3, Schrammhoehe	Mansfeld-Südharz	1991	RSK
15	Oberwiederstedt 4, Arschkerbe Ost	Mansfeld-Südharz	1992	RS
16	Oberwiederstedt 5, Arschkerbe West	Mansfeld-Südharz	1992	GLK
17	Osterwieck	Harz	2001–2002	*LBK*, RSK, AK
18	Plötzkau 3	Salzlandkreis	1997–1998	AK
19	Profen	Burgenlandkreis	2006	SKK, GBK, *AK*
20	Quedlinburg III	Harz	2003–2005	*LBK*, *KAK*, GBK, *AK*
21	Quedlinburg VII 2	Harz	2004–2005	LBK, *RSK*, BAK, KAK, SKK, GBK, AK
22	Quedlinburg VIII	Harz	2004	AK
23	Quedlinburg IX	Harz	2004	BAK, *AK*
24	Quedlinburg XII	Harz	2003–2005	SKK, GBK, AK
25	Quedlinburg XIV	Salzland	2004–2005	*LBK*, *SBK*, *BAK*, *SKK*, *GBK*, AK
26	Röcken 2	Burgenlandkreis	1997–1999	AK
27	Rothenschirmbach	Mansfeld-Südharz	2005	GBK, *AK*
28	Salzmünde-Schiepzig	Saalekreis	2005–2008	SCG, BAK, SMK, *BBK*

Tab. 5.1 Archäologische Details der untersuchten Fundplätze

Pro Fundort sind Landkreis in Sachsen-Anhalt, Ausgrabungsjahr, sowie ein Überblick nachgewiesener neolithischer Kulturen (LBK = Linienbandkeramikkultur, SBK = Stichbandkeramikkultur, RSK = Rössener Kultur, GLK = Gaterslebener Kultur, SCG = Schöninger Gruppe, BAK = Baalberger Kultur, SMK = Salzmünder Kultur, BBK = Bernburger Kultur, KAK = Kugelamphorenkultur, SKK = Schnurkeramikkultur, GBK = Glockenbecherkultur, AK = Aunjetitzer Kultur) aufgeführt. In dieser Studie nicht untersuchte Kulturen eines Fundplatzes sind kursiv gesetzt.

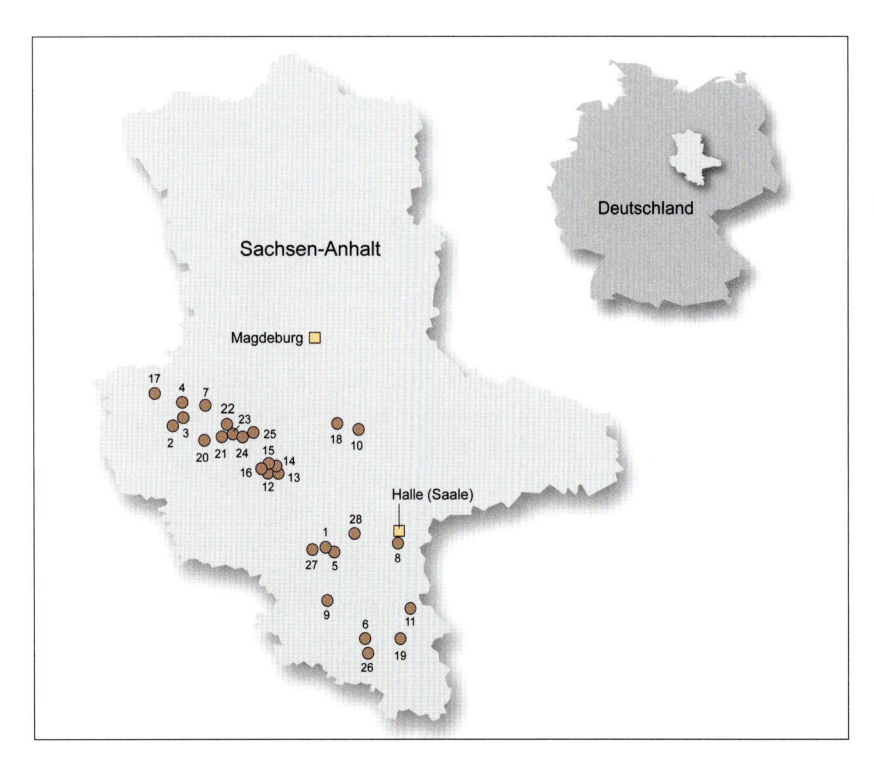

Abb. 5.1 Geografische Lage der untersuchten Fundplätze im MESG

Insgesamt wurden 472 Individuen von 28 Fundplätzen des MESG im Süden Sachsen-Anhalts genetisch analysiert. Dazu zählen die Fundplätze Alberstedt (1), Benzingerode I (2), Benzingerode-Heimburg (3), Derenburg-Meerenstieg II (4), Esperstedt (5), Eulau (6), Halberstadt-Sonntagsfeld (7), Halle-Queis (8), Karsdorf (9), Leau 2 (10), Naumburg (11), Oberwiederstedt 1 (12), Oberwiederstedt 2 (13), Oberwiederstedt 3 (14), Oberwiederstedt 4 (15), Oberwiederstedt 5 (16), Osterwieck (17), Plötzkau 3 (18), Profen (19), Quedlinburg III (20), Quedlinburg VII (21), Quedlinburg VIII (22), Quedlinburg IX (23), Quedlinburg XII (24), Quedlinburg XIV (25), Röcken 2 (26), Rothenschirmbach (27) und Salzmünde-Schiepzig (28). Die untersuchten Individuen verteilen sich auf elf archäologische Kulturen, die auf den Fundplätzen zum Teil mehrphasig vertreten sind. Weitere Informationen zu den Fundorten sind in Tabelle 5.1 aufgeführt. Die Anzahl der untersuchten Individuen pro Fundplatz und Kultur sind in den Tabellen 5.1 und 6.5 zusammengefasst.

Nr.	Fundplatz	gesamt	bearbeitet	Projekt KwBw IfA	Projekt KwBw ACAD	Projekt AK	Projekt SALZ	Projekt BENZ
1	Alberstedt	9	3		3			
2	Benzingerode I	40	20					20
3	Benzingerode-Heimburg	31	18		18			
4	Derenburg-Meerenstieg II	47	31		31			
5	Esperstedt	61	32		32			
6	Eulau	120	62	62				
7	Halberstadt-Sonntagsfeld	42	32		32			
8	Halle-Queis	6	5		5			
9	Karsdorf	84	56	56				
10	Leau 2	4	4			4		
11	Naumburg	6	5	5				
12	Oberwiederstedt 1, Unterwiederstedt	10	10		10			
13	Oberwiederstedt 2	4	4	4				
14	Oberwiederstedt 3, Schrammhoehe	10	9		9			
15	Oberwiederstedt 4, Arschkerbe Ost	8	2		2			
16	Oberwiederstedt 5, Arschkerbe West	3	2		2			
17	Osterwieck	24	10	10				
18	Plötzkau 3	8	8			8		
19	Profen	50	24	24				
20	Quedlinburg III	5	1	1				
21	Quedlinburg VII	52	33	33				
22	Quedlinburg VIII	9	6		6			
23	Quedlinburg IX	11	8	8				
24	Quedlinburg XII	18	7		7			
25	Quedlinburg XIV	4	1		1			
26	Röcken 2	11	10			10		
27	Rothenschirmbach	13	6		6			
28	Salzmünde, Schiepzig	204	63	59			4	
		898	472	262	164	22	4	20

Tab. 5.2 Individuenumfang der untersuchten Fundplätze
Pro Fundort sind die Gesamtheit aller Individuen, die Anzahl der ausgewählten und genetisch bearbeiteten Individuen sowie deren Verteilung auf beteiligte Institutionen und assoziierte Teilprojekte aufgelistet.

5.3 Post excavation history

Das Probenmaterial für die genetischen Analysen wurde überwiegend von jüngeren Grabungen akquiriert, um postmortale DNA-Degradierungsphänomene zu minimieren, die durch lange und inkonsistente Lagerungsbedingungen verstärkt werden (Pruvost u. a. 2007; Bollongino u. a. 2008b; Pilli u. a. 2013). Zudem wurden alle Ausgrabungen seit dem Jahr 2005/2006 durch das LDA routinemäßig *in situ* beprobt und für eine zukünftige genetische Bearbeitung eingelagert. Dabei wurden entsprechend der Empfehlungen für die Beprobung und Lagerung von aDNA-Proben (Bollongino 2008; Brandt u. a. 2010; Burger/Bollongino 2010; Pilli u. a. 2013) alle Maßnahmen zur Kontaminationsvermeidung berücksichtigt (Handschuhe, Mundschutz, Kopftuch, langärmelige Kleidung etc.) und das Material bis zur genetischen Analyse gekühlt gelagert. Die übrigen Proben wurden im ungewaschenen und unbehandelten Zustand nach der Ausgrabung und vor der osteologischen Bearbeitung unter DNA-freien Bedingungen am IfA entnommen, anschließend in die entsprechende aDNA-Institution überführt und bis zur Analyse gekühlt gelagert.

5.4 Datierung

Aufgrund der interdisziplinären Bearbeitung des gesamten Probenmaterials im Rahmen verschiedener Projekte steht für jedes genetisch analysierte Individuum eine archäologische Datierung und eine kulturelle Zuordnung zur Verfügung, die auf einer umfassenden archäologischen Bearbeitung beruht und sowohl Radiokohlenstoffdaten als auch Grabbeigaben, Grabbau, Ausrichtung der Bestatteten und eine generelle Bewertung der Fundsituation berücksichtigt (Ganslmeier unpubliziert; Meller 2013; Berthold 2008).

Besonders im Falle von mehrphasigen Fundplätzen ist es von Bedeutung, dass die Datierung auf allen verfügbaren Informationen basiert, um Fehlbestimmungen zu minimieren. Die Verlässlichkeit einer archäologischen Bewertung ist naturgemäß von den Fundumständen abhängig, sodass bei geringem Informationsgehalt der Einzelbefunde eine Fehldatierung nicht kategorisch ausgeschlossen werden kann. Die Wahrscheinlichkeit solcher Fehldatierungen wurde jedoch durch die Prüfung aller archäologischen Informationen durch Experten sowie Radiokohlenstoffdaten in einer Vielzahl von Fällen (Tab. 11.1) auf ein Minimum reduziert.

Trotz der umfassenden archäologischen Bearbeitung konnten 26 bearbeitete Individuen nicht zweifelsfrei einer Kultur zugeordnet werden. Darunter befindet sich jeweils ein Individuum von den Fundplätzen Osterwieck und Karsdorf, die als neolithisch datiert bzw. der Schnurkeramikkultur/Glockenbecherkultur zugeordnet wurden. Analog verhält es sich mit 24 untersuchten Individuen vom Fundplatz Profen, der durch eine starke Interaktion von Schnurkeramikkultur und Glockenbecherkultur geprägt ist und somit eine eindeutige Zuordnung zu einer der beiden Großkulturen nur bedingt erlaubt.

6 Methoden

6.1 Molekulargenetische Methoden

Die genetischen Analysen des Gesamtprojektes wurden parallel in den aDNA-Einrichtungen des IfA und des ACAD durchgeführt. Im Folgenden werden ausschließlich die molekulargenetischen Methoden und Protokolle erläutert, die während dieser Arbeit am IfA angewendet wurden. Diese entsprechen weitestgehend den Standardprotokollen zur Analyse von aDNA am IfA[92] und weichen darüber hinaus nur geringfügig von den angewendeten Protokollen am ACAD ab.

6.1.1 Kontaminationsvermeidung

Die größte Gefahr bei der Bearbeitung von aDNA-Proben ist die Kontamination mit moderner DNA, die zu falsch positiven Resultaten führt[93]. Dies ist dadurch bedingt, dass der DNA-Gehalt in alten Knochenproben durch postmortale Abbauprozesse stark reduziert wird (Kap. 3.3.3). Vor allem die Analyse humaner aDNA ist von einer Konkurrenz zwischen Proben- und Bearbeiter-DNA betroffen. Daher wurden bei der Bearbeitung der MESG-Proben eine Reihe kontaminationsvermeidender Maßnahmen berücksichtigt, um Verunreinigungen mit moderner Menschen-DNA auf ein Minimum zu reduzieren:

1. Das Probenmaterial wurde unter kontaminationsvermeidenden Bedingungen und unter Berücksichtigung aller empfohlenen Maßnahmen (Bollogino 2008; Brandt u. a. 2010; Burger/Bollogino 2010; Pilli u. a. 2013) von fachkundigen Mitarbeitern während oder nach der Ausgrabung entnommen und in kontaminationsfreien Behältnissen an die bearbeitende Institution übergeben (Kap. 5.3).
2. Die genetische Bearbeitung erfolgte in zwei separaten Laboren: dem Prä- und dem Post-PCR-Labor. Im Prä-PCR-Labor wurden die Dekontamination und Vorbereitung des Probenmaterials sowie die Extraktion und das Ansetzen der PCR-Reaktion durchgeführt, während im Post-PCR-Labor alle Amplifizierungs-, Klonierungs- und Sequenzierungs-Arbeiten erfolgten. Prä- und Post-PCR-Labor waren in unterschiedlichen Gebäuden untergebracht, um *carry-over*-Kontaminationen auszuschließen. Zudem wurde berücksichtigt, dass keine weiteren genetischen Einrichtungen in dem Gebäude des Prä-PCR-Labors untergebracht sind.
3. Der Zugang zum Prä-PCR-Bereich erfolgte nur nach Dusche und mit frischer Kleidung, um den Eintrag von Hautzellen, Haaren oder DNA-Molekülen in das Prä-PCR-Labor zu minimieren.
4. Das Prä-PCR-Labor wurde über eine zweiräumige Schleuse betreten, in der alle Kleidungsstücke bis auf die Unterwäsche abgelegt und durch einen Schutzanzug – bestehend aus Reinraumoverall mit Kapuze, Überschuhen, Mundschutz, Haarhaube, Visier und mehreren Paar Handschuhen – ersetzt wurde, um Kontaminationen durch den Bearbeiter zu vermeiden (Abb. 6.1).
5. Alle Mitarbeiter befolgten routinemäßig strikte Arbeitsrichtlinien und Protokolle, um die Bearbeitung zu standardisieren.
6. Alle Räume, Arbeitsflächen und Laborgeräte des Prä-PCR-Labors wurden routinemäßig mit DNA-freiem Wasser und Natriumhypochlorid gereinigt und über Nacht mit UV-Licht bestrahlt.
7. Alle Laborutensilien des Prä-PCR-Labors wurden vor ihrer Verwendung mit DNA-freiem Wasser und Natriumhypochlorid gereinigt und für 30 min mit UV-Licht bestrahlt (Abb. 6.1).
8. Probenvorbereitung, Extraktion und Amplifikation erfolgten in getrennten Räumen innerhalb des Prä-PCR-Labors, um die einzelnen Bearbeitungsschritte voneinander zu isolieren.
9. Zusätzlich wurden alle Bearbeitungsschritte in abgeschlossenen Boxen innerhalb der Laborräume durchgeführt (Abb. 6.1), die nach jeder Benutzung routinemäßig mit DNA-freiem Wasser und Natriumhypochlorid gereinigt und über Nacht mit UV-Licht bestrahlt wurden.
10. Die Oberfläche jeder Probe wurde mit dem Ziel, anhaftende Oberflächenkontaminationen zu reduzieren, durch Sandstrahlen entfernt und durch UV-Licht für 30 min von mehreren Seiten bestrahlt (Abb. 6.1).
11. Alle Extraktions- und PCR-Chemikalien wurden intensiv durch Leerkontrollen getestet, bevor sie für die Analyse des humanen Probenmaterials verwendet wurden, um Chemikalienkontaminationen ausschließen zu können.
12. Bei der Pulverisierung der Probenmaterials, der Extraktion und der Amplifikation wurden mehrere Leerkontrollen mitgeführt, mit deren Hilfe die Umgebungsverhältnisse und die Reinheit der verwendeten Reagenzien und Laborutensilien während der einzelnen Bearbeitungsschritte geprüft wurden. Bei der Pulverisierung wurden Leerkontrollen aus synthetischem Hydroxylapatit verwendet, um die Sauberkeit der Probenbe-

---

92 Haak u. a. 2005; Haak 2006; Haak u. a. 2008; Haak u. a. 2010; Brandt u. a. 2013.

93 Handt u. a. 1994a; Handt u. a. 1996; Hofreiter u. a. 2001; Pääbo 1989; Pääbo u. a. 2004; Willerslev and Cooper 2005; Gilbert u. a. 2005a.

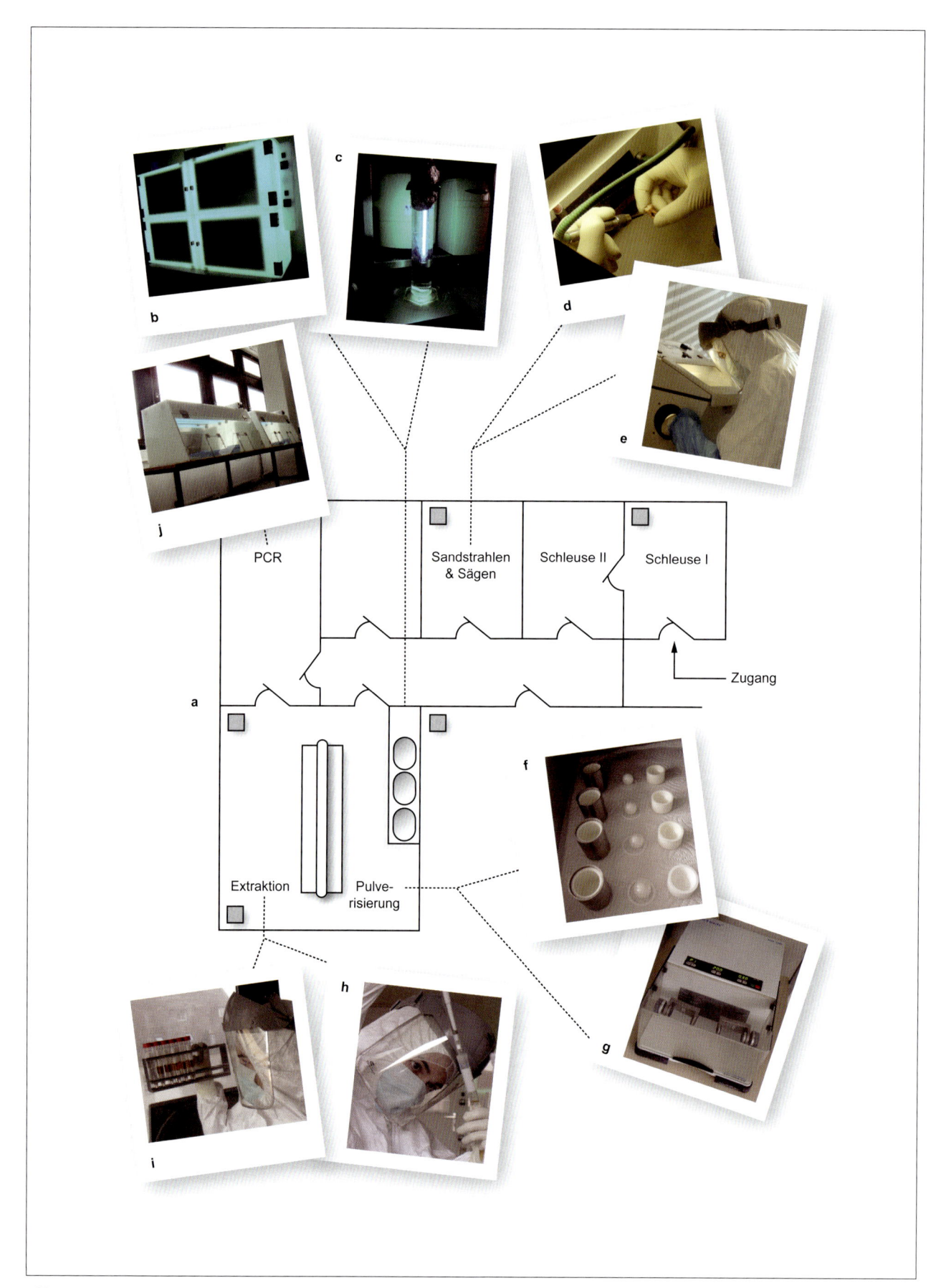

Abb. 6.1a–j Genetische Spurensuche im Labor

Die paläogenetischen Untersuchungen wurden in den Reinräumen des Instituts für Anthropologie der Johannes Gutenberg-Universität Mainz durchgeführt (a). Die Bereiche des Labors sind an die spezifischen Anforderungen der jeweiligen Bearbeitungsschritte angepasst. Unter Reinraumbedingungen erfolgen die Dekontamination der Proben und Laborutensilien durch UV-Bestrahlung (b und c), die Probenvorbereitung durch Sandstrahlen (d und e), die Pulverisierung des Probenmaterials (f und g), die Isolierung der DNA (h und i) und die Amplifikation (j).

hälter zu gewährleisten und mögliche *cross*-Kontaminationen während der Probenvorbereitung zu erkennen. In jeder Extraktion wurden bis zu zwei Leerkontrollen mitgeführt. Kleinere PCR-Ansätze wurden von mindesten zwei Leerkontrollen und größere durch ein ungefähres Verhältnis von einer Leerkontrolle pro fünf PCR-Reaktionen begleitet. Pulverisierungs- und Extraktions-Leerkontrollen wurden anschließend in allen verwendeten Fragmenten der HVS-I via PCR getestet.

13. Positive Leerkontrollen wurden sequenziert und auf Kontaminationsursprung und potenzielle Einflüsse auf relevante Proben, Extrakte oder PCR-Produkte überprüft. Extrakte oder Amplifikationen, die mehrere positive Leerkontrollen aufwiesen, wurden verworfen und unabhängig wiederholt.
14. Trotz der strikten Maßnahmen zur Kontaminationsvermeidung während der Beprobung und der molekulargenetischen Arbeiten wurden alle bekannten Personen, die mit dem Probenmaterial in Kontakt kamen oder an der genetischen Bearbeitung beteiligt waren, typisiert, um sie als potenzielle Kontaminationsquelle ausschließen bzw. identifizieren zu können.

6.1.2 Probenvorbereitung

Die Oberfläche aller Proben wurde von mehreren Seiten für jeweils 30 min mit UV-Licht bestrahlt, um äußeren Kontaminationen entgegenzuwirken. Das Zahnmaterial wurde für die Analysen komplett verwendet, während bei den Knochenproben mithilfe von Diamanttrennscheiben (Horico, Berlin, Deutschland) und einer Rotationssäge (KaVo, Leutkirch, Deutschland) ein 2 cm x 3 cm großes Stück der Kompakta aus dem Kochen entnommen wurde. Anschließend erfolgte die großzügige Entfernung der Probenoberfläche in einer Sandstahlanlage unter Verwendung von Edelkorund-Strahlmittel (Harnisch/Rieth, Winterbach, Deutschland). Dieses Verfahren diente dazu, Kontaminationen, die zum Teil in die Spongiosa diffundieren, auch in tieferen Bereichen zu reduzieren. Diesem Bearbeitungsschritt schloss sich eine erneute UV-Bestrahlung für 30 min an.

Nach diesen Dekontaminationsmaßnahmen erfolgte die Zerkleinerung und Pulverisierung des Zahn- und Knochenmaterials in einer Schwingmühle (Retsch, Haan, Deutschland). Das Probenmaterial wurde dabei in zirkonoxidbeschichteten Mahlbechern (Retsch, Haan, Deutschland) durch seitliche Bewegungen einer Kugel zermahlen und anschließend bis zur Extraktion bei 4 °C gelagert. Um *cross*-Kontaminationen bei der Bearbeitung verschiedener Proben zu vermeiden, durchliefen die Mahlbecher nach jeder Benutzung eine intensive Reinigung mit DNA-freiem Wasser, Natriumhypochlorid und Quarzsand (Siliziumdioxid; Carl Roth, Karlsruhe, Deutschland).

6.1.3 Extraktion

Die Isolierung der DNA aus dem Probenmaterial entsprach weitestgehend dem Standardverfahren (Haak u. a. 2005; Haak 2006; Haak u. a. 2008). In einem initialen Lysierungschritt wurden 0,2–0,5 g Zahn-/Knochenpulver in 3,33 ml Lyseansatz – bestehend aus 3 ml 0,5 M Ethylendiamintetraessigsäure (EDTA; Ambion, Darmstadt, Deutschland), 15 mg N-Laurylsarcosin-Natriumsalz (Merck, Darmstadt, Deutschland) und 600 mg Proteinase K (Roche, Mannheim, Deutschland) – aufgenommen und in Rotation über Nacht bei 37 °C inkubiert.

Die Isolierung der DNA erfolgte nach einem modifizierten Protokoll der klassischen Phenol-Chloroform-Extraktion (Hänni u. a. 1995), jedoch ohne anschließende Ethanolfällung. Dazu wurde zunächst das Lysat mit 1 Vol Phenol/Chloroform/Isoamylalkohol (25/24/1; pH 7,5–8,0; Carl Roth, Karlsruhe, Deutschland) versetzt, durchmischt und 10 min bei 4000 rpm zentrifugiert. Danach wurde die obere wässrige Phase in ein neues Reaktionsgefäß überführt und die gesamte Prozedur ein zweites Mal wiederholt. Die Entfernung von restlichen Phenolrückständen aus dem Extrakt erfolgte durch die Zugabe von 1 Vol Chloroform (Carl Roth, Karlsruhe, Deutschland) zu der wässrigen Phase und anschließende Zentrifugation für 10 min bei 4000 rpm.

Der Extraktion folgte die Aufreinigung und Konzentrierung des DNA-Extrakts mittels Amicon Ultra-15 Filtereinheiten (Millipore, Schwalbach, Deutschland) mit einer Ausschlussgröße von 50 kDa. Dazu wurde das DNA-Extrakt auf die Filtereinheiten gegeben und mit UV-bestrahltem HPLC-Wasser mehrmals gewaschen und zentrifugiert, bis keine Verfärbungen mehr erkennbar waren. Die Extrakte wurden anschließend aliquotiert und bei -20 °C gelagert.

6.1.4 Amplifikation der *control region*

Die Polymerase-Kettenreaktion (*polymerase chain reaction* = PCR) ermöglicht es, spezifisch ausgewählte Fragmente der extrahierten DNA nach dem Prinzip einer *in-vitro*-Replikation zu vervielfältigen (Saiki u. a. 1985; Mullis/Faloona 1987; Saiki u. a. 1988). Zur Bestimmung mitochondrialer Haplotypen wurde die HVS-I (Nukleotidposition 16024–16383) und bei ausgewählten Individuen zusätzlich die HVS-II (Nukleotidposition 73–386) der *control region* mithilfe der PCR vervielfältigt. Die Amplifizierung folgte im Wesentlichen bereits publizierten Protokollen[94]. Die HVS-I wurde anhand von zwei oder vier überlappenden Primerfragmenten amplifiziert, die Sequenzen von 356 bp (Nukleotidposition 16046–16401) bzw. 413 bp (Nukleotidposition 15997–16409) generierten (Abb. 6.2; Tab. 6.1). Des Weiteren wurden HVS-II-Daten für ausgewählte Individuen eines Fundplatzes mit identischen und konsistenten HVS-I-Sequenzen erhoben, mit dem Ziel, eine höhere phylogeneti-

---

94 Haak u. a. 2005; Haak 2006; Haak u. a. 2008; Haak u. a. 2010; Brandt u. a. 2013.

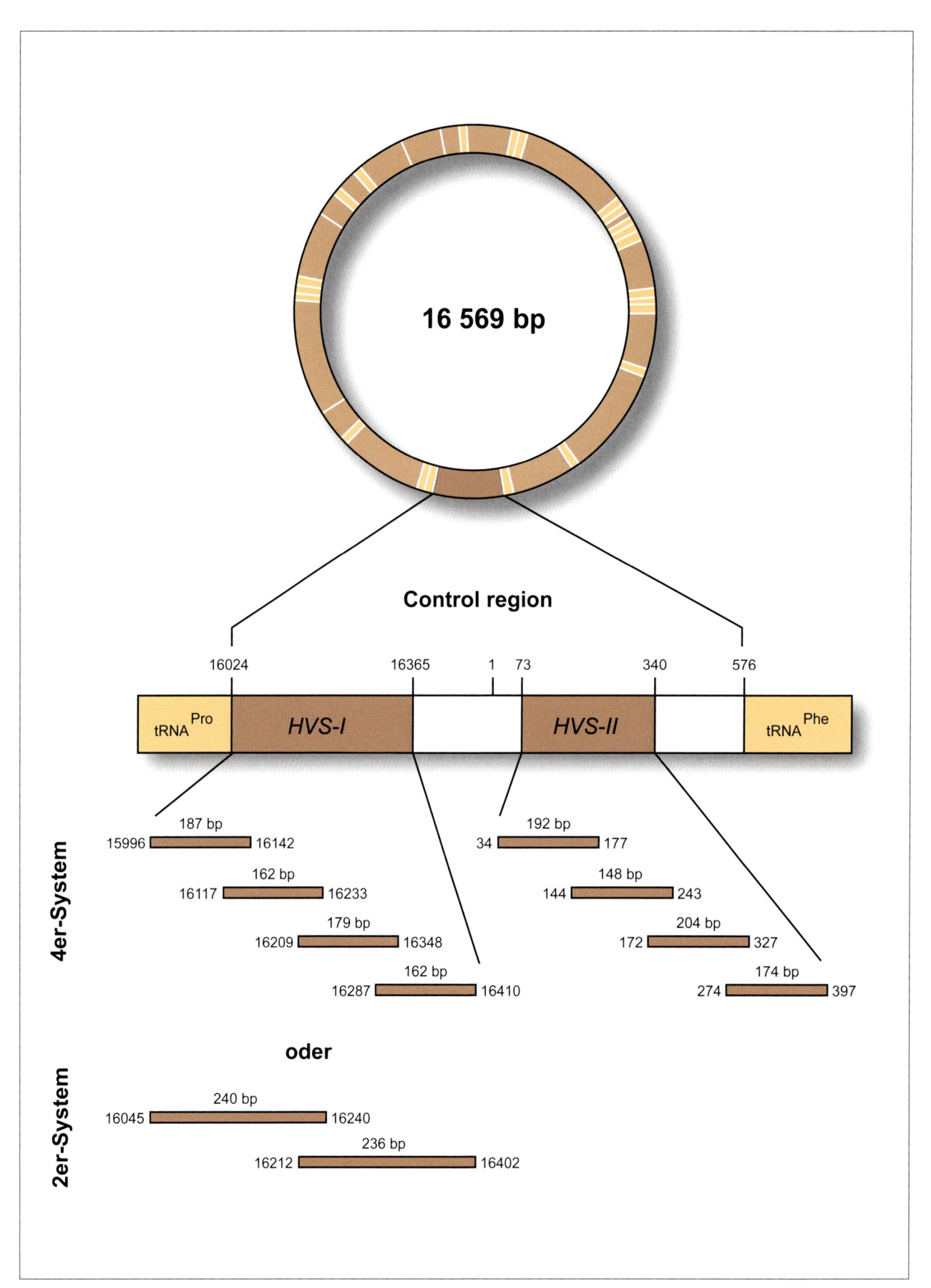

Abb. 6.2 Sequenzierstrategie zur Rekonstruktion der HVS-I und HVS-II durch die Amplifikation überlappender Fragmente

Die HVS-I wurde anhand von vier oder zwei überlappenden Primerfragmenten amplifiziert, die zu Sequenzen von 356 bp (Nukleotidposition 16046–16401) bzw. 413 bp (Nukleotidposition 15997–16409) zusammengefügt wurden. Die Amplifikation der HVS-II erfolgte mittels vier überlappender Primerfragmente, die eine Sequenzlänge von 364 bp (Nukleotidposition 34–397) ergaben. Die verwendeten Primersysteme wiesen Amplikonlängen zwischen 148 und 240 bp auf. Detaillierte Informationen zu den unterschiedlichen Primersystemen sowie deren Sequenzen finden sich in Tabelle 6.1.

Loci	Name	Sequenz 5'-3'	Amplikon (bp)	Annealing (°C)	Referenz
HVS-I	L16045	TGTTCTTTCATGGGGAAGCAGATT	240	56	Brandt u. a. 2013
	H16240	GGGTGGCTTTGGAGTTGCAGTT			Brandt u. a. 2013
HVS-I	L16212	CCCCATGCTTACAAGCAAGTACA	236	56	Adler u. a. 2011
	H16402	GATATTGATTTCACGGAGGATGGT			Adler u. a. 2011
HVS-I	L16055	GAAGCAGATTTGGGTACCAC	126	58	Handt u. a. 1996
	H16142	ATGTACTACAGGTGGTCAAG			Handt u. a. 1996
HVS-I	L15996	CTCCACCATTAGCACCCAAAGC	187	58	Endicott u. a. 2003
	H16142	ATGTACTACAGGTGGTCAAG			Stone/Stoneking 1998
HVS-I	L16117	TACATTACTGCCAGCCACCAT	162	58	Haak u. a. 2005
	H16233	GCTTTGGAGTTGCAGTTGATGTGT			Haak u. a. 2005
HVS-I	L16209	CCCCATGCTTACAAGCAAGT	179	58	Handt u. a. 1996
	H16348	ATGGGGACGAGAAGGGATTTG			Haak u. a. 2005
HVS-I	L16287	CACTAGGATACCAACAAACC	162	58	Handt u. a. 1996
	H16410	GCGGGATATTGATTTCACGG			Handt u. a. 1996
HVS-II	L00034	TCTATCACCCTATTAACCACTCAC	192	58	Haak u. a. 2008
	H00177	TTAGTAAGTATGTTCGCCTGTAAT			Haak u. a. 2008
HVS-II	L00144	CGCAGTATCTGTCTTTGATTCCTG	148	58	Haak u. a. 2008
	H00243	AAAGTGGCTGTGCAGACATTCAAT			Haak u. a. 2008
HVS-II	L00172	ATCCTATTATTTATCGCACCTACG	204	58	Haak u. a. 2008
	H00327	TTGGCAGAGATGTGTTTAAGTGCT			Haak u. a. 2008
HVS-II	L00274	TGTCTGCACAGCCACTTTCCACAC	174	58	Haak u. a. 2008
	H00397	AGTGCATACCGCCAAAAGATAAAA			Haak u. a. 2008

Tab. 6.1 HVS-I- und HVS-II-Primer
Die Primersequenzen sind in 5′–3′-Richtung angegeben. Die Namen kennzeichnen Orientierung und Position der Primer auf dem mitochondrialen Genom. *forward*-Primer sind auf dem *L-strand* (L) und *reverse*-Primer auf dem *H-strand* (H) lokalisiert. Die Positionsangabe bezieht sich im Falle der HVS-I auf das 3′-Ende der Primer und bei der HVS-II auf das erste Nukleotid nach dem 3′-Ende.

sche Auflösung auf Subhaplogruppenniveau zu erreichen und potenzielle maternale Verwandtschaften genauer detektieren zu können. Die Amplifikation der HVS-II erfolgte mittels vier überlappender Primerfragmente (Abb. 6.2; Tab. 6.1), die eine Sequenzlänge von 364 bp (Nukleotidposition 34–397) ergaben.

Die PCR-Reaktion mit einem Endvolumen von 25–50 µl setzte sich aus 1x PCR Gold Puffer (Applied Biosystems, Darmstadt, Deutschland), 2,5 mM Magnesiumchlorid-Lösung ($MgCl_2$; Applied Biosystems, Darmstadt, Deutschland), 0,2 mM Desoxinukleotidtriphosphat-Mix (dNTP; Qiagen, Hilden, Deutschland), 2,5 U AmpliTaq Gold® DNA-Polymerase (Applied Biosystems, Darmstadt, Deutschland), 0,2 µM von jedem Primer (Biospring, Frankfurt am Main, Deutschland; Tab. 6.1), 1 µl 20 mg/ml *Bovine Serum Albumin* (BSA; Roche, Mannheim, Deutschland) und 3–8 µl DNA-Extrakt zusammen. Die zyklische Vermehrung durch die PCR erfolgte in Thermocyclern (Eppendorf, Hamburg, Deutschland) mit einer initialen Denaturierung bei 94 °C für 6 min, Denaturierung bei 94 °C für 35 s, Annealingtemperatur von 56–58 °C für 35 s, Elongation bei 72 °C für 40 s und einer finalen Elongation bei 60 °C für 30 min. Die Anzahl der Wiederholungen belief sich auf 40–50 Zyklen. Die Amplifizierung von PCR-Produkten mit erwarteter Länge wurde mittels Gelelektrophorese auf einem 2 % Agarosegel überprüft.

Die Aufreinigung der PCR-Produkte erfolgte in der Anfangsphase dieser Arbeit mithilfe des MSB® Spin PCR Rapace Kit (Invitek, Berlin, Deutschland) entsprechend der Herstellerangaben und später mittels MultiScreen94 PCR-Aufreinigungsplatten (Millipore, Schwalbach, Deutschland). Bei der Verwendung der MultiScreen94 PCR-Platten wurde das PCR-Produkt zunächst in 180 µl HPLC-Wasser (Fisher Scientific, Schwerte, Deutschland) eluiert, der Mix anschließend auf die Aufreinigungsplatte transferiert und für 15 min einem Vakuum ausgesetzt. Das Filtrat wurde verworfen und die auf der Platte verbleibenden PCR-Produkte mit 50 µl HPLC-Wasser gewaschen, erneut für 5 min einem Vakuum ausgesetzt und letztlich in 18 µl HPLC-Wasser resuspendiert.

6.1.5 Klonierung

Bei der Klonierung werden doppelsträngige DNA-Moleküle in Plasmide eingebaut, in eine Bakterienzelle transferiert und über Zellteilung vermehrt. Dieser Vorgang ermöglicht es, DNA-Moleküle eines PCR-Produktes zu isolieren und

Name	Sequenz 5'-3'	Annealing (°C)
HM13/pUC Sequencing Primer forward	GTAAAACGACGGCCAGT	58
M13/pUC Sequencing Primer reverse	CAGGAAACAGCTATGAC	

Tab. 6.2 M13-Primer für die Amplifizierung der Klone
Die Sequenzen sind in 5´–3´-Richtung angegeben.

gezielt zu sequenzieren. Dadurch können PCR-Produkte aufgeschlüsselt und Informationen bezüglich deren Zusammensetzung aus endogenen DNA-Molekülen, Kontaminationen oder postmortal degradierten Molekülen gewonnen werden. Die Klonierung besteht aus einem Ligations-, Transformations-, Selektions- und Amplifikationsschritt.

Die PCR-Produkte wurden mittels *TA Cloning* in einen pUC18 T-Vektor (eigene Herstellung; vgl. Haak 2006) integriert. Die Ligation von 4 µl PCR-Produkt mit dem Vektor erfolgte in einem 10 µl Reaktionsansatz, bestehend aus 4 U T4 DNA-Ligase (MBI Fermentas, St. Leon-Rot, Deutschland), 1 x Ligationspuffer (MBI Fermentas, St. Leon-Rot, Deutschland) und 50 ng/µl T-Vektor. Der Ligationsansatz wurde über Nacht bei 16 °C inkubiert. Am darauffolgenden Tag wurde der Ansatz bei gleichbleibender Temperatur und 450 rpm für 60 min in einem Thermomixer (Eppendorf, Hamburg, Deutschland) geschüttelt und abschließend die Ligaseaktivität durch Erhitzen auf 72 °C für 15 min inaktiviert. Im Anschluss wurde der Ansatz mit jeweils 1 Vol Chloroform (Carl Roth, Karlsruhe, Deutschland) und HPLC-Wasser (Fisher Scientific, Schwerte, Deutschland) versetzt und zentrifugiert. Die untere organische und ligasehaltige Phase wurde abgenommen, der Ansatz durch Zugabe von 2 µl 3 M Natriumacetat pH 4,6 (Merck, Darmstadt, Deutschland) und 50 µl 100 % Ethanol (Carl Roth, Karlsruhe, Deutschland) gefällt und das Pellet anschließend mit 70 % Ethanol gewaschen, getrocknet und in 10 µl HPLC-Wasser eluiert.

Die Transformation des Vektors in Bakterienzellen erfolgte mittels Elektroporation. Dazu wurde der Ligationsansatz zusammen mit 50 µl elektrokompetenten Zellen vom Stamm *Escherichia coli* RRI (eigene Herstellung; vgl. Haak 2006) in Elektroporationsküvetten mit 2 mm Elektrodenabstand (peQLab, Erlangen, Deutschland) gegeben, auf Eis gekühlt und anschließend im Elektroporator (peQLab, Erlangen, Deutschland) bei einer Spannung von 2500 V und einer Feldstärke von 25 µF elektroporiert. Nach dem Auslösen des elektrischen Pulses wurde der Ansatz unverzüglich in 1 ml sterilisiertem Nährmedium (LB-Medium), bestehend aus 5 g Trypton (Carl Roth, Karlsruhe, Deutschland), 2,5 g Hefeextrakt (Carl Roth, Karlsruhe, Deutschland), 2,5 g Natriumchlorid (Carl Roth, Karlsruhe, Deutschland) und 500 ml bidestilliertem Wasser, aufgenommen.

Die Selektion erfolgreich transformierter und ligierter Klone erfolgte über Blau-Weiß-Indikation auf Ampicillin- und X-GAL-haltigen LB-Agar-Platten, auf welche die transformierten Zellen ausplattiert und über Nacht bei 37 °C inkubiert wurden. Zur Herstellung der Agar-Platten wurden 5 g Trypton (Carl Roth, Karlsruhe, Deutschland), 2,5 g Hefeextrakt (Carl Roth, Karlsruhe, Deutschland), 2,5 g Natriumchlorid (Carl Roth, Karlsruhe, Deutschland) und 7,5 g Agar Agar (Carl Roth, Karlsruhe, Deutschland) mit bidestilliertem Wasser auf 500 ml aufgefüllt und im Autoklaven bei 121 °C sterilisiert. Dem abgekühlten, aber noch flüssigen LB-Medium wurden anschließend 50 mg Ampicillin (Carl Roth, Karlsruhe, Deutschland), 50 mg 5-Brom-4-chlor-3-indoxyl-β-D-galactopyranosid (X-GAL; Carl Roth, Karlsruhe, Deutschland) und 23,8 mg Isopropyl-β-D-thiogalactopyranosid (IPTG; Carl Roth, Karlsruhe, Deutschland) hinzugefügt und das Substrat anschließend auf sterile Petrischalen verteilt.

Die Amplifikation positiv selektierter Kolonien erfolgte mithilfe der Kolonie-PCR. Dazu wurden mit einem sterilen Zahnstocher sechs bis zwölf weiße Kolonien von der LB-Platte direkt in 50 µl PCR-Ansatz, bestehend aus 1x Thermo-Start Reaction Buffer (Thermo Fisher Scientific, Waltham, USA), 2,5 mM $MgCl_2$-Lösung (Thermo Fisher Scientific, Waltham, USA), 0,2 mM dNTP-Mix (MBI Fermentas, St. Leon-Rot, Deutschland), 1 U Thermo-Start DNA-Polymerase (Thermo Fisher Scientific, Waltham, USA) und 0,2 µM universeller M13 *forward*- und *reverse*-Primer (Biospring, Frankfurt am Main, Deutschland; Tab. 6.2), aufgenommen. Die zyklische Vermehrung beinhaltete eine initiale Denaturierung bei 94 °C für 15 min und 30 Zyklen für die Denaturierung bei 94 °C für 30 s, Annealing bei 58 °C für 30 s und Elongation bei 72 °C für 30 s. Der PCR-Erfolg und die Amplifizierung von *inserts* mit erwarteter Länge wurden mittels Gelelektrophorese auf einem 2 % Agarosegel überprüft. Die Aufreinigung der Kolonie-PCR-Produkte erfolgte mittels enzymatischen Verdaus durch die Zugabe von 2 U Exonuklease I (EXO I; MBI Fermentas, St. Leon-Rot, Deutschland) und 0,5 U *shrimp alkaline phosphatase* (SAP; MBI Fermentas, St. Leon-Rot, Deutschland) zu dem Kolonie-PCR-Ansatz und anschließender Inkubation bei 37 °C für 40 min. Die Enzymaktivität wurde schließlich durch Erhitzen auf 80 °C für 15 min inaktiviert.

6.1.6 Sequenzierung

Die Sequenzierung von PCR-Produkten und Klonen folgte dem Prinzip des Strangabbruchverfahrens nach Sanger (Sanger u. a. 1977). Der Sequenzierungsansatz mit einem Endvolumen von 10 µl setzte sich aus 1 µl Big Dye® Terminator (Applied Biosystems, Darmstadt, Deutschland), 1,5 µl Big Dye® Terminator 5 x Sequenzierungspuffer (Applied Biosystems, Darmstadt, Deutschland), 1 µM Primer (Biospring, Frankfurt am Main, Deutschland) und 1–2 µl PCR-Produkt zusammen. Die verwendeten Primer für die Sequenzierung entsprachen den HVS-I/HVS-II-Primern der Amplifizierung (Tab. 6.1) oder den M13-Primern der Kolonie-PCR (Tab. 6.2). Das *cycle sequencing* erfolgte in 25 Zyklen mit einer Denatu-

Hapogruppe	Loci	Name	Sequenz 5'-3'	Amplikon (bp)	Referenz
L2'6	2758	L02727	AACACAGCAAGACGAGAAGACC	75	Haak u. a. 2010
		H02760	GGACCTGTGGGTTTGTTAGGT		Haak u. a. 2010
L3'4	3594	L03556	AGCTCTCACCATCGCTCTTC	60	Haak u. a. 2010
		H03597	AAATAGGAGGCCTAGGTTGAGG		Haak u. a. 2010
A	4248	L04237	TGATATGTCTCCATACCCATTACAA	70	Haak u. a. 2010
		H04253	CTTTTATCAGACATATTTCTTAGGTTTGAG		Haak u. a. 2010
V	4580	L04578	TTACCTGAGTAGGCCTAGAAATAAACA	85	Haak u. a. 2010
		H04618	GCAGCTTCTGTGGAACGAG		Haak u. a. 2010
D	5178	L05171	ACCCTACTACTATCTCGCACCTGA	76	Haak u. a. 2010
		H05204	CTAGGGAGAGGAGGGTGGAT		Haak u. a. 2010
X	6371	L06363	ACCATCTTCTCCTTACACCTAGCAG	60	Haak u. a. 2010
		H06378	GATGAAATTGATGGCCCCTAA		Haak u. a. 2010
H	7028	L07003	GCAAACTCATCACTAGACATCGTACT	77	Haak u. a. 2010
		H07029	CCTATTGATAGGACATAGTGGAAGTG		Haak u. a. 2010
B	8280	L08268	AATAGGGCCCGTATTTACCCTATA	78	Haak u. a. 2010
		H08295	AGGTTAATGCTAAGTTAGCTTTACAGTG		Haak u. a. 2010
W	8994	L08970	CATACTAGTTATTATCGAAACCATCAGC	83	Haak u. a. 2010
		H09003	CTGCAGTAATGTTAGCGGTTAGG		Haak u. a. 2010
I	10034	L10025	CTTTTAGTATAAATAGTACCGTTAACTTCCAA	73	Haak u. a. 2010
		H10037	AAGTTTATTACTCTTTTTTGAATGTTGTCA		Haak u. a. 2010
N1	10238	L10228	TCCCTTTCTCCATAAAATTCTTCTT	70	Haak u. a. 2010
		H10249	AGGAGGGCAATTTCTAGATCAAATA		Haak u. a. 2010
M	10400	L10382	AAGTCTGGCCTATGAGTGACTACAA	85	Haak u. a. 2010
		H10421	TGAGTCGAAATCATTCGTTTTG		Haak u. a. 2010
K	10550	L10548	GAATACTAGTATATCGCTCACACCTCA	66	Haak u. a. 2010
		H10558	GCGATAGTATTATTCCTTCTAGGCATAGTA		Haak u. a. 2010
N	10873	L10870	CCACAGCCTAATTATTAGCATCATC	67	Haak u. a. 2010
		H10888	GCTAAATAGGTTGTTGTTGATTTGG		Haak u. a. 2010
U	11467	L11454	ATCGCTGGGTCAATAGTACTTGC	73	Haak u. a. 2010
		H11479	TGAGTGTGAGGCGTATTATACCATAG		Haak u. a. 2010
R0	11719	L11710	GGCGCAGTCATTCTCATAATC	70	Haak u. a. 2010
		H11735	AGTTTGAGTTTGCTAGGCAGAATAG		Haak u. a. 2010
J	12612	L12611	CTACTTCTCCATAATATTCATCCCTGT	60	Haak u. a. 2010
		H12621	AATTCTATGATGGACCATGTAACG		Haak u. a. 2010
R	12705	L12689	CAGACCCAAACATTAATCAGTTCTT	78	Haak u. a. 2010
		H12715	TGTTAGCGGTAACTAAGATTAGTATGGT		Haak u. a. 2010
C	13263	L13258	ATCGTAGCCTTCTCCACTTCAA	80	Haak u. a. 2010
		H13295	AGGAATGCTAGGTGTGGTTGGT		Haak u. a. 2010
T	13368	L13350	CACGCCTTCTTCAAAGCCATA	67	Haak u. a. 2010
		H13372	GTTCATTGTTAAGGTTGTGGATGAT		Haak u. a. 2010
R9	13928	L13923	TTTCTCCAACATACTCGGATTCTAC	66	Haak u. a. 2010
		H13942	AGAAGGCCTAGATAGGGGATTGT		Haak u. a. 2010
HV	14766	L14759	AGAACACCAATGACCCCAATAC	78	Haak u. a. 2010
		H14799	GGTGGGGAGGTCGATGA		Haak u. a. 2010

Tab. 6.3 GenoCoRe22-Multiplex-Primer
Die Primersequenzen für die Amplifikation der 22 haplogruppendefinierenden SNPs sind in 5´–3´-Richtung aufgeführt. Die Namensgebung der Primer zeigt ihre *forward*- oder *reverse*-Orientierung auf dem *L-strand* (L) bzw. *H-strand* (H) sowie die Position des 3´-Endes auf dem mitochondrialen Genom.

Hapogruppe	Loci	Name	Sequenz 5'-3'	Primerlänge (bp)	Referenz
L2'6	2758	2758snF	ctctctctctctctctctctctctctctctctCTATGGAGCTTTAATTTATTAATGCAAACA	80	Haak u. a. 2010
L3'4	3594	3594snR	ctctctctctctctctGAGGCCTAGGTTGAGGTT	36	Haak u. a. 2010
A	4248	4248snF	tctctctctctctATACCCATTACAATCTCCAGCAT	40	Haak u. a. 2010
V	4580	4580snR	ctctctctctctctctctctTTTTGGTTAGAACTGGAATAAAGCTAG	52	Haak u. a. 2010
D	5178	5178snF	ctctctctctctctctctctctctctctTGGAATTAAGGGTGTTAGTCATGTTA	64	Haak u. a. 2010
X	6371	6371snR	tctctctctctctctctctctctctAAATTGATGGCCCCTAAGATAGA	56	Haak u. a. 2010
H	7028	7028snR	tctctctctctctctctctctctctctCTATTGATAGGACATAGTGGAAGTG	60	Haak u. a. 2010
B	8280	8280delsnR	tctctctctctctctctctctCTTTACAGTGGGCTCTAGAGGGGGT	52	Haak u. a. 2010
W	8994	8994snF	ctctctctctctctctctTACTCATTCAACCAATAGCCCT	44	Haak u. a. 2010
I	10034	10034snF	ctctctctctctctctctctctctGTATAAATAGTACCGTTAACTTCCAATTAACTAG	60	Haak u. a. 2010
N1	10238	10238snF	ctctctctctctctctctctctCTTTCTCCATAAAAATTCTTCTTAGTAGCTAT	56	Haak u. a. 2010
M	10400	10400snF	ctctctctctctctctctctctctctctctctctAAATCATTCGTTTTGTTTAAACTATATACCAATTC	83	Haak u. a. 2010
K	10550	10550snR	ctctctctctctctTCTAGGCATAGTAGGAGGA	36	Haak u. a. 2010
N	10873	10873snR	ctctctctctctctctctctctctctctctGTTGTTGTTGATTTGGTTAAAAAATAGTAG	74	Haak u. a. 2010
U	11467	11467snF	ctctctctctctctctGTACTTGCCGCAGTACTCTT	40	Haak u. a. 2010
R0	11719	11719snR	tctctctctctctctctctTAGGCAGAATAGTAATGAGGATGTAAG	48	Haak u. a. 2010
J	12612	12612snF	ctctctctctctctctctctctctctctctctctCTACTTCTCCATAATATTCATCCCTGT	77	Haak u. a. 2010
R	12705	12705snR	ctctctctctctctctctctctctctctctctGTAACTAAGATTAGTATGGTAATTAGGAA	72	Haak u. a. 2010
C	13263	13263snR	ctctctctctctctctctctCCGATTGTAACTATTATGAGTCCTAG	44	Haak u. a. 2010
T	13368	13368snF	ctctctctctctctctctctctCCATACTATTTATGTGCTCCGG	48	Haak u. a. 2010
R9	13928	13928snR	tctctctctctGATTGTGCGGTGTGTGATG	32	Haak u. a. 2010
HV	14766	14766snR	ctctctctctctctctctctctctctctGAGTGGTTAATTAATTTTATTAGGGGTTA	68	Haak u. a. 2010

Tab. 6.4 Details der GenoCoRe22-Multiplex-SBE-Primer

Die Sequenzen der SBE-Primer für das *minisequencing* der 22 haplogruppendefinierenden SNPs sind in 5´–3´-Richtung angegeben. Die Namen geben die Lokalisierung der SNPs auf dem mitochondrialen Genom und somit das Nukleotid nach dem 3´-Ende der SBE-Primer sowie die Sequenzierrichtung *forward* (F) oder *reverse* (R) an.

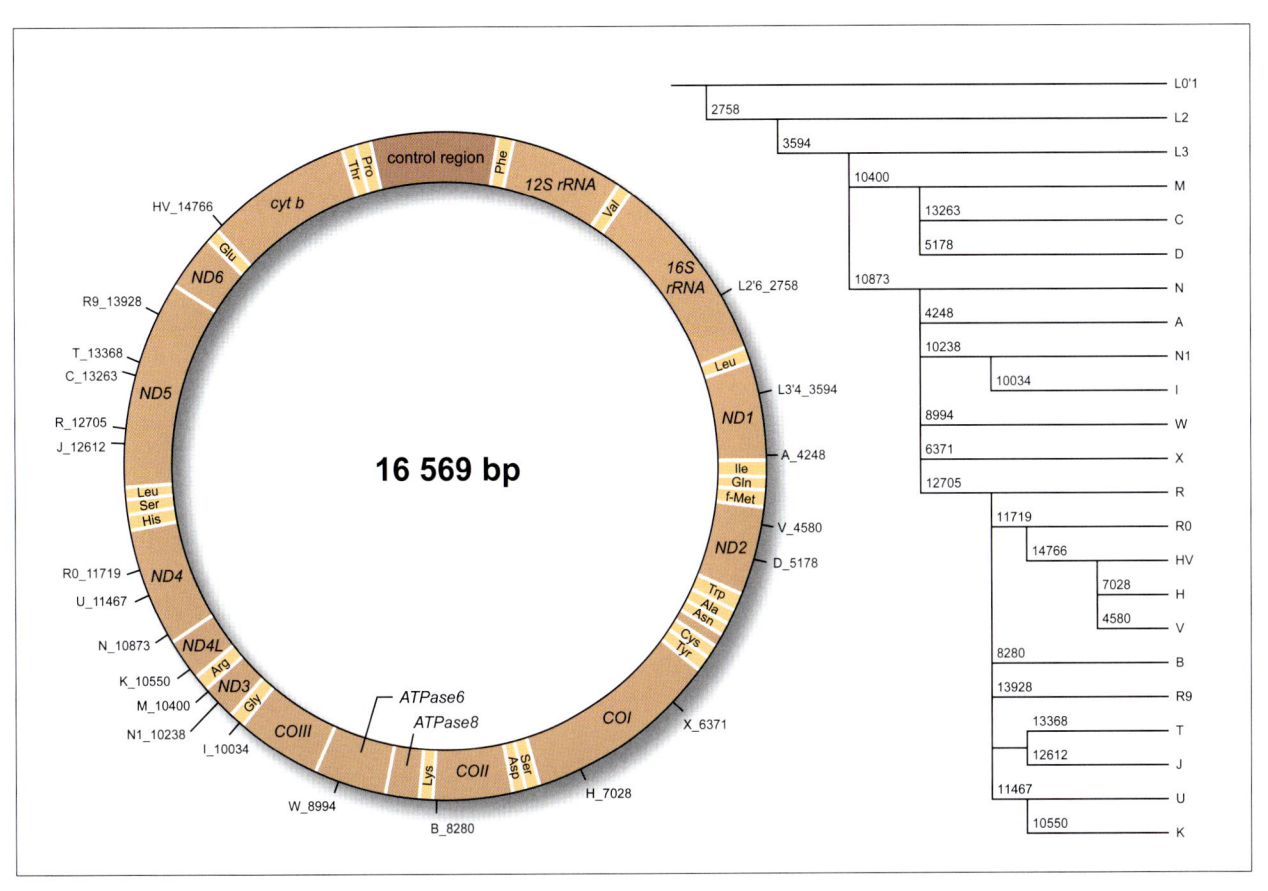

Abb. 6.3 Multiplex-PCR aussagekräftiger *coding region* SNPs

Die eindeutige Zuordnung der Individuen zu einer mitochondrialen Haplogruppe erfolgte durch die simultane Analyse von 22 haplogruppendefinierenden SNPs der *coding region*. Aus der Abbildung gehen die Haplogruppen, die mithilfe dieses Multiplex-Assay unterschieden werden, ihre charakteristischen Mutationen und die Lokalisierung dieser SNPs auf dem mitochondrialen Genom hervor. Detaillierte Informationen zu den unterschiedlichen Primersystemen der Multiplex-PCR sowie deren Sequenzen finden sich in den Tabellen 6.3 und 6.4.

rierung bei 92 °C für 30 s, Annealing bei 56–58 °C für 15 s und Elongation bei 60 °C für 2,5 min.

Die Aufreinigung der Sequenzierprodukte erfolgte mittels MultiScreen$_{384}$ SEQ-Aufreinigungsplatten (Millipore, Schwalbach, Deutschland). Dazu wurden die Sequenzierprodukte in 10 µl HPLC-Wasser (Fisher Scientific GmbH, Schwerte, Deutschland) eluiert, das Gemisch auf die MultiScreen$_{384}$ SEQ-Platte transferiert, für 5 min einem Vakuum ausgesetzt, mit 50 µl HPLC-Wasser gewaschen und erneut unter Vakuum gesetzt bis die wells trocken liefen. Abschließend wurden die Sequenzierprodukte in 20 µl Hi-Di™ Formamid (Applied Biosystems, Darmstadt, Deutschland) resuspendiert und mittels Kapillargelelektrophorese auf dem ABI PRISM™ 3130 Genetic Analyzer (Applied Biosystems, Darmstadt, Deutschland) unter optimierten Einstellungen für die Verwendung von *Performance optimized Polymer 6* (Pop 6; Applied Biosystems, Darmstadt, Deutschland) analysiert.

Die Auswertung der Sequenzdaten erfolgte mithilfe von SeqMan Pro™ und MegAlign™ des DNASTAR Software-Paketes Version 9.04 (DNASTAR inc, Madison, USA). Sequenzpolymorphismen wurden im Vergleich zur *revised Cambridge Reference Sequence* (rCRS; Andrews u. a. 1999) identifiziert und die Haplogruppen mithilfe der Software HaploGrep (http://haplogrep.uibk.ac.at, 21.10.13; Kloss-Brandstätter u. a. 2011) basierend auf der Haplogruppenphylogenie von phylotree (http://www.phylotree.org, built 14, accessed 5 April 2012; van Oven/Kayser 2009) bestimmt.

6.1.7 Amplifikation der *coding region*

Um eine verlässliche Klassifizierung der analysierten Individuen in mitochondriale Haplogruppen gewährleisten zu können, wurden 22 haplogruppendefinierende SNPs der *coding region* analysiert. Die Generierung der *coding-region*-Information erfolgte mithilfe des GenoCoRe22-SNP-Multiplex-Assay (Haak u. a. 2010), das die häufigsten eurasischen Haplogruppen durch charakterisierende SNPs differenziert (Abb. 6.3). Die Analyse entsprach im Wesentlichen dem publizierten Standardprotokoll (Haak u. a. 2010). Der Ansatz der Multiplex-PCR-Reaktion mit einem Endvolumen von 25 µl setzte sich aus 1x PCR Gold Puffer (Applied Biosystems, Darmstadt, Deutschland), 6 mM MgCl$_2$-Lösung (Applied Biosystems, Darmstadt, Deutschland), 0,5 mM dNTP-Mix (Qiagen, Hilden, Deutschland), 1,25 U AmpliTaq Gold® DNA-Polymerase (Applied Biosystems, Darmstadt, Deutschland), ~0,2 µM von jedem Primer (Biospring, Frankfurt am Main, Deutschland; Tab. 6.3), 1 µl 20 mg/ml BSA (Roche, Mannheim, Deutschland) und 2–3 µl DNA-Extrakt zusammen. Die zyklische Vermehrung beinhaltete eine initiale Denaturierung bei 95 °C für 10 min, Denaturierung bei 95 °C für 30 s, Annealing bei 60 °C für 45 s, Elongation bei 65 °C für 30 s und eine finalen Elongation bei 65 °C für 6 min. Die Anzahl der Wiederholungen belief sich auf 35 Zyklen. Der Erfolg der Amplifizierung wurde auf einem 2 % Agarosegel mittels Gelelektrophorese überprüft. Anschließend erfolgte die enzymatische Aufreinigung von jeweils 2,5 µl PCR-Produkt durch Zugabe von 0,4 U EXO I (MBI Fermentas, St. Leon-Rot, Deutschland) und 1 U SAP (MBI Fermentas, St. Leon-Rot, Deutschland). Der Ansatz wurde bei 37 °C für 40 min inkubiert und die Enzymaktivität anschließend durch Erhitzen auf 80 °C für 15 min inaktiviert.

Die Sequenzierung der einzelnen Multiplex-Marker folgte dem Prinzip des »*minisequencing*« (Pastinen u. a. 1997), bei dem nur eine Base – in diesem Fall der Polymorphismus – sequenziert wird (*single base extension* = SBE). Dazu wurden die 22 amplifizierten Marker simultan in einer Multiplex-PCR analysiert. Um die einzelnen Marker später bei der Kapillargelelektrophorese trennen zu können, wurden die Sequenzierprimer mit *CT-tails* unterschiedlicher Länge versehen (Tab. 6.4). Die SBE-Reaktion erfolgte unter Anwendung des ABI PRISM® SNaPshot™ Multiplex-Kit (Applied Biosystems, Darmstadt, Deutschland) gemäß den Herstellerangaben und 35 Zyklen von Denaturierung bei 96 °C für 10 s, Annealing bei 55 °C für 5 s und Elongation bei 60 °C für 30 s. Die SBE-Produkte wurden durch Inkubation bei 37 °C für 40 min mit 1 U SAP (MBI Fermentas, St. Leon-Rot, Deutschland) und anschließender Hitzeinaktivierung bei 80 °C für 15 min aufgereinigt. 2 µl SBE-Produkt wurden in 11,8 µl Hi-Di™ Formamid (Applied Biosystems, Darmstadt, Deutschland) und 0,2 µl GeneScan™ 120 LIZ™ Size Standard (Applied Biosystems, Darmstadt, Deutschland) aufgenommen und auf dem ABI PRISM™ 3130 Genetic Analyzer (Applied Biosystems, Darmstadt, Deutschland) elektrophoretisch aufgetrennt.

6.1.8 Reproduktion

Die Reproduktion der in dieser Arbeit generierten genetischen Daten folgte einer hierarchischen Prozedur, die aus multiplen und unabhängigen Extraktionen sowie Amplifikationen bestand. Von jedem Individuum wurden mindestens zwei Knochenproben (A- und B-Probe) von unterschiedlichen anatomischen Bereichen des Skelettes entnommen und unabhängig voneinander extrahiert (z. B. unterschiedliche Zähne oder Zahn- und Knochenproben; Kap. 5.2; Tab. 11.1). Anschließend folgte ein hierarchisches Verfahren, um die Reproduktionsstrategie spezifisch an den DNA-Erhalt jedes Individuums und dessen Qualität anzupassen. Der initiale Schritt dieses Verfahrens beinhaltete – für jedes der beiden DNA-Extrakte – eine Amplifikation der HVS-I über zwei bzw. vier Primersysteme (Kap. 6.1.4; Abb. 6.2; Tab. 6.1) mit anschließender Direktsequenzierung der PCR-Produkte (initiales *screening*). Die daraus resultierenden vier bis acht HVS-I-Fragmente jedes Individuums wurden verwendet, um den Erhaltungszustand der Proben einzuschätzen. Individuen, deren PCR-Reaktionen auf Anhieb Produkte erzeugten, die zu konsistenten HVS-I-Profilen zusammengesetzt werden konnten und nur eine geringe Anzahl nicht eindeutiger Nukleotidpositionen aufwiesen, wurden als »gut erhalten« eingestuft. Bei diesen Individuen erfolgte die Reproduktion über eine dritte Amplifikationsrunde der HVS-I aus einem der beiden DNA-Extrakte mit anschließender Direktsequenzierung, sodass letztlich – abhängig von den verwendeten Primersystemen – sechs bis zwölf unabhängige und überlappende Amplikons für die Bewertung der Reproduzierbarkeit zur Verfügung standen. Durch diese Sequenzier- und Reproduktionsstrategie wurden Polymorphismen in den nicht überlappenden Amplikon-Bereichen der HVS-I durch drei und in den überlappenden Bereichen durch sechs Amplifikationen reproduziert (Abb. 6.4). Zusätzlich wurden PCR-Produkte mit nicht eindeutigen Nukleotidpositionen kloniert (Kap. 6.1.5) und vier bis acht Klone pro PCR sequenziert, um die PCR-Produkte hinsichtlich möglicher Hintergrundkontaminationen und DNA-Degradierungen zu bewerten.

Individuen mit begrenztem Amplifikationserfolg und einer Vielzahl von nicht eindeutigen Nukleotidpositionen in den Sequenzen des initialen *screenings* wurden als »schlechter erhalten« bewertet. Bei diesen Individuen erfolgte die Reproduktion nicht über eine dritte Amplifikationsrunde, sondern über die Klonierung der vier bis acht Amplikons des initialen *screenings* und anschließender Sequenzierung von vier bis acht Klonen pro PCR-Produkt. Dadurch wurden Polymorphismen in den nicht überlappenden Amplikon-Bereichen der HVS-I durch zwei und in den überlappenden Bereichen durch vier Amplifikationen reproduziert (Abb. 6.4). Sofern durch die Klonierung nicht alle Nukleotidpositionen hinreichend abgeklärt werden konnten, wurden vereinzelte HVS-I-Fragmente erneut amplifiziert (Abb. 6.4).

Individuen, bei denen nach dem initialen *screening* inkonsistente HVS-I-Profile zu beobachten waren, wurden entweder verworfen oder durch die Analyse einer unabhängigen dritten Probe (C-Probe) und Anwendung einer Mehrheitsregel repliziert (Abb. 6.4).

Die Generierung von HVS-II-Sequenzen bei Individuen mit identischen HVS-I-Profilen erfolgte nur, sofern die Individuen zuvor konsistente HVS-I-Resultate zeigten und daher vom Erhalt endogener DNA ausgegangen werden konnte. Die HVS-II wurde aus jedem der zwei DNA-Extrakte durch vier überlappende Primersysteme amplifiziert (Kap. 6.1.4; Abb. 6.2; Tab. 6.1), sodass ein Minimum von acht unabhängigen und überlappenden Amplikons für die Reproduktion der Ergebnisse zur Verfügung stand. Dadurch wurden Polymorphismen in den nicht überlappenden Amplikon-Bereichen der HVS-II durch zwei und in den überlappenden Bereichen durch vier Amplifikationen reproduziert. Zusätzlich erfolgte die Klonierung ausgewählter PCR-Produkte mit mehreren nicht eindeutigen Nukleotidpositionen.

Die *coding-region*-Polymorphismen des GenoCoRe22-SNP-Multiplex-Assay wurden durch mindestens eine Amplifikation aus jedem der zwei DNA-Extrakte repliziert.

6.1.9 Bearbeiter

Alle bekannten Personen, die mit dem Probenmaterial während und nach der Ausgrabung in Kontakt kamen oder an der genetischen und osteologischen Bearbeitung beteiligt waren, wurden nach freiwilliger Zustimmung genetisch typisiert, um sie als potenzielle Kontaminationsquelle ausschließen zu können. Die Typisierung der Bearbeiter-DNA erfolgte aus Mundschleimhautzellen, die mittels sterilen

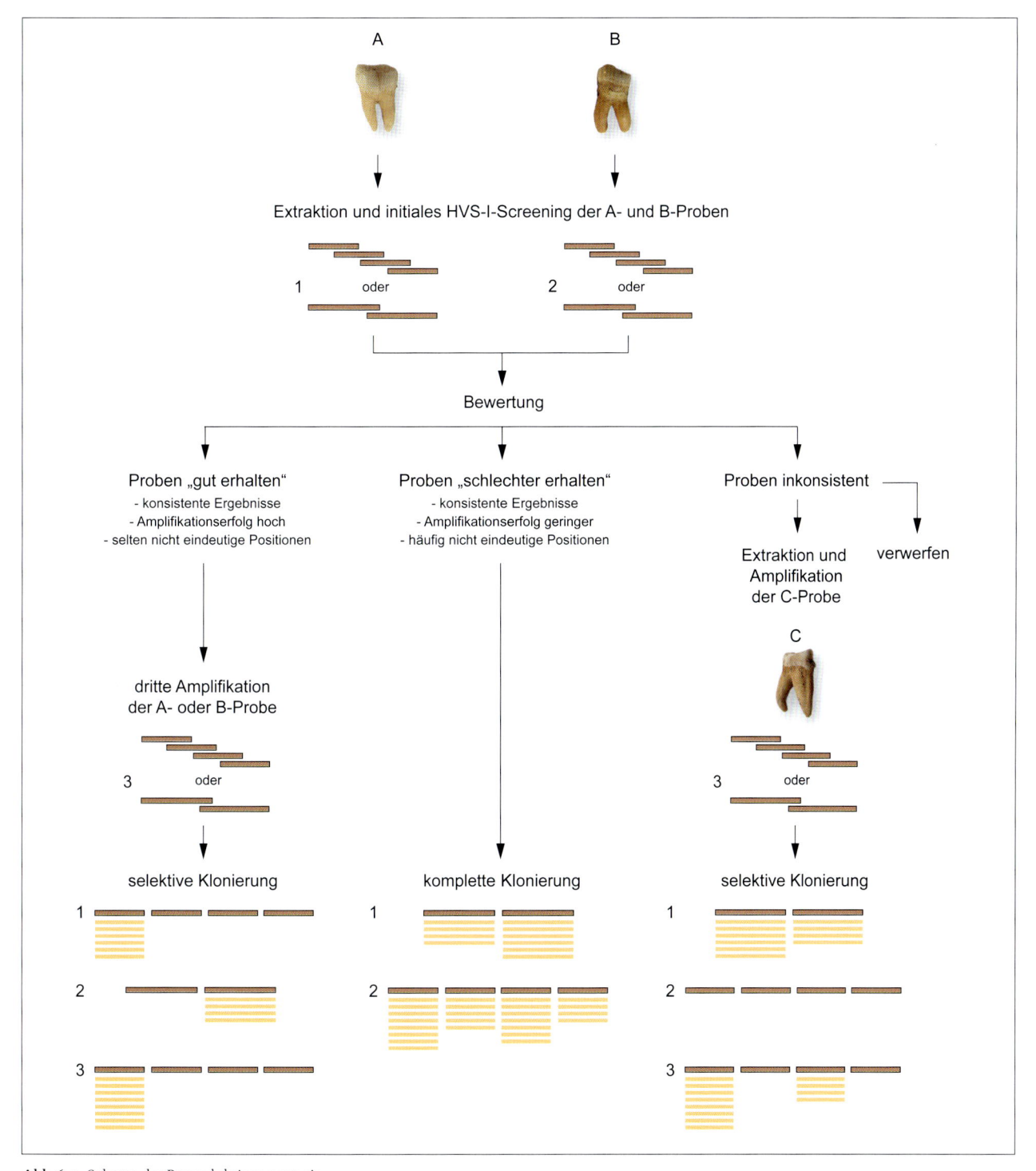

Abb. 6.4 Schema der Reproduktionsstrategie

Die Reproduktion der untersuchten Individuen wurde durch ein hierarchisches Verfahren an die Probenqualität angepasst. Nach einem initialen *screening* der A- und B-Proben erfolgte eine Bewertung des Erhaltungszustandes. Gut erhaltene Proben wurden durch zusätzliche Amplifikationen und die Klonierung ausgewählter PCR-Produkte reproduziert. Bei schlechter erhaltenen Proben erfolgte eine komplette Klonierung aller PCR-Produkte der A- und B-Proben. Im Falle von inkonsistenten Ergebnissen wurde eine dritte, unabhängige C-Probe analysiert, der Status des Individuums hinsichtlich Plausibilität und Kontamination evaluiert und anschließend entweder verworfen oder entsprechend des zuvor erläuterten Verfahrens reproduziert. Die überlappenden PCR-Produkte sind in braun, die daraus erzeugten Klonsequenzen in orange dargestellt.

Abstrichbestecks (Heinz Herenz, Hamburg, Deutschland) durch Abstreichen der Wangeninnenseite entnommen wurden. Die Isolierung der DNA aus den Mundschleimhautzellen folgte den Herstellerangaben des Invisorb Spin Swab Kit (Invitek, Berlin, Deutschland). Die DNA wurde in 100 µl Elutionspuffer gelöst und bis zur weiteren Verwendung bei -20 °C gelagert.

Die Typisierung beinhaltete die Amplifikation und Sequenzierung der HVS-I (Nukleotidposition 15997–16409) und in einigen Fällen der HVS-II (Nukleotidposition 34–397). Diese mitochondrialen Loci wurden durch die kombinierten Primerpaare L15996–H16410 und L00034–H00397 amplifiziert (Tab. 6.1), die 413 bp der HVS-I und 364 bp der HVS-II in einem Fragment generierten. Die PCR-Reaktion wurde in einem Endvolumen von 50 µl, bestehend aus 1x Thermo-Start Reaction Buffer (Thermo Fisher Scientific, Waltham, USA), 2,5 mM $MgCL_2$-Lösung (Thermo Fisher Scientific, Waltham, USA), 0,2 mM dNTP-Mix (MBI Fermentas, St. Leon-Rot, Deutschland), 1 U Thermo-Start DNA-Polymerase (Thermo Fisher Scientific, Waltham, USA), 0,2 µM von jedem Primer (Biospring, Frankfurt am Main, Deutschland; Tab. 6.1) und 3 µl DNA-Extrakt angesetzt. Die zyklische Vermehrung beinhaltete eine initiale Denaturierung bei 94 °C für 15 min und 30 Zyklen von Denaturierung bei 94 °C für 30 s, Annealing bei 58 °C für 30 s und Elongation bei 72 °C für 30 s. Die Amplifizierung von PCR-Produkten mit erwarteter Länge wurde mittels Gelelektrophorese auf einem 2 % Agarosegel überprüft und entsprechend der beschriebenen Protokolle aufgereinigt (Kap. 6.1.4), sequenziert und ausgewertet (Kap. 6.1.6).

6.2 Populationsgenetische Methoden

Für die populationsgenetischen Auswertungen wurden verschiedene statistische Verfahren und Methoden angewendet, um die MESG-Kulturen anhand ihrer mtDNA-Zusammensetzung zu charakterisieren und Muster genetischer Kontinuität oder Diskontinuität herauszuarbeiten. Des Weiteren wurden sowohl prähistorische also auch rezente Vergleichsdaten in die Analysen integriert, um die MESG-Daten mit anderen prähistorischen Populationen Zentral-, Nord-, Südwest- und Osteuropas sowie mit der Variabilität rezenter eurasischer Populationen zu vergleichen. So wurden genetische Affinitäten detektiert, die Aufschluss über einen potenziellen geografischen Ursprung der untersuchten Kulturen geben. Die populationsgenetischen Untersuchungen umfassten Ward-Clusteranalysen, Fisher-Tests, genetische Distanzanalysen, die Analyse molekularer Varianz (*analysis of molecular variance* = AMOVA), Multidimensionale Skalierung (*multidimensional scaling* = MDS), Hauptkomponentenanalyse (*principal component analysis* = PCA), *ancestral shared haplotype analysis* (ASHA), Procrustes-Analysen und genetische Distanzkarten.

6.2.1 Datenstruktur und Vergleichsdaten

Die Individualdaten der MESG-Kulturen sowie der prähistorischen und rezenten Vergleichspopulationen wurden zu unterschiedlichen Datensätzen strukturiert, um speziellen Anforderungen der einzelnen populationsgenetischen Analysen gerecht zu werden. Der MESG-Datensatz wurde konsistent in allen Analysen verwendet und mit unterschiedlichen prähistorischen und/oder rezenten Vergleichspopulationen kombiniert. In den folgenden Kapiteln werden die relevanten Informationen zusammengefasst, welche die strukturellen Grundlagen darlegen, die zur Formierung des MESG-Datensatzes sowie der prähistorischen und rezenten Vergleichsdaten beigetragen haben.

6.2.1.1 MESG-Daten

Die paläogenetische Analyse der 472 untersuchten Individuen aus dem MESG erbrachte 387 reproduzierbare HVS-I-Sequenzen (Kap. 7.1.1; Tab. 7.1; Tab. 11.2). Trotz der umfassenden archäologischen Bearbeitung konnten 18 dieser Daten aufgrund der Fundsituation keiner Kultur zweifelsfrei zugeordnet werden; sie wurden daher von der populationsgenetischen Analyse ausgeschlossen (Kap. 5.4; Tab. 6.5; Tab. 11.1–11.3). Die verbleibenden 369 Daten wurden entsprechend der archäologischen Datierung und Kulturzugehörigkeit in Gruppen eingeteilt (LBK: 88, Rössener Kultur: 11, Gaterslebener Kultur: 3, Schöninger Gruppe: 33, Baalberger Kultur: 19, Salzmünder Kultur: 29, Bernburger Kultur: 17, Kugelamphorenkultur: 2, Schnurkeramikkultur: 44, Glockenbecherkultur: 29 und Aunjetitzer Kultur: 94; Tab. 6.5 u. 11.1–11.3). Die reproduzierbaren HVS-I-Sequenzen der Gaterslebener Kultur von den Fundplätzen Oberwiederstedt 5 und Eulau sowie die Daten der Kugelamphorenkultur vom Fundplatz Quedlinburg VII wurden bei der populationsgenetischen Analyse ebenfalls nicht berücksichtigt, da diese Datensätze vom verfügbaren Individuenumfang zu klein waren, um statistisch abgesicherte Aussagen treffen zu können (Tab. 6.5 u. 11.1–11.3). Zudem wurde davon abgesehen, diese Daten einer der übrigen Gruppen zuzuordnen, damit die eindeutig definierte archäologische Gruppenstruktur erhalten werden konnte. Nach Abzug verblieben 364 HVS-I-Sequenzen, die nach archäologischer Datierung einer von neun Kulturen mit statistisch relevanten Stichprobengrößen zugeordnet werden konnten. Diese Daten wurden zum Zeitpunkt der Fertigstellung dieser Arbeit bereits in mehreren Publikationen veröffentlicht[95].

Die Stichprobengröße der LBK wurde zusätzlich durch 14 publizierte Individuen der Fundplätze Seehausen, Eilsleben, Flomborn, Schwetzingen und Vaihingen in Deutschland sowie Asparn-Schletz in Österreich (Haak u. a. 2005) erhöht (Abb. 6.5; Tab. 6.5), sodass insgesamt 378 Daten der neun Kulturen in den populationsgenetischen Analysen berücksichtigt wurden (LBK: 102, Rössener Kultur: 11, Schöninger Gruppe: 33, Baalberger Kultur: 19, Salzmünder Kultur: 29, Bernburger Kultur: 17, Schnurkeramikkultur: 44, Glockenbecherkultur: 29 und Aunjetitzer Kultur: 94).

6.2.1.2 Prähistorische Vergleichsdaten

Die Verwendung paläo-/mesolithischer, neolithischer und bronzezeitlicher Vergleichsdaten aus der Literatur diente dazu, die Variabilität der untersuchten MESG-Kulturen im gesamteuropäischen prähistorischen Kontext vergleichen zu können. Literaturdaten wurden nur für die Vergleichsanalysen ausgewählt, wenn die in den Studien empfohlenen Authentifizierungskriterien wie separierte Prä- und Post-PCR-Labore, Reproduktion über multiple unabhängige Extraktionen und Amplifikationen und partielle oder komplette Klonierung ausreichend transparent dargelegt wurden. Infolgedessen, beinhalten die hier verwendeten prähistorischen Vergleichspopulationen weder Daten mit

---

95 Haak u. a. 2005; Berthold 2008; Haak u. a. 2008; Haak u. a. 2010; Brotherton u. a. 2013; Brandt u. a. 2013; Brandt u. a. 2014a; Brandt u. a. 2014 b.

Population	Abk.	Fundplatz	n	Datierung	Referenz
Linearbandkeramik	LBK	Derenburg-Meerenstieg II	22	5300–4906 cal BC	Haak u. a. 2005, Haak u. a. 2010, Brotherton u. a. 2013
		Halberstadt-Sonntagsfeld	31	5298–4942 cal BC	Haak u. a. 2005, Brotherton u. a. 2013, Brandt u. a. 2013
		Karsdorf	23	5140–4959 cal BC	Brotherton u. a. 2013, Brandt u. a. 2013
		Naumburg	4		Brandt u. a. 2013
		Oberwiederstedt 1, Unterwiederstedt	8		Haak u. a. 2005, Brandt u. a. 2013
		Asparn Schletz 2, Österreich	1		Haak u. a. 2005
		Flomborn, Deutschland	6		Haak u. a. 2005
		Eilsleben, Deutschland	1		Haak u. a. 2005
		Schwetzingen, Deutschland	4		Haak u. a. 2005
		Vaihingen an der Enz, Deutschland	1		Haak u. a. 2005
		Seehausen, Deutschland	1		Haak u. a. 2005
Rössener Kultur	RSK	Esperstedt	1	4705–4552 cal BC	Brandt u. a. 2013
		Halberstadt-Sonntagsfeld	1		Brandt u. a. 2013
		Oberwiederstedt 3, Schrammhoehe	8	4686–4407 cal BC	Brotherton u. a. 2013, Brandt u. a. 2013
		Oberwiederstedt 4, Arschkerbe Ost	1		Brandt u. a. 2013
Schöninger Gruppe	SCG	Salzmünde-Schiepzig	33	4172–3963 cal BC	Brotherton u. a. 2013, Brandt u. a. 2013
Baalberger Kultur	BAK	Esperstedt	1	3887–3797 cal BC	Brotherton u. a. 2013, Brandt u. a. 2013
		Halle-Queis	1	3944–3381 cal BC	Brotherton u. a. 2013, Brandt u. a. 2013
		Karsdorf	2		Brandt u. a. 2013
		Quedlinburg VII 2	8	3700–3620 cal BC	Brandt u. a. 2013
		Quedlinburg IX	6	3710–3150 cal BC	Brandt u. a. 2013
		Salzmünde-Schiepzig	1		Brandt u. a. 2013
Salzmünder Kultur	SMK	Esperstedt	1		Brandt u. a. 2013
		Salzmünde-Schiepzig	28	3373–3171 cal BC	Brotherton u. a. 2013, Brandt u. a. 2013
Bernburger Kultur	BBK	Benzingerode I	17	3251–2919 cal BC	Berthold 2008, Brandt u. a. 2013
Schnurkeramik	SKK	Benzingerode-Heimburg	1		Brotherton u. a. 2013, Brandt u. a. 2013
		Esperstedt	12	2573–2395 cal BC	Brotherton u. a. 2013, Brandt u. a. 2013
		Eulau	12	2905–2465 cal BC	Haak u. a. 2008, Brandt u. a. 2013
		Karsdorf	13	2698–2203 cal BC	Brandt u. a. 2013
		Oberwiederstedt 2	4		Brandt u. a. 2013
		Quedlinburg VII 2	1		Brandt u. a. 2013
		Quedlinburg XII	1	2300–2130 cal BC	Brotherton u. a. 2013, Brandt u. a. 2013

Tab. 6.5 Informationen zum MESG-Datensatz (Fortsetzung Folgeseite)

Population	Abk.	Fundplatz	n	Datierung	Referenz
Glockenbecher Kultur	GBK	Alberstedt	2	2494–2344 cal BC	Brotherton u. a. 2013, Brandt u. a. 2013
		Benzingerode-Heimburg	6	2204–2136 cal BC	Brotherton u. a. 2013, Brandt u. a. 2013
		Eulau	3	2351–2162 cal BC	Brandt u. a. 2013
		Karsdorf	3	2314–2042 cal BC	Brandt u. a. 2013
		Quedlinburg VII 2	7	2460–2130 cal BC	Brotherton u. a. 2013, Brandt u. a. 2013
		Quedlinburg XII	3	2340–1940 cal BC	Brotherton u. a. 2013, Brandt u. a. 2013
		Rothenschirmbach	5	2497–2193 cal BC	Brotherton u. a. 2013, Brandt u. a. 2013
Aunjetitzer Kultur	AK	Alberstedt	1		Brandt u. a. 2013
		Benzingerode-Heimburg	9	1983–1627 cal BC	Brotherton u. a. 2013, Brandt u. a. 2013
		Esperstedt	11	2155–1664 cal BC	Brandt u. a. 2013
		Eulau	19	2200–1789 cal BC	Brotherton u. a. 2013, Brandt u. a. 2013
		Karsdorf	12	2126–1627 cal BC	Brandt u. a. 2013
		Leau 2	3		Brandt u. a. 2013
		Plötzkau 3	8		Brandt u. a. 2013
		Quedlinburg VII 2	14	2150–1870 cal BC	Brotherton u. a. 2013, Brandt u. a. 2013
		Quedlinburg VIII	6	2140–1860 cal BC	Brandt u. a. 2013
		Quedlinburg XII	1	1950–1870 cal BC	Brandt u. a. 2013
		Quedlinburg XIV	1		Brandt u. a. 2013
		Röcken 2	9		Brandt u. a. 2013
nicht in der populationsgenetischen Analyse berücksichtigt					
Gaterslebener Kultur	GLK	Eulau	2	4529–3377 cal BC	diese Arbeit
		Oberwiederstedt 5, Arschkerbe West	1		diese Arbeit
Kugelamphorenkultur	KAK	Quedlinburg VII 2	2		diese Arbeit
Kultur nicht bestimmbar	n. b.	Karsdorf	1		diese Arbeit
		Profen	17	2496–1938 cal BC	diese Arbeit

Tab. 6.5 Informationen zum MESG-Datensatz

In der Tabelle sind pro Kultur die untersuchten Fundplätze, deren Datierung und die erhobenen Individuenzahlen (n) aufgeführt. Im Falle der LBK wurden zusätzliche Daten außerhalb des MESG aus der Studie Haak u. a. 2005 integriert. Die geografische Lage der MESG-Fundplätze ist in Abbildung 5.1 und die der zusätzlichen LBK-Fundplätze in Abbildung 6.5 dargestellt. Der obere Teil enthält eine Übersicht der Daten, die entsprechend ihrer kulturellen Einordnung in neun Populationen gruppiert und bei allen populationsgenetischen Analysen konsistent verwendet wurden (Kap. 6.2.2.1–6.2.4.5). Im unteren Teil sind Kulturen mit zu geringer Individuenzahl bzw. nicht eindeutiger Datierung aufgelistet.

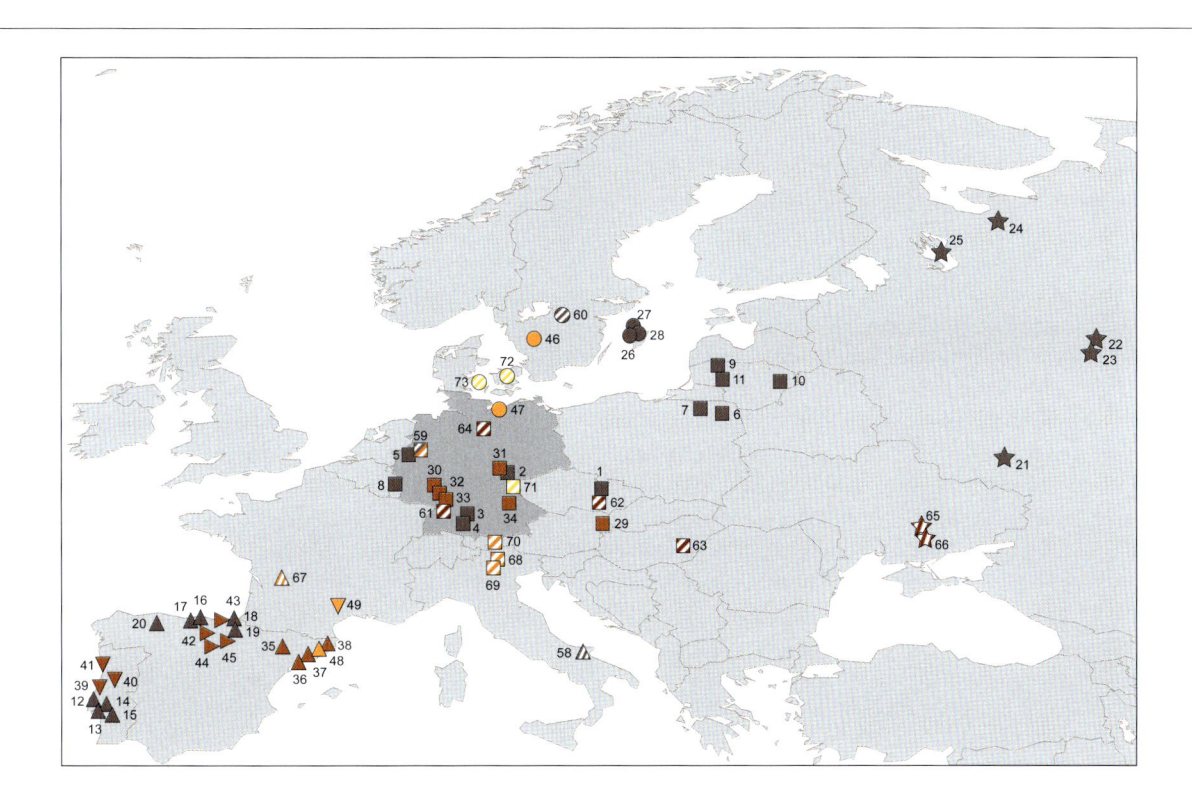

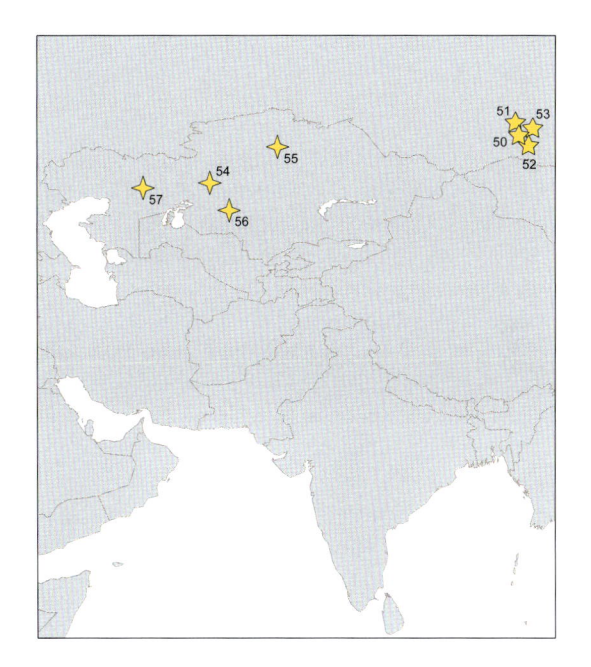

Abb. 6.5 Geografische Lage publizierter paläogenetischer Daten

Von folgenden prähistorischen Fundplätzen wurden aDNA-Daten publiziert: Dolni Vestonice (1), Bad Dürrenberg (2), Hohlenstein-Stadel (3), Hohler Fels (4), Oberkassel (5), Drestwo (6), Dudka (7), Reuland-Loschbour (8), Donkalnis (9), Kretuonas (10), Spiginas (11), Toledo (12), Arapouco (13), Cabeço das Amoreiras (14), Cabeço de Pez (15), La Chora (16), La Pasiega (17), Erralla (18), Aizpea (19), La Braña (20), Kostenki (21), Chekalino (22), Lebyazhinka (23), Popovo (24), Yuzhnyy Oleni Ostrov (25), Ajvide (26), Fridtorp (27), Ire (28), Asparn/Schletz (29), Flomborn (30), Eilsleben (31), Schwetzingen (32), Vaihingen an der Enz (33), Seehausen (34), Chaves (35), Can Sadurni (36), Sant Pau del Camp (37), Avellaner Höhle (38), Algar do Bom Santo (39), Gruta do Caldeirão (40), Perdigões (41), Fuente Hoz (42), Marizulo (43), Los Cascajos (44), Paternanbidea (45), Frälsegården (46), Ostorf (47), Camí de Can Grau (48), Treilles (49), Solenoozernaïa (50), Tatarka (51), Oust-Abakansty (52), Bogratsky (53), Ak-Mustafa (54), Izmaylovka (55), Oi-Zhaylau-III (56), Vodokhranilische (57), Paglicci Höhle (58), Blätterhöhle (59), Motala (60), Stuttgart-Mühlhausen (61), Vedrovice (62), Ecsegfalva 23A (63), Wittmar (64), Nikolskoye (65), Yasinovataka (66), Prissé-la-Charrière (67), Borgo Nuovo (68), Mezzocorona (69), Tisenjoch (70), Kromsdorf (71), Damsbo (72), Bredtoftegård (73). Ein Großteil dieser Daten wurde anhand von kulturellen, zeitlichen oder geografischen Gesichtspunkten zu zwölf Populationen gruppiert, die als prähistorische Vergleichsdaten für die populationsgenetischen Analysen dienten. Die Symbole kennzeichnen zentraleuropäische (Quadrat), südskandinavische (Kreis), süd-/südwesteuropäische (Dreieck) und osteuropäische/asiatische (Stern) Populationen. Die Farbgebung entspricht Jäger-Sammlern (grau), frühneolithischen (braun), mittelneolithischen (orange) und spätneolithischen/frühbronzezeitlichen Populationen (gelb). Streifenmuster markieren Fundplätze, die bei der populationsgenetischen Analyse nicht berücksichtigt wurden. Detaillierte Informationen zu den prähistorischen Vergleichsdaten sind in den Tabellen 6.5 und 6.6 aufgeführt.

unzureichender und nicht eindeutiger Sequenzabdeckung oder Reproduktion (Fernández u. a. 2008; Gamba u. a. 2008) noch mit zweifelhafter Datierung (Guba u. a. 2011; siehe auch Banffy u. a. 2012 für Revision).

In dieser Arbeit wurden alle publizierten Daten berücksichtigt, die nach den oben aufgeführten Kriterien als »valide« einzustufen sind und vor dem 1. April 2013 veröffentlicht wurden. Aufgrund der umfangreichen und zeitaufwendigen populationsgenetischen Analysen und der vorab publizierten Ergebnisse dieser Studie (Brandt u. a. 2013; Brandt u. a. 2014a) konnten später veröffentlichte Daten bei der populationsgenetischen Auswertung nicht berücksichtigt werden. Dazu zählen fünf mesolithische und 20 mittelneolithische Daten der Blätterhöhle in Nordrhein-Westfalen (Bollongino u. a. 2013), sechs Individuen der Rössener Kultur vom Fundplatz Wittmar in Niedersachsen (Lee u. a. 2013) sowie sieben Mesolithiker vom Fundplatz Motala in Südschweden und ein LBK-Individuum aus Stuttgart-Mühlausen in Baden-Württemberg (Lazaridis u. a. 2013). Ebenso wurden Datensätze, die für die populationsgenetische Analyse einen zu geringen Umfang von weniger als acht Individuen aufwiesen, nicht integriert. Dazu zählen zwei mesolithische Gräber aus der Paglicci-Höhle in Italien (Caramelli u. a. 2003), ein Individuum der Alföld-Linienbandkeramikkultur aus Ecsegfalva 23A in Ungarn (Haak u. a. 2005), sechs LBK-Daten aus Vedrovice in der Tschechischen Republik (Bramanti 2008; Zvelebil/Pettitt 2013), sieben frühneolithische Daten aus der Ukraine von den Fundplätzen Nikolskoye (2) und Yasinovataka (5) (Nikitin u. a. 2012), drei Gräber der Megalith-Kultur aus Prissé-la-Charrière in Frankreich (Deguilloux u. a. 2011), zwei frühneolithische Daten aus Borgo Nuovo (1) und Mezzocorona (1) in Südtirol, Italien (Di Benedetto u. a. 2000), »Ötzis« mtDNA-Profil von der italienische Seite des Tisenjochs (Handt u. a. 1994b; Ermini u. a. 2008), zwei Daten der Glockenbecherkultur vom Fundplatz Damsbo und ein frühbronzezeitliches Grab aus Bredtoftegård in Dänemark (Melchior u. a. 2010) sowie sechs Daten der Glockenbecherkultur aus Kromsdorf in Thüringen (Lee u. a. 2012a). Nichtsdestotrotz wurden diese verfügbaren Daten mit dem hier präsentierten Besiedelungsmodell verglichen und diskutiert. Eine Übersicht der geografischen Lokalisierung bisher publizierter Vergleichsdaten sowie deren Verwendung und Gruppierung für die populationsgenetischen Analysen ist in Abb. 6.5 dargestellt. Tab. 6.6 enthält eine Zusammenfassung aller wichtigen archäologischen und genetischen Informationen. Alle Sequenzdaten wurden auf die mtDNA-Phylogenie von phylotree (http://www.phylotree.org, built 14, accessed 5 April 2012; van Oven/Kayser 2009) aktualisiert, um statistische Fehler aufgrund variierender Haplogruppendefinitionen zu vermeiden.

Die folgenden Vergleichsdaten wurden nach geografischen, kulturellen und zeitlichen Gesichtspunkten zu zwölf Populationen zusammengefasst (Tab. 6.6) und in verschiedenen populationsgenetischen Analysen berücksichtigt:

1. Eine Jäger-Sammler-Metapopulation, die das Paläo-/Mesolithikum in Zentraleuropa repräsentiert (JSZ, 29 356–2250 cal BC). Diese setzt sich aus 16 Individuen der Fundplätze Dolní Věstonice in der Tschechischen Republik (Fu u. a. 2013), Bad Dürrenberg, Hohlenstein-Stadel, Hohler Fels und Oberkassel in Deutschland (Bramanti u. a. 2009; Fu u. a. 2013), Drestwo und Dudka in Polen (Bramanti u. a. 2009), Loschbour in Luxemburg (Fu u. a. 2013) und Donkalnis, Kretuonas und Spiginas in Litauen (Bramanti u. a. 2009) zusammen.

2. Eine Metapopulation südwestlicher Jäger-Sammler (JSS, 13 116–4715 cal BC), bestehend aus insgesamt 13 Individuen der Fundplätze Toledo, Arapouco, Cabeço das Amoreiras und Cabeço de Pez, in Portugal[96] sowie La Chora, La Pasiega, Erralla, Aizpea (Hervella 2010; Hervella u. a. 2012) und La Braña (Sánchez-Quinto u. a. 2012) in Spanien.

3. Eine osteuropäische Jäger-Sammler-Metapopulation (JSO, 33 000–7000 BP), die sich aus insgesamt 14 Individuen der russischen Fundplätze Kostenki (Krause u. a. 2010b), Chekalino und Lebyazhinka (Bramanti u. a. 2009) sowie Popovo und Yuzhnyy Oleni Ostrov (Der Sarkissian u. a. 2013) zusammensetzt.

4. Die *Pitted-Ware*-Kultur (PWK, 3300–2150 cal BC), bestehend aus 19 Individuen der Fundplätze Ajvide, Ire und Fridtrop von der schwedischen Insel Gotland (Malmström u. a. 2009; Skoglund u. a. 2012), die zwar zeitgleich mit der Trichterbecherkultur in Südskandinavien existierte, aber durch eine wildbeuterische Lebensweise gekennzeichnet ist.

5. Die (Epi-)Cardial-Kultur (CAR, 5475–3700 cal BC), die das Frühneolithikum der Iberischen Halbinsel repräsentiert. Diese Population setzt sich aus elf Individuen der katalonischen Fundplätze Chaves, Sant Pau del Camp, Can Sadurni[97] und sieben Sequenzen der Avelaner Höhle (Lacan 2011; Lacan u. a. 2011b) zusammen.

6. 17 Individuen des portugiesischen Neolithikums (NPO, 5480–3000 cal BC) der Fundplätze Algar do Bom Santo, Gruta do Caldeirão und Perdigões[98].

7. Eine neolithische Population, bestehend aus 43 Daten der Fundplätze Fuente Hoz, Marizulo, Los Cascajos und Paternanbidea des Baskenlandes sowie aus Navarra in Spanien (NBK, 5310–3708 cal BC; Hervella 2010; Hervella u. a. 2012).

8. Eine Population der nordischen Trichterbecherkultur (TRB, 3400–2900 cal BC), die das Frühneolithikum in Südskandinavien repräsentiert und sich aus drei Individuen der Region Frälsegården in Südschweden (Malmström u. a. 2009; Skoglund u. a. 2012) und sieben Individuen vom Fundplatz Ostorf in Norddeutschland (Bramanti u. a. 2009) zusammensetzt[99].

9. Elf Individuen des spanischen Mittelneolithikums (NKA, 3500–3000 cal BC) vom katalonischen Fundplatz Camí de Can Grau in Nordost-Spanien (Sampietro u. a. 2007).

---

96 Chandler 2003; Chandler u. a. 2005. – Zwei Individuen aus der Originalpublikation wurden aufgrund unzureichender phylogenetischer Auflösung von den populationsgenetischen Analysen ausgeschlossen.

97 Gamba u. a. 2012. – Zwei Individuen aus der Originalpublikation wurden aufgrund unzureichender Reproduktion von den populationsgenetischen Analysen ausgeschlossen.

98 Chandler 2003; Chandler u. a. 2005. – Sechs Individuen aus der Originalpublikation wurden aufgrund unzureichender phylogenetischer Auflösung von den populationsgenetischen Analysen ausgeschlossen.

99 Die Ostorf-Individuen wurden aufgrund archäologischer (Lübke u. a. 2007), chronologischer und geografischer Übereinstimmungen mit der Trichterbecherkultur diesem Datensatz zugesprochen.

Population	Abk.	Fundplatz	n	Datierung	Referenz
Jäger-Sammler Zentraleuropa	JSZ	Dolní Věstonice, Tschechische Republik	3	29356–29047 cal BC*	Fu u. a. 2013
		Bad Dürrenberg, Deutschland	1	6850 cal BC	Bramanti u. a. 2009
		Hohlenstein-Stadel, Deutschland	2	6700 cal BC	Bramanti u. a. 2009
		Hohler Fels, Deutschland	1	13400 cal BC	Bramanti u. a. 2009
		Oberkassel, Deutschland	1	11744–11289 cal BC*	Fu u. a. 2013
		Drestwo, Polen	1	2250 cal BC	Bramanti u. a. 2009
		Dudka, Polen	2	4000–3000 cal BC	Bramanti u. a. 2009
		Loschbour, Luxemburg	1	6212–5998 cal BC*	Fu u. a. 2013
		Donkalnis, Litauen	1		Bramanti u. a. 2009
		Kretuonas, Litauen	2	4450–4200 cal BC	Bramanti u. a. 2009
		Spiginas, Litauen	1	6350 cal BC	Bramanti u. a. 2009
Jäger-Sammler Südwesteuropa	JSS	Toledo, Portugal	1	8028–6411 cal BC	Chandler 2003, Chandler u. a. 2005
		Arapouco, Portugal	2	5992–5715 cal BC	Chandler 2003, Chandler u. a. 2005
		Cabeço das Amoreiras, Portugal	1	5064–4715 cal BC	Chandler 2003, Chandler u. a. 2005
		Cabeço de Pez, Portugal	3	5214–4805 cal BC	Chandler 2003, Chandler u. a. 2005
		La Chora, Spanien	1		Hervella 2010, Hervella u. a. 2012
		La Pasiega, Spanien	1		Hervella 2010, Hervella u. a. 2012
		Erralla, Spanien	1	13116–11875 cal BC*	Hervella 2010, Hervella u. a. 2012
		Aizpea, Spanien	1	5645–5469 cal BC*	Hervella 2010, Hervella u. a. 2012
		La Braña, Spanien	2	6010–5740 cal BC*	Sánchez-Quinto u. a. 2012
Jäger-Sammler Osteuropa	JSO	Kostenki, Russland	1	~33000–30000 BP	Krause u. a. 2010
		Chekalino, Russland	1	7800 cal BC	Bramanti u. a. 2009
		Lebyazhinka, Russland	1	8000–7000 cal BC	Bramanti u. a. 2009
		Popovo, Russland	2	9500–7500 BP	Der Sarkissian u. a. 2013
		Yuzhnyy Oleni Ostrov, Russland	9	7500–7000 BP	Der Sarkissian u. a. 2013
Pitted-Ware-Kultur	PWK	Ajvide, Schweden	11	3300–2350 cal BC	Malmström u. a. 2009, Skoglund u. a. 2012
		Fridtorp, Schweden	4		Malmström u. a. 2009
		Ire, Schweden	4	3100–2150 cal BC	Malmström u. a. 2009, Skoglund u. a. 2012
Linearbandkeramik	LBK	Asparn Schletz 2, Österreich	1		Haak u. a. 2005
		Flomborn, Deutschland	6		Haak u. a. 2005
		Eilsleben, Deutschland	1		Haak u. a. 2005
		Schwetzingen, Deutschland	4		Haak u. a. 2005
		Vaihingen an der Enz, Deutschland	1		Haak u. a. 2005
		Seehausen, Deutschland	1		Haak u. a. 2005

Tab. 6.6 Informationen zum Vergleichsdatensatz der zwölf prähistorischen Populationen (Fortsetzung Folgeseite)

Population	Abk.	Fundplatz	n	Datierung	Referenz
(Epi)Cardial-Kultur	CAR	Chaves, Spanien	3	5329–4999 cal BC	Gamba u. a. 2012
		Can Sadurni, Spanien	5	5475–5305 cal BC	Gamba u. a. 2012
		Sant Pau del Camp, Spanien	3	4250–3700 cal BC	Gamba u. a. 2012
		Avellaner Höhle, Spanien	7	5225–4444 cal BC*	Lacan 2011, Lacan u. a. 2011b
Neolithikum Portugal	NPO	Algar do Bom Santo, Portugal	3	3630–3350 cal BC	Chandler 2003, Chandler u. a. 2005
		Gruta do Caldeirão, Portugal	8	5480–4843 cal BC	Chandler 2003, Chandler u. a. 2005
		Perdigões, Portugal	6	3500–3000 cal BC	Chandler 2003, Chandler u. a. 2005
Neolithikum Baskenland & Navarre	NBK	Fuente Hoz, Spanien	6	4330–3708 cal BC*	Hervella 2010, Hervella u. a. 2012
		Marizulo, Spanien	1	4315–3973 cal BC*	Hervella 2010, Hervella u. a. 2012
		Los Cascajos, Spanien	27	5310–4555 cal BC*	Hervella 2010, Hervella u. a. 2012
		Paternanbidea, Spanien	9	5207–4728 cal BC*	Hervella 2010, Hervella u. a. 2012
Trichterbecherkultur	TRB	Frälsegården, Schweden	3	3400–2900 cal BC	Malmström u. a. 2009, Skoglund u. a. 2012
		Ostorf, Deutschland	7	3200–2950 cal BC	Bramanti u. a. 2009
Neolithikum Katalonien	NKA	Camí de Can Grau, Spanien	11	3500–3000 cal BC	Sampietro u. a. 2011
Treilles-Kultur	TRE	Treilles, Frankreich	29	3030–2890 cal BC	Lacan 2011, Lacan u. a. 2011a
Bronzezeit Sibirien	BZS	Solenoozernaia I, Russland	3	1800–1400 BC	Keyser u. a. 2009
		Solenoozernaia IV, Russland	3	1800–1400 BC	Keyser u. a. 2009
		Tatarka, Russland	2	1800–1400 BC	Keyser u. a. 2009
		Oust-Abakansty, Russland	2	1800–800 BC	Keyser u. a. 2009
		Bogratsky, Russland	1	1400–800 BC	Keyser u. a. 2009
Bronzezeit Kasachstan	BZK	Ak-Mustafa, Kasachstan	1	1300–1000 BC	Lalueza-Fox u. a. 2004
		Izmaylovka, Kasachstan	2	1300–1000 BC	Lalueza-Fox u. a. 2004
		Oi-Zhaylau-III, Talapty-II, Kasachstan	2	1400–1000 BC	Lalueza-Fox u. a. 2004
		Vodokhranilische, Rybniy Sakryl-III, Kasachstan	3	1400–900 BC	Lalueza-Fox u. a. 2004

Tab. 6.6 Informationen zum Vergleichsdatensatz der zwölf prähistorischen Populationen

Die Tabelle zeigt eine Übersicht der bislang publizierten paläogenetischen Daten. Die Fundplätze sowie deren Datierung und Individuenumfang (n) sind zeilenweise aufgeführt. Die geografische Lage ist in Abbildung 6.5 dargestellt. Im oberen Teil sind die Daten aufgelistet, die aufgrund geografischer, zeitlicher und/oder kultureller Gesichtspunkte in zwölf prähistorische Vergleichspopulationen gruppiert und für die Cluster-, Hauptkomponenten- und *ancestral-shared-haplotype*-Analysen verwendet wurden (Kap. 6.2.2.1–6.2.2.3). Der untere Teil enthält Daten, die bei der statistischen Auswertung nicht integriert wurden, in der Diskussion der Ergebnisse jedoch Berücksichtigung fanden. Sofern möglich, wurden Radiokohlenstoffdaten, die in den Originalstudien in BP angegeben wurden (*), mithilfe assoziierter archäologischer Literatur oder der IntCal-09-Kalibrierungskurve des Programms OxCal 4.1 (https://c14.arch.ox.ac.uk/OxCal/OxCal.html, 21.10.2013) in cal BC konvertiert.

Fortsetzung der Tabelle Seite 89

nicht in der populationsgenetischen Analyse berücksichtigt

Population	Abk.	Fundplatz	n	Datierung	Referenz
Jäger-Sammler		Paglicci Höhle, Italien	2	28456–24837 cal BC*	Caramelli u. a. 2003
		Blätterhöhle, Deutschland	5	9210–8638 cal BC	Bollongino u. a. 2013
		Motala, Schweden	7	6361–5516 cal BC	Lazaridis u. a. in Begutachtung
		Vela Spila, Korčula, Kroatien	1		Szécsényi-Nagy u. a. eingereicht
Linearbandkeramik		Stuttgart-Mühlhausen, Deutschland	1	5100–4800 cal BC	Lazaridis u. a. in Begutachtung
Linearbandkeramik		Vedrovice, Tschechische Republik	6	5370–5040 cal BC	Bramanti 2008
Alföld Linearbandkeramik		Ecsegfalva 23A, Ungarn	1	5250–5000 BC	Haak u. a. 2005
Rössener Kultur		Wittmar, Deutschland	6	5200–4300 cal BC	Lee u. a. 2013
		Nikolskoye, Ukraine	2	5358–4993 cal BC	Nikitin u. a. 2012
		Yasinovataka, Ukraine	5	5557–4792 cal BC	Nikitin u. a. 2012
Megalith-Zeit		Prissé-la-Charrière, Frankreich	3	4340–4076 cal BC	Deguilloux u. a. 2011
		Borgo Nuovo, Italien	1	4240–3930 cal BC	Di Benedetto u. a. 2000
		Mezzocorona, Italien	1	4444–4326 cal BC	Di Benedetto u. a. 2000
		Blätterhöhle, Deutschland	5	3922–3020 cal BC	Bollongino u. a. 2013
		Tisenjoch, Österreich	1	3350–3100 cal BC*	Ermini u. a. 2008
Glockenbecherkultur		Kromsdorf, Deutschland	6	2600–2500 cal BC	Lee u. a. 2012
		Damsbo, Dänemark	2	4200 BP	Melchior u. a. 2010
Bronzezeit		Bredtoftegård, Dänemark	1	3500–3300 BP	Melchior u. a. 2010

10. 29 Individuen der Treilles-Kultur (TRE, 3030–2890 cal BC) vom namensgebenden Fundplatz im Südosten Frankreichs (Lacan 2011; Lacan u. a. 2011a).
11. Eine Population der bronzezeitlichen Kurgan-Kultur aus Südsibirien (BZS, 1800–800 BC), bestehend aus elf Individuen der Fundplätze Solenoozernaïa I, Solenoozernaïa IV, Tatarka, Oust-Abakansty und Bogratsky aus der Krasnojarsk-Region in Russland (Keyser u. a. 2009).
12. Acht Individuen einer bronzezeitlichen Population aus Kasachstan (BZK, 1400–900 BC), die von den Fundplätzen Ak-Mustafa, Izmaylovka, Zevakinskiy, Oi-Zhaylau-III/Talapty-II und Vodokhranilische/Rybniy Sakryl-III stammen (Lalueza-Fox u. a. 2004).

6.2.1.3 Rezente Vergleichsdaten

Die mtDNA-Variabilität der MESG-Kulturen wurde ebenfalls mit rezenten Daten verglichen, um genetische Affinitäten zu heutigen Populationen identifizieren zu können. Als Grundlage für diese Analysen diente eine umfangreiche Datenbank, bestehend aus 67 996 HVS-I-Sequenzen moderner eurasischer Populationen. Diese Vergleichsdaten wurden im Rahmen der vorgelegten Arbeit von publizierten Studien gesammelt und nach geografischen und/oder ethnischen Gesichtspunkten gruppiert. Da die verwendete Literatur zum Teil bis in die frühen 80er-Jahre zurückreicht und sich die Definitionen von Subhaplogruppen in den letzten Jahrzehnten immer wieder der steigenden Anzahl verfügbarer Sequenzdaten und damit zunehmender Variabilität angepasst haben, erfolgte eine Aktualisierung aller Datenbankeinträge auf die mtDNA-Phylogenie von phylotree (http://www.phylotree.org; van Oven/Kayser 2009), um Vergleichbarkeit auf dem Haplogruppenniveau gewährleisten zu können. Zur Gruppierung, Exportierung und Generierung von Sequenzdaten aus der haplotypenbasierten Datenbank diente eine assoziierte Software, die im Zuge dieses Projektes von Herrn Jonathan Osthof an der Universität Mainz programmiert wurde.

Die folgenden Datensätze fanden Anwendung in den rezenten Vergleichsanalysen:

1. Vier Metapopulationen, welche die rezente Variabilität in Zentraleuropa (ZEM), Nordeuropa (NEM), Südwesteuropa (SEM) und Osteuropa (OEM) repräsentieren. Jede dieser Metapopulationen setzt sich aus 500 Individuen zusammen, die aus insgesamt 2227 Sequenzen aus Deutschland, Österreich, Polen und der Tschechischen Republik, 759 Daten aus Dänemark und Schweden, 2377 Sequenzen aus Portugal und Spanien und 2371 Sequenzen aus Estland, Litauen, Lettland, Russland, der Ukraine und Weißrussland mithilfe der Software zufällig aus der assoziierten Datenbank ausgewählt wurden (Tab. 11.4).
2. 73 Populationen Europas, des Nahen Ostens, Zentral-, Nord-, und Südostasiens sowie Nordafrikas, die basierend auf geografischer Herkunft oder ethnischer Zugehörigkeit gruppiert wurden. Dieser Datensatz besteht aus insgesamt 50 688 rezenten HVS-I-Sequenzen mit Populationsgrößen zwischen 116 und 3014 Daten (ø 694 Individuen pro Population; Tab. 11.5).
3. 56 Populationen aus Europa, dem Nahen Osten, Zentralasien und Nordafrika mit einem Gesamtumfang von 37 777 Sequenzen und Populationsgrößen zwischen 116 und 2799 Individuen (ø 675 Individuen pro Population; Tab. 11.6).
4. 150 Populationen Europas, des Nahen Ostens, Zentralasiens und Nordafrikas, die bei der Erstellung der genetischen Distanzkarten ihre Anwendung fanden (Kap. 6.2.4.5). Hierbei wurden die Populationen entsprechend der aktuellen administrativen Untergliederung der jeweiligen Länder in Bundesländer oder Regionen zusammengefasst, um eine höhere geografische Auflösung zu erreichen, die für die Kartierung genetischer Distanzen notwendig ist. Dieser Datensatz besteht aus insgesamt 44 799 Sequenzen mit Populationsgrößen zwischen 81 und 1197 Individuen (ø 299 Individuen pro Population; Tab. 11.7).

6.2.2 Diachrone Vergleichsanalysen

Um Veränderungen in der genetischen Zusammensetzung vom Paläo-/Mesolithikum über die verschiedenen Perioden des Neolithikums und der Frühbronzezeit bis zur heutigen Population Europas detektieren zu können, wurden die neun MESG-Kulturen (Kap. 6.2.1.1) mit den zentraleuropäischen Jäger-Sammler-Daten (Kap. 6.2.1.2; Tab. 6.6) und der rezenten Metapopulation Zentraleuropas (Kap. 6.2.1.3; Tab. 11.4) kombiniert und verglichen. Der so generierte diachrone Datensatz ermöglichte es, Muster genetischer Kontinuität und/oder Diskontinuität vom Mesolithikum bis in die Gegenwart nachzuvollziehen.

6.2.2.1 Haplogruppenfrequenzen

Die relativen Frequenzen von 20 Haplogruppen (N1a, I, W, X, R, HV, V, H, T1, T2, J, U, U2, U3, U4, U5a, U5b, U8, K und andere) des diachronen Datensatzes wurden in chronologische Abfolge gebracht, um Frequenzveränderungen vom Mesolithikum bis zur rezenten Population Europas abbilden zu können. Für jede Haplogruppe wurden die 95 %-Konfidenzintervalle anhand eines konservativen, nichtparametrischen *bootstrappings* mit 10 000 Permutationen in R 2.13.1 (*The R Foundation for Statistical Computing* 2011; http://www.r-project.org, 21.10.2013; Efron/Tibshirani 1994) berechnet. Die Erstellung der *bootstrap*-Datensätze erfolgte durch *resampling*, das auf dem Austausch mehrerer Individuen zwischen den Kulturen und Populationen der Originaldaten basierte und letztlich in 10 000 Datensätzen mit variierenden Haplogruppenfrequenzen resultierte. Alle *bootstrap*-Datensätze entsprachen in ihrem Probenumfang den Originaldaten. Die 2,5 %- und 97,5 %- Perzentile der *bootstrap*-Frequenzverteilung ergaben Aufschluss über das untere und obere 95 %-Konfidenzintervall für jede der beobachteten Haplogruppenfrequenzen. Zudem wurden ansteigende oder abnehmende Trends in der Haplogruppenfrequenz während des Neolithikums in Zentraleuropa durch lineare Regression in R 2.13.1 unter Verwendung der implementierten *lm*-Funktion (Paket *stats*) bestimmt.

6.2.2.2 Haplotypen- und Haplogruppendiversität

Die molekulargenetische Zusammensetzung der diachronen Daten wurde über molekulare Standardindizes untersucht. Die Berechnung der Haplotypen- (Nei 1987), und Nukleotiddiversität (Tajima 1983; Nei 1987) erfolgte anhand der HVS-I-Sequenzen (Nukleotidposition 16059–16400) in DnaSP 5.0 (http://www.ub.es/dnasp, 21.10.2013; Librado/Rozas 2009). Die Haplogruppendiversität wurde als relativer Anteil detektierter Haplogruppen pro Population an 20 differenzierten Haplogruppen (N1a, I, W, X, R, HV, V, H, T1, T2, J, U, U2, U3, U4, U5a, U5b, U8, K und andere) angegeben. Ansteigende oder abnehmende Tendenzen in der Haplotypen- und Haplogruppendiversität wurden durch lineare Regression in R 2.13.1 unter Verwendung der implementierten *lm*-Funktion (Paket *stats*) ermittelt.

6.2.2.3 Fisher-Test

Die Ermittlung signifikanter Unterschiede zwischen den Haplogruppenzusammensetzungen der Populationen des diachronen Datensatzes erfolgte mithilfe des Fisher-Tests. Dazu wurden die relativen Häufigkeiten von 20 Haplogruppen (N1a, I, W, X, R, HV, V, H, T1, T2, J, U, U2, U3, U4, U5a, U5b, U8, K und andere) mittels 10 000 Permutationen durch die Funktion *fisher.test* (Paket *stats*) von R 2.13.1 auf Signifikanz getestet und als *level-plot* visualisiert, der mittels der *levelplot*-Funktion (Paket *lattice*) generiert wurde.

6.2.2.4 Genetische Distanzen

F_{st}-Werte zwischen den Populationen des diachronen Datensatzes wurden anhand deren HVS-I-Sequenzen (Nukleotidposition 16059–16400) unter Verwendung des Tamura-Nei-Substitutionsmodells (Tamura/Nei 1993) und eines assoziierten Gamma-Wertes von 0,300 in Arlequin 3.5.1 (http://cmpg.unibe.ch/software/arlequin35/, 21.10.2013; Excoffier/Lischer 2010) berechnet, um auf Sequenzebene Ähnlichkeiten oder Unterschiede zwischen den Kulturen zu ermitteln. Die F_{st}-Werte wurden durch 10 000 Permutationen zwischen den Populationen auf Signifikanz getestet und in Form eines *level-plots* grafisch dargestellt, der in R 2.13.1 mithilfe der *levelplot*-Funktion (Paket *lattice*) erstellt wurde. Zudem wurden F_{st}-Werte zwischen den früh-/mittelneolithischen (LBK, Rössener Kultur, Schöninger Gruppe, Baalberger Kultur, Salzmünder Kultur) und spätneolithischen/frühbronzezeitlichen (Bernburger Kultur, Schnurkeramikkultur, Glockenbecherkultur, Aunjetitzer Kultur) Kulturgruppen berechnet. Die Einstellungen entsprachen, bis auf einen angepassten Gamma-Wert von 0,242 den zuvor erläuterten. Um das optimale Substitutionsmodell und assoziierte Gamma-Werte für die jeweils verwendeten Daten abschätzen zu können, wurde die Software jModelTest 0.1.1 (http://darwin.uvigo.es/software/modeltest.html, 21.10.2013; Posada u. a. 1998) verwendet und die optimalen Einstellungen anhand des *Akaike information criterion* (AIC) und des *Bayesian information criterion* (BIC) bestimmt.

6.2.2.5 Ward-Clusteranalyse

Für die Clusteranalysen wurden die relativen Häufigkeiten von 20 Haplogruppen (N1a, I, W, X, R, HV, V, H, T1, T2, J, U, U2, U3, U4, U5a, U5b, U8, K und andere) des diachronen Datensatzes verwendet, um Kulturcluster mit ähnlicher Haplogruppenzusammensetzung zu ermitteln. Die Berechnung der hierarchischen Clusteranalyse und dessen Visualisierung als Dendrogramm erfolgte mittels der Ward-Methode und Manhattan-Distanzen unter Verwendung der *hclust*-Funktion (Paket *stats*) in R 2.13.1. Die Signifikanz der Clusterbildung wurde durch 10 000 Permutationen mithilfe der *pvclust*-Funktion (Paket *pvclust*) in R 2.13.1 getestet.

6.2.2.6 Analyse molekularer Varianz (AMOVA)

Die AMOVA diente dazu, die genetische Zusammensetzung der MESG-Kulturen und der zentraleuropäischen Metapopulation auf verschiedenen Ebenen (zwischen Kulturen verschiedener Gruppen; zwischen Kulturen innerhalb einer Gruppe) zu analysieren und zu vergleichen, mit dem Ziel, Populationen mit ähnlicher genetischer Variabilität differenzieren zu können. Für die AMOVA wurden die HVS-I-Sequenzen (Nukleotidposition 16059–16400) der verwendeten Datensätze zu verschiedenen Gruppen zusammengefasst und deren Zusammensetzung nach jeder AMOVA variiert. Zunächst wurde die genetische Zusammensetzung der MESG-Kulturen durch 289 unterschiedliche Konstellationen isoliert und ohne die Rezentpopulation zu integrieren betrachtet, um die optimale Kombination der MESG-Kulturen anhand der größten Varianz zwischen den Gruppen und der geringsten Varianz innerhalb der Gruppen zu identifizieren. In Übereinstimmung mit den Ergebnissen des Fisher-Tests (Kap. 7.2.1.3), der genetischen Distanzberechnung (Kap. 7.2.1.4) und der Clusteranalyse (Kap. 7.2.1.5) erfolgte zunächst die Analyse aller möglichen Zwei-Gruppen-Konstellationen (Nr. 1–246), um die ideale Kulturkombination zu ermitteln. Im Anschluss erfolgte, ausgehend von der optimalen Zwei-Gruppen-Konstellation, die Analyse aller möglichen Drei- (Nr. 247–259) und Vier-Gruppen-Kombinationen (Nr. 260–289).

In einem zweiten Schritt wurde die beste Kulturkombination der MESG-Kulturen (Nr. 246; Kap. 7.2.1.6) mit der Variabilität der zentraleuropäischen Metapopulation durch weitere 37 Gruppierungen verglichen, um zu identifizieren, welche Kulturen des MESG die größten Übereinstimmungen in der genetischen Zusammensetzung mit der modernen Vergleichspopulation aufweisen. Dazu wurden ein oder mehrere Kulturdatensätze der früh-/mittelneolithischen (LBK, Rössener Kultur, Schöninger Gruppe, Baalberger Kultur, Salzmünder Kultur) oder spätneolithischen/frühbronzezeitlichen (Bernburger Kultur, Schnurkeramikkultur, Glockenbecherkultur, Aunjetitzer Kultur) Kulturen mit der Rezentpopulation kombiniert, bis alle möglichen Zwei- (Nr. 290–291) und Drei-Gruppen-Kombinationen (Nr. 292–326) getestet waren. Die Bestimmung des besten Arrangements erfolgte anhand der größten Varianz zwischen den Gruppen und der geringsten Varianz innerhalb der Gruppen.

Jede AMOVA wurde in Arlequin 3.5.1 mithilfe der implementierten *standard AMOVA function* unter Verwendung des Tamura-Nei-Substitutionsmodells (Tamura/Nei 1993) und eines Gamma-Wertes von 0,242 (MESG-Kulturen) bzw. 0,298 (MESG-Kulturen und rezente Metapopulation Zentraleuropas) berechnet. Die F_{st}-Werte wurden anhand von 10 000 Permutationen auf Signifikanz getestet. Substitutionsmodell und Gamma-Werte wurden, basierend auf den verwendeten Datensätzen, mittels der Software jModelTest 0.1.1 ermittelt.

6.2.3 Prähistorische Vergleichsanalysen

Der MESG-Datensatz (Kap. 6.2.1.1) wurde mit zwölf weiteren Populationen des Paläo-/Mesolithikums, des Neolithikums und der Bronzezeit verglichen (Kap. 6.2.1.2; Tab. 6.6), um Affinitäten zu anderen prähistorischen Populationen ermitteln zu können. Im Gegensatz zu den Vergleichsanalysen mit Rezentdaten (Kap. 6.2.4) erlaubte dieser Ansatz direkte Vergleiche zwischen relativ zeitgleichen Populationen und ermöglichte es im Weiteren, archäologischen Hypothesen bezüglich der kulturellen Entstehung, Entwicklung und Ausbreitung anhand der genetischen Variabilität nachzugehen.

6.2.3.1 Ward-Clusteranalyse

Die Anwendung der Clusteranalyse erfolgte, um Gruppierungen prähistorischer Populationen mit ähnlicher Haplogruppenzusammensetzung voneinander zu unterscheiden. In dieser Analyse wurden die relativen Häufigkeiten von 22 Haplogruppen (C, Z, N* N1a, I, W, X, R, HV, V, H, T1, T2, J, U, U2, U3, U4, U5a, U5b, U8 und K) berücksichtigt, die anhand der prähistorischen Daten beobachtet wurden. Die Durchführung der Clusteranalyse und der Test auf signifikante Clusterbildung durch 10 000 Permutationen folgten dem bereits erläuterten Verfahren (Kap. 6.2.2.5).

6.2.2.2 Hauptkomponentenanalyse (PCA)

Die Charakterisierung der MESG-Kulturen anhand ihrer Haplogruppenzusammensetzung sowie die Identifizierung ihrer genetischen Affinitäten zu prähistorischen Vergleichspopulationen erfolgten durch die Anwendung der PCA. Die Einteilung in 22 Haplogruppen und die daraus resultierenden Frequenzen entsprachen denen, die in der Clusteranalyse verwendet wurden (Kap. 6.2.3.1). Die PCA wurde in R 2.13.1 unter Verwendung der *prcomp*-Funktion (Paket *stats*) berechnet und die ersten beiden Hauptkomponenten zweidimensional abgebildet.

6.2.2.3 Ancestral shared haplotype analysis (ASHA)

Der chronologische Ansatz dieser Studie erlaubte es, mitochondriale Linien durch die Zeit zu verfolgen, sie ihrem potenziell ältesten Ursprung zuzuordnen und in jeder Kultur Haplotypen zu identifizieren, die in früheren Kulturen nicht beobachtet wurden und daher als neue maternale Elemente angesehen werden können. Dadurch konnten mtDNA-Linien bestimmten Perioden oder Zeitabschnitten (Komponenten) zugeordnet werden. Hierzu zählen maternale Linien, die:

1. bereits im Paläo-/Mesolithikum nachweisbar sind und als mesolithisches Grundsubstrat angesehen werden können (Jäger-Sammler-Komponente),
2. im Rahmen der neolithischen Transition durch expandierende Bauernpopulationen in Zentraleuropa eingeführt wurden (früh-/mittelneolithische Komponente),
3. mit späteren neolithischen Phasen assoziiert werden können (spätneolithische/frühbronzezeitliche Komponente) und
4. bislang nicht zweifelsfrei einer der übrigen drei Komponenten zugeordnet werden können.

Für diese Methode wurde die klassische *shared-haplotype*-Analyse (Excoffier/Lischer 2010) unter Berücksichtigung der chronologischen Kulturabfolge zur ASHA weiterentwickelt. Dazu wurden zunächst die Datensätze der neun MESG-Kulturen (Kap. 6.2.1.1; Tab. 6.5), der zentraleuropäischen Jäger-Sammler (Kap. 6.2.1.2; Tab. 6.6) und der rezenten Metapopulation (Kap. 6.2.1.3; Tab. 11.4) in chronologische Abfolge gebracht. Anschließend wurde jede Linie einer Kultur oder Population bis zu ihrem frühesten Erscheinen in der chronologischen Abfolge zurückverfolgt und als »anzestrale Linie« definiert, die zu diesem Zeitpunkt erstmals nachweisbar ist. Alle weiteren Haplotypen, die keine Übereinstimmungen in früheren Kulturen aufwiesen, wurden als »neue Linien« angesehen, die erstmals mit der entsprechenden Kultur erscheinen. Die relativen Häufigkeiten der anzestralen Linien in einer Kultur wurden entsprechend der Ergebnisse des Fisher-Tests (Kap. 7.2.1.3), der genetischen Distanzberechnung (Kap. 7.2.1.4), der Clusteranalyse (Kap. 7.2.1.5 und 7.2.2.1), der AMOVA (Kap. 7.2.1.6) und der PCA (Kap. 7.2.2.2) in vier Komponenten (Jäger-Sammler, Früh-/Mittelneolithikum, Spätneolithikum/Frühbronzezeit und »neue Linien«) zusammengefasst. Dabei umfasste die Jäger-Sammler-Komponente anzestrale Linien, die erstmals in den zentraleuropäischen Jäger-Sammler-Kulturen nachweisbar sind, die früh-/mittelneolithische beinhaltete anzestrale Haplotypen, die den Kulturen LBK, Rössener Kultur, Schöninger Gruppe, Baalberger Kultur und Salzmünder Kultur zugeordnet werden konnten und die spätneolithische/frühbronzezeitliche Komponente setzte sich aus Linien zusammen, die bis zur Bernburger Kultur, Schnurkeramikkultur, Glockenbecherkultur oder Aunjetitzer Kultur zurückverfolgt werden konnten. Die daraus resultierenden Frequenzen repräsentieren konservative Minimalwerte der verschiedenen Komponenten, die auf dem Anteil direkter Sequenzübereinstimmungen anzestraler Linien beruhen.

Da jeder Kulturdatensatz einen erheblichen Anteil chronologisch nicht einzuordnender »neuer Linien« enthielt, wurde zusätzlich ein Maximalwert der Komponenten erfasst. Die Berechnung dieses Wertes erfolgte über die Differenzierung der »neuen Linien« anhand charakteristischer Haplogruppen. In Übereinstimmung mit der PCA (Kap. 7.2.2.2) wurde die Häufigkeit der Haplogruppen U, U4, U5a, U5b und U8 der Jäger-Sammler, N1a, T2, J, K, W, X, HV, und V der früh-/mittelneolithischen und R, I, T1 und U2 der spätneolithischen/frühbronzezeitlichen Komponente zugeordnet und zu den entsprechenden Minimalwerten einer Population addiert. Die Haplogruppen H und U3 konnten keiner der drei Komponenten zweifelsfrei zugeordnet werden und wurden daher von der Berechnung der Maximalwerte ausgeschlossen und als »andere Linien« definiert. Ebenso wurde mit afrikanischen oder asiatischen Haplogruppen verfahren, die nur in geringer Frequenz, vor allem in der rezenten Metapopulation, repräsentiert waren.

In einem ergänzenden Schritt wurde der chronologische Datensatz des MESG als genetische Referenzstratigrafie verwendet und mit den übrigen prähistorischen Vergleichsdaten abgeglichen, um in anderen Schlüsselregionen der Neolithisierung Europas die Entwicklung mitochondrialer Komponenten nachvollziehen zu können. Dazu wurden die prähistorischen Vergleichsdaten (Kap. 6.2.1.2; Tab. 6.6) in die drei Subregionen Südwesteuropa, Südskandinavien und Osteuropa/Asien untergliedert, mit repräsentativen Jäger-Sammler- und rezenten Metapopulationen (Kap. 6.2.1.3; Tab. 11.4) kombiniert und in chronologische Abfolge gebracht. Zusätzlich wurden die MESG-Datensätze in diese Chronologie integriert, um in den drei Regionen den Anteil neolithischer Komponenten anhand der genetischen Referenzstratigrafie bestimmen zu können. Die Bestimmung anzestraler Linien und die Berechnung der Minimalwerte folgten dem oben erläuterten Prinzip. Während die Jäger-Sammler-Komponente über direkte Übereinstimmungen mit den repräsentativen Wildbeuterpopulationen Südwest-, Zentral- und Osteuropas ermittelt wurde, erfolgte die Berechnung der früh-/mittelneolithischen und spätneolithischen/frühbronzezeitlichen Komponente durch den Abgleich mit den MESG-Daten. Dabei wurden direkte Sequenzübereinstimmungen mit der Linienbandkeramikkultur, Rössener Kultur, Schöninger Gruppe, Baalberger Kultur und Salzmünder Kultur als früh-/mittelneolithische und Haplotypenäquivalente mit der Bernburger Kultur, Schnurkeramikkultur, Glockenbecherkultur oder Aunjetitzer Kultur als spätneolithische/frühbronzezeitliche Komponente zusammengefasst.

Die Aufschlüsselung der »neuen Linien« und die Berechnung der Maximalwerte folgten ebenfalls dem oben erläuterten Prinzip. Allerdings sind in den mesolithischen Vergleichspopulationen Südwesteuropas und Osteuropas/Asiens weitere Haplogruppen nachweisbar, die im zentraleuropäischen Mesolithikum bislang nicht beschrieben und bei der Berechnung der Maximalwerte differenziert einer der drei Komponenten zugeordnet wurden. In Südwesteuropa wurde die Haplogruppe N* mit der Jäger-Sammler-Komponente assoziiert, da diese Haplogruppe im Mesolithikum Portugals nachweisbar ist (Chandler 2003; Chandler u. a. 2005; Kap. 3.3.5.4). Analog wurde Haplogruppe U2 in Osteuropa/Asien der Jäger-Sammler-Komponente zugeordnet, da unabhängige Studien die Anwesenheit von U2 in dieser Region seit dem Mesolithikum belegen (Krause u. a. 2010b; Der Sarkissian u. a. 2013; Kap. 3.3.5.5).

6.2.4 Rezente Vergleichsanalysen

Rezente Vergleichsdaten wurden mit den MESG-Kulturen (Kap. 6.2.1.1) verglichen, um genetische Affinitäten der untersuchten Kulturen zu heutigen eurasischen Populationen zu identifizieren, die Aussagen über einen möglichen geografischen Ursprung der mtDNA-Variabilität jeder Kultur ermöglichen. Dazu wurden unterschiedliche Rezentdatensätze generiert, welche den Anforderungen der Einzelanalysen gerecht wurden (Kap. 6.2.1.3; Tab. 11.5–11.7).

6.2.4.1 Multidimensionale Skalierung (MDS)

Genetische Distanzen zwischen den MESG-Kulturen (Kap. 6.2.1.1) und 73 modernen Populationen Europas, Zentral-, Nord-, und Südostasiens sowie Nordafrikas (Kap. 6.2.1.3; Tab. 11.5) wurden anhand ihrer HVS-I-Sequenzen (Nukleotidposition 16059–16400) errechnet und mittels MDS in einem dreidimensionalen Raum abgebildet. Die Berechnung der F_{st}-Werte erfolgte in Arlequin 3.5.1 unter Verwendung des Tamura-Nei-Substitutionsmodells und eines Gamma-Wertes von 0,385, die anhand der Software jModelTest 0.1.1 ermittelt wurden. Für die MDS wurden linearisierte Slatkin-F_{st}-Werte (Slatkin 1995) verwendet, die in R 2.13.1 durch die *metaMDS*-Funktion (Paket *vegan*) transformiert und mittels der *scatterplot3d*-Funktion (Paket *scatterplot3d*) in einem dreidimensionalen Raum visualisiert wurden.

6.2.4.2 Hauptkomponentenanalyse (PCA)

Der Vergleich zwischen der Haplogruppenkomposition der MESG-Kulturen (Kap. 6.2.1.1) und 73 rezenten Vergleichspopulationen (Kap. 6.2.1.3; Tab. 11.5) erfolgte mittels PCA, in der 23 Haplogruppen unterschieden wurden (N1a, I, I1, W, X, HV, HV0/V, H, H5, T1, T2, J, U, U2, U3, U4, U5a, U5b, U8, K, afrikanische Haplogruppen [L], asiatische Haplogruppen [A, B, C, D, E, F, G, Q, Y, Z] und alle übrigen Haplogruppen [andere]). Die Berechnung der PCA folgte dem bereits beschriebenen Verfahren (Kap. 6.2.2.2), wurde aber mittels der *scatterplot3d*-Funktion (Paket *scatterplot3d*) in einem dreidimensionalen Raum grafisch dargestellt, der die Variabilität der ersten drei Hauptkomponenten abbildet.

6.2.4.3 Ward-Clusteranalyse

Die Haplogruppenzusammensetzung der MESG-Kulturen (Kap. 6.2.1.1) wurde mit 56 rezenten Vergleichspopulationen Europas, des Nahen Ostens, Zentralasiens und Nordafrikas verglichen (Kap. 6.2.1.3; Tab. 11.6), um die mitochondriale Variabilität der untersuchten Kulturen in Cluster heutiger Populationen einordnen zu können. Die Clusteranalyse basierte auf den relativen Häufigkeiten von 23 Haplogruppen (N1a, I, I1, W, X, HV, HV0/V, H, H5, T1, T2, J, U, U2, U3, U4, U5a, U5b, U8, K, afrikanische Haplogruppen [L], asiatische Haplogruppen [A, B, C, D, E, F, G, Q, Y, Z] und alle übrigen Haplogruppen [andere]) und wurde entsprechend der bereits dargelegten Methodik (Kap. 6.2.2.5) durchgeführt.

6.2.4.4 Procrustes-Analyse

Die Procrustes-Transformation erfolgte basierend auf 23 Haplogruppenfrequenzen und geografischen Koordinaten der MESG-Kulturen (Kap. 6.2.1.1) sowie 56 rezenten eurasischen Vergleichspopulationen (Kap. 6.2.1.3; Tab. 11.6). Jede der rezenten Populationen wurde anhand eines Referenzpunktes definiert, der die geografische Information der verwendeten Daten bestmöglich repräsentiert. Die Haplogruppenfrequenzen waren konsistent mit dem in Kap. 6.2.4.3 verwendeten Datensatz und wurden für eine initiale PCA verwendet, die entsprechend der bereits erläuterten Protokolle berechnet wurde (Kap. 6.2.3.2). Anschließend erfolgte die Rotation der PCA-Werte der ersten und zweiten Hauptkomponente gegen die Matrix der geografischen Koordinaten (Tab. 11.6) mittels der Procrustes-Transformation, bis die beste Übereinstimmung beider Matrizen erreicht wurde. Die Procrustes-Analyse wurde mittels der Funktion *procrustes* (Paket *vegan*) in R 2.13.1 durchgeführt, unter Verwendung der Funktion *protest* (Paket *vegan*) durch 100 000 Permutationen auf Signifikanz getestet und die Ergebnisse anschließend auf einer geografischen Karte visualisiert.

6.2.4.5 Genetische Distanzkarten

Als Grundlage für die Distanzkarten dienten genetische Distanzen zwischen den neun Kulturen des MESG (Kap. 6.2.1.1) und 150 rezenten Vergleichspopulationen Europas, des Nahen Ostens, Zentralasiens und Nordafrikas (Kap. 6.2.1.3; Tab. 11.7), die anhand der Frequenzen von 107 Subhaplogruppen unter Verwendung der F-Statistik für frequenzbasierte Distanzberechnungen in Arlequin 3.5.1 berechnet wurden. Die F_{st}-Werte wurden mit Längen und Breitengraden eines Referenzpunktes für jede Rezentpopulation versehen (Tab. 11.7) und auf einer geografischen Karte mithilfe der k*riging*-Methode in ArcGis 10.0 (Arcmap, Environmental Systems Research Institute [Esri] Inc., Redlands, USA) interpoliert und abgebildet.

7 Ergebnisse

7.1 Ergebnisse der molekulargenetischen Analyse

In den folgenden Kapiteln werden relevante Informationen bezüglich Quantität und Qualität der generierten MESG-Daten erläutert. Generell wurde jedes Individualergebnis einer strikten Prüfung auf Plausibilität und Authentizität entsprechend der in Kapitel 8.1.1 aufgeführten Kriterien unterzogen, sodass die populationsgenetischen Ergebnisse ausnahmslos auf Individualdaten beruhen, die dieser kritischen Überprüfung standhielten. Aufgrund des sehr umfangreichen Datensatzes wird an dieser Stelle jedoch davon Abstand genommen, alle Individualergebnisse und deren Qualität in Bezug auf Reproduzierbarkeit und Authentizität separat zu erläutern. Vielmehr werden einige wesentliche Punkte herausgestellt, die für die Bewertung der Authentizität der Ergebnisse in ihrer Gesamtheit von Bedeutung sind.

7.1.1 Amplifikationserfolg

Von den im Rahmen dieser Arbeit untersuchten 262 Individuen erbrachten 211 reproduzierbare HVS-I-Sequenzen, was einer Erfolgsrate von 80,5 % entspricht (Tab. 7.1). Durch assoziierte Projekte und Kooperationspartner wurden weitere 210 Individuen bearbeitet (Projekte KwBw ACAD, AK, SALZ und BENZ; Kap. 5.2; Tab. 5.2; Tab. 7.1), von denen insgesamt 176 authentifizierte Daten erzeugt werden konnten (82,3 %). Im Gesamten ergaben die paläogenetischen Analysen 472 untersuchter Bestattungen aus dem MESG 387 reproduzierte Individualdaten. Dies entspricht einer Gesamterfolgsquote von 82 % (Tab. 7.1). Diese Daten verteilen sich wie folgt auf die unterschiedlichen Kulturen des MESG: LBK: 88, Rössener Kultur: 11, Gaterslebener Kultur: 3, Schöninger Gruppe: 33, Baalberger Kultur: 19, Salzmünder Kultur: 29, Bernburger Kultur: 17, Kugelamphorenkultur: 2, Schnurkeramikkultur: 44, Glockenbecherkultur: 29, Aunjetitzer Kultur: 94. Die verbleibenden 18 Sequenzen der Fundplätze Karsdorf und Profen konnten aufgrund der archäologischen Fundsituation keiner Kultur zweifelsfrei zugeordnet werden (Kap. 5.4). Des Weiteren wurden von den 387 Individuen mit reproduzierbaren HVS-I-Sequenzen insgesamt 149 HVS-II-Daten erhoben (108 im Rahmen dieser Arbeit).

Die Analyse aussagekräftiger *control-region*-Polymorphismen über die sensitivere Methode der Multiplex-PCR erbrachte 252 reproduzierte SNP-Profile, die von den 262 im Rahmen dieser Arbeit analysierten Individuen generiert wurden (96,2 %). Von den übrigen 210 bearbeiteten Individuen konnten weitere 184 reproduzierbare SNP-Profile gewonnen werden (87,6 %), sodass sich für das MESG im Gesamten eine Erfolgsquote von 92,4 % bei der Amplifikation der *coding-region*-Polymorphismen ergibt (436 reproduzierte von 472 untersuchten Individuen; Tab. 7.1). Diese SNP-Daten verteilen sich folgendermaßen auf die untersuchten MESG-Kulturen: LBK: 92, Rössener Kultur: 16, Gaterslebener Kultur: 7, Schöninger Gruppe: 33, Baalberger Kultur: 24, Salzmünder Kultur: 30, Bernburger Kultur: 17, Kugelamphorenkultur: 2, Schnurkeramikkultur: 51, Glockenbecherkultur: 30, Aunjetitzer Kultur: 110, nicht bestimmbar: 24. Die Haplogruppenbestimmungen über die *coding-region*-Polymorphismen waren ausnahmslos konsistent mit der phylogenetischen Klassifizierung der HVS-I- und HVS-II-Sequenzen. Die Ergebnisse der HVS-I- und HVS-II-Sequenzierung sowie der *coding-region*-SNP-Profile aller 472 untersuchten Individuen sind in Tab. 11.2–11.3 zusammengefasst.

Die reproduzierten HVS-I-Daten wurden verwendet, um den Amplifikationserfolg der einzelnen Kulturen und Fundplätze innerhalb der jeweiligen Stichprobe auf signifikante Unterschiede zu testen (Tab. 7.1). Dabei wurde analysiert, ob erhaltungsbedingte Unterschiede existieren und ob diese im Alter der Proben, deren geografischer Lage oder in fundplatzspezifischen Bodenverhältnissen begründet sind. Der Fundplatzvergleich zeigt, dass zahlreiche Fundplätze einen signifikant hohen bzw. niedrigen Amplifikationserfolg aufweisen. Allerdings ist zu berücksichtigen, dass einige der Ergebnisse durch stichprobenbedingte Artefakte beeinflusst sein könnten. Dies betrifft vor allem die Fundplätze Alberstedt, Halle-Queis, Leau 2, Naumburg, Oberwiederstedt 2, Oberwiederstedt 4, Oberwiederstedt 5, Quedlinburg III und Quedlinburg XIV, deren Stichprobengröße aus ein bis fünf Individuen besteht und somit nur eine geringe statistische Relevanz aufweist. Anders verhält es sich bei den Fundplätzen Benzingerode-Heimburg, Halberstadt-Sonntagsfeld, Karsdorf, Oberwiederstedt 3, Plötzkau 3, Quedlinburg VII, Quedlinburg VIII, Röcken 2 und Salzmünde-Schiepzig, die einen signifikant hohen Amplifikationserfolg zeigen, bzw. den Fundorten Osterwieck und Eulau, bei denen dieser signifikant niedrig ausfällt. Diese Fundplätze weisen eine größere Individuenzahl auf, sodass davon ausgegangen werden kann, dass stichprobenbedingte Artefakte eine untergeordnete Rolle spielen.

Betrachtet man die geografische Lage der betreffenden Fundplätze, so ist erkennbar, dass diese über das gesamte MESG verteilt sind (Abb. 7.1). Es sind statistisch keine regionalspezifischen Einflussfaktoren innerhalb des MESG identifizierbar, welche die Erhaltungswahrscheinlichkeit des prähistorischen Skelettmaterials generell positiv oder negativ beeinflussten, wie es z. B. zwischen dem nördlicheren Harzvorland und den tiefer gelegenen Regionen des Saale-Unstrut-Gebietes hätte vermutet werden können. Dieser

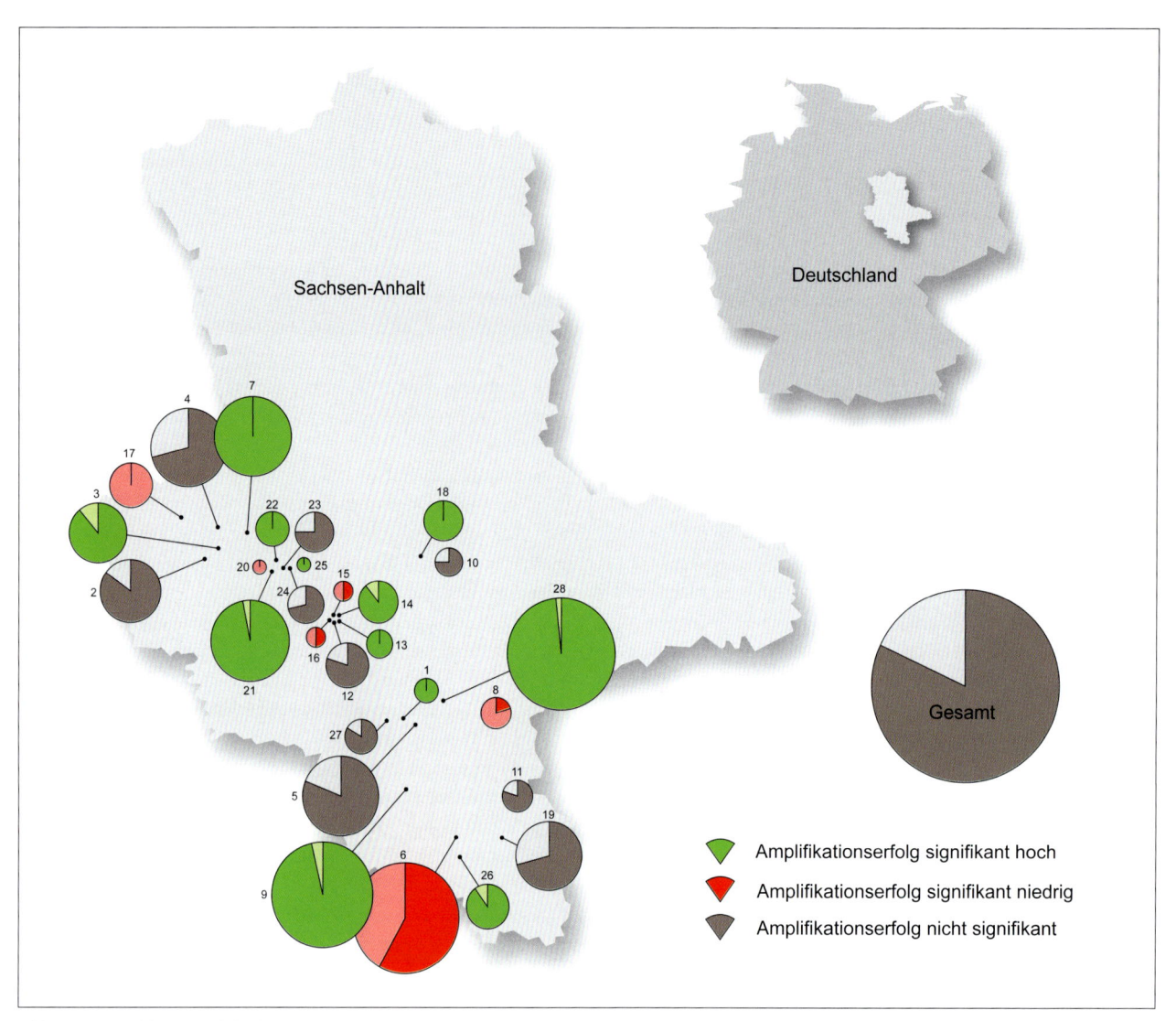

Abb. 7.1 Amplifikationserfolg der untersuchten MESG Fundplätze

Die Kreisdiagramme zeigen für jeden der 28 untersuchten Fundplätze den Amplifikationserfolg bei der Sequenzierung der HVS-I: Alberstedt (1), Benzingerode I (2), Benzingerode-Heimburg (3), Derenburg-Meerenstieg II (4), Esperstedt (5), Eulau (6), Halberstadt-Sonntagsfeld (7), Halle-Queis (8), Karsdorf (9), Leau 2 (10), Naumburg (11), Oberwiederstedt 1 (12), Oberwiederstedt 2 (13), Oberwiederstedt 3 (14), Oberwiederstedt 4 (15), Oberwiederstedt 5 (16), Osterwieck (17), Plötzkau 3 (18), Profen (19), Quedlinburg III (20), Quedlinburg VII (21), Quedlinburg VIII (22), Quedlinburg IX (23), Quedlinburg XII (24), Quedlinburg XIV (25), Röcken 2 (26), Rothenschirmbach (27) und Salzmünde-Schiepzig (28). Der Anteil erfolgreich typisierter Individuen ist durch dunklere, der Anteil der verworfenen durch hellere Farben gekennzeichnet. Die Größe der Kreisdiagramme ist proportional zur untersuchten Individuenzahl eines Fundplatzes. Der Amplifikationserfolg pro Fundplatz wurde mithilfe eines zweiseitigen t-Tests für eine Stichprobe auf Signifikanz getestet, um liegeplatzbedingte Unterschiede im Probenerhalt zu detektieren. Die Farbgebung entspricht signifikant hohen (grün), signifikant niedrigen (rot) oder nicht signifikanten (grau) Werten. Detaillierte Informationen zum Amplifikationserfolg und den Signifikanzwerten gehen aus Tabelle 7.1 hervor.

Umstand ist vermutlich darin begründet, dass Lössböden, bestehend aus fruchtbaren Schwarzerden, die dominierende geologische Struktur im MESG darstellen, die erfahrungsgemäß gute Erhaltungsbedingungen und Konservierungseigenschaften für aDNA aufweist (Haak u. a. 2010). Der signifikant niedrige Amplifikationserfolg der Fundplätze Osterwieck und Eulau ist dagegen vermutlich mit fundplatzspezifischen Eigenheiten erklärbar. Die Tatsache, dass am Fundplatz Osterwieck keine reproduzierbaren Sequenzen erzeugt werden konnten, ist möglicherweise durch den Umstand bedingt, dass unweit der Grabungsstelle Industrieanlagen zur Herstellung lösungsmittelhaltiger Lacke betrieben wurden. Derartige chemische Reagenzien wirken sich erfahrungsgemäß negativ auf molekulargenetische Analysen aus und können die Extraktion oder Amplifikation der DNA aus dem Knochengewebe erschweren oder sogar unmöglich machen (Haak u. a. 2008). Im Falle des Fundplatzes Eulau ist vermutlich die Bodenbeschaffenheit selbst der ausschlaggebende Faktor. Im Gegensatz zu den meisten anderen, von Löss dominierten Fundplätzen befindet sich die Grabungsstelle Eulau auf kieshaltigem Boden. Es wäre denkbar, dass diese Bodenstruktur durch einen verstärkten Eintrag von Wasser in die tieferen Bodenschichten zu einem feuchteren Liegemilieu geführt hat. Da Feuchtigkeit einen Hauptfaktor bei der DNA-Degradierung darstellt (Kap. 3.3.3), könnte dies zu einem signifikant geringeren DNA-Erhalt beigetragen haben. Da paläogenetische Studien bezüglich der Konservierungseigenschaften unterschiedlicher Böden bislang fehlen, bleiben derartige Interpretationen jedoch spekulativ.

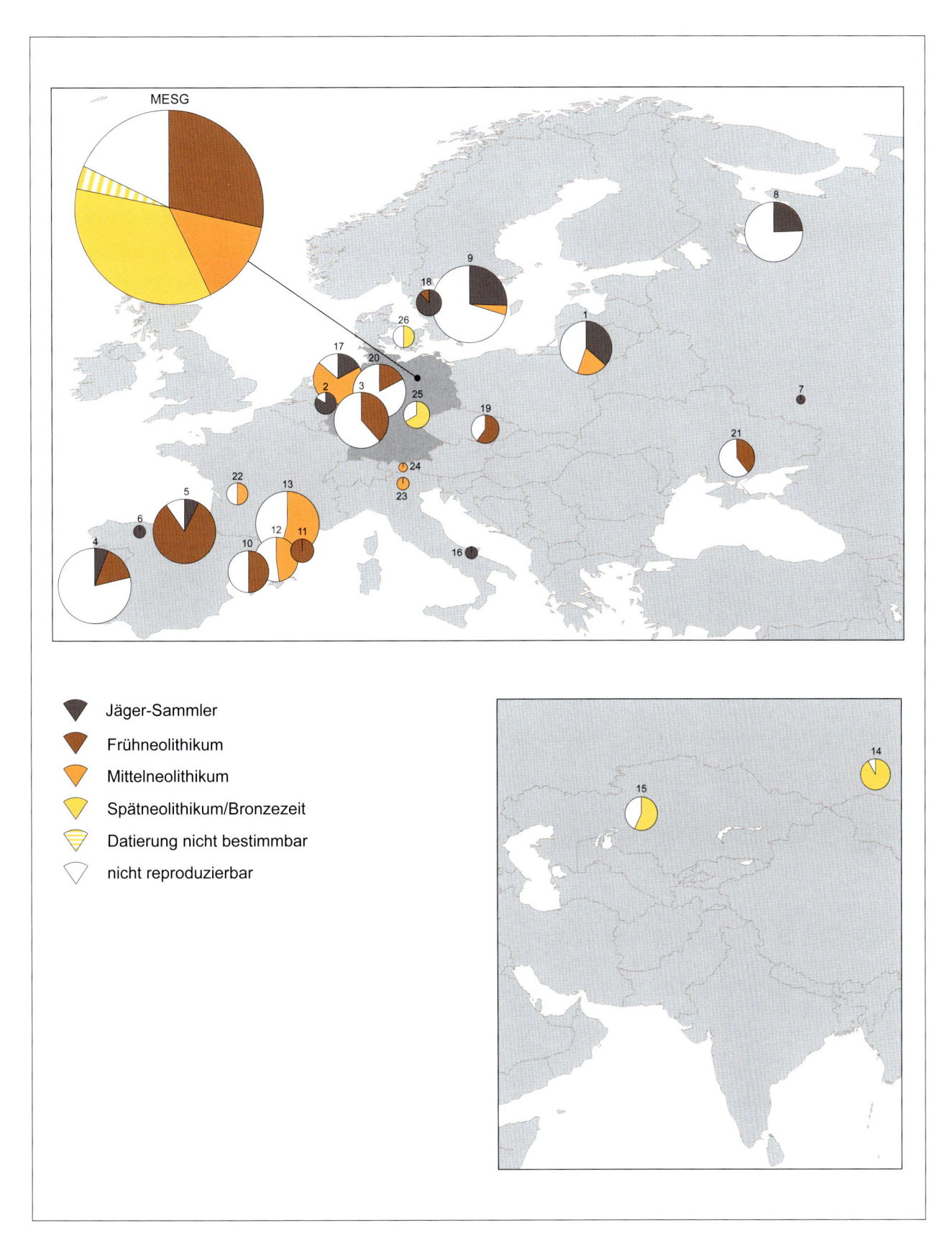

Abb. 7.2 Amplifikationserfolg des MESG im Vergleich zu anderen paläogenetischen Studien

Die Karten zeigen den Amplifikationserfolg bislang veröffentlichter aDNA-Studien bei der Sequenzierung der HVS-I im Vergleich zum MESG-Datensatz: Bramanti u. a. 2009 (1), Fu u. a. 2013 (2), Haak u. a. 2005 (3), Chandler u. a. 2005 (4), Hervella u. a. 2012 (5), Sánchez-Quinto u. a. 2012 (6), Krause u. a. 2010 (7), Der Sarkissian u. a. 2013 (8), Malmström u. a. 2009 (9), Gamba u. a. 2012 (10), Lacan u. a. 2011b (11), Sampietro u. a. 2007 (12), Lacan u. a. 2011a (13), Keyser u. a. 2009 (14), Lalueza-Fox u. a. 2004 (15), Caramelli u. a. 2003 (16), Bollongino u. a. 2013 (17), Lazaridis et al 2013 (18), Bramanti 2008 (19), Lee u. a. 2013 (20), Nikitin u. a. 2012 (21), Deguilloux u. a. 2011 (22), Di Benedetto 2000 (23), Ermini u. a. 2008 (24), Lee u. a. 2012 (25), Melchior u. a. 2010 (26). Die Größe der Kreisdiagramme ist proportional zur untersuchten Individuenzahl der jeweiligen Studie. Der Anteil erfolgreich typisierter Jäger-Sammler, frühneolithischer, mittelneolithischer, spätneolithischer/bronzezeitlicher und nicht bestimmbarer Individuen am gesamten Amplifikationserfolg ist durch die entsprechende Farbgebung aufgeschlüsselt. Detaillierte Informationen zu den MESG- und den prähistorischen Vergleichsdaten sind in den Tabellen 6.5 und 6.6 zusammengefasst.

Nr.	Bereich	HVS-I	range	HVS-II	range	Haplogruppe
1	Genetik	16189C 16263C	15997–16409	263G 315.1C	34–397	H
2	Genetik	16189C 16311C	15997–16569	263G 309.1C 309.2C 315.1C 327T	1–397	H1z1
3	Genetik	16126C 16163G 16186T 16189C 16264T 16294T	15997–16409			T1a
4	Genetik	16223T 16257T 16292T	15997–16409	73G 143A 189G 194T 195C 204C 207A 263G 309.1C 315.1C	34–397	W
5	Genetik	rCRS	15997–16409			H
6	Genetik	rCRS	15997–16569	263G 309.1C 309.2C 315.1C	1–397	H56c
7	Genetik	16093C 16224C 16311C	15997–16409	73G 195C 263G 315.1C	34–397	K1a26
8	Genetik	16136C 16356C	15997–16409	73G 195C 263G 309.1C 315.1C	34–397	U4b2
9	Anthropologie	16051G 16162G 16259T	15997–16409	73G 263G 315.1C	34–397	H1a3a3
10	Anthropologie	rCRS	15997–16409	263G 309.1C 309.2C 315.1C	34–397	H
11	Anthropologie	16166G 16311C	15997–16409	263G 315.1C	34–397	H?
12	Archäologie	16291T 16390A	15997–16409	199C 207A 263G 309.1C 309.2C 315.1C	34–397	H
13	Archäologie	16145A 16189C 16256T 16270T 16399G	15997–16409	73G 195C 263G 309.1C 309.2C 315.1C	34–397	U5a1d2a
14	Archäologie	16343G 16390A	15997–16409	73G 150T 263G 315.1C	34–397	U3a
15	Archäologie	16129A 16223T	15997–16409	73G 150T 263G 315.1C	34–397	I?
16	Archäologie	16221T	15997–16409			H
17	Archäologie	16129A 16172C 16223T 16260T 16311C 16391A	15997–16409			I1a
18	Archäologie	16239T 16311C	15997–16409			U
19	Archäologie	16224C 16311C 16320T	15997–16409			K1c2
20	Archäologie	16069T 16126C 16319A	15997–16409			J1c8
21	Archäologie	16126C 16163G 16186T 16189C 16294T	15997–16409			T1a
22	Archäologie	16114a 16192T 16256T 16270T 16294T	15997–16409			U5a2a
23	Archäologie	16078G 16126C 16294T 16296T	15997–16409			T2
24	Archäologie	16126C 16234T 16294T 16296T 16304C	15997–16409			T2b
25	Archäologie	rCRS	15997–16409			H
26	Archäologie	16078G 16126C 16294T 16296T	15997–16409	73G 263G 309.1C 315.1C	34–397	T2
27	Archäologie	16235G 16261T 16291T 16293G	15997–16409	263G 309.1C 315.1C	34–397	H2a2b1
28	Archäologie	16291T 16390A	15997–16409			H85

Tab. 7.2 HVS-I- und HVS-II-Sequenzen der Bearbeiter

Alle bekannten Personen, die mit dem Probenmaterial während und nach der Ausgrabung in Kontakt kamen oder an der genetischen und anthropologischen Bearbeitung beteiligt waren, wurden genetisch typisiert, um sie als potenzielle Kontaminationsquelle identifizieren und / oder ausschließen zu können. Sequenzpolymorphismen wurden im Vergleich mit der *revised Cambridge Reference Sequence* (rCRS) identifiziert und die Haplogruppen basierend auf der Phylogenie von phylotree (http://www.phylotree.org, built 14, veröffentlicht am 5. April 2012; van Oven / Kayser 2009) bestimmt.

Vergleicht man den Amplifikationserfolg zwischen den untersuchten Kulturen, so zeigen die Rössener und Gaterslebener Kultur einen signifikant niedrigen Amplifikationserfolg, während vor allem die Schöninger Gruppe und Salzmünder Kultur signifikant hohe Amplifikationsraten aufweisen (Tab. 7.1). Daraus könnte der Eindruck gewonnen werden, dass der DNA-Erhalt in älteren Kulturen tendenziell schlechter ist als in jüngeren und somit mit dem Alter der Proben im Untersuchungszeitraum korreliert. Betrachtet man jedoch die Fundplätze, durch die diese Kulturen repräsentiert sind, so wird deutlich, dass die signifikant schlechter erhaltene Rössener und Gaterslebener Kultur vor allem durch die Fundplätze Osterwieck und Eulau repräsentiert sind. Wie bereits dargelegt zeigen diese beiden Fundplätze einen signifikant schlechten Amplifikationserfolg, der vermutlich durch fundplatzspezifische Bodenverhältnisse bedingt ist. Analog verhält es sich bei der Schöninger Gruppe und der Salzmünder Kultur, die vollständig durch den Fundplatz Salzmünde repräsentiert sind, der einen signifikant hohen Amplifikationserfolg erzielt. Letztlich kann also davon ausgegangen werden, dass die DNA-Erhaltung im MESG vornehmlich durch die Bodenbedingungen der einzelnen Fundplätze beeinflusst wurde und das Alter im Untersuchungszeitraum Neolithikum bis Frühbronzezeit eher eine untergeordnete Rolle spielt.

Die Amplifikationsrate der MESG-Proben von 82 % bei der Sequenzierung der HVS-I kann im gesamteuropäischen Vergleich mit den prähistorischen Vergleichsdaten (Kap. 6.2.1.2; Tab. 6.6) als überdurchschnittlich gut bewertet werden. Fast ausnahmslos weisen vergleichbare Studien an mesolithischem, neolithischem und bronzezeitlichem Fundmaterial schlechtere Amplifikationsraten bei zudem noch wesentlich kleineren Stichproben auf (Abb. 7.2). Diese Tatsache kann vor allem auf vorteilhafte Bedingungen des MESG, wie stabiles Kontinentalklima mit moderaten Niederschlagsmengen und fruchtbare Lössböden mit guten Konservierungseigenschaften, zurückgeführt werden. Hinzu kommen methodische Ansätze, die zum Amplifikationserfolg beigetragen haben, wie die in-situ-Beprobung und die Akquirierung des Probenmaterials von relativ jungen Grabungen. Postmortale DNA-Degradierungsphänome, die durch lange und inkonsistente Lagerungsbedingungen verstärkt werden, wurden so minimiert. Diese Maßnahmen trugen dazu bei, die bislang größte Kollektion prähistorischer Daten zu erzeugen, die ein chronologisches Profil vom Beginn des Neolithikums bis in die Frühbronzezeit in einer klar definierten und kleinräumigen Region abbildet. Sie bietet somit ideale Voraussetzungen, um populationsgenetische Veränderungen im fokussierten Untersuchungszeitraum zu detektieren.

7.1.2 Bearbeiter

Insgesamt wurden 28 Bearbeiter genetisch typisiert, die entweder direkt in die molekulargenetische Analyse involviert waren oder vor/während der Beprobung im Zuge osteologischer und archäologischer Bearbeitung und Ausgrabung mit dem Probenmaterial in Kontakt kamen. Archäologen oder Grabungshelfer, die an den Ausgrabungen der hier untersuchten Fundplätze beteiligt waren, wurden soweit erfasst, wie dies aufgrund der umfangreichen Studie rekonstruierbar war. Die Typisierung erfolgte über die Sequenzierung der HVS-I und in einigen Fällen der HVS-II. Diese genetischen Profile wurden mit den prähistorischen MESG-Daten abgeglichen, um Kontaminationen durch Bearbeiter detektieren oder ausschließen zu können. Die HVS-I- und HVS-II-Sequenzen sind in Tab. 7.2 aufgeführt.

Generell kam keiner der Bearbeiter vor oder während der genetischen Analyse mit allen MESG-Proben in Kontakt. Vielmehr können die einzelnen Wissenschaftler mit bestimmten Fundplätzen oder Kulturen assoziiert werden, sodass ein direkter Abgleich mit denjenigen Proben möglich ist, an deren Untersuchung sie unmittelbar beteiligt waren. In die genetischen Analysen waren insgesamt acht Bearbeiter involviert (Nr. 1–8). Der Großteil der reproduzierten MESG-Daten wurde jedoch im Rahmen dieser Arbeit vom Verfasser selbst (Nr. 1) oder durch Wolfgang Haak (Nr. 2) am ACAD generiert. Im gesamten MESG-Datensatz wurde kein Haplotyp identifiziert, der mit den HVS-I- und HVS-II-Sequenzen der Hauptbearbeiter übereinstimmt, sodass beide Personen als potenzielle Kontaminationsquelle ausgeschlossen werden konnten.

Insgesamt konnten nur zwei Bearbeiter identifiziert werden, deren mtDNA-Profile mit Proben übereinstimmten, mit denen sie in Kontakt gekommen waren (Nr. 5 und Nr. 10). Beide Personen weisen auf der HVS-I ein basales Profil auf, das der rCRS entspricht und der Haplogruppe H zugeordnet werden kann. Im Fall von Bearbeiter Nr. 10 ist darüber hinaus die HVS-II-Sequenz verfügbar (263G 309.1C 309.2C 315.1C). Diese Personen waren in die molekulargenetische Analyse bestimmter Individuen der Salzmünder Kultur (Nr. 5) bzw. in die Beprobung der Fundplätze Karsdorf, Quedlinburg und Oberwiederstedt 2 (Nr. 10) involviert. Unter Verwendung der verfügbaren HVS-I- und HVS-II-Daten beider Bearbeiter sowie angesichts deren begrenzten Zuganges zu bestimmtem Skelettmaterial stimmt das Individuum SALZ116 mit Bearbeiter Nr. 5 und die Individuen KAR16, KAR 29, QLB26, QLB28, QUEXII1, QUEXII2, QUEXII3 und OBW2 mit dem Haplotypen des Bearbeiters Nr. 10 überein. Der modale H-Haplotyp beider Bearbeiter ist in heutigen Populationen Europas und dem prähistorischen MESG-Datensatz äußerst häufig. Unter Berücksichtigung aller kontaminationsvermeidenden Maßnahmen während der Beprobung und der genetischen Analyse (Kap. 5.3 u. 6.1.1) sowie der unabhängigen Reproduktion der Ergebnisse durch multiple Extraktionen und Amplifikationen (Kap. 6.1.8) erscheint daher eine systematische Kontamination eines oder mehrerer Individuen durch die genannten Bearbeiter als äußerst unwahrscheinlich. Alle weiteren Personen können anhand abweichender HVS-I- oder HVS-II-Sequenzen und aufgrund des begrenzten Probenzugangs als potenzielle Kontaminationsquellen zweifelsfrei ausgeschlossen werden.

7.1.3 Leerkontrollen

Um die im Rahmen der vorgelegten Dissertation bearbeiteten 262 Individuen genetisch zu typisieren, wurden insge-

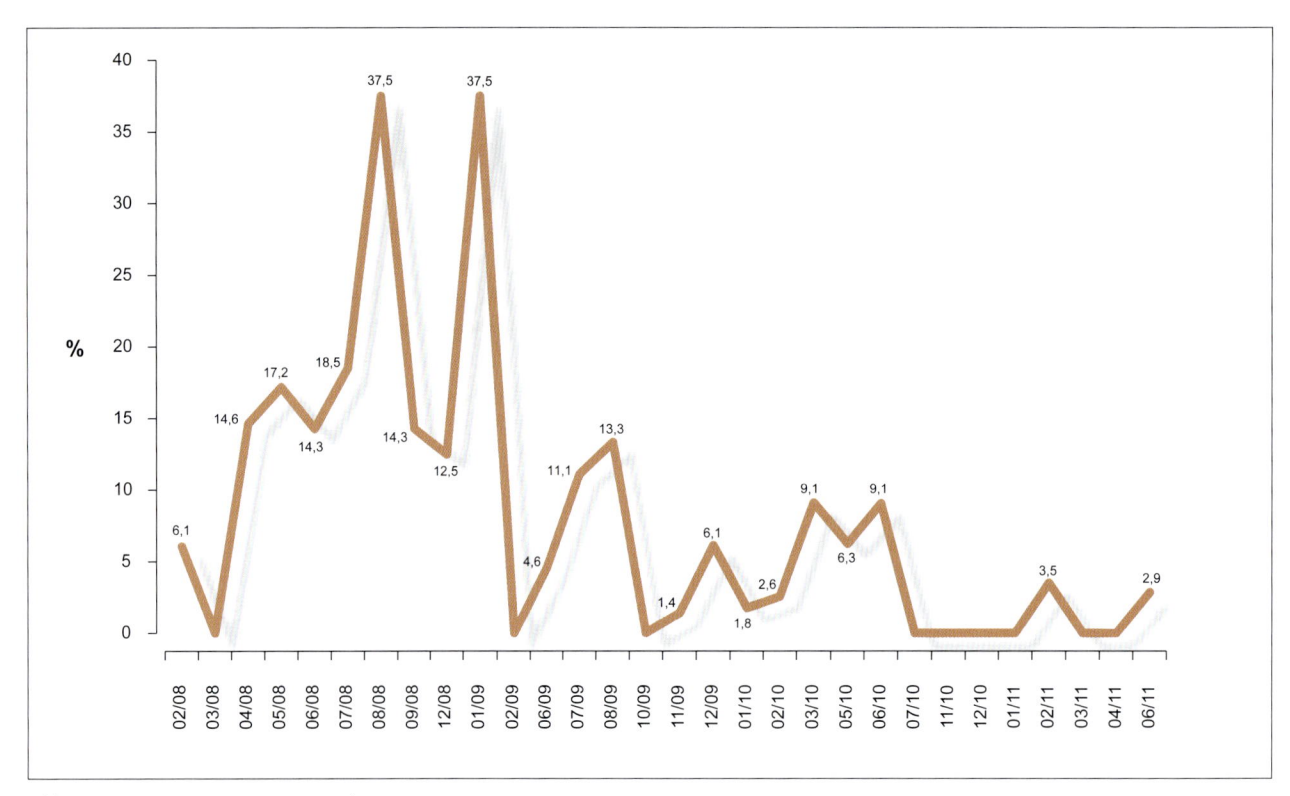

Abb. 7.3 Kontaminationsraten im Bearbeitungszeitraum
Der Graph zeigt die Kontaminationsraten in Prozent während des Bearbeitungszeitraums Februar 2008 bis Juni 2011.

samt 386 PCR mit 5632 Einzelreaktionen durchgeführt. Davon entfielen 1356 PCR-Ansätze auf PCR-, Extraktions- und Hydroxylapatitleerkontrollen. 115 Leerkontrollen zeigten nach der Amplifikation identifizierbare Banden auf dem Agarosegel und wurden anschließend sequenziert. Nach der Sequenzierung erbrachten 99 dieser Leerkontrollen verwertbare Sequenzen, die übrigen 16 zeigten nach mehrmaligen Wiederholungen keine auswertbaren Daten und sind vermutlich durch PCR-Artefakte oder Post-PCR-Labor-Kontaminationen bei der Durchführung der Gelelektrophorese erklärbar. Bei 99 Leerkontrollen kann daher eine Kontaminationsrate von 7,3 % festgestellt werden. Die Kontaminationsrate wurde entsprechend der Monate Februar 2008 bis Juni 2011 aufgeschlüsselt und in einem Diagramm dargestellt, um Fluktuationen und Kontaminationsmaxima im Bearbeitungszeitraum zu visualisieren (Abb. 7.3). Der Graph zeigt, dass in den Monaten August 2008 und Januar 2009 ein sprunghafter Anstieg der Kontaminationsrate zu erkennen ist. Diese Anstiege korrelieren mit infrastrukturellen Maßnahmen des Prä-PCR-Labors, die im Zeitraum Sommer/Herbst 2008 durchgeführt wurden und offenbar mit einem Anstieg der Hintergrundkontamination einhergingen. Trotz zahlreicher Maßnahmen zur Kontaminationsreduktion hielt diese bis Anfang 2009 an und nahm im Folgenden kontinuierlich bis zu den moderaten Kontaminationsraten in den Jahren 2010 und 2011 ab.

Die Sequenzen der 99 Leerkontrollen (Tab. 7.3) wurden mit den potenziell beeinflussten Individuen und Proben verglichen, um einen möglichen Einfluss der Leerkontrollen auf die Typisierung der MESG-Daten abschätzen zu können. Bei insgesamt 65 Leerkontrollen kann eine Beeinflussung der Proben zweifelsfrei ausgeschlossen werden, da die Sequenzmotive der Leerkontrollen in den amplifizierten Fragmenten von denen der parallel analysierten Proben abweichen (Nr. 1–65). Die übrigen 34 Leerkontrollen stimmen in den amplifizierten Fragmenten mit Sequenzmotiven einer oder mehrerer Proben überein (Nr. 66–99). Ein Großteil davon (27) entfällt auf das rCRS-Motiv (Nr. 66–92), bei dem methodisch bedingt der Einfluss kontaminierender Linien auf das Probenmaterial nur unzureichend rekonstruierbar ist. Da die HVS-I und HVS-II durch überlappende Primerfragmente sequenziert wurden, konnten kontaminierende Linien immer nur in Fragmenten detektiert werden. Es ist daher durchaus möglich, wenn nicht gar wahrscheinlich, dass kontaminierende Linien außerhalb des analysierten Fragments in einem oder mehreren Polymorphismen von den potenziell beeinflussten Proben abweichen. Dies trifft vor allem auf fragmentarische rCRS-Kontaminationen zu, da die meisten Haplotypen in einem oder mehreren HVS-I-Fragmenten mit der rCRS übereinstimmen. Ein potenzieller Einfluss auf das Probenmaterial kann für die rCRS-Kontaminationen zwar nicht generell ausgeschlossen werden, eine Beeinflussung erscheint aufgrund der Vielzahl an Möglichkeiten jedoch als eher unwahrscheinlich.

Anders verhält es sich bei fünf Kontaminationen, die fragmentarisch in einem oder mehreren Polymorphismen mit parallel analysierten Proben übereinstimmen (Nr. 93–97). Bei diesen erscheint ein Einfluss der Kontamination auf das Probenmaterial generell als wahrscheinlicher. In den hier vorliegenden Fällen weisen Proben der Individuen KAR7, KAR10, SALZ27 und EUL35 identische Sequenzmotive zu mitgeführten Leerkontrollen auf. Dennoch ist auch hier nicht auszuschließen, dass die kontaminierenden Linien außerhalb des analysierten Fragments in einem oder meh-

Nr.	Monat	Primer	Sequenz	range	möglicher Einfluss
1	02/08	16287/16410	rCRS	16288–16409	Kein Einfluss
2	04/08	16287/16410	rCRS	16288–16409	Kein Einfluss
3	04/08	16117/16233	rCRS	16118–16232	Kein Einfluss
4	04/08	16209/16348	rCRS	16210–16347	Kein Einfluss
5	05/08	16287/16410	rCRS	16294–16409	Kein Einfluss
6	05/08	16209/16348	rCRS	16210–16347	Kein Einfluss
7	05/08	16209/16348	rCRS	16210–16347	Kein Einfluss
8	06/08	16055/16142	rCRS	16082–16141	Kein Einfluss
9	08/08	16287/16410	rCRS	16288–16409	Kein Einfluss
10	08/08	16209/16348	rCRS	16210–16347	Kein Einfluss
11	09/08	16287/16410	rCRS	16288–16409	Kein Einfluss
12	12/08	15996/16142	rCRS	16001–16141	Kein Einfluss
13	08/09	16287/16410	rCRS	16288–16409	Kein Einfluss
14	06/10	16209/16348	rCRS	16210–16347	Kein Einfluss
15	02/08	16209/16348	16218Y 16309G	16210–16347	Kein Einfluss
16	02/08	16209/16348	16309G	16210–16347	Kein Einfluss
17	02/08	16212/16402	16316G 16381C	16213–16401	Kein Einfluss
18	04/08	16117/16233	16223T	16118–16232	Kein Einfluss
19	04/08	16287/16410	16311C	16288–16409	Kein Einfluss
20	04/08	16117/16233	16129A	16118–16232	Kein Einfluss
21	04/08	16209/16348	16224C 16311C	16210–16347	Kein Einfluss
22	04/08	16045/16240	16224C	16046–16239	Kein Einfluss
23	04/08	16117/16233	16189C	16122–16232	Kein Einfluss
24	05/08	16117/16233	16129A	16118–16232	Kein Einfluss
25	05/08	16117/16233	16129A 16189a	16118–16192	Kein Einfluss
26	05/08	16209/16348	16294T 16296T 16304C	16210–16347	Kein Einfluss
27	05/08	16209/16348	16294T 16296T 16304C	16213–16347	Kein Einfluss
28	05/08	16287/16410	16343G 16362C	16288–16406	Kein Einfluss
29	05/08	16209/16348	16316G	16210–16347	Kein Einfluss
30	05/08	16287/16410	16379T	16288–16409	Kein Einfluss
31	06/08	16287/16410	16356C	16288–16409	Kein Einfluss
32	07/08	16212/16402	16223Y	16213–16401	Kein Einfluss
33	07/08	16055/16142	16069Y	16056–16141	Kein Einfluss
34	07/08	16055/16142	16069Y	16056–16141	Kein Einfluss
35	08/08	16117/16233	16129A 16134T	16118–16232	Kein Einfluss
36	12/08	16117/16233	16192T	16122–16232	Kein Einfluss
37	12/08	16287/16410	16311C	16288–16409	Kein Einfluss
38	01/09	16045/16240	16189C	16046–16239	Kein Einfluss
39	01/09	16045/16240	16223T	16046–16239	Kein Einfluss
40	01/09	16212/16402	16256T 16352C	16213–16401	Kein Einfluss
41	06/09	16045/16240	16189C	16184–16239	Kein Einfluss
42	06/09	15996/16142	16126C	15997–16138	Kein Einfluss
43	07/09	16117/16233	16189C	16176–16231	Kein Einfluss
44	07/09	16209/16348	16304C	16210–16347	Kein Einfluss
45	07/09	16287/16410	16362Y	16288–16390	Kein Einfluss
46	07/09	16117/16233	16145A 16156A 16178C	16118–16192	Kein Einfluss
47	11/09	16287/16410	16356C	16288–16408	Kein Einfluss
48	12/09	16212/16402	16261T 16292T 16294T	16238–16401	Kein Einfluss
49	12/09	16117/16233	16189C	16122–16232	Kein Einfluss
50	01/10	15996/16410	16189C	16002–16193	Kein Einfluss
51	02/10	16287/16410	16311C	16288–16409	Kein Einfluss
52	02/10	16045/16240	16080G 16189C	16046–16236	Kein Einfluss
53	03/10	16117/16233	16223T	16118–16232	Kein Einfluss
54	03/10	16209/16348	16223T 16295Y 16324Y	16210–16347	Kein Einfluss
55	03/10	16209/16348	16223T 16292T 16304C	16213–16347	Kein Einfluss
56	05/10	16209/16348	16162t 16284G	16210–16347	Kein Einfluss
57	06/10	15996/16142	16111T 16126C	15997–16141	Kein Einfluss

Tab. 7.3 Leerkontrollen (Fortsetzung Folgeseite)

Nr.	Monat	Primer	Sequenz	range	möglicher Einfluss
58	06/10	16117/16233	16179T 16227G	16118–16232	Kein Einfluss
59	06/10	16117/16233	16223T	16118–16232	Kein Einfluss
60	06/10	16287/16410	16292T	16288–16409	Kein Einfluss
61	06/10	15996/16142	16129A	15997–16141	Kein Einfluss
62	06/10	16209/16348	16256T 16270Y 16311C	16210–16347	Kein Einfluss
63	06/10	16117/16233	16189C	16132–16193	Kein Einfluss
64	06/10	16117/16233	16189C 16192T	16118–16232	Kein Einfluss
65	06/11	00034/00177	73G	34–177	Kein Einfluss
66	04/08	15996/16142	rCRS	15997–16141	KAR17b
67	04/08	16117/16233	rCRS	16118–16232	KAR16b, KAR17b, KAR18b
68	04/08	16209/16348	rCRS	16212–16347	KAR16b, KAR18b
69	05/08	16055/16142	rCRS	16056–16141	EUL19a, EUL19c
70	05/08	16055/16142	rCRS	16056–16141	EUL19a, EUL19c
71	05/08	16055/16142	rCRS	16056–16141	EUL19a, EUL19c
72	05/08	16055/16142	rCRS	16056–16141	EUL19a, EUL19c
73	05/08	16117/16233	rCRS	16118–16208	SALZ49a, SALZ57a, SALZ60b, SALZ66a, SALZ70a, SALZ70b
74	05/08	16209/16348	rCRS	16212–16347	SALZ52a, SALZ52b, SALZ57a, SALZ66a, SALZ74a, SALZ74b
75	05/08	15996/16142	rCRS	15997–16141	SALZ77a, SALZ77b
76	07/08	16045/16240	rCRS	16046–16238	KAR2a, KAR11b, KAR12a, KAR16a, KAR17a
77	01/08	16212/16402	rCRS	16233–16401	SALZ18a, SALZ18b, SALZ38a, SALZ38b
78	08/09	16055/16142	rCRS	16056–16109	EUL53a
79	12/09	16212/16402	rCRS	16237–16401	OBW3a, OBW3b
80	01/10	15996/16142	rCRS	16037–16141	QLB29a, QLB30a, QLB32a, QLB33a, QLB35a, QLB39a, QLB41a, QLB43a
81	03/10	15996/16142	rCRS	15997–16141	PRO23a
82	03/10	16209/16348	rCRS	16210–16347	PRO11a
83	03/10	16045/16240	rCRS	16046–16239	QLB19b, QLB21b, QLB26b, QLB28b, QLB32b, QLB35b, QLB43b
84	03/10	15996/16142	rCRS	15997–16101	SALZ48a
85	06/10	16287/16410	rCRS	16288–16409	PRO11b, PRO13b
86	06/10	15996/16142	rCRS	15997–16141	EUL35a, KAR19c, KAR40c, KAR59a
87	06/10	16117/16233	rCRS	16118–16232	KAR19c, KAR58a, KAR59a
88	06/10	16209/16348	rCRS	16210–16347	KAR24c, KAR58a, KAR59a
89	06/10	15996/16142	rCRS	15997–16141	SALZ48b, KAR58a
90	06/10	15996/16142	rCRS	15997–16141	SALZ48b, KAR58a
91	06/10	15996/16142	rCRS	15997–16141	KAR58b, KAR59b
92	06/10	16287/16410	rCRS	16288–16409	KAR58b, KAR59b, SALZ11c, QLB14a
93	07/08	16212/16402	16224C 16311C	16213–16401	KAR7a, KAR10a
94	01/09	16045/16240	16192T	16046–16237	SALZ27a, SALZ27b
95	01/09	16045/16240	16192T	16046–16237	SALZ27a, SALZ27b
96	06/10	16117/16233	16189C	16118–16225	EUL35a
97	06/10	16117/16233	16189C	16118–16232	EUL35b
98	02/11	CORE22	H		EUL14a, EUL23a, EUL34a, EUL35a, EUL36a, EUL37a, EUL41a, EUL57Ba
99	02/11	CORE22	H		EUL14a, EUL23a, EUL34a, EUL35a, EUL36a, EUL37a, EUL41a, EUL57Ba

Tab. 7.3 Leerkontrollen

Aufgeführt sind die kontaminierten Leerkontrollen, das Entstehungsdatum, die Fragmente bzw. Primersysteme in denen sie detektiert wurden und ihr potenzieller Einfluss auf parallel analysierte Proben. Probenkürzel sind Tabelle 11.1 zu entnehmen.

reren Polymorphismen von den Proben abweichen. Des Weiteren traten während der Analyse der *coding-region*-Polymorphismen durch die Multiplex zwei Kontaminationen der Haplogruppe H auf (Nr. 89–99), die mehrere Parallelen in den zeitgleich analysierten Proben aufwiesen.

Obwohl ein Einfluss der Kontaminationen Nr. 66–99 auf mehrere Individuen nicht zweifelsfrei ausgeschlossen werden kann, wurden die Daten der betroffenen Individuen nicht verworfen, da alle Ergebnisse, durch mehrere unabhängige Experimente, bestehend aus zwei bis drei Amplifikationen von mindestens zwei unabhängigen Proben und anschließender Klonierung, erfolgreich reproduziert wurden. Darüber hinaus stimmen die Ergebnisse der *coding-region*-Polymorphismen sowie die HVS-II-Sequenzierung in allen Fällen mit der phylogenetischen Haplogruppenklassifizierung der HVS-I überein. Daher ist ein systematischer Effekt der beschriebenen Kontaminationen auf die betroffenen Proben und Individuen, der zu falsch positiven Ergebnissen geführt hätte, als höchst unwahrscheinlich einzustufen.

7.2 Ergebnisse der populationsgenetischen Analyse

In den nachfolgenden Kapiteln werden die Ergebnisse der populationsgenetischen Analysen und deren methodische Qualität separat erläutert und bewertet. Sie bilden die Diskussionsgrundlage für die anschließende Rekonstruktion populationsdynamischer Ereignisse während des Neolithikums in Europa. Dabei wurden die Ergebnisse entsprechend der diachronen, prähistorischen und rezenten Vergleichsanalysen gegliedert, um Einzelanalysen mit ähnlicher Aussage zusammenzufassen.

7.2.1 Diachrone Vergleichsanalysen

7.2.1.1 Haplogruppenfrequenzen

In einem ersten vergleichenden Schritt wurden die Frequenzen von 20 Haplogruppen der zentraleuropäischen Jäger-Sammler und der rezenten Metapopulation Zentraleuropas mit den MESG-Kulturen kombiniert und in chronologische Abfolge gebracht. Ansteigende oder abnehmende Frequenzveränderungen während des Neolithikums wurden mithilfe der linearen Regression bestimmt (Kap. 6.2.2.1), mit dem Ziel, die chronologische Entwicklung der Haplogruppenzusammensetzung bewerten zu können. Die ermittelten Haplogruppenfrequenzen sind in Tab. 7.4 gelistet und in Abb. 7.4 grafisch dargestellt.

Anhand des chronologischen Profils der Haplogruppenfrequenzen sind zahlreiche Frequenzverschiebungen ersichtlich, die in vielen Fällen ansteigende oder abnehmende Tendenzen aufweisen. Die offensichtlichsten Veränderungen sind am Übergang vom Mesolithikum zum Neolithikum feststellbar. Die Haplogruppenzusammensetzung der zentraleuropäischen Jäger-Sammler besteht ausschließlich aus Linien der Haplogruppe U. Dazu zählen neben der basalen Haplogruppe U selbst auch deren Subgruppen U4, U5a, U5b und U8. Während diese Haplogruppen mit Häufigkeiten von 6,3–50 % in der Wildbeuterpopulation vorkommen, sind sie in der LBK nicht (U, U8 und U4) oder nur mit geringen Häufigkeiten von 1–2 % nachweisbar (U5a und U5b). Im Gegensatz dazu findet sich eine wesentlich höhere Variabilität seit der Etablierung der produzierenden Lebensweise durch die LBK in Zentraleuropa, bestehend aus den Haplogruppen N1a, T2, K, J, HV, V, W, X und H. Diese Haplogruppen wurden bislang nicht in Wildbeuterpopulationen Zentraleuropas nachgewiesen (Bramanti u. a. 2009; Fu u. a. 2013; Bollongino u. a. 2013), aber im Zusammenhang mit der LBK als charakteristische Linien diskutiert (Haak u. a. 2010; Brandt u. a. 2013).

Nach der initialen Neolithisierung können weitere Frequenzveränderungen beobachtet werden. Eine der augenscheinlichsten Entwicklungen betrifft die Haplogruppe N1a. In Übereinstimmung mit früheren Publikationen (Haak u. a. 2005) zeigt der erheblich vergrößerte LBK-Datensatz, bestehend aus 102 Individuen, eine konstant hohe Frequenz von N1a-Haplotypen (12,7 %). Während des Früh- und Mittelneolithikums wird dieser Anteil jedoch bis zur Abwesenheit von N1a in der Bernburger Kultur dem ausgehenden Mittelneolithikum, der spätneolithischen Schnurkeramikkultur und der Glockenbecherkultur sowie der frühbronzezeitlichen Aunjetitzer Kultur erheblich verringert (m = -0,0149). Dies lässt vermuten, dass die Reduktion von N1a bis zu ihrer Häufigkeit von 0,2 % in rezenten Populationen Europas (Haak u. a. 2005) bereits am Übergang vom Mittelneolithikum zum Spätneolithikum eingesetzt haben muss. Analog kommen die Haplogruppen T2, K, J, HV und V weitestgehend konsistent im Früh-/Mittelneolithikum (LBK bis Salzmünder Kultur) vor. Ausnahmen bilden J und V, die in der Rössener bzw. in der Schöninger und Baalberger Kultur nicht anhand der HVS-I-Sequenzen nachweisbar sind. Allerdings kann zumindest die Anwesenheit von J in der Rössener Kultur durch die sensitivere Methode der *coding-region*-Multiplex bestätigt werden (Tab. 11.3). Im Verlauf des Neolithikums verringert sich die Frequenz der Haplogruppen T2 (m = -0,0176), K (m = -0,0153), J (m = -0,0048), HV (m = -0,0075) und V (m = -0,0047). Somit können für diverse Haplogruppen, die im Früh-/Mittelneolithikum häufig vertreten waren, abnehmende Tendenzen festgestellt werden, deren Verringerung überwiegend im ausgehenden Mittelneolithikum einsetzt und sich im Spätneolithikum und der Frühbronzezeit fortsetzt.

Im Gegensatz dazu finden sich Haplogruppen, die im Früh-/Mittelneolithikum abwesend sind oder nur in geringer Frequenz vorkommen und erst im Spätneolithikum an Häufigkeit zunehmen. Dazu zählen die Haplogruppen I (m = 0,0093), U2 (m = 0,0050), H (m = 0,0111), U4 (m = 0,0064), U5a (m = 0,0191) und U5b (m = 0,0058). I und U2 sind erstmals in der Schnurkeramikkultur nachweisbar (I: 2,3 %, U2: 2,3 %) und nehmen an Häufigkeit in der Aunjetitzer Kultur zu (I: 12,8 %, U2: 6,4 %). In der weitestgehend zeitgleichen Glockenbecherkultur sind beide Haplogruppen jedoch nicht nachweisbar. Zugleich steigt in der Glockenbecherkultur die Haplogruppe H auf die höchste Frequenz im gesamten Datensatz (48,3 %) und ist damit der primäre Faktor für eine ansteigende Tendenz dieser Haplogruppe während des Neolithikums. Darüber hinaus ist ein genereller

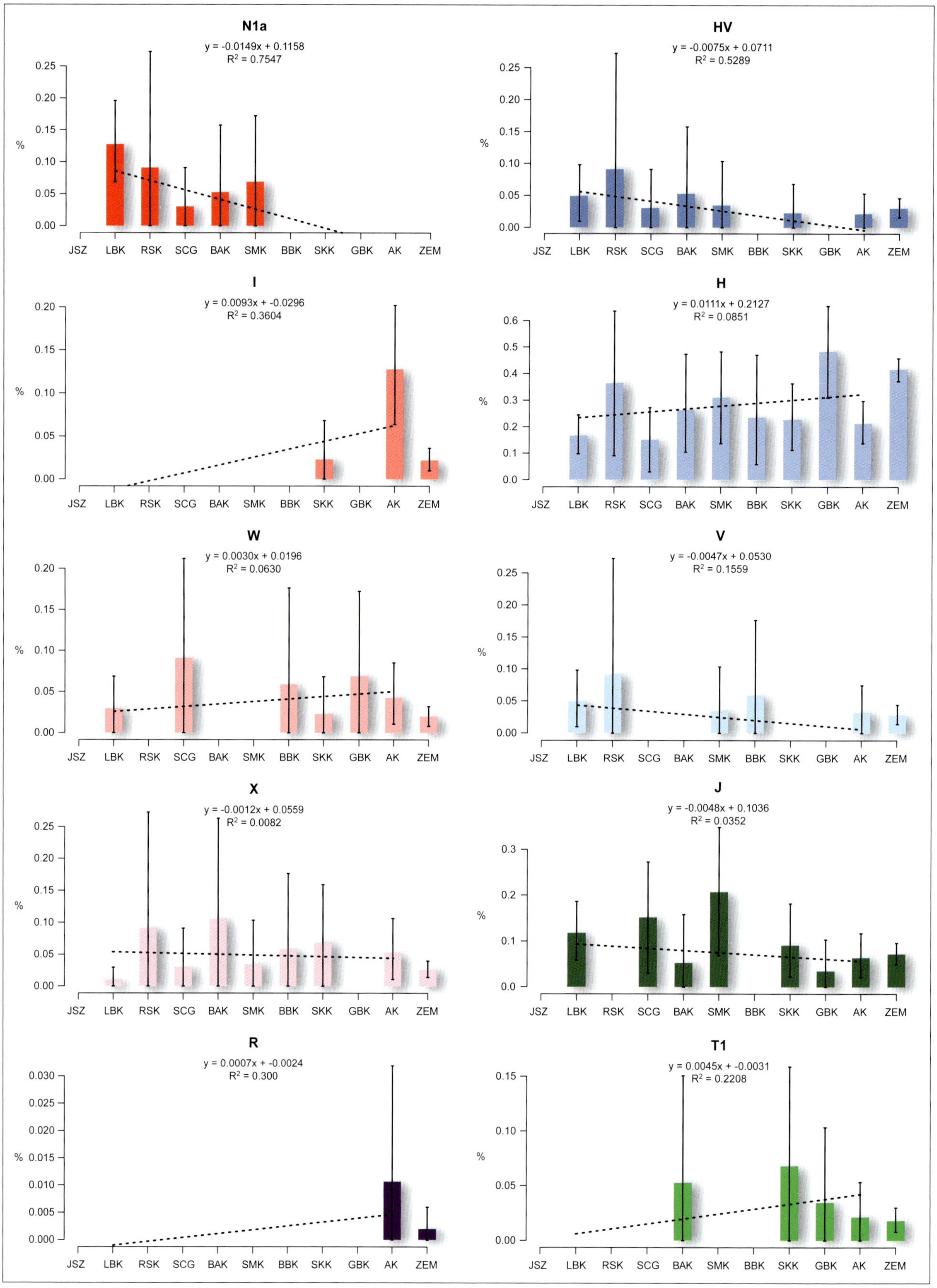
N1a
y = -0.0149x + 0.1158
R^2 = 0.7547
HV
y = -0.0075x + 0.0711
R^2 = 0.5289
I
y = 0.0093x + -0.0296
R^2 = 0.3604
H
y = 0.0111x + 0.2127
R^2 = 0.0851
W
y = 0.0030x + 0.0196
R^2 = 0.0630
V
y = -0.0047x + 0.0530
R^2 = 0.1559
X
y = -0.0012x + 0.0559
R^2 = 0.0082
J
y = -0.0048x + 0.1036
R^2 = 0.0352
R
y = 0.0007x + -0.0024
R^2 = 0.300
T1
y = 0.0045x + -0.0031
R^2 = 0.2208
%
JSZ
LBK
RSK
SCG
BAK
SMK
BBK
SKK
GBK
AK
ZEM

7 ERGEBNISSE | 107

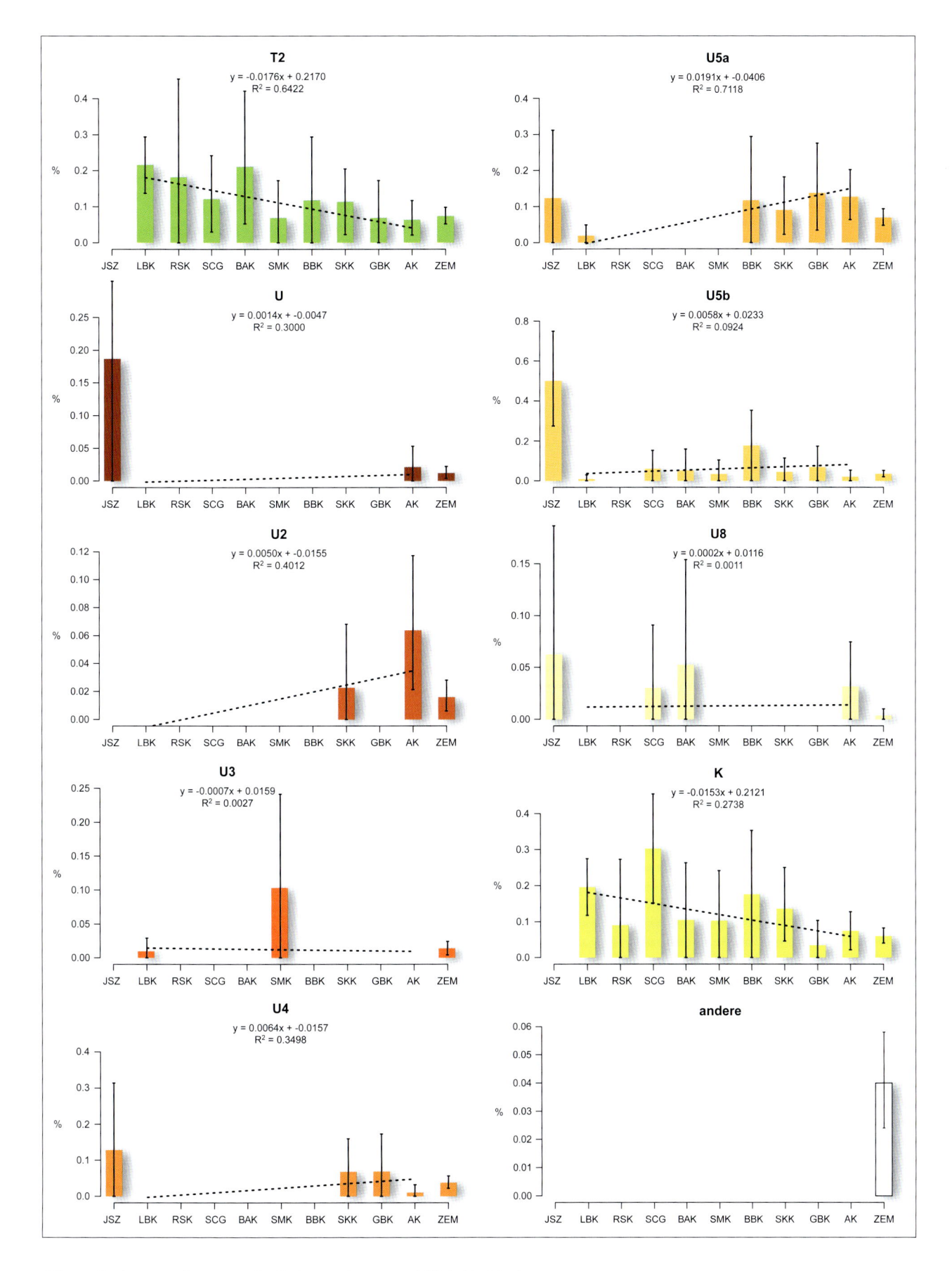

Abb. 7.4 Haplogruppenfrequenzen des diachronen Datensatzes (Abb. beide Seiten)

Die Haplogruppenfrequenzen der Populationen des diachronen Datensatzes wurden in chronologische Abfolge gesetzt, um deren Entwicklung vom Mesolithikum bis in die Gegenwart abzubilden. Die gestrichelten Linien zeigen ansteigende oder abnehmende Trends in der Häufigkeitsverteilung, die durch lineare Regression ermittelt wurden. Die Fehlerbalken kennzeichnen die 95 %-Konfidenzintervalle basierend auf 10 000 Permutationen. Weitere Informationen sowie die Abkürzungen zu den Populationen des diachronen Datensatzes gehen aus den Tabellen 6.5, 6.6 und 11.4 hervor. Die Haplogruppenfrequenzen sind in Tabelle 7.4 aufgeführt.

Anstieg der Haplogruppen U4, U5a und U5b – die zwar im Paläo-/Mesolithikum häufig, im Früh-/Mittelneolithikum jedoch sehr selten vertreten sind – in den Kulturen des ausgehenden Mittelneolithikums, des Spätneolithikums und der Frühbronzezeit erkennbar. Dies legt den Schluss nahe, dass mitochondriale Elemente des mesolithischen Grundsubstrats in späteren neolithischen Perioden erneut an Bedeutung gewinnen.

Während die Präsenz der zuvor erläuterten Haplogruppen weitestgehend mit dem Paläo-/Mesolithikum oder unterschiedlichen Perioden des Neolithikums assoziiert werden kann, zeigen die übrigen Haplogruppen T1, W, X, R, U3 und U8 relativ diffuse Verteilungsmuster (m = +/-0,004). Dies macht Aussagen über deren tendenzielle chronologische Entwicklung nur begrenzt möglich. U8 ist bereits seit dem Paläolithikum in Zentraleuropa nachweisbar (Fu u. a. 2013) und es kann davon ausgegangen werden, dass diese Haplogruppe einen Teil des mesolithischen Grundsubstrats darstellt. In nachfolgenden Kulturen findet sich U8 in der Schöninger und Baalberger Kultur des Früh-/Mittelneolithikums und in der Aunjetitzer Kultur der frühen Bronzezeit. U3 tritt erstmals in geringer Häufigkeit in der LBK auf und wurde in nachfolgenden Kulturen ausschließlich in der Salzmünder Kultur detektiert. In Anbetracht der U-Variabilität wildbeuterisch lebender Populationen scheint die Anwesenheit von U3 in Europa seit dem Paläo-/Mesolithikum als wahrscheinlich, kann jedoch aufgrund fehlender paläogenetischer Nachweise bislang nicht zweifelsfrei bewertet werden. Die Haplogruppen W und X variieren in Präsenz und Frequenz im Verlauf des Neolithikums. Während X – mit Ausnahme der Glockenbecherkultur – konsistent, aber mit fluktuierender Frequenz in allen Kulturen des MESG vorkommt, kann Haplogruppe W anhand der HVS-I-Sequenzen in der Rössener Kultur, Baalberger Kultur und Salzmünder Kultur nicht nachgewiesen werden. Allerdings wurde W durch die Analyse der *coding-region*-Polymorphismen in einem Individuum der Baalberger Kultur detektiert (Tab. 11.3). Da W und X seit der LBK nachweisbar sind, kann davon ausgegangen werden, dass sie im Verlauf der Neolithisierung in Europa auftraten und während des Neolithikums erhalten blieben. Ihre Frequenz war allerdings relativ gering, sodass sie stichprobenbedingt nicht in allen Datensätzen detektiert wurden. Die Haplogruppen T1 und R zeigen eine stärkere Affinität zu spätneolithischen/frühbronzezeitlichen Kulturen. T1 ist im Früh-/Mittelneolithikum nur in der Baalberger Kultur vorhanden, findet sich jedoch mit einem Häufigkeitsmaximum in der Schnurkeramikkultur (6,8 %) und mit abnehmender Frequenz konsistent in den übrigen Kulturen des Spätneolithikums und der Frühbronzezeit. Haplogruppe R hingegen ist ausschließlich durch die frühbronzezeitliche Aunjetitzer Kultur repräsentiert. Zusammenfassend zeigt der Großteil der Haplogruppen abnehmende oder ansteigende Tendenzen während des Neolithikums, die weitestgehend mit dem Übergang zwischen Früh-/Mittelneolithikum und Spätneolithikum/Frühbronzezeit erklärt werden können.

Nach dem Spätneolithikum und der Frühbronzezeit sind vor allem konträre Fluktuationen bei den Haplogruppen I, U2 und H zu beobachten. Während I und U2 – die während des Neolithikums ausschließlich durch die Schnurkeramikkultur und die Aunjetitzer Kultur repräsentiert sind – in der rezenten Metapopulation Zentraleuropas an Bedeutung verlieren (I: 2,2 %, U2: 1,6 %), steigt die Häufigkeit von H nach der Bronzezeit wieder auf das Niveau der Glockenbecherkultur (41,6 %). Daneben ist ein erneuter Abfall mesolithischer Linien, vor allem U4 (3,8 %) und U5a (7 %), zu verzeichnen, die im Verlauf des ausgehenden Mittelneolithikums und des Spätneolithikums eine Häufigkeitszunahme erfuhren. Analog verringert sich die Frequenz von Haplogruppe T1 (1,8 %), die im Spätneolithikum relativ häufig vorhanden war, in der rezenten Metapopulation. Die Haplogruppendiversität, wie sie sich im ausgehenden Neolithikum und der Frühbronzezeit darstellt, bleibt somit zwar bis in die Gegenwart erhalten; die aufgezeigten Frequenzveränderungen jedoch sprechen für Fluktuationen in der Haplogruppenzusammensetzung.

7.2.1.2 Haplotypen- und Haplogruppendiversität

Haplotypen- und Haplogruppendiversität wurden für die Populationen des diachronen Datensatzes separat berechnet und die tendenzielle Entwicklung beider Indizes vom Mesolithikum bis in die Gegenwart mittels linearer Regression abgebildet (Kap. 6.2.2.2). Die Werte dieser Variabilitätsindikatoren sind neben weiteren molekulargenetischen Indizes in Tab. 7.5 aufgeführt und in Abb. 7.5 als Diagramm visualisiert.

Die Resultate zeigen eine zunehmende Tendenz der genetischen Variabilität vom Mesolithikum bis zur heutigen Population Zentraleuropas, die sowohl anhand der Haplotypen- (m = 0,0079) als auch der Haplogruppendiversität (m = 0,0477) ersichtlich ist. In Übereinstimmung mit der sehr homogenen Haplogruppenzusammensetzung (Kap. 7.2.1.1) weisen die Jäger-Sammler eine niedrige Haplotypen- (0,81667) und Haplogruppendiversität (0,25) auf, die mit Einsetzten des LBK-induzierten Neolithikums und dem damit verbundenen erstmaligen Erscheinen zahlreicher Haplogruppen im MESG auf 0,95438 bzw. 0,60 sprunghaft ansteigt.

In den nachfolgenden Kulturen des Früh-/Mittelneolithikums (Rössener Kultur, Schöninger Gruppe, Baalberger Kultur und Salzmünder Kultur) variieren die Werte der Haplotypendiversität zwischen 0,93596 und 0,98246, während sich die Variabilität der Haplogruppen auf 0,25–0,50 reduziert. Im Falle der Schöninger Gruppe und der Salzmünder Kultur sind die Werte weitestgehend mit denen der LBK vergleichbar, sodass diese Kulturen keine offensichtlichen Veränderungen der genetischen Variabilität im Vergleich zur LBK zeigen. Bei der Rössener und Baalberger Kultur hingegen ist eine Disparität bezüglich einer hohen Haplotypen- bei gleichzeitig geringer Haplogruppendiversität erkennbar. Diese ist einerseits dadurch erklärbar, dass beide Datensätze aus relativ geringen Stichproben mehrerer Fundplätze bestehen (Tab. 7.1). In diesen fällt der Anteil identischer Linien im Vergleich zu den übrigen Kulturdatensätzen sehr gering aus, wodurch höhere Werte der Haplotypendiversität induziert werden. Andererseits wird die niedrige Haplogruppendiversität dadurch bedingt, dass die Haplogruppen J, W und V, die nahezu konsistent im Früh-/Mittelneolithikum vorhanden sind, anhand der

Abk.	N1a	I	W	X	R	HV	V	H	T1	T2	J	U	U2	U3	U4	U5a	U5b	U8	K	andere
JSZ	0,0	0,0	0,0	0,0	0,0	0,0	0,0	0,0	0,0	0,0	0,0	18,8	0,0	0,0	12,5	12,5	50,0	6,3	0,0	0,0
LBK	12,7	0,0	2,9	1,0	0,0	4,9	4,9	16,7	0,0	21,6	11,8	0,0	0,0	1,0	0,0	2,0	1,0	0,0	19,6	0,0
RSK	9,1	0,0	0,0	9,1	0,0	9,1	9,1	36,4	0,0	18,2	0,0	0,0	0,0	0,0	0,0	0,0	0,0	0,0	9,1	0,0
SCG	3,0	0,0	9,1	3,0	0,0	3,0	0,0	15,2	0,0	12,1	15,2	0,0	0,0	0,0	0,0	0,0	6,1	3,0	30,3	0,0
BAK	5,3	0,0	0,0	10,5	0,0	5,3	0,0	26,3	5,3	21,1	5,3	0,0	0,0	0,0	0,0	0,0	5,3	5,3	10,5	0,0
SMK	6,9	0,0	0,0	3,4	0,0	3,4	3,4	31,0	0,0	6,9	20,7	0,0	0,0	10,3	0,0	0,0	3,4	0,0	10,3	0,0
BBK	0,0	0,0	5,9	5,9	0,0	0,0	5,9	23,5	0,0	11,8	0,0	0,0	0,0	0,0	0,0	11,8	17,6	0,0	17,6	0,0
SKK	0,0	2,3	2,3	6,8	0,0	2,3	0,0	22,7	6,8	11,4	9,1	0,0	2,3	0,0	6,8	9,1	4,5	0,0	13,6	0,0
GBK	0,0	0,0	6,9	0,0	0,0	0,0	0,0	48,3	3,4	6,9	3,4	0,0	0,0	0,0	6,9	13,8	6,9	0,0	3,4	0,0
AK	0,0	12,8	4,3	5,3	1,1	2,1	3,2	21,3	2,1	6,4	6,4	2,1	6,4	0,0	1,1	12,8	2,1	3,2	7,4	0,0
ZEM	0,2	2,2	2,0	2,6	0,2	3,0	2,8	41,6	1,8	7,4	7,2	1,2	1,6	1,4	3,8	7,0	3,6	0,4	6,0	4,0

Tab. 7.4 Haplogruppenfrequenzen des diachronen Datensatzes
Die Tabelle listet die relativen Häufigkeiten von 20 Haplogruppen des diachronen Datensatzes auf, welche für die Frequenztrends, die Clusteranalyse und den Fisher-Test verwendet wurden (Abb. 7.4, 7.6 u. 7.8). Details und Abkürzungen der MESG-Kulturen und der Metapopulationen finden sich in den Tabellen 6.5, 6.6 und 11.4.

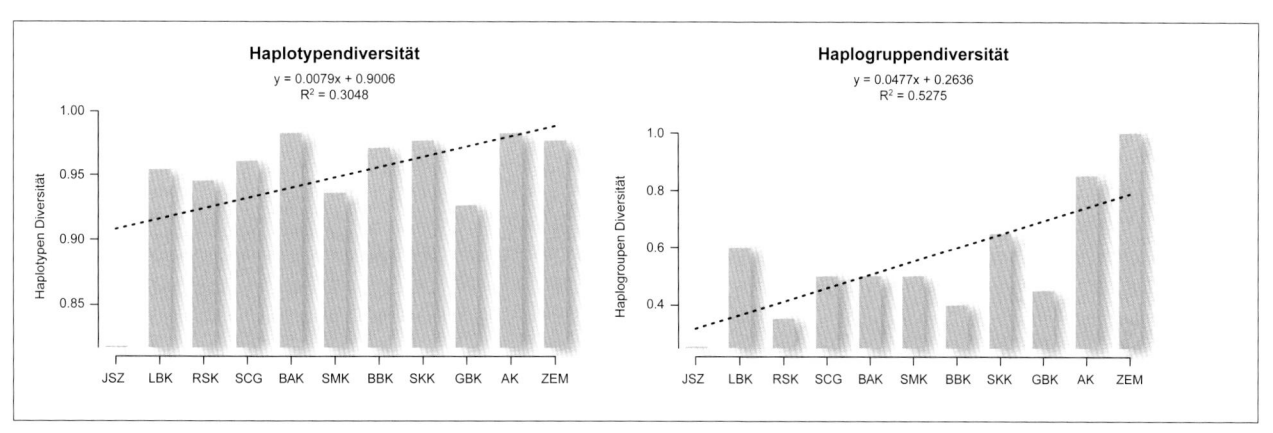

Abb. 7.5 Haplotypen- und Haplogruppendiversität des diachronen Datensatzes
Die tendenzielle Entwicklung der Haplotypen- und Haplogruppendiversität vom Mesolithikum bis in die Gegenwart wurde anhand der Populationen des diachronen Datensatzes mittels linearer Regression bestimmt. Details zu den Populationen sind in den Tabellen 6.5, 6.6 und 11.4, die Werte der Haplotypen- und Haplogruppendiversität in Tabelle 7.5 gelistet.

HVS-I-Daten der Rössener bzw. Baalberger Kultur nicht nachgewiesen werden konnten, obwohl die Analyse der coding-region-SNPs Hinweise auf die Präsenz von J und W in der Rössener bzw. Baalberger Kultur aufzeigt (Tab. 11.3). Somit könnte die Disparität möglicherweise durch eine stichprobenbedingte Unterrepräsentation bestimmter Haplotypen und Haplogruppen bedingt sein.

Das ausgehende Mittelneolithikum, das durch die Bernburger Kultur repräsentiert ist, zeigt ebenfalls eine erhöhte Haplotypendiversität (0,97059) bei relativ geringer Haplogruppendiversität (0,45). Im Gegensatz zur Rössener Kultur oder Baalberger Kultur gibt es bei der Bernburger Kultur allerdings keine Hinweise darauf, dass die genetische Diversität stichprobenbedingt unterrepräsentiert ist, da die Daten von einem einzigen Fundkomplex stammen und einen höheren Anteil identischer Linien aufweisen. Zudem resultiert die Haplotypen-/Haplogruppendisparität überwiegend aus der hohen U5b-Heterogenität, die in keiner der früheren neolithischen Kulturen erreicht wird, aber vergleichbare Parallelen in der zentraleuropäischen Wildbeuterpopulation hat.

Mit Einsetzten des Spätneolithikums durch das Auftreten der Schnurkeramikkultur im MESG kann erstmals ein Anstieg der Haplotypendiversität (0,97674) festgestellt werden, der ebenfalls auf einer Zunahme der Haplogruppenvariabilität beruht (0,65) und maßgeblich durch das Erscheinen neuer Haplogruppen wie I und U2 erklärbar ist (Kap. 7.2.1.1). In der nachfolgenden Glockenbecherkultur reduzieren sich beide Variabilitätsindizes erneut auf 0,92611 bzw. 0,45. Die Verringerung der Haplogruppendiversität ist vor allem durch die hohe Frequenz der Haplogruppe H bei gleichzeitiger Abwesenheit anderer Haplogruppen wie I und U2, aber auch HV, V und X erklärbar. Da der überwiegende Teil der H-Haplotypen auf der HVS-I der rCRS ent-

Abk.	n	S	H	K	π	HD	HgD
JSZ	16	9	9	2,27500	0,00665	0,81667	0,25
LBK	102	36	38	4,94292	0,01445	0,95438	0,60
RSK	11	20	9	4,65455	0,01361	0,94545	0,35
SCG	33	30	20	4,66288	0,01363	0,96212	0,50
BAK	19	32	16	5,40351	0,01580	0,98246	0,50
SMK	29	28	16	4,26601	0,01247	0,93596	0,50
BBK	17	21	13	4,47059	0,01307	0,97059	0,40
SKK	44	33	29	4,58562	0,01341	0,97674	0,65
GBK	29	25	16	3,31034	0,00968	0,92611	0,45
AK	94	47	57	4,99337	0,01460	0,98238	0,85
ZEM	500	118	253	4,54343	0,01328	0,97668	1,00

Tab. 7.5 Molekulare Standardindizes des diachronen Datensatzes
Molekulare Standardindizes, inklusive der Haplotypen- und Haplogruppendiversität (Abb. 7.5), wurden anhand der HVS-I-Sequenzen bzw. der Haplogruppenfrequenzen (Tab. 7.4) des diachronen Datensatzes errechnet (n = Populationsgröße, S = Anzahl segregierender Positionen, H = Anzahl unterschiedlicher Haplotypen, K = durchschnittliche Anzahl an Unterschieden, π = Nukleotiddiversität, HD = Haplotypendiversität, HgD = Haplogruppendiversität). Abkürzungen und weitere Informationen zu den Populationen des diachronen Datensatzes sind in den Tabellen 6.5, 6.6 und 11.4 zusammengefasst.

spricht und somit keine differenzierenden Polymorphismen aufweist, geht mit der hohen H-Frequenz ebenfalls eine reduzierte Haplotypendiversität einher. Somit spiegelt sich die konträre Haplogruppenzusammensetzung der Schnurkeramikkultur und Glockenbecherkultur (Kap. 7.2.1.1) ebenfalls in ihrer genetischen Diversität wider. Interessanterweise erhöhen sich die Werte beider Indikatoren erneut mit Beginn der Frühbronzezeit. Die Aunjetitzer Kultur weist sowohl eine hohe Haplotypen- (0,98238) als auch Haplogruppendiversität (0,85) auf und setzt den Trend, der mit der Schnurkeramikkultur im Spätneolithikum einsetzt, fort.

Die Haplotypendiversität der rezenten Population Europas zeigt nur etwas geringere Werte als die Aunjetitzer Kultur (0.97668), während bei der Haplogruppendiversität ein nochmaliger Anstieg seit der Bronzezeit zu verzeichnen ist (1,0), der auf geringen Frequenzen von U3, sehr geringen Häufigkeiten von N1a und der Präsenz anderer afrikanischer und asiatischer Haplogruppen beruht.

Zusammenfassend resultieren die ansteigenden bzw. abnehmenden Frequenzveränderungen während des Neolithikums (Kap. 7.2.1.1) in einer Zunahme der genetischen Variabilität, die vor allem am Übergang Meso-/Neolithikum und Mittel-/Spätneolithikum zu beobachten ist und bereits in der Frühbronzezeit mit der Gegenwart vergleichbar ist.

7.2.1.3 Fisher-Test

Die Haplogruppenzusammensetzung der zentraleuropäischen Wildbeuterpopulation, der MESG-Kulturen und der rezenten Metapopulation wurde mithilfe des Fisher-Tests auf signifikante Unterschiede getestet (Kap. 6.2.2.3). Die verwendeten Haplogruppenfrequenzen sind in Tab. 7.4 und die daraus resultierenden Signifikanzwerte in Tab. 7.6 aufgeführt. Die grafische Umsetzung der Signifikanzwerte zeigt Abb. 7.6.

Der Fisher-Test zeigt, dass die homogene Haplogruppenzusammensetzung der Jäger-Sammler überwiegend höchst signifikante Unterschiede zu allen neolithischen und frühbronzezeitlichen Kulturen sowie der rezenten Metapopulation aufweist (p = 0,0049–0,0001). Interessanterweise sind die Unterschiede der Wildbeuterpopulation zur Bernburger Kultur des ausgehenden Mittelneolithikums zwar hoch signifikant, jedoch im Vergleich zu den übrigen prähistorischen Kulturen des MESG nicht höchst signifikant, was durch den relativ hohen Anteil an U5a- und U5b-Linien in der Bernburger Kultur erklärbar ist (Kap. 7.2.1.1).

Innerhalb des Neolithikums weist ein Großteil der früh-/mittelneolithischen Kulturen signifikante Unterschiede in der Haplogruppenzusammensetzung zu den spätneolithischen/frühbronzezeitlichen Kulturen auf. Signifikante Unterschiede finden sich zwischen der LBK und der Bernburger Kultur, Schnurkeramikkultur, Glockenbecherkultur und Aunjetitzer Kultur (p = 0,0117–0,0001) und jeweils zwischen der Schöninger Gruppe und Salzmünder Kultur zur Glockenbecherkultur und zur Aunjetitzer Kultur (p = 0,0126–0,0011). Rössener Kultur und Baalberger Kultur zeigen hingegen keine signifikanten Unterschiede zum Spätneolithikum und zur Frühbronzezeit. Innerhalb der früh-/mittelneolithischen oder spätneolithischen/frühbronzezeitlichen Kulturen sind keine signifikanten Unterschiede feststellbar. Werden die Kulturen des MESG entsprechend dieser Differenzierung in zwei Gruppen geteilt, ergeben sich höchst signifikante Unterschiede (p = 0,0001), die weitestgehend durch die erkennbaren abnehmenden oder ansteigenden Frequenztrends zahlreicher Haplogruppen am Übergang Mittelneolithikum/Spätneolithikum erklärbar sind (Kap. 7.2.1.1).

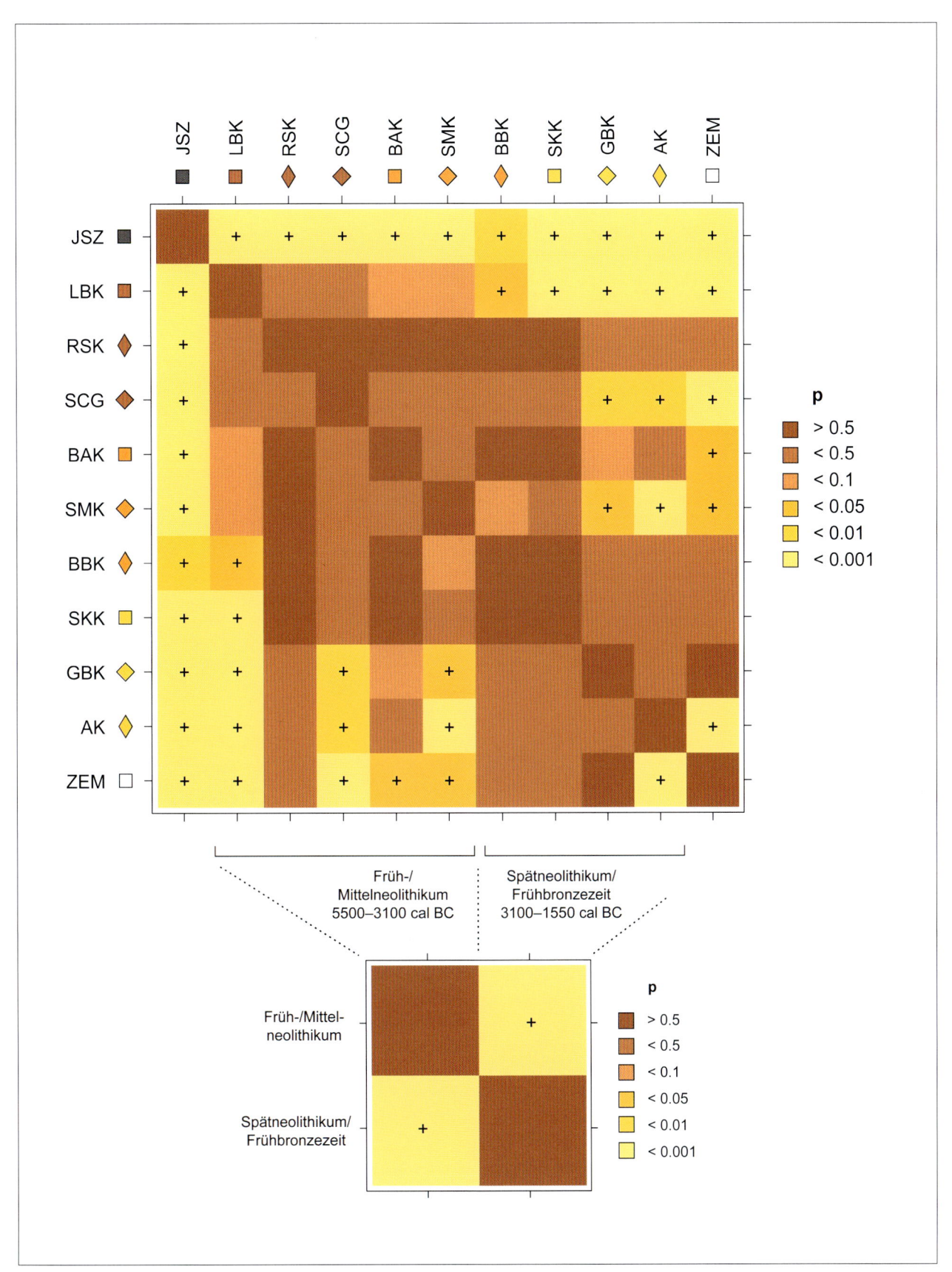

Abb. 7.6 Fisher-Test des diachronen Datensatzes

Mithilfe des Fisher-Tests wurde die Haplogruppenzusammensetzung der Populationen des diachronen Datensatzes (Tab. 7.4) auf signifikante Unterschiede getestet (p). Der Farbverlauf gibt die Höhe der p-Werte an. Je heller die Farbe, desto geringer der p-Wert. Signifikante Unterschiede sind durch ein »+« gekennzeichnet. Zusätzlich wurden die MESG-Kulturen einer früh-/mittelneolithischen (LBK, RSK, SCG, BAK und SMK) und einer spätneolithischen/frühbronzezeitlichen Gruppe (BBK, SKK, GBK und AK) zugeordnet und auf signifikante Unterschiede in der Haplogruppenzusammensetzung getestet. Die Farbgebung der Symbole kennzeichnet die Jäger-Sammler-Population (grau), frühneolithische (braun), mittelneolithische (orange) und spätneolithische/frühbronzezeitliche Kulturen (gelb) sowie die rezente Metapopulation (weiß). Informationen und Kürzel der Populationen sind den Tabellen 6.5, 6.6 und 11.4 zu entnehmen, während die p-Werte in Tabelle 7.6 zusammengefasst sind.

Abk.	JSZ	LBK	RSK	SCG	BAK	SMK	BBK	SKK	GBK	AK	ZEM
JSZ	*	0,00010	0,00010	0,00010	0,00010	0,00010	0,00490	0,00010	0,00200	0,00010	0,00010
LBK	0,00010	*	0,47550	0,14910	0,08249	0,06919	0,01170	0,00050	0,00010	0,00010	0,00010
RSK	0,00010	0,47550	*	0,20080	0,99820	0,61010	0,64170	0,51140	0,12210	0,32390	0,22730
SCG	0,00010	0,14910	0,20080	*	0,41000	0,17250	0,27720	0,19740	0,00110	0,00470	0,00010
BAK	0,00010	0,08249	0,99820	0,41000	*	0,48030	0,69670	0,80750	0,07009	0,18800	0,04490
SMK	0,00010	0,06919	0,61010	0,17250	0,48030	*	0,08639	0,12020	0,01260	0,00640	0,01510
BBK	0,00490	0,01170	0,64170	0,27720	0,69670	0,08639	*	0,74030	0,29810	0,47040	0,19590
SKK	0,00010	0,00050	0,51140	0,19740	0,80750	0,12020	0,74030	*	0,46930	0,39340	0,16130
GBK	0,00020	0,00010	0,12210	0,00110	0,07009	0,01260	0,29810	0,46930	*	0,14080	0,84160
AK	0,00010	0,00010	0,32390	0,00470	0,18800	0,00640	0,47040	0,39340	0,14080	*	0,00010
ZEM	0,00010	0,00010	0,22730	0,00010	0,04490	0,01510	0,19590	0,16130	0,84160	0,00010	*

Abk.	Früh-/Mittelneolithikum	Spätneolithikum/Frühbronzezeit
Früh-/Mittelneolithikum	*	0,00010
Spätneolithikum/Frühbronzezeit	0,00010	*

Tab. 7.6 Fisher-Test des diachronen Datensatzes
Aufgeführt sind die Signifikanzwerte (p) des Fisher-Tests für Unterschiede in der Haplogruppenzusammensetzung zwischen den Populationen des diachronen Datensatzes (Abb. 7.6). Zusätzlich wurden die MESG-Kulturen in eine früh-/mittelneolithische (LBK, RSK, SCG, BAK und SMK) und eine spätneolithische/frühbronzezeitliche Gruppe (BBK, SKK, GBK und AK) zusammengefasst und auf signifikante Unterschiede in der Haplogruppenzusammensetzung getestet. Informationen und Kürzel der Populationen sind in den Tabellen 6.5, 6.6 und 11.4 gelistet.

In Bezug auf die rezente Metapopulation können überwiegend signifikante Unterschiede der früh-/mittelneolithischen Kulturen festgestellt werden, während diese im ausgehenden Mittelneolithikum (Bernburger Kultur) und dem Spätneolithikum (Schnurkeramikkultur und Glockenbecherkultur) ausbleiben und als stärkere Gemeinsamkeiten zwischen späteren neolithischen Phasen und der europäischen Rezentbevölkerung gewertet werden können. Allerdings weist die Aunjetitzer Kultur der Frühbronzezeit höchst signifikante Unterschiede in der Haplogruppenzusammensetzung zur zentraleuropäischen Metapopulation auf (p = 0,0001), die im Wesentlichen auf sehr hohen Häufigkeiten der Haplogruppen I und U2, einer stärkeren Präsenz ursprünglich mesolithischer Haplogruppen und einer moderaten Frequenz von Haplogruppe H in der Aunjetitzer Kultur begründet sind, deren Frequenzen in der zentraleuropäischen Metapopulation reziprok abnehmen bzw. ansteigen (Kap. 7.2.1.1).

7.2.1.4 Genetische Distanzen

F_{st}-Werte wurden zwischen den Kulturen und Populationen des diachronen Datensatzes sowie zwischen den früh-/mittelneolithischen und spätneolithischen/frühbronzezeitlichen Kulturgruppen des MESG berechnet und visualisiert (Kap. 6.2.2.4). In Tab. 7.7 sind die entsprechenden F_{st}-Werte und deren Signifikanz basierend auf 10 000 Permutationen angegeben und Abb. 7.7 zeigt die daraus resultierenden *levelplots*. Analog zum haplogruppenbasierten Fisher-Test (Kap. 7.2.1.3) resultiert die mitochondriale Haplotypenzusammensetzung der Jäger-Sammler Zentraleuropas in signifikanten F_{st}-Werten zu allen neolithischen und frühbronzezeitlichen Kulturen des MESG (F_{st} = 0,0845–0,21358, p = 0,00000–0,01257) mit den geringsten Unterschieden zur Bernburger Kultur des ausgehenden Mittelneolithikums.

Die mtDNA-Variabilität der MESG-Kulturen resultiert in höheren F_{st}-Werten zwischen früh-/mittelneolithischen und spätneolithischen/frühbronzezeitlichen Kulturen. Im Falle der LBK und der Salzmünder Kultur sowie der Schöninger Gruppe ergeben sich signifikante Unterschiede zur Schnurkeramikkultur (F_{st} = 0,03419–0,02483, p = 0,00337–0,03208), Glockenbecherkultur (F_{st} = 0,05605–0,04316, p = 0,00317–0,00416) und Aunjetitzer Kultur (F_{st} = 0,05246–0,03756, p = 0,00000–0,00277) bzw. zur Glockenbecherkultur (F_{st} = 0,05312, p = 0,00208) und Aunjetitzer Kultur (F_{st} = 0,02776, p = 0,00574). Rössener Kultur und Baalberger Kultur weisen hingegen zwar erhöhte, aber nicht signifikante F_{st}-Werte zu vereinzelten Kulturen des Spätneolithikums und der Frühbronzezeit (insbesondere der Glockenbecherkultur) auf. Analog verhält es sich mit der Bernburger Kultur, die erhöhte, aber nicht signifikante Distanzwerte zur LBK und zur Salzmünder Kultur zeigt. Im Gegensatz dazu sind innerhalb der früh-/mittelneolithischen und spätneolithischen/frühbronzezeitlichen Gruppe fast ausschließlich geringe und nicht signifikante F_{st}-Werte zu

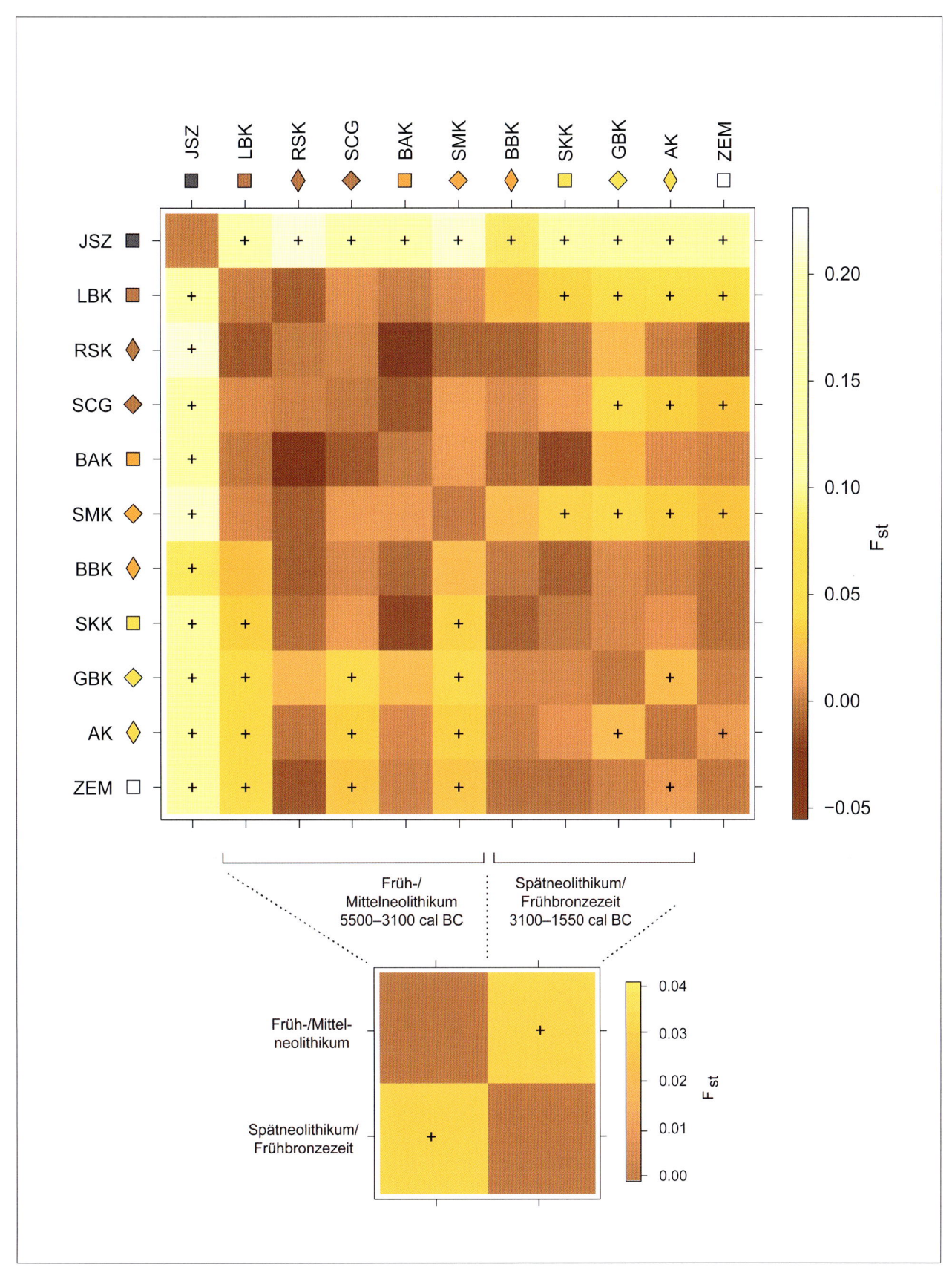

Abb. 7.7 Genetische Distanzen des diachronen Datensatzes

Die HVS-I-Sequenzen der Populationen des diachronen Datensatzes wurden für die Berechung genetischer Distanzen (F_{st}) verwendet. Der Farbverlauf gibt die Höhe der F_{st}-Werte an. Je heller die Farbe, desto höher der F_{st}-Wert. Signifikant hohe F_{st}-Werte sind durch ein »+« gekennzeichnet. Zusätzlich wurde die Haplotypenzusammensetzung der früh-/mittelneolithischen (LBK, RSK, SCG, BAK und SMK) und spätneolithischen/frühbronzezeitlichen Kulturgruppen (BBK, SKK, GBK und AK) auf signifikante Unterschiede getestet. Die Farbgebung der Symbole entspricht Abbildung 7.6. Die Tabellen 6.5, 6.6 und 11.4 enthalten Details zu den Populationen, Tabelle 7.7 die F_{st}Werte und deren Signifikanz.

Abk.	JSZ	LBK	RSK	SCG	BAK	SMK	BBK	SKK	GBK	AK	ZEM
JSZ	*	0,18530	0,21358	0,19211	0,15800	0,21045	0,08450	0,11114	0,13058	0,10647	0,10742
LBK	0,00000	*	-0,01094	0,00515	-0,00034	0,00616	0,02939	0,03419	0,05605	0,05246	0,04123
RSK	0,00010	0,56984	*	0,00139	-0,03780	-0,00736	-0,00974	-0,00224	0,02331	-0,00053	-0,01233
SCG	0,00000	0,24780	0,39105	*	-0,01178	0,01068	0,00475	0,01195	0,05312	0,02776	0,02402
BAK	0,00000	0,40521	0,92139	0,72369	*	0,01004	-0,00488	-0,01593	0,02683	0,00630	0,00283
SMK	0,00000	0,24433	0,52807	0,21127	0,25235	*	0,02485	0,02483	0,04316	0,03756	0,01889
BBK	0,01257	0,07178	0,55371	0,32017	0,51025	0,11385	*	-0,00918	0,00474	0,00228	-0,00165
SKK	0,00030	0,00337	0,46035	0,13068	0,87645	0,03208	0,65152	*	0,00566	0,00795	-0,00200
GBK	0,00030	0,00317	0,14979	0,00208	0,06098	0,00416	0,32343	0,25869	*	0,01857	0,00153
AK	0,00010	0,00000	0,42917	0,00574	0,25770	0,00277	0,36848	0,11484	0,03891	*	0,01169
ZEM	0,00000	0,00000	0,75062	0,00267	0,31373	0,01089	0,49530	0,64301	0,33056	0,00030	*

Abk.	Früh-/Mittelneolithikum	Spätneolithikum/Frühbronzezeit
Früh-/Mittelneolithikum	*	0,03217
Spätneolithikum/Frühbronzezeit	0,00000	*

Tab. 7.7 Genetische Distanzen des diachronen Datensatzes
Genetische Distanzen (F_{st}) zwischen den Populationen des diachronen Datensatzes wurden mithilfe der HVS-I-Sequenzen berechnet (Abb. 7.7). Der obere Teil der Tabelle enthält die F_{st}-Werte (regulär), der untere deren Signifikanz (kursiv). Zusätzlich wurde die Haplotypenzusammensetzung der früh-/mittelneolithischen (LBK, RSK, SCG, BAK und SMK) und spätneolithischen/frühbronzezeitlichen Kulturgruppen (BBK, SKK, GBK und AK) auf signifikante Unterschiede getestet. Die Tabellen 6.5, 6.6 und 11.4 enthalten Details zu den Populationen des diachronen Datensatzes.

beobachten. Beide Gruppen weisen im direkten Vergleich miteinander signifikant hohe F_{st}-Werte auf, wenn die Kulturen entsprechend dieser Klassifizierung zusammengefasst werden ($F_{st}=0{,}03217$, $p=0{,}00000$). Eine Ausnahme stellt die Glockenbecherkultur dar, bei der innerhalb der spätneolithischen/frühbronzezeitlichen Kulturen signifikante Unterschiede zur Aunjetitzer Kultur ($F_{st}=0{,}01857$, $p=0{,}03891$) bestehen, die auf der teilweise konträren und signifikant unterschiedlichen Haplogruppenzusammensetzung (I, U2 und H) beider Kulturen beruhen (Kap. 7.2.1.1 u. 7.2.1.2). Im Gegensatz zum Früh- und Mittelneolithikum können daher das Spätneolithikum und die Frühbronzezeit als heterogen beurteilt und darin Kulturen mit spezifischer mtDNA-Variabilität differenziert werden.

Die zentraleuropäische Metapopulation weist größtenteils identische Ergebnisse zum Fisher-Test auf. Signifikante F_{st}-Werte ergeben sich vor allem zu den früh-/mittelneolithischen Kulturen LBK ($F_{st}=0{,}04123$, $p=0{,}00000$), Schöninger Gruppe ($F_{st}=0{,}02402$, $p=0{,}00267$) und Salzmünder Kultur ($F_{st}=0{,}01889$, $p=0{,}01089$). Die Tatsache, dass Kulturen des ausgehenden Mittelneolithikums und des Spätneolithikums keine signifikanten Unterschiede zur Rezentbevölkerung aufweisen, deutet erneut auf stärkere Gemeinsamkeiten zwischen späteren neolithischen Perioden und der heutigen Population Europas hin. Ebenfalls analog zum Fisher-Test resultieren Frequenzunterschiede der Haplogruppen I, U2, U4, U5a und H zwischen der Aunjetitzer Kultur und der rezenten Metapopulation Zentraleuropas in signifikant unterschiedlichen F_{st}-Werten ($F_{st}=0{,}01169$, $p=0{,}00030$).

Zusammenfassend unterstützt die genetische Distanzanalyse der Einzelkulturen weitestgehend die Ergebnisse des Fisher-Tests (Kap. 7.2.1.3) und erlaubt die Einteilung der MESG-Kulturen in eine früh-/mittelneolithische und spätneolithische/frühbronzezeitliche Gruppe mit überwiegend signifikanten Unterschieden zwischen Kulturen beider Gruppen.

7.2.1.5 Ward-Clusteranalyse

Die Clusteranalyse des diachronen Datensatzes wurde basierend auf 20 Haplogruppenfrequenzen durchgeführt (Kap. 6.2.2.5), die in Tab. 7.4 gelistet sind. Aus Abb. 7.8 ist das resultierende Dendrogramm der Clusteranalyse ersichtlich. Bei 10 000 Permutationen wurden die erzeugten Cluster mit Häufigkeiten von 74–89 % erfolgreich reproduziert. Daher kann davon ausgegangen werden, dass es sich bei der Clusterbildung nicht um eine zufällige Anordnung handelt.

Die Wildbeuter Zentraleuropas werden durch die Clusteranalyse von allen neolithischen und frühbronzezeitlichen Kulturen des MESG sowie der rezenten Metapopulation separiert. Die neun MESG-Kulturen werden in zwei Cluster, bestehend aus früh-/mittelneolithischen und spätneolithischen/frühbronzezeitlichen Kulturen differenziert. Innerhalb der früh-/mittelneolithischen Gruppe bestehen starke Übereinstimmungen in der Haplogruppenzusam-

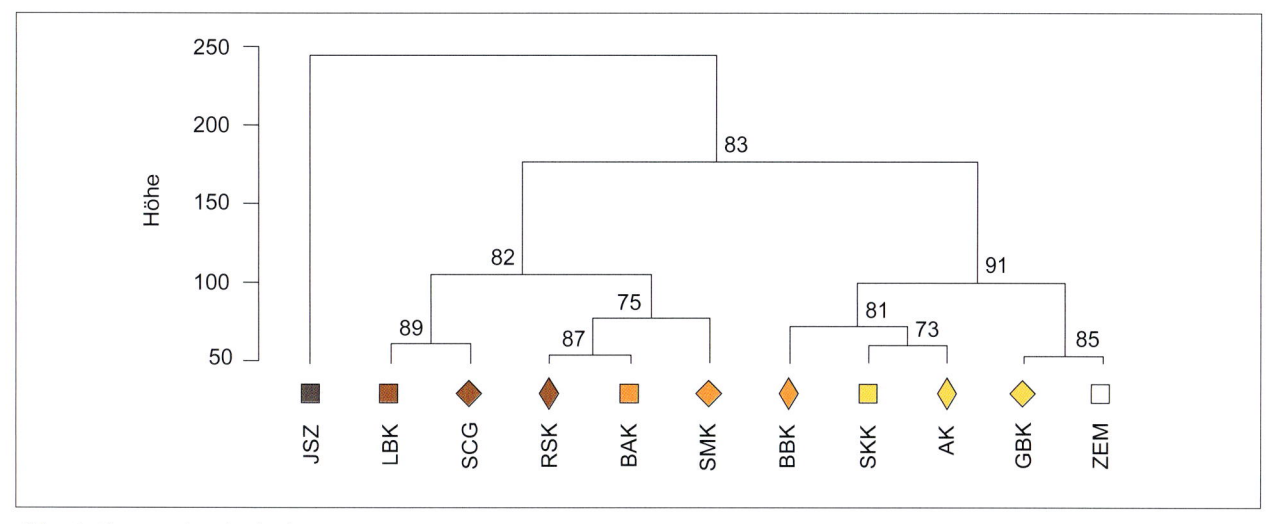

Abb. 7.8 Clusteranalyse des diachronen Datensatzes
Gruppierung der Populationen des diachronen Datensatzes basierend auf deren Haplogruppenfrequenzen. Die Signifikanz der Gruppenbildung ist als prozentualer Anteil reproduzierter Cluster bei 10 000 Permutationen angegeben. Die Farbgebung der Symbole entspricht den Abbildungen 7.6 und 7.7. Informationen und Abkürzungen der Populationen sind in den Tabellen 6.5, 6.6 und 11.4, die Haplogruppenfrequenzen in der Tabelle 7.4 aufgeführt.

mensetzung zwischen der LBK und der Schöninger Gruppe. Beide Kulturen separieren sich von einem weiteren Subcluster, bestehend aus den übrigen früh-/mittelneolithischen Kulturen (Rössener Kultur, Baalberger Kultur, Salzmünder Kultur), in dem sich Rössener und Baalberger Kultur von der Salzmünder Kultur weiter differenzieren lassen. Im Cluster der spätneolithischen/frühbronzezeitlichen Kulturen trennt sich die Glockenbecherkultur von allen übrigen Kulturen des Spätneolithikums sowie der Frühbronzezeit und fällt mit der rezenten Metapopulation Zentraleuropas zusammen. Im anderen Subcluster weisen vor allem Schnurkeramikkultur und Aunjetitzer Kultur starke Affinitäten auf und separieren sich von der Bernburger Kultur.

Im Wesentlichen ist diese Clusterbildung konkordant mit den Gemeinsamkeiten und Differenzen in der Haplogruppenzusammensetzung (Kap. 7.2.1.1) sowie den Ergebnisse des Fisher-Tests (Kap. 7.2.1.3) und der genetischen Distanzanalyse (Kap. 7.2.1.4).

7.2.1.6 Analyse molekularer Varianz (AMOVA)

Die Datensätze der MESG-Kulturen und der zentraleuropäischen Metapopulation wurden in verschiedene Gruppen eingeteilt, deren Zusammensetzung nach jeder AMOVA variiert wurde, um die optimale Kombination mit der größten Varianz zwischen den Gruppen und der geringsten Varianz innerhalb der Gruppen zu identifizieren (Kap. 6.2.2.6). Zunächst wurde die beste Kombination der MESG-Kulturen durch 289 unterschiedliche Kombinationen ermittelt, die dann in einem zweiten Schritt durch weitere 37 Gruppierungen mit der rezenten Metapopulation verglichen wurde. Die Ergebnisse aller 326 Konstellationen sind in Tab. 7.8 zusammengefasst.

Ausgehend von den Ergebnissen der vorangehenden Analysen (Kap. 7.2.1.3–7.1.2.5) wurden zunächst alle Zwei-Gruppen-Konstellationen der MESG-Kulturen getestet (Nr. 1–246). Die beste Kombination (Nr. 246) wurde erreicht, indem die früh-/mittelneolithischen Kulturen (LBK, Rössener Kultur, Schöninger Gruppe, Baalberger Kultur und Salzmünder Kultur) in eine Gruppe und die Kulturen des ausgehenden Mittelneolithikums, des Spätneolithikums und der Frühbronzezeit (Bernburger Kultur, Schnurkeramikkultur, Glockenbecherkultur und Aunjetitzer Kultur) in einer zweiten Gruppe zusammengefasst wurden (Varianz zwischen den Gruppen = 3,06 %, F_{st} = 0,03061, p = 0,00683; Varianz innerhalb der Gruppen = 0,45 %, F_{st} = 0,00468, p = 0,18891). Die weitere Aufspaltung der besten Konstellation (Nr. 246) in drei Gruppen ergab geringere Varianz innerhalb der Gruppen, wenn die spätneolithische/frühbronzezeitliche Kulturgruppe aufgeteilt wurde (Nr. 258–259). Allerdings ging damit auch eine Reduktion der Varianz zwischen den Gruppen einher. Die Aufsplittung in vier Gruppen ergab eine weitere Reduktion der Zwischengruppenvarianz und eine extreme Verringerung der Innergruppenvarianz. Dieser starke Abfall ist vor allem durch die Aufteilung in mehrere kleinere Gruppen erklärbar, die zwangsläufig zu einer homogenen Innergruppenvarianz führt. Die Aussagekraft der Vier-Gruppen-Konstellationen bezüglich der genetischen Zusammensetzung der MESG-Kulturen kann daher nur als begrenzt beurteilt werden und deutet darauf hin, dass eine weitere Aufteilung in fünf oder mehr Gruppen keine Optimierung der Konstellation hervorbringen würde.

Die beste Kombination der MESG-Kulturen (Nr. 246) wurde mit der rezenten Metapopulation verglichen, um Gemeinsamkeiten in der mtDNA-Zusammensetzung zu detektieren. Zunächst wurde jeweils eine der beiden Kulturgruppen mit der Metapopulation kombiniert (Nr. 290–291). Anschließend wurden ein oder mehrere Kulturen des Früh-/Mittelneolithikums oder des ausgehenden Mittelneolithikums, des Spätneolithikums und der Frühbronzezeit der Rezentpopulation hinzugefügt (Nr. 292–326). Die beste Konstellation wurde erreicht, wenn alle späteren Kulturen (Bernburger Kultur, Schnurkeramikkultur, Glockenbecherkultur und Aunjetitzer Kultur) mit der Metapopulation vereinigt wurden (Nr. 291: Varianz zwischen den

Nr.	Gruppierung	%	F_{st}	p	%	F_{st}	p
1	(LBK_RSK)+(SCG_BAK_SMK_BBK_SKK_GBK_AK)	2,11	0,02112	0,08188	1,24	0,01264	0,01366
2	(LBK_SCG)+(RSK_BAK_SMK_BBK_SKK_GBK_AK)	2,42	0,02415	0,05416	0,97	0,00990	0,02505
3	(LBK_BAK)+(RSK_SCG_SMK_BBK_SKK_GBK_AK)	1,90	0,01904	0,13832	1,31	0,01334	0,01020
4	(LBK_SMK)+(RSK_SCG_BAK_BBK_SKK_GBK_AK)	2,67	0,02667	0,02683	0,84	0,00866	0,04158
5	(LBK_BBK)+(RSK_SCG_BAK_SMK_SKK_GBK_AK)	1,19	0,01194	0,24921	1,70	0,01716	0,00327
6	(LBK_SKK)+(RSK_SCG_BAK_SMK_BBK_GBK_AK)	0,30	0,00302	0,43901	2,16	0,02162	0,00040
7	(LBK_GBK)+(RSK_SCG_BAK_SMK_BBK_SKK_AK)	0,57	0,00574	0,33188	2,01	0,02023	0,00059
8	(LBK_AK)+(RSK_SCG_BAK_SMK_BBK_SKK_GBK)	-0,62	-0,00624	0,63792	2,71	0,02697	0,00000
9	(RSK_SCG)+(LBK_BAK_SMK_BBK_SKK_GBK_AK)	-1,21	-0,01211	0,92020	2,65	0,02622	0,00010
10	(RSK_BAK)+(LBK_SCG_SMK_BBK_SKK_GBK_AK)	-1,34	-0,01341	0,97139	2,59	0,02560	0,00000
11	(RSK_SMK)+(LBK_SCG_BAK_BBK_SKK_GBK_AK)	-0,46	-0,00462	0,58743	2,45	0,02435	0,00010
12	(RSK_BBK)+(LBK_SCG_BAK_SMK_SKK_GBK_AK)	-1,30	-0,01299	0,94505	2,57	0,02539	0,00000
13	(RSK_SKK)+(LBK_SCG_BAK_SMK_BBK_GBK_AK)	-1,12	-0,01119	0,88703	2,69	0,02657	0,00000
14	(RSK_GBK)+(LBK_SCG_BAK_SMK_BBK_SKK_AK)	-0,09	-0,00090	0,47020	2,35	0,02352	0,00000
15	(RSK_AK)+(LBK_SCG_BAK_SMK_BBK_SKK_GBK)	1,26	0,01264	0,22545	1,70	0,01725	0,00248
16	(SCG_BAK)+(LBK_RSK_SMK_BBK_SKK_GBK_AK)	-0,73	-0,00726	0,69158	2,55	0,02534	0,00000
17	(SCG_SMK)+(LBK_RSK_BAK_BBK_SKK_GBK_AK)	-0,32	-0,00322	0,53139	2,44	0,02436	0,00000
18	(SCG_BBK)+(LBK_RSK_BAK_SMK_SKK_GBK_AK)	-0,73	-0,00728	0,71990	2,55	0,02528	0,00000
19	(SCG_SKK)+(LBK_RSK_BAK_SMK_BBK_GBK_AK)	-0,80	-0,00805	0,74772	2,66	0,02637	0,00000
20	(SCG_GBK)+(LBK_RSK_BAK_SMK_BBK_SKK_AK)	-1,06	-0,01064	0,83812	2,70	0,02673	0,00000
21	(SCG_AK)+(LBK_RSK_BAK_SMK_BBK_SKK_GBK)	0,51	0,00507	0,36525	2,05	0,02063	0,00129
22	(BAK_SMK)+(LBK_RSK_SCG_BBK_SKK_GBK_AK)	-1,08	-0,01078	0,85485	2,64	0,02611	0,00000
23	(BAK_BBK)+(LBK_RSK_SCG_SMK_SKK_GBK_AK)	-1,46	-0,01460	100,000	2,66	0,02625	0,00000
24	(BAK_SKK)+(LBK_RSK_SCG_SMK_BBK_GBK_AK)	-0,57	-0,00565	0,60545	2,53	0,02516	0,00010
25	(BAK_GBK)+(LBK_RSK_SCG_SMK_BBK_SKK_AK)	-0,64	-0,00640	0,67129	2,51	0,02498	0,00000
26	(BAK_AK)+(LBK_RSK_SCG_SMK_BBK_SKK_GBK)	1,05	0,01053	0,27990	1,79	0,01805	0,00317
27	(SMK_BBK)+(LBK_RSK_SCG_BAK_SKK_GBK_AK)	-0,89	-0,00886	0,77842	2,58	0,02553	0,00000
28	(SMK_SKK)+(LBK_RSK_SCG_BAK_BBK_GBK_AK)	-0,99	-0,00993	0,80277	2,72	0,02694	0,00000
29	(SMK_GBK)+(LBK_RSK_SCG_BAK_BBK_SKK_AK)	-0,16	-0,00156	0,50168	2,38	0,02379	0,00000
30	(SMK_AK)+(LBK_RSK_SCG_BAK_BBK_SKK_GBK)	0,37	0,00367	0,41267	2,13	0,02141	0,00119
31	(BBK_SKK)+(LBK_RSK_SCG_BAK_SMK_GBK_AK)	-0,34	-0,00337	0,55564	2,45	0,02439	0,00000
32	(BBK_GBK)+(LBK_RSK_SCG_BAK_SMK_SKK_AK)	0,70	0,00701	0,30238	2,14	0,02154	0,00020
33	(BBK_AK)+(LBK_RSK_SCG_BAK_SMK_SKK_GBK)	1,61	0,01612	0,18594	1,50	0,01529	0,00812
34	(SKK_GBK)+(LBK_RSK_SCG_BAK_SMK_BBK_AK)	0,50	0,00497	0,39485	2,14	0,02148	0,00010
35	(SKK_AK)+(LBK_RSK_SCG_BAK_SMK_BBK_GBK)	1,71	0,01709	0,16376	1,36	0,01379	0,01535
36	(GBK_AK)+(LBK_RSK_SCG_BAK_SMK_BBK_SKK)	2,02	0,02020	0,11099	1,24	0,01263	0,02188
37	(LBK_RSK_SCG)+(BAK_SMK_BBK_SKK_GBK_AK)	2,32	0,02322	0,05644	0,98	0,01001	0,03584
38	(LBK_RSK_BAK)+(SCG_SMK_BBK_SKK_GBK_AK)	1,92	0,01919	0,10733	1,26	0,01281	0,01634
39	(LBK_RSK_SMK)+(SCG_BAK_BBK_SKK_GBK_AK)	2,63	0,02632	0,02317	0,81	0,00834	0,06178
40	(LBK_RSK_BBK)+(SCG_BAK_SMK_SKK_GBK_AK)	1,23	0,01233	0,21812	1,65	0,01666	0,00495
41	(LBK_RSK_SKK)+(SCG_BAK_SMK_BBK_GBK_AK)	0,38	0,00383	0,41832	2,10	0,02111	0,00050
42	(LBK_RSK_GBK)+(SCG_BAK_SMK_BBK_SKK_AK)	0,68	0,00678	0,37000	1,94	0,01953	0,00139
43	(LBK_RSK_AK)+(SCG_BAK_SMK_BBK_SKK_GBK)	-0,46	-0,00462	0,65802	2,61	0,02601	0,00000
44	(LBK_SCG_BAK)+(RSK_SMK_BBK_SKK_GBK_AK)	2,32	0,02318	0,06782	0,96	0,00979	0,03119
45	(LBK_SCG_SMK)+(RSK_BAK_BBK_SKK_GBK_AK)	3,00	0,03003	0,01158	0,52	0,00536	0,12376
46	(LBK_SCG_BBK)+(RSK_BAK_SMK_SKK_GBK_AK)	1,71	0,01712	0,14257	1,32	0,01343	0,01000
47	(LBK_SCG_SKK)+(RSK_BAK_SMK_BBK_GBK_AK)	0,95	0,00950	0,28257	1,75	0,01767	0,00149
48	(LBK_SCG_GBK)+(RSK_BAK_SMK_BBK_SKK_AK)	0,93	0,00935	0,28990	1,77	0,01784	0,00129
49	(LBK_SCG_AK)+(RSK_BAK_SMK_BBK_SKK_GBK)	-0,21	-0,00206	0,57277	2,45	0,02448	0,00000
50	(LBK_BAK_SMK)+(RSK_SCG_BBK_SKK_GBK_AK)	2,38	0,02377	0,04594	0,93	0,00955	0,03752
51	(LBK_BAK_BBK)+(RSK_SCG_SMK_SKK_GBK_AK)	1,10	0,01104	0,23347	1,70	0,01720	0,00267
52	(LBK_BAK_SKK)+(RSK_SCG_SMK_BBK_GBK_AK)	0,53	0,00528	0,39297	2,01	0,02023	0,00050
53	(LBK_BAK_GBK)+(RSK_SCG_SMK_BBK_SKK_AK)	0,55	0,00550	0,38752	2,01	0,02019	0,00109
54	(LBK_BAK_AK)+(RSK_SCG_SMK_BBK_SKK_GBK)	-0,49	-0,00490	0,69347	2,63	0,02614	0,00000
55	(LBK_SMK_BBK)+(RSK_SCG_BAK_SKK_GBK_AK)	1,81	0,01811	0,11723	1,27	0,01294	0,01505
56	(LBK_SMK_SKK)+(RSK_SCG_BAK_BBK_GBK_AK)	0,97	0,00974	0,27238	1,74	0,01754	0,00109
57	(LBK_SMK_GBK)+(RSK_SCG_BAK_BBK_SKK_AK)	1,34	0,01343	0,20505	1,53	0,01547	0,00436

Tab. 7.8 Ergebnisse der AMOVA

Nr.	Gruppierung	%	F_{st}	p	%	F_{st}	p
58	(LBK_SMK_AK)+(RSK_SCG_BAK_BBK_SKK_GBK)	-0,25	-0,00254	0,62267	2,48	0,02476	0,00000
59	(LBK_BBK_SKK)+(RSK_SCG_BAK_SMK_GBK_AK)	0,00	-0,00004	0,52475	2,33	0,02334	0,00000
60	(LBK_BBK_GBK)+(RSK_SCG_BAK_SMK_SKK_AK)	0,22	0,00217	0,50149	2,20	0,02209	0,00059
61	(LBK_BBK_AK)+(RSK_SCG_BAK_SMK_SKK_GBK)	-0,72	-0,00725	0,83188	2,77	0,02750	0,00000
62	(LBK_SKK_GBK)+(RSK_SCG_BAK_SMK_BBK_AK)	-0,18	-0,00180	0,57178	2,44	0,02437	0,00020
63	(LBK_SKK_AK)+(RSK_SCG_BAK_SMK_BBK_GBK)	-0,85	-0,00853	0,91792	2,82	0,02795	0,00000
64	(LBK_GBK_AK)+(RSK_SCG_BAK_SMK_BBK_SKK)	-0,78	-0,00783	0,86584	2,80	0,02774	0,00000
65	(RSK_SCG_BAK)+(LBK_SMK_BBK_SKK_GBK_AK)	-0,80	-0,00798	0,88564	2,61	0,02592	0,00000
66	(RSK_SCG_SMK)+(LBK_BAK_BBK_SKK_GBK_AK)	-0,48	-0,00483	0,68198	2,52	0,02508	0,00000
67	(RSK_SCG_BBK)+(LBK_BAK_SMK_SKK_GBK_AK)	-0,92	-0,00918	0,92921	2,65	0,02622	0,00000
68	(RSK_SCG_SKK)+(LBK_BAK_SMK_BBK_GBK_AK)	-0,97	-0,00965	0,94287	2,76	0,02735	0,00000
69	(RSK_SCG_GBK)+(LBK_BAK_SMK_BBK_SKK_AK)	-1,12	-0,01122	0,98584	2,77	0,02740	0,00010
70	(RSK_SCG_AK)+(LBK_BAK_SMK_BBK_SKK_GBK)	0,35	0,00350	0,44545	2,13	0,02139	0,00040
71	(RSK_BAK_SMK)+(LBK_SCG_BBK_SKK_GBK_AK)	-0,80	-0,00799	0,89743	2,60	0,02578	0,00000
72	(RSK_BAK_BBK)+(LBK_SCG_SMK_SKK_GBK_AK)	-1,10	-0,01103	0,97554	2,64	0,02612	0,00000
73	(RSK_BAK_SKK)+(LBK_SCG_SMK_BBK_GBK_AK)	-0,62	-0,00619	0,76475	2,58	0,02560	0,00000
74	(RSK_BAK_GBK)+(LBK_SCG_SMK_BBK_SKK_AK)	-0,58	-0,00581	0,76168	2,53	0,02511	0,00000
75	(RSK_BAK_AK)+(LBK_SCG_SMK_BBK_SKK_GBK)	0,93	0,00925	0,30634	1,83	0,01845	0,00238
76	(RSK_SMK_BBK)+(LBK_SCG_BAK_SKK_GBK_AK)	-0,78	-0,00779	0,85743	2,59	0,02565	0,00000
77	(RSK_SMK_SKK)+(LBK_SCG_BAK_BBK_GBK_AK)	-0,97	-0,00969	0,95347	2,75	0,02723	0,00000
78	(RSK_SMK_GBK)+(LBK_SCG_BAK_BBK_SKK_AK)	-0,24	-0,00237	0,59604	2,42	0,02415	0,00000
79	(RSK_SMK_AK)+(LBK_SCG_BAK_BBK_SKK_GBK)	0,31	0,00314	0,45119	2,15	0,02161	0,00059
80	(RSK_BBK_SKK)+(LBK_SCG_BAK_SMK_GBK_AK)	-0,53	-0,00535	0,75010	2,54	0,02525	0,00000
81	(RSK_BBK_GBK)+(LBK_SCG_BAK_SMK_SKK_AK)	0,23	0,00231	0,46416	2,26	0,02262	0,00000
82	(RSK_BBK_AK)+(LBK_SCG_BAK_SMK_SKK_GBK)	1,37	0,01367	0,19297	1,59	0,01616	0,00406
83	(RSK_SKK_GBK)+(LBK_SCG_BAK_SMK_BBK_AK)	0,18	0,00183	0,50436	2,25	0,02257	0,00000
84	(RSK_SKK_AK)+(LBK_SCG_BAK_SMK_BBK_GBK)	1,50	0,01504	0,17475	1,45	0,01470	0,01010
85	(RSK_GBK_AK)+(LBK_SCG_BAK_SMK_BBK_SKK)	1,78	0,01783	0,13376	1,33	0,01350	0,01515
86	(SCG_BAK_SMK)+(LBK_RSK_BBK_SKK_GBK_AK)	-0,53	-0,00528	0,73000	2,55	0,02540	0,00000
87	(SCG_BAK_BBK)+(LBK_RSK_SMK_SKK_GBK_AK)	-0,70	-0,00704	0,80842	2,60	0,02578	0,00000
88	(SCG_BAK_SKK)+(LBK_RSK_SMK_BBK_GBK_AK)	-0,51	-0,00506	0,70069	2,57	0,02557	0,00000
89	(SCG_BAK_GBK)+(LBK_RSK_SMK_BBK_SKK_AK)	-1,01	-0,01006	0,96267	2,76	0,02728	0,00000
90	(SCG_BAK_AK)+(LBK_RSK_SMK_BBK_SKK_GBK)	0,38	0,00383	0,42653	2,11	0,02116	0,00069
91	(SCG_SMK_BBK)+(LBK_RSK_BAK_SKK_GBK_AK)	-0,52	-0,00524	0,71465	2,55	0,02535	0,00000
92	(SCG_SMK_SKK)+(LBK_RSK_BAK_BBK_GBK_AK)	-0,76	-0,00760	0,84723	2,71	0,02691	0,00000
93	(SCG_SMK_GBK)+(LBK_RSK_BAK_BBK_SKK_AK)	-0,68	-0,00679	0,78554	2,64	0,02623	0,00000
94	(SCG_SMK_AK)+(LBK_RSK_BAK_BBK_SKK_GBK)	-0,09	-0,00094	0,55455	2,39	0,02385	0,00010
95	(SCG_BBK_SKK)+(LBK_RSK_BAK_SMK_GBK_AK)	-0,46	-0,00457	0,65653	2,54	0,02533	0,00000
96	(SCG_BBK_GBK)+(LBK_RSK_BAK_SMK_SKK_AK)	-0,53	-0,00533	0,73851	2,55	0,02539	0,00000
97	(SCG_BBK_AK)+(LBK_RSK_BAK_SMK_SKK_GBK)	0,74	0,00740	0,36426	1,90	0,01916	0,00178
98	(SCG_SKK_GBK)+(LBK_RSK_BAK_SMK_BBK_AK)	-0,34	-0,00341	0,63663	2,50	0,02494	0,00000
99	(SCG_SKK_AK)+(LBK_RSK_BAK_SMK_BBK_GBK)	1,00	0,01004	0,26861	1,72	0,01738	0,00406
100	(SCG_GBK_AK)+(LBK_RSK_BAK_SMK_BBK_SKK)	0,88	0,00884	0,32307	1,81	0,01821	0,00307
101	(BAK_SMK_BBK)+(LBK_RSK_SCG_SKK_GBK_AK)	-1,15	-0,01153	100,000	2,75	0,02715	0,00000
102	(BAK_SMK_SKK)+(LBK_RSK_SCG_BBK_GBK_AK)	-0,84	-0,00843	0,90366	2,72	0,02695	0,00000
103	(BAK_SMK_GBK)+(LBK_RSK_SCG_BBK_SKK_AK)	-0,70	-0,00696	0,79931	2,61	0,02596	0,00000
104	(BAK_SMK_AK)+(LBK_RSK_SCG_BBK_SKK_GBK)	0,11	0,00108	0,51426	2,27	0,02272	0,00020
105	(BAK_BBK_SKK)+(LBK_RSK_SCG_SMK_GBK_AK)	-0,28	-0,00283	0,63267	2,45	0,02443	0,00000
106	(BAK_BBK_GBK)+(LBK_RSK_SCG_SMK_SKK_AK)	-0,23	-0,00227	0,58960	2,41	0,02408	0,00000
107	(BAK_BBK_AK)+(LBK_RSK_SCG_SMK_SKK_GBK)	1,17	0,01166	0,22584	1,68	0,01703	0,00386
108	(BAK_SKK_GBK)+(LBK_RSK_SCG_SMK_BBK_AK)	0,24	0,00235	0,47059	2,22	0,02229	0,00050
109	(BAK_SKK_AK)+(LBK_RSK_SCG_SMK_BBK_GBK)	1,56	0,01563	0,16139	1,40	0,01421	0,01109
110	(BAK_GBK_AK)+(LBK_RSK_SCG_SMK_BBK_SKK)	1,54	0,01543	0,16743	1,44	0,01464	0,00990
111	(SMK_BBK_SKK)+(LBK_RSK_SCG_BAK_GBK_AK)	-0,72	-0,00723	0,82356	2,66	0,02639	0,00000
112	(SMK_BBK_GBK)+(LBK_RSK_SCG_BAK_SKK_AK)	-0,08	-0,00079	0,54079	2,36	0,02361	0,00010
113	(SMK_BBK_AK)+(LBK_RSK_SCG_BAK_SKK_GBK)	0,52	0,00523	0,40040	2,03	0,02042	0,00040
114	(SMK_SKK_GBK)+(LBK_RSK_SCG_BAK_BBK_AK)	-0,08	-0,00085	0,55020	2,37	0,02371	0,00000

Tab. 7.8 Ergebnisse der AMOVA (Fortsetzung)

Nr.	Gruppierung	%	F_{st}	p	%	F_{st}	p
115	(SMK_SKK_AK)+(LBK_RSK_SCG_BAK_BBK_GBK)	0,76	0,00764	0,33653	1,87	0,01883	0,00168
116	(SMK_GBK_AK)+(LBK_RSK_SCG_BAK_BBK_SKK)	1,02	0,01022	0,25119	1,73	0,01745	0,00238
117	(BBK_SKK_GBK)+(LBK_RSK_SCG_BAK_SMK_AK)	0,79	0,00791	0,32129	1,97	0,01990	0,00050
118	(BBK_SKK_AK)+(LBK_RSK_SCG_BAK_SMK_GBK)	1,98	0,01984	0,09168	1,15	0,01175	0,02406
119	(BBK_GBK_AK)+(LBK_RSK_SCG_BAK_SMK_SKK)	2,24	0,02237	0,08832	1,05	0,01071	0,03624
120	(SKK_GBK_AK)+(LBK_RSK_SCG_BAK_SMK_BBK)	2,58	0,02584	0,03683	0,77	0,00786	0,09030
121	(LBK_RSK_SCG_BAK)+(SMK_BBK_SKK_GBK_AK)	2,32	0,02317	0,06535	0,93	0,00954	0,04941
122	(LBK_RSK_SCG_SMK)+(BAK_BBK_SKK_GBK_AK)	3,01	0,03005	0,01624	0,50	0,00512	0,15109
123	(LBK_RSK_SCG_BBK)+(BAK_SMK_SKK_GBK_AK)	1,70	0,01696	0,14713	1,31	0,01332	0,01248
124	(LBK_RSK_SCG_SKK)+(BAK_SMK_BBK_GBK_AK)	0,97	0,00966	0,29347	1,74	0,01756	0,00198
125	(LBK_RSK_SCG_GBK)+(BAK_SMK_BBK_SKK_AK)	0,97	0,00970	0,28307	1,74	0,01756	0,00337
126	(LBK_RSK_SCG_AK)+(BAK_SMK_BBK_SKK_GBK)	-0,11	-0,00112	0,60168	2,40	0,02393	0,00000
127	(LBK_RSK_BAK_SMK)+(SCG_BBK_SKK_GBK_AK)	2,45	0,02445	0,04069	0,86	0,00884	0,05802
128	(LBK_RSK_BAK_BBK)+(SCG_SMK_SKK_GBK_AK)	1,19	0,01194	0,22782	1,63	0,01650	0,00564
129	(LBK_RSK_BAK_SKK)+(SCG_SMK_BBK_GBK_AK)	0,63	0,00627	0,39020	1,95	0,01961	0,00119
130	(LBK_RSK_BAK_GBK)+(SCG_SMK_BBK_SKK_AK)	0,68	0,00681	0,34990	1,92	0,01935	0,00208
131	(LBK_RSK_BAK_AK)+(SCG_SMK_BBK_SKK_GBK)	-0,31	-0,00314	0,67040	2,52	0,02509	0,00000
132	(LBK_RSK_SMK_BBK)+(SCG_BAK_SKK_GBK_AK)	1,87	0,01866	0,07832	1,21	0,01237	0,02089
133	(LBK_RSK_SMK_SKK)+(SCG_BAK_BBK_GBK_AK)	1,07	0,01065	0,24327	1,68	0,01696	0,00356
134	(LBK_RSK_SMK_GBK)+(SCG_BAK_BBK_SKK_AK)	1,44	0,01442	0,17574	1,45	0,01476	0,00921
135	(LBK_RSK_SMK_AK)+(SCG_BAK_BBK_SKK_GBK)	-0,08	-0,00075	0,58554	2,38	0,02373	0,00000
136	(LBK_RSK_BBK_SKK)+(SCG_BAK_SMK_GBK_AK)	0,07	0,00075	0,55594	2,29	0,02288	0,00040
137	(LBK_RSK_BBK_GBK)+(SCG_BAK_SMK_SKK_AK)	0,33	0,00328	0,46327	2,14	0,02142	0,00069
138	(LBK_RSK_BBK_AK)+(SCG_BAK_SMK_SKK_GBK)	-0,59	-0,00593	0,77713	2,68	0,02668	0,00010
139	(LBK_RSK_SKK_GBK)+(SCG_BAK_SMK_BBK_AK)	-0,10	-0,00099	0,59812	2,39	0,02390	0,00030
140	(LBK_RSK_SKK_AK)+(SCG_BAK_SMK_BBK_GBK)	-0,78	-0,00784	0,94238	2,76	0,02742	0,00000
141	(LBK_RSK_GBK_AK)+(SCG_BAK_SMK_BBK_SKK)	-0,66	-0,00658	0,82881	2,71	0,02694	0,00000
142	(LBK_SCG_BAK_SMK)+(RSK_BBK_SKK_GBK_AK)	2,96	0,02957	0,02139	0,52	0,00534	0,14099
143	(LBK_SCG_BAK_BBK)+(RSK_SMK_SKK_GBK_AK)	1,72	0,01719	0,13812	1,29	0,01308	0,01614
144	(LBK_SCG_BAK_SKK)+(RSK_SMK_BBK_GBK_AK)	1,22	0,01225	0,22554	1,58	0,01601	0,00317
145	(LBK_SCG_BAK_GBK)+(RSK_SMK_BBK_SKK_AK)	0,98	0,00979	0,28248	1,73	0,01748	0,00218
146	(LBK_SCG_BAK_AK)+(RSK_SMK_BBK_SKK_GBK)	-0,02	-0,00019	0,57139	2,34	0,02342	0,00000
147	(LBK_SCG_SMK_BBK)+(RSK_BAK_SKK_GBK_AK)	2,39	0,02390	0,05317	0,87	0,00888	0,05347
148	(LBK_SCG_SMK_SKK)+(RSK_BAK_BBK_GBK_AK)	1,71	0,01711	0,14485	1,29	0,01314	0,01109
149	(LBK_SCG_SMK_GBK)+(RSK_BAK_BBK_SKK_AK)	1,76	0,01756	0,13168	1,25	0,01277	0,01178
150	(LBK_SCG_SMK_AK)+(RSK_BAK_BBK_SKK_GBK)	0,29	0,00288	0,47416	2,18	0,02184	0,00000
151	(LBK_SCG_BBK_SKK)+(RSK_BAK_SMK_GBK_AK)	0,67	0,00671	0,37000	1,92	0,01933	0,00040
152	(LBK_SCG_BBK_GBK)+(RSK_BAK_SMK_SKK_AK)	0,63	0,00634	0,38327	1,94	0,01955	0,00109
153	(LBK_SCG_BBK_AK)+(RSK_BAK_SMK_SKK_GBK)	-0,34	-0,00337	0,68307	2,52	0,02512	0,00000
154	(LBK_SCG_SKK_GBK)+(RSK_BAK_SMK_BBK_AK)	0,22	0,00223	0,50119	2,20	0,02201	0,00050
155	(LBK_SCG_SKK_AK)+(RSK_BAK_SMK_BBK_GBK)	-0,56	-0,00561	0,75257	2,61	0,02596	0,00000
156	(LBK_SCG_GBK_AK)+(RSK_BAK_SMK_BBK_SKK)	-0,76	-0,00759	0,90406	2,74	0,02717	0,00000
157	(LBK_BAK_SMK_BBK)+(RSK_SCG_SKK_GBK_AK)	1,66	0,01664	0,16257	1,32	0,01346	0,01307
158	(LBK_BAK_SMK_SKK)+(RSK_SCG_BBK_GBK_AK)	1,11	0,01111	0,23485	1,65	0,01669	0,00228
159	(LBK_BAK_SMK_GBK)+(RSK_SCG_BBK_SKK_AK)	1,23	0,01230	0,21663	1,58	0,01598	0,00426
160	(LBK_BAK_SMK_AK)+(RSK_SCG_BBK_SKK_GBK)	-0,22	-0,00220	0,63208	2,46	0,02450	0,00010
161	(LBK_BAK_BBK_SKK)+(RSK_SCG_SMK_GBK_AK)	0,20	0,00199	0,52356	2,21	0,02214	0,00010
162	(LBK_BAK_BBK_GBK)+(RSK_SCG_SMK_SKK_AK)	0,20	0,00202	0,49921	2,21	0,02214	0,00030
163	(LBK_BAK_BBK_AK)+(RSK_SCG_SMK_SKK_GBK)	-0,66	-0,00661	0,83624	2,72	0,02700	0,00000
164	(LBK_BAK_SKK_GBK)+(RSK_SCG_SMK_BBK_AK)	-0,02	-0,00015	0,56287	2,34	0,02341	0,00000
165	(LBK_BAK_SKK_AK)+(RSK_SCG_SMK_BBK_GBK)	-0,65	-0,00648	0,81584	2,68	0,02660	0,00000
166	(LBK_BAK_GBK_AK)+(RSK_SCG_SMK_BBK_SKK)	-0,79	-0,00789	0,95317	2,78	0,02755	0,00000
167	(LBK_SMK_BBK_SKK)+(RSK_SCG_BAK_GBK_AK)	0,60	0,00604	0,39693	1,96	0,01973	0,00079
168	(LBK_SMK_BBK_GBK)+(RSK_SCG_BAK_SKK_AK)	0,93	0,00930	0,30158	1,76	0,01779	0,00149
169	(LBK_SMK_BBK_AK)+(RSK_SCG_BAK_SKK_GBK)	-0,48	-0,00479	0,72386	2,60	0,02591	0,00000
170	(LBK_SMK_SKK_GBK)+(RSK_SCG_BAK_BBK_AK)	0,47	0,00474	0,43762	2,04	0,02052	0,00089
171	(LBK_SMK_SKK_AK)+(RSK_SCG_BAK_BBK_GBK)	-0,78	-0,00777	0,91990	2,73	0,02706	0,00000

Tab. 7.8 Ergebnisse der AMOVA (Fortsetzung)

Nr.	Gruppierung	%	F_{st}	p	%	F_{st}	p
172	(LBK_SMK_GBK_AK)+(RSK_SCG_BAK_BBK_SKK)	-0,52	-0,00515	0,73376	2,61	0,02599	0,00000
173	(LBK_BBK_SKK_GBK)+(RSK_SCG_BAK_SMK_AK)	-0,29	-0,00292	0,66842	2,51	0,02503	0,00000
174	(LBK_BBK_SKK_AK)+(RSK_SCG_BAK_SMK_GBK)	-0,89	-0,00894	0,98337	2,81	0,02787	0,00000
175	(LBK_BBK_GBK_AK)+(RSK_SCG_BAK_SMK_SKK)	-0,78	-0,00781	0,92683	2,77	0,02753	0,00000
176	(LBK_SKK_GBK_AK)+(RSK_SCG_BAK_SMK_BBK)	-0,74	-0,00743	0,89475	2,71	0,02689	0,00000
177	(RSK_SCG_BAK_SMK)+(LBK_BBK_SKK_GBK_AK)	-0,58	-0,00575	0,75594	2,60	0,02580	0,00000
178	(RSK_SCG_BAK_BBK)+(LBK_SMK_SKK_GBK_AK)	-0,78	-0,00784	0,93624	2,66	0,02638	0,00000
179	(RSK_SCG_BAK_SKK)+(LBK_SMK_BBK_GBK_AK)	-0,65	-0,00648	0,81317	2,66	0,02640	0,00000
180	(RSK_SCG_BAK_GBK)+(LBK_SMK_BBK_SKK_AK)	-1,02	-0,01023	100,000	2,80	0,02772	0,00000
181	(RSK_SCG_BAK_AK)+(LBK_SMK_BBK_SKK_GBK)	0,28	0,00282	0,48158	2,16	0,02169	0,00010
182	(RSK_SCG_SMK_BBK)+(LBK_BAK_SKK_GBK_AK)	-0,64	-0,00636	0,78683	2,62	0,02602	0,00000
183	(RSK_SCG_SMK_SKK)+(LBK_BAK_BBK_GBK_AK)	-0,88	-0,00875	0,97535	2,79	0,02770	0,00000
184	(RSK_SCG_SMK_GBK)+(LBK_BAK_BBK_SKK_AK)	-0,76	-0,00756	0,90604	2,70	0,02681	0,00000
185	(RSK_SCG_SMK_AK)+(LBK_BAK_BBK_SKK_GBK)	-0,18	-0,00176	0,60515	2,44	0,02434	0,00000
186	(RSK_SCG_BBK_SKK)+(LBK_BAK_SMK_GBK_AK)	-0,66	-0,00661	0,83079	2,66	0,02643	0,00000
187	(RSK_SCG_BBK_GBK)+(LBK_BAK_SMK_SKK_AK)	-0,69	-0,00693	0,86842	2,64	0,02626	0,00000
188	(RSK_SCG_BBK_AK)+(LBK_BAK_SMK_SKK_GBK)	0,58	0,00579	0,41525	1,99	0,01999	0,00109
189	(RSK_SCG_SKK_GBK)+(LBK_BAK_SMK_BBK_AK)	-0,54	-0,00538	0,73158	2,62	0,02602	0,00000
190	(RSK_SCG_SKK_AK)+(LBK_BAK_SMK_BBK_GBK)	0,84	0,00837	0,31782	1,82	0,01834	0,00257
191	(RSK_SCG_GBK_AK)+(LBK_BAK_SMK_BBK_SKK)	0,74	0,00736	0,32693	1,89	0,01900	0,00149
192	(RSK_BAK_SMK_BBK)+(LBK_SCG_SKK_GBK_AK)	-0,97	-0,00966	0,99089	2,72	0,02695	0,00000
193	(RSK_BAK_SMK_SKK)+(LBK_SCG_BBK_GBK_AK)	-0,82	-0,00823	0,96228	2,74	0,02714	0,00000
194	(RSK_BAK_SMK_GBK)+(LBK_SCG_BBK_SKK_AK)	-0,62	-0,00622	0,78960	2,61	0,02592	0,00000
195	(RSK_BAK_SMK_AK)+(LBK_SCG_BBK_SKK_GBK)	0,11	0,00107	0,52752	2,27	0,02271	0,00010
196	(RSK_BAK_BBK_SKK)+(LBK_SCG_SMK_GBK_AK)	-0,40	-0,00397	0,71257	2,51	0,02503	0,00000
197	(RSK_BAK_BBK_GBK)+(LBK_SCG_SMK_SKK_AK)	-0,30	-0,00299	0,67119	2,45	0,02445	0,00010
198	(RSK_BAK_BBK_AK)+(LBK_SCG_SMK_SKK_GBK)	1,05	0,01047	0,27178	1,73	0,01747	0,00248
199	(RSK_BAK_SKK_GBK)+(LBK_SCG_SMK_BBK_AK)	0,07	0,00066	0,55673	2,30	0,02301	0,00000
200	(RSK_BAK_SKK_AK)+(LBK_SCG_SMK_BBK_GBK)	1,44	0,01442	0,16505	1,46	0,01478	0,00723
201	(RSK_BAK_GBK_AK)+(LBK_SCG_SMK_BBK_SKK)	1,43	0,01427	0,18802	1,49	0,01508	0,00644
202	(RSK_SMK_BBK_SKK)+(LBK_SCG_BAK_GBK_AK)	-0,77	-0,00774	0,91515	2,71	0,02687	0,00000
203	(RSK_SMK_BBK_GBK)+(LBK_SCG_BAK_SKK_AK)	-0,18	-0,00180	0,62653	2,41	0,02406	0,00000
204	(RSK_SMK_BBK_AK)+(LBK_SCG_BAK_SKK_GBK)	0,46	0,00457	0,44149	2,06	0,02072	0,00050
205	(RSK_SMK_SKK_GBK)+(LBK_SCG_BAK_BBK_AK)	-0,21	-0,00208	0,62990	2,44	0,02434	0,00000
206	(RSK_SMK_SKK_AK)+(LBK_SCG_BAK_BBK_GBK)	0,68	0,00678	0,36772	1,92	0,01930	0,00168
207	(RSK_SMK_GBK_AK)+(LBK_SCG_BAK_BBK_SKK)	0,95	0,00946	0,30000	1,76	0,01778	0,00287
208	(RSK_BBK_SKK_GBK)+(LBK_SCG_BAK_SMK_AK)	0,49	0,00486	0,41970	2,10	0,02106	0,00030
209	(RSK_BBK_SKK_AK)+(LBK_SCG_BAK_SMK_GBK)	1,80	0,01804	0,10436	1,24	0,01263	0,01693
210	(RSK_BBK_GBK_AK)+(LBK_SCG_BAK_SMK_SKK)	2,04	0,02035	0,06673	1,13	0,01154	0,02455
211	(RSK_SKK_GBK_AK)+(LBK_SCG_BAK_SMK_BBK)	2,43	0,02429	0,04495	0,85	0,00867	0,06000
212	(SCG_BAK_SMK_BBK)+(LBK_RSK_SKK_GBK_AK)	-0,70	-0,00697	0,87040	2,66	0,02645	0,00000
213	(SCG_BAK_SMK_SKK)+(LBK_RSK_BBK_GBK_AK)	-0,68	-0,00682	0,85267	2,70	0,02686	0,00000
214	(SCG_BAK_SMK_GBK)+(LBK_RSK_BBK_SKK_AK)	-0,86	-0,00861	0,97059	2,77	0,02748	0,00000
215	(SCG_BAK_SMK_AK)+(LBK_RSK_BBK_SKK_GBK)	-0,23	-0,00232	0,64406	2,47	0,02467	0,00010
216	(SCG_BAK_BBK_SKK)+(LBK_RSK_SMK_GBK_AK)	-0,35	-0,00353	0,69446	2,51	0,02506	0,00000
217	(SCG_BAK_BBK_GBK)+(LBK_RSK_SMK_SKK_AK)	-0,69	-0,00692	0,85248	2,66	0,02643	0,00000
218	(SCG_BAK_BBK_AK)+(LBK_RSK_SMK_SKK_GBK)	0,58	0,00582	0,40119	1,98	0,01992	0,00079
219	(SCG_BAK_SKK_GBK)+(LBK_RSK_SMK_BBK_AK)	-0,32	-0,00323	0,68515	2,51	0,02500	0,00000
220	(SCG_BAK_SKK_AK)+(LBK_RSK_SMK_BBK_GBK)	1,05	0,01049	0,25970	1,69	0,01706	0,00386
221	(SCG_BAK_GBK_AK)+(LBK_RSK_SMK_BBK_SKK)	0,70	0,00701	0,33109	1,90	0,01917	0,00188
222	(SCG_SMK_BBK_SKK)+(LBK_RSK_BAK_GBK_AK)	-0,65	-0,00646	0,80198	2,68	0,02664	0,00000
223	(SCG_SMK_BBK_GBK)+(LBK_RSK_BAK_SKK_AK)	-0,54	-0,00539	0,74050	2,60	0,02590	0,00000
224	(SCG_SMK_BBK_AK)+(LBK_RSK_BAK_SKK_GBK)	0,08	0,00085	0,54069	2,28	0,02282	0,00030
225	(SCG_SMK_SKK_GBK)+(LBK_RSK_BAK_BBK_AK)	-0,51	-0,00511	0,72792	2,62	0,02607	0,00010
226	(SCG_SMK_SKK_AK)+(LBK_RSK_BAK_BBK_GBK)	0,33	0,00334	0,45634	2,13	0,02134	0,00089
227	(SCG_SMK_GBK_AK)+(LBK_RSK_BAK_BBK_SKK)	0,30	0,00296	0,46614	2,15	0,02156	0,00040
228	(SCG_BBK_SKK_GBK)+(LBK_RSK_BAK_SMK_AK)	0,00	0,00003	0,55822	2,33	0,02330	0,00020

Tab. 7.8 Ergebnisse der AMOVA (Fortsetzung)

Nr.	Gruppierung	%	F_{st}	p	%	F_{st}	p
229	(SCG_BBK_SKK_AK)+(LBK_RSK_BAK_SMK_GBK)	1,39	0,01385	0,19426	1,48	0,01502	0,00663
230	(SCG_BBK_GBK_AK)+(LBK_RSK_BAK_SMK_SKK)	1,25	0,01254	0,20525	1,57	0,01587	0,00703
231	(SCG_SKK_GBK_AK)+(LBK_RSK_BAK_SMK_BBK)	1,79	0,01788	0,10941	1,24	0,01261	0,02198
232	(BAK_SMK_BBK_SKK)+(LBK_RSK_SCG_GBK_AK)	-0,73	-0,00732	0,88366	2,70	0,02684	0,00010
233	(BAK_SMK_BBK_GBK)+(LBK_RSK_SCG_SKK_AK)	-0,58	-0,00575	0,77337	2,60	0,02584	0,00000
234	(BAK_SMK_BBK_AK)+(LBK_RSK_SCG_SKK_GBK)	0,24	0,00241	0,49594	2,19	0,02192	0,00020
235	(BAK_SMK_SKK_GBK)+(LBK_RSK_SCG_BBK_AK)	-0,27	-0,00268	0,64832	2,48	0,02469	0,00000
236	(BAK_SMK_SKK_AK)+(LBK_RSK_SCG_BBK_GBK)	0,68	0,00678	0,35129	1,92	0,01928	0,00198
237	(BAK_SMK_GBK_AK)+(LBK_RSK_SCG_BBK_SKK)	0,69	0,00691	0,33723	1,91	0,01924	0,00129
238	(BAK_BBK_SKK_GBK)+(LBK_RSK_SCG_SMK_AK)	0,47	0,00469	0,43634	2,09	0,02103	0,00040
239	(BAK_BBK_SKK_AK)+(LBK_RSK_SCG_SMK_GBK)	1,85	0,01854	0,09178	1,20	0,01223	0,01842
240	(BAK_BBK_GBK_AK)+(LBK_RSK_SCG_SMK_SKK)	1,81	0,01808	0,10020	1,25	0,01272	0,01515
241	(BAK_SKK_GBK_AK)+(LBK_RSK_SCG_SMK_BBK)	2,45	0,02454	0,03030	0,83	0,00847	0,06594
242	(SMK_BBK_SKK_GBK)+(LBK_RSK_SCG_BAK_AK)	0,12	0,00125	0,52277	2,27	0,02268	0,00000
243	(SMK_BBK_SKK_AK)+(LBK_RSK_SCG_BAK_GBK)	1,06	0,01061	0,25663	1,68	0,01699	0,00356
244	(SMK_BBK_GBK_AK)+(LBK_RSK_SCG_BAK_SKK)	1,29	0,01294	0,20703	1,55	0,01566	0,00465
245	(SMK_SKK_GBK_AK)+(LBK_RSK_SCG_BAK_BBK)	1,77	0,01769	0,11921	1,25	0,01270	0,01950
246	(BBK_SKK_GBK_AK)+(LBK_RSK_SCG_BAK_SMK)	3,06	0,03061	0,00683	0,45	0,00468	0,18891
247	(LBK_RSK)+(SCG_BAK_SMK)+(BBK_SKK_GBK_AK)	2,50	0,02503	0,02376	0,42	0,00428	0,20059
248	(LBK_SCG)+(RSK_BAK_SMK)+(BBK_SKK_GBK_AK)	2,52	0,02516	0,01960	0,46	0,00469	0,16653
249	(LBK_BAK)+(RSK_SCG_SMK)+(BBK_SKK_GBK_AK)	2,41	0,02410	0,02842	0,50	0,00513	0,15525
250	(LBK_SMK)+(RSK_SCG_BAK)+(BBK_SKK_GBK_AK)	2,67	0,02669	0,00931	0,33	0,00339	0,24733
251	(RSK_SCG)+(LBK_BAK_SMK)+(BBK_SKK_GBK_AK)	2,45	0,02445	0,02515	0,56	0,00579	0,14059
252	(RSK_BAK)+(LBK_SCG_SMK)+(BBK_SKK_GBK_AK)	2,76	0,02760	0,00257	0,41	0,00426	0,19673
253	(RSK_SMK)+(LBK_SCG_BAK)+(BBK_SKK_GBK_AK)	2,69	0,02692	0,00673	0,41	0,00417	0,19208
254	(SCG_BAK)+(LBK_RSK_SMK)+(BBK_SKK_GBK_AK)	2,75	0,02753	0,00238	0,31	0,00316	0,26228
255	(SCG_SMK)+(LBK_RSK_BAK)+(BBK_SKK_GBK_AK)	2,54	0,02537	0,01891	0,43	0,00443	0,20416
256	(BAK_SMK)+(LBK_RSK_SCG)+(BBK_SKK_GBK_AK)	2,41	0,02415	0,02802	0,57	0,00585	0,14525
257	(LBK_RSK_SCG_BAK_SMK)+(BBK_SKK)+(GBK_AK)	2,59	0,02595	0,01495	0,42	0,00430	0,24861
258	(LBK_RSK_SCG_BAK_SMK)+(BBK_GBK)+(SKK_AK)	2,79	0,02789	0,00406	0,33	0,00338	0,24693
259	(LBK_RSK_SCG_BAK_SMK)+(BBK_AK)+(SKK_GBK)	2,81	0,02813	0,00277	0,23	0,00236	0,32743
260	(LBK_RSK)+(SCG_BAK_SMK)+(BBK_SKK)+(GBK_AK)	2,23	0,02227	0,05713	0,35	0,00360	0,27762
261	(LBK_RSK)+(SCG_BAK_SMK)+(BBK_GBK)+(SKK_AK)	2,41	0,02411	0,02713	0,24	0,00241	0,28574
262	(LBK_RSK)+(SCG_BAK_SMK)+(BBK_AK)+(SKK_GBK)	2,50	0,02502	0,01832	0,08	0,00085	0,39446
263	(LBK_SCG)+(RSK_BAK_SMK)+(BBK_SKK)+(GBK_AK)	2,21	0,02210	0,06347	0,41	0,00420	0,23535
264	(LBK_SCG)+(RSK_BAK_SMK)+(BBK_GBK)+(SKK_AK)	2,39	0,02391	0,03663	0,30	0,00307	0,24109
265	(LBK_SCG)+(RSK_BAK_SMK)+(BBK_AK)+(SKK_GBK)	2,46	0,02461	0,02149	0,17	0,00173	0,34248
266	(LBK_BAK)+(RSK_SCG_SMK)+(BBK_SKK)+(GBK_AK)	2,11	0,02111	0,09475	0,47	0,00477	0,21366
267	(LBK_BAK)+(RSK_SCG_SMK)+(BBK_GBK)+(SKK_AK)	2,30	0,02299	0,05188	0,34	0,00352	0,21436
268	(LBK_BAK)+(RSK_SCG_SMK)+(BBK_AK)+(SKK_GBK)	2,37	0,02374	0,03554	0,21	0,00216	0,31257
269	(LBK_SMK)+(RSK_SCG_BAK)+(BBK_SKK)+(GBK_AK)	2,39	0,02393	0,03406	0,24	0,00246	0,33327
270	(LBK_SMK)+(RSK_SCG_BAK)+(BBK_GBK)+(SKK_AK)	2,56	0,02565	0,01069	0,14	0,00143	0,34158
271	(LBK_SMK)+(RSK_SCG_BAK)+(BBK_AK)+(SKK_GBK)	2,65	0,02653	0,00337	-0,01	-0,00014	0,46713
272	(RSK_SCG)+(LBK_BAK_SMK)+(BBK_SKK)+(GBK_AK)	2,10	0,02099	0,09614	0,55	0,00566	0,19495
273	(RSK_SCG)+(LBK_BAK_SMK)+(BBK_GBK)+(SKK_AK)	2,29	0,02294	0,05604	0,43	0,00444	0,19149
274	(RSK_SCG)+(LBK_BAK_SMK)+(BBK_AK)+(SKK_GBK)	2,35	0,02347	0,04168	0,32	0,00329	0,28842
275	(RSK_BAK)+(LBK_SCG_SMK)+(BBK_SKK)+(GBK_AK)	2,41	0,02407	0,02752	0,36	0,00370	0,27634
276	(RSK_BAK)+(LBK_SCG_SMK)+(BBK_GBK)+(SKK_AK)	2,59	0,02588	0,00663	0,26	0,00269	0,27505
277	(RSK_BAK)+(LBK_SCG_SMK)+(BBK_AK)+(SKK_GBK)	2,64	0,02644	0,00416	0,14	0,00145	0,38436
278	(RSK_SMK)+(LBK_SCG_BAK)+(BBK_SKK)+(GBK_AK)	2,37	0,02366	0,03663	0,35	0,00355	0,26505
279	(RSK_SMK)+(LBK_SCG_BAK)+(BBK_GBK)+(SKK_AK)	2,55	0,02546	0,01238	0,24	0,00250	0,25762
280	(RSK_SMK)+(LBK_SCG_BAK)+(BBK_AK)+(SKK_GBK)	2,61	0,02614	0,00386	0,11	0,00115	0,36911
281	(SCG_BAK)+(LBK_RSK_SMK)+(BBK_SKK)+(GBK_AK)	2,47	0,02467	0,01782	0,21	0,00217	0,34891
282	(SCG_BAK)+(LBK_RSK_SMK)+(BBK_GBK)+(SKK_AK)	2,64	0,02638	0,00426	0,11	0,00118	0,34386
283	(SCG_BAK)+(LBK_RSK_SMK)+(BBK_AK)+(SKK_GBK)	2,73	0,02725	0,00238	-0,04	-0,00039	0,47446
284	(SCG_SMK)+(LBK_RSK_BAK)+(BBK_SKK)+(GBK_AK)	2,24	0,02242	0,05644	0,38	0,00384	0,28149
285	(SCG_SMK)+(LBK_RSK_BAK)+(BBK_GBK)+(SKK_AK)	2,42	0,02424	0,02584	0,26	0,00269	0,28287

Tab. 7.8 Ergebnisse der AMOVA (Fortsetzung)

Nr.	Gruppierung	%	F_{st}	p	%	F_{st}	p
286	(SCG_SMK)+(LBK_RSK_BAK)+(BBK_AK)+(SKK_GBK)	2,50	0,02504	0,01475	0,12	0,00125	0,39198
287	(BAK_SMK)+(LBK_RSK_SCG)+(BBK_SKK)+(GBK_AK)	2,07	0,02073	0,10307	0,56	0,00574	0,19634
288	(BAK_SMK)+(LBK_RSK_SCG)+(BBK_GBK)+(SKK_AK)	2,27	0,02266	0,06495	0,44	0,00452	0,19386
289	(BAK_SMK)+(LBK_RSK_SCG)+(BBK_AK)+(SKK_GBK)	2,32	0,02319	0,05069	0,33	0,00338	0,27812
290	(ZEM_LBK_RSK_SCG_BAK_SMK)+(BBK_SKK_GBK_AK)	-0,33	-0,00335	0,44000	2,07	0,02065	0,00000
291	(ZEM_BBK_SKK_GBK_AK)+(LBK_RSK_SCG_BAK_SMK)	2,57	0,02572	0,00891	0,50	0,00511	0,08089
292	(ZEM_LBK)+(RSK_SCG_BAK_SMK)+(BBK_SKK_GBK_AK)	-0,53	-0,00533	0,60020	2,29	0,02280	0,00000
293	(ZEM_RSK)+(LBK_SCG_BAK_SMK)+(BBK_SKK_GBK_AK)	1,53	0,01530	0,06465	0,53	0,00537	0,16376
294	(ZEM_SCG)+(LBK_RSK_BAK_SMK)+(BBK_SKK_GBK_AK)	1,08	0,01080	0,16515	0,96	0,00975	0,04079
295	(ZEM_BAK)+(LBK_RSK_SCG_SMK)+(BBK_SKK_GBK_AK)	1,47	0,01475	0,07980	0,59	0,00603	0,13139
296	(ZEM_SMK)+(LBK_RSK_SCG_BAK)+(BBK_SKK_GBK_AK)	1,30	0,01299	0,11673	0,77	0,00778	0,08089
297	(ZEM_BBK)+(LBK_RSK_SCG_BAK_SMK)+(SKK_GBK_AK)	1,50	0,01501	0,09089	0,57	0,00577	0,15970
298	(ZEM_SKK)+(LBK_RSK_SCG_BAK_SMK)+(BBK_GBK_AK)	1,79	0,01786	0,04347	0,39	0,00395	0,23396
299	(ZEM_GBK)+(LBK_RSK_SCG_BAK_SMK)+(BBK_SKK_AK)	1,75	0,01747	0,05366	0,38	0,00387	0,27178
300	(ZEM_AK)+(LBK_RSK_SCG_BAK_SMK)+(BBK_SKK_GBK)	1,69	0,01690	0,05931	0,62	0,00631	0,06139
301	(ZEM_LBK_RSK)+(SCG_BAK_SMK)+(BBK_SKK_GBK_AK)	-0,44	-0,00436	0,58634	2,21	0,02201	0,00000
302	(ZEM_LBK_SCG)+(RSK_BAK_SMK)+(BBK_SKK_GBK_AK)	-0,68	-0,00675	0,68465	2,35	0,02335	0,00000
303	(ZEM_LBK_BAK)+(RSK_SCG_SMK)+(BBK_SKK_GBK_AK)	-0,48	-0,00481	0,60267	2,23	0,02224	0,00000
304	(ZEM_LBK_SMK)+(RSK_SCG_BAK)+(BBK_SKK_GBK_AK)	-0,47	-0,00475	0,60733	2,22	0,02209	0,00000
305	(ZEM_RSK_SCG)+(LBK_BAK_SMK)+(BBK_SKK_GBK_AK)	1,14	0,01135	0,14475	0,94	0,00946	0,03040
306	(ZEM_RSK_BAK)+(LBK_SCG_SMK)+(BBK_SKK_GBK_AK)	1,57	0,01574	0,05980	0,53	0,00539	0,12307
307	(ZEM_RSK_SMK)+(LBK_SCG_BAK)+(BBK_SKK_GBK_AK)	1,39	0,01387	0,09901	0,71	0,00723	0,07267
308	(ZEM_SCG_BAK)+(LBK_RSK_SMK)+(BBK_SKK_GBK_AK)	1,17	0,01173	0,13673	0,92	0,00930	0,03119
309	(ZEM_SCG_SMK)+(LBK_RSK_BAK)+(BBK_SKK_GBK_AK)	0,96	0,00965	0,19188	1,11	0,01119	0,01505
310	(ZEM_BAK_SMK)+(LBK_RSK_SCG)+(BBK_SKK_GBK_AK)	1,30	0,01300	0,11713	0,80	0,00815	0,04693
311	(ZEM_LBK_RSK_SCG)+(BAK_SMK)+(BBK_SKK_GBK_AK)	-0,66	-0,00662	0,66059	2,32	0,02309	0,00000
312	(ZEM_LBK_RSK_BAK)+(SCG_SMK)+(BBK_SKK_GBK_AK)	-0,34	-0,00345	0,53436	2,13	0,02123	0,00000
313	(ZEM_LBK_RSK_SMK)+(SCG_BAK)+(BBK_SKK_GBK_AK)	-0,36	-0,00356	0,53069	2,13	0,02122	0,00000
314	(ZEM_LBK_SCG_BAK)+(RSK_SMK)+(BBK_SKK_GBK_AK)	-0,54	-0,00540	0,60218	2,24	0,02223	0,00000
315	(ZEM_LBK_SCG_SMK)+(RSK_BAK)+(BBK_SKK_GBK_AK)	-0,61	-0,00613	0,63109	2,27	0,02252	0,00000
316	(ZEM_LBK_BAK_SMK)+(RSK_SCG)+(BBK_SKK_GBK_AK)	-0,54	-0,00542	0,60881	2,24	0,02230	0,00000
317	(ZEM_RSK_SCG_BAK)+(LBK_SMK)+(BBK_SKK_GBK_AK)	1,26	0,01261	0,12228	0,87	0,00879	0,02584
318	(ZEM_RSK_SCG_SMK)+(LBK_BAK)+(BBK_SKK_GBK_AK)	1,03	0,01028	0,18525	1,08	0,01087	0,01030
319	(ZEM_RSK_BAK_SMK)+(LBK_SCG)+(BBK_SKK_GBK_AK)	1,42	0,01421	0,08347	0,73	0,00739	0,04525
320	(ZEM_SCG_BAK_SMK)+(LBK_RSK)+(BBK_SKK_GBK_AK)	1,03	0,01028	0,18149	1,09	0,01102	0,01089
321	(ZEM_BBK_SKK)+(LBK_RSK_SCG_BAK_SMK)+(GBK_AK)	1,88	0,01880	0,03257	0,36	0,00368	0,24535
322	(ZEM_BBK_GBK)+(LBK_RSK_SCG_BAK_SMK)+(SKK_AK)	1,82	0,01823	0,03871	0,36	0,00369	0,26139
323	(ZEM_BBK_AK)+(LBK_RSK_SCG_BAK_SMK)+(SKK_GBK)	1,74	0,01738	0,05376	0,65	0,00657	0,05545
324	(ZEM_SKK_GBK)+(LBK_RSK_SCG_BAK_SMK)+(BBK_AK)	2,17	0,02168	0,01000	0,17	0,00176	0,39040
325	(ZEM_SKK_AK)+(LBK_RSK_SCG_BAK_SMK)+(BBK_GBK)	2,06	0,02065	0,01614	0,53	0,00545	0,06594
326	(ZEM_GBK_AK)+(LBK_RSK_SCG_BAK_SMK)+(BBK_SKK)	1,86	0,01857	0,03436	0,61	0,00619	0,06703

Tab. 7.8 Ergebnisse der AMOVA

Die AMOVA wurde mittels der HVS-I-Sequenzen der MESG-Kulturen und der rezenten zentraleuropäischen Metapopulation durchgeführt. Die genetische Zusammensetzung der MESG-Kulturen wurde durch 289 unterschiedliche Zwei- (Nr. 1–246), Drei- (Nr. 247–259) oder Vier-Gruppen-Kombinationen getestet (Nr. 260–289). Die beste Gruppierung wurde anschließend mit der zentraleuropäischen Metapopulation in 37 verschiedenen Zwei- (Nr. 290–291) und Drei-Gruppen-Kombinationen (Nr. 292–326) verglichen. Die Gruppen sind durch ein »+« und Populationen innerhalb einer Gruppe durch ein »_« voneinander getrennt. Die Tabelle zeigt pro Gruppierung den prozentualen Anteil der Varianz (%), die genetische Distanz (F_{st}) und Signifikanzwerte (p) zwischen den Gruppen und innerhalb einer Gruppe. Die besten Konstellationen sind in braun, die zweitbesten in orange gekennzeichnet.

Gruppen = 2,57 %, F_{st} = 0,02572, p = 0,00891; Varianz innerhalb der Gruppen = 0,50 %, F_{st} = 0,00511, p = 0,08089), während die Kombination mit allen früh-/mittelneolithischen Kulturen zu negativen Varianzwerten zwischen den Gruppen und sehr hohen innerhalb der Gruppe führte (Nr. 290). Analog resultierten alle Variationen mit zwei oder mehreren spätneolithischen/frühbronzezeitlichen Kulturen in hoher Varianz zwischen den Gruppen und geringer innerhalb der Gruppen (Nr. 298–300 und 321–326), während Kombinationen früh-/mittelneolithischer Kulturen mit einer starken Reduktion der Zwischengruppenvarianz und einem Anstieg der Innergruppenvarianz einhergingen (Nr. 292–297 und 301–320).

Zusammenfassend unterstützt die AMOVA eine klare Differenzierung in früh-/mittelneolithische Kulturen und Kulturen des ausgehenden Mittelneolithikums, des Spätneolithikums und der frühen Bronzezeit, die in eindeutiger Übereinstimmung mit den vorangehenden populationsgenetischen Analysen steht (Kap. 7.2.1.1–7.2.1.5). Somit kann von einer relativ stabilen genetischen Zusammensetzung im Untersuchungsgebiet während des Früh-/Mittelneolithikums ausgegangen werden, die ab dem ausgehenden Mittelneolithikum von Mustern genetischer Diskontinuität abgelöst wird. Basierend auf diesen Ergebnissen wird daher im Folgenden aus Gründen der übersichtlicheren Darstellung die Bernburger Kultur in die Gruppe spätneolithischer / frühbronzezeitlicher Kulturen integriert. Die Tatsache, dass die zusätzliche Aufsplittung der spätneolithischen/frühbronzezeitlichen Gruppe durch die Drei-Gruppen-Konstellationen am stärksten unterstützt wird, kann als Anzeichen für Heterogenität innerhalb dieser Gruppe gewertet werden. Dies ist ebenfalls aus den signifikanten Unterschieden zwischen der Glockenbecherkultur und der Aunjetitzer Kultur ersichtlich (Kap. 7.2.1.4) und beruht auf den unterschiedlichen Haplogruppenzusammensetzungen der einzelnen Kulturen (Kap. 7.2.1.1). Darüber hinaus zeigen die Vergleiche mit der rezenten Metapopulation, dass, analog zu den Ergebnissen der vorangehenden Analysen (Kap. 7.2.1.3–7.2.1.4), die genetische Zusammensetzung der spätneolithischen/frühbronzezeitlichen Kulturen größere Affinitäten zur Rezentpopulation aufweisen als die der früh-/mittelneolithischen Kulturen.

7.2.2 Prähistorische Vergleichsanalysen

7.2.2.1 Ward-Clusteranalyse

Die Clusteranalyse zwischen den MESG-Kulturen und den prähistorischen Vergleichsdaten wurde anhand der relativen Häufigkeiten von 23 Haplogruppen durchgeführt (Kap. 6.2.3.1). Die verwendeten Haplogruppenfrequenzen sind aus Tab. 7.9 und das daraus resultierende Dendrogram aus Abb. 7.9 ersichtlich. Bei 10 000 Permutationen wurden die Cluster mit Häufigkeiten von 53–93 % reproduziert, sodass davon ausgegangen werden kann, dass die Clusterbildung nicht auf einer zufälligen Anordnung basiert.

Die Clusteranalyse zeigt ein komplexes Affinitätsmuster der MESG-Kulturen zu den prähistorischen Vergleichsdaten. Im Wesentlichen können zwei Hauptcluster mit mehreren Subclustern unterschieden werden. Das erste Hauptcluster setzt sich aus den Jäger-Sammler-Datensätzen Zentral-, Südwest- und Osteuropas, der *Pitted-Ware*-Kultur, den frühneolithischen Kulturen Portugals und des Baskenlandes, der Glockenbecherkultur und der bronzezeitlichen Population aus Sibirien zusammen. Innerhalb dieses Clusters trennt sich eine östliche Gruppe, bestehend aus den östlichen Jäger-Sammlern, der *Pitted-Ware*-Kultur und der sibirischen Bronzezeit, von den übrigen Populationen. Die Tatsache, dass die östlichen Wildbeuter mit der bronzezeitlichen Population Sibiriens zusammenfallen, deutet auf eine gemeinsame westeurasische Struktur dieser beiden chronologisch differenzierten Populationen hin, in welche auch die *Pitted-Ware*-Kultur eingeordnet werden kann. Die zentraleuropäischen Wildbeuter hingegen bilden zusammen mit Jäger-Sammlern Südwesteuropas ein eigenes Subcluster, das sich von den östlich geprägten Populationen absetzt, aber in Verbindung mit einem weiteren westlichen Subcluster steht. Dieses besteht aus den frühneolithischen Populationen Portugals und des Baskenlandes sowie der Glockenbecherkultur. Diese Konstellation ist von besonderem Interesse, da sie zum einen Affinitäten der Glockenbecherkultur zu frühneolithischen Populationen der Iberischen Halbinsel aufzeigt und zum anderen Gemeinsamkeiten zwischen diesen Populationen und den mesolithischen Metapopulationen aus Süd- und Zentraleuropa vermuten lässt.

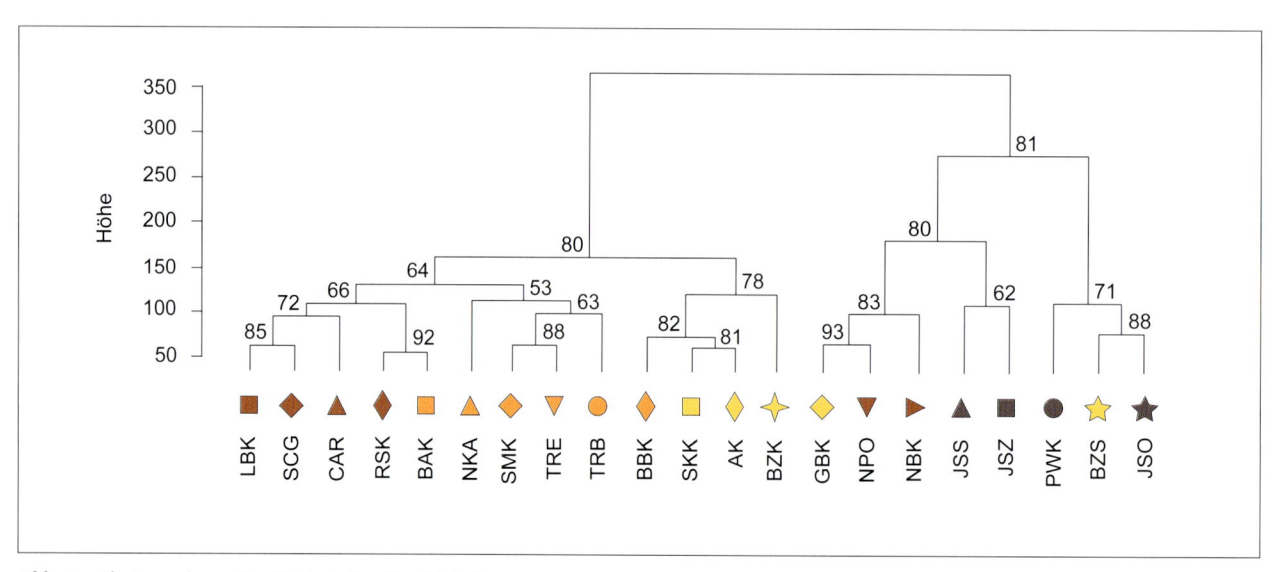

Abb. 7.9 Clusteranalyse mit prähistorischen Vergleichsdaten
Das Diagramm gibt die Gruppierung der MESG-Kulturen mit den prähistorischen Vergleichspopulationen basierend auf deren Haplogruppenfrequenzen wieder. Die Signifikanz der Gruppenbildung ist als prozentualer Anteil reproduzierbarer Cluster bei 10 000 Permutationen angegeben. Die Symbole kennzeichnen zentraleuropäische (Quadrat und Raute), südskandinavische (Kreis), südwesteuropäische (Dreieck) und osteuropäische/asiatische Populationen (Stern). Die Farbgebung entspricht Jäger-Sammler- (grau), frühneolithischen (braun), mittelneolithischen (orange) und spätneolithischen/frühbronzezeitlichen Populationen (gelb). Informationen und Kürzel der Populationen sind in den Tabellen 6.5 und 6.6 zusammengefasst. Die entsprechenden Haplogruppenfrequenzen gehen aus Tabelle 7.9 hervor.

Das zweite Hauptcluster enthält alle übrigen neolithischen und bronzezeitlichen Populationen und kann im Wesentlichen in zwei weitere Subcluster differenziert werden. Das erste Subcluster enthält alle früh-/mittelneolithischen Kulturen des MESG (LBK, Rössener Kultur, Schöninger Gruppe, Baalberger Kultur, Salzmünder Kultur) sowie relativ zeitgleiche Kulturen und Populationen aus Südskandinavien (Trichterbecherkultur) und Südwesteuropa ([Epi-]Cardial, Neolithikum Katalonien und Treilles). Diese Gruppierung zeigt, dass die genetische Zusammensetzung der früh-/mittelneolithischen MESG-Kulturen vergleichbare Parallelen in geographisch weit distanzierten Populationen aufweist. Das zweite Subcluster formiert sich aus den spätneolithischen/frühbronzezeitlichen MESG-Kulturen Bernburger Kultur, Schnurkeramikkultur und Aunjetitzer Kultur sowie der bronzezeitlichen Population aus Kasachstan. Innerhalb dieses Subclusters zeigen Schnurkeramikkultur und Aunjetitzer Kultur die größten Gemeinsamkeiten in der Haplogruppenzusammensetzung, die vergleichbare Parallelen in der östlich geprägten Kurgan-Kultur der Bronzezeit aufweist. Allerdings ist dieses Cluster von dem zweiten östlich geprägten Komplex der osteuropäischen Jäger-Sammler, der *Pitted-Ware*-Kultur und der sibirischen Bronzezeit getrennt, was auf weitere maternale Elemente schließen lässt, die in der Schnurkeramikkultur und in der Aunjetitzer Kultur nicht vorhanden sind.

Zusammenfassend werden die MESG-Kulturen, in Übereinstimmung mit den übrigen populationsgenetischen Analysen (Kap. 7.2.1.1–7.2.1.6), in früh-/mittelneolithische und spätneolithische/frühbronzezeitliche Kulturen getrennt. Die prähistorischen Vergleichsdaten deuten auf genetische Parallelen der früh-/mittelneolithischen MESG-Kulturen, des Schnurkeramik-Aunjetitz-Komplexes und der Glockenbecherkultur zu geografisch entfernten Regionen hin, die im Falle des Spätneolithikums bzw. der Frühbronzezeit konträre Ost-West-Affinitäten anzeigen.

7.2.2.2 Hauptkomponentenanalyse (PCA)

Die relativen Häufigkeiten von 23 Haplogruppen der MESG-Kulturen und der prähistorischen Vergleichsdaten wurden für die PCA verwendet (Kap. 6.2.3.2) und sind in Tab. 7.9 aufgelistet. Das Ergebnis der PCA ist in Abb. 7.10 in einem zweidimensionalen Raum dargestellt, der die erklärte Varianz der ersten beiden Hauptkomponenten abbildet. Durch die ersten beiden Hauptkomponenten können insgesamt 31,1 % der Gesamtvariabilität erklärt werden. Während die erste Hauptkomponente (19,5 %) vor allem die früh-/mittelneolithischen Kulturen des MESG von den übrigen neolithischen, bronzezeitlichen und Jäger-Sammler-Populationen trennt, werden Letztere durch die zweite Hauptkomponente (11,6 %) separiert.

Die PCA zeigt eine komplexe Affinitätsstruktur der prähistorischen Populationen. Analog zur Clusteranalyse (Kap. 7.2.2.1) werden die Jäger-Sammler entlang der ersten und zweiten Hauptkomponente von den meisten neolithischen und bronzezeitlichen Kulturen getrennt, was durch den relativ hohen Anteil an Haplogruppe U und deren Subgruppen (vor allem U4, U5a und U5b) bedingt ist. Innerhalb der Wildbeuter resultieren jedoch spezifische Haplogruppenzusammensetzungen in einer weiteren Separierung. Entlang der zweiten und ersten Hauptkomponente werden die zentral- und südwesteuropäischen Jäger-Sammler von den osteuropäischen und der *Pitted-Ware*-Kultur differenziert. Größere Gemeinsamkeiten zwischen zentral-/südwesteuropäischen sowie nordosteuropäischen Jäger-Sammler-Gruppen können also angenommen werden. Diese Unterschiede bzw. Gemeinsamkeiten sind vor allem in der Frequenzverteilung der Haplogruppen U4, U5a und U5b erkennbar. In Wildbeutern Zentral- und Südwesteuropas sind die Haplogruppen U4 und U5a in geringerer Häufigkeit vorhanden bzw. abwesend, während in den östlichen Populationen beide Haplogruppen in wesentlich höherer Frequenz vorkommen. Im Fall von U5b ist ein reziprokes Verhältnis mit höheren Frequenzen in Zentral- und Südwesteuropa erkennbar. Vor allem die Disparität in Bezug auf Häufigkeit bzw. Vorkommen von U5a und U5b kann als Verteilungsgradient mit südwest/nordöstlicher Orientierung interpretiert werden. Diese Unterschiede werden durch weitere Haplogruppen begleitet, die spezifisch in den verschiedenen Jäger-Sammler-Gruppen vorkommen. Dazu zählen U und U8 (Zentraleuropa), N* und H (Südwesteuropa), U2, C und H (Osteuropa) sowie T2, HV, und V (*Pitted-Ware*-Kultur). Im Falle der *Pitted-Ware*-Kultur korrelieren diese Haplogruppen mit charakteristischen Haplogruppen des Früh-/Mittelneolithikums (s. u.), was dadurch erklärbar sein könnte, dass diese Jäger-Sammler-Gruppe chronologisch in das Mittelneolithikum Zentraleuropas datiert und somit ein Einfluss neolithisch lebender Gemeinschaften nicht auszuschließen – wenn nicht sogar anzunehmen – ist. Generell deutet die charakteristische mtDNA-Zusammensetzung der geografisch entfernt voneinander lokalisierten Jäger-Sammler-Gruppen auf eine komplexe populationsgenetische Struktur, die sich bereits während des Paläo-/Mesolithikums in Europa formiert hat.

Eine weitaus homogenere Gruppe setzt sich aus den früh-/mittelneolithischen Kulturen des MESG sowie der neolithischen Population Kataloniens und der Treilles-Kultur Südwesteuropas zusammen. Diese wird deutlich durch die erste Hauptkomponente von den Jäger-Sammlern und allen übrigen neolithischen und bronzezeitlichen Kulturen getrennt. Dieses Muster ist konsistent mit der Clusteranalyse (Kap. 7.2.2.1), in der die angesprochenen Kulturen gruppiert werden. Im Allgemeinen kann diese Gruppe durch die Haplogruppen N1a, T2, K, J, HV, V, W und X sowie durch moderate Frequenzen von Haplogruppe H definiert werden. Gleichzeitig sind charakteristische mesolithische Haplogruppen wie U4, U5a und U5b nicht vorhanden oder kommen im Vergleich zu den Jäger-Sammlern mit wesentlich geringerer Häufigkeit vor. Allerdings können innerhalb dieser Gruppe auch kleinere Abweichungen festgestellt werden, welche die Ab- oder Anwesenheit bestimmter Haplogruppen betreffen, zu denen N1a, J, V und W bzw. U3 und U8 zählen. Diese Unterschiede induzieren eine Separierung der früh-/mitteleneolithischen Kulturen entlang der zweiten Hauptkomponente, die jedoch in Anbetracht der weitestgehend übereinstimmenden Haplogruppenzusammensetzung eher eine untergeordnete Rolle spielen. Die Tatsache, dass die früh-/mittelneolithischen Kulturen des MESG mit Populationen der Iberischen Halbinsel zusammenfallen, zeigt, dass vergleichbare Parallelen der typischen früh-/mittelneolithischen Haplogruppen zusammensetzung auch in weit entfernten Populationen außerhalb des MESG zu finden sind.

Die übrigen neolithischen und bronzezeitlichen Kulturen gruppieren sich um den Nullpunkt der ersten Hauptkomponente, was prinzipiell als eine gemischte Zusammensetzung aus charakteristischen Jäger-Sammler- und früh-/mittelneolithischen Haplogruppen gedeutet werden kann. Allerdings werden diese Populationen aufgrund zusätzlicher spezifischer Elemente deutlich entlang der zweiten Hauptkomponente voneinander separiert. Die Schnurkeramikkultur und die Aunjetitzer Kultur werden vor allem durch hohe Frequenzen von I, U2 und T1 definiert. Haplogruppe I und U2 sind in allen vorherigen Kulturen des MESG nicht nachweisbar, während T1 nur durch die Baalberger Kultur belegt ist (Kap. 7.2.1.1). Vor allem I und U2 können demnach als gemeinsame mitochondriale Elemente zwischen der Schnurkeramikkultur und der Aunjetitzer Kultur angesehen werden, die sie von allen anderen neolithischen Kulturen abgrenzen. Dies wird durch die Häufigkeiten weiterer Haplogruppen unterstützt. Im Vergleich zu den früh-/mittelneolithischen Kulturen ist der Anteil charakteristischer Jäger-Sammler-Haplogruppen wie U4 und U5a in der Schnurkeramikkultur und in der Aunjetitzer Kultur höher, während typische Elemente der frühen Bauern wie N1a, T2, K, J, HV und V in geringer Frequenz vorliegen oder überhaupt nicht detektiert wurden. All diese Faktoren bedingen eine Distanzierung der Schnurkeramikkultur und der Aunjetitzer Kultur von den früh-/mittelneolithischen Kulturen entlang der ersten und zweiten Hauptkomponente. Dies wird durch die Clusteranalyse bestätigt (Kap. 7.2.2.1) und ist möglicherweise durch eine abweichende Populationsgeschichte erklärbar. Die PCA zeigt jedoch auch, dass die Aunjetitzer Kultur durch die zweite Hauptkomponente von der Schnurkeramikkultur getrennt wird. Diese Trennung basiert vor allem auf wesentlich höheren Frequenzen von I und U2 in der Aunjetitzer Kultur, sodass davon ausgegangen werden kann, dass mitochondriale Elemente, die erstmals mit der Schnurkeramikkultur im MESG auftreten, in der Aunjetitzer Kultur an Bedeutung gewinnen. Zudem wird diese Trennung durch geringe Frequenzen der Haplogruppen R und U8, die in der Schnurkeramikkultur abwesend und in der Aunjetitzer Kultur anwesend sind, unterstützt. Im Vergleich mit den übrigen prähistorischen Vergleichsdaten weisen Schnurkeramikkultur und Aunjetitzer Kultur Affinitäten zu den bronzezeitlichen Kurgan-Kulturen aus Kasachstan und Sibirien auf, die überwiegend in den Häufigkeiten von I, T1, U2, U4 und U5a begründet sind und somit in einer Gruppierung östlich geprägter Populationen mit gemeinsamen mtDNA-Elementen resultieren. Im Falle der kasachischen Stichprobe fällt diese Affinität deutlich stärker aus, während die sibirische Bronzezeit entlang der ersten Hauptkomponente separiert wird und somit stärkere Gemeinsamkeiten mit den Jäger-Sammler-Gruppen Osteuropas und der *Pitted-Ware*-Kultur aufweist, die wiederum auf einen sehr hohen U4-Anteil zurückzuführen sind. Somit spiegelt diese Struktur der PCA die exakte Gruppierung der Clusteranalyse wieder (Kap. 7.2.2.1). Erwähnenswert ist ebenfalls die Tatsache, dass die Anwesenheit von U2 in Schnurkeramikkultur, Aunjetitzer Kultur, sibirischer Bronzezeit und östlichen Jäger-Sammlern zu einer Separierung der östlich geprägten Populationen von allen anderen entlang der zweiten Hauptkomponente beiträgt, obwohl weitere mitochondriale Elemente in den osteuropäischen Jäger-Sammlern und der Bronzezeit Sibiriens – wie die asiatischen Haplogruppen C und Z – in einer Distanzierung von Schnurkeramikkultur und Aunjetitzer Kultur resultieren. Dies könnte möglicherweise nicht nur für Gemeinsamkeiten zwischen dem Schnurkeramikkultur-Aunjetitz-Komplex und den bronzezeitlichen Kurgan-Kulturen, sondern auch mit der mesolithischen Population Osteuropas sprechen.

Die frühneolithischen Populationen Portugals und des Baskenlandes werden zusammen mit der Glockenbecherkultur von allen anderen Populationen durch die erste und zweite Hauptkomponente voneinander getrennt. Diese Gruppierung deutet auf Affinitäten der Glockenbecherkultur zu neolithischen Populationen der Iberischen Halbinsel hin, was konsistent mit den Ergebnissen der Clusteranalyse ist (Kap. 7.2.2.1) und somit als Formierung einer westlich geprägten Gruppe interpretiert werden kann. Diese Gruppe arrangiert sich – ebenso wie die östliche Gruppe – um den Nullpunkt der ersten Hauptkomponente, was generell auf einen geringeren Anteil früh-/mittelneolithischer Haplogruppen und eine höhere Häufigkeit typischer Wildbeuterlinien im Vergleich zur früh-/mittelneolithischen Gruppe schließen lässt. Allerdings wird diese westliche Gruppe durch die zweite Hauptkomponente entgegengesetzt zur östlichen Gruppe getrennt, was maßgeblich auf sehr hohen Frequenzen von Haplogruppe H in den westlichen Populationen basiert. Des Weiteren wird die Separierung östlicher von westlichen Populationen durch die angesprochene konträre Verteilung von U5a und U5b unterstützt. Durch diese Zusammensetzung fällt die westliche Gruppe in die Nähe der südwesteuropäischen Jäger-Sammler, die durch dieselben Elemente charakterisiert werden kann (s. o.) und einen gewissen Anteil paläo-/mesolithischer Variabilität Südwesteuropas in diesen neolithischen Populationen vermuten lässt.

Einen Sonderfall stellt der Datensatz des (Epi-)Cardial dar, der in der PCA in die Nähe der westlich geprägten Gruppe fällt. Allerdings ist diese Position nicht durch einen vergleichbar hohen H-Anteil bedingt. Vielmehr sind typische früh-/mittelneolithische Linien wie T2, K und X in dieser Population wesentlich häufiger vertreten als in den kontemporären Gruppen der Iberischen Halbinsel, was Affinitäten des (Epi-)Cardials zu der früh-/mittelneolithischen Gruppe unterstützt. Die Trennung des (Epi-)Cardials von dieser Gruppe ist maßgeblich durch die sehr hohe Frequenz der Haplogruppe N* bedingt, die im gesamten Datensatz nur noch in den Jäger-Sammlern Südwesteuropas zu finden ist. Dadurch werden stärkere Affinitäten des (Epi-)Cardials zur lokalen mesolithischen Population und gleichzeitig eine Separierung von der früh-/mittelneolithischen Gruppe entlang der ersten und zweiten Hauptkomponente induziert.

Trichterbecherkultur und Bernburger Kultur können als eine weitere Gruppe angesehen werden, die sich anhand charakteristischer Merkmale von den übrigen Clustern

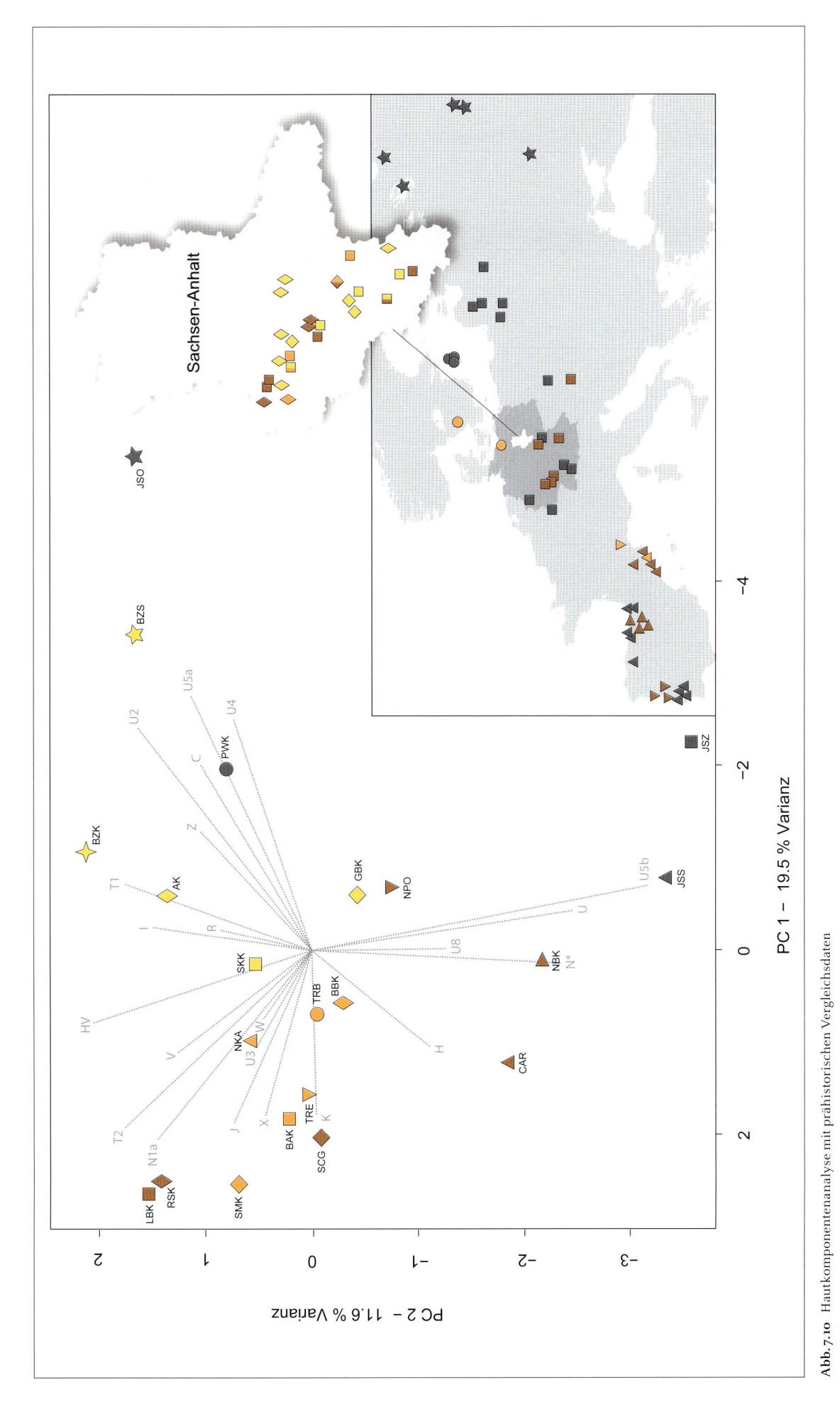

Abb. 7.10 Hauptkomponentenanalyse mit prähistorischen Vergleichsdaten

Die Haplogruppenzusammensetzung der MESG-Kulturen und der prähistorischen Vergleichspopulationen wurde mittels Hauptkomponentenanalyse untersucht. Die ersten beiden Hauptkomponenten erklären 31,1 % der Gesamtvariabilität. Die Beiträge jeder Haplogruppe sind proportional zu den Hauptkomponenten als graue Vektoren dargestellt. Die Symbole und deren Farbgebung sind konsistent zu Abbildung 7.9. Zum Vergleich der überregionalen genetischen Affinitäten ist zudem die geografische Lage der Populationen in Europa bzw. Sachsen-Anhalt visualisiert. Datensatzinformationen und Haplogruppenfrequenzen sind in den Tabellen 6.5, 6.6 und 7.9 aufgeführt.

Abk.	C	Z	N*	N1a	I	W	X	R	HV	V	H	T1	T2	J	U	U2	U3	U4	U5a	U5b	U8	K
JSZ	0,0	0,0	0,0	0,0	0,0	0,0	0,0	0,0	0,0	0,0	0,0	0,0	0,0	0,0	18,8	0,0	0,0	12,5	12,5	50,0	6,3	0,0
LBK	0,0	0,0	0,0	12,7	0,0	2,9	1,0	0,0	4,9	4,9	16,7	0,0	21,6	11,8	0,0	0,0	1,0	0,0	2,0	1,0	0,0	19,6
RSK	0,0	0,0	0,0	9,1	0,0	0,0	9,1	0,0	9,1	9,1	36,4	0,0	18,2	0,0	0,0	0,0	0,0	0,0	0,0	0,0	0,0	9,1
SCG	0,0	0,0	0,0	3,0	0,0	9,1	3,0	0,0	3,0	0,0	15,2	0,0	12,1	15,2	0,0	0,0	0,0	0,0	0,0	6,1	3,0	30,3
BAK	0,0	0,0	0,0	5,3	0,0	0,0	10,5	0,0	5,3	0,0	26,3	5,3	21,1	5,3	0,0	0,0	0,0	0,0	0,0	5,3	5,3	10,5
SMK	0,0	0,0	0,0	6,9	0,0	0,0	3,4	0,0	3,4	3,4	31,0	0,0	6,9	20,7	0,0	0,0	10,3	0,0	0,0	3,4	0,0	10,3
BBK	0,0	0,0	0,0	0,0	0,0	5,9	5,9	0,0	0,0	5,9	23,5	0,0	11,8	0,0	0,0	0,0	0,0	0,0	11,8	17,6	0,0	17,6
SKK	0,0	0,0	0,0	0,0	2,3	2,3	6,8	0,0	2,3	0,0	22,7	6,8	11,4	9,1	0,0	2,3	0,0	6,8	9,1	4,5	0,0	13,6
GBK	0,0	0,0	0,0	0,0	0,0	6,9	0,0	0,0	0,0	0,0	48,3	3,4	6,9	3,4	0,0	0,0	0,0	6,9	13,8	6,9	0,0	3,4
AK	0,0	0,0	0,0	0,0	12,8	4,3	5,3	1,1	2,1	3,2	21,3	2,1	6,4	6,4	2,1	6,4	0,0	1,1	12,8	2,1	3,2	7,4
TRB	0,0	0,0	0,0	0,0	0,0	0,0	0,0	0,0	0,0	0,0	10,0	0,0	30,0	20,0	0,0	0,0	0,0	0,0	10,0	20,0	0,0	10,0
PWK	0,0	0,0	0,0	0,0	0,0	0,0	0,0	0,0	10,5	5,3	0,0	0,0	5,3	0,0	0,0	0,0	0,0	42,1	15,8	15,8	0,0	5,3
JSS	0,0	0,0	15,4	0,0	0,0	0,0	0,0	0,0	0,0	0,0	38,5	0,0	0,0	0,0	0,0	0,0	0,0	7,7	0,0	38,5	0,0	0,0
CAR	0,0	0,0	16,7	0,0	0,0	0,0	5,6	0,0	0,0	0,0	27,8	0,0	11,1	0,0	0,0	0,0	0,0	0,0	0,0	5,6	0,0	33,3
NPO	0,0	0,0	0,0	0,0	0,0	0,0	0,0	0,0	0,0	5,9	70,6	0,0	0,0	0,0	0,0	0,0	0,0	0,0	17,6	5,9	0,0	0,0
NBK	0,0	0,0	0,0	0,0	2,3	0,0	2,3	0,0	2,3	0,0	44,2	0,0	2,3	4,7	25,6	0,0	0,0	0,0	0,0	7,0	0,0	9,3
NKA	0,0	0,0	0,0	0,0	9,1	9,1	0,0	0,0	0,0	0,0	36,4	0,0	18,2	18,2	0,0	0,0	0,0	9,1	0,0	0,0	0,0	0,0
TRE	0,0	0,0	0,0	0,0	0,0	0,0	13,8	0,0	6,9	3,4	20,7	0,0	6,9	20,7	3,4	0,0	0,0	0,0	3,4	13,8	0,0	6,9
JSO	21,4	0,0	0,0	0,0	0,0	0,0	0,0	0,0	0,0	0,0	7,1	0,0	0,0	0,0	0,0	21,4	0,0	28,6	21,4	0,0	0,0	0,0
BZS	0,0	9,1	0,0	0,0	0,0	0,0	0,0	0,0	0,0	0,0	9,1	9,1	9,1	0,0	0,0	9,1	0,0	27,3	18,2	0,0	0,0	9,1
BZK	0,0	0,0	0,0	0,0	12,5	0,0	0,0	0,0	12,5	0,0	12,5	25,0	12,5	0,0	0,0	0,0	0,0	0,0	12,5	12,5	0,0	0,0

Tab. 7.9 Haplogruppenfrequenzen der MESG-Kulturen und zwölf prähistorischer Populationen

Die Tabelle führt die relativen Häufigkeiten von 22 Haplogruppen der MESG-Kulturen sowie der prähistorischen Vergleichsdaten auf, welche für die Cluster- und Hauptkomponentenanalyse verwendet wurden (Abb. 7.9 u. 7.10). Zusätzliche Informationen und Kürzel der verwendeten Populationen sind in den Tabellen 6.5 und 6.6 zusammengefasst.

unterscheiden lässt. Diese Gruppe befindet sich am Schnittpunkt der ersten und zweiten Hauptkomponente, zwischen den früh-/mittelneolithischen Kulturen und den Jäger-Sammler-Gruppen bzw. der östlichen und westlichen Gruppe. Diese Position kann durch eine gemischte Zusammensetzung aus charakteristischen Jäger-Sammler- und früh-/mittelneolithischen Haplogruppen erklärt werden, in der jedoch weitere spezifische Haplogruppen entweder ausbleiben (I, U2 und T1) oder in ihrer Frequenz zu niedrig sind (H) und daher von der östlichen und westlichen Gruppe differenziert werden können. Aufgrund dieser Haplogruppenzusammensetzung kann davon ausgegangen werden, dass zwischen beiden Repräsentanten des Trichterbecherkomplexes genetische Affinitäten bestehen.

Zusammenfassend ermöglicht die PCA die Differenzierung mehrerer Gruppen, die mit der Clusteranalyse konsistent sind und auf verschiedenen charakterisierenden Elementen beruhen. Zwischen den Populationen in jeder Gruppe sind dennoch Fluktuationen in Frequenz oder Vorkommen einzelner Haplogruppen feststellbar, die aufgrund der Komplexität der prähistorischen Vergleichsdaten in Zeit und Raum nicht vollständig angesprochen oder geklärt werden können. Demnach stellen die hier aufgeführten Charakterisierungen die offensichtlichsten Gemeinsamkeiten und Unterschiede heraus, die durch die ersten beiden Hauptkomponenten unterstützt werden. Allerdings können weitere Affinitäten anhand der übrigen Haplogruppenfluktuationen, die möglicherweise durch höhere Hauptkomponenten erklärbar sind, nicht ausgeschlossen werden, auch wenn diese aufgrund der methodischen Struktur der PCA weniger Relevanz für den verwendeten Datensatz aufweisen.

7.2.2.3 Ancestral shared haplotype analysis *(ASHA)*

Die ASHA wurde unabhängig in vier geografisch entfernten Regionen (MESG, Südwesteuropa, Südskandinavien und Osteuropa/Asien) mittels der MESG-Daten, der prähistorischen Vergleichspopulationen und der vier rezenten Metapopulationen durchgeführt (Kap. 6.2.3.3). Die Ergebnisse sind in Tab. 7.10a–d zusammengefasst und in Abb. 7.11a-d grafisch dargestellt.

Im MESG illustriert der Graph (Abb. 7.11a; Tab. 7.10a) den enormen Anstieg mitochondrialer Diversität am Übergang vom Mesolithikum zum Neolithikum. Jäger-Sammler-Linien sind in der frühen Bauernpopulation der LBK nur äußerst selten vertreten (2–2,9 %), während 79,4 % der LBK-Linien als früh-/mittelneolithisch klassifiziert werden können. Diese unterschiedliche Zusammensetzung mitochondrialer Elemente ist im Auftreten zahlreicher Haplogruppen mit Beginn des Neolithikums begründet, die im Paläo-/Mesolithikum abwesend sind. Dies deutet auf Diskontinuität am Übergang von der wildbeuterischen zur produzierenden Lebensweise hin, wie sie auch durch die vorangehenden populationsgenetischen Analysen unterstützt wird (Kap. 7.2.1.1–7.2.1.5).

In den nachfolgenden früh-/mittelneolithischen Kulturen des MESG bleibt die Zusammensetzung der LBK im Grunde erhalten. Während die Jäger-Sammler-Komponente weiterhin relativ gering ausfällt (Rössener Kultur: 0 %, Schöninger Gruppe: 0–9,1 %, Baalberger Kultur: 0–10,5 %, Salzmünder Kultur: 0–3,5 %), kann der überwiegende Teil der mtDNA-Variabilität früh-/mittelneolithischen Linien zugeordnet werden (Rössener Kultur: 63,6–90,9 %, Schöninger Gruppe: 72,7–87,9 %, Baalberger Kultur: 57,9–78,9 %, Salzmünder Kultur: 75,9–86,2 %), von denen ein Großteil direkte Übereinstimmungen mit der LBK aufweist (51,7–72,7 %). Diese Gemeinsamkeiten zwischen den früh-/mittelneolithischen MESG-Kulturen belegt eine relativ stabile mtDNA-Zusammensetzung innerhalb dieses Zeitrahmens, die in Übereinstimmung mit den weiteren populationsgenetischen Analysen (Kap. 7.2.1.1–7.2.2.2) als genetische Kontinuität gewertet werden kann.

Das Muster der genetischen Kontinuität im MESG ändert sich jedoch erkennbar mit dem Erscheinen der Bernburger Kultur im ausgehenden Mittelneolithikum. In dieser Kultur ist ein sprunghafter Anstieg der Jäger-Sammler-Komponente auf 11,8–29,4 % bei einer simultanen Reduzierung früher Bauern-Linien auf 41,2–64,7 % zu verzeichnen, von denen nur noch 35,3 % direkt mit der LBK übereinstimmen. In der Bernburger Kultur ist somit eine deutliche Reduktion des früh-/mittelneolithischen Substrats festzustellen, die vermutlich auf einen Eintrag charakteristischer Jäger-Sammler-Linien zurückzuführen ist.

Im weiteren Verlauf des Spätneolithikums und der Frühbronzezeit ist ein weiterer Abfall der früh-/mittelneolithischen Komponente (Schnurkeramikkultur: 54,5–63,6 %, Glockenbecherkultur: 48,3–51,7 %, Aunjetitzer Kultur: 40,4–47,9 %) und – im Vergleich zur Bernburger Kultur – ebenfalls der Jäger-Sammler-Komponente (Schnurkeramikkultur: 6,8–18,2 %, Glockenbecherkultur: 3,4–13,8 %, Aunjetitzer Kultur: 8,5–19,2 %) zu verzeichnen, der mit einem simultanen Anstieg charakteristischer spätneolithischer/frühbronzezeitlicher Linien einhergeht (Schnurkeramikkultur: 0–4,5 %, Glockenbecherkultur: 20,7–24,1 %, Aunjetitzer Kultur: 6,4–22,3 %). In diesem Kontext ist vor allem der hohe Anteil spätneolithischer/frühbronzezeitlicher Linien in der Glockenbecherkultur von Bedeutung, der größtenteils auf direkten Übereinstimmungen mit der Schnurkeramikkultur (20,7 %) beruht und trotz der unterschiedlichen Haplogruppenzusammensetzung beider Kulturen (Kap. 7.2.1.1 u. 7.2.2.1–7.2.2.2) auf einen erheblichen Anteil von *admixture* schließen lässt. Die schrittweise Reduktion früh-/mittelneolithischer Linien im Spätneolithikum bzw. in der Frühbronzezeit des MESG ist durch eine Zunahme genetischer Variabilität zu erklären, welche durch die Haplogruppenzusammensetzung und die ansteigende Haplotypen- und Haplogruppendiversität bestätigt wird (Kap. 7.2.1.1–7.2.1.2).

Die rezente Metapopulation Zentraleuropas setzt sich aus 2,8–11,8 % Jäger-Sammler-, 32,4–48,6 % früh-/mittelneolithischen, 13,8–16,4 % spätneolithischen/frühbronzezeitlichen und 23,2 % anderen Linien zusammen. Diese genetische Zusammensetzung ähnelt weitestgehend der Aunjetitzer Kultur und zeigt, dass die charakteristische mitochondriale Signatur heutiger Europäer bereits in der Bronzezeit zu großen Teilen vorhanden war. Die wesentlichsten Unterschiede zwischen der Aunjetitzer Kultur und der heutigen europäischen Bevölkerung (Kap. 7.2.1.3–7.2.1.4) bestehen in einer Reduktion der spätneolithischen/frühbronzezeitlichen Komponente, vornehmlich der

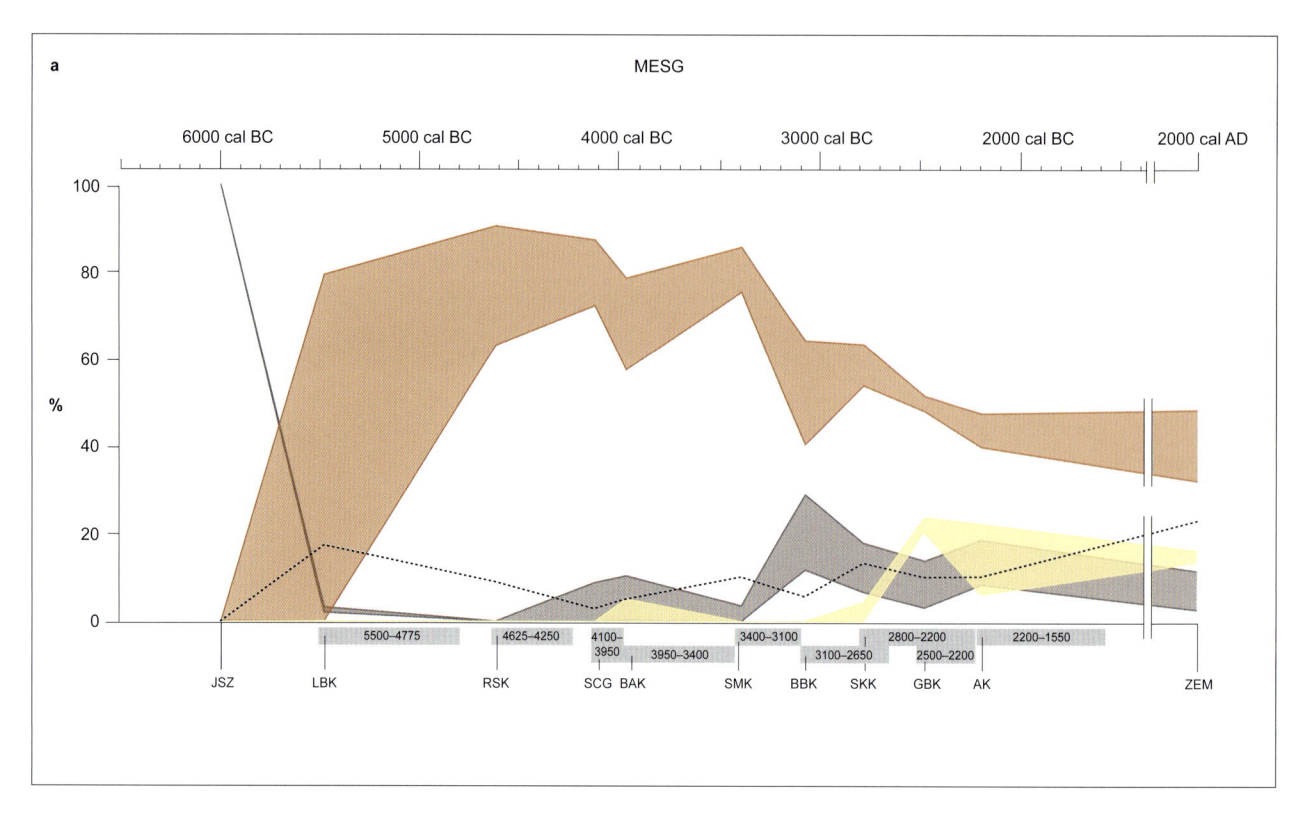

128 BESTÄNDIG IST NUR DER WANDEL!

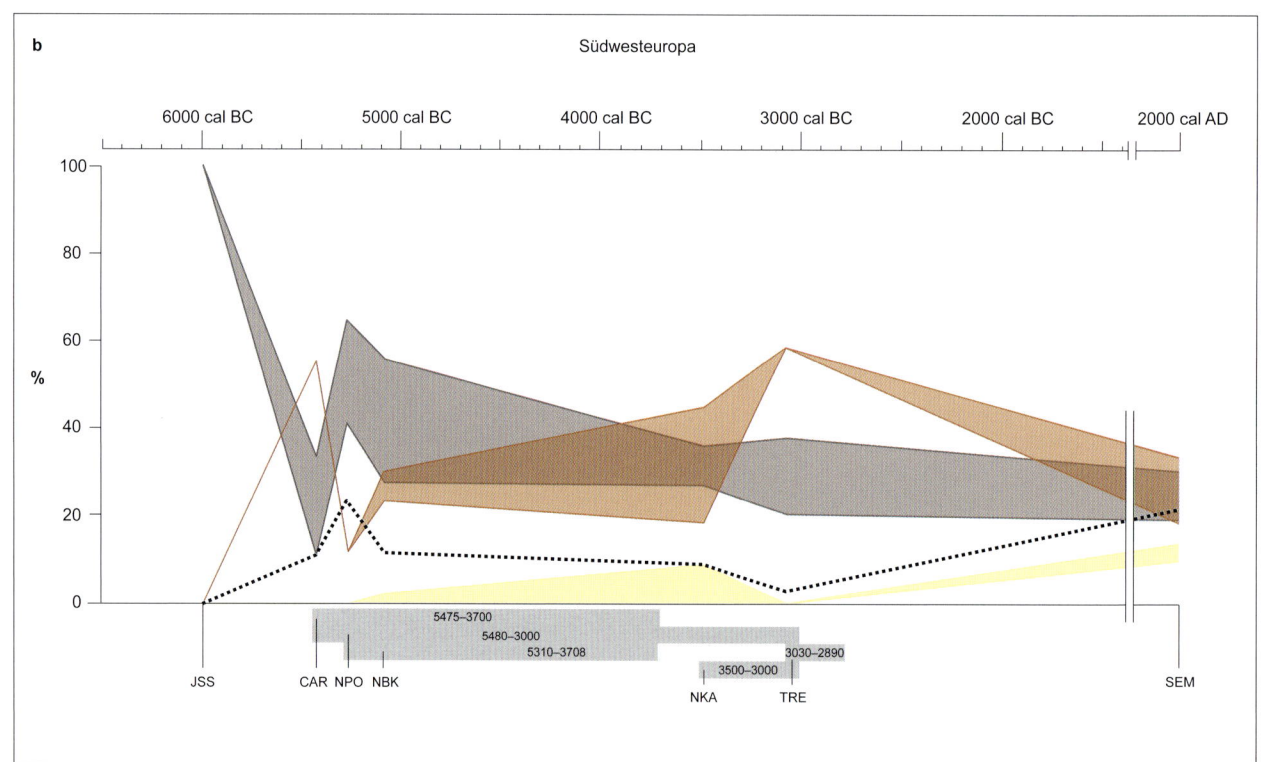

a MESG

b Südwesteuropa

FORSCHUNGSBERICHTE DES LANDESMUSEUMS FÜR VORGESCHICHTE HALLE • BAND 9 • 2017 • GUIDO BRANDT

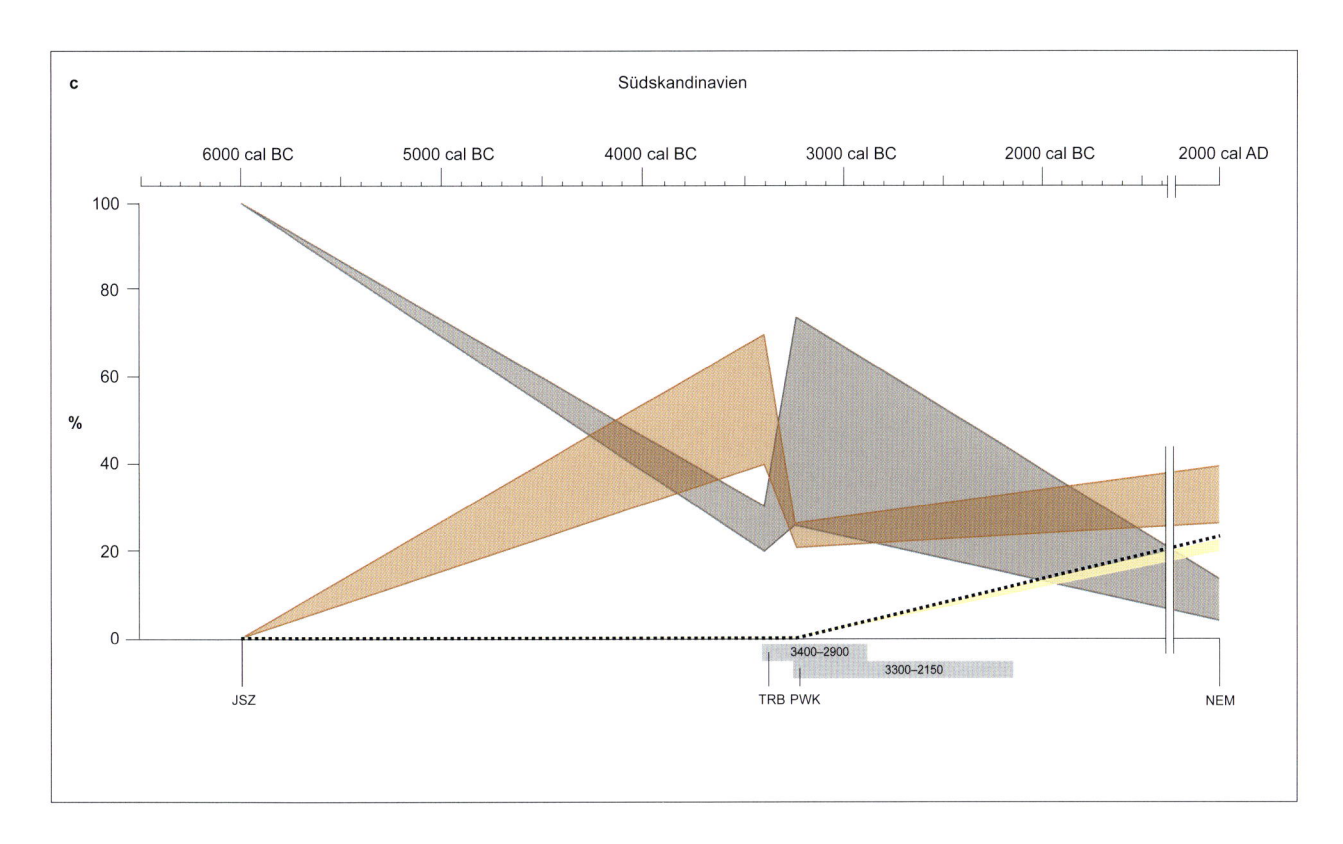

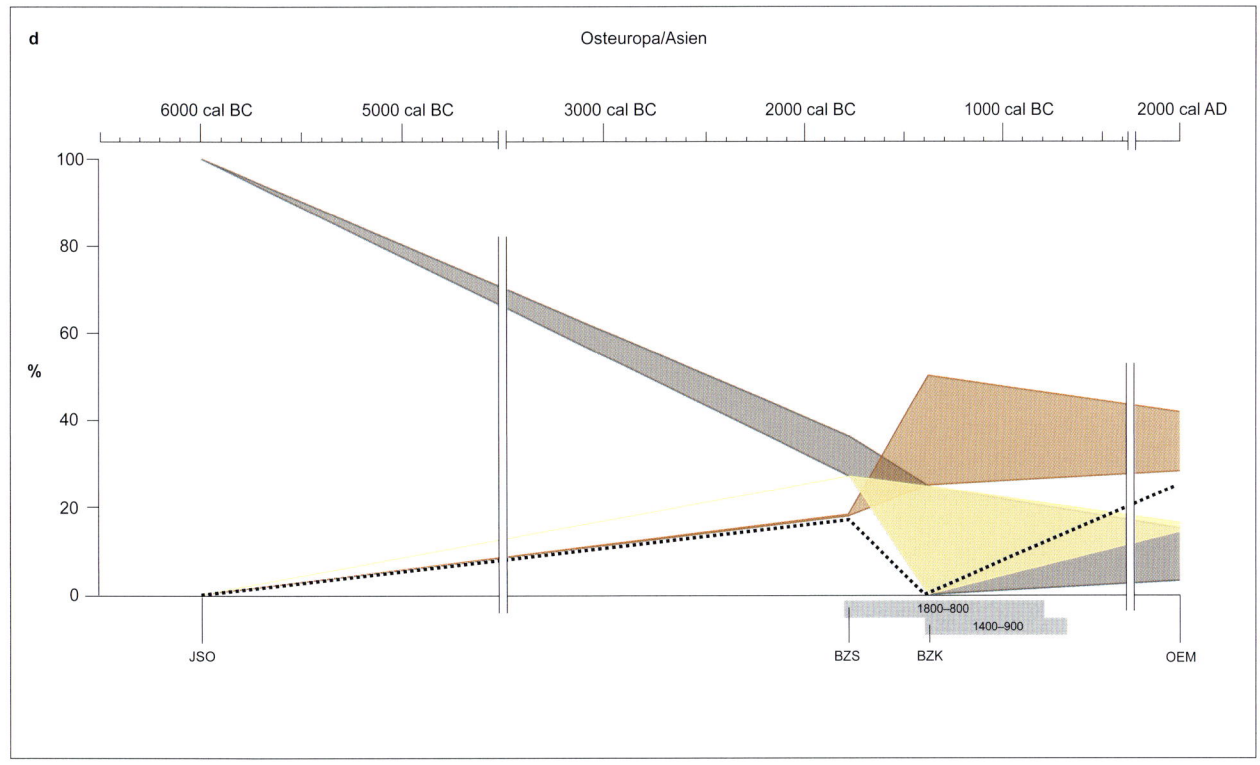

Abb. 7.11a–d *Ancestral shared haplotype analysis*

Die Abbildungen zeigen die Häufigkeitsentwicklung mitochondrialer Komponenten vom Mesolithikum bis in die Gegenwart in vier unterschiedlichen Regionen Europas: MESG (a), Südwesteuropa (b), Südskandinavien (c) und Osteuropa/Asien (d). Die genetische Komponente der Jäger-Sammler ist grau, die der früh-/mittelneolithischen Kulturen braun und der spätneolithischen/frühbronzezeitlichen Kulturen gelb dargestellt. Für jede Komponente wurde ein konservativer Minimalwert (untere Grenze) und ein Maximalwert (obere Grenze) ermittelt (Kap. 6.2.3.3). Linien, die keiner der drei Komponenten zweifelsfrei zugeordnet werden konnten, wurden als »andere« zusammengefasst (schwarz gepunktete Linie). Die Tabellen 7.10a–d enthalten eine genaue Aufschlüsselung der Häufigkeiten. Details zu den verwendeten Datensätzen sind den Tabellen 6.5, 6.6 und 11.4 zu entnehmen.

MESG

a — anzestrale Linien

	JSZ	LBK	RSK	SCG	BAK	SMK	BBK	SKK	GBK	AK	ZEM
JSZ	100,0										
LBK	2,0	98,0									
RSK	0,0	63,6	36,4								
SCG	0,0	72,7	0,0	27,3							
BAK	0,0	52,6	5,3	0,0	42,1						
SMK	0,0	51,7	17,2	6,9	0,0	24,1					
BBK	11,8	35,3	5,9	0,0	0,0	0,0	47,1				
SKK	6,8	36,4	2,3	0,0	9,1	6,8	0,0	38,6			
GBK	3,4	37,9	10,3	0,0	0,0	0,0	0,0	0,0	20,7	27,6	
AK	8,5	33,0	3,2	1,1	3,2	0,0	0,0	6,4	0,0	44,7	
ZEM	2,8	26,6	2,4	1,0	2,2	0,0	0,2	8,0	1,2	4,6	51,0

Minimalwerte / Maximalwerte

	JS	FN/MN	SN/FBZ	neu		JS	FN/MN	SN/FBZ	andere
JSZ	100,0	0,0	0,0	0,0	JSZ	100,0	0,0	0,0	0,0
LBK	2,0	0,0	0,0	98,0	LBK	2,9	79,4	0,0	17,6
RSK	0,0	63,6	0,0	36,4	RSK	0,0	90,9	0,0	9,1
SCG	0,0	72,7	0,0	27,3	SCG	9,1	87,9	0,0	3,0
BAK	0,0	57,9	0,0	42,1	BAK	10,5	78,9	5,3	5,3
SMK	0,0	75,9	0,0	24,1	SMK	3,5	86,2	0,0	10,3
BBK	11,8	41,2	0,0	47,1	BBK	29,4	64,7	0,0	5,9
SKK	6,8	54,5	0,0	38,6	SKK	18,2	63,6	4,5	13,6
GBK	3,4	48,3	20,7	27,6	GBK	13,8	51,7	24,1	10,3
AK	8,5	40,4	6,4	44,7	AK	19,2	47,9	22,3	10,6
ZEM	2,8	32,4	13,8	51,0	ZEM	11,8	48,6	16,4	23,2

< Aufschlüsselung der neuen Linien

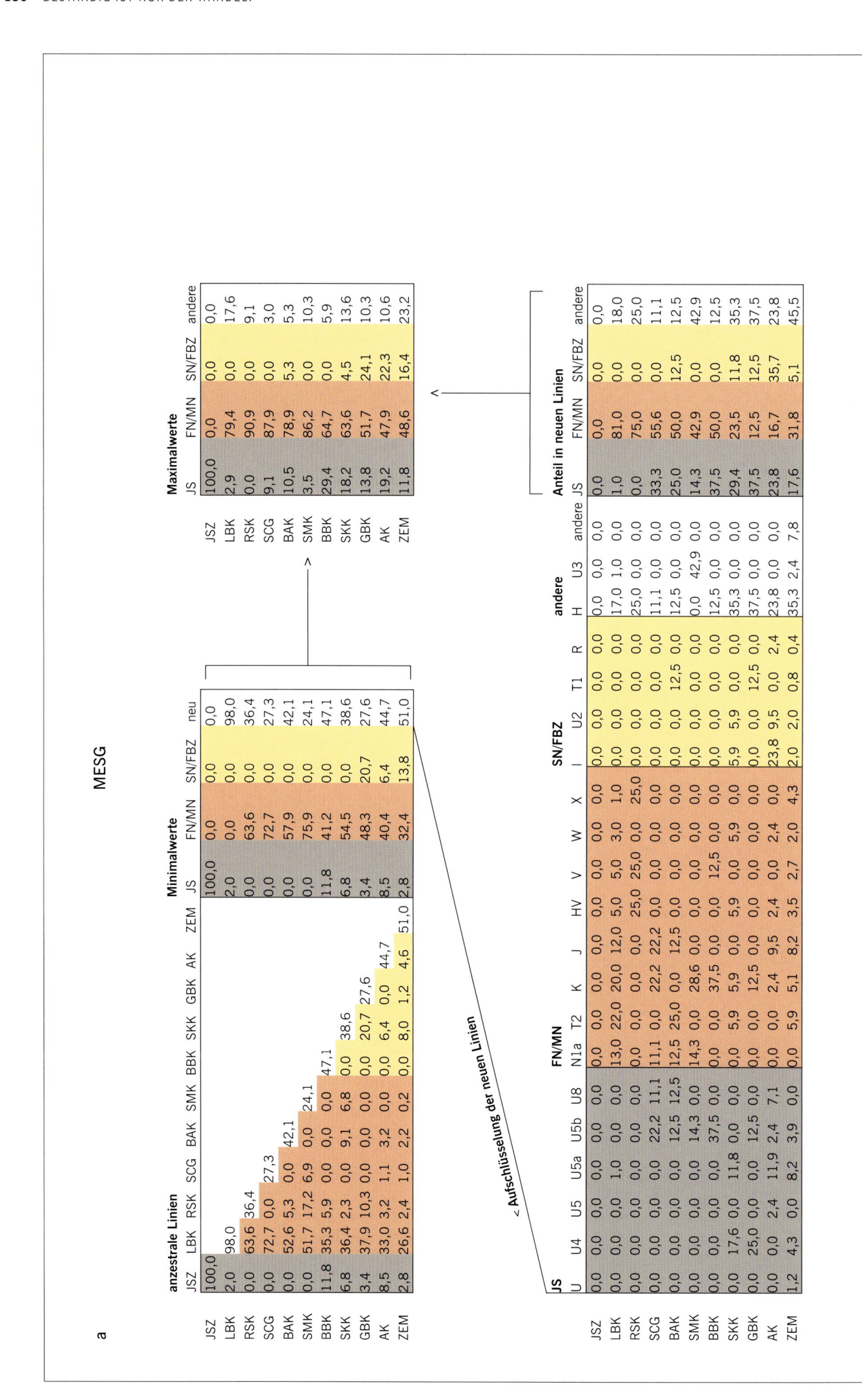

JS / FN/MN / SN/FBZ / andere

	JS						FN/MN						SN/FBZ						andere		
	U4	U5	U5a	U5b	U8	N1a	T2	K	J	HV	V	W	X	I	U2	T1	R	H	U3	andere	JS
JSZ	0,0	0,0	0,0	0,0	0,0	0,0	0,0	0,0	0,0	0,0	0,0	0,0	0,0	0,0	0,0	0,0	0,0	0,0	0,0	0,0	0,0
LBK	0,0	0,0	0,0	0,0	0,0	13,0	22,0	20,0	12,0	5,0	3,0	0,0	1,0	0,0	0,0	0,0	0,0	17,0	1,0	0,0	1,0
RSK	0,0	0,0	1,0	0,0	0,0	0,0	0,0	0,0	22,2	25,0	25,0	0,0	25,0	0,0	0,0	0,0	0,0	25,0	0,0	0,0	0,0
SCG	0,0	0,0	0,0	22,2	11,1	11,1	0,0	22,2	22,2	0,0	0,0	0,0	0,0	0,0	0,0	0,0	0,0	11,1	0,0	0,0	33,3
BAK	0,0	0,0	0,0	12,5	12,5	12,5	25,0	0,0	12,5	0,0	0,0	0,0	0,0	0,0	0,0	12,5	0,0	12,5	0,0	0,0	25,0
SMK	0,0	0,0	0,0	14,3	0,0	14,3	0,0	0,0	12,5	0,0	0,0	0,0	0,0	0,0	0,0	0,0	0,0	0,0	42,9	0,0	14,3
BBK	0,0	0,0	37,5	0,0	0,0	0,0	0,0	37,5	0,0	0,0	12,5	0,0	0,0	0,0	0,0	0,0	0,0	12,5	0,0	0,0	37,5
SKK	0,0	17,6	0,0	11,8	0,0	0,0	5,9	5,9	0,0	5,9	0,0	0,0	0,0	5,9	5,9	0,0	0,0	35,3	0,0	0,0	29,4
GBK	0,0	25,0	0,0	0,0	12,5	0,0	0,0	12,5	0,0	0,0	0,0	0,0	0,0	0,0	0,0	12,5	0,0	37,5	0,0	0,0	37,5
AK	0,0	0,0	11,9	2,4	7,1	0,0	0,0	2,4	9,5	2,4	0,0	2,4	0,0	23,8	9,5	0,0	2,4	23,8	0,0	0,0	23,8
ZEM	1,2	4,3	8,2	3,9	0,0	0,0	5,9	5,1	8,2	3,5	2,7	2,0	4,3	2,0	2,0	0,8	0,4	35,3	2,4	7,8	17,6

Anteil in neuen Linien

	JS	FN/MN	SN/FBZ	andere
JSZ	0,0	0,0	0,0	0,0
LBK	1,0	81,0	0,0	18,0
RSK	0,0	75,0	0,0	25,0
SCG	33,3	55,6	0,0	11,1
BAK	25,0	50,0	12,5	12,5
SMK	14,3	42,9	0,0	42,9
BBK	37,5	50,0	0,0	12,5
SKK	29,4	23,5	11,8	35,3
GBK	37,5	12,5	12,5	37,5
AK	23,8	16,7	35,7	23,8
ZEM	17,6	31,8	5,1	45,5

Tab. 7.10a Ancestral shared haplotype analysis

Südwesteuropa

b

anzestrale Linien

	JSS	LBK	RSK	SCG	BAK	SMK	CAR	NPO	NBK	NKA	TRE	BBK	SKK	GBK	AK	SEM
JSS	100,0	0,0	0,0	0,0	0,0	0,0	0,0									
CAR	11,1	50,0	0,0	5,6	0,0	0,0	0,0	33,3								
NPO	41,2	5,9	0,0	5,9	0,0	0,0	0,0	47,1								
NBK	27,9	16,3	0,0	7,0	0,0	0,0	0,0		48,8							
NKA	27,3	18,2	0,0	0,0	0,0	0,0	0,0			54,5						
TRE	20,7	51,7	6,9	0,0	0,0	0,0	0,0				20,7					
SEM	19,6	12,6	1,8	2,8	1,4	0,2						0,2	4,0	1,4	4,8	51,2

Minimalwerte

	JS	FN/MN	SN/FBZ	neu
	100,0	0,0	0,0	0,0
	11,1	55,6	0,0	33,3
	41,2	11,8	0,0	47,1
	27,9	23,3	0,0	48,8
	27,3	18,2	0,0	54,5
	20,7	58,6	0,0	20,7
	19,6	18,8	10,4	51,2

Maximalwerte

	JS	FN/MN	SN/FBZ	andere
	100,0	0,0	0,0	0,0
	33,3	55,6	0,0	11,1
	64,7	11,8	0,0	23,5
	55,8	30,2	2,3	11,6
	36,4	45,5	9,1	9,1
	37,9	58,6	0,0	3,4
	30,4	33,8	13,8	22,0

< Aufschlüsselung der neuen Linien

JS | FN/MN | SN/FBZ | andere

	N*	U	U4	U5	U5a	U5b	U8	N1a	T2	K	J	HV	V	W	X	I	U2	T1	R	H	U3	andere
JSS	0,0	0,0	0,0	0,0	0,0	0,0	0,0	0,0	0,0	0,0	0,0	0,0	0,0	0,0	0,0	0,0	0,0	0,0	0,0	0,0	0,0	0,0
CAR	50,0	0,0	0,0	0,0	0,0	16,7	0,0	0,0	0,0	0,0	0,0	0,0	0,0	0,0	0,0	0,0	0,0	0,0	0,0	33,3	0,0	0,0
NPO	0,0	0,0	0,0	37,5	12,5	0,0	0,0	0,0	0,0	0,0	0,0	0,0	0,0	0,0	0,0	0,0	0,0	0,0	0,0	50,0	0,0	0,0
NBK	52,4	0,0	0,0	0,0	4,8	0,0	0,0	0,0	4,8	0,0	0,0	0,0	0,0	4,8	4,8	0,0	0,0	0,0	23,8	0,0	0,0
NKA	0,0	16,7	0,0	0,0	0,0	0,0	0,0	0,0	33,3	0,0	0,0	0,0	0,0	16,7	0,0	16,7	0,0	0,0	0,0	16,7	0,0	0,0
TRE	16,7	0,0	0,0	16,7	50,0	0,0	0,0	0,0	0,0	0,0	0,0	0,0	0,0	0,0	0,0	0,0	0,0	0,0	16,7	0,0	0,0
SEM	4,3	2,7	0,0	3,5	10,2	0,4	0,0	6,6	5,9	0,0	2,3	4,3	2,0	2,3	2,0	0,8	3,1	0,8	31,3	1,6	10,2

Anteil in neuen Linien

	JS	FN/MN	SN/FBZ	andere
JSS	0,0	0,0	0,0	0,0
CAR	66,7	0,0	0,0	33,3
NPO	50,0	0,0	0,0	50,0
NBK	57,1	14,3	4,8	23,8
NKA	16,7	50,0	16,7	16,7
TRE	83,3	0,0	0,0	16,7
SEM	21,1	29,3	6,6	43,0

Tab. 7.10b Ancestral shared haplotype analysis

Südskandinavien

c

anzestrale Linien

	JSZ	LBK	RSK	SCG	BAK	SMK	TRB	PWK	BBK	SKK	GBK	AK	NEM	**Minimalwerte** JS	FN/MN	SN/FBZ	neu		**Maximalwerte** JS	FN/MN	SN/FBZ	andere
JSZ	100,0													100,0	0,0	0,0	0,0		100,0	0,0	0,0	0,0
TRB	20,0	40,0	0,0	0,0	0,0	0,0	40,0							20,0	40,0	0,0	40,0		30,0	70,0	0,0	0,0
PWK		26,3	21,1	0,0	0,0	0,0		52,6						26,3	21,1	0,0	52,6	>	73,7	26,3	0,0	0,0
NEM	3,2	23,2	0,8	0,0	2,6				0,2	13,0	0,4	7,6	49,0	3,2	26,6	21,2	49,0		12,8	39,8	23,8	23,6

< Aufschlüsselung der neuen Linien

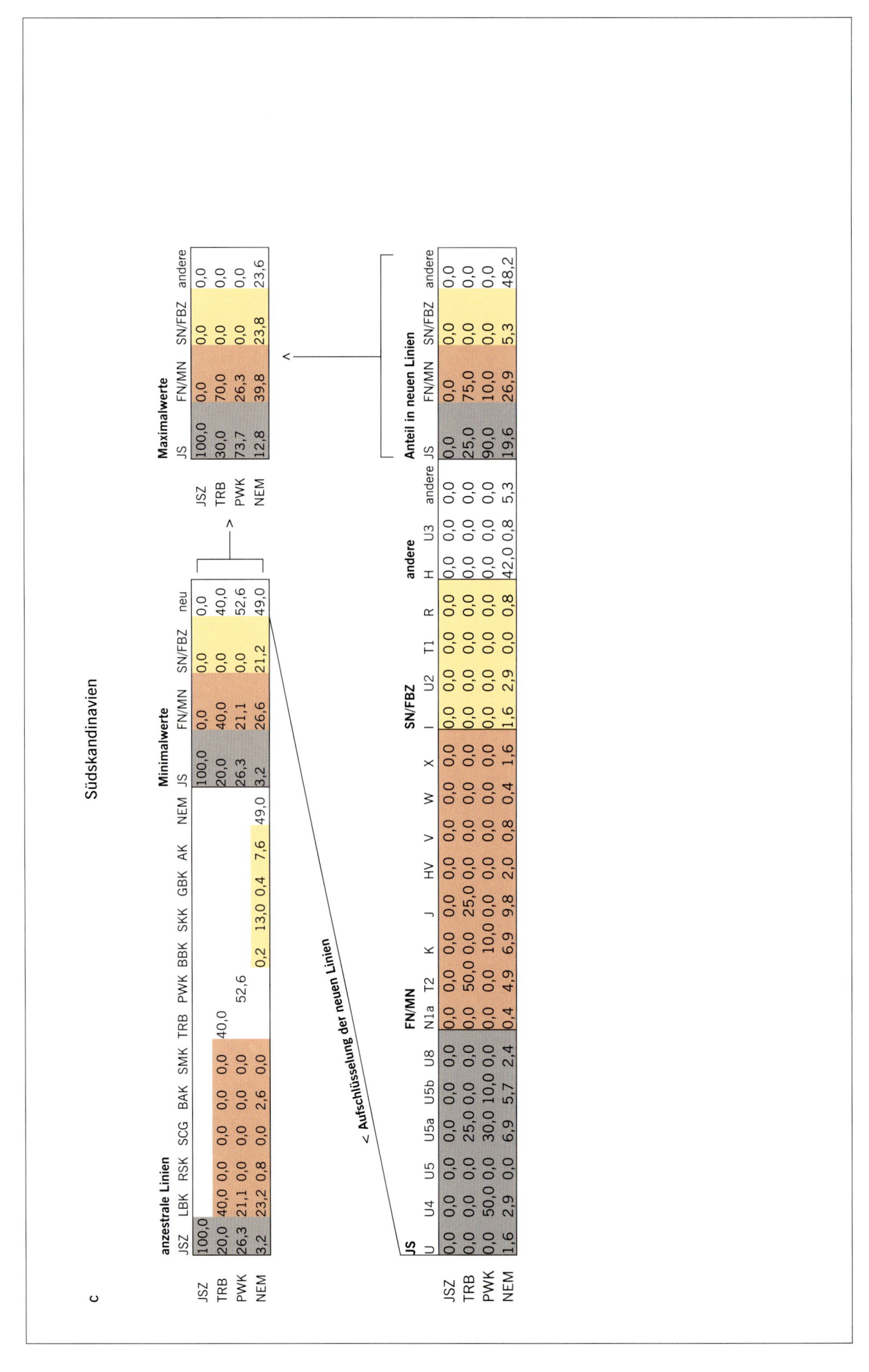

FN/MN | | | | | | | | | **SN/FBZ** | | | | | **andere** | | |

	JS	U	U4	U5	U5a	U5b	U8	N1a	T2	K	J	HV	V	W	X	I	U2	T1	R	H	U3	andere	**Anteil in neuen Linien** JS	FN/MN	SN/FBZ	andere
JSZ	0,0	0,0	0,0	0,0	0,0	0,0	0,0	0,0	0,0	0,0	0,0	0,0	0,0	0,0	0,0	0,0	0,0	0,0	0,0	0,0	0,0	0,0	0,0	0,0	0,0	0,0
TRB	0,0	0,0	0,0	0,0	25,0	0,0	0,0	0,0	50,0	0,0	0,0	25,0	0,0	0,0	0,0	0,0	0,0	0,0	0,0	0,0	0,0	0,0	25,0	75,0	0,0	0,0
PWK	0,0	0,0	50,0	0,0	30,0	10,0	0,0	0,0	0,0	10,0	0,0	0,0	0,0	0,0	0,0	0,0	0,0	0,0	0,0	0,0	0,0	0,0	90,0	10,0	0,0	0,0
NEM	1,6	2,9	0,0	6,9	5,7	2,4	0,4	4,9	6,9	9,8	2,0	0,8	0,4	1,6	2,9	0,0	0,8	42,0	0,8	5,3	19,6	26,9	5,3	48,2

Tab. 7.10c Ancestral shared haplotype analysis

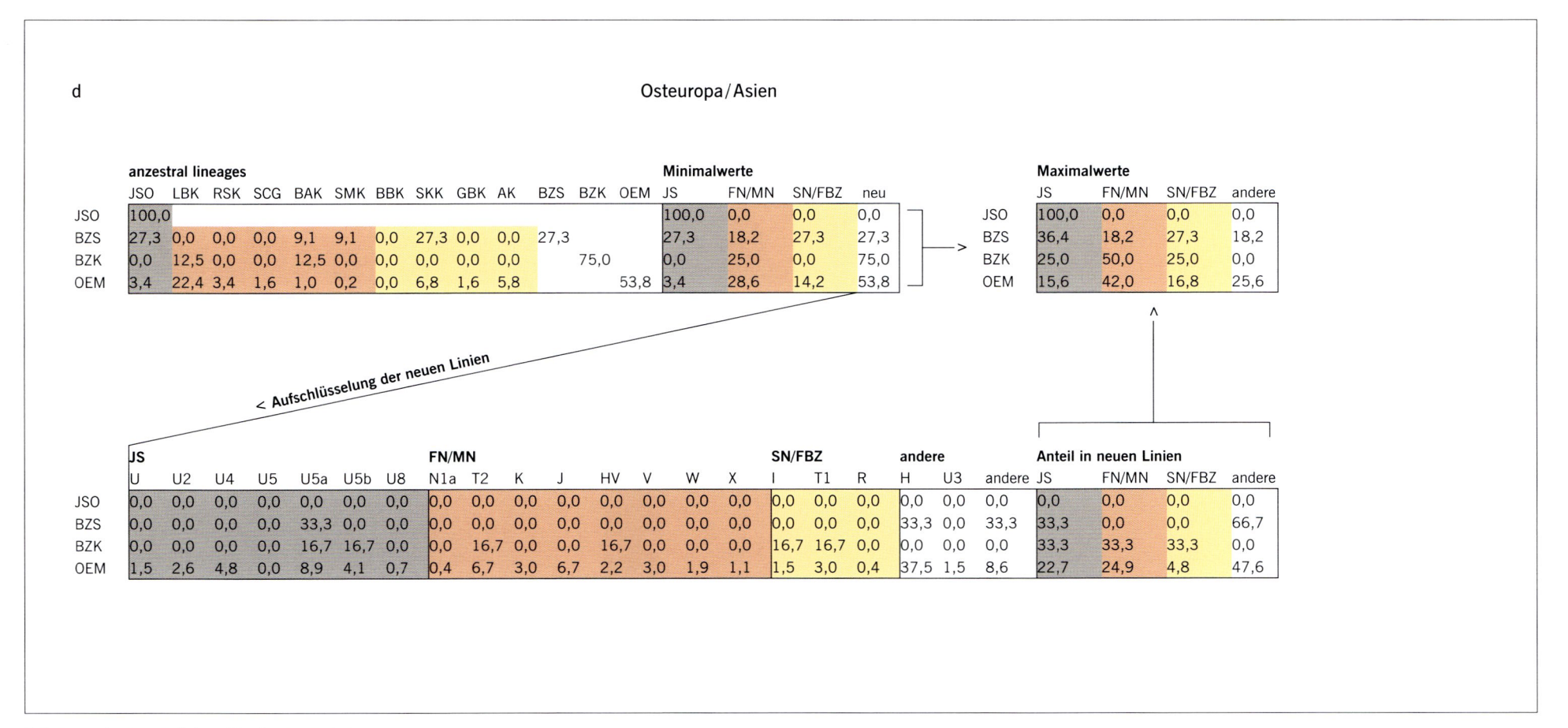

d

Osteuropa/Asien

anzestral lineages

	JSO	LBK	RSK	SCG	BAK	SMK	BBK	SKK	GBK	AK	BZS	BZK	OEM
JSO	100,0												
BZS	27,3	0,0	0,0	0,0	9,1	9,1	0,0	27,3	0,0	0,0	27,3		
BZK	0,0	12,5	0,0	0,0	12,5	0,0	0,0	0,0	0,0	0,0		75,0	
OEM	3,4	22,4	3,4	1,6	3,4	0,2	0,0	6,8	1,6	5,8			53,8

Minimalwerte

	JS	FN/MN	SN/FBZ	neu
JSO	100,0	0,0	0,0	0,0
BZS	27,3	18,2	27,3	27,3
BZK	0,0	25,0	0,0	75,0
OEM	3,4	28,6	14,2	53,8

Maximalwerte

	JS	FN/MN	SN/FBZ	andere
JSO	100,0	0,0	0,0	0,0
BZS	36,4	18,2	27,3	18,2
BZK	25,0	50,0	25,0	0,0
OEM	15,6	42,0	16,8	25,6

< Aufschlüsselung der neuen Linien

FN/MN

	U2	U4	U5	U5a	U5b	U8	N1a	T2	K	J	HV	V	W	X
JSO	0,0	0,0	0,0	0,0	0,0	0,0	0,0	0,0	0,0	0,0	0,0	0,0	0,0	0,0
BZS	0,0	0,0	0,0	33,3	0,0	0,0	0,0	0,0	16,7	0,0	0,0	0,0	0,0	0,0
BZK	0,0	0,0	0,0	16,7	16,7	0,0	0,0	16,7	0,0	0,0	16,7	0,0	0,0	0,0
OEM	1,5	2,6	0,0	8,9	4,1	0,7	0,4	6,7	3,0	6,7	2,2	3,0	1,9	1,1

SN/FBZ | | | | **andere** | | |

	I	T1	R	H	U3	andere
JSO	0,0	0,0	0,0	0,0	0,0	0,0
BZS	0,0	0,0	0,0	33,3	0,0	33,3
BZK	16,7	16,7	0,0	0,0	0,0	0,0
OEM	1,5	3,0	0,4	37,5	1,5	8,6

Anteil in neuen Linien

	JS	FN/MN	SN/FBZ	andere
JSO	0,0	0,0	0,0	0,0
BZS	33,3	0,0	0,0	66,7
BZK	33,3	33,3	33,3	0,0
OEM	22,7	24,9	4,8	47,6

Tab. 7.10a–d *Ancestral shared haplotype analysis*

Die Tabellen enthalten eine detaillierte Aufschlüsselung relativer Häufigkeiten für den Anteil anzestraler Linien und der mitochondrialen Komponenten in vier unterschiedlichen Regionen Europas: MESG (a), Südwesteuropa (b), Südskandinavien (c) und Osteuropa/Asien (d). Die MESG-Kulturen, die prähistorischen Vergleichspopulationen und die rezenten Metapopulationen wurden entsprechend der vier Regionen aufgeteilt und in chronologischer Reihenfolge angeordnet. Da der MESG-Datensatz ein lückenloses genetisches Profil vom Frühneolithikum bis in die Bronzezeit darstellt, wurde diese genetische Referenzstratigrafie in den übrigen Regionen Europas (b–d) integriert, um den jeweiligen Anteil mitochondrialer Komponenten zuverlässig ermitteln zu können.

Jede Tabelle ist in unterschiedliche Abschnitte gegliedert. Der obere linke Abschnitt der Tabellen enthält die Frequenzen anzestraler Linie pro Population und die daraus errechneten Minimalwerte der Komponenten. Jede Linie einer Population wurde in der chronologischen Abfolge auf ihren ältesten Ursprung – also die früheste Sequenzübereinstimmung in vorangehenden Populationen – zurückverfolgt und als anzestrale Linie bezeichnet, die zu diesem Zeitpunkt erstmals in den jeweiligen Regionen nachweisbar ist. Linien, die keine Sequenzäquivalente in früheren Populationen aufwiesen, wurden als »neue« Linien bezeichnet. Der Bereich »anzestrale Linien« der Tabellen a–d enthält die Aufschlüsselung der Häufigkeiten anzestraler Linien pro Population. Diese wurden zu drei mitochondrialen Komponenten summiert und repräsentieren die konservativen Minimalwerte der Komponenten, die auf direkten Sequenzübereinstimmungen beruhen: Jäger-Sammler (JS, grau), früh-/mittelneolithisch (FM/MN, braun) und spätneolithisch/frühbronzezeitlich (SN/FBZ, gelb).

Haplogruppen I, und U2, einer erneuten Reduktion ursprünglich mesolithischer Linien wie U4 und U5a und einem Anstieg anderer Linien, die überwiegend durch Haplogruppe H repräsentiert sind.

In Südwesteuropa geht die Neolithisierung, vergleichbar mit dem MESG, mit einer Veränderung der genetischen Zusammensetzung einher (Abb. 7.11b; Tab. 7.10b). Mit der Entstehung der (Epi-)Cardial-Kultur reduzieren sich Jäger-Sammler-Linien auf 11,1–33,3 %, während die früh-/mittelneolithische Komponente auf 55,6 % ansteigt. Insgesamt weisen 50 % der (Epi-)Cardial-Haplotypen direkte Übereinstimmungen mit dem LBK-Datensatz auf. In den frühneolithischen Datensätzen Portugals und des Baskenlandes, die mit dem (Epi-)Cardial weitestgehend zeitgleich, aber von diesem geografisch separiert sind, ist dagegen eine wesentlich höherer Frequenz der Jäger-Sammler-Komponente (Portugal: 41,2–64,7 %, Baskenland: 27,9–55,8 %) und ein geringerer Anteil der früh-/mittelneolithischen erkennbar (Portugal: 11,8 %, Baskenland: 23,3–30,2 %). Von der frühen Bauern-Komponente stimmen 5,9 % bzw. 16,3 % der Haplotypen direkt mit der LBK überein.

In späteren neolithischen Phasen, die durch die im mediterranen Raum lokalisierten Populationen Kataloniens und Treilles repräsentiert sind, können ebenfalls Unterschiede in der mtDNA-Zusammensetzung festgestellt werden. Im Vergleich zum zeitlich früheren (Epi-)Cardial setzt sich das Mittelneolithikum in Katalonien aus einem höheren Anteil der Jäger-Sammler- (27,3–36,4 %) und einem geringeren der früh-/mittelneolithischen Komponente (18,2–45,5 %) zusammen, von denen wiederum 18,2 % direkt mit der LBK übereinstimmen. Demgegenüber zeigt die Treilles-Kultur eine Zusammensetzung, die weitestgehend mit dem (Epi-)Cardial übereinstimmt und aus 20,7–37,9 % Jäger-Sammler- und 58,6 % früh-/mittelneolithischen Linien besteht, von denen 51,7 % Äquivalente in der LBK aufweisen.

Basierend auf diesen Ergebnissen können im Wesentlichen zwei Aussagen zum Neolithikum in Südwesteuropa getroffen werden. Zum einen deutet das Verhältnis der Jäger-Sammler- und frühen Bauern-Komponente zwischen den frühneolithischen Datensätzen des (Epi-)Cardials, Portugals und des Baskenlandes auf eine komplexe populationsgenetische Struktur hin, die ebenfalls aus den Ergebnissen der Clusteranalyse (Kap. 7.2.2.1) und der PCA (Kap. 7.2.2.2) ersichtlich wird. Mithilfe dieser Struktur lässt sich die frühneolithische Population der mediterranen Küste von den Populationen der Atlantikküste durch einen höheren Anteil früh-/mittelneolithischer Linien differenzieren. Der hohe Anteil direkter Übereinstimmungen des (Epi-)Cardials mit früh-/mittelneolithischen Kulturen des MESG und insbesondere der LBK lässt eine initiale Neolithisierung Südwesteuropas vermuten, die mit vergleichbaren mtDNA-Linien wie in Zentraleuropa assoziiert werden kann. Der Anteil der mesolithischen Komponente allerdings ist in allen iberischen Populationen höher und der früh-/mittelneolithischer Linien niedriger als im MESG. Dies lässt auf einen geringeren Einfluss der neolithischen Expansion nach Südwesteuropa schließen, bei dem das mesolithische Grundsubstrat nicht im gleichen Ausmaß wie in Zentraleuropa überlagert wurde. Zum anderen deuten die Ergebnisse darauf hin, dass in Phasen nach der initialen Neolithisierung der Einfluss früher Bauern in der Kernregion unterschiedlich stark erhalten geblieben ist. Dies lässt auf komplexe und differenzierte Prozesse schließen, die nach der initialen Neolithisierung in dieser Region stattfanden.

Die rezente Metapopulation Südwesteuropas setzt sich aus 19,6–30,4 % Jäger-Sammler-, 18,8–33,8 % früh-/mittelneolithischen, 10,4–13,8 % spätneolithischen/frühbronzezeitlichen und 22 % anderen Linien zusammen. Damit weist die genetische Zusammensetzung des heutigen Südwesteuropas die stärksten Parallelen zu der mittelneolithischen Population Kataloniens auf.

Die ASHA der südskandinavischen Populationen (Abb. 7.11c; Tab. 7.10c) zeigt im Vergleich zum MESG eine wesentlich höhere Frequenz charakteristischer Jäger-Sammler-Linien (Trichterbecherkultur: 20–30 %, *Pitted-Ware*-Kultur: 26,3–73,7 %) und einen geringeren Anteil der früh-/mittelneolithischen Komponente (Trichterbecherkultur: 40–70 %, *Pitted-Ware*-Kultur: 21,1–26,3 %), von denen 40 % bzw. 21,1 % direkt mit der LBK übereinstimmen. Der hohe Anteil der Jäger-Sammler-Komponente zeigt ein konsistent erhalten gebliebenes mesolithisches Grundsubstrat in prähistorischen Populationen Südskandinaviens, während der Anteil früh-/mittelneolithischer Linien in beiden Populationen Gemeinsamkeiten mit Bauernpopulationen Zentraleuropas nahelegt. Interessanterweise ist der Anteil der frühen Bauernlinien in der Trichterbecherkultur höher als in der *Pitted-Ware*-Kultur, während sich dieses Verhältnis in Bezug auf die Jäger-Sammler-Komponente reziprok darstellt. Demnach ist ein höherer genetischer Eintrag früh-/mittelneolithischer Linien in der sesshaften Bauernpopulation der Trichterbecherkultur im Vergleich zur zeitgleichen, aber wildbeuterisch lebenden *Pitted-Ware*-Kultur zu erkennen. In ihrer Zusammensetzung weist die Trichterbecherkultur Gemeinsamkeiten zur Bernburger Kultur aus dem MESG auf, was konsistent mit den Ergebnissen der PCA ist (Kap. 7.2.2.2) und als genetische Affinität beider Kulturen des Trichterbecherkomplexes gewertet werden kann.

Die rezente Metapopulation Nordeuropas setzt sich aus 3,2–12,8 % Jäger-Sammler-, 26,6–39,8 % früh-/mittelneolithischen, 21,2–23,8 % spätneolithischen/frühbronzezeitlichen und 23,6 % anderen Linien zusammen. Seit der prähistorischen Trichterbecherkultur und *Pitted-Ware*-Kultur, die chronologisch in den mittelneolithischen Horizont Zentraleuropas eingestuft werden können, ist vor allem eine Reduktion der Jäger-Sammler-Komponente bei simultanem Anstieg spätneolithischer/frühbronzezeitlicher und anderer Linien zu verzeichnen, von denen 13 % direkte Übereinstimmungen mit der Schnurkeramikkultur aufweisen. Diese Veränderungen sind vor allem durch die Häufigkeitszunahme der Haplogruppen I, U2 und H in der nordeuropäischen Metapopulation seit dem Mittelneolithikum erklärbar und deuten auf populationsdynamische Ereignisse im Spätneolithikum und in nachfolgenden Perioden Südskandinaviens hin, die möglicherweise zu der heutigen mtDNA-Variabilität beigetragen haben.

In der Region Osteuropa/Asien (Abb. 7.11d; Tab. 7.10d) sind Aussagen zur chronologischen Entwicklung mitochondrialer Diversität nur begrenzt möglich, da die Datenlange bislang noch zu klein ist. Derzeit sind aus diesen Regionen des Neolithikums keine prähistorischen Vergleichsdaten mit ausreichender Stichprobengröße vorhanden. Hinzu kommt, dass die verwendeten Daten der Bronzezeit geografisch sehr weit streuen, sodass kein zusammenhängendes chronologisches Profil in einer klar abgrenzbaren Region erstellt werden kann. Dennoch liefert die ASHA eine wertvolle Beobachtung. Die bronzezeitlichen Populationen Sibiriens und Kasachstans können vor allem durch einen sehr hohen Anteil spätneolithischer/frühbronzezeitlicher Linien charakterisiert werden (Sibirien: 27,3 %, Kasachstan: 0–25 %), die im Falle der sibirischen Population ausnahmslos auf die Schnurkeramikkultur zurückgeführt werden können. Dieser hohe Anteil spätneolithischer/frühbronzezeitlicher Linien deutet auf Gemeinsamkeiten zwischen den spätneolithischen/frühbronzezeitlichen Kulturen des MESG – vor allem der Schnurkeramikkultur – und den asiatischen Kurgan-Kulturen der Bronzezeit hin, die ebenfalls durch die vorangegangenen populationsgenetischen Analysen bestätigt werden (Kap. 7.2.2.1–7.2.2.2).

7.2.3 Rezente Vergleichsanalysen

7.2.3.1 Multidimensionale Skalierung (MDS)

Zwischen den neun MESG-Kulturen und 73 heutigen Populationen Europas, des Nahen Ostens, Zentral-, Nord-, und Südostasiens sowie Nordafrikas wurden genetische Distanzen berechnet und mittels MDS visualisiert (Kap. 6.2.4.1), um Affinitäten der untersuchten Kulturen zu eurasischen Populationen zu identifizieren. Die F_{st}- und Slatkin-F_{st}-Werte sind in Tab. 11.8 aufgeführt. Im Wesentlichen spiegelt die Anordnung der genetischen Distanzen rezenter Populationen deren geografische Herkunft wieder. Die phylogeografischen Verteilungsmuster mitochondrialer Variabilität (Kap. 3.2.5) werden in der MDS nachvollziehbar abgebildet, wodurch der Eindruck einer »genetischen Landkarte« entsteht, die mit den geografischen Gegebenheiten weitestgehend übereinstimmt (Abb. 7.12a–i). Diese Tatsache deutet auf eine hohe Qualität der rezenten Vergleichsdaten und der MDS hin, die ebenfalls aus den moderaten Stress-Werten von 0,06866–0,09158 ersichtlich ist, und als gute Korrelation zwischen abgebildeten und tatsächlichen Distanzwerten bewertet werden kann. Daher kann davon ausgegangen werden, dass die Einordnung der MESG-Kulturen in die mitochondriale Diversität rezenter Populationen zuverlässig erfolgte und dass die identifizierten Affinitäten auf Gemeinsamkeiten in der mtDNA-Zusammensetzung beruhen.

Die früh-/mittelneolithischen Kulturen des MESG zeigen die größten genetischen Übereinstimmungen zu Populationen des Nahen Ostens wie Libanon, Palästina, Iran und Irak (LBK; Abb. 7.12a); Palästina, Iran, Jordanien, Libanon und Irak (Rössener Kultur; Abb. 7.12b); Libanon, Palästina, Iran, Irak, Jordanien und Georgien (Schöninger Gruppe; Abb. 7.12c); Libanon, Palästina, Iran, Jordanien und Irak (Baalberger Kultur; Abb. 7.12d) sowie Irak, Iran, Palästina, Libanon und Jordanien (Salzmünder Kultur; Abb. 7.12e). Die Kulturen des Spätneolithikums und der frühen Bronzezeit weisen hingegen Gemeinsamkeiten zu europäischen Populationen auf. Die größten Gemeinsamkeiten zur Bernburger Kultur finden sich in nordeuropäischen Populationen wie Finnland, Schweden, Polen, Litauen und Lettland (Abb. 7.12f), während bei der Schnurkeramikkultur, der Glockenbecherkultur und der Aunjetitzer Kultur überwiegend genetische Affinitäten mit nordost- und osteuropäischen Populationen erkennbar sind, darunter Albanien, Portugal, Ukraine, Slowakei, Slowenien, Litauen, Polen, Russland, Schweden, Weißrussland sowie Serbien/Kroatien/Bosnien und Herzegowina (Schnurkeramikkultur; Abb. 7.12g); Polen, Schweden, Ungarn, Österreich, Slowakei, Slowenien, Serbien/Kroatien/Bosnien und Herzegowina, Ukraine, Litauen, Portugal und Albanien (Glockenbecherkultur; Abb. 7.12h) sowie Weißrussland, Serbien/Kroatien/Bosnien und Herzegowina, Litauen, Slowakei, Slowenien, Polen, Albanien, Portugal, Ukraine, Russland und Schweden (Aunjetitzer Kultur; Abb. 7.12i).

7.2.3.2 Hauptkomponentenanalyse (PCA)

Die relativen Häufigkeiten von 23 Haplogruppen der neun MESG-Kulturen wurden mit denen von 73 rezenten Populationen mittels PCA verglichen (Kap. 6.2.4.2). Die relativen Haplogruppenhäufigkeiten der Kulturen und Populationen

---

folgende Seiten: Abb. 7.12a–i Multidimensionale Skalierungen mit rezenten Vergleichsdaten

Genetische Distanzen (F_{st}) wurden zwischen den MESG-Kulturen und 73 rezenten Populationen aus Europa, Nordafrika, Nord-, Südwest-, Südost- und Zentralasien anhand der HVS-I-Sequenzen berechnet. Die F_{st}-Werte wurden mittels multidimensionaler Skalierung in einem dreidimensionalen Raum projiziert: Linienbandkeramikkultur (a), Rössener Kultur (b), Schöninger Gruppe (c), Baalberger Kultur (d), Salzmünder Kultur (e), Bernburger Kultur (f), Schnurkeramikkultur (g), Glockenbecherkultur (h) und Aunjetitzer Kultur (i). Die Güte der Transformation ist aus den Stress-Werten und dem Shepard-Diagramm links unten ersichtlich. Die Symbole und deren Farbgebung verweisen auf rezente Populationen aus unterschiedlichen Regionen bzw. auf die verschiedenen Kulturen des MESG. Graue Kreise markieren die Populationen mit den größten Gemeinsamkeiten zu den MESG-Kulturen. Details zum Datensatz sind in Tabelle 11.5, die F_{st}-Werte in Tabelle 11.8 zusammengefasst.

folgende Seiten: Abb. 7.13a–i Hauptkomponentenanalysen mit rezenten Vergleichsdaten

Die Haplogruppenfrequenzen der MESG-Kulturen wurden mittels der Hauptkomponentenanalyse mit 73 rezenten Populationen aus Europa, Nordafrika, Nord-, Südwest-, Südost- und Zentralasien verglichen und in einem dreidimensionalen Raum abgebildet: Linienbandkeramikkultur (a), Rössener Kultur (b), Schöninger Gruppe (c), Baalberger Kultur (d), Salzmünder Kultur (e), Bernburger Kultur (f), Schnurkeramikkultur (g), Glockenbecherkultur (h) und Aunjetitzer Kultur (i). Die ersten drei Hauptkomponenten erklären 54,9 % (LBK), 55,3 % (Rössener Kultur), 55,6 % (Schöninger Gruppe), 57,1 % (Baalberger Kultur), 54,8 % (Salzmünder Kultur), 55,2 % (Bernburger Kultur), 55,5 % (Schnurkeramikkultur), 55,8 % (Glockenbecherkultur) und 56,1 % (Aunjetitzer Kultur) der gesamten genetischen Variation. Die Beiträge jeder Haplogruppe sind proportional zu den Hauptkomponenten als graue Vektoren dargestellt. Symbole und Farbgebung stimmen mit den Abbildungen 7.12a–i überein. Graue Kreise markieren Populationen mit den größten Gemeinsamkeiten zu den MESG-Kulturen. Datensatzinformationen und Haplogruppenfrequenzen sind den Tabellen 11.5 und 11.9 zu entnehmen.

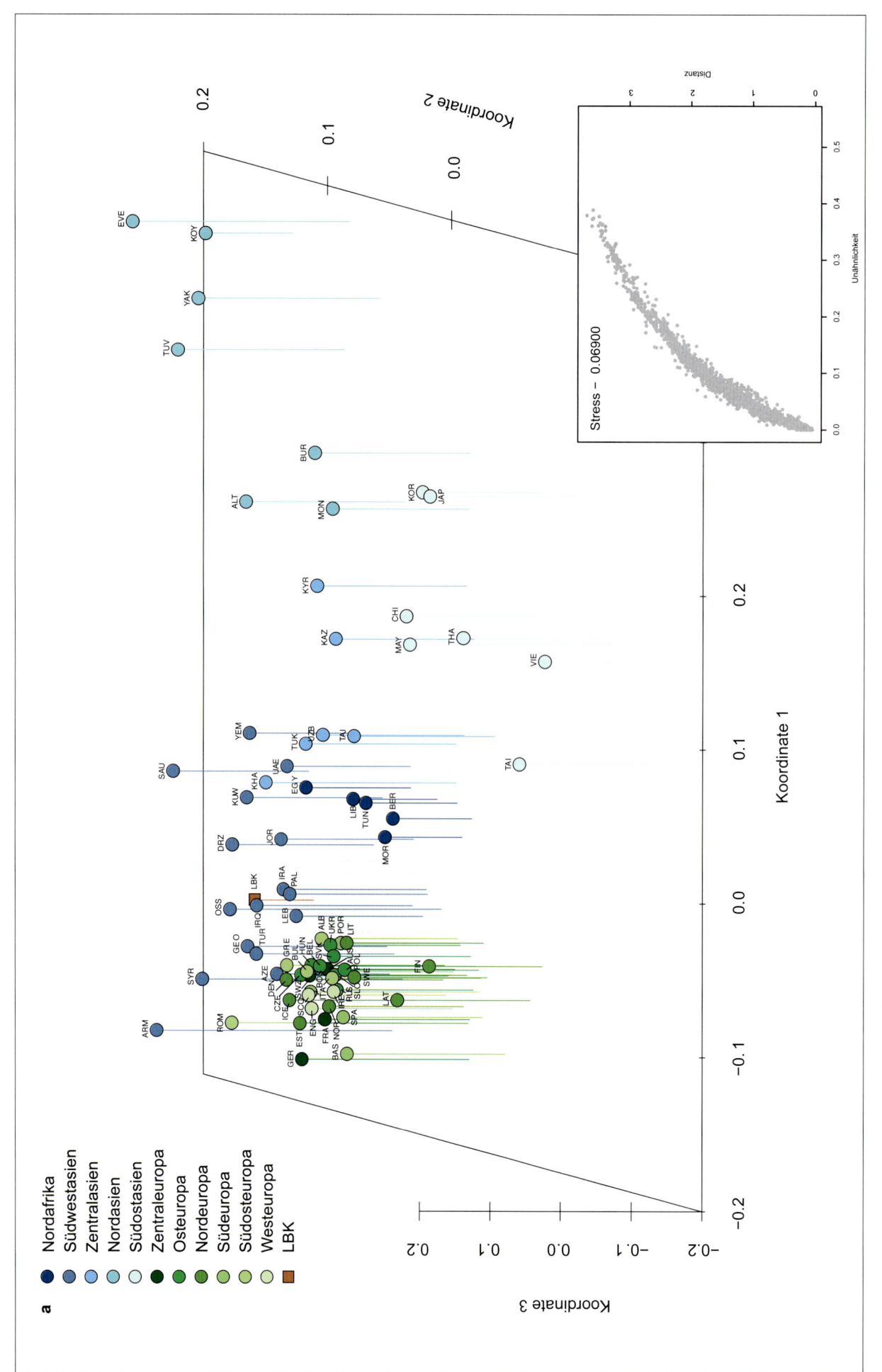

Abb. 7.12a Multidimensionale Skalierung mit rezenten Vergleichsdaten

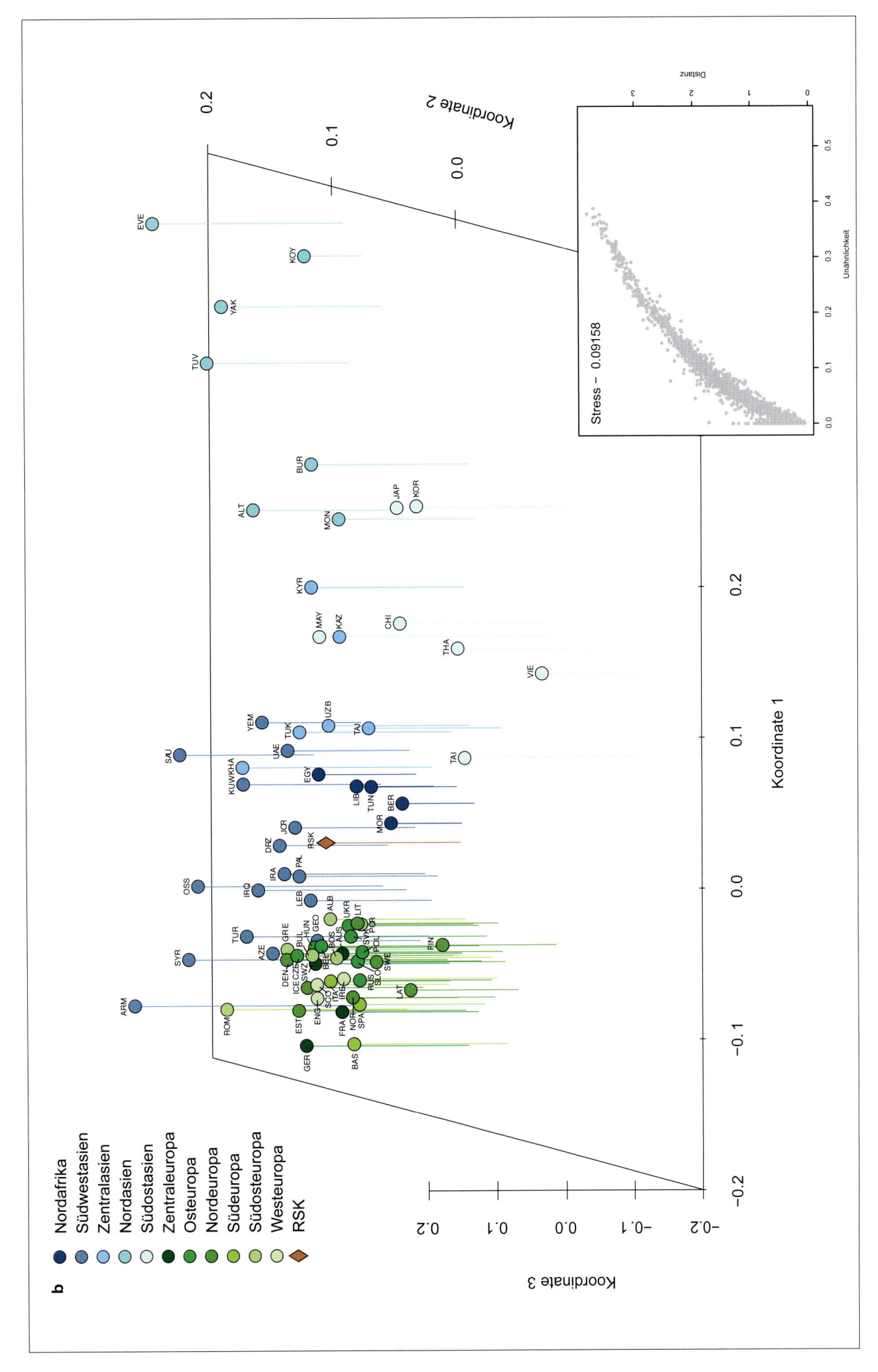

Abb. 7.12b Multidimensionale Skalierung mit rezenten Vergleichsdaten

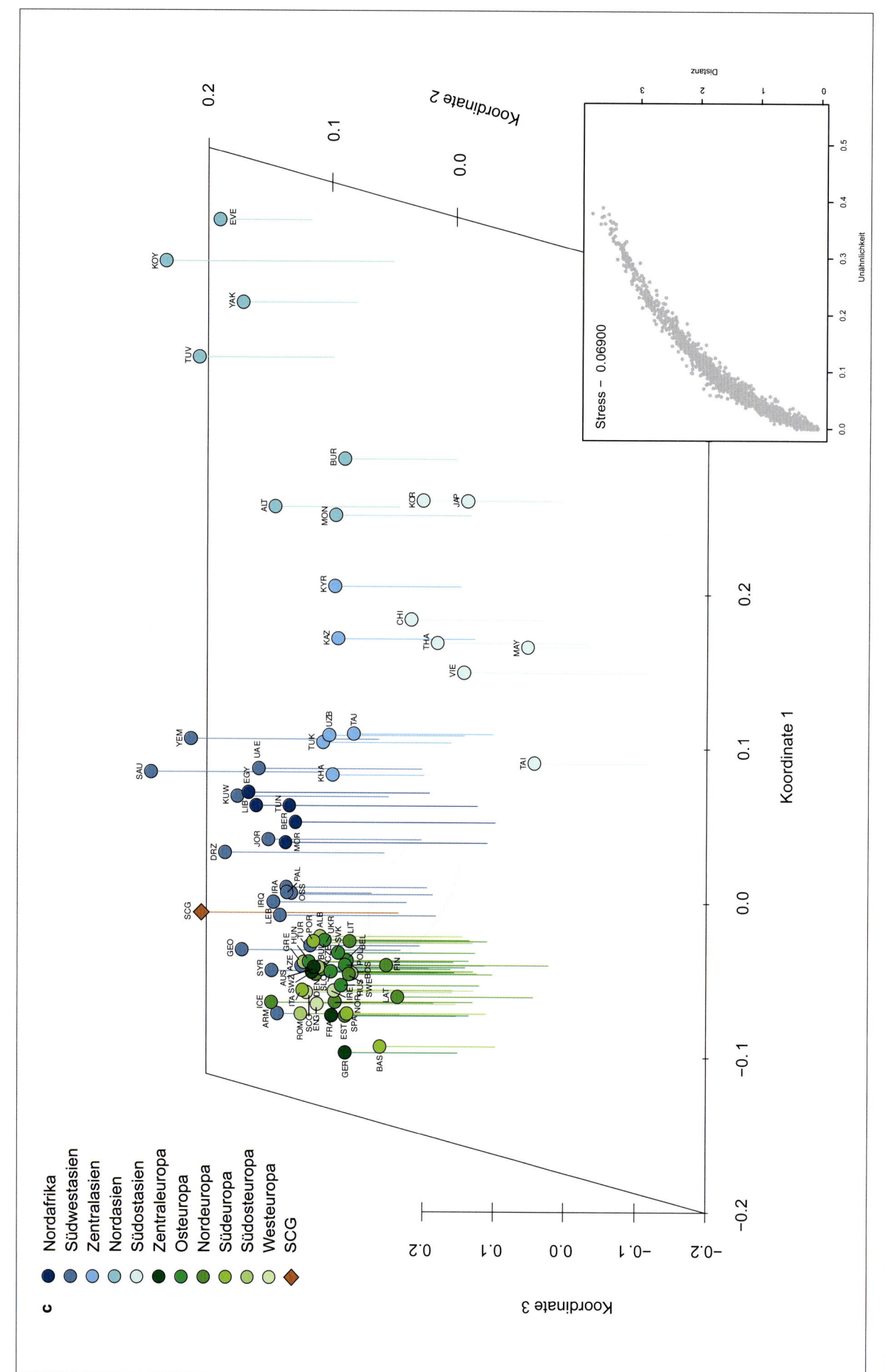

Abb. 7.12c Multidimensionale Skalierung mit rezenten Vergleichsdaten

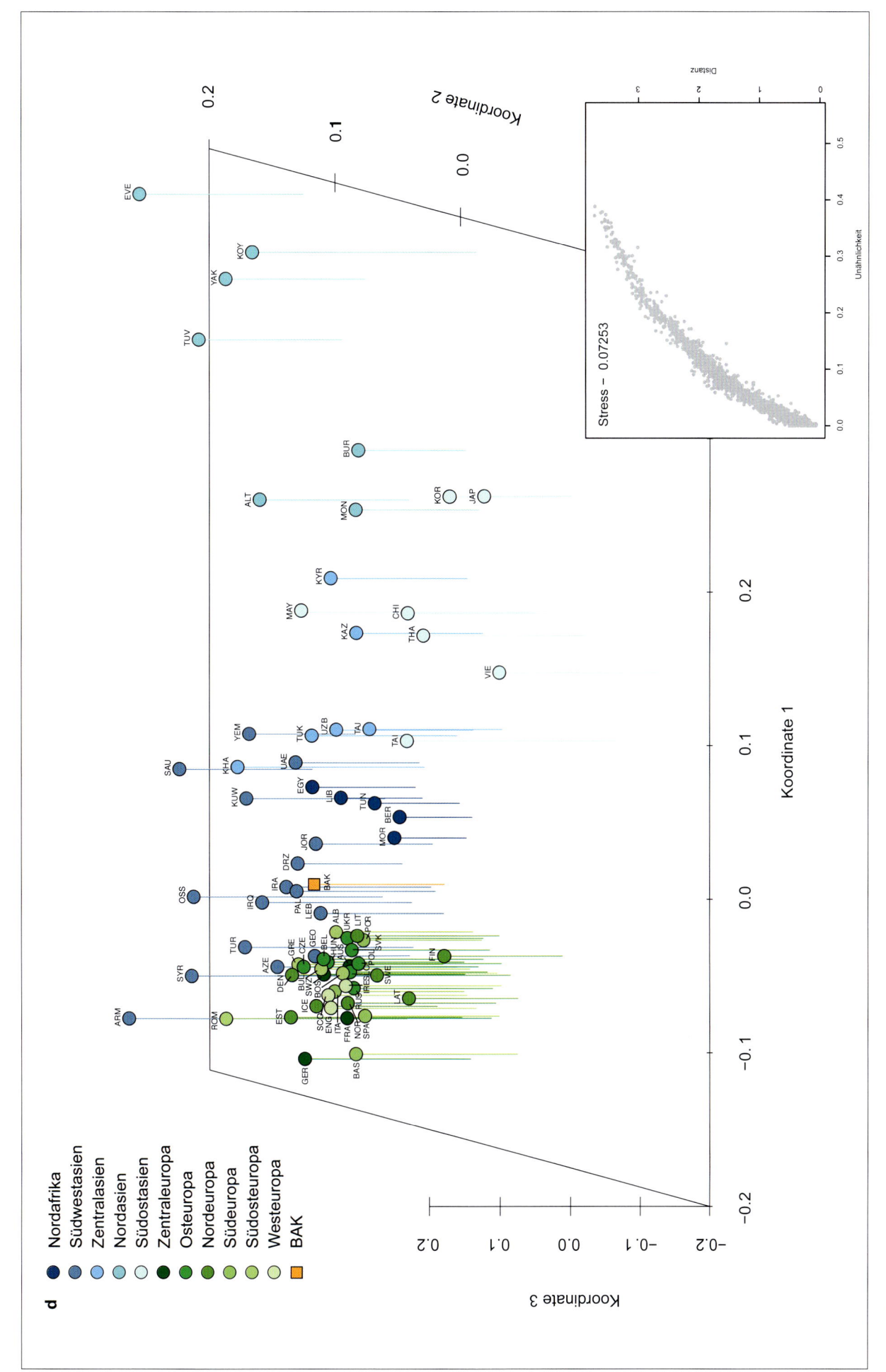

Abb. 7.12d Multidimensionale Skalierung mit rezenten Vergleichsdaten

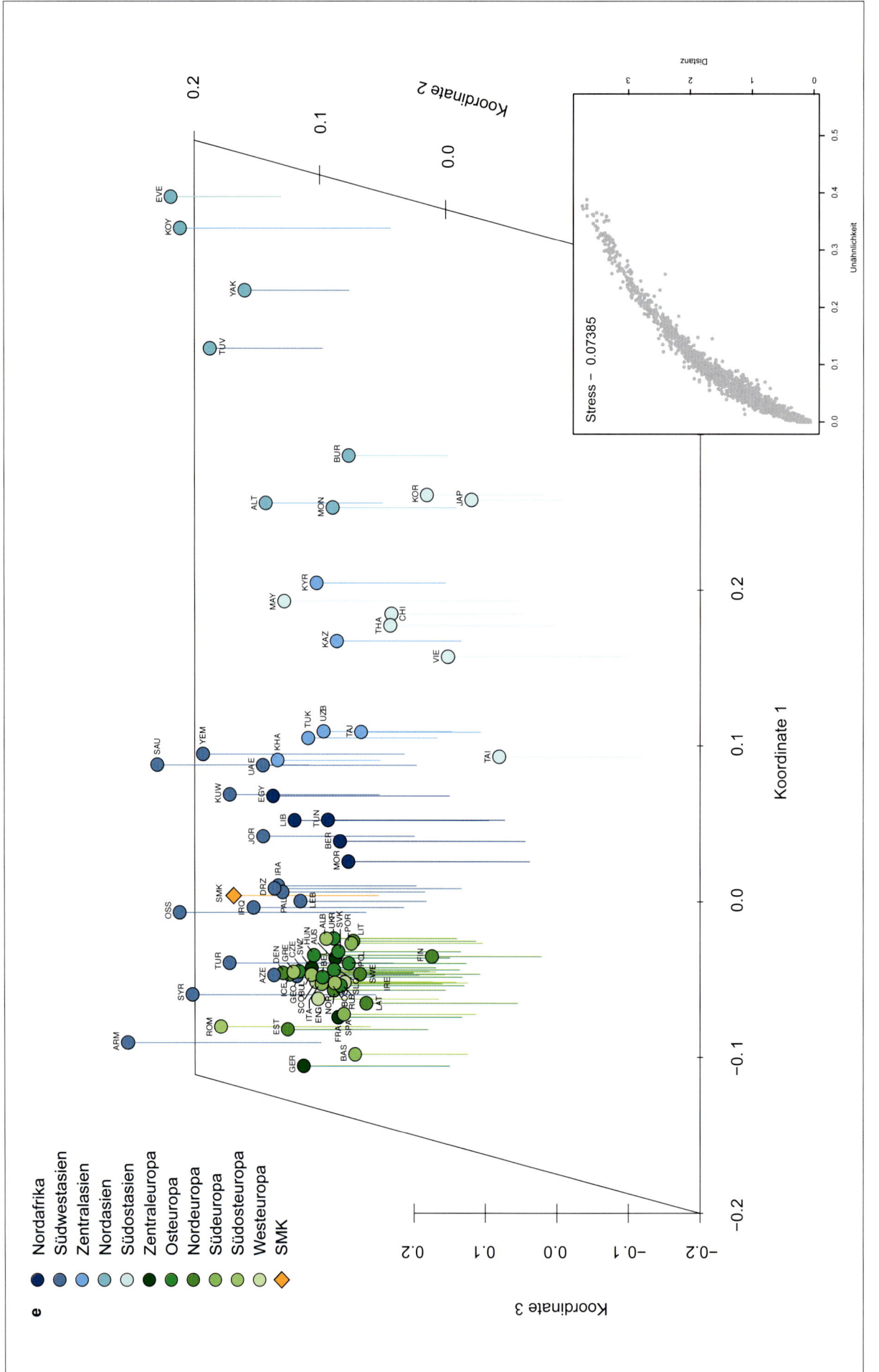

Abb. 7.12e Multidimensionale Skalierung mit rezenten Vergleichsdaten

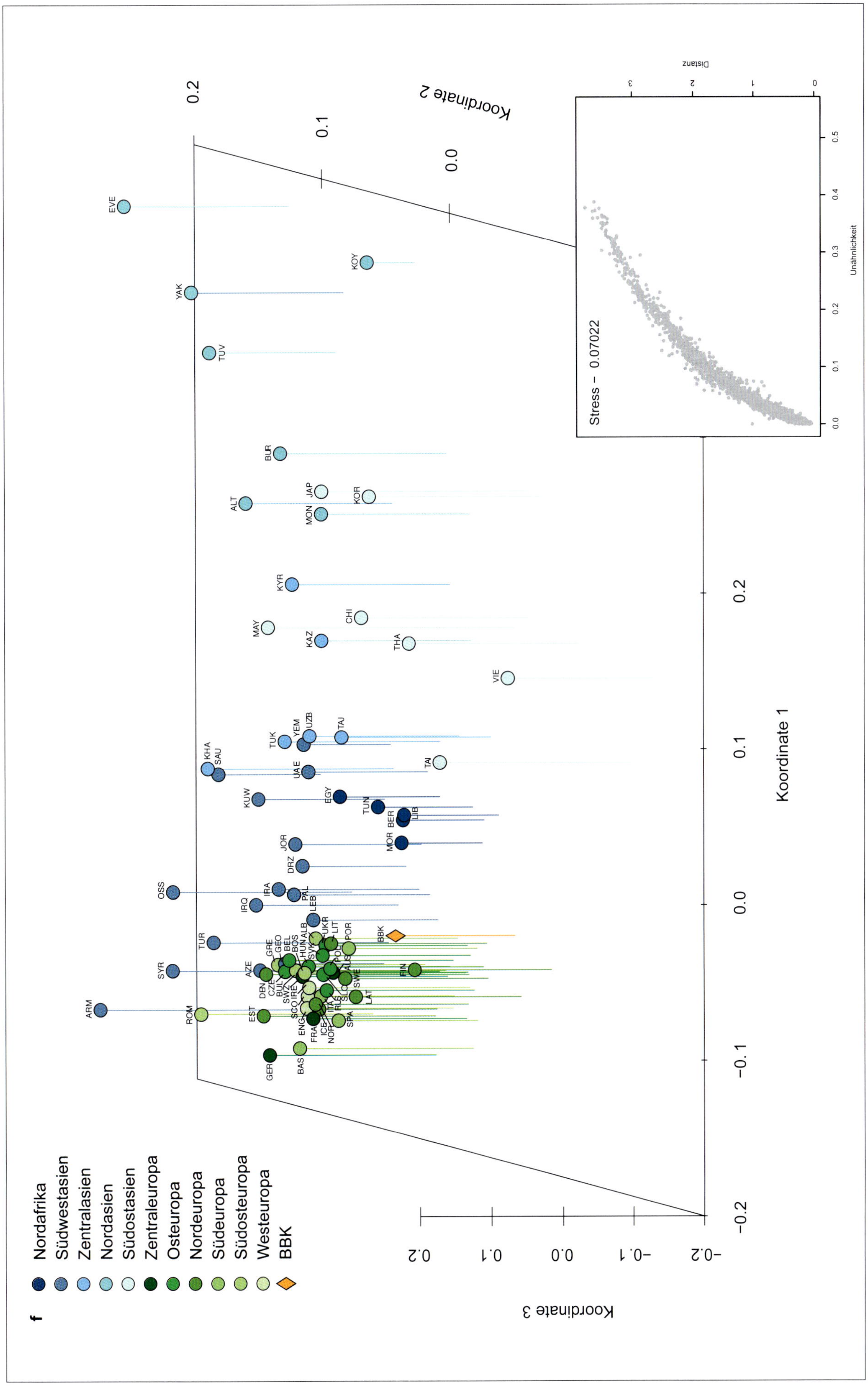

Abb. 7.12f Multidimensionale Skalierung mit rezenten Vergleichsdaten

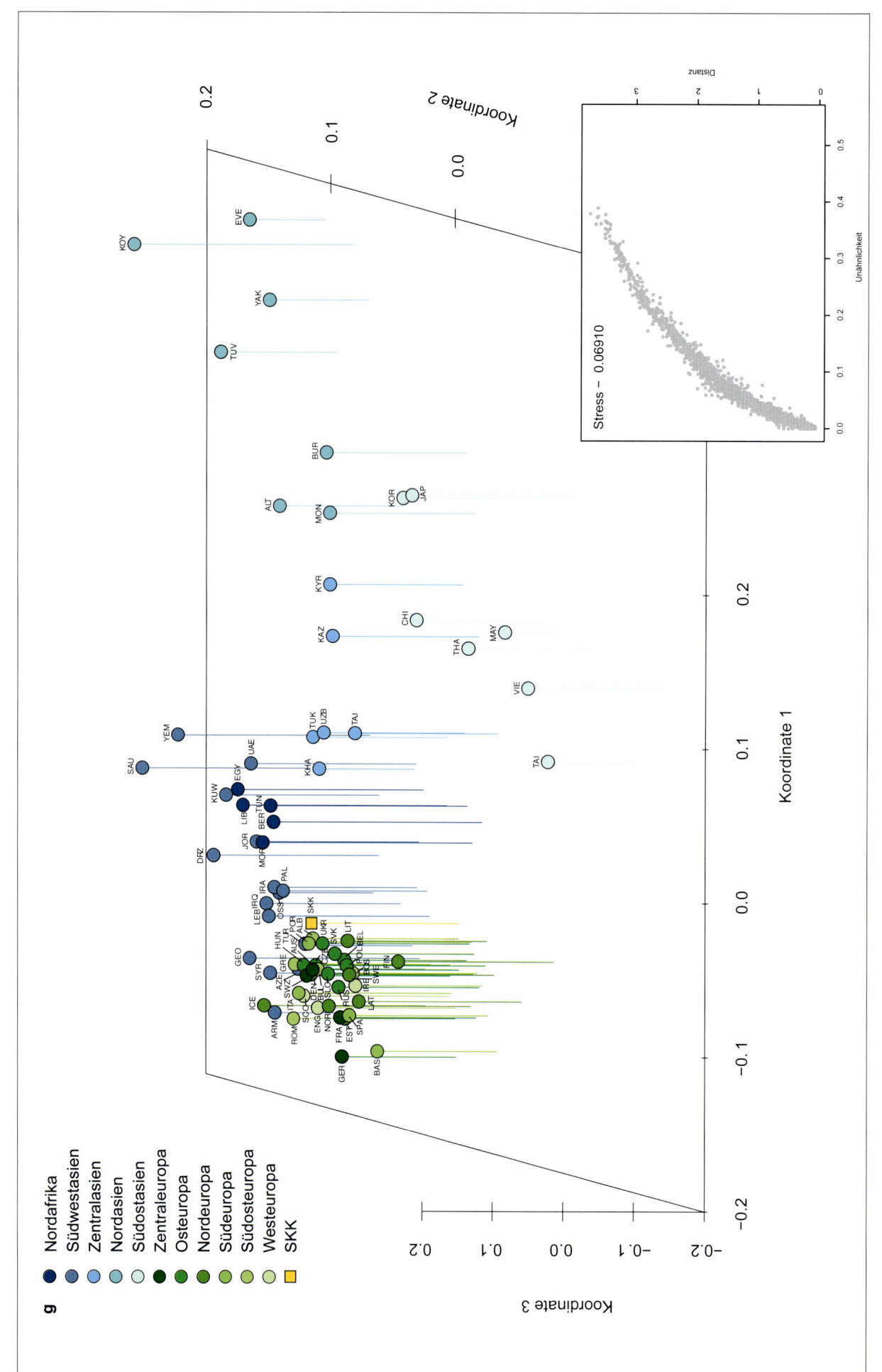

Abb. 7.12g Multidimensionale Skalierung mit rezenten Vergleichsdaten

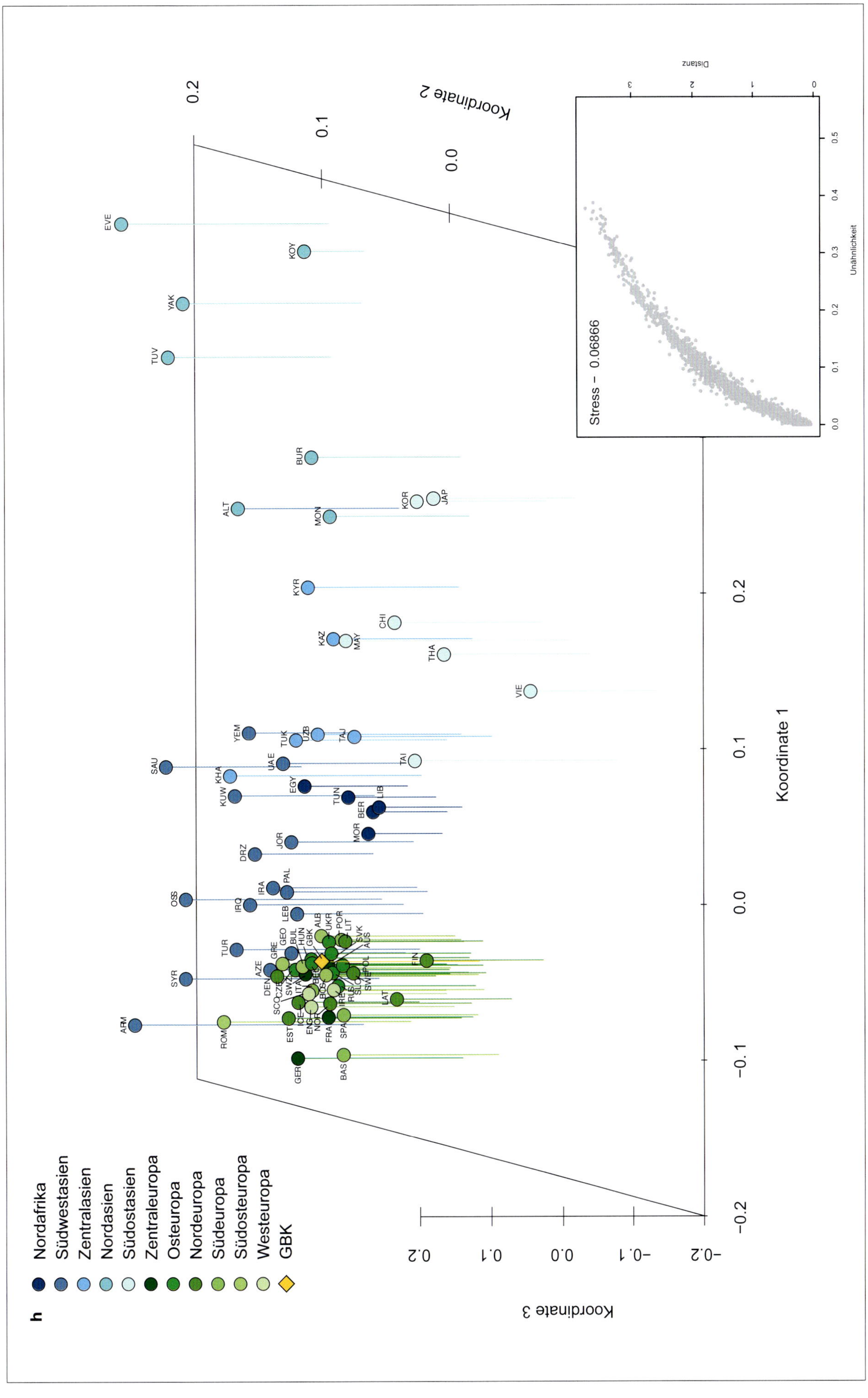

Abb. 7.12h Multidimensionale Skalierung mit rezenten Vergleichsdaten

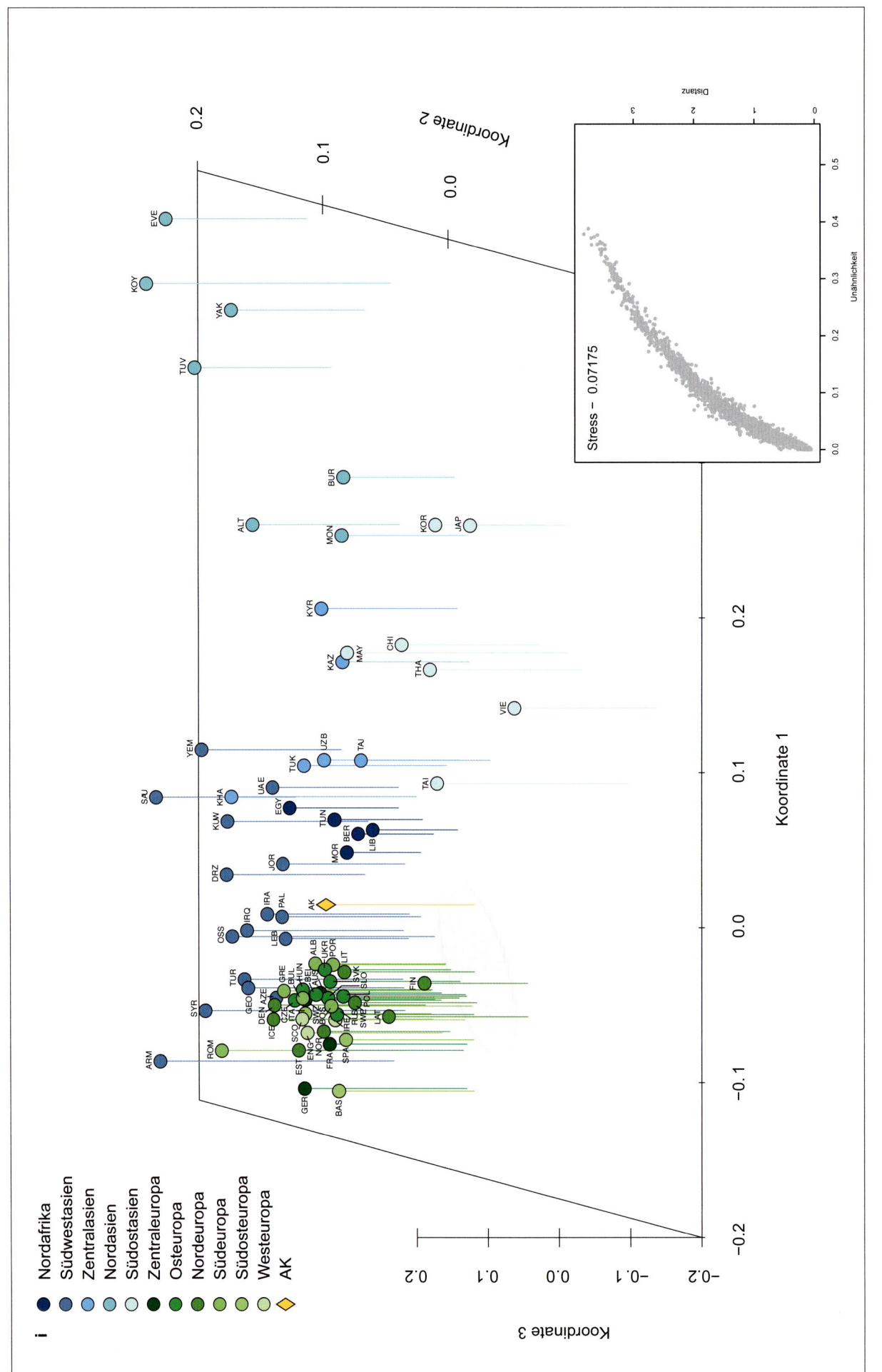

Abb. 7.12i Multidimensionale Skalierung mit rezenten Vergleichsdaten

7 ERGEBNISSE 145

Abb. 7.13 a–i Hauptkomponentenanalyse mit rezenten Vergleichsdaten

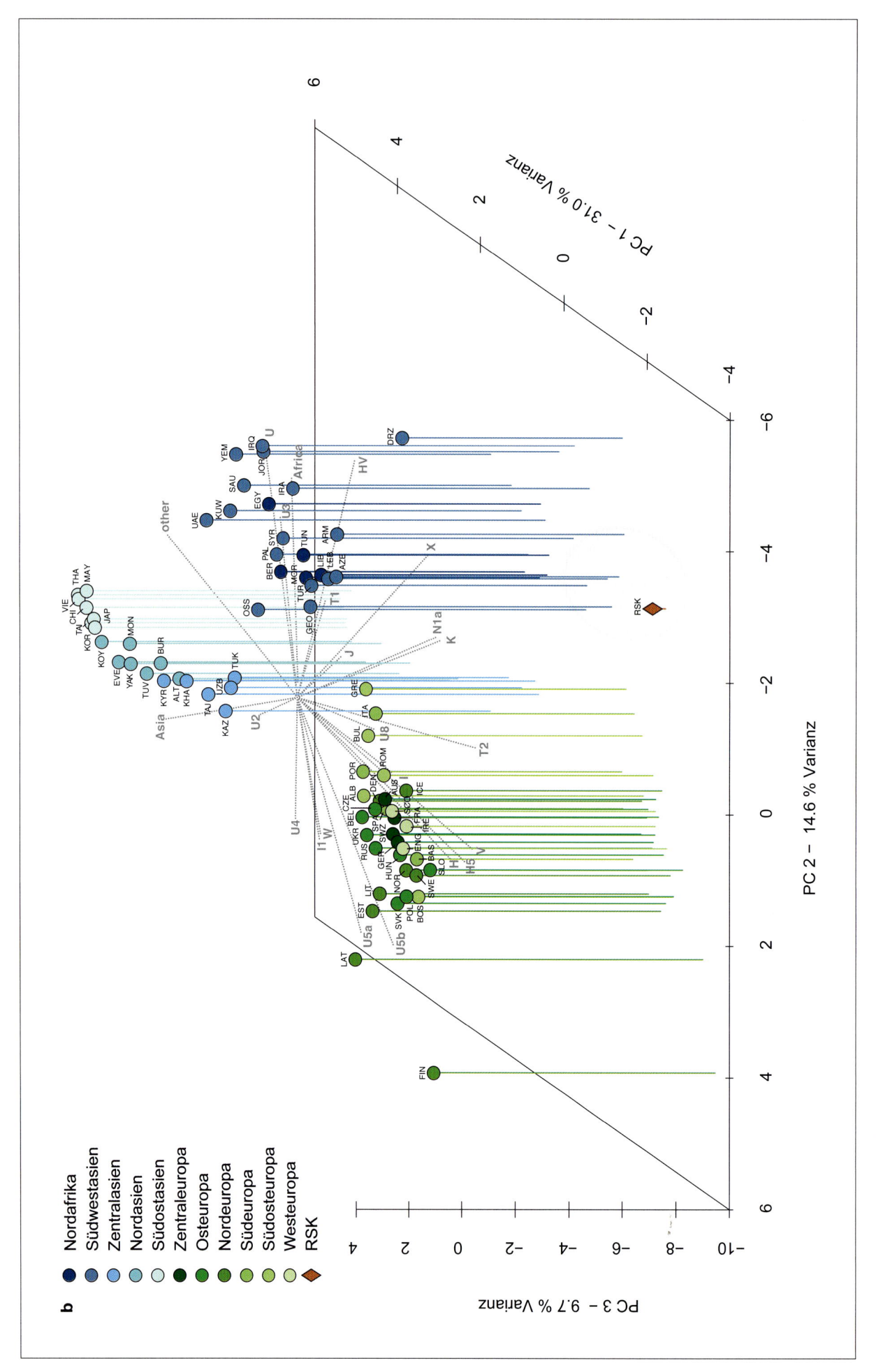

Abb. 7.13a–i Hauptkomponentenanalyse mit rezenten Vergleichsdaten

7 ERGEBNISSE 147

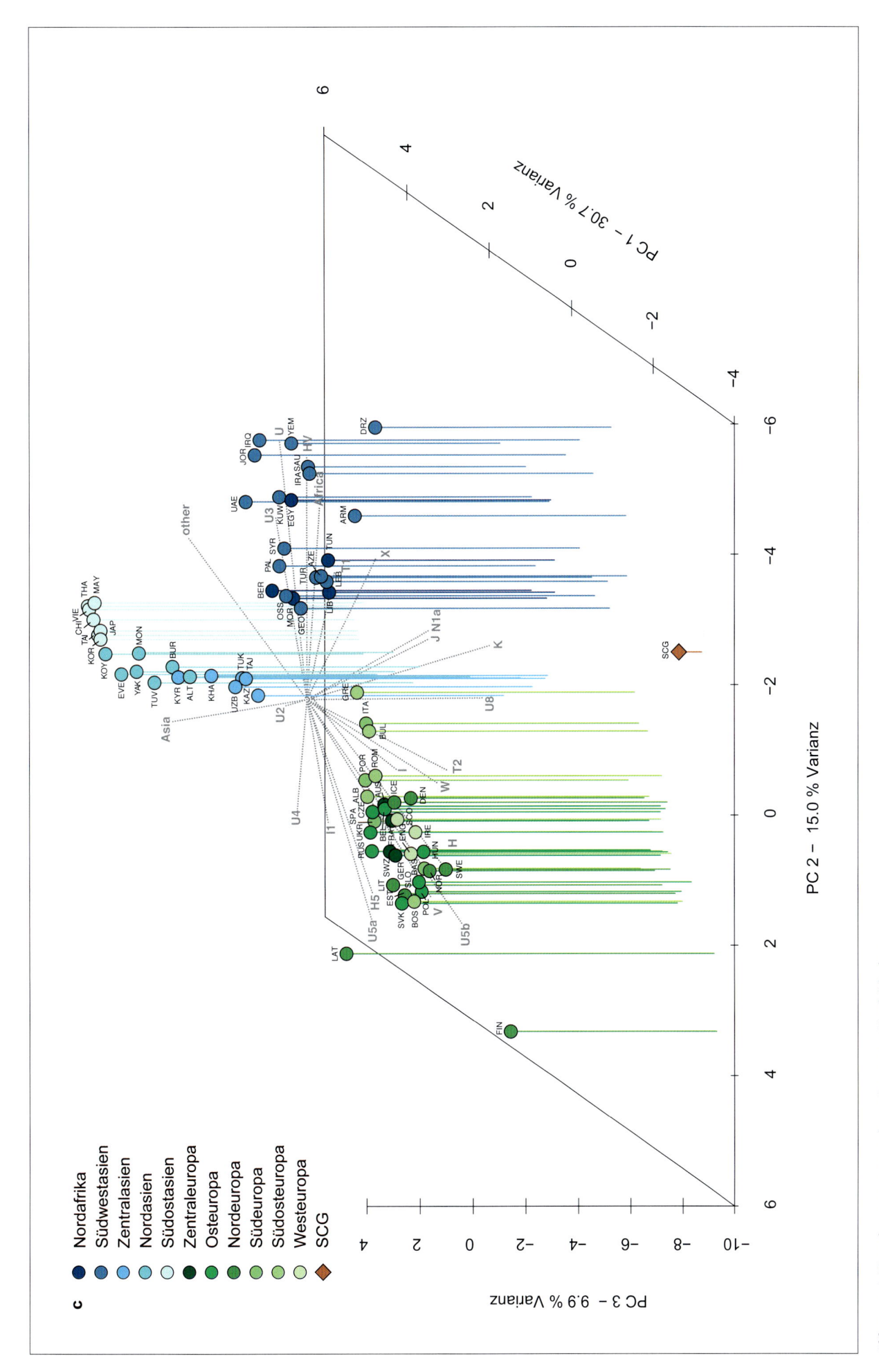

Abb. 7.13a–i Hauptkomponentenanalyse mit rezenten Vergleichsdaten

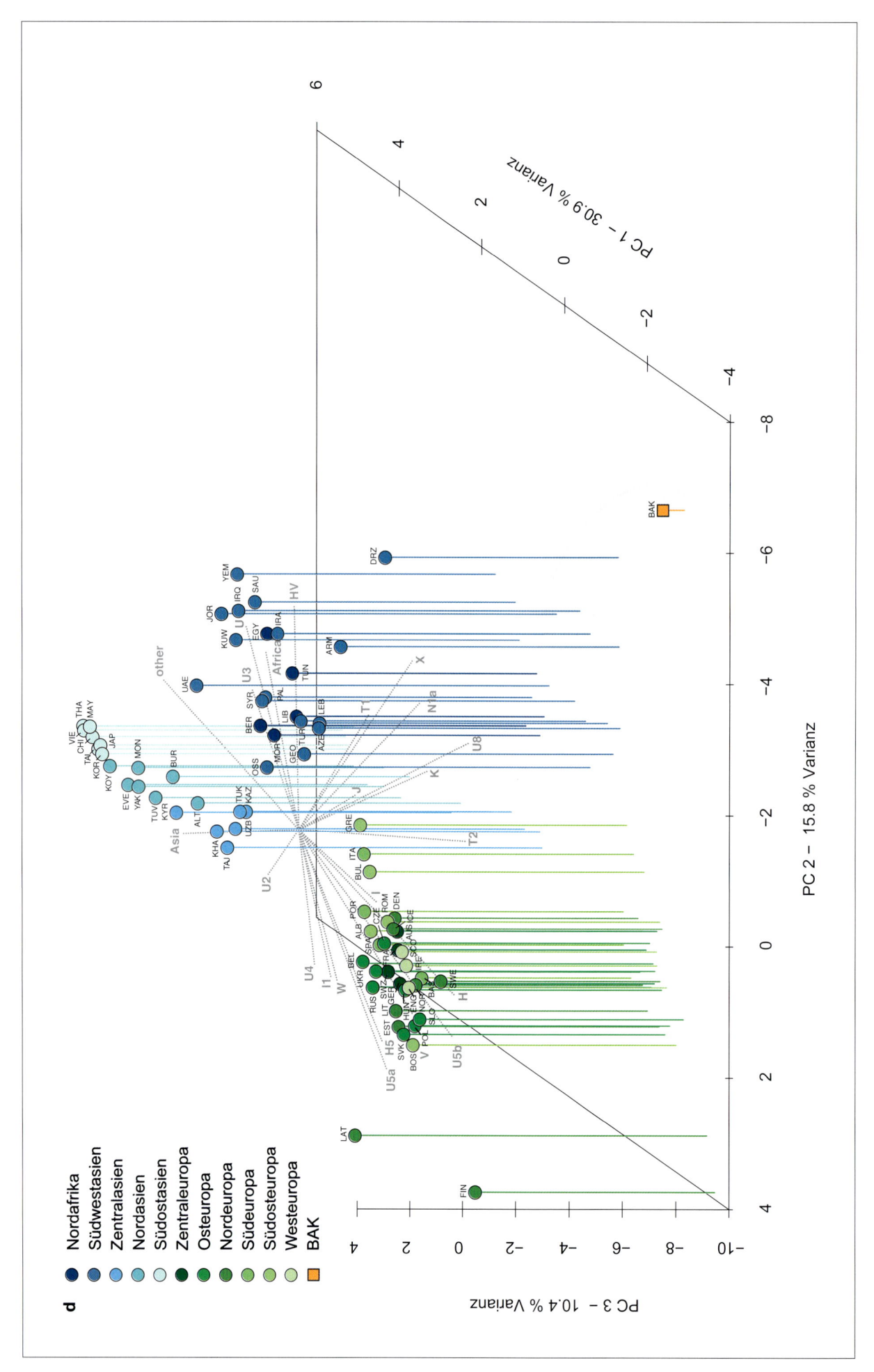

Abb. 7.13a–i Hauptkomponentenanalyse mit rezenten Vergleichsdaten

7 ERGEBNISSE | 149

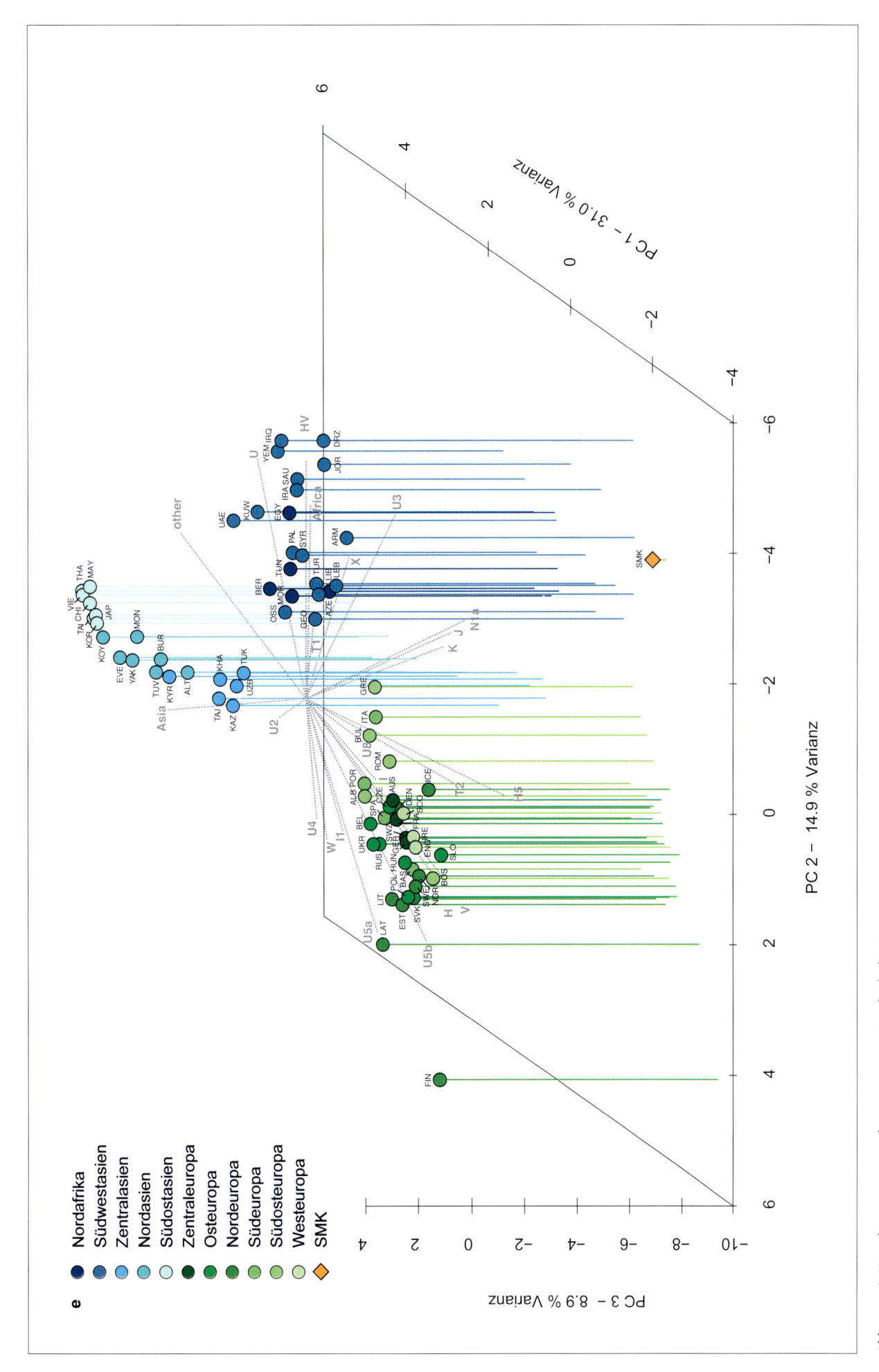

Abb. 7.13a–i Hauptkomponentenanalyse mit rezenten Vergleichsdaten

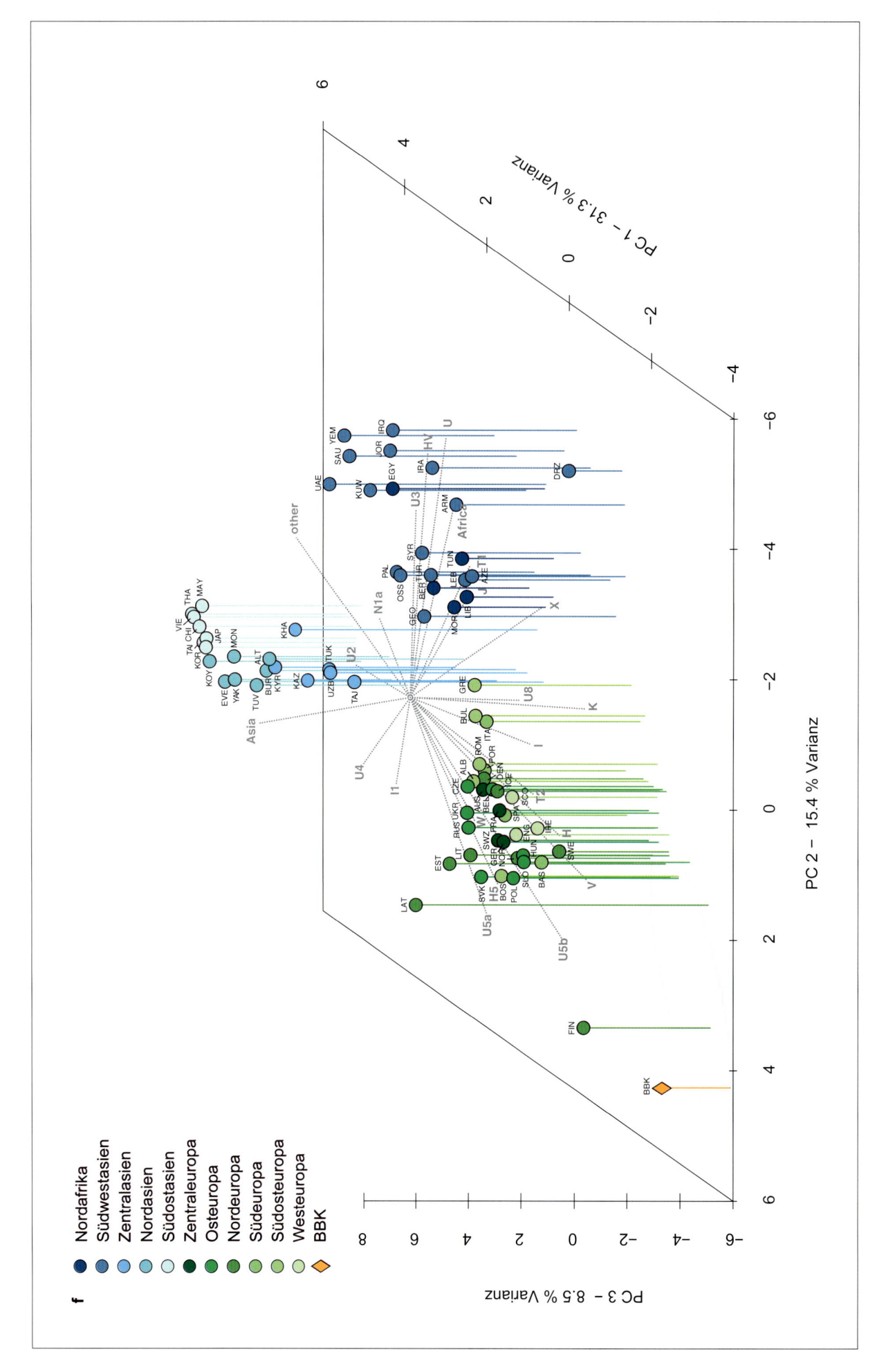

Abb. 7.13a–i Hauptkomponentenanalyse mit rezenten Vergleichsdaten

7 ERGEBNISSE   151

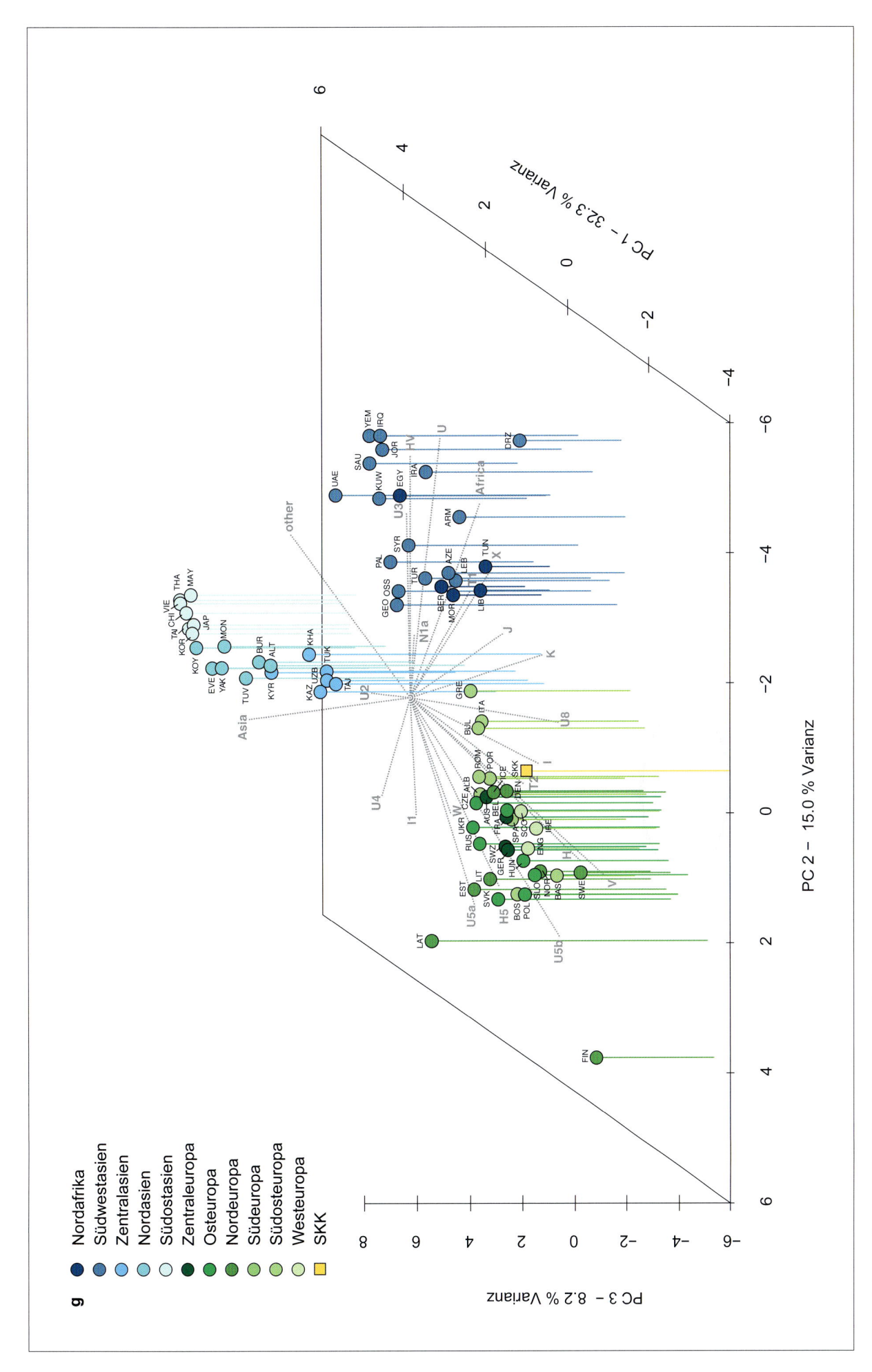

Abb. 7.13a–i Hauptkomponentenanalyse mit rezenten Vergleichsdaten

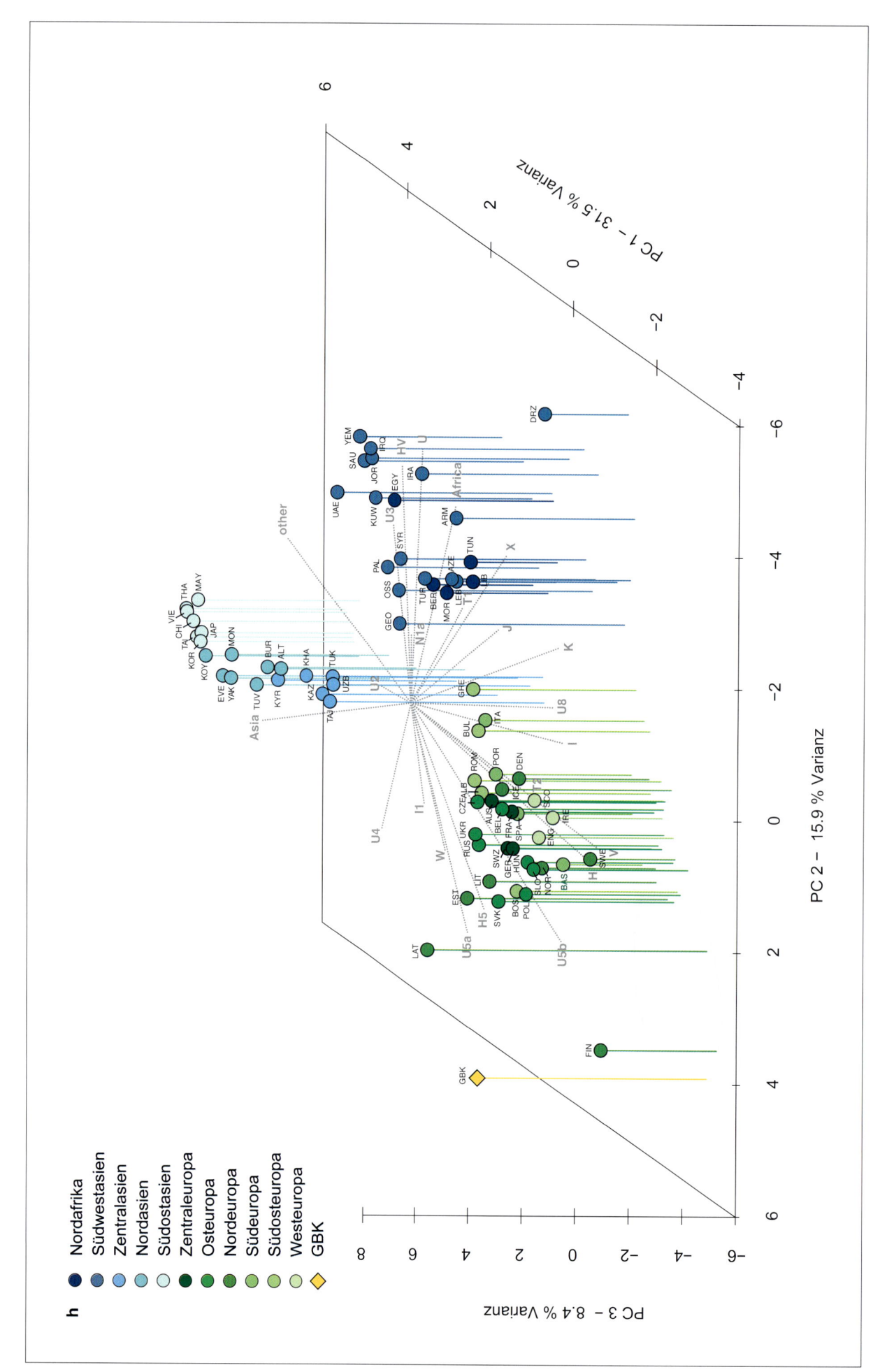

Abb. 7.13a–i Hauptkomponentenanalyse mit rezenten Vergleichsdaten

7 ERGEBNISSE

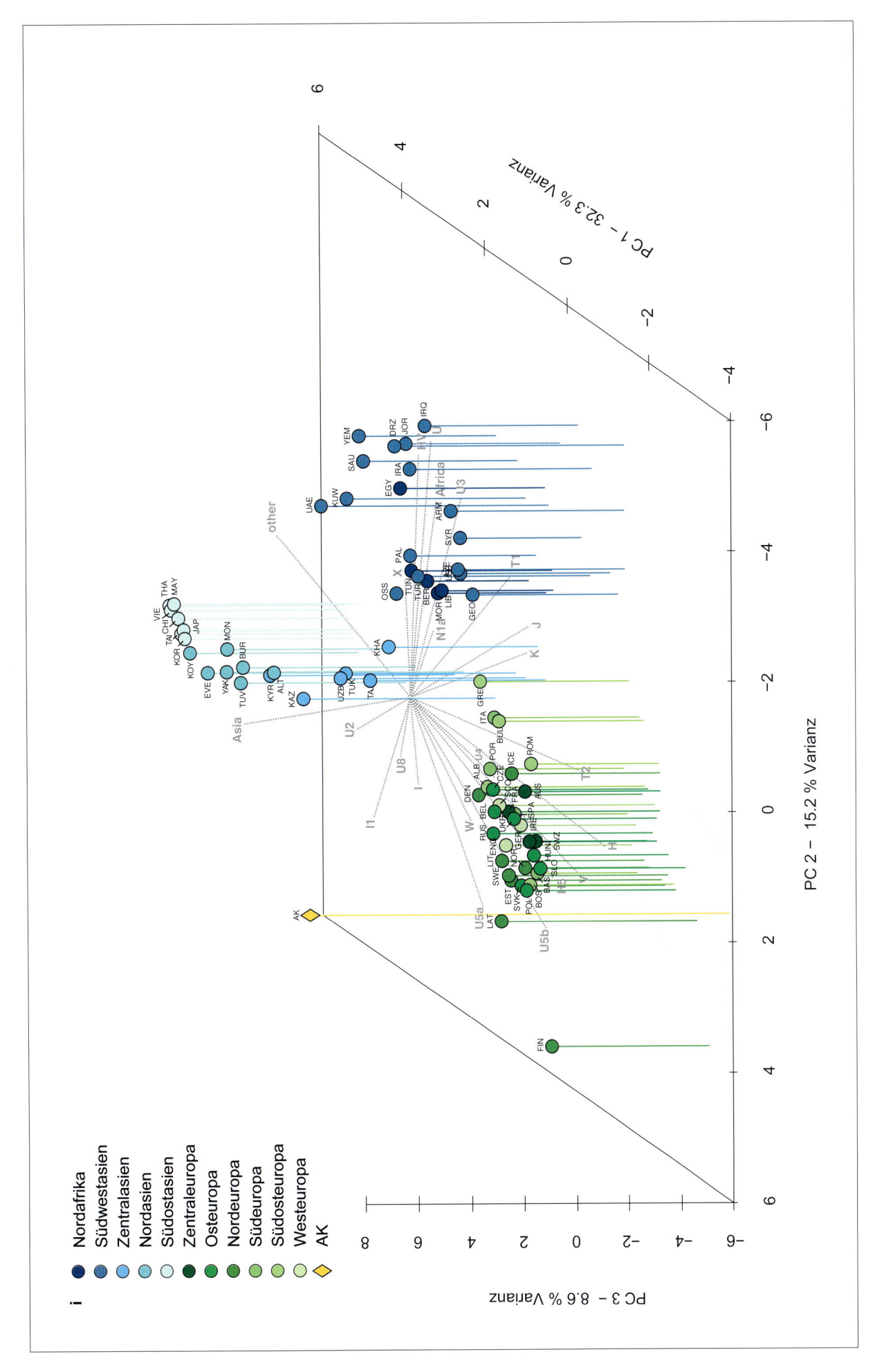

Abb. 7.13 a–i Hauptkomponentenanalyse mit rezenten Vergleichsdaten

sind in Tab. 11.9 aufgeführt. Die ersten drei Hauptkomponenten erklären 54,9 % (LBK), 55,3 % (Rössener Kultur), 55,6 % (Schöninger Gruppe), 57,1 % (Baalberger Kultur), 54,8 % (Salzmünder Kultur), 55,2 % (Bernburger Kultur), 55,5 % (Schnurkeramikkultur), 55,8 % (Glockenbecherkultur) und 56,1 % (Aunjetitzer Kultur) der gesamten genetischen Variation, wodurch über die Hälfte der Gesamtvariabilität abgedeckt wird (Abb. 7.13a–i). Analog zur MDS (Kap. 7.2.3.1) werden auch bei der PCA die rezenten Vergleichspopulationen entsprechend ihrer geografischen Herkunft getrennt, sodass die spezifische phylogeografische Haplogruppenzusammensetzung unterschiedlicher eurasischer Regionen (Kap. 3.2.5) abgebildet wird. Dabei trennt die erste Hauptkomponente Europa, den Nahen Osten und Nordafrika von Zentral-, Nord- und Südostasien, während die zweite Hauptkomponente nahöstliche und nordafrikanische Populationen von den Europäern differenziert. Die dritte Hauptkomponente separiert die prähistorischen MESG-Kulturen von allen rezenten Vergleichsdaten. Dieser Effekt ist besonders bei den früh- und mittelneolithischen Kulturen zu beobachten, während bei den spätneolithischen und frühbronzezeitlichen Kulturen die Trennung über die dritte Hauptkomponente geringer ausfällt. Dies verdeutlicht, dass die älteren Kulturen durch eine eigenständige Haplogruppenzusammensetzung charakterisiert sind, die sich vom rezenten Genpool unterscheidet, während die jüngeren MESG-Kulturen in ihrer Haplogruppenvariabilität stärkere Ähnlichkeiten zu heutigen Populationen aufweisen (Kap. 8.2.9).

Durch die PCA konnten Affinitäten der prähistorischen Kulturen ermittelt werden, die weitestgehend mit denen der MDS übereinstimmen. Die größten Ähnlichkeiten zu den früh- und mittelneolithischen Kulturen finden sich im Nahen Osten, Anatolien und dem Kaukasus. Dies beinhaltet die Populationen Georgien, Aserbaidschan, Libanon, Armenien, Ossetien, Türkei, Syrien, Griechenland, Bulgarien und Italien (LBK, Abb. 7.13a); Ossetien, Georgien, Armenien, Libanon, Türkei, Aserbaidschan und Syrien (Rössener Kultur; Abb. 7.13b); Türkei, Libanon, Aserbaidschan, Georgien, Ossetien, Griechenland, Bulgarien und Italien (Schöninger Gruppe; Abb. 7.13c); Drusen, Jordanien, Irak, Armenien und Iran (Baalberger Kultur; Abb. 7.13d) und Armenien, Syrien, Iran, Türkei, Libanon, Aserbaidschan, Georgien und Ossetien (Salzmünder Kultur; Abb. 7.13e). Im Gegensatz dazu zeigen nordost- und osteuropäische Populationen überwiegend die größten Affinitäten zu den Kulturen des Spätneo-lithikums und der frühen Bronzezeit. Dazu zählen Finnland, Schweden, Norwegen, Litauen, Estland, Polen, Ungarn, Slowakei und Serbien/Kroatien/Bosnien und Herzegowina (Bernburger Kultur; Abb. 7.13f); Ukraine, Weißrussland, Russland, Rumänien, Albanien, Tschechische Republik, Ungarn, Slowenien, Österreich, Deutschland, Dänemark, Schweden und Island (Schnurkeramikkultur; Abb. 7.13g); Lettland, Litauen, Estland, Finnland, Polen, Slowakei und Serbien/Kroatien/Bosnien und Herzegowina (Glockenbecherkultur; Abb. 7.13h) und Lettland, Estland, Litauen, Schweden, Norwegen, Ukraine, Weißrussland, Russland, Polen, Slowakei, Ungarn und Serbien/Kroatien/Bosnien und Herzegowina (Aunjetitzer Kultur; Abb. 7.13i).

7.2.3.3 Ward-Clusteranalyse

Die Haplogruppenzusammensetzung der MESG-Kulturen wurde durch Clusteranalysen in die mitochondriale Diversität 56 heutiger Populationen Europas, des Nahen Ostens, Zentralasiens und Nordafrikas eingeordnet (Kap. 6.2.4.3). Die Haplogruppenfrequenzen sind in Tab. 11.10 zusammengefasst. Im Wesentlichen differenziert die Clusteranalyse die rezenten Vergleichsdaten in zwei übergeordnete Großcluster, bestehend aus europäischen und asiatischen/nordafrikanischen Populationen (Abb. 7.14a–i). In beiden Gruppen können weitere Subcluster unterschieden werden. Die europäischen Populationen teilen sich in eine westliche und zentral-östliche Gruppe, während sich im asiatischen/afrikanischen Cluster die Populationen Nordafrikas, des Nahen Ostens, Anatoliens und des Kaukasus, der Arabischen Halbinsel, Zentralasiens und Nordafrikas differenzieren. Bei 10 000 Permutationen wurden die beschriebenen Cluster mit Häufigkeiten von 73–100 % reproduziert. Es kann also davon ausgegangen werden, dass es sich nicht um eine zufällige Anordnung handelt und die Einordnung der MESG-Kulturen in die rezenten Vergleichsdaten zuverlässig erfolgte.

Die früh-/mittelneolithischen Kulturen fallen ausnahmslos in das Subcluster der Populationen des Nahen Ostens, Anatoliens und des Kaukasus (Abb. 7.14a–e), während die spätneolithischen/frühbronzezeitlichen Kulturen mit den europäischen Populationen assoziiert sind (Abb. 7.14f–i). Die Bernburger Kultur befindet sich an der Wurzel des gesamteuropäischen Clusters, wodurch keine weitere Differenzierung zu einem der beiden europäischen Subcluster unterstützt wird. Im Falle der Schnurkeramikkultur, der Glockenbecherkultur und der Aunjetitzer Kultur können Affinitäten zur Gruppe zentral- und osteuropäischer Populationen festgestellt werden. Zusammenfassend unterstützen die Ergebnisse der Clusteranalysen Affinitäten zu rezenten Populationen, die mit den Resultaten der MDS (Kap. 7.2.3.1) und der PCA (Kap. 7.2.3.2) nahezu vollständig übereinstimmen.

7.2.3.4 Procrustes-Analyse

Die Procrustes-Transformation wurde mit geografischen Koordinaten der MESG-Kulturen und 56 rezenten Vergleichspopulationen Europas, des Nahen Ostens, Zentralasiens und Nordafrikas sowie deren PCA-Werten der ersten und zweiten Hauptkomponente durchgeführt (Kap. 6.2.4.4). Die Haplogruppenfrequenzen, die für die initiale PCA verwendet wurden, sind in Tab. 11.10 gelistet. Die ersten beiden Hauptkomponenten erklären 38,1 % (LBK), 38,6 % (Rössener Kultur), 38,7 % (Schöninger Gruppe), 40,6 % (Baalberger Kultur), 37,9 % (Salzmünder Kultur), 38,3 % (Bernburger Kultur), 37,5 % (Schnurkeramikkultur), 39,6 % (Glockenbecherkultur) und 38,7 % (Aunjetitzer Kultur) der Gesamtvariabilität (Abb. 7.15a–i). In Übereinstimmung mit der zuvor erläuterten PCA (Kap. 7.2.3.2) separiert die erste Hauptkomponente die europäischen, nahöstlichen, zentralasiatischen und afrikanischen Populationen, während die zweite Hauptkomponente die europäischen von allen übrigen trennt. Durch die Procrustes-Transformation

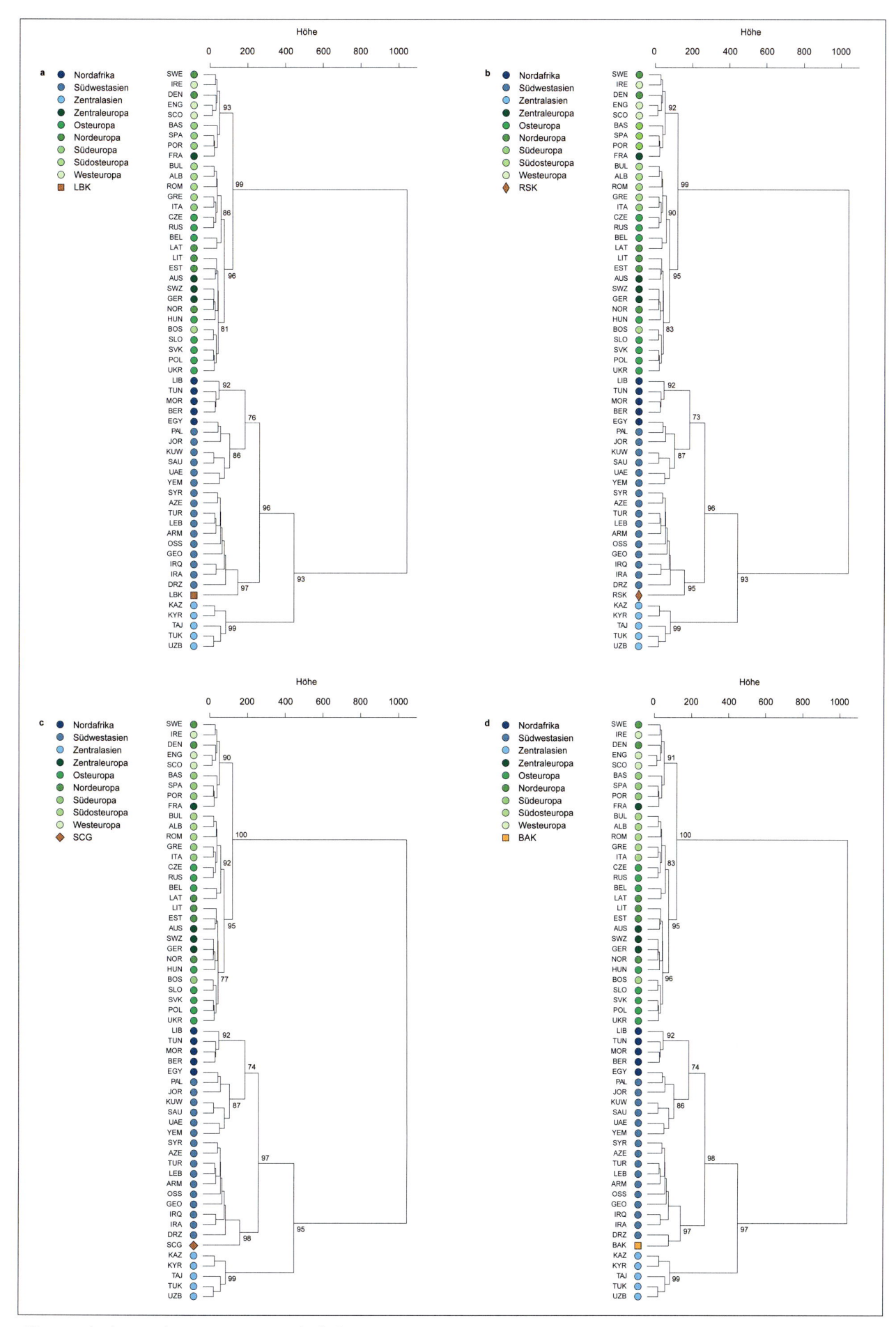

Abb. 7.14a–d Clusteranalysen mit rezenten Vergleichsdaten

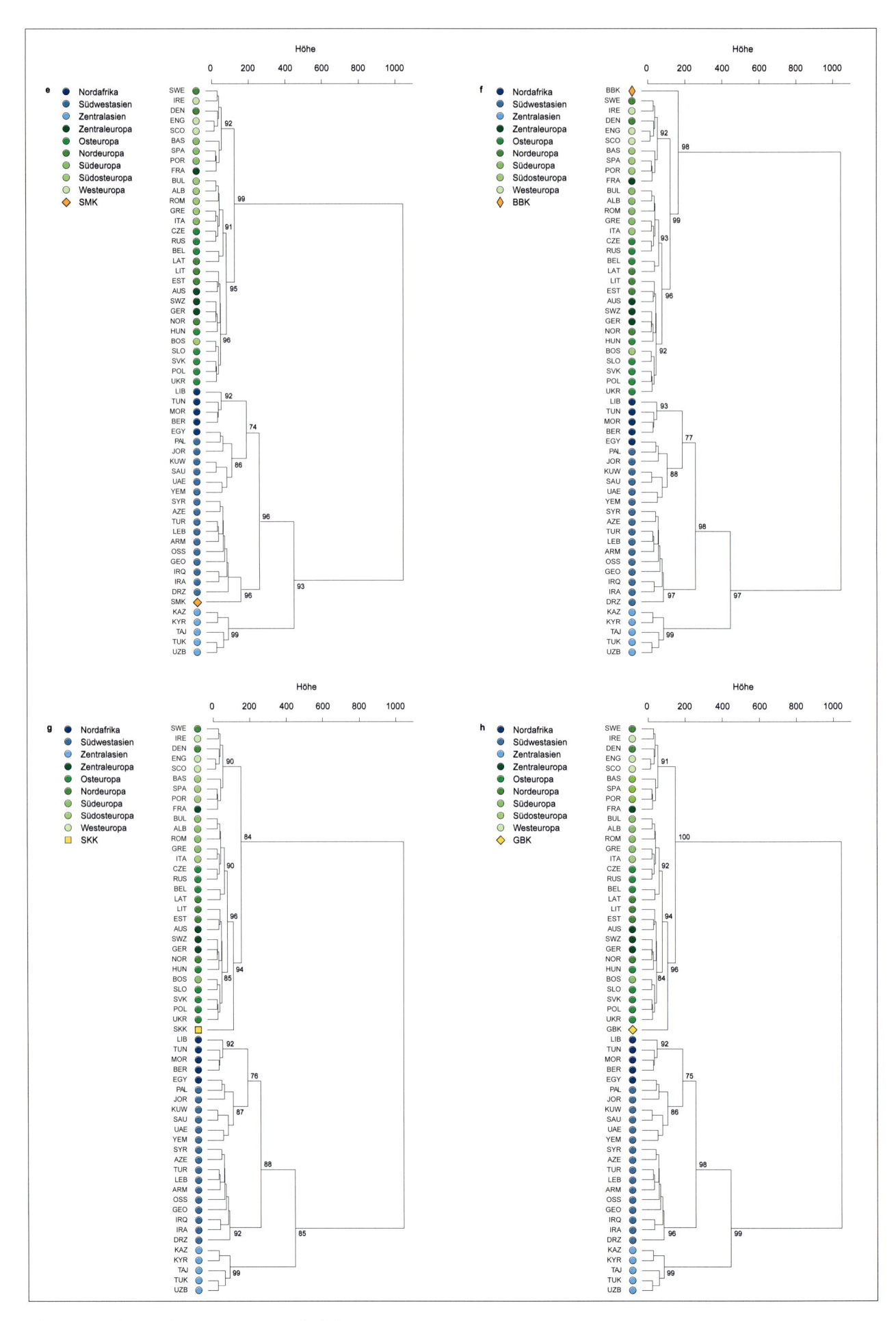

Abb. 7.14 e–h Clusteranalysen mit rezenten Vergleichsdaten

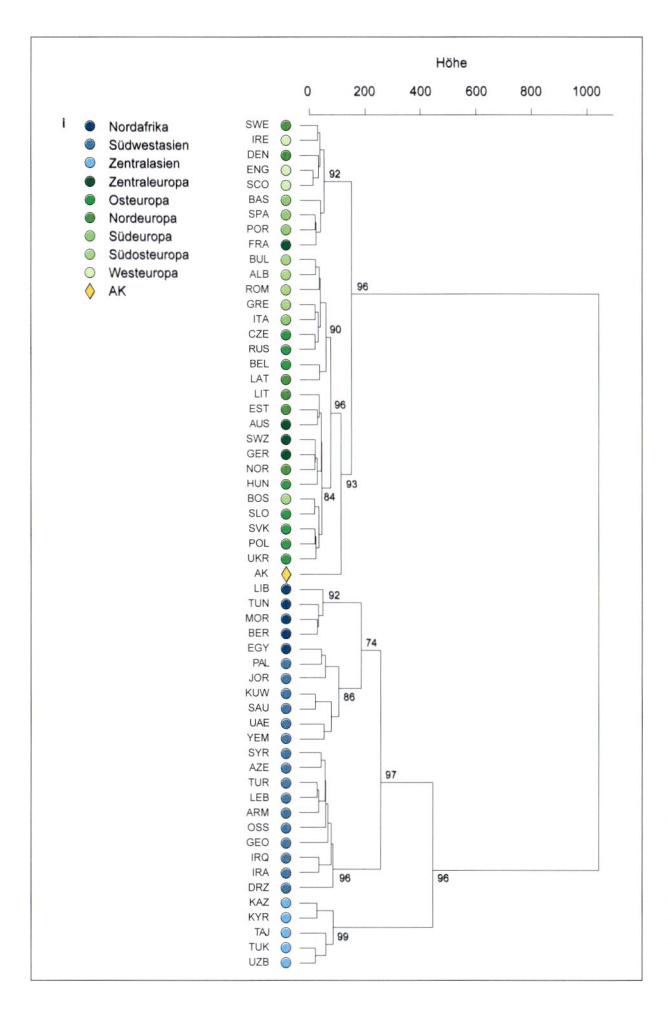

Abb. 7.14a–i Clusteranalysen mit rezenten Vergleichsdaten

Die Diagramme zeigen die Einordnung der MESG-Kulturen in die Haplogruppenvariabilität 56 rezenter Populationen aus Europa, Nordafrika, Südwest- und Zentralasien: Linienbandkeramikkultur (a), Rössener Kultur (b), Schöninger Gruppe (c), Baalberger Kultur (d), Salzmünder Kultur (e), Bernburger Kultur (f), Schnurkeramikkultur (g), Glockenbecherkultur (h) und Aunjetitzer Kultur (i). Die Signifikanz der Gruppenbildung ist als prozentualer Anteil reproduzierter Cluster bei 10 000 Permutationen angegeben. Symbole und Farbgebung stimmen mit den Abbildungen 7.12a–i und 7.13a–i überein. Die Tabellen 11.6 und 11.10 enthalten die Informationen zum Datensatz bzw. zu den verwendeten Haplogruppenfrequenzen.

wurde die Matrix der PCA-Werte bis zur optimalen Übereinstimmung mit den geografischen Koordinaten rotiert und die Anpassung der Lokalisierung jeder Population entsprechend ihrer genetischen Affinitäten abgebildet. Die Signifikanz der Transformation, basierend auf 100 000 Permutationen, beträgt für alle Einzelanalysen 9,9999e-06, sodass eine rein zufällige Transformation mit sehr hoher Wahrscheinlichkeit auszuschließen ist.

Die Haplogruppenzusammensetzung der früh- und mittelneolithischen Kulturen wird ausgehend von ihrer geografischen Herkunft im MESG an die süd- und südöstlichen Grenzen Europas verschoben, während die Vektoren der europäischen Populationen entgegengesetzt verlaufen. Diese Zusammensetzung korreliert am stärksten mit Populationen des Nahen Ostens, Anatoliens und des Kaukasus, die in Richtung eines verlängerten Schnittpunktes mit den früh-/mittelneolithischen Kulturen des MESG transformiert werden (Abb. 7.15a–e). Die Vektoren der spätneolithischen und frühbronzezeitlichen Kulturen verlaufen entgegengesetzt zu denen der früh-/mittelneolithischen Kulturen und korrelieren stärker mit europäischen Populationen. Während der Vektor der Bernburger Kultur ausgehend vom MESG zu den westlichen Grenzen Südskandinaviens verläuft (Abb. 7.15f), wird die geografische Lokalisierung der Schnurkeramikkultur, der Glockenbecherkultur und der Aunjetitzer Kultur entsprechend ihrer Affinitäten in Richtung Nordosteuropa transformiert (Abb. 7.15g–i).

7.2.3.5 Genetische Distanzkarten

Basierend auf hochauflösenden Haplogruppenfrequenzen wurden genetische Distanzen der MESG-Kulturen zu 150 Rezentpopulationen berechnet und auf einer geografischen Karte visualisiert (Kap. 6.2.4.5, Abb. 7.15a–i). Die F_{st}-Werte, die für die Erstellung der genetischen Karten verwendet wurden, sind aus Tab. 11.11 ersichtlich.

Die generierten Karten spiegeln im Wesentlichen die Ergebnisse der übrigen Vergleichsanalysen wieder (Kap. 7.2.3.1–7.2.3.4). Die Karten der früh-/mittelneolithischen Kulturen zeigen überwiegend Affinitäten zu heutigen Populationen des Nahen Ostens und des Kaukasus. Die geringsten genetischen Distanzen bestehen zu den Populationen Syrien, Georgien, Aserbaidschan, Ossetien, Ungarn und Südpolen (LBK; Abb. 7.16a); Irak, Ungarn, Bulgarien, Bosnien und Herzegowina, Deutschland und Frankreich (Rössener Kultur; Abb. 7.16b); Syrien, Iran, Georgien, Ossetien und Ungarn (Schöninger Gruppe; Abb. 7.16c); Türkei, Armenien, Libanon, Bulgarien und Rumänien (Baalberger Kultur; Abb. 7.16d) und Syrien, Iran, Ungarn, Bosnien und Herzegowina, Bulgarien und Slowenien (Salzmünder Kultur; Abb. 7.16e). Hingegen finden sich bei den Kulturen des Spätneolithikums und der frühen Bronzezeit neben Affinitäten zu nahöstlichen Populationen starke Gemeinsamkeiten zu Nord-, Nordost- und Südwest-Europa. Die größten Übereinstimmungen in der genetischen Zusammensetzung schlagen sich in den Populationen Süd- und

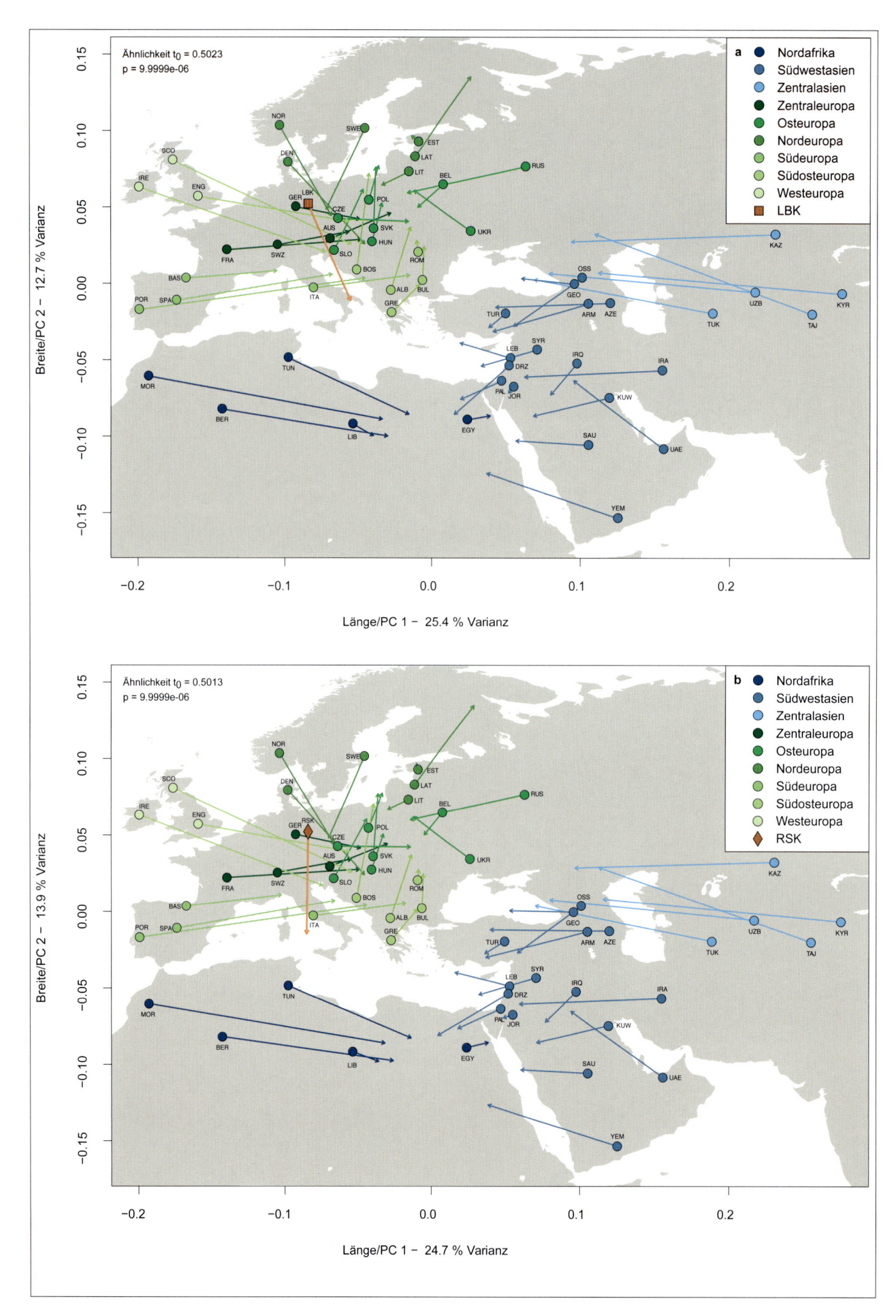

Abb. 7.15a–b Procrustes-Analysen mit rezenten Vergleichsdaten

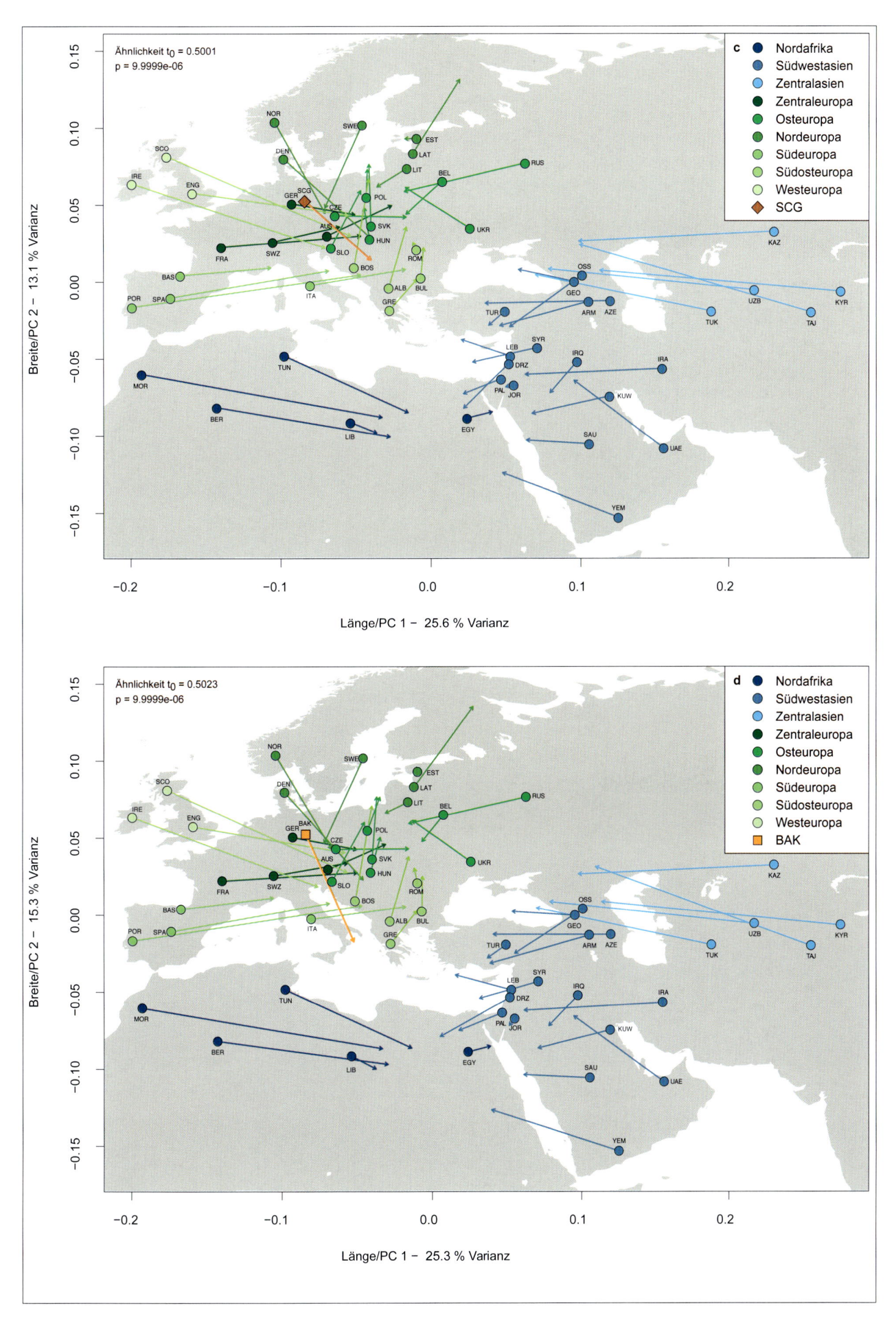

Abb. 7.15c–d Procrustes-Analysen mit rezenten Vergleichsdaten

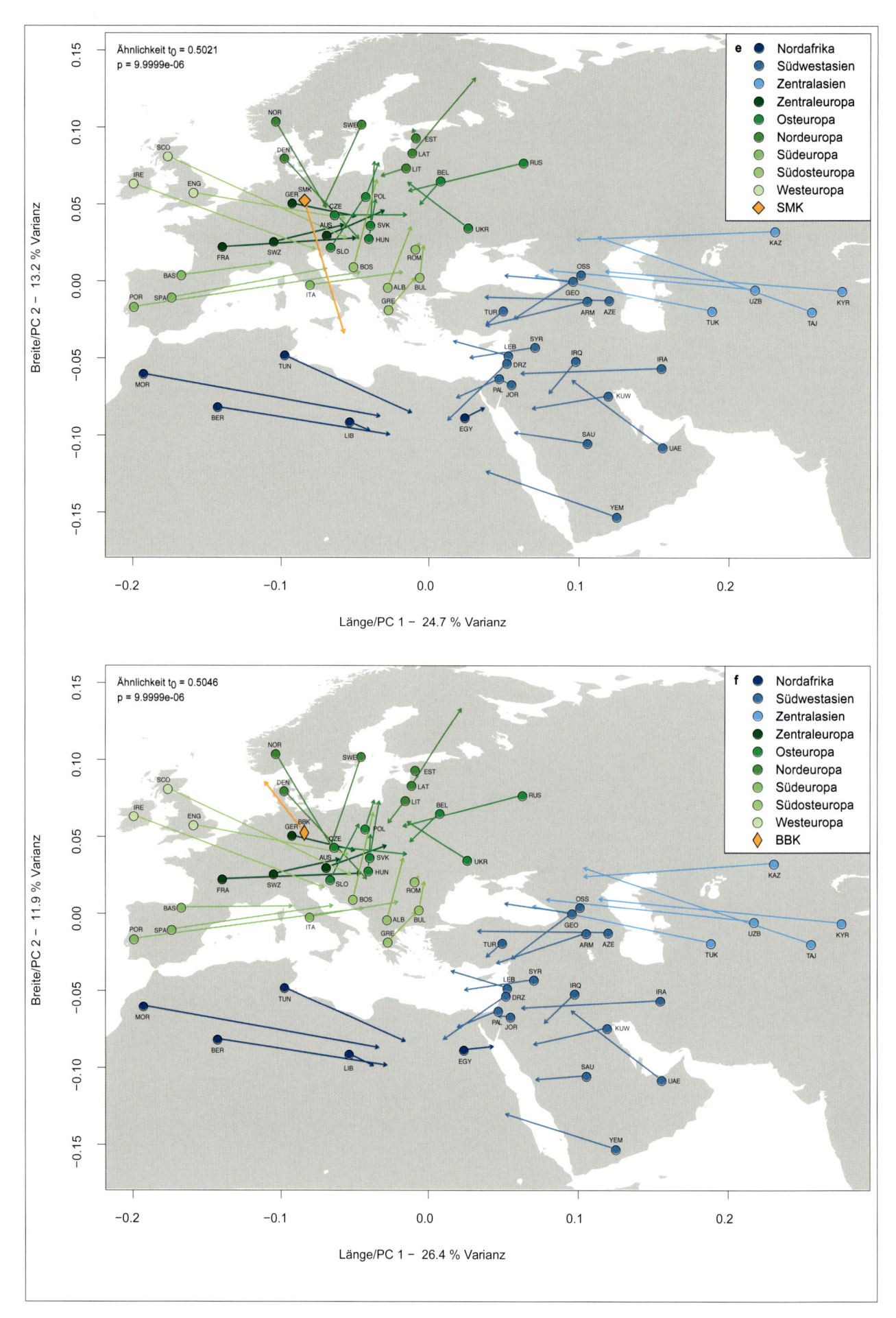

Abb. 7.15e–f Procrustes-Analysen mit rezenten Vergleichsdaten

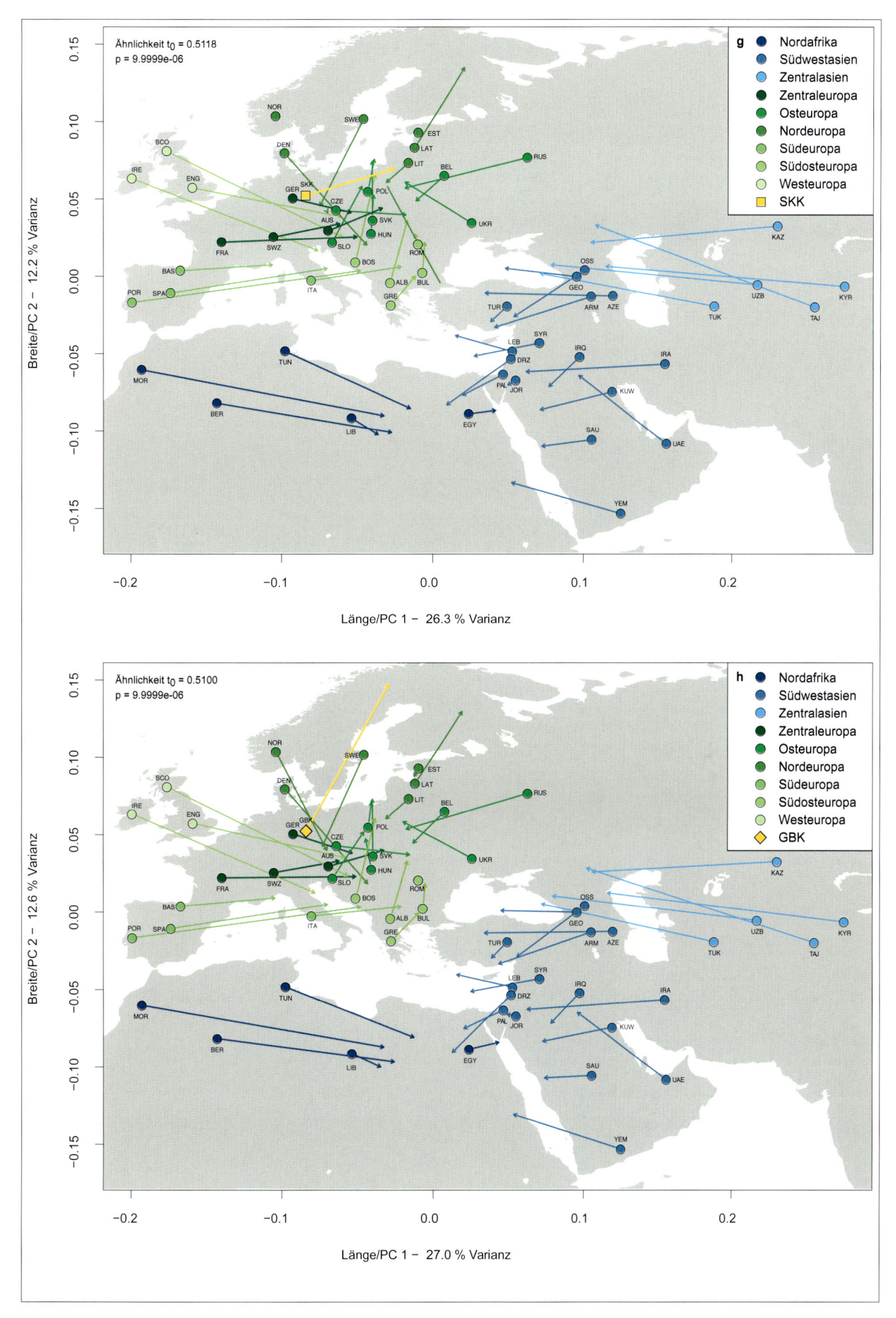

Abb. 7.15g–h Procrustes-Analysen mit rezenten Vergleichsdaten

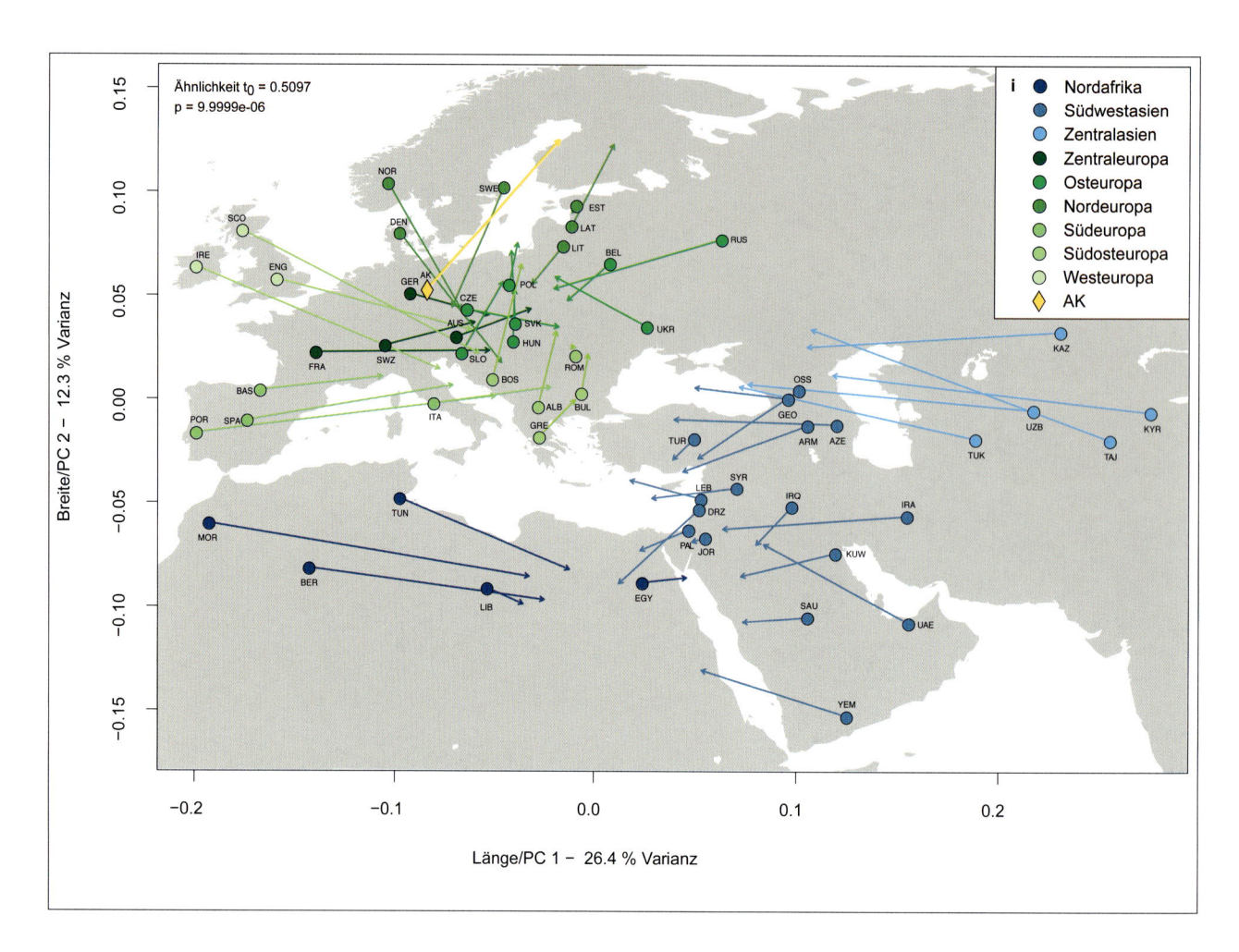

Abb. 7.15a–i Procrustes-Analysen mit rezenten Vergleichsdaten

Für die Procrustes-Analyse wurden die Haplogruppenzusammensetzung der MESG-Kulturen mit 56 rezenten Populationen aus Europa, Nordafrika, Südwest- und Zentralasien in einer initialen Hauptkomponentenanalyse verglichen: Linienbandkeramikkultur (a), Rössener Kultur (b), Schöninger Gruppe (c), Baalberger Kultur (d), Salzmünder Kultur (e), Bernburger Kultur (f), Schnurkeramikkultur (g), Glockenbecherkultur (h) und Aunjetitzer Kultur (i). Die ersten beiden Hauptkomponenten erklären 38,1 % (LBK), 38,6 % (Rössener Kultur), 38,7 % (Schöninger Gruppe), 40,6 % (Baalberger Kultur), 37,9 % (Salzmünder Kultur), 38,3 % (Bernburger Kultur), 37,5 % (Schnurkeramikkultur), 39,6 % (Glockenbecherkultur) und 38,7 % (Aunjetitzer Kultur) der Gesamtvariabilität. Die Matrix der Komponentenladungen der ersten und zweiten Hauptkomponente wurde anschließend gegen die Matrix der geografischen Koordinaten bis zur optimalen Übereinstimmung rotiert. Die Vektoren kennzeichnen die Anpassung der geografischen Lage. Ausgehend von ihrer Ursprungsregion werden die Populationen entsprechend ihrer genetischen Affinitäten, die anhand der Hauptkomponentenanalyse ermittelt wurden, verschoben. Die Signifikanz (p) dieser Transformation wurde durch 100 000 Permutationen getestet. Symbole und Farbgebung sind konkordant mit den Abbildungen 7.12a–i und 7.14a–i. Details zu Datensatz, Koordinaten und Haplogruppenfrequenzen sind den Tabellen 11.6 und 11.10 zu entnehmen.

Zentralschweden, Südfinnland und Estland (Bernburger Kultur; Abb. 7.16f); Estland, Litauen, Nordwestrussland, Georgien, Ossetien, Armenien, Aserbaidschan und Syrien (Schnurkeramikkultur; Abb. 7.16g); Zentral- und Nordportugal, Zentral-, Nordost- und Nordwestspanien, Nord- und Nordostfrankreich, West- und Norddeutschland, Schweiz, Südnorwegen und Südostengland (Glockenbecherkultur; Abb. 7.16h) und Estland, Litauen, Nordwestrussland, Weißrussland, Tschechische Republik, Ossetien und Aserbaidschan (Aunjetitzer Kultur; Abb. 7.16i) nieder.

Folgende Seiten: Abb. 7.16a–i Genetische Distanzkarten mit rezenten Vergleichsdaten

Anhand von Haplogruppenfrequenzen wurden zwischen den MESG-Kulturen und 150 rezenten Populationen aus Europa, Nordafrika, Nord-, Südwest- und Zentralasien genetische Distanzen (F_{st}) berechnet, mit Längen- und Breitengraden der Populationen kombiniert und auf eine geografische Karte projiziert: Linienbandkeramikkultur (a), Rössener Kultur (b), Schöninger Gruppe (c), Baalberger Kultur (d), Salzmünder Kultur (e), Bernburger Kultur (f), Schnurkeramikkultur (g), Glockenbecherkultur (h) und Aunjetitzer Kultur (i). Der Farbverlauf zeigt das Maß an Ähnlichkeit oder Unähnlichkeit der MESG-Kulturen zu den 150 rezenten Populationen an. Die geringsten genetischen Distanzen – also größte Ähnlichkeit – sind in braun (Frühneolithikum: LBK, RSK, SCG), orange (Mittelneolithikum: BAK, SMK, BBK) oder gelb (Spätneolithikum/Frühbronzezeit: SKK, GBK, AK) dargestellt. Populationsinformationen und Koordinaten sowie die F_{st}-Werte sind in den Tabellen 11.7 bzw. 11.11 aufgeführt.

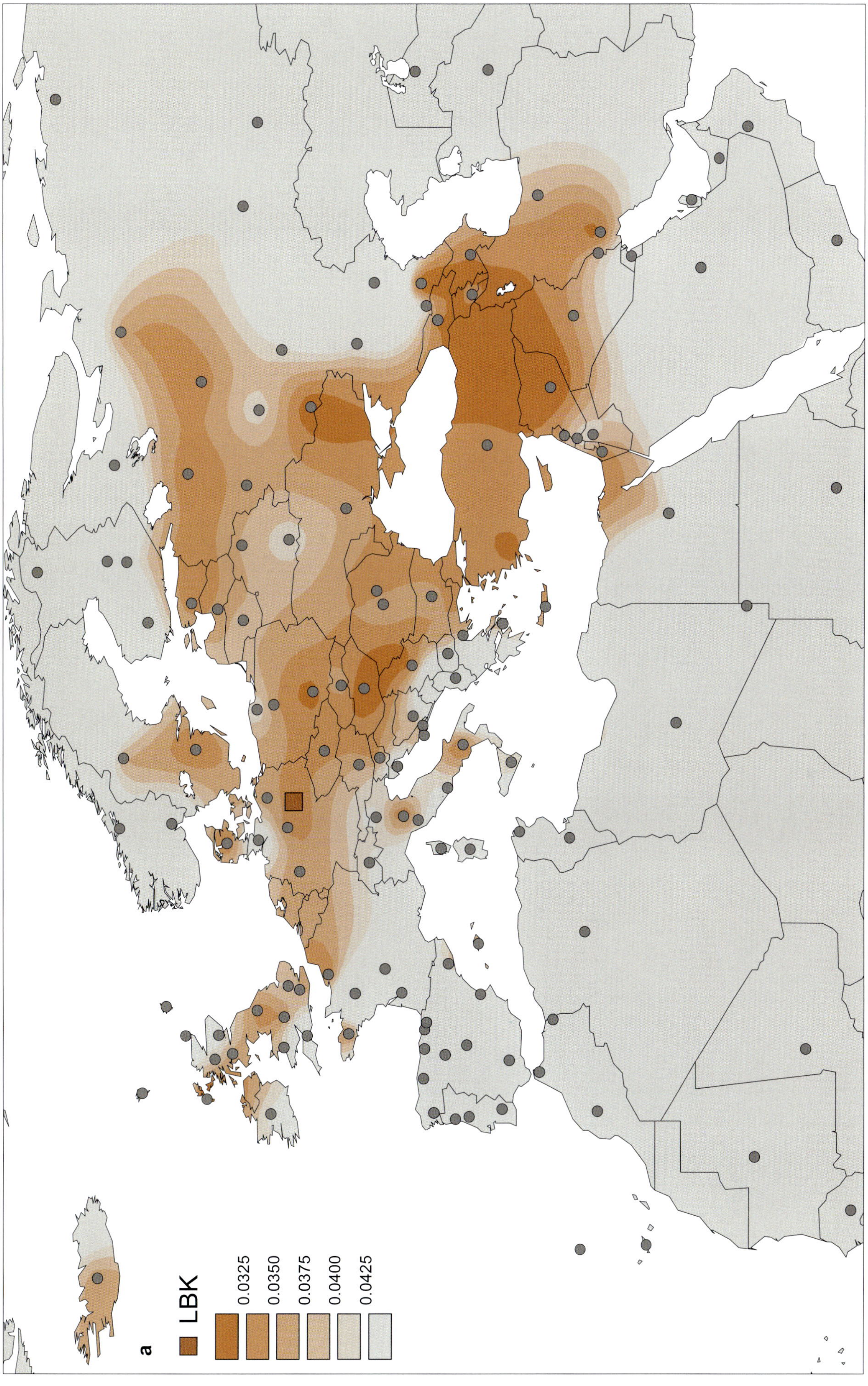

7 ERGEBNISSE   163

Abb. 7.16a Genetische Distanzkarten mit rezenten Vergleichsdaten

a | LBK | 0.0325 | 0.0350 | 0.0375 | 0.0400 | 0.0425

164 BESTÄNDIG IST NUR DER WANDEL!

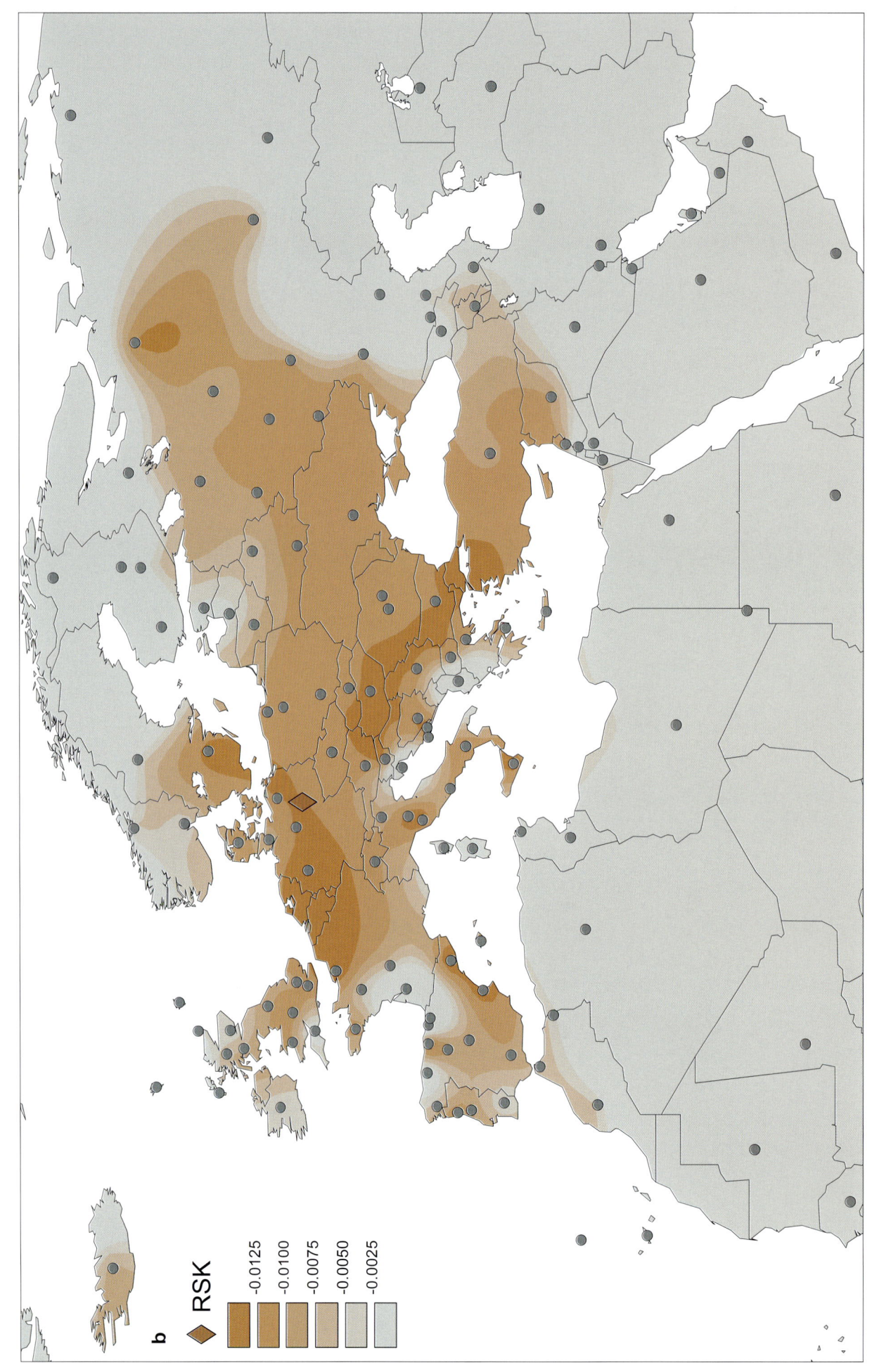

Abb. 7.16b Genetische Distanzkarten mit rezenten Vergleichsdaten

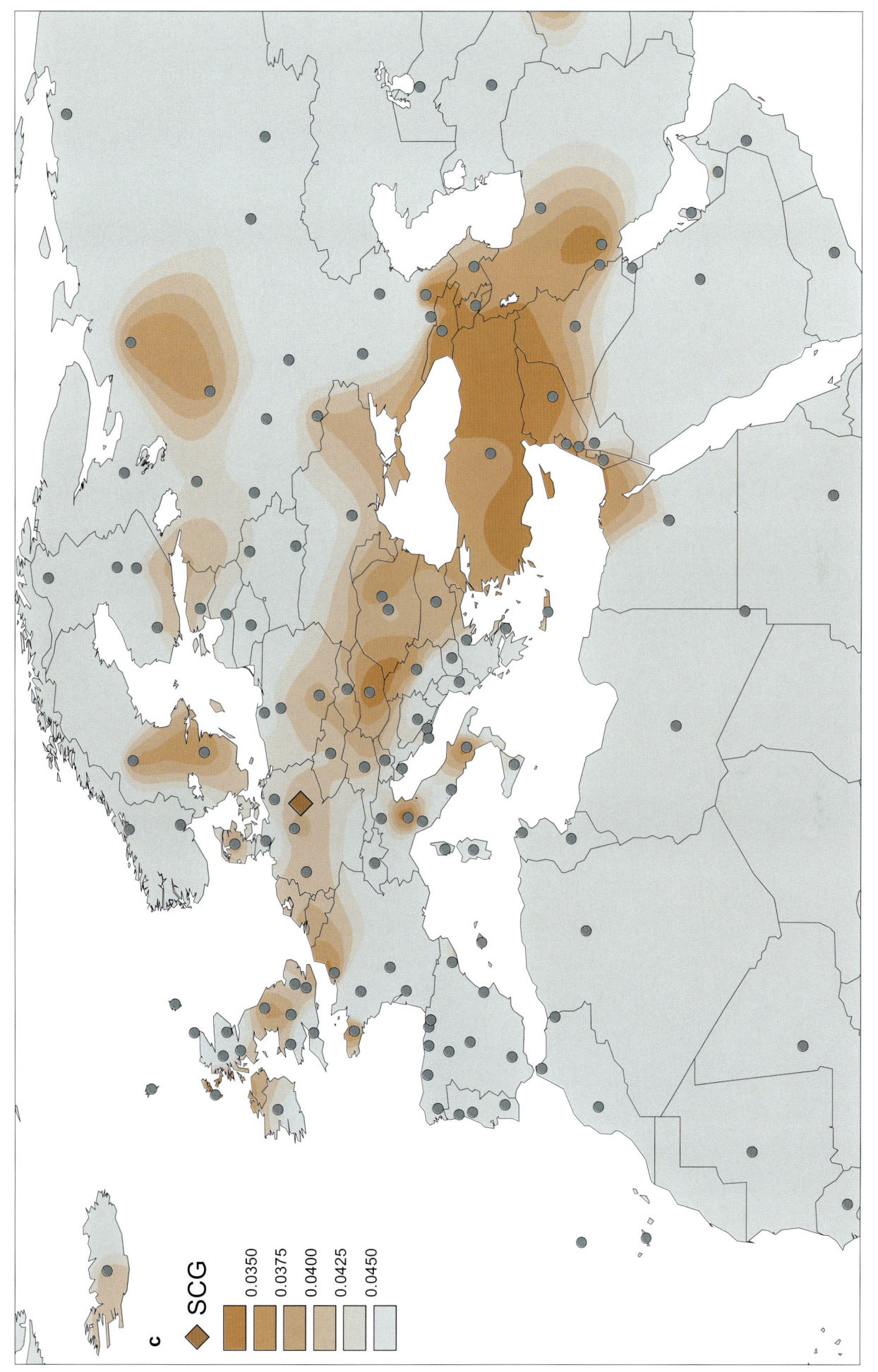

Abb. 7.16c Genetische Distanzkarten mit rezenten Vergleichsdaten

166 BESTÄNDIG IST NUR DER WANDEL!

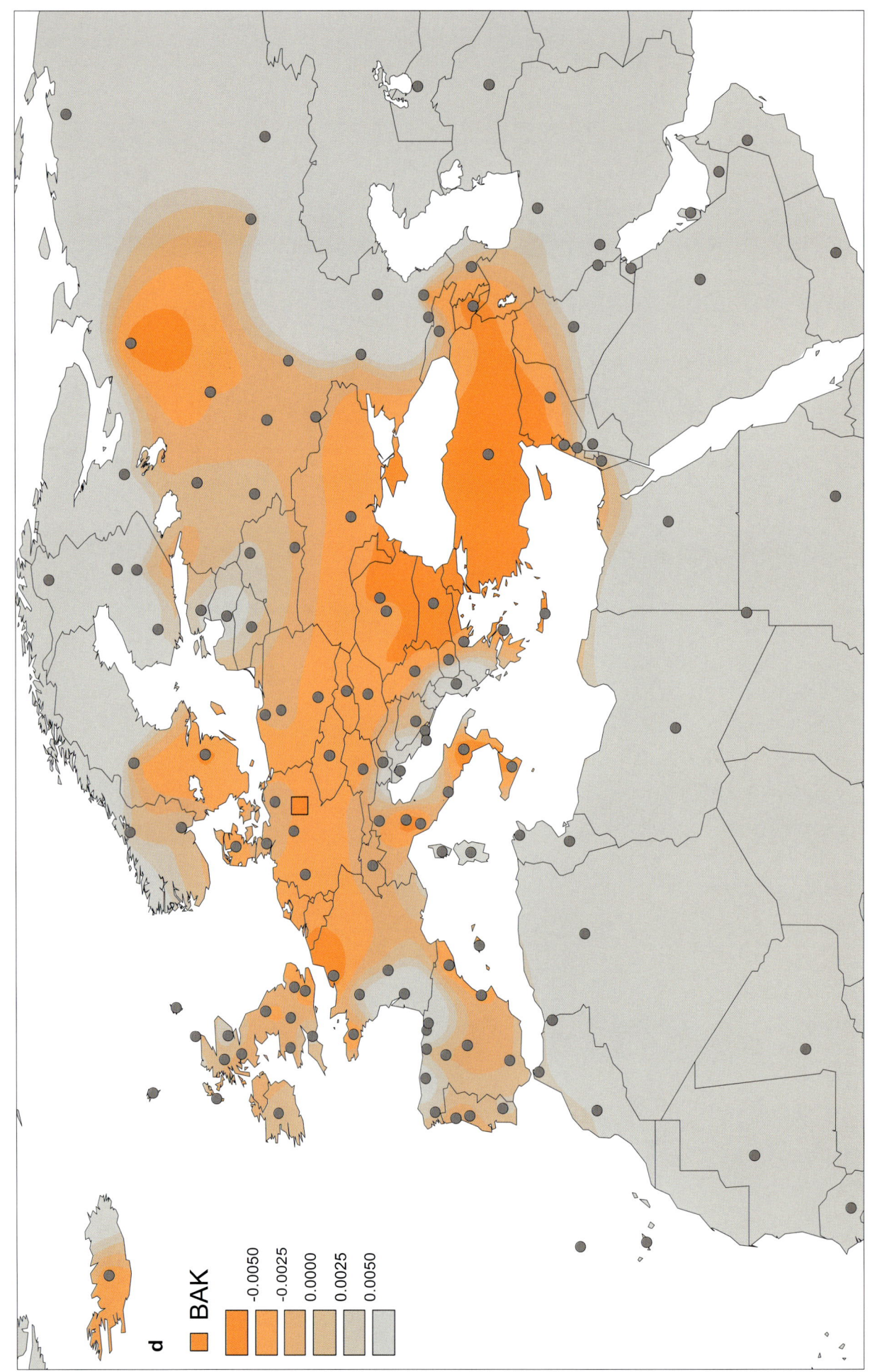

Abb. 7.16d Genetische Distanzkarten mit rezenten Vergleichsdaten

d BAK | −0.0050 | −0.0025 | 0.0000 | 0.0025 | 0.0050

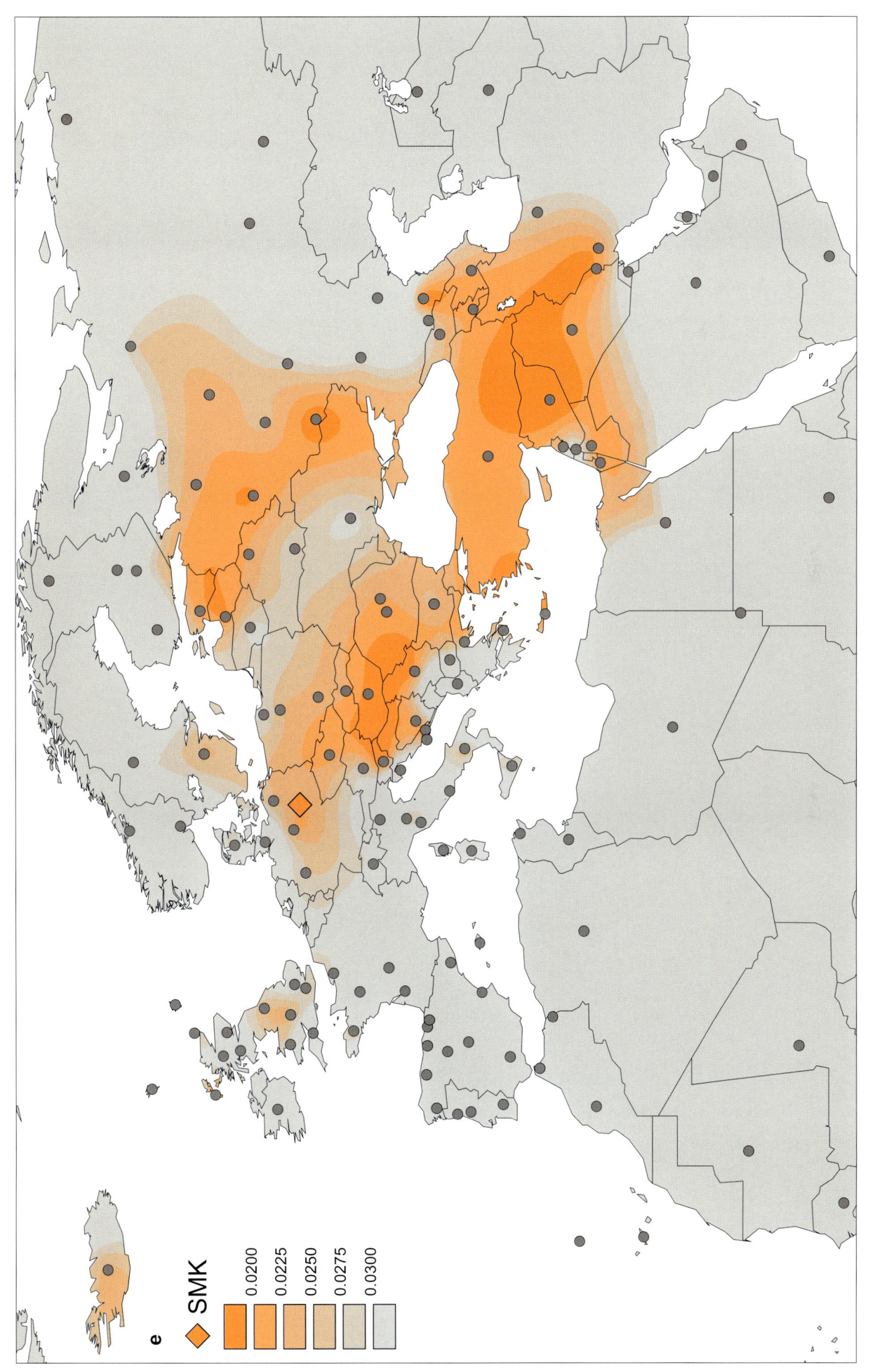

Abb. 7.16e Genetische Distanzkarten mit rezenten Vergleichsdaten

168 BESTÄNDIG IST NUR DER WANDEL!

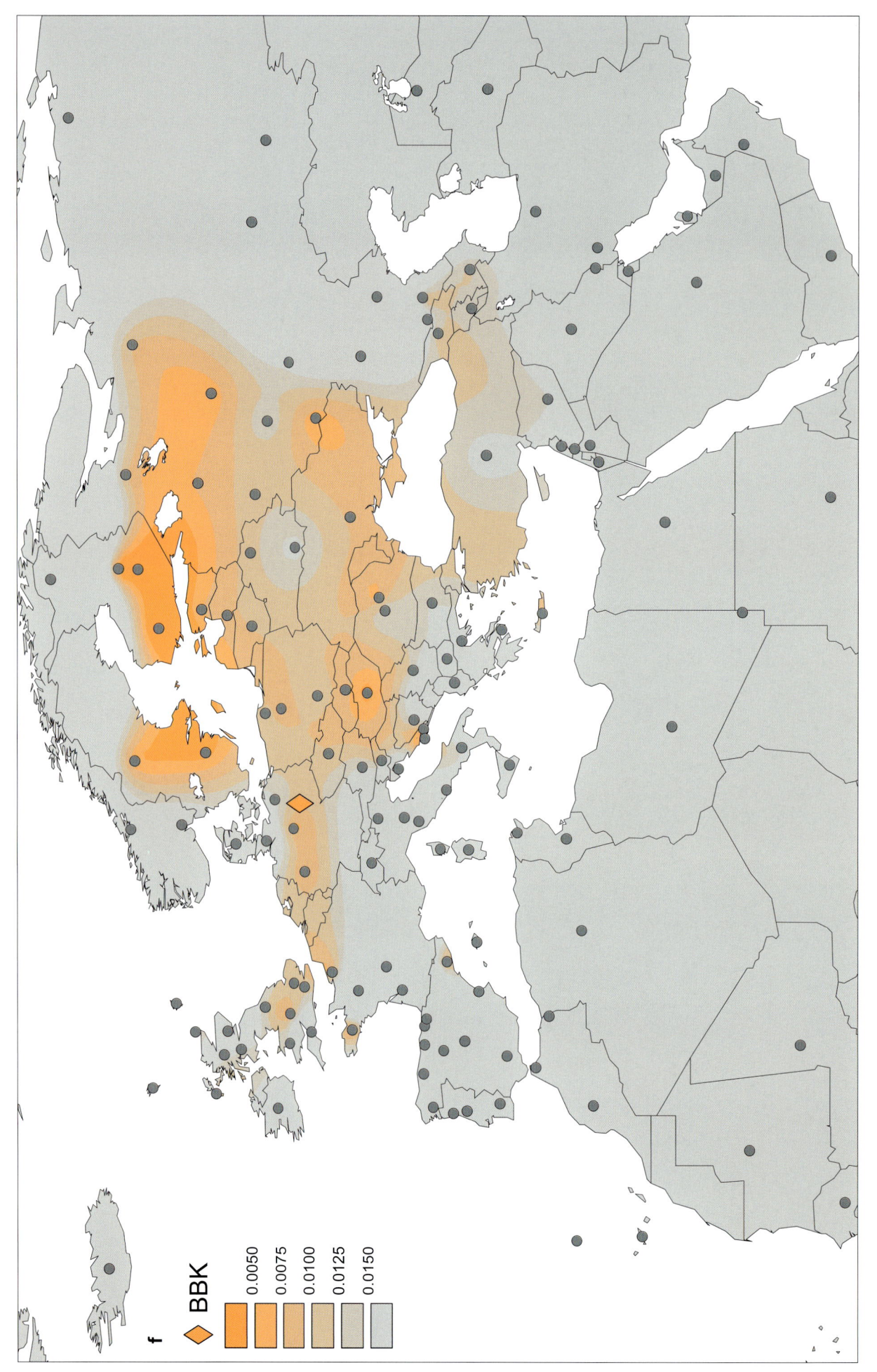

Abb. 7.16f Genetische Distanzkarten mit rezenten Vergleichsdaten

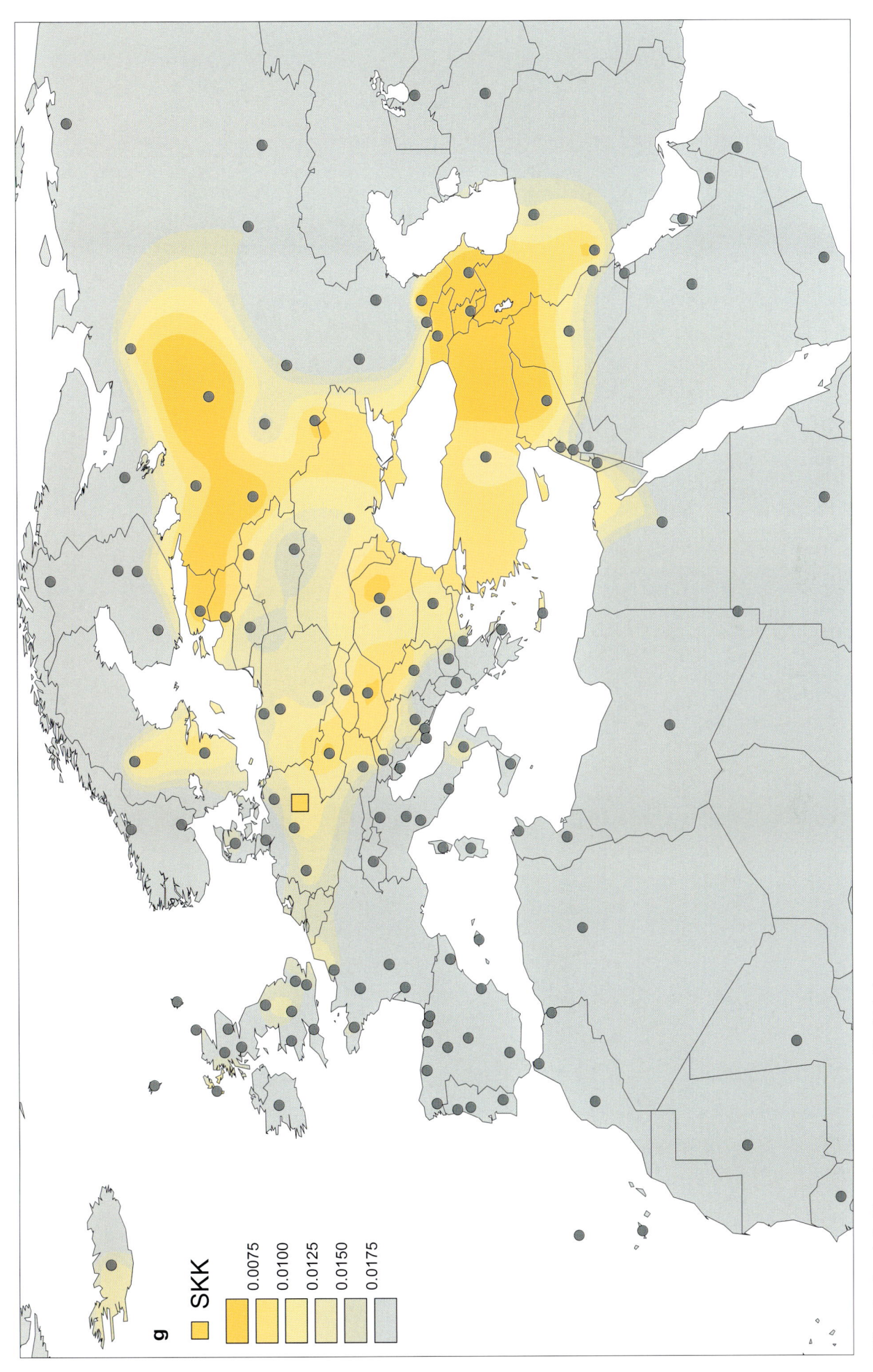

Abb. 7.16g Genetische Distanzkarten mit rezenten Vergleichsdaten

170 BESTÄNDIG IST NUR DER WANDEL!

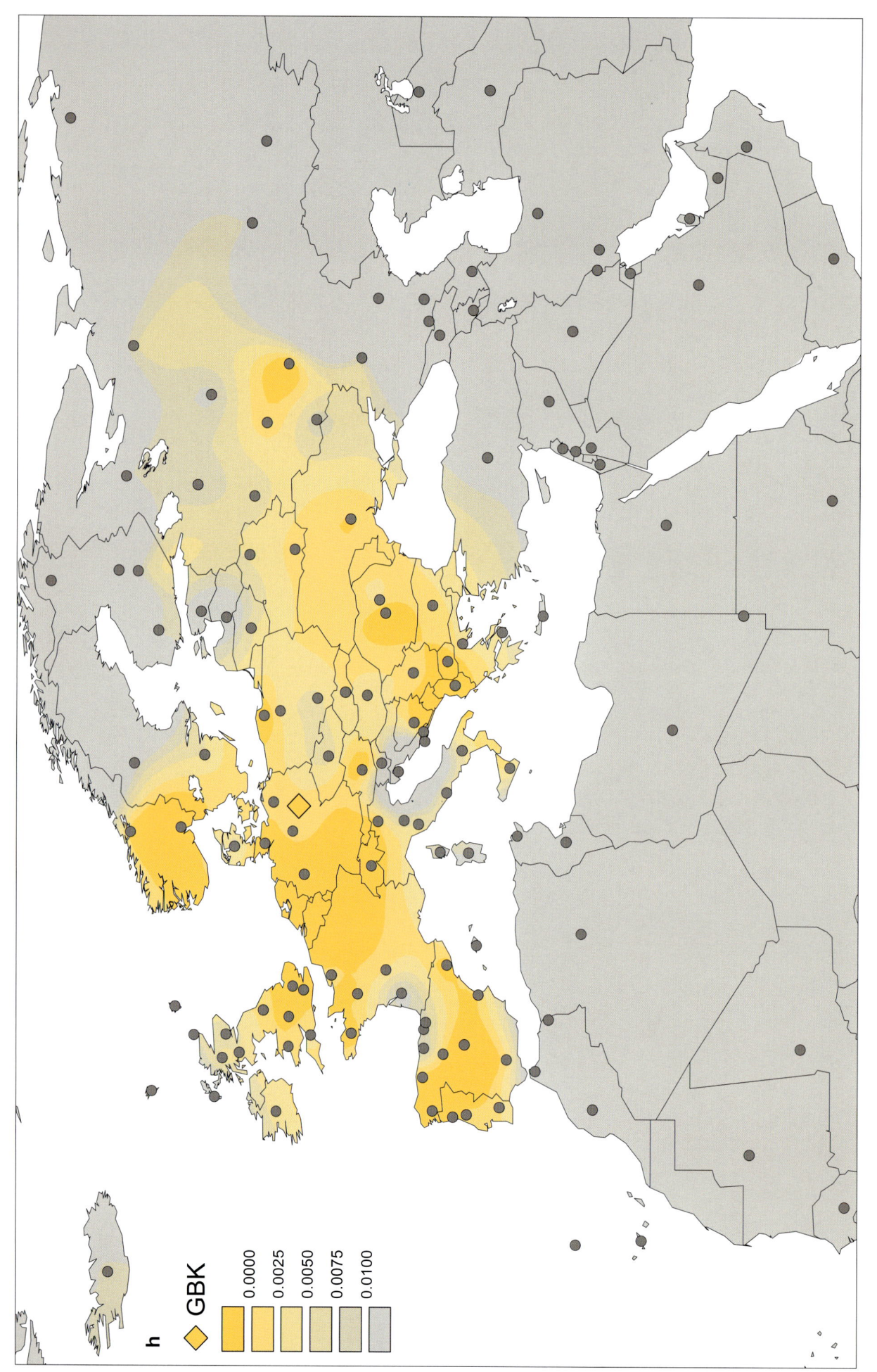

Abb. 7.16h Genetische Distanzkarten mit rezenten Vergleichsdaten

7 ERGEBNISSE 171

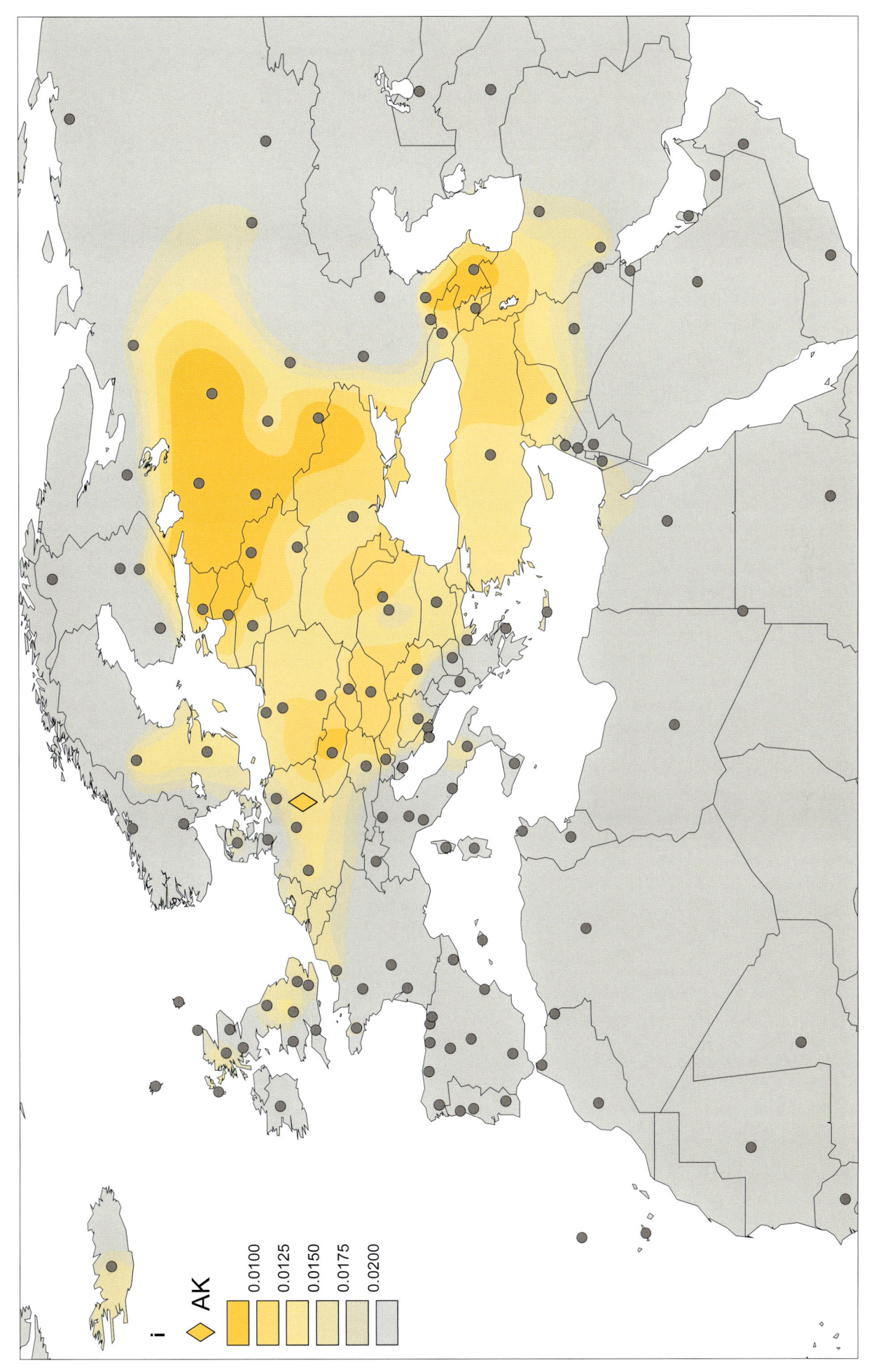

Abb. 7.16i Genetische Distanzkarten mit rezenten Vergleichsdaten

8 Diskussion

8.1 Diskussion der molekulargenetischen Ergebnisse

8.1.1 Authentizität der Ergebnisse

Die Gefahr, prähistorisches Probenmaterial mit moderner humaner DNA zu kontaminieren, war und ist die größte Problematik der Paläogenetik. Um durch Kontaminationen verursachte falsch positive Ergebnisse erkennen und die Authentizität endogener aDNA evaluieren zu können, wurden zahlreiche Kriterien etabliert[100]. Allerdings können Kontaminationen selbst bei Beachtung aller Authentifizierungskriterien niemals vollkommen ausgeschlossen werden (Pääbo u. a. 2004). Daher ist es umso wichtiger, dass die Ergebnisse humaner aDNA-Analysen mittels multipler unabhängiger Experimente evaluiert werden, die in einem logischen Zusammenhang stehen und die Bewertung der Authentizitätswahrscheinlichkeit gewährleisten (Gilbert u. a. 2005a). Im Folgenden werden Kriterien diskutiert, die ihre Anwendung entweder auf einzelne Individualdaten oder auf den gesamten Datensatz fanden und eine »Beweiskette« darlegen, dass die Ergebnisse dieser Studie authentisch sind und aus endogener DNA erzeugt wurden.

1. Alle Proben wurden unter kontaminationsvermeidenden Bedingungen genommen (Kap. 5.3). Sofern möglich, wurden die prähistorischen Individuen direkt auf der Ausgrabung in situ beprobt. In den übrigen Fällen wurden ausschließlich Fundplätze ausgewählt, deren Ausgrabung nicht länger als 10–15 Jahre zurücklag, um den Effekt postmortaler DNA-Degradierung durch ungeeignete Lagerung zu reduzieren (Kap. 5.3). Letztere kann zu einem erheblichen Abfall des DNA-Gehalts bei simultanem Anstieg der Hintergrundkontaminationen führen. Sofern möglich, wurde das Skelettmaterial nicht bearbeitet, gewaschen oder anderweitig behandelt, bevor die DNA-Proben genommen wurden.
2. Die paläogenetische Bearbeitung des Probenmaterials wurde von zahlreichen Maßnahmen zur Kontaminationsvermeidung im Prä-PCR-Labor begleitet, um *carry-over-*, *cross-over-* und Bearbeiterkontaminationen zu vermeiden (Kap. 6.1.1).
3. Die Authentizität der Daten ist durch mehrfache unabhängige Analysen zahlreicher mitochondrialer Loci (HVS-I, HVS-II, 22 *coding-region*-Polymorphismen; Kap. 6.1.4 u. 6.1.7) belegt, die ausnahmslos in ihren Ergebnissen übereinstimmen.
4. Alle Sequenz- und SNP-Daten wurden aus mindestens zwei unabhängigen Proben/Extrakten von anatomisch unterschiedlichen Skelettelementen repliziert und rekonstruiert (Kap. 6.1.8).
5. Alle Sequenz- und SNP-Daten wurden durch multiple Amplifikationen aus mehreren Extrakten reproduziert (Kap. 6.1.8).
6. Die HVS-I- und HVS-II-Sequenzen wurden durch verschiedene überlappende Amplikons amplifiziert (Kap. 6.1.4), durch die in allen Fällen lückenlose und zusammenhängende Konsensussequenzen erzeugt werden konnten. Darüber hinaus enthalten die überlappenden Bereiche der Primersysteme zahlreiche Positionen, an denen häufig Polymorphismen mit phylogenetischer Relevanz auftreten. Diese Sequenzierstrategie führte zu einer 4- bis 6-fachen Detektionsredundanz der Polymorphismen in den überlappenden und 2- bis 3-facher Detektionsredundanz in den nicht überlappenden Bereichen (Kap. 6.1.8).
7. Um das Ausmaß postmortaler DNA-Degradierung und Kontamination abschätzen zu können, wurden entweder alle oder ausgewählte PCR-Produkte eines Individuums kloniert und 4–8 Klone pro PCR-Produkt sequenziert (Kap. 6.1.8).
8. In den Sequenzen und Klonen der PCR-Produkte konnten durch postmortale DNA-Schäden verursachte, charakteristische Substitutionen beobachtet werden (überwiegend C>T und G>A), die im Allgemeinen aber weder konsistent noch reproduzierbar waren und somit von authentischen Polymorphismen unterschieden werden konnten.
9. Die reproduzierten HVS-I- und HVS-II-Konsensussequenzen konnten ausnahmslos in die bestehende mtDNA-Phylogenie eingeordnet werden und zeigten in den meisten Fällen Haplotypenäquivalente in prähistorischen und rezenten Populationen.
10. Die phylogenetische Klassifizierung der *coding-region*-Polymorphismen war ausnahmslos konsistent mit denen der Sequenzdaten und führte in allen Fällen zu einer eindeutigen Haplogruppenbestimmung, teilweise bis auf ein differenziertes Subhaplogruppenniveau (Tab. 11.2–11.3).
11. Bezogen auf den kompletten MESG-Datensatz zeigten Individuen eines Fundplatzes in der Regel einen vergleichbaren Amplifikationserfolg, der in den meisten Fällen bei 70–100 % liegt (Kap. 7.1.1). Nur in wenigen Ausnahmen wurden geringere Amplifikationsraten von <50 % erreicht. Diese sind vermutlich durch fundplatz-

---

[100] Hofreiter u. a. 2001; Pääbo u. a. 2004; Gilbert u. a. 2005a; Willerslev/Cooper 2005; Kap. 3.3.4.

spezifische Bedingungen des Liegemilieus erklärbar, die sich negativ auf den Erhaltungszustand des Probenmaterials ausgewirkt haben. Ein derartiges Muster wäre nicht erkennbar, wenn die Ergebnisse das Resultat einer laborinternen Hintergrundkontamination wären.

12. Bearbeiter, die mit dem Probenmaterial in Kontakt kamen, wurden typisiert und mit den erzeugten MESG-Daten abgeglichen (Kap. 7.1.2). Die paläogenetischen Analysen wurden überwiegend durch zwei Hauptbearbeiter durchgeführt, deren mitochondriale Profile eindeutig von allen reproduzierten Individuen abweichen und die somit als potenzielle Kontaminationsquelle ausgeschlossen werden können. Alle anderen Bearbeiter hatten nur begrenzten Zugang zum Probenmaterial. Insgesamt stimmen von 28 typisierten Bearbeitern nur zwei mit Individuen überein, die von ihnen bearbeitet wurden. Beide Bearbeiter entsprechen auf den analysierten Sequenzbereichen der rCRS einem Sequenzmotiv, das äußerst häufig in rezenten und prähistorischen Populationen zu finden ist. Daher ist unter Berücksichtigung der beschriebenen Reproduktionsstrategien eine Beeinflussung der betroffenen Individualdaten durch Bearbeiterkontaminationen als unwahrscheinlich einzuschätzen.

13. Die Kontaminationsrate der im Rahmen dieser Arbeit generierten Daten liegt bei 7,3 % (Kap. 7.1.3). Für den Großteil der Leerkontrollen kann ein potenzieller Einfluss auf das Probenmaterial anhand abweichender Sequenzmotive eindeutig ausgeschlossen werden (Tab. 7.3). Ein geringer Teil stimmt zwar mit Sequenzdaten parallel analysierter Proben überein (vornehmlich rCRS-Motive), eine falsch positive Beeinflussung der Individualergebnisse durch kontaminierende Linien in den Leerkontrollen ist aufgrund der Multilocus-Analysen und der unabhängigen Reproduktion jedoch als unwahrscheinlich zu bewerten.

14. Anhand der mtDNA-Variabilität der einzelnen Kulturdatensätze des MESG sind Affinitäten zu anderen prähistorischen oder rezenten Populationen feststellbar, die mit früheren Studien übereinstimmen und/oder anhand archäologischer Hypothesen erklärbar sind (Kap. 8.2.1–8.2.8).

15. Das bedeutendste Argument für die Authentizität der erhobenen Daten ist jedoch die unabhängige Reproduktion der Gesamtergebnisse durch zwei eigenständige paläogenetische Labore (IfA und ACAD). In beiden Institutionen wurden unabhängige chronologische Datensätze erzeugt, deren Resultate in Bezug auf Haplotypen und Haplogruppenzusammensetzung der untersuchten Kulturen weitestgehend übereinstimmt.

Zusammenfassend kann eine systematische Kontamination einer oder mehrerer Proben, die zu falsch positiven Ergebnissen geführt haben könnten, zwar nicht vollkommen ausgeschlossen werden; aufgrund der hier dargelegten Punkte erscheint diese Möglichkeit jedoch als äußerst unwahrscheinlich.

8.2 Diskussion der populationsgenetischen Ergebnisse

Durch umfangreiche populationsgenetische Methoden wurden die mitochondrialen Ergebnisse mittels unterschiedlicher haplotypen- und haplogruppenbasierter populationsgenetischer Verfahren mehrfach unabhängig bestätigt. Diese Resultate ermöglichen in Kombination mit den Vergleichsdaten die Rekonstruktion mehrerer prähistorischer populationsdynamischer Ereignisse, welche die genetische Zusammensetzung Zentraleuropas während des Neolithikums maßgeblich beeinflussten. In den folgenden Kapiteln werden die gewonnenen Ergebnisse nicht nur vor dem Hintergrund archäologischer, paläogenetischer und populationsgenetischer Hypothesen und Modelle diskutiert, sondern auch mit Ergebnissen aus Forschungsdisziplinen wie Linguistik, Demografie und Paläoklimatologie verglichen. Dabei werden neben den mitochondrialen auch verfügbare Y-chromosomale und autosomale aDNA-Daten miteinbezogen. Die Synthese aller verfügbaren Daten ermöglichte die Entwicklung eines Besiedelungsmodells während des Neolithikums und der Frühbronzezeit mit paneuropäischer Bedeutung, das in den nachfolgenden Kapiteln ausführlich beschrieben und diskutiert wird.

8.2.1 Die genetische Diversität im europäischen Mesolithikum

Um den Neolithisierungsprozess in Europa und insbesondere dessen genetische Hintergründe zu rekonstruieren, ist es von Bedeutung, die zugrunde liegende mitochondriale Variabilität zur Zeit des Spätmesolithikums (das mesolithische Grundsubstrat) zu kennen und zu diskutieren. Die derzeit verfügbaren Daten basieren überwiegend auf mitochondrialer DNA, aber auch auf den ersten Ergebnissen Y-chromosomaler und autosomaler DNA-Studien.

Bislang enthält die paläogenetische Literatur 83 mtDNA-Sequenzen von 32 unterschiedlichen Fundplätzen wildbeuterisch lebender Gemeinschaften aus Zentral-, Nord-, Ost- und Südwesteuropa[101]. Einige dieser Daten sind allerdings mit Wildbeuterpopulationen assoziiert, die kontemporär mit neolithischen Kulturen in Nachbarregionen lebten, sodass ein Einfluss neolithischer Gemeinschaften auf diese Jäger-Sammler-Gruppen nicht ausgeschlossen werden kann. Dazu zählen die *Pitted-Ware*-Kultur von der Insel Gotland (Malmström u. a. 2009; Skoglund u. a. 2012) und der Fundplatz Ostorf in Norddeutschland (Bramanti u. a. 2009), die beide mit der Trichterbecherkultur in deren Verbreitungsgebiet koexistierten (Kap. 3.3.5.2 u. 3.3.5.3). Die verbleibenden 57 mesolithischen Daten zeigen deutlich eine präneolithische Haplogruppenstruktur, die vor allem durch

---

[101] Caramelli u. a. 2003; Chandler 2003; Chandler u. a. 2005; Bramanti u. a. 2009; Malmström u. a. 2009; Krause u. a. 2010b; Hervella 2010; Hervella u. a. 2012; Sánchez-Quinto u. a. 2012; Skoglund u. a. 2012; Bollongino u. a. 2013; Der Sarkissian u. a. 2013; Fu u. a. 2013; Olalde u. a. 2014; Lazaridis u. a. 2013; Kap. 3.3.5.1–3.3.5.6 u. 6.2.1.2; Abb. 6.5; Tab. 6.6.

Haplogruppe U und deren Subgruppen U2, U4, U5a, U5b und U8 charakterisiert ist[102]. Die Präsenz und hohe Frequenz von U-Subhaplogruppen in allen europäischen Jäger-Sammler-Gruppen führt in der PCA zu einer deutlichen Separierung entlang der ersten und zweiten Hauptkomponente von den meisten neolithischen und bronzezeitlichen Kulturen (Kap. 7.2.2.2; Abb. 7.10), in denen die Häufigkeit von U generell geringer ist. Bei der Clusteranalyse induzieren diese Unterschiede die Formierung eines eigenständigen Clusters, das sich vom überwiegenden Teil früh-/mitteleolithischer Kulturen trennt (Kap. 7.2.2.1; Abb. 7.9). Haplogruppe U kann also generell als ein gemeinsames genetisches Substrat während des Paläo-/Mesolithikums in Europa angesehen werden. Die weite geografische Verbreitung von U während des Paläo-/Mesolithikums, die sich von Fundorten in Portugal (Chandler 2003; Chandler u. a. 2005) und dem nordspanischen Fundplatz La Braña (Sánchez-Quinto u. a. 2012; Olalde u. a. 2014) im Westen bis zu den Fundorten Yuzhnyy Oleni Ostrov im Norden Kareliens (Der Sarkissian u. a. 2013) und Kostenki im Südwesten Russlands (Krause u. a. 2010b) erstreckt (Abb. 6.5), ist bemerkenswert und deutet auf eine relativ geringe Populationsgröße von Jäger-Sammler-Gruppen hin. Basierend auf der U-Variabilität und deren Koaleszenzzeiten in rezenten Bevölkerungen Westeurasiens haben populationsgenetische Studien einen Ursprung dieser Haplogruppe im Nahen Osten und eine Verbreitung über Europa im Spätpaläolithikum postuliert (~43 000 BC; Richards u. a. 2000; Kap. 3.2.6.2). Daher scheint es durchaus plausibel, dass U und deren Subgruppen den größten Anteil der paläo-/mesolithischen Variabilität innerhalb Europas abdeckten.

Trotz der augenscheinlich homogenen U-Variabilität lassen die mtDNA-Profile der geografisch dislozierten Wildbeuter auch gravierende Unterschiede in Häufigkeit oder Präsenz bestimmter Haplogruppen erkennen, die eine Separierung der Jäger-Sammler-Gruppen in PCA und Clusteranalyse induzieren (Kap. 7.2.2.1–7.2.2.2; Abb. 7.9–7.10). Diese Unterschiede unterstützen zunehmend eine mesolithische Populationsstruktur in Eurasien, die möglicherweise die genetische Signatur demografischer Prozesse während des Neolithikums beeinflusste und somit einen genaueren Blick auf die bisherigen Daten verlangt.

Malyarchuk und Kollegen untersuchten die rezente Verteilung der Subhaplogruppen U5a und U5b und beschrieben unterschiedliche Ursprünge für U5b in westlichen und U5a in östlichen Refugien während des letzten glazialen Maximums (Malyarchuk u. a. 2010a; Kap. 3.2.6.3). Diese Erkenntnisse stimmen mit Studien überein, die eine Expansion der U5b-Subhaplogruppen U5b1b (Achilli u. a. 2005) und U5b3 (Pala u. a. 2009) aus dem franko-kantabrischen bzw. dem norditalienischen Refugium vermuten und somit einen Ursprung von U5b in den südwestlichen Regionen Europas unterstützten. Obgleich die noch immer begrenzte Anzahl verfügbarer paläo-/mesolithischer aDNA-Daten keine endgültigen Schlüsse zulässt, scheint sich die Hypothese einer differenzierten Struktur der Wildbeuterpopulationen zu bestätigen, die höhere Frequenzen von U5b im Südwesten[103] und U5a im Nordosten[104] sowie eine gemischte Zusammensetzung in Zentraleuropa (Bramanti u. a. 2009; Bollongino u. a. 2013; Fu u. a. 2013) aufweist (Kap. 3.3.5.2–3.3.5.5 u. 7.2.2.2; Abb. 7.10). Analog ist Haplogruppe U4, die heutzutage am häufigsten in Populationen des Baltikums zu finden ist und mit einem Ursprung im glazialen Refugium Osteuropas in Verbindung gebracht wurde (Malyarchuk u. a. 2008a; Kap. 3.2.6.3), häufiger in zentral- und nordosteuropäischen Jäger-Sammlern detektiert worden[105]. Obwohl rezentgenetische Studien bislang keine Hypothesen zu Ursprung und Verbreitung von Haplogruppe U2 in Europa formuliert haben, scheint anhand der aDNA-Daten die U2-Verteilung ebenfalls auf eine östlich geprägte Populationsgeschichte hinzuweisen. Haplogruppe U2 wurde nicht nur in einem paläolithischen Individuum vom Fundplatz Kostenki identifiziert (Krause u. a. 2010) – wodurch die Anwesenheit dieser Haplogruppe in dieser Region seit dem letzten glazialen Maximum belegt wird –, sondern auch in hoher Frequenz an mesolithischen Fundplätzen der Karelischen Republik (Der Sarkissian u. a. 2013) und Südschwedens (Lazaridis u. a. 2013) nachgewiesen, während sie in Zentraleuropa nur selten (Bollongino u. a. 2013) und in Südwesteuropa bislang gar nicht belegt ist[106]. Es ist daher zu vermuten, dass U2 – analog zu U4 und U5a – häufiger in mesolithischen Gemeinschaften Nordost- und Osteuropas als in Zentral- und Südwesteuropa vertreten war (Kap. 3.3.5.2–3.3.5.5 u. 7.2.2.2; Abb. 7.10).

Diese Bild gewinnt durch die Beobachtung von Linien außerhalb des U-Clusters, die in den peripheren Regionen Südwest- (Haplogruppe H und N*) und Nordosteuropas (Haplogruppe H und C) vorkommen, in Zentraleuropa jedoch nicht vorhanden sind, deutlich an Komplexität. Haplogruppe H wurde mit hohen Frequenzen bei Jäger-Sammlern Portugals (Chandler 2003; Chandler u. a. 2005) und des Baskenlandes (Hervella 2010; Hervella u. a. 2012) sowie bei einem Individuum im Norden Kareliens gefunden (Der Sarkissian u. a. 2013; Kap. 3.3.5.4–3.3.5.5 u. 7.2.2.2; Abb. 7.10), wodurch eine weiträumige und möglicherweise graduelle Verteilung von H während des Mesolithikums in Europa verdeutlicht wird. Dies wird auch durch Ergebnisse rezentgenetischer Studien unterstützt, welche für die Subhaplogruppen H1 und H3, die heutzutage die häufigsten Untergruppen von H in Europa darstellen, einen Ursprung im franko-kantabrischen Refugium vor 13 900–11 100 Jahren und eine postglaziale Expansion über Europa postulieren (Achilli u. a. 2004; Pereira u. a. 2005; Soares u. a. 2010; Kap. 3.2.6.3). Paläo-/mesolithische Daten Südwesteuropas konnten diese Subgruppen allerdings nicht zweifelsfrei bestätigen, da die charakteristischen Polymorphismen auf der

---

102 Chandler 2003; Chandler u. a. 2005; Bramanti u. a. 2009; Krause u. a. 2010b; Hervella 2010; Hervella u. a. 2012; Sánchez-Quinto u. a. 2012; Bollongino u. a. 2013; Der Sarkissian u. a. 2013; Fu u. a. 2013; Olalde u. a. 2014; Lazaridis u. a. 2013.

103 Chandler 2003; Chandler u. a. 2005; Hervella 2010; Hervella u. a. 2012; Sánchez-Quinto u. a. 2012; Olalde u. a. 2014.

104 Bramanti u. a. 2009, Krause u. a. 2010b, Der Sarkissian u. a. 2013, Lazaridis u. a. 2013.

105 Bramanti u. a. 2009; Malmström u. a. 2009; Der Sarkissian u. a. 2013; Lazaridis u. a. 2013; Kap. 3.3.5.2–3.3.5.5 u. 7.2.2.2; Abb. 7.10.

106 Chandler 2003; Chandler u. a. 2005; Hervella 2010; Hervella u. a. 2012; Sánchez-Quinto u. a. 2012; Olalde u. a. 2014.

coding region lokalisiert sind und in den entsprechenden Studien nicht analysiert wurden. Zwei portugiesische Wildbeuter (Chandler 2003; Chandler u. a. 2005) weisen jedoch ein HVS-I-Sequenzmotiv auf, dass sehr wahrscheinlich mit H1 assoziiert werden kann (http://haplogrep.uibk.ac.at, 21.10.2013; Kloss-Brandstätter u. a. 2011). Zudem lassen sich in neolithischen Funden Südwesteuropas, bei verfügbarer *coding-region*-Information, ausnahmslos die Haplogruppen H1 und H3 nachweisen (Lacan u. a. 2011a; Lacan u. a. 2011b). Basierend auf der Hypothese einer graduellen Südwest-Nordost-Verteilung von H während des Mesolithikums scheint es daher nur eine Frage der Zeit zu sein, bis die erste H-Linie von zentraleuropäischen Jäger-Sammlern bekannt wird. Haplogruppe N* wurde in mesolithischen Funden Portugals (Chandler 2003; Chandler u. a. 2005) und einem paläolithischen Individuum Süditaliens identifiziert (Caramelli u. a. 2003), was eine weite Verbreitung während des Paläo-/Mesolithikums in südlicheren Regionen Europas nahelegt. Zudem wurde N* in der frühneolithischen Cardial-Kultur im Nordosten Spaniens nachgewiesen (Kap. 3.3.5.4 u. 7.2.2.2; Abb. 7.10) und repräsentiert dort möglicherweise eine Vermischung lokaler Wildbeuter mit dem Genpool immigrierender Bauernpopulationen (Kap. 8.2.3). Im Gegensatz zu Jäger-Sammler-Gruppen Südwesteuropas sind die Haplogrupen H und N* in osteuropäischen Wildbeutern nur selten vertreten bzw. abwesend. Allerdings findet sich ein erheblicher Anteil der Haplogruppe C (Kap. 3.3.5.5 u. 7.2.2.2; Abb. 7.10), die für asiatische und amerikanische Populationen charakteristisch ist, und einen Eintrag genetischer Linien aus Westsibirien während des Mesolithikums in Osteuropa unterstützt (Der Sarkissian u. a. 2013).

Basierend auf der momentanen Datenlage können die Jäger-Sammler-Gruppen Zentral-, Südwest- und Osteuropas durch unterschiedliche mtDNA-Haplogruppenzusammensetzungen charakterisiert werden (Abb. 8.1). In Zentraleuropa finden sich bisher ausschließlich die Haplogruppe U und deren Subgruppen U4, U5a, U5b, U8 sowie in geringer Frequenz U2, während H, N* und C nicht nachgewiesen sind. Die Präsenz von H, N*, U5b und in geringer Frequenz U4 sowie die Abwesenheit von U2, U5a und C kann derzeit als das genetische Grundsubstrat des südwesteuropäischen Mesolithikums angesehen werden, während osteuropäische Jäger-Sammler durch höhere Frequenzen von U2, U4 und U5a, die Anwesenheit von C, geringe Frequenzen von H und die Abwesenheit von N* und U5b charakterisiert sind.

Interessanterweise unterstützen die wenigen derzeit verfügbaren autosomalen Daten eine Populationsstruktur während des Paläo-/Mesolithikums, die mit den Mustern mitochondrialer DNA gut vereinbar ist. Die verfügbaren Jäger-Sammler-Daten separieren sich nicht nur von der genetischen Diversität neolithischer Bauern, sondern weisen untereinander auch geografische Unterschiede mit konträren West-Ost-Affinitäten auf. Neben einer frühen Bauern-Komponente genomischer DNA können daher auch eine »*western hunter-gatherer component*« und eine »*ancient north eurasian component*« identifiziert werden (Lazaridis u. a. 2013; Kap. 3.3.5.6).

Zusammen mit den autosomalen Daten wurden auch die ersten Y-chromosomalen Daten fünf mesolithischer Individuen von den Fundplätzen Motala in Schweden und Loschbour in Luxemburg veröffentlicht, die ausnahmslos der Haplogruppe I oder der Subgruppe I2 angehören (Lazaridis u. a. 2013; Kap. 3.3.5.6). Trotz der geringen Datenlage scheint sich die Dominanz einer einzelnen Y-chromosomalen Haplogruppe während des Mesolithikums in Europa abzuzeichnen, welche zu der mitochondrialen Haplogruppe U kongruent ist (Abb. 8.1). Diese Ergebnisse stimmen mit populationsgenetischen Studien überein, welche die Präsenz von I seit dem Paläolithikum und eine postglaziale Expansion der Subhaplogruppe I1 aus dem frankokantabrischen sowie von I2 aus einem südosteuropäischen Refugium postulieren (Rootsi u. a. 2004; Peričić u. a. 2005; Karlsson u. a. 2006; Lappalainen u. a. 2009). Allerdings ist die Anzahl verfügbarer aDNA derzeit noch zu gering, um Aussagen darüber zu tätigen, ob auch anhand der Y-chromosomalen DNA eine Populationsstruktur im Paläo-/Mesolithikum erkennbar ist.

Zusammengefasst zeichnet sich anhand der verfügbaren mitochondrialen und autosomalen Daten eine komplexe Struktur genetischer Variabilität ab, die sich zur Zeit des Paläo-/Mesolithikums in Europa entwickelt hat. Bei zukünftigen Studien wird es von Bedeutung sein, die Datenlage mesolithischer Gruppen unterschiedlichster Regionen Europas gründlicher zu erfassen. Unterschiede und Gemeinsamkeiten in der mitochondrialen, aber auch der Y-chromosomalen und autosomalen Zusammensetzung zwischen distanzierten Jäger-Sammlern könnten dann detaillierter abgebildet werden. Nichtsdestotrotz ist die sich abzeichnende mesolithische Populationsstruktur für die im Folgenden geführte Diskussion populationsdynamischer Ereignisse während des Neolithikums von fundamentaler Bedeutung, um die mtDNA-Variabilität in späteren Perioden bewerten und differenzieren zu können.

8.2.2 Die frühen Bauern der Linienbandkeramikkultur in Zentraleuropa

In Zentraleuropa ist der elementare Wandel von der wildbeuterischen zur produzierenden Lebensweise mit dem Erscheinen der LBK (5600–4750 cal BC) verbunden (Price 2000; Bogucki/Crabtree 2004; Whittle/Cummings 2007; Kap. 2.2.1; Abb. 2.1). Die populationsgenetischen Analysen der vorgelegten Arbeit zeigen, dass dieser kulturelle Wandel mit dramatischen Veränderungen des mitochondrialen Genpools einhergegangen ist. Anhand der Haplogruppenfrequenzen und auf dem Sequenzniveau zeigen sich signifikante Unterschiede in der mtDNA-Zusammensetzung der LBK und der Wildbeuter Zentraleuropas (Kap. 7.2.1.3–7.2.1.4; Abb. 7.6–7.7). Diese basieren auf einer nahezu komplett unterschiedlichen Haplogruppenzusammensetzung beider Datensätze (Kap. 7.2.1.1; Abb. 7.4) und können nicht allein durch genetische Drift erklärt werden (Bramanti u. a. 2009; Haak u. a. 2010; Brandt u. a. 2013). Die Haplogruppenzusammensetzung der zentraleuropäischen Jäger-Sammler, bestehend aus den Haplogruppen U, U2, U4, U5a, U5b und U8 (Kap. 8.2.1), wird mit Etablierung der Subsistenzwirtschaft in Zentraleuropa durch ein wesentlich heterogeneres mtDNA-Profil abgelöst. Damit geht eine drastische Zunahme der mtDNA-Variabilität einher, die vor allem

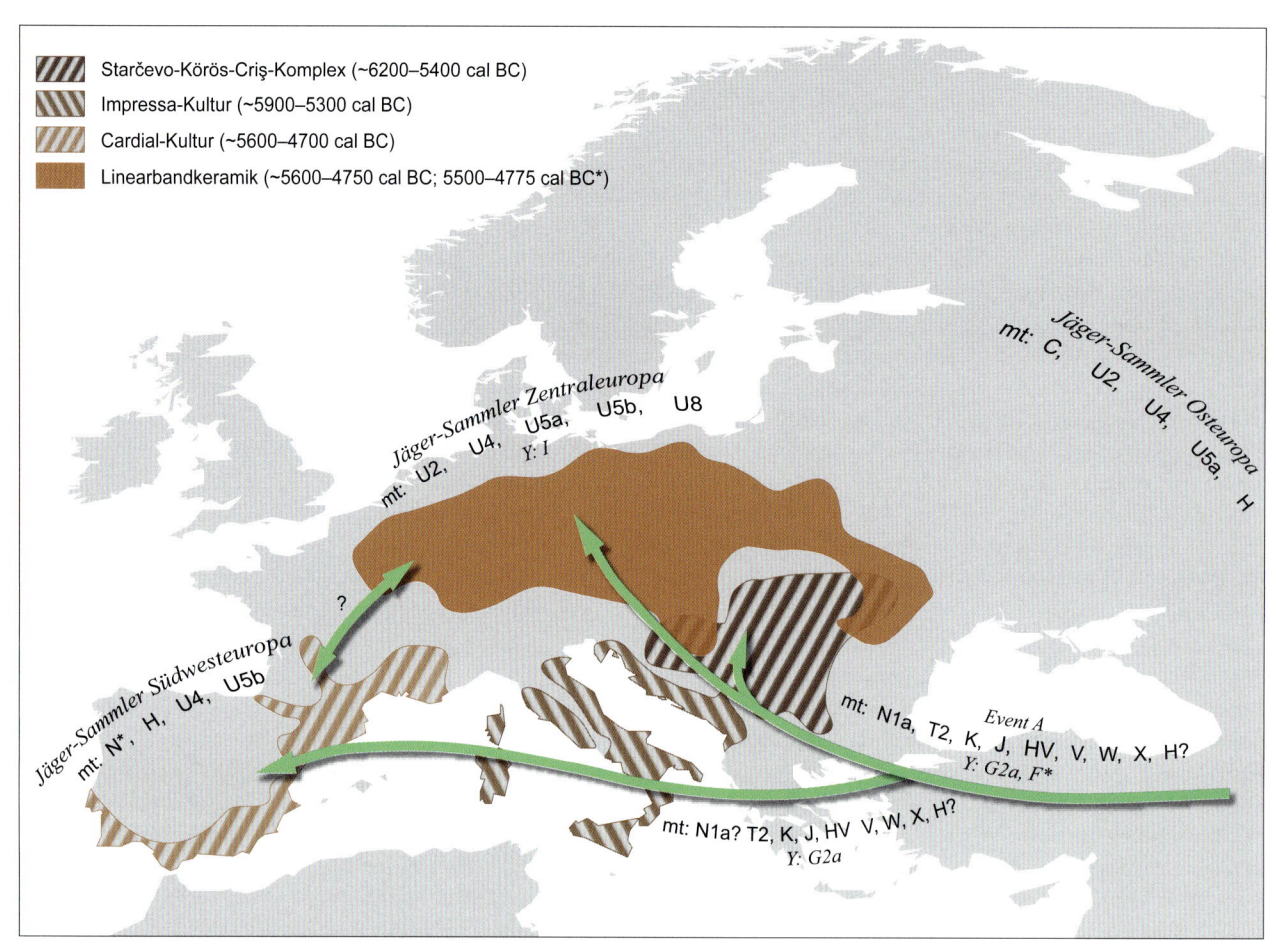

Abb. 8.1 Zusammenfassung der populationsdynamischen Ereignisse während der Neolithisierung (*Event A*)

Die Karte zeigt die geografische Verbreitung frühneolithischer Kulturen während der Neolithisierung. Streifenmuster zeigen Kulturen an, die in der vorliegenden Arbeit nicht schwerpunktmäßig genetisch untersucht wurden. Die Datierung jeder Kultur bezieht sich auf ihr Vorkommen in Europa und/ oder im MESG (*). Grüne Pfeile kennzeichnen die potenzielle geografische Ausbreitung neolithischer Kulturen und die damit assoziierten mtDNA- (mt) und Y-chromosomalen (Y) Haplogruppen. Die mtDNA-Variabilität der autochthonen Jäger-Sammler-Gruppen Zentral-, Südwest- und Osteuropas ist in den jeweiligen Regionen angegeben.

durch den sprunghaften Anstieg der Haplotypen- und Haplogruppendiversität am Übergang Meso-/Neolithikum verdeutlicht wird (Kap. 7.2.1.2; Abb. 7.5). Durch die ASHA konnte in der LBK ein Anteil typischer Jäger-Sammler-Linien von bis zu 2,9 % ermittelt werden, von denen 2 % direkte Übereinstimmungen mit der Wildbeuterpopulation Zentraleuropas aufweisen (Kap. 7.2.2.3; Abb. 7.11a). Die übrigen 98 % wurden in der mesolithischen Stichprobe bislang nicht detektiert. Der Großteil dieser »neuen« Linien (79,4 %) ist mit den Haplogruppen N1a, T2, J, K, HV, V, W und X assoziiert, die anhand der PCA charakteristisch für die LBK sind (Kap. 7.2.2.2; Abb. 7.10). Sie können als mitochondriales *Neolithic package* definiert werden, das sich mit der LBK im 6. Jt. BC in Zentraleuropa etablierte.

Die verbleibenden Linien sind mit den Haplogruppen U5a (1 %), U3 (1 %) und H (17 %) assoziiert (Tab. 7.10a). Während der U5a-Haplotyp als Teil des mesolithischen Grundsubstrats angesehen werden kann, ist dies für U3 derzeit nicht zweifelsfrei erkennbar, da diese Haplogruppe in paläo-/mesolithischen Daten bislang nicht identifiziert wurde (Kap. 8.2.1). Aufgrund der beobachteten U-Variabilität präneolithischer Jäger-Sammler-Gemeinschaften Europas ist dennoch anzunehmen, dass auch U3 im Mesolithikum präsent war (s. u.; Kap. 8.2.4). Die Zuordnung von H

zur mesolithischen oder neolithischen Komponente gestaltet sich hingegen schwieriger. Wie im vorangegangen Kapitel dargelegt, kann anhand der verfügbaren Jäger-Sammler-Daten und der Koaleszenzzeiten rezenter H-Diversität die Präsenz von H – vor allem der Subhaplogruppen H1 und H3 (Kap. 3.2.6.3) – während des Mesolithikums nicht zweifelsfrei ausgeschlossen werden (Kap. 8.2.1). Eine aDNA-Studie, bei der komplette mitochondriale H-Genome von 37 Individuen aus dem MESG sequenziert wurden, verdeutlicht, dass die H-Diversität in Zentraleuropa während des Neolithikums variierte (Brotherton u. a. 2013). Für H muss demnach eine komplexe Populationsgeschichte zugrunde gelegt werden, die eine Entwicklung und Verbreitung im Zuge eines einmaligen Ereignisses weitestgehend ausschließt (Kap. 3.3.5.2). Im Detail zeigten die mitochondrialen Genome, dass drei der neun analysierten LBK-Individuen der Subhaplogruppe H1 angehören, sodass ein gewisser Anteil potenziell mesolithischer H-Linien in der LBK nicht ausgeschlossen werden kann.

Der sprunghafte Wechsel von charakteristischen mtDNA-Elementen der Jäger-Sammler und der frühen Bauern deutet einerseits auf einen erheblichen Eintrag neuer mitochondrialer Linien und andererseits auf einen schnellen Neolithisierungsprozess in Zentraleuropa hin, der anhand von

Radiokohlenstoffdaten auch in der archäologischen Literatur diskutiert wird (Dolukhanov u. a. 2005; Bocquet-Appel 2009). Die konträre mesolithische und neolithische mtDNA-Signatur ist vermutlich das Resultat einer hohen Migrationsrate früher Bauern in die zentraleuropäischen Regionen, durch die der Großteil der mesolithischen Variabilität überlagert wurde. Dieser Zusammenhang stimmt überein mit den Ergebnissen koaleszenzbasierter Simulationsmethoden früherer Studien, die mit Einsetzen der neolithischen Lebensweise in Zentraleuropa sowohl die genetische Diskontinuität zwischen Jäger-Sammlern und frühen Bauern (Bramanti u. a. 2009; Haak u. a. 2010) als auch eine Migrationsrate von 50–75 % unterstützen (Haak u. a. 2010; Kap. 3.3.5.2). Interessanterweise deckt sich die simulierte Migrationsrate gut mit dem Anteil des anhand der ASHA ermittelten *Neolithic package* von 79,4 % in der LBK (Kap. 7.2.2.3; Abb. 7.11a).

Eine hohe Migrationsrate könnte ferner eine Erklärung dafür sein, dass die mtDNA-Zusammensetzung der LBK innerhalb ihres Verbreitungsgebietes relativ homogen ist. Die derzeit verfügbaren LBK-Daten zeigen eine weiträumige Verteilung in Europa (Abb. 6.5), die sich von den Fundplätzen Flomborn, Vaihingen, Schwetzingen und Stuttgart-Mühlhausen in Südwestdeutschland über das MESG in Mitteldeutschland bis zu den Fundorten Vedrovice in der Tschechischen Republik und Asparn-Schletz in Österreich erstreckt. Zwischen den Fundplätzen dieser zum Teil weit voneinander entfernten Regionen können jedoch weder auf der Haplotypen- noch auf der Haplogruppenebene signifikante Unterschiede festgestellt werden (Brandt u. a. 2014b). Offenbar wurden im Zuge der neolithischen Transition weite Regionen Zentraleuropas mit einer relativ homogenen mtDNA-Signatur beeinflusst, welche die bislang bekannte mesolithische Variabilität weitestgehend ersetzte.

Neuere Studien bestätigen anhand Y-chromosomaler und autosomaler Daten die Diskontinuität zwischen Jäger-Sammlern und frühen Bauern. Während mesolithische Funde ausnahmslos die Y-chromosomale Haplogruppe I repräsentieren (Lazaridis u. a. 2013; Kap. 3.3.5.6), die vermutlich parallel zur mitochondrialen Haplogruppe U im europäischen Mesolithikum dominierte (Kap. 8.2.1), weisen früh-/mittelneolithische Individuen neben geringen Frequenzen von I, F* und E1b vor allem die Haplogruppe G2a auf. G2a ist heute eher selten, wurde aber in einem von drei LBK-Individuen (Haak u. a. 2010), 20 von 22 männlichen Individuen der Treilles-Kultur (Lacan u. a. 2011a), fünf von sechs Individuen des Epi-Cardials (Lacan u. a. 2011b) und bei der Eismumie aus dem Ötztal (Keller u. a. 2012; Kap. 3.3.5.2 u. 3.3.5.4) nachgewiesen. Daher kann von einer weiten Verbreitung von G2a während des Neolithikums in Europa ausgegangen werden, während Haplogruppe I als potenziell mesolithisches Element nur sporadisch zu finden ist (Lacan u. a. 2011a) und eventuell ein Signal für die Vermischung von Jäger-Sammlern mit frühen Bauern repräsentiert.

Eine ebenfalls konträre genetische Zusammensetzung von Jäger-Sammlern und frühen Bauern wird anhand der autosomalen Daten beobachtet (Lazaridis u. a. 2013). So bildet ein LBK-Individuum von Stuttgart-Mühlhausen (Lazaridis u. a. 2013) zusammen mit weiteren neolithischen Daten eines Trichterbecher-Individuums aus Südschweden (Skoglund u. a. 2012) und der Gletschermumie (Keller u. a. 2012) ein eigenes Cluster, das sich von allen paläo-/mesolithischen autosomalen Daten abgrenzt. In der Gesamtbetrachtung wurde eine genetische Diskontinuität zwischen Jäger-Sammlern und frühen Bauern mittlerweile mehrfach unabhängig und durch unterschiedlichste genetische Marker verifiziert, sodass ein reines *cultural-diffusion*-Modell (Kap. 2.3) für die Neolithisierung Zentraleuropas ohne genetische Einflüsse von außerhalb ausgeschlossen werden kann.

Der Ursprung der LBK wird in der archäologischen Forschung mit frühneolithischen Kulturen des Karpatenbeckens in Verbindung gebracht. Demzufolge entwickelte sich die früheste LBK in der ersten Hälfte der 6. Jts. BC unter Einflüssen des Starčevo-Körös-Criş-Komplexes (~6000–5400 cal BC) in Transdanubien[108] und breitete sich von dort aus innerhalb von 150 Jahren bis an die westlichen Grenzen am Rhein aus (Dolukhanov u. a. 2005; Kap, 2.1.2 u. 2.2.1; Abb. 2.1–2.2). Die genetische Signatur der LBK lässt sich allerdings anhand von rezenten Referenzdaten noch weiter in südöstlicher Richtung zurückverfolgen. Die umfangreichen Vergleichsanalysen mit heutigen Populationsdaten führten zu konsistenten Ergebnissen, die in Übereinstimmung mit früheren Publikationen (Haak u. a. 2010), einen potenziellen Ursprung des genetischen *Neolithic package* im Nahen Osten, im Kaukasus und in Anatolien unterstützen (Kap. 7.2.3.1–7.2.3.5; Abb. 7.12a-7.16a).

Die Nahost-Affinitäten wurden darüber hinaus auch mithilfe kompletter mitochondrialer Genome der Haplogruppe H nachgewiesen (Brotherton u. a. 2013; Kap. 3.3.5.2). Neben der Subgruppe H1 (s.o.) wurden in dieser Studie bei sechs der neun untersuchten Individuen basale H-Linien identifiziert, die nur ein bis drei Mutationen von der Wurzel der H-Variabilität entfernt sind und heutzutage in Europa selten vorkommen. Diese H-Linien zeigen jedoch Affinitäten zu heutigen Populationen des Nahen Osten, Anatoliens und des Kaukasus, was in Übereinstimmung mit der Aufsplittung von H aus dem HV-Cluster während des Paläolithikums im Nahen Osten steht (Kap. 3.2.5).

Somit unterstützen die genetischen Affinitäten der LBK die weithin akzeptierte Ansicht der Archäologie, dass sich die neolithische Lebensweise im Nahen Osten entwickelte und sich anschließend über die kontinentale Route verbreitete[109].

Zusammenfassend kann die neolithische Transition in Zentraleuropa als ein Migrationsereignis beurteilt werden, das ausgehend vom Nahen Osten weite Regionen Europas mit einer relativ homogenen mtDNA- und möglicherweise auch Y-chromosomalen und autosomalen Signatur beeinflusste. Dabei wurde der überwiegende Teil der mesolithi-

---

107 Sánchez-Quinto u. a. 2012; Skoglund u. a. 2012; Olalde u. a. 2014; Raghavan u. a. 2014; Lazaridis u. a. 2013; Kap. 3.3.5.6.
108 Gronenborn 1999; Bánffy 2000; Price 2000; Bánffy 2004; Whittle/Cummings 2007; Bocquet-Appel u. a. 2009; Oross/Bánffy 2009; Rowley-Conwy 2011.
109 Gronenborn 1999; Bánffy 2000; Price 2000; Zimmermann 2002; Gronenborn 2003; Bogucki/Crabtree 2004; Whittle/Cummings 2007; Rowley-Conwy 2011; Kap. 2.1.2.

schen Diversität überlagert und / oder ersetzt. Die genetische Diskontinuität am Übergang vom Mesolithikum zum Neolithikum stellt daher das erste populationsdynamische Ereignis innerhalb des Neolithikums dar, das im Folgenden als *Event A* definiert wird (~5500 cal BC; Brandt u. a. 2013; Abb. 8.1).

8.2.3 Die Verbreitung der Landwirtschaft nach Südwesteuropa über die mediterrane Route

Zeitgleich mit der neolithischen Expansion der sesshaften Lebensweise über die Kontinentalroute verbreitete sich das Neolithikum ausgehend vom Fruchtbaren Halbmond nach Südwesteuropa über eine Route entlang der nördlichen Mittelmeerküsten der Ägäis sowie des Tyrrhenischen und Ligurischen Meeres. Von Südostfrankreich und Katalonien expandierte das Neolithikum einerseits landeinwärts entlang großer Flusssysteme wie Rhone, Tagus und Ebro und andererseits entlang der spanischen Mittelmeerküste nach Portugal (Price 2000; Gronenborn 2003; van Willigen 2006; Rowley-Conwy 2011). Das früheste Neolithikum in Südwesteuropa ist durch die Cardial-Kultur (~5600–4700 cal BC) repräsentiert, die sich in der Mitte des 6. Jts. BC – also etwa zeitgleich mit der LBK in Zentraleuropa (Kap. 2.1.2) – in Südostfrankreich und Nordostspanien entwickelte[110]. Ab der Mitte des 6. Jts. BC sind frühneolithische Funde im Ebro-Tal und in Portugal nachgewiesen, die eine schnelle Ausbreitung aus den Kerngebieten in Katalonien und Südostfrankreich vermuten lassen (Zilhão 2001; Zapata u. a. 2004; Whittle / Cummings 2007; Rowley-Conwy 2011). Es scheint, als seien die verschiedenen Regionen der Iberischen Halbinsel durch unterschiedlich starke Einflüsse neolithischer und mesolithischer Komponenten repräsentiert und geprägt worden, sodass mittlerweile in der Archäologie weithin akzeptiert ist, dass die Komplexität der neolithischen Transition nicht durch ein simplifiziertes Modell erklärt werden kann, sondern vielmehr differenzierte Prozesse in den unterschiedlichen Regionen angenommen werden müssen (Fernández López de Pablo / Gómez Puche 2009; Schuhmacher / Sanz González de Lema 2013).

In den letzten Jahren wurden zahlreiche paläogenetische Studien veröffentlicht, die Jäger-Sammler- und frühe Bauernpopulationen der Iberischen Halbinsel untersuchten und einen Einblick in die mtDNA-Diversität Südwesteuropas zur Zeit des Mesolithikums und des Neolithikums gewähren[111]. Diese Daten können in Populationen der Atlantik- (Portugal und Baskenland in Nordspanien) und der Mittelmeerküste (Südostfrankreich und Katalonien in Nordostspanien) unterschieden werden.

Die aDNA-Daten der Wildbeuter Portugals und Nordspaniens[112] zeigen im Vergleich zu den zentraleuropäischen Jäger-Sammlern (Bramanti u. a. 2009; Fu u. a. 2013) eine abweichende Haplogruppenzusammensetzung aus N*, H, U4 und U5b, die nach derzeitigem Kenntnisstand als mesolithisches Grundsubstrat Südwesteuropas angesehen werden kann (Kap. 8.2.1). Mit dem Einsetzen des Neolithikums in Südwesteuropa, das durch den (Epi-)Cardial-Datensatz repräsentiert ist (5475–3700 cal BC; Lacan 2011; Lacan u. a. 2011b; Gamba u. a. 2012), bleiben diese Haplogruppen weitestgehend erhalten, werden aber zum Teil in ihrer Frequenz reduziert. Simultan sind weitere Haplogruppen des *Neolithic package* wie T2, K und X zu finden, die charakterisierende Parallelen in Mitteleuropa aufweisen (Kap. 8.2.2 u. 8.2.4). Diese resultieren in einer Gruppierung des (Epi-)Cardials mit den früh-/mittelneolithischen Kulturen Zentraleuropas in der Clusteranalyse (Kap. 7.2.2.1; Abb. 7.9) und PCA (Kap. 7.2.2.2; Abb. 7.10). Allerdings induzieren spezifische maternale Elemente des (Epi-)Cardials eine stärkere Separierung von den früh-/mittelneolithischen Kulturen in der PCA. Dazu zählen vor allem die Abwesenheit von N1a und die Anwesenheit von N*, welche das (Epi-)Cardial stärker mit den ansässigen südlichen Wildbeutern verbindet (Kap. 8.2.1). Generell resultiert die mtDNA-Zusammensetzung des (Epi-)Cardials in einem relativ hohen Anteil von Jäger-Sammler-Linien (11,1–33,3 %), während 55,6 % der Linien als verbindende Elemente mit den früh-/mittelneolithischen MESG-Kulturen interpretiert werden können, von denen 50 % direkte Übereinstimmungen mit der LBK aufweisen (Kap. 7.2.2.3; Abb. 7.11b). Analog zur neolithischen Transition in Zentraleuropa (Kap. 8.2.2) deutet die konträre Entwicklung von Jäger-Sammler- und frühen Bauernlinien zwischen südwesteuropäischen Wildbeutern und dem (Epi-)Cardial auf einen Eintrag neuer mitochondrialer Elemente am Übergang Meso-/Neolithikum hin. Da die Hälfte der mtDNA-Linien des (Epi-)Cardials Äquivalente in der LBK aufweist, kann davon ausgegangen werden, dass die Etablierung der Landwirtschaft in Südwesteuropa mit der Einführung eines mitochondrialen *Neolithic package* assoziiert war, welches Parallelen zum *Event A* in Zentraleuropa aufweist (Kap. 8.2.2). Allerdings spricht der höhere Anteil mesolithischer Linien dafür, dass im Zuge der Neolithisierung das mesolithische Grundsubstrat Südwesteuropas stärker erhalten geblieben ist als in Zentraleuropa. Demnach kann entweder ein bedeutender Anteil von *admixture* zwischen lokalen Wildbeutern und frühneolithischen Populationen oder eine geringere Migrationsrate einwandernder Bauern angenommen werden. Dies wird unterstützt durch die archäologische Forschung zum Neolithisierungsprozess auf der Iberischen Halbinsel, die Kontinuität ohne äußere Einflüsse seit dem Mesolithikum zwar weitestgehend ausschließt (Zilhão u. a. 2001; Bogucki / Crabtree 2004; Whittle / Cummings 2007; Rowley-Conwy 2011), Akkulturationsprozessen aber trotzdem eine gewichtige Rolle beimisst (van Willigen 2006; Whittle / Cummings 2007).

Da Vergleichsanalysen der früh-/mittelneolithischen MESG-Kulturen ausnahmslos Affinitäten zu heutigen Populationen des Nahen Osten unterstützen (Kap. 7.2.3.1–7.2.3.5), ist aufgrund derer Gemeinsamkeiten mit dem (Epi-)Cardial zu vermuten, dass der Ursprung des iberi-

---

110 Zilhão 1997; Zilhão 2001; Price 2000; van Willigen 2006; Whittle / Cummings 2007; Rowley-Conwy 2011.

111 Chandler 2003; Chandler u. a. 2005; Lacan 2011; Lacan u. a. 2011a; Lacan u. a. 2011b; Gamba u. a. 2012; Hervella 2010; Hervella u. a. 2012; Sánchez-Quinto u. a. 2012; Kap. 3.3.5.4 u. 6.2.1.2; Abb. 6.5; Tab. 6.6.

112 Chandler 2003; Chandler u. a. 2005; Hervella 2010; Hervella u. a. 2012; Sánchez-Quinto u. a. 2012; Olalde u. a. 2014.

schen *Neolithic package* ebenfalls im Nahen Osten lokalisiert ist. Dies würde eine Verbreitung über die mediterrane Route unterstützen[113]. In Ansätzen konnte dies anhand mitochondrialer und Y-chromosomaler Daten für die spätere Treilles-Kultur im Südosten Frankreichs gezeigt werden, die eine Verbreitung des Neolithikums entlang der nördlichen Mittelmeerküste unterstützen (Lacan 2011; Lacan u. a. 2011a; Kap. 3.3.5.4). Leider wurden die frühneolithischen Daten des Cardials keiner populationsgenetischen Analyse unterzogen (Gamba u. a. 2012; Kap. 3.3.5.4), sodass Aussagen über einen potenziellen geografischen Ursprung im Nahen Osten bislang letztlich nicht zweifelsfrei belegbar sind.

An der Atlantikküste der Iberischen Halbinsel verlief der Neolithisierungsprozess vermutlich differenzierter als an der mediterranen Küste. Die neolithischen Populationen Portugals (5480–3000 cal BC; Chandler 2003; Chandler u. a. 2005) und des Baskenlandes (5310–3708 cal BC; Hervella 2010; Hervella u. a. 2012) zeigen eine abweichende mtDNA-Zusammensetzung im Vergleich zum (Epi-)Cardial-Datensatz aus dem Nordosten Spaniens. In beiden Datensätzen ist ein wesentlich höherer Anteil von Jäger-Sammler-Linien zu beobachten (Portugal: 41,2–64,7 %, Baskenland: 27,9–55,8 %). Dieser basiert weitestgehend auf den Frequenzen von U5b und H, die bereits in der Wildbeuterpopulation Südwesteuropas zu finden sind (Kap. 8.2.1). Parallel fällt der Anteil des *Neolithic package* verhältnismäßig gering aus (Portugal: 11,8 %, Baskenland: 23,3–30,2 %; Kap. 7.2.2.3; Abb. 7.11b). Die Zusammensetzung beider Populationen bewirkt in der Clusteranalyse und der PCA stärkere Affinitäten zu südwesteuropäischen Wildbeutern (Kap. 7.2.2.1–7.2.2.2; Abb. 7.9–7.10). Es kann also davon ausgegangen werden, dass die Populationen entlang der Atlantikküsten stärker von genetischen Elementen des Paläo-/Mesolithikums geprägt blieben als das Frühneolithikum an der mediterranen Küste Nordostspaniens und Südostfrankreichs.

Für die späteren neolithischen Phasen nach der initialen Neolithisierung in Südwesteuropa liegen bisher nur wenige Daten aus Katalonien (~3500–3000 cal BC; Sampietro u. a. 2007) und von der Treilles-Kultur (~3030–2890 cal BC) im Südosten Frankreichs vor (Lacan 2011; Lacan u. a. 2011a; Kap. 3.3.5.4). Die Treilles-Kultur weist mit 20,7–37,9 % Jäger-Sammler- und 58,6 % früh-/mittelneolithischen Linien, von denen 51,7 % mit der LBK übereinstimmen, eine genetische Zusammensetzung auf, die mit dem zeitlich früheren (Epi-)Cardial-Datensatz vergleichbar ist. In der mittelneolithischen Stichprobe Kataloniens dagegen ist der Anteil früher Bauernlinien mit 18,2–45,5 % geringer als in den Datensätzen der (Epi-)Cardial- und Treilles-Kultur. Zudem stimmen nur 18,2 % dieser Linien mit der LBK überein (Kap. 7.2.2.3; Abb. 7.11b). Obwohl diese drei Datensätze in der Region lokalisiert sind, in der die Landwirtschaft in Südwesteuropa erstmals etabliert wurde, lässt der variierende Anteil früh-/mittelneolithischer Linien – vor allem zwischen dem Früh- und Mittelneolithikum in Nordostspanien – auf komplexe populationsgenetische Prozesse in Zeit und Raum schließen. Frühere Studien zeigten mittels koaleszenzbasierter Simulationen, dass genetische Drift zwischen dem Früh- und Mittelneolithikum in Nordostspanien eine bedeutende Rolle gespielt haben könnte. Als Folge wurde der Anteil früher Bauernlinien möglicherweise reduziert und es entstand eine genetische Zusammensetzung, die der heutigen Population Südwesteuropas weitestgehend entspricht (Gamba u. a. 2012; Kap. 3.3.5.4). Die mittelneolithische Population Kataloniens weist unter den bisher verfügbaren Datensätzen Südwesteuropas tatsächlich die größten Gemeinsamkeiten zur Rezentpopulation auf (Kap. 7.2.2.3; Abb. 7.11c), was in Übereinstimmung mit früheren Studien als genetische Kontinuität seit dem Mittelneolithikum interpretiert werden kann (Sampietro u. a. 2007; Gamba u. a. 2012; Kap. 3.3.5.4). Im Gegensatz dazu scheint die mtDNA-Zusammensetzung der Treilles-Kultur in den Regionen Südostfrankreichs auf stabile Bedingungen während des Neolithikums hinzuweisen, in denen frühe Bauernlinien aus dem Nahen Osten für eine längere Zeit persistierten als in den benachbarten Regionen Nordostspaniens. Die Datenlage aus späteren neolithischen Perioden ist derzeit allerdings noch zu begrenzt und geografisch lückenhaft, um validere Aussagen über die Populationsgeschichte Südwesteuropas nach der neolithischen Transition tätigen zu können.

Zusammenfassend sprechen die Ergebnisse für einen komplexen Neolithisierungsprozess auf der Iberischen Halbinsel. Die Einführung neolithischer Techniken war sehr wahrscheinlich mit einer Migration früher Bauern aus dem Nahen Osten über die Mittelmeerregionen verbunden, die parallel zu dem populationsdynamischen *Event A* über die Kontinentalroute verlief und mit der Einführung eines vergleichbaren genetischen *Neolithic package* verbunden war (Abb. 8.1). Allerdings kann davon ausgegangen werden, dass in der Zielregion eine wesentlich stärkere Interaktion mit den hiesigen Jäger-Sammlern erfolgte, die mit größerer Distanz zur Kernregion zunahm. Somit kann der Neolithisierungsprozess in Südwesteuropa am ehesten durch einen integrativen Ansatz erklärt werden. Die bisherigen Daten scheinen mit dem postulierten (*maritime*) *pioneer colonization model*[114] vereinbar zu sein, demzufolge kleine Gruppen neolithischer Siedler entlang der Mittelmeerküsten vom Nahen Osten bis nach Südwesteuropa vordrangen. Von den Kerngebieten der initialen Neolithisierung in Südostfrankreich und Katalonien breitete sich die sesshafte Lebensweise über das spanische Binnenland und entlang der Mittelmeerküsten bis nach Portugal aus. In den frühen Phasen ist dieser Prozess aufgrund des erheblichen Anteils charakteristischer mesolithischer Elemente vermutlich hauptsächlich durch Akkulturation geprägt (van Willigen 2006; Whittle/Cummings 2007; Rowley-Conwy 2011). Es bleibt festzuhalten, dass die Neolithisierung und der Übergang in spätere Perioden in Südwesteuropa durch verschiedene Prozesse auf regionaler Ebene charakterisiert sind, die bisweilen auch vonseiten der Archäologie noch nicht geklärt sind (Fernández López de Pablo/Gómez Puche 2009; Hervella u. a. 2012; Schuhmacher/Sanz González de Lema 2013). Somit ist es nicht ausgeschlossen, dass in anderen Regionen

---

113 Zilhão u. a. 2001; Zimmermann 2002; Bogucki/Crabtree 2004; van Willigen 2006; Whittle/Cummings 2007.

114 Zilhão 1997; Zilhão 2001; Chandler u. a. 2005; Gamba u. a. 2012; Hervella u. a. 2012; Kap 3.3.5.4.

oder Zeitperioden, aus denen bislang keine paläogenetischen Daten vorliegen, die Neolithisierung durch andere Prozesse erklärt werden könnte. Trotz der augenscheinlichen Fülle derzeit verfügbarer aDNA-Daten erfordert die sich abzeichnende Komplexität auf regionaler Ebene weitere Studien, sowohl auf einer ausgedehnten geografischen als auch feinauflösenden chronologischen Datenbasis, um demografische Prozesse während und nach der Neolithisierung in Südwesteuropa rekonstruieren zu können.

8.2.4 Die kulturelle und genetische Diversität in Zentraleuropa nach der LBK

Das zentraleuropäische Neolithikum nach der LBK ist durch eine kulturelle Regionalisierung gekennzeichnet. Während der ersten Hälfte des 5. Jts. BC zerfiel die homogene Einheit der LBK in mehrere kleine und eigenständige Kulturen, deren Einflüsse im Folgenden die Kulturentwicklungen des Mittelneolithikums beeinflussten. Dazu zählen die Stichbandkeramikkultur im östlichen Teil (~4925–4550 cal BC), die Lengyel-Kultur im südöstlichen (~4900–4200 cal BC) und die Rössener Kultur (~4700–4250 cal BC) im westlichen Teil des ehemaligen LBK-Verbreitungsgebietes[115]. Parallel formierte sich unter südwest- und westeuropäischen Einflüssen Mitte des 5. Jts. BC in Südostfrankreich die Chasséen-Kultur (~4500–3500 cal BC), die sich nordostwärts über weite Teile des heutigen Frankreichs verbreitete. Im Folgenden beeinflusste das Chasséen die Entwicklung der Michelsberger Kultur (~4300–3500 cal BC), die im Pariser Becken und in Südwestdeutschland auf die Rössener Kultur folgte (Jeunesse 1998; Bogucki/Crabtree 2004; Whittle/Cummings 2007; Jeunesse 2010; Kap. 2.1.3). Zusammen mit der Trichterbecherkultur, die sich ab dem ausgehenden 5. Jt. BC von Südskandinavien über Zentral- und Nordosteuropa verbreitete (Kap. 8.2.5), war Zentraleuropa nach dem Niedergang der LBK verschiedensten Kultureinflüssen aus Südost-, West- und Nordeuropa ausgesetzt, die gemeinsam ein komplexes Netzwerk soziokultureller Interaktionen früh-/mittelneolithischer Gesellschaften bildeten (Abb. 2.2).

Die populationsgenetischen Analysen der früh-/mittelneolithischen Kulturen Rössener Kultur, Schöninger Gruppe, Baalberger Kultur und Salzmünder Kultur aus dem MESG zeigen, dass ihre mtDNA-Zusammensetzung weitestgehend mit der LBK übereinstimmt. Dies wird durch nicht signifikante Unterschiede in der Haplogruppen- und Haplotypenzusammensetzung zwischen den früh-/mittelneolithischen MESG-Kulturen (Kap. 7.2.1.3–7.2.1.4; Abb. 7.6–7.7) und der Gruppierung dieser Populationen in der AMOVA, PCA und Clusteranalyse (Kap. 7.2.1.5–7.2.2.2; Abb. 7.8–7.10; Tab. 7.8) unterstützt. Diese Gruppierung ist in einer konkordanten Haplogruppenzusammensetzung begründet, in der die typischen Haplogruppen des *Neolithic package* überwiegen (Kap. 7.2.1.1; Abb. 7.4). Die ASHA bestätigt zudem einen relativ konstanten Anteil des *Neolithic package* seit der LBK (Rössener Kultur: 63,6–90,9 %, Schöninger Gruppe: 72,7–87,9 %, Baalberger Kultur: 57,9–78,9 %, Salzmünder Kultur: 75,9–86,2 %), von denen 51,7–72,7 % direkt mit der LBK übereinstimmen, während typische Jäger-Sammler-Linien in diesen Kulturen vergleichsweise gering vertreten sind (Rössener Kultur: 0 %, Schöninger Gruppe: 0–9,1 %, Baalberger Kultur: 0–10,5 %, Salzmünder Kultur: 0–3,5 %; Kap. 7.2.2.3; Abb. 7.11a). Analog zur LBK resultiert die vorwiegend unveränderte mtDNA-Zusammensetzung der früh-/mittelneolithischen Kulturen bei Vergleichen mit rezenten Daten in Affinitäten zu heutigen Populationen des Nahen Ostens, des Kaukasus und Anatoliens (Kap. 7.2.3.1–7.2.3.5; Abb. 7.12b–e, 7.13b–e, 7.14b–e, 7.15b–e, 7.16b–e).

Insgesamt deuten diese Ergebnisse auf eine lang andauernde Persistenz mitochondrialer Diversität hin, die mit der LBK im Zuge der Neolithisierung in Zentraleuropa eingeführt wurde. Der kulturelle Wandel während der ersten 2500 Jahre bäuerlicher Subsistenzwirtschaft im MESG kann demnach eher durch einen Prozess der kulturellen Regionalisierung als durch stärkere Bevölkerungsverschiebungen innerhalb neolithischer Gesellschaften erklärt werden. Dies wird durch die archäologische Forschung weitestgehend unterstützt, die Kultursequenzen identifiziert hat, welche die untersuchten Kulturen entweder mit der LBK oder mit deren Nachfolgerkulturen Rössener Kultur und Lengyel-Kultur in Beziehung setzen (Kap. 2.1.3 u. 2.2.1–2.1.8; Abb. 2.2). Während für die Schöninger Gruppe sowohl Rössener als auch Lengyel-Einflüsse diskutiert werden (Schunke 1994; Kap. 2.2.5), kann die Genese der Baalberger auf die Gaterslebener Kultur zurückgeführt werden, die wiederum eine lokale Variante der Lengyel-Kultur darstellt (Behrens 1973; Steinmann 1994; Kubenz 1994; Beran 1998b; Kap. 2.2.4 u. 2.2.6). Analog kann die Salzmünder Kultur aufgrund stilistischer Übereinstimmungen mit der Baalberger Kultur als Fortsetzung dieser Kultursequenz angesehen werden (Behrens 1973; Schindler 1994; Beran 1998d; Kap. 2.2.8). Angesichts dieser Kulturinteraktionen, die letztlich auf ein gemeinsames donauländisches Substrat der initialen Neolithisierung über die kontinentale Route zurückgeführt werden können, ist daher eine genetische Kontinuität zwischen den untersuchten früh-/mittelneolithischen Kulturen plausibel.

Innerhalb der Post-LBK-Kulturen sind aber auch leichte Fluktuationen in Präsenz und Frequenz der Haplogruppen U3, U8, H5 und T1 zu erkennen, die innerhalb der früh-/mittelneolithischen Gruppe inkonsistent sind (Kap. 7.2.1.1; Abb. 7.4) und dadurch eine Separierung dieser Kulturen bei der PCA entlang der zweiten Hauptkomponente induzieren (Kap. 7.2.2.2; Abb. 7.10). Aufgrund der dargelegten überregionalen Kulturverflechtungen kann nicht ausgeschlossen werden, dass diese Fluktuationen das Resultat multipler und/oder kontinuierlicher Migration auf regionaler Ebene zwischen früh-/mittelneolithischen Gesellschaften sind, an die sich vermutlich eine Vermischung mit der lokalen Bevölkerung anschloss (Abb. 8.2 u. 8.3). Obwohl diese Schlussfolgerungen anhand der derzeitigen Datenlage äußerst spekulativ bleiben und aufgrund der dominierenden mtDNA-Signatur, die durch die LBK in Europa eingeführt

---

115 Bogucki/Crabtree 2004; Whittle/Cummings 2007; Kap. 2.1.3 u. 2.2.1–2.2.6; Abb. 2.1–2.2.

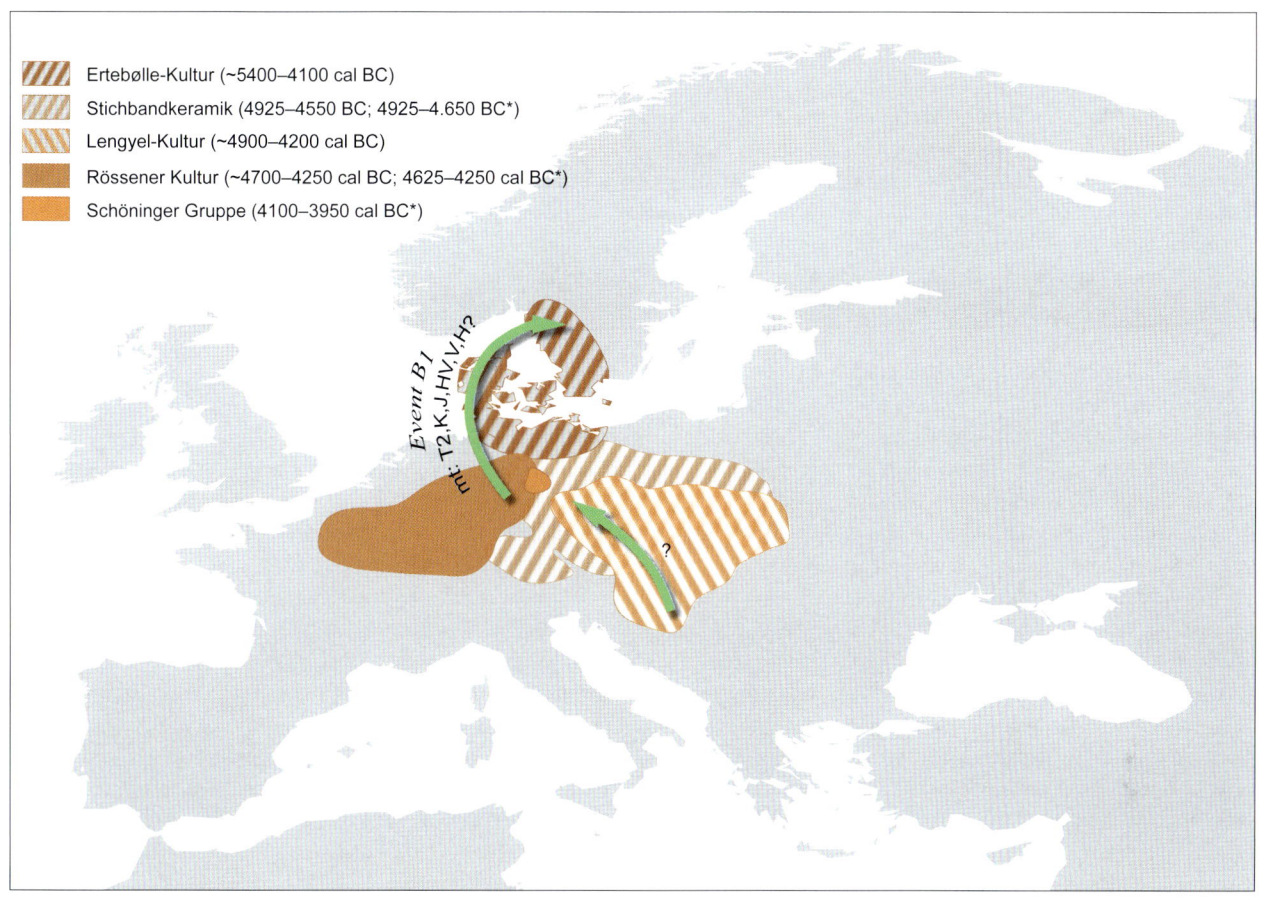

Abb. 8.2 Zusammenfassung der populationsdynamischen Ereignisse während des Frühneolithikums (*Event B₁*)
Die Karte zeigt das Verbreitungsgebiet frühneolithischer Kulturen und potenzielle Wanderungsbewegungen nach der initialen Neolithisierung (weitere Erläuterungen in Abbildung 8.1).

wurde, schwer zu differenzieren sind, sollen dennoch einige Vermutungen geäußert werden.

Haplogruppe U3 wurde in paläo-/mesolithischen Daten bislang nicht identifiziert, findet sich jedoch in der LBK und in der späteren Salzmünder Kultur (Kap. 7.2.1.1; Abb. 7.4). Heutzutage kommt U3 mit 3–5 % im Nahen Osten vor und nimmt über Südosteuropa bis nach Zentraleuropa an Häufigkeit ab. Aufgrund der U-Variabilität mesolithischer Funde Europas (Kap. 8.2.1) und der rezenten Häufigkeitsverteilung wäre es daher denkbar, dass U3 ein mesolithisches Restsignal repräsentiert, dass Zentraleuropa im Zuge der neolithischen Expansion entlang der kontinentalen Route mit der LBK erreichte (Kap. 8.2.2) und dort sporadisch bis zum Mittelneolithikum nachweisbar ist. Haplogruppe U8 zeigt mit <2 % die häufigste Verbreitung in rezenten Populationen Nordost- und Osteuropas. In Übereinstimmung mit dieser Häufigkeitsverteilung wurde U8 in einem paläolithischen Individuum des Fundplatzes Dolní Věstonice in der Tschechischen Republik detektiert (Fu u. a. 2013; Kap. 3.3.5.2). Die Anwesenheit von U8 in der mit der Lengyel-Kultur assoziierten Schöninger Gruppe und Baalberger Kultur (Kap. 7.2.1.1; Abb. 7.4) könnte möglicherweise mit östlichen Einflüssen während des Übergangs zum Mittelneolithikum in Verbindung gebracht werden (Abb. 8.2). Haplogruppe H5 tritt erstmals in der LBK auf und findet sich in höherer Frequenz in der nachfolgenden Rössener und Salzmünder Kultur, die den höchsten Anteil von H5 aufweist, der jedoch auf potenziell verwandten Linien beruht (Meyer u. a. 2013). Die Häufigkeit von H5 in der Rössener Kultur wurde vor kurzem auch durch sechs Individuen vom Fundplatz Wittmar in Niedersachsen bestätigt, die ein mit den Rössen-Daten aus dem MESG vergleichbares mtDNA-Profil aufweisen (Lee u. a. 2013; Kap. 3.3.5.2). H5 könnte daher ein mtDNA-Element repräsentieren, das möglicherweise im westlichen Teil der LBK-Verbreitung häufiger vertreten war.

Dass an der Peripherie der ehemaligen LBK-Verbreitung möglicherweise andere Mechanismen eine Rolle gespielt haben als im Kerngebiet, zeigen nicht nur die Prozesse während und nach der Neolithisierung in Südskandinavien (s. u.; Kap. 8.2.5), sondern auch neuere mesolithische und neolithische Daten aus der Blätterhöhle bei Hagen (Bollongino u. a. 2013; Kap. 3.3.5.2). In Übereinstimmung mit früheren Studien wurden in den untersuchten mesolithischen Individuen (~9200–8600 cal BC) ausschließlich Linien der Haplogruppe U identifiziert (U2, U5a, und U5b), während in der neolithischen Stichprobe (~3900–3000 cal BC) neben J, H1, H5 und H11, die als frühe Bauernlinien interpretiert wurden, ebenfalls hohe Frequenzen von U5 und U5b beobachtet werden konnten. Neben der soziokulturellen Interpretation dieser Studie, dass Jäger-Sammler und Bauern selbst 2000 Jahre nach der Etablierung der sesshaften Lebensweise in Zentraleuropa parallel existierten (Kap. 3.3.5.2), geben die neolithischen Daten der Blätterhöhle auch Aufschluss über die genetische Zusammensetzung im westlichen Teil der ehemaligen LBK-Verbreitung. Wenngleich die neolithischen Funde keiner Kultur eindeutig zugeordnet werden konnten, befindet sich die Blätterhöhle im ehemaligen Verbreitungsgebiet der LBK und der Rössener Kultur, allerdings zu einer Zeit, in der die Michelsberger Kultur und die Trichterbecherkultur in dieser Region aufeinander trafen (Abb. 8.3). Demnach könnten sowohl genetische Elemente der LBK und der Rössener Kultur als auch westlich und nördlich geprägter Kulturen wie der Michelsberger Kultur bzw. der Trichterbecherkultur die genetische Zusammensetzung der neolithischen Individuen aus der Blätterhöhle beeinflusst haben. Die Mehrheit der identifizierten H-Linien kann mit der Subhaplogruppe H5 assoziiert werden und stellt somit eine auffällige Parallele zu den Datensätzen der Rössener Kultur im MESG und am Fundplatz Wittmar dar. Die hohe Frequenz der Haplogruppe U5b und die Abwesenheit von U5a deutet hingegen auf westliche Einflüsse hin (Kap. 8.2.1). Insgesamt zeigt die von H und U5b geprägte mtDNA-Zusammensetzung vergleichbare Parallelen zu den südwesteuropäischen Jäger-Sammlern und den frühneolithischen Populationen Portugals und des Baskenlandes auf (Brandt u. a. 2014 a; Kap. 8.2.1 u. 8.2.3). Haplogruppen, die mit dem *Neolithic package* assoziiert werden können, sind dagegen äußerst selten in der neolithischen Stichprobe vertreten. Der Einfluss der initialen Neolithisierung in der westlichen Peripherie der ehemaligen LBK-Verbreitung war scheinbar geringer als im Kerngebiet oder wurde durch Einflüsse aus dem Westen, die möglicherweise mit dem Chasséen-Michelsberg-Komplex in Verbindung stehen, überlagert (Abb. 8.3). Andererseits zeigen die Prozesse um den Trichterbecher-Komplex in Südskandinavien, dass an der Peripherie der LBK-Verbreitung Interaktionen mit lokalen Wildbeutern einerseits in einer Ausdünnung des *Neolithic package* und andererseits in einer verstärkten Assimilierung von Jäger-Sammler-Linien resultierten (s. u.; Kap. 8.2.5). Ohne weitere Daten der angrenzenden Kulturen im Westen bleibt es letztlich schwierig die mtDNA-Zusammensetzung der Blätterhöhle und deren Stellung innerhalb neolithischer Populationen Europas zu bewerten. Es kann zudem nicht ausgeschlossen werden, dass genetische Drift in kleinen und isolierten Gruppen zu einem ähnlich verzerrten mtDNA-Profil geführt haben könnte.

Zusammenfassend kann davon ausgegangen werden, dass die Signatur der LBK-Verbreitung in den Kerngebieten für eine lange Zeit bestand und Kulturen während der folgenden 2500 Jahre maßgeblich beeinflusste (Brandt u. a. 2013). Bei Kulturen, die sich direkt aus der LBK oder unter donauländischen Einflüssen entwickelten, kann von genetischer Kontinuität ausgegangen werden, auch wenn Bevölkerungsbewegungen auf kleinerer und regionaler Ebene aufgrund der komplexen Kulturinteraktionen nicht vollends ausgeschlossen werden können. Dass an der westlichen und nördlichen Peripherie durch verstärkte Interaktionen mit lokalen Jäger-Sammler-Gemeinschaften differenzierte Prozesse abliefen, bestätigen nicht nur die dargelegten Prozesse während der Neolithisierung auf der Iberischen Halbinsel (Kap. 8.2.3) oder in Südskandinavien (s. u.; Kap. 8.2.5), sondern scheint sich ebenfalls in den neolithischen Daten der Blätterhöhle abzuzeichnen.

8.2.5 Die Neolithisierung Südskandinaviens und die Trichterbecherkultur

Das 4. Jt. BC in Europa ist charakterisiert durch die Ausbreitung der neolithischen Lebensweise in Regionen außerhalb des ehemaligen Verbreitungsgebiets der LBK. Dies betrifft vor allem Nord- und Nordosteuropa. In Südskandinavien setzte sich die produzierende Lebensweise erst 1500 Jahre später als in Zentraleuropa mit der Etablierung der Trichterbecherkultur (~4100–2650 cal BC) durch, die vor allem durch Viehzucht charakterisiert werden kann (Whittle/Cummings 2007; Bogucki/Crabtree 2004; Rowley-Conwy 2011; Kap. 2.2.3). Allerdings wurden die neuen Technologien nicht von allen Gemeinschaften in Südskandinavien übernommen. Zeitgleich lebende Jäger-Sammler-Kulturen wie die *Pitted-Ware*-Kultur (~3300–2150 cal BC) bewahrten weiterhin den mesolithischen Lebensstil (Bogucki/Crabtree 2004; Rowley-Conwy 2011).

Die bisherigen paläogenetischen Studien zur Neolithisierung des südskandinavischen Raums haben wertvolle Einsichten in die Bevölkerungsgeschichte dieser Region hervorgebracht (Kap. 3.3.5.3 u. 6.2.1.2; Abb. 6.5; Tab. 6.6) und umfassen neben mitochondrialen mittlerweile auch autosomale Daten mesolithischer und neolithischer Individuen (Bramanti u. a. 2009; Malmström u. a. 2009; Skoglund u. a. 2012; Lazaridis u. a. 2013). Erst kürzlich wurden genetische Daten von sieben mesolithischen Individuen vom Fundplatz Motala in Südschweden veröffentlicht, bei denen, analog zu Wildbeutern aus Zentral- und Nordeuropa, ausschließlich mitochondriale Subhaplogruppen von U (U2, U4, U5a) identifiziert wurden (Lazaridis u. a. 2013). Im Gegensatz dazu ist die Trichterbecherkultur (Bramanti u. a. 2009; Malmström u. a. 2009; Skoglund u. a. 2012) durch eine Mischung aus mesolithischen Linien wie U5a und U5b und Haplogruppen des *Neolithic package* wie T2, J und K charakterisiert, die in der PCA eine Positionierung der Trichterbecherkultur zwischen den Jäger-Sammlern und den früh-/mittelneolithischen Kulturen zur Folge hat (Kap. 7.2.2.2; Abb. 7.10). Der Anteil von Wildbeuterlinien in der Trichterbecherkultur beträgt 20–30 % und der des *Neolithic package* 40–70 %, von denen 40 % identische Haplotypen mit der LBK aufweisen (Kap. 7.2.2.3; Abb. 7.11c). Die Häufigkeit früh-/mittelneolithischer Komponenten bewirkt Affinitäten der Trichterbecherkultur zu den frühen Bauernpopulationen des MESG, die in der Clusteranalyse zum Ausdruck kommen, in der diese Kulturen in ein gemeinsames Hauptcluster fallen (Kap. 7.2.2.1; Abb. 7.9). Diese Resultate unterstützen einen genetischen Einfluss früh-/mittelneolithischer Kulturen des MESG und möglicherweise anderer zentraleuropäischer Regionen auf frühe Bauernpopulationen der Trichterbecherkultur in Südskandinavien, der als verspätete Fortsetzung der initialen neolithischen Expansion während der LBK gewertet werden kann. Neuere Untersuchungen der autosomalen DNA eines Trichterbecher-Individuums konnten zudem zeigen, dass sehr wahrscheinlich Migranten aus südlicheren Regionen Europas die Ausbreitung der Landwirtschaft katalysierten, da die größten genetischen Affinitäten zu den heutigen Populationen Süd- und Südosteuropas (vor allem zu Sardinien) bestehen (Skoglund u. a. 2012; Kap. 3.3.5.3).

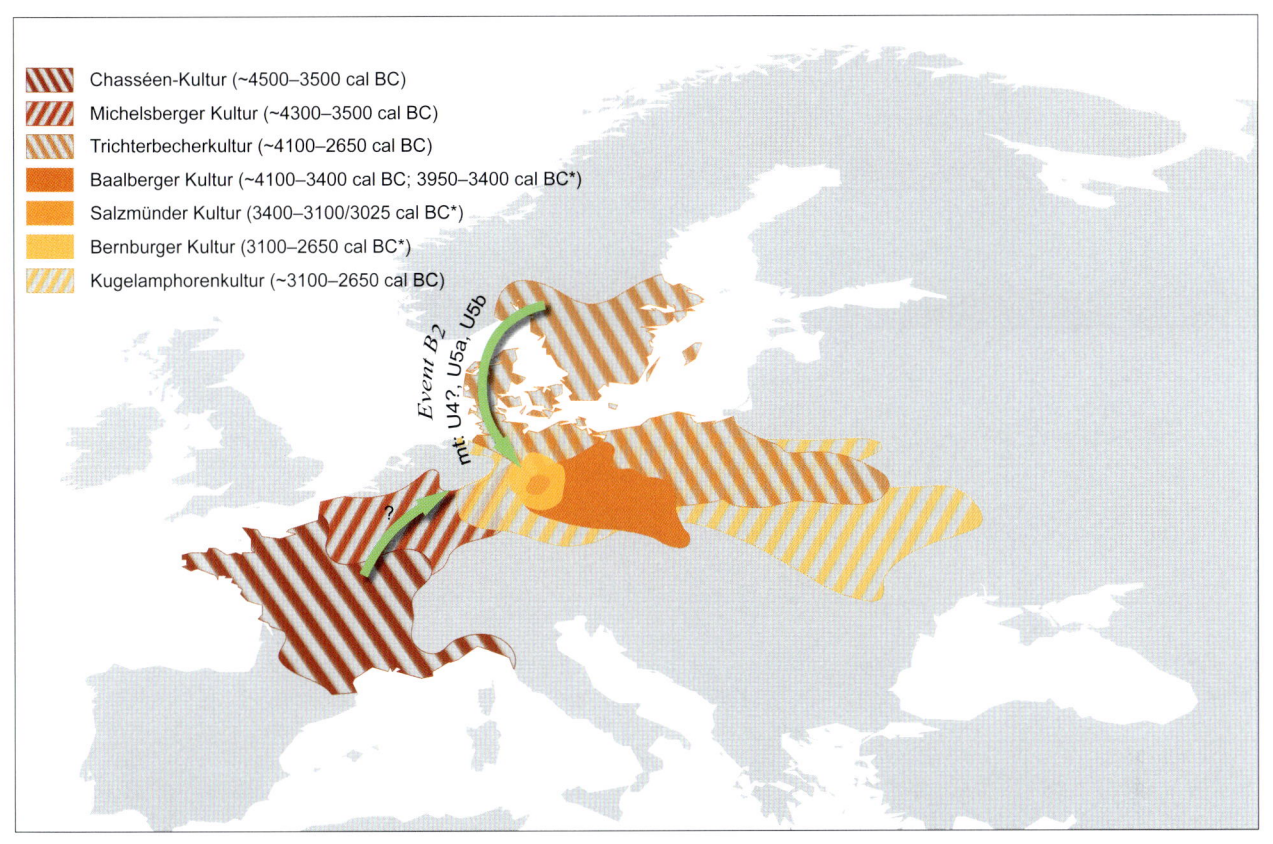

Abb. 8.3 Zusammenfassung der populationsdynamischen Ereignisse während des Mittelneolithikums (*Event B₂*)
Die Karte zeigt die geografische Verbreitung und potenziellen Wanderungsbewegungen mittelneolithischer Kulturen
(weitere Erläuterungen in Abbildung 8.1).

Die zeitgleich wildbeuterisch lebende *Pitted-Ware*-Kultur (Malmström u. a. 2009; Skoglund u. a. 2012) ist ebenfalls durch eine gemischte genetische Zusammensetzung von Jäger-Sammlern- und Bauern-Komponenten charakterisiert. Allerdings ist in der *Pitted-Ware*-Kultur ein höherer Anteil mesolithischer Linien (26,3–73,7 %), der durch Haplogruppe U4 dominiert wird, und eine geringere Häufigkeit des *Neolithic package* (21,1–26,3 %) zu verzeichnen, von denen 21,1 % mit der LBK übereinstimmen und den Haplogruppen T2, K, HV und V angehören (Kap. 7.2.2.3; Abb. 7.11c). Die Häufigkeit von U4 resultiert in starken Affinitäten der *Pitted-Ware*-Kultur zu Wildbeutern Osteuropas (Kap. 7.2.2.1–7.2.2.2; Abb. 7.9–7.10) und unterstützt somit die Hypothese, dass sich einige der europäischen Jäger-Sammler-Gemeinschaften in einem genetischen Refugium im ostbaltischen Raum entwickelten (Malmström u. a. 2009; Kap. 3.3.5.3). Diese Vermutung wird durch autosomale Daten bestätigt, bei denen die mesolithischen Individuen vom Fundplatz Motala zusammen mit drei Individuen der *Pitted-Ware*-Kultur ein eigenes Cluster innerhalb der genomischen Variabilität derzeit verfügbarer prähistorischer Daten bilden (Lazaridis u. a. 2013), dass die größte Affinität zu rezenten Populationen Nordosteuropas aufweist (Skoglund u. a. 2012; Kap. 3.3.5.3). Die Präsenz früher Bauernlinien in der *Pitted-Ware*-Kultur kann entweder als genetischer Einfluss neolithischer Kulturen Zentraleuropas oder als *admixture* zwischen Gruppen der Trichterbecherkultur und der *Pitted-Ware*-Kultur interpretiert werden.

In beiden südskandinavischen Datensätzen kann im Vergleich mit den MESG-Kulturen ein wesentlich höherer Anteil der Jäger-Sammler-Komponente festgestellt werden, was dafür spricht, dass das mesolithische Grundsubstrat in Südskandinavien nach der Neolithisierung weiterhin erhalten geblieben ist. Somit kann der genetische Einfluss des Neolithisierungsprozesses in Südskandinavien im Vergleich zu Zentraleuropa als schwächer bewertet werden (Malmström u. a. 2009). Möglicherweise wurden die landwirtschaftlichen Technologien und Subsistenzstrategien von kleineren Pioniergruppen aus dem ehemaligen LBK-Verbreitungsgebiet durch lang anhaltende Kontakte zur lokalen und wildbeuterischen Ertebølle-Kultur (~5400–4100 cal BC) allmählich eingeführt (Bogucki/Crabtree 2004; Rowley-Conwy 2011), ein Prozess, der von Rowley-Conwy mit dem Begriff »*lurches of advance*« umschrieben wurde (Rowley-Conwy 2011). In der archäologischen Literatur werden derartige Kontakte und Handelsbeziehungen zwischen der Ertebølle-Kultur und der LBK, der Rössener Kultur, der Michelsberger Kultur und zum Teil auch der Lengyel-Kultur diskutiert (Kap. 2.1.3 u. 2.2.3; Abb. 2.2), die möglicherweise nach 1500 Jahren in die Etablierung der neolithischen Trichterbecherkultur mündeten[116].

---

[116] Bogucki/Crabtree 2004; Whittle/Cummings 2007; Rowley-Conwy 2011.

Zusammenfassend sprechen diese Resultate dafür, dass die Einführung der Subsistenzwirtschaft in Südskandinavien durch technologische, ideologische und genetische Elemente frühneolithischer Gemeinschaften Zentraleuropas katalysiert wurde. Diese Prozesse können als ein weiteres populationsdynamisches Ereignis interpretiert werden, bei dem Zentraleuropa entscheidend involviert war und das im Folgenden als *Event B_1* definiert wird (~4100 cal BC; Brandt u. a. 2013; Abb. 8.2).

Etwa ein Jahrtausend später kann im MESG mit dem Erscheinen der Bernburger Kultur, einem späten Repräsentanten des Trichterbecher-Komplexes (Torres-Blanco 1994; Beran 1998f; Kap. 2.1.3 u. 2.2.10; Abb. 2.1–2.2), ein populationsgenetischer Umbruch beobachtet werden, der mit tiefgreifenden Veränderungen der mtDNA-Zusammensetzung einhergeht. Mit der Bernburger Kultur gewinnen typische Jäger-Sammler-Haplogruppen wie U5a und U5b, die in den vorangehenden früh-/mittelneolithischen Kulturen mit relativ geringer Häufigkeit auftreten, an Bedeutung. Gleichzeitig reduzieren sich die Frequenzen charakteristischer Haplogruppen des *Neolithic package* wie z. B. N1a, die in der Bernburger Kultur erstmals nicht nachweisbar ist (Kap. 7.2.1.1; Abb. 7.4). Die Haplogruppenzusammensetzung bewirkt erhöhte, jedoch überwiegend nicht signifikante Unterschiede zu früh-/mittelneolithischen MESG-Kulturen (Kap. 7.2.1.3–7.2.1.4; Abb. 7.6–7.7) und in der AMOVA, Clusteranalyse und PCA eine deutliche Separierung der Bernburger Kultur von der zuletzt genannten Gruppe (Kap. 7.2.1.5–7.2.2.2; Abb. 7.8–7.10; Tab. 78). Mithilfe der ASHA konnten im Vergleich mit den früheren MESG-Kulturen ein erheblicher Anstieg der Jäger-Sammler-Komponente auf 11,8–29,4 % und eine simultane Reduktion des *Neolithic package* auf 41,2–64,7 % beobachtet werden (Kap. 7.2.2.3; Abb. 7.11a). Die Bernburger Kultur ist daher durch einen wesentlich höheren Anteil der Jäger-Sammler-Komponente definiert als die früheren Kulturen. Diese Tatsache ist auch aus dem Fisher-Test und der genetischen Distanzanalyse ersichtlich, bei denen die Unterschiede zu den zentraleuropäischen Jäger-Sammlern (Bramanti u. a. 2009; Fu u. a. 2013) auf dem Haplogruppen- und Haplotypenniveau zwar noch immer signifikant unterschiedlich, im Vergleich zu den früh-/mittelneolithischen MESG-Kulturen jedoch nicht höchst signifikant sind (Kap. 7.2.1.3–7.2.1.4; Abb. 7.6–7.7).

Unterschiede zwischen der Bernburger Kultur und den früh-/mittelneolithischen MESG-Kulturen zeichnen sich ebenfalls in den Vergleichsanalysen mit rezenten Populationen ab, bei denen die bis dato vorherrschenden Nahost-Affinitäten durch größere Ähnlichkeiten mit europäischen Populationen abgelöst werden. Die Analysen liefern übereinstimmende Ergebnisse, die Affinitäten zu nordeuropäischen Populationen anzeigen (Kap. 7.2.3.1–7.2.3.5; Abb. 7.12f-7.16f). Unter diesen ist vor allem Schweden, ein Hauptverbreitungsgebiet des Trichterbecher-Komplexes im 4. Jt. BC, konsistent vertreten[117].

Die nordeuropäischen Affinitäten werden auch durch die prähistorischen Vergleichsdaten unterstützt. Aufgrund der gemischten Haplogruppenzusammensetzung, die auf dem relativ hohen Jäger-Sammler und dem reduzierten früh-/mittelneolithischen Anteil basiert, bestehen Gemeinsamkeiten der Bernburger Kultur mit der südskandinavischen Trichterbecherkultur. Dies ist in einer vergleichbaren Lokalisierung beider Kulturen in der PCA (Kap. 7.2.2.2; Abb. 7.10) und einer Übereinstimmung in den Häufigkeiten mesolithischer und früh-/mittelneolithischer Komponenten erkennbar (Kap. 7.2.2.3; Abb. 7.10a u. 7.10c). Insgesamt deuten diese Resultate auf einen genetischen Eintrag typisch mesolithischer maternaler Elemente von Südskandinavien nach Zentraleuropa hin, der vermutlich durch Gruppen des Trichterbecher-Komplexes initiiert und mit der Bernburger Kultur im MESG identifizierbar ist. Somit bildet dieser Prozess ein weiteres populationsdynamisches Ereignis in Zentraleuropa, das als *Event B_2* (~3100 cal BC; Brandt u. a. 2013; Abb. 8.3) bezeichnet wird und als Rückstrom des früheren *Event B_1* angesehen werden kann.

Archäologische Forschungen zeigen jedoch eine weitaus detailliertere Kultursequenz, in der die Bernburger Kultur nur als letzte Stufe angesehen werden kann. Die Bernburger Kultur entwickelte sich gegen Ende des 4. Jts. BC aus der voran-gehenden Walternienburger Kultur (3325–3100 cal BC), die ihrerseits aus der Tiefstichkeramikkultur hervorging (3650–3325 cal BC; Behrens 1973; Voigt 1994; Schwertfeger 1994; Torres-Blanco 1994; Beran 1998e; Beran 1998f; Kap. 2.2.7 u. 2.2.9–2.2.10; Abb. 2.2). Alle drei Kulturen sind Repräsentanten des Trichterbecher-Komplexes. Seitens der Archäologie wird der Ursprung der Tiefstichkeramikkultur in einer nördlichen Gruppe des Trichterbecher-Komplexes in Norddeutschland und eine Expansion in die südlicher gelegenen Regionen der Altmark in Sachsen-Anhalt vermutet (Voigt 1994; Hilbig 1998). In Anbetracht dieser archäologischen Beziehungen erscheint es daher möglich, dass der dargelegte *Event B_2*, der mit der Bernburger Kultur erfasst wird, bereits mit dessen Vorläuferkulturen eingesetzt hat und vermutlich mit einer generellen Expansion nördlicher Gruppen der Trichterbecherkultur in die fruchtbare Lössregion südlich der Norddeutschen Tiefebene verbunden war. Allerdings bleiben detailliertere Aussagen zur Expansion der Trichterbecherkultur und den Kulturen, die darin möglicherweise involviert waren, ohne entsprechende aDNA-Daten geografisch und temporär unterscheidbarer Trichterbecher-Gruppen bislang offen und sind daher künftigen Forschungen vorbehalten.

Zusammenfassend unterstützen die hier dargelegten Ergebnisse eine bidirektionale und dynamische Interaktion entlang der Nord-Süd-Achse während des Früh-/Mittelneolithikums. Dieser Prozess beinhaltete die Einführung des *Neolithic package* in Südskandinavien durch früh-/mittelneolithische Kulturen Zentraleuropas (B_1 ~4100 cal BC; Abb. 8.2) und etwa 1000 Jahre danach einen Rückstrom mesolithischer Linien von Südskandinavien nach Zentraleuropa durch Repräsentanten des Trichterbecher-Komplexes (B_2 ~3100 cal BC; Abb. 8.3). Zentraleuropa war daher während des Früh-/Mittelneolithikums sowohl Ursprungs- als auch Zielregion populationsdynamischer Ereignisse.

---

117 Bogucki/Crabtree 2004; Whittle/Cummings 2007; Rowley-Conwy 2011.

8.2.6 Die Entstehung und Verbreitung der Schnurkeramikkultur

Der Übergang zum Spätneolithikum ist eng mit dem Erscheinen der Schnurkeramikkultur verbunden, die in weiten Bereichen Nordost- und Zentraleuropas im 3. Jt. BC verbreitet war[118]. In ihrem Verbreitungsgebiet grenzte die Schnurkeramikkultur an zahlreiche zeitgleiche oder frühere Kulturen, darunter die Trichterbecherkultur in Nordosteuropa, die Kugelamphorenkultur in Zentral- und Osteuropa und die bronzezeitlichen Kurgan-Kulturen der pontisch-kaspischen Steppe wie z. B. die Jamnaja-Kultur[119]. Aufgrund dieser nachbarschaftlichen Strukturen können verschiedenste Einflüsse auf die Genese der Schnurkeramikkultur archäologisch nicht ausgeschlossen werden (Kap. 2.2.12; Abb. 2.1–2.2).

Das Auftreten der Schnurkeramikkultur im MESG ist mit dem Erscheinen neuer Haplogruppen wie I und U2 assoziiert. Diese Haplogruppen sind in allen früheren Kulturen nicht nachweisbar (Kap. 7.2.1.1; Abb. 7.4) und definieren somit neue maternale Elemente, die sich außerhalb des MESG entwickelt haben müssen. Des Weiteren sind die Haplogruppen T1, U4 und U5a häufig vertreten und können gemeinsam mit I und U2 als charakteristische mtDNA-Signatur der Schnurkeramikkultur definiert werden. Durch das Auftreten neuer mitochondrialer Elemente im MESG ist mit der Schnurkeramikkultur erstmals seit der LBK ein Anstieg der mtDNA-Diversität zu beobachten, der sowohl auf Haplotypen- als auch Haplogruppenebene erkennbar ist (Kap. 7.2.1.2; Abb. 7.5). Diese Zunahme resultiert einerseits in signifikanten Unterschieden zu bestimmten früh-/mittelneolithischen Kulturen (Kap. 7.2.1.3–7.2.1.4; Abb. 7.6–7.7), die nicht durch genetische Drift erklärt werden können (Brandt u. a. 2013), und andererseits in einer Separierung von der früh-/mittelneolithischen Gruppe in der Clusteranalyse, PCA und AMOVA (Kap. 7.2.1.5–7.2.2.2; Abb. 7.8–7.10; Tab. 7.8). Mithilfe der ASHA konnte der Anteil dieser neuen spätneolithischen Komponente in der Schnurkeramikkultur auf etwa 4,5 % berechnet werden, während typische Jäger-Sammler-Linien mit 6,8–18,2 % vertreten sind (Kap. 7.2.2.3; Abb. 7.11a). Im Vergleich mit der vorangehenden Bernburger Kultur ist eine Reduktion mesolithischer Elemente im MESG festzustellen, die jedoch noch immer einen höheren Anteil ausmachen als im Früh-/Mittelneolithikum. Das *Neolithic package* bleibt seit der Bernburger Kultur dagegen mit 54,5–63,6 % weitestgehend konstant erhalten, ist aber in seiner Frequenz geringer als im Früh-/Mittelneolithikum.

Die unterschiedlichen Vergleichsanalysen mit rezenten Populationsdaten erbrachten übereinstimmende Ergebnisse, die Affinitäten zu ost- und nordosteuropäischen Populationen anzeigen (Kap. 7.2.3.1–7.2.3.5; Abb. 7.12g–7.16g). Diese stimmen weitestgehend mit dem Verbreitungsgebiet der Schnurkeramikkultur im 3. Jt. BC (Buchvaldek/Strahm 1992; Bogucki/Crabtree 2004; Kap. 2.2.12; Abb. 2.2) und ihrem vermuteten archäologischen Ursprung zwischen Weichsel und Dnjepr überein (Furholt 2003). Nach den Nahost-Affinitäten der früh-/mittelneolithischen Kulturen (Kap. 8.2.2 u. 8.2.4) und den Ähnlichkeiten der Bernburger Kultur zu nordeuropäischen Populationen (Kap. 8.5.5) ist somit eine weitere Veränderung der geografischen Lage genetischer Affinitäten zu beobachten.

Die Vergleichsanalysen der prähistorischen Daten liefern dagegen ein komplexeres Bild. Aufgrund vergleichbarer Frequenzen von U5a und dem reduzierten Anteil des *Neolithic package* in der Schnurkeramikkultur entsteht eine Haplogruppenzusammensetzung, die bis auf die neuen Elemente I und U2 Ähnlichkeiten zu den Kulturen des Trichterbecher-Komplexes aufweist. Dieser Umstand führt dazu, dass die Schnurkeramikkultur in der PCA eine Position nahe der Trichterbecherkultur und der Bernburger Kultur einnimmt (Kap. 7.2.2.2; Abb. 7.10). Darüber hinaus clustert die Schnurkeramikkultur mit Bernburger Kultur (Kap. 7.2.1.5 u. 7.2.2.1; Abb. 7.8–7.9), sodass Gemeinsamkeiten mit den Kulturen des Trichterbecher-Komplexes nicht ausgeschlossen werden können. Dies wird ebenfalls durch nicht signifikante Unterschiede in der Haplogruppen- und Haplotypenzusammensetzung zwischen der Bernburger Kultur und der Schnurkeramikkultur bestätigt (Kap. 7.2.1.3–7.2.1.4; Abb. 7.6–7.7). Laut archäologischer Befunde sind Einflüsse des Trichterbecher-Komplexes auf die Entwicklung der Schnurkeramikkultur nicht ausgeschlossen. Dies beruht im Wesentlichen auf der Überlappung der Verbreitungsgebiete sowie übereinstimmenden Keramikmerkmalen (Bogucki/Crabtree 2004).

Die Kugelamphorenkultur (2900–2600 cal BC) könnte möglicherweise das Bindeglied zwischen beiden Kulturkomplexen sein. Sie entwickelte sich in der Region Kujawien im heutigen Polen unter Einflüssen der Trichterbecherkultur und breitete sich über Deutschland, die Tschechische Republik und die Ukraine aus (Behrens 1973; Beier 1998; Kap. 2.2.11; Abb. 2.1–2.2). In diesen Gebieten koexistierte die Kugelamphorenkultur zeitweise mit der Schnurkeramikkultur (Behrens 1973; Montag 1994; Abb. 8.3–8.4). Gemeinsame Grabinventare belegen intensive Kontakte zwischen beiden Kulturen und lassen vermuten, dass die Kugelamphorenkultur in der aufkommenden Schnurkeramikkultur aufging (Behrens 1973; Beier 1998). Die genetischen Analysen der vorgelegten Arbeit erbrachten zwar valide Daten von zwei Individuen der Kugelamphorenkultur des Fundplatzes Quedlinburg VII (Tab. 11.2–11.3), die aufgrund der zu geringen Stichprobengröße jedoch aus der populationsgenetischen Analyse ausgeschlossen wurden (Kap. 6.2.1.1). Beide Individuen weisen auf der HVS-I und HVS-II ein identisches Sequenzmotiv auf, das der Haplogruppe U3 angehört und in prähistorischen Datensätzen nur sporadisch zu finden ist. Da U3 vermutlich eine anzestrale Linie aus dem Mesolithikum repräsentiert, die jedoch aufgrund fehlender Nachweise derzeit nicht eindeutig mit einer Kultur oder Periode assoziiert werden kann, (Kap. 8.2.2 u. 8.2.4) tragen diese Daten nicht dazu bei, Aussagen über Gemeinsamkeiten oder Unterschiede zwischen Schnurkeramikkultur und Kugelamphorenkultur formulieren zu können.

---

[118] Buchvaldek/Strahm 1992; Beran 1998g; Furholt 2003; Bogucki/Crabtree 2004; Kap. 2.2.12; Abb. 2.1.

[119] Gimbutas 1970; Mallory 1989; Buchvaldek/Strahm 1992; Beran 1998g; Bogucki/Crabtree 2004; Anthony 2007.

Übereinstimmungen in der genetischen Zusammensetzung der Schnurkeramikkultur finden sich auch beim Vergleich mit den bronzezeitlichen Kurgan-Kulturen Kasachstans (1400–900 BC; Lalueza-Fox u. a. 2004) und Sibiriens (1800–800 BC; Keyser u. a. 2009). Diese beruhen vor allem auf der Präsenz und Frequenz der charakteristischen Schnurkeramikkultur-Haplogruppen I, T1, U2, U4 und U5a, welche die Schnurkeramikkultur und die bronzezeitliche Population Kasachstans in der Clusteranalyse und der PCA gruppieren (Kap. 7.2.2.1–7.2.2.2; Abb. 7.9–7.10). Im Falle der sibirischen Bronzezeit ist allerdings eine stärkere Separierung zu beobachten, die auf einen erhöhten Anteil ostasiatischer Linien zurückzuführen ist. Durch die ASHA konnte in beiden asiatischen Populationen ein relativ hoher Anteil charakteristischer spätneolithischer/frühbronzezeitlicher Linien von bis zu 27,3 % bzw. 25 % ermittelt werden, der im Falle der sibirischen Bronzezeit komplett auf direkten Sequenzübereinstimmungen mit der Schnurkeramikkultur beruht (Kap. 7.2.2.3; Abb. 7.11d). In beiden bronzezeitlichen Kurgan-Kulturen können also genetische Parallelen zur Schnurkeramikkultur detektiert werden. Diese beschränken sich nicht nur auf den maternalen Genpool, sondern sind auch anhand von Y-chromosomaler DNA nachweisbar. Hier bildet die Y-chromosomale Haplogruppe R1a1a ein verbindendes paternales Element. Diese wurde in sehr hohen Frequenzen in der prähistorischen sibirischen Population (Keyser u. a. 2009) und in schnurkeramischen Individuen aus dem MESG (Haak u. a. 2008), aber nicht in früheren Kulturen Europas nachgewiesen (Kap. 3.3.5.2). R1a1a wurde in Studien zur rezenten Y-chromosomalen Variabilität unlängst mit den Kurgan-Kulturen und der Schnurkeramikkultur in Verbindung gebracht, da die heutige Verteilung von R1a1a mit Häufigkeitsmaxima in Osteuropa sowie West-, Süd- und Zentralasien die ehemaligen Verbreitungsgebiete beider Kulturkomplexe im 3. Jt. BC weitestgehend widerspiegelt (Semino u. a. 2000; Underhill u. a. 2010). Genetische Parallelen zwischen der Schnurkeramikkultur und den prähistorischen Kurgan-Populationen können also sowohl im maternalen als auch im paternalen Genpool beobachtet werden. Obwohl die berücksichtigten bronzezeitlichen Kurgan-Kulturen jünger sind als die Schnurkeramikkultur, lassen die genetischen Affinitäten eine gemeinsame, östlich geprägte Populationsgeschichte dieser geografisch und temporär dislozierten Populationen vermuten. Dieser Umstand ist vermutlich durch die Expansion der Kurgan-Kultur zu erklären, die sich ab 3300 cal BC ausgehend vom Nordkaukasus zum einen über die pontisch-kaspische Steppe bis nach Osteuropa und zum anderen über Zentralasien bis nach Südsibirien ausbreitete[120]. In diesem Kontext scheint vor allem die Jamnaja-Kultur (3300–2300 cal BC) von besonderem Interesse zu sein, die zeitgleich an die südöstlichen Ränder des schnurkeramischen Verbreitungsgebiets angrenzte (Abb. 8.4) und möglicherweise deren Genese entscheidend mitbeeinflusste.

Abseits dieser offensichtlichen Affinitäten zu zeitgleichen Populationen können auch verbindende Merkmale zwischen der Schnurkeramikkultur und den osteuropäischen Jäger-Sammlern beobachtet werden. Obwohl beide Populationen aufgrund spezifischer Haplogruppen in der Clusteranalyse und der PCA voneinander getrennt werden (Kap. 7.2.2.1–7.2.2.2; Abb. 7.9–7.10), stellen die Subhaplogruppen U2, U4 und U5a auffällige Verbindungselemente dar. Wie bereits dargelegt, wurde Haplogruppe U2 in paläo-/mesolithischen Individuen Schwedens, Kareliens und im Südwesten Russlands identifiziert (Krause u. a. 2010b; Der Sarkissian u. a. 2013; Lazaridis u. a. 2013), während U2 in Zentral- und Südwesteuropa nur selten vertreten (Bollongino u. a. 2013) bzw. abwesend ist (Chandler u. a. 2005; Hervella u. a. 2012; Sánchez-Quinto u. a. 2012; Kap. 8.2.1). Daher scheint U2 während des Paläo-/Mesolithikums häufiger in Nord- und Osteuropa als in Zentral- und Südwesteuropa aufgetreten zu sein (Kap. 8.2.1). Analog sind die Haplogruppen U4 und U5a häufiger in osteuropäischen Jäger-Sammler-Populationen vertreten als in Zentral- und Südwesteuropa. Diese Verteilung stimmt mit rezentgenetischen Studien überein, die anhand der Koaleszenzzeiten beider Haplogruppen und deren Verbreitung in heutigen Populationen einen paläolithischen Ursprung in glazialen Refugien Osteuropas und eine Expansion nach dem letzten glazialen Maximum postulieren (Malyarchuk u. a. 2008a; Malyarchuk u. a. 2010a; Kap. 3.2.6.3). Insgesamt legen diese Erkenntnisse den Schluss nahe, dass ein nicht unerheblicher Anteil der mesolithischen Variabilität Osteuropas mit dem Erscheinen der Schnurkeramikkultur im 3 Jt. BC in Zentraleuropa eingeführt wurde. Diese Hypothese scheint sich durch autosomale Daten paläo-/mesolithischer Skelettfunde zu bestätigen, durch die eine »*ancient north eurasian component*« identifiziert wurde, die zur genetischen Variabilität heutiger Europäer beigetragen hat (Lazaridis u. a. 2013; Kap. 3.3.5.6 u. 8.2.1). Ohne entsprechende Vergleichsdaten bleibt es jedoch spekulativ, ob diese ursprüngliche paläolithische Komponente durch die Schnurkeramikkultur in Zentraleuropa verbreitet wurde.

Zusammenfassend unterstützen die vergleichenden Analysen mit prähistorischen und rezenten Populationen die These, dass der mit der Schnurkeramikkultur im 3. Jt. BC einhergehende Anstieg mitochondrialer Diversität durch genetische Einflüsse aus östlichen Regionen erklärt werden kann. Diese Prozesse werden als ein weiteres populationsdynamisches Ereignis (*Event C*, ~2800 cal BC; Brandt u. a. 2013; Abb. 8.4) definiert, das die genetische Zusammensetzung Zentraleuropas während des Neolithikums erneut beeinflusste. Die Genese der Schnurkeramikkultur erscheint angesichts der dargelegten Resultate als komplexer Prozess. Da sowohl Affinitäten zu östlichen Jäger-Sammler-Populationen als auch zu nördlichen Populationen des Trichterbecher-Komplexes sowie zu den südöstlichen Kurgan-Kulturen bestehen, zeichnet sich das Bild eines Kulturphänomens ab, das während seiner Ausbreitung bis nach Zentraleuropa zahlreiche archäologische Merkmale und genetische Elemente von benachbarten Kulturgruppen oder autochthonen Gemeinschaften eingliederte. Vermutlich spiegelt gerade

---

120 Gimbutas 1970; Mallory 1989; Bogucki/Crabtree 2004; Anthony 2007; Keyser u. a. 2009.

diese Komplexität die archäologische Differenzierung des schnurkeramischen Kulturkomplexes in zahlreiche lokale Gruppen wider, die aufgrund verbindender und charakteristischer Elemente als »Kulturphänomen Schnurkeramik« zusammengefasst werden (Buchvaldek/Strahm 1992; Beier 1998; Bogucki/Crabtree 2004). Dass in Regionen außerhalb des MESG andere Prozesse zur Entwicklung der Schnurkeramikkultur beigetragen haben könnten, kann aufgrund der erkennbaren Regionalisierung zum gegenwärtigen Zeitpunkt nicht ausgeschlossen werden. Umfangreichere Untersuchungen mit einer vergrößerten und geografisch ausgedehnteren Datenbasis könnten zukünftig detailliertere Aussagen bezüglich der genetischen Homogenität oder Heterogenität der Schnurkeramikkultur innerhalb ihres weitläufigen Verbreitungsgebietes ermöglichen, um differenzierte Entwicklungsmodelle in anderen Regionen zu unterstützen oder auszuschließen.

8.2.7 Die Entstehung und Verbreitung der Glockenbecherkultur

Zeitlich verzögert zur Schnurkeramikkultur entwickelte sich mit der Glockenbecherkultur ein weiteres paneuropäisches Kulturphänomen des 3. Jts. BC. Die Glockenbecherkultur war über weite Regionen West- und Zentraleuropas, die Britischen Inseln und Teile von Nordafrika verbreitet[121]. Im MESG erscheint die Glockenbecherkultur etwa 300 Jahre nach der Schnurkeramikkultur und beide Kulturen koexistieren in Zentraleuropa für weitere 300 Jahre[122]. Der Ursprung der Glockenbecherkultur ist archäologisch viel diskutiert und variiert beispielsweise zwischen einer autochthonen Entwicklung auf der Iberischen Halbinsel (Del Castillo 1928) und komplexen Interaktionsmodellen mit der Schnurkeramikkultur (Sangmeister 1967; Lanting/Van der Waals 1976; Kap. 2.2.13; Abb. 2.1–2.2).

Durch die Abwesenheit der Haplogruppen I und U2 kann die Glockenbecherkultur eindeutig von der früheren Schnurkeramikkultur abgegrenzt werden. Eine hohe Frequenz von H (48,3 %) ist die dominierende genetische Signatur der Glockenbecherkultur, die in keiner der vorherigen Kulturen des MESG vergleichbare Parallelen aufweist (Kap. 7.2.1.1; Abb. 7.4). Bei der PCA und Clusteranalyse führt das zu einer klaren Separierung der Glockenbecherkultur von allen früh-/mittelneolithischen und spätneolithischen/frühbronzezeitlichen Kulturen des MESG (Kap. 7.2.1.5 u. 7.2.2.1–7.2.2.2; Abb. 7.8–7.10). Durch die ASHA ist in der Glockenbecherkultur eine Reduktion charakteristischer Jäger-Sammler-Linien auf 3,4–13,8 % und des *Neolithic package* auf 48,3–51,7 % zu beobachten (Kap. 7.2.2.3; Abb. 7.11a). Gleichzeitig erhöht sich der Anteil spätneolithischer/frühbronzezeitlicher Linien drastisch auf 20,7–24,1 %, von denen der Großteil (20,7 %) direkt mit der Schnurkeramikkultur übereinstimmt. Diese Resultate deuten trotz der unterschiedlichen Haplogruppenzusammensetzung auf einen erheblichen Anteil von *admixture* zwischen Schnurkeramikkultur und Glockenbecherkultur hin. Sechs Glockenbecher-Individuen des Fundplatzes Kromsdorf in Thüringen unterstützen diese Ansicht. Die Stichprobe weist überwiegend charakteristische Haplogruppen der Schnurkeramikkultur wie I, T1, U2 und U5a auf, von denen 50 % mit der Schnurkeramikkultur aus dem MESG identisch sind (Lee u. a. 2012a; Kap. 3.3.5.2). Ein ähnliches Bild zeigt sich bei zwei Glockenbecher-Individuen vom Fundplatz Damsbo in Dänemark (Melchior u. a. 2010; Kap. 3.3.5.3), von denen eines mit einem U4–Haplotypen der Schnurkeramikkultur übereinstimmt. Gleiches gilt für den Fundplatz Profen aus dem MESG. Dieser ist durch eine starke Interaktion zwischen beiden spätneolithischen Kulturen gekennzeichnet und wurde daher nicht bei der populationsgenetischen Analyse berücksichtigt (Kap. 6.2.1.1). Diese Interaktion ist in der genetischen Zusammensetzung klar erkennbar. Insgesamt konnten 17 reproduzierbare Sequenzdaten vom Fundplatz Profen generiert werden (Tab. 11.2–11.3), von denen 58,8 % direkte Äquivalente in der Schnurkeramikkultur aufweisen, darunter auch die Haplogruppen I, U2, U4 und U5a. Haplotypen, die mit dem Glockenbecher-Datensatz übereinstimmen, finden sich dagegen nur zu 23,3 %. Letztendlich muss davon ausgegangen werden, dass trotz charakterisierender Elemente ein erheblicher Anteil von *admixture* im Überschneidungsgebiet beider Kulturkomplexe anzunehmen ist, der möglicherweise fundplatzspezifisch variiert.

Diese Zusammenhänge haben ebenfalls Auswirkungen auf die Ergebnisse der populationsgenetischen Analysen mit rezenten Populationen. Ein Großteil dieser Vergleichsanalysen unterstützt Affinitäten der Glockenbecherkultur zu Populationen Nordosteuropas, die in Übereinstimmung mit den Ergebnissen für die Schnurkeramikkultur stehen (Kap. 7.2.3.1–7.2.3.4; Abb. 7.12h–7.15h). Diese Analysen sind vermutlich durch zwei Faktoren beeinflusst. Der erste Faktor ist der erhebliche Anteil anzestraler Schnurkeramik-Linien in der Glockenbecher-Stichprobe. Der zweite Faktor resultiert aus der phylogenetischen Auflösung der Haplogruppe H, deren Variabilität überwiegend außerhalb der *control region* lokalisiert ist, sodass nur ein Bruchteil der H-Subhaplogruppen durch die Sequenzierung der HVS-I unterschieden werden kann (http://www.phylotree.org, build 16, veröffentlicht am 19. Februar 2014; van Oven/Keyser 2009). Da H in den meisten populationsgenetischen Vergleichsanalysen nicht auf Subhaplogruppenniveau aufgelöst wurde (Kap. 6.2.4.1–6.2.4.4), wurden vermutlich generelle Ähnlichkeiten zu Europa induziert, die sich in Kombination mit dem hohen Anteil anzestraler Schnurkeramik-Linien in Nordosteuropa verstärken. Ein anderes Bild ergibt sich jedoch, wenn die phylogenetische Auflösung der Haplogruppe H erhöht wird. Die genetische Distanzkarte, in der alle anhand der HVS-I differenzierbaren H-Subhaplogruppen berücksichtigt wurden, unterstützt eindeutige Affinitäten zu westeuropäischen Populationen einschließlich der Iberischen Halbinsel (Kap. 7.2.3.5; Abb. 7.16h). H ist heutzutage die häufigste Haplogruppe in Europa (>40 %)

---

[121] Nicolis 2001; Bogucki/Crabtree 2004; Heyd 2007; Vander Linden 2007a; Vander Linden 2007b; Kap. 2.2.13; Abb. 2.1.

[122] Behrens 1973; Puttkammer 1994; Czebreszuk/Szmyt 2003; Bogucki/Crabtree 2004; Vander Linden 2007a; Vander Linden 2007b; Hille 2012.

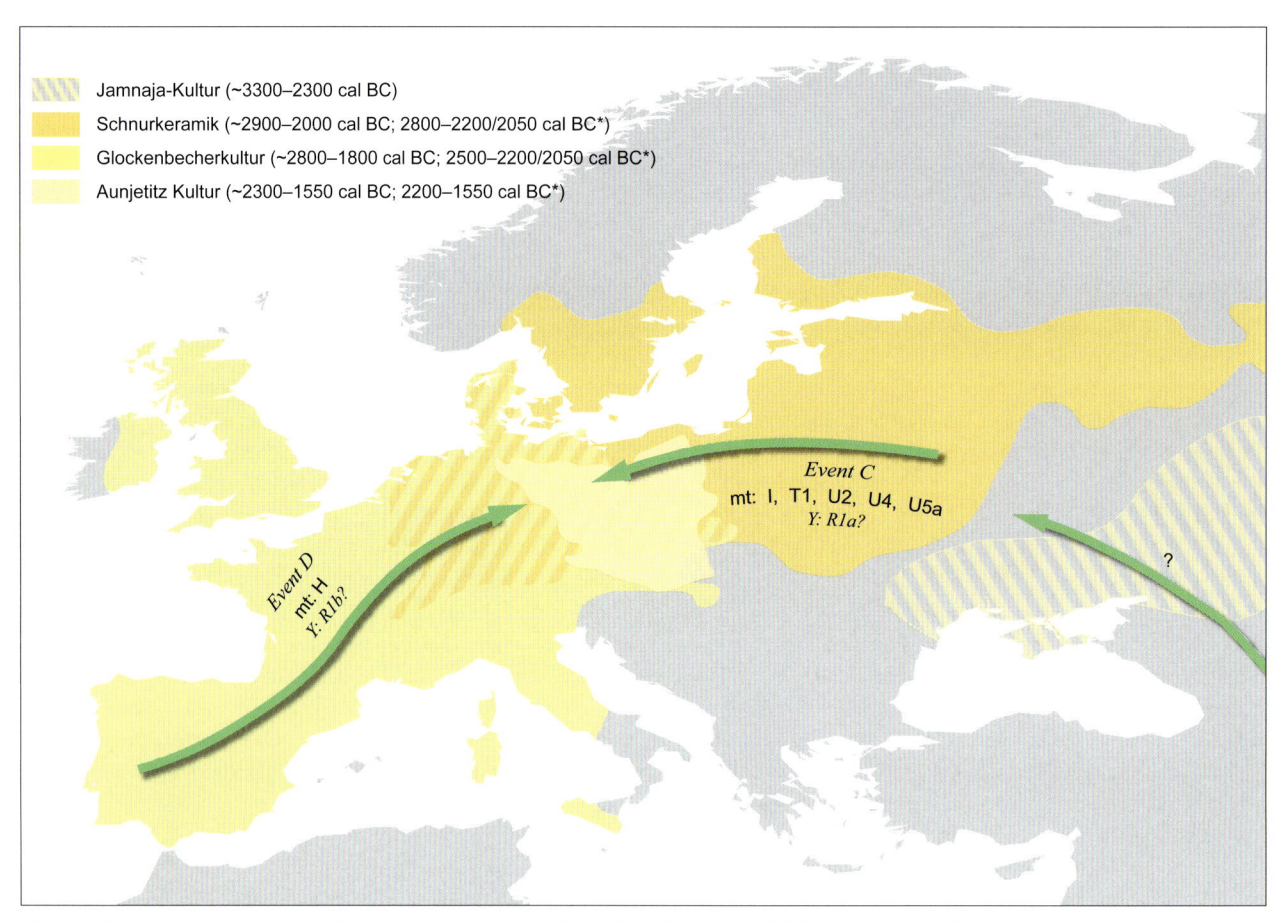

Abb. 8.4 Zusammenfassung der populationsdynamischen Ereignisse während des Spätneolithikums (*Event C & D*)
Die Karte zeigt das Verbreitungsgebiet und potenzielle Wanderungsbewegungen spätneolithischer und frühbronzezeitlicher Kulturen (weitere Erläuterungen in Abbildung 8.1).

mit Häufigkeitsmaxima in südwesteuropäischen Populationen (Kap. 3.2.5), von denen die Basken die höchste Frequenz aufweisen (~49 %; Achilli u. a. 2004). In östlicher und südöstlicher Richtung nimmt ihre Frequenz hingegen bis auf 25 % im Nahen Osten und im Kaukasus ab (Richards u. a. 2000; Achilli u. a. 2004; Kap. 3.2.6.3).

Wie bereits erwähnt, gehen rezentgenetische Studien davon aus, dass sich der überwiegende Teil der H-Diversität Europas – insbesondere die Subgruppen H1 und H3 – vor dem letzten glazialen Maximum im franko-kantabrischen Refugium entwickelten[123]. Die Analyse kompletter mitochondrialer Genome von Glockenbecher-Individuen der Haplogruppe H aus dem hier verwendeten MESG-Datensatz ergab, dass fünf von neun untersuchten Individuen mit den Subhaplogruppen H1 und H3 assoziiert sind und dass diese Zusammensetzung innerhalb der rezenten H-Variabilität die größten Affinitäten zu südwesteuropäischen Populationen aufweist (Brotherton u. a. 2013; Kap. 3.3.5.2). Dies verdeutlicht, dass bei entsprechender phylogenetischer Auflösung die H-Diversität der Glockenbecherkultur auf einen südwesteuropäischen Ursprung zurückzuführen ist und dadurch das iberische Entwicklungsmodell unterstützt wird (Del Castillo 1928; Nicolis 2001; Bogucki/Crabtree 2004).

Gemeinsamkeiten mit südwesteuropäischen Populationen sind aber auch anhand der prähistorischen Vergleichsdaten zu erkennen. PCA und Clusteranalyse zeigen, dass die mtDNA-Zusammensetzung der Glockenbecherkultur die stärksten Übereinstimmungen mit neolithischen Populationen Portugals (5480–3000 cal BC; Chandler 2003; Chandler u. a. 2005) und des Baskenlandes (5310–3708 cal BC; Hervella 2010; Hervella u. a. 2012) aufweist (Kap. 7.2.2.1–7.2.2.2; Abb. 7.9–7.10). Diese Populationen sind durch sehr hohe Frequenzen der Haplogruppe H charakterisiert, die in Portugal 70,6 % und bei den Basken 44,2 % betragen (Tab. 7.9). Vor allem die Gemeinsamkeiten der Glockenbecherkultur mit der neolithischen Population Portugals stellt eine auffällige Parallele mit den Ergebnissen der archäologischen Forschung dar, da die derzeit ältesten Radiokohlenstoffdatierungen der Glockenbecherkultur aus dem Tagus-Tal der portugiesischen Extremadura stammen und somit einen iberischen Ursprung unterstützen (Nicolis 2001; Bogucki/Crabtree 2004). Ein südwesteuropäischer Ursprung scheint sich ebenfalls anhand der ersten Y-chromosomalen Daten der Glockenbecherkultur am Fundplatz Kromsdorf in Thüringen zu bestätigen. Zwei analysierte männliche Individuen sind mit der Haplogruppe R1b assoziiert (Lee

---

123 Achilli u. a. 2004; Loogväli u. a. 2004; Pereira u. a. 2005; Roostalu u. a. 2007; Soares u. a. 2010; Kap. 3.2.6.3.

u. a. 2012a; Kap. 3.3.5.2), die heutzutage Häufigkeitsmaxima in Westeuropa aufweist und für die rezentgenetisch – analog zur mitochondrialen Haplogruppe H – ein westlicher Ursprung vermutet wird (Balaresque u. a. 2010; Myres u. a. 2011).

Die Präsenz von H auf der Iberischen Halbinsel ist seit dem Mesolithikum belegbar (Chandler 2003; Chandler u. a. 2005; Hervella 2010; Hervella u. a. 2012). In Übereinstimmung mit rezentgenetischen Studien (Achilli u. a. 2004; Pereira u. a. 2005; Soares u. a. 2010) kann sie vermutlich als charakterisierendes Element der südwestlichen Jäger-Sammler angesehen werden (Kap. 8.2.1), während H in Zentraleuropa zu dieser Zeit anscheinend nicht vorhanden war (Bramanti u. a. 2009; Fu u. a. 2013; Bollongino u. a. 2013; Lazaridis u. a. 2013). Analog zu U5a und U5b sowie U2, U4 und U5a in der Bernburger Kultur bzw. Schnurkeramikkultur ist anzunehmen, dass ein gewisser Anteil der H-Variabilität, der mit der Glockenbecherkultur im 3. Jt. BC im MESG fassbar wird, einen Teil des mesolithischen Grundsubstrats Südwesteuropas repräsentiert. Dass mesolithische Elemente Südwesteuropas nach Zentraleuropa diffundierten, zeigen Vergleichsanalysen autosomaler DNA mesolithischer und rezenter Individuen mit deren Hilfe eine »western hunter-gatherer component« identifiziert wurde, deren genetische Diversität zu unterschiedlichen Anteilen in allen rezenten Populationen Europas nachweisbar ist (Lazaridis u. a. 2013; Kap. 3.3.5.6 u. 8.2.1). Analog zu den hier dargelegten Ergebnissen mitochondrialer DNA unterstützen die ersten autosomalen Daten sowohl eine westlich geprägte genomische Komponente als auch eine dazu im Kontrast stehende, östlich geprägte »ancient north eurasian component« (Kap. 8.2.1 u. 8.2.6), deren Verbreitung über Europa möglicherweise mit der Expansion der Glockenbecherkultur bzw. Schnurkeramikkultur aus Südwest- und Osteuropa im 3. Jt. BC assoziiert werden kann.

Zusammenfassend sprechen die hier aufgezeigten Ergebnisse für einen genetischen Eintrag maternaler Elemente aus Südwest- nach Zentraleuropa, der mit dem Erscheinen der Glockenbecherkultur im MESG fassbar wird und im Folgenden als *Event D* definiert wird (~2500 cal BC; Brandt u. a. 2013; Abb. 8.4). Allerdings deuten die aufgezeigten Gemeinsamkeiten zwischen den Schnurkeramik- und Glockenbecher-Daten auf einen erheblichen Anteil von *admixture* im überlappenden Verbreitungsgebiet beider Kulturphänomene hin, sodass weitere Daten der Glockenbecherkultur aus Regionen, die unbeeinflusst von der Schnurkeramikkultur geblieben sind, zukünftig erstrebenswert wären, um maternale Elemente beider Kulturen spezifischer definieren und differenzieren zu können.

8.2.8 Der Übergang in die frühe Bronzezeit und die Genese der Aunjetitzer Kultur

Die Frühbronzezeit ist durch ökonomisch und sozial stratifizierte Gesellschaften aufgrund verbesserter metallurgischer Kenntnisse charakterisiert. Nachdem Schnurkeramikkultur und Glockenbecherkultur mehr als 300 Jahre in Zentraleuropa koexistierten, entwickelte sich in deren Überschneidungsgebiet gegen Ende des 3. Jts. BC die frühbronzezeitliche Aunjetitzer Kultur, die Im MESG und den angrenzenden Gebieten des heutigen Thüringens, Sachsens, Polens und der Tschechischen Republik verbreitet war (Kap. 2.2.14; Abb. 2.1 u. 8.4). Die räumliche Nähe und das zeitgleiche Ende beider Großkul-turen mit der Entwicklung frühbronzezeitlicher Gesellschaften in Europa führte seitens der Archäologie zu der Hypothese, dass die Aunjetitzer Kultur aus lokalen Gemeinschaften der Schnurkeramikkultur und Glockenbecherkultur hervorging[124].

Die populationsgenetischen Analysen zeigen, dass die mtDNA-Zusammensetzung der Aunjetitzer Kultur starke Übereinstimmungen mit der Schnurkeramikkultur aufweist, die auf den gemeinsamen maternalen Elementen I, T1, U2, U4 und U5a beruhen. Von diesen Haplogruppen sind vor allem I und U2 hervorzuheben, da sich beide Kulturen dadurch von allen übrigen MESG-Kulturen eindeutig unterscheiden (Kap. 7.2.1.1; Abb. 7.4). Die charakteristische mtDNA-Signatur der Schnurkeramikkultur und der Aunjetitzer Kultur führt in der Clusteranalyse zur Formierung eines eigenständigen Clusters (Kap. 7.2.1.5 u. 7.2.2.1; Abb. 7.8–7.9) und bei der PCA zu einer klaren Separierung von allen übrigen Kulturen des MESG entlang der zweiten Hauptkomponente (Kap. 7.2.2.2; Abb. 7.10). Diese Gemeinsamkeiten spiegeln sich ebenfalls in der ASHA wider, durch die 6,4 % anzestrale Schnurkeramik-Linien in der Aunjetitzer Kultur identifiziert werden konnten, darunter auch die Haplogruppen I, U2 und U5a (Kap. 7.2.2.3; Abb. 7.11a). Des Weiteren zeigen die Vergleichsanalysen übereinstimmende Affinitäten von Schnurkeramikkultur und Aunjetitzer Kultur zu heutigen Populationen Ost- und Nordosteuropas an (Kap. 7.2.3.1–7.2.3.5; Abb. 7.12i-7.16i). Insgesamt belegen die Ergebnisse eine Kontinuität maternaler Elemente zwischen der Schnurkeramikkultur und der Aunjetitzer Kultur und lassen eine gemeinsame maternale Populationsgeschichte beider Kulturen vermuten. Obwohl beide Kulturen durch die Haplogruppen I und U2 charakterisiert werden können, unterscheiden sie sich zum Teil erheblich in deren Frequenzen. In der Aunjetitzer Kultur sind beide Haplogruppen wesentlich häufiger vertreten als in der Schnurkeramikkultur, wodurch bei der PCA eine Separierung entlang der zweiten Hauptkomponente erzeugt wird (Kap. 7.2.2.2; Abb. 7.10). Es scheint, dass charakteristische maternale Elemente der Schnurkeramikkultur während des Formierungsprozesses der Aunjetitzer Kultur an Bedeutung gewannen.

Zwischen der Aunjetitzer und der Glockenbecherkultur finden sich im Gegensatz dazu keine Übereinstimmungen in der mitochondrialen Zusammensetzung. Dies ist überwiegend darin begründet, dass die Haplogruppe I und U2 in der Glockenbecher-Stichprobe fehlen, während die Haplogruppe H die höchste Frequenz im gesamten Datensatz aufweist (Kap. 7.2.1.1; Abb. 7.4). Diese Haplogruppenzusammensetzung resultiert in signifikant unterschiedlichen

---

[124] Behrens 1973; Czebreszuk / Szmyt 2003; Heyd 2007; Hille 2012; Kap. 2.2.12–2.2.14; Abb. 2.2.

F$_{st}$-Werten zwischen Aunjetitzer und Glockenbecherkultur (Kap. 7.2.1.4; Abb. 7.7), die nicht durch genetische Drift erklärbar sind (Brandt u. a. 2013) und sich ebenfalls in der Tatsache widerspiegeln, dass keine der Aunjetitz-Linien anzestrale Äquivalente in der Glockenbecherkultur aufweist (Kap. 7.2.2.3; Tab. 7.10a). Wie bereits dargelegt wurde (Kap. 8.2.7), findet sich jedoch ein relativ hoher Anteil anzestraler Schnurkeramik-Linien in Glockenbecher-Gemeinschaften des MESG und Thüringens (Lee u. a. 2012a), was als *admixture* beider Kulturen innerhalb der Überschneidungszone gewertet werden kann.

Diese Disparität in Bezug auf genetische Kontinuität zwischen Schnurkeramikkultur und Aunjetitzer Kultur, Diskontinuität zwischen Glockenbecherkultur und Aunjetitzer Kultur und den hohen Anteil anzestraler Schnurkeramik-Linien in der Glockenbecherkultur könnte möglicherweise durch eine geschlechtsgekoppelte Migration und *admixture* während des Spätneolithikums im MESG erklärbar sein. Unter der Annahme, dass die Ausbreitung der Glockenbecherkultur von Südwest- nach Zentraleuropa überwiegend durch Männer erfolgte, die sich in der Zielregion mit der einheimischen schnurkeramischen Bevölkerung durchmischten, wäre die Persistenz maternaler Schnurkeramik-Linien in der Glockenbecherkultur zu erwarten. Weiterhin würde man das Erscheinen neuer maternaler Elemente in der Zielregion MESG vermuten. Diese Hypothesen sind anhand der Glockenbecher-Daten durch den hohen Anteil anzestraler Schnurkeramik-Linien sowie den Frequenzanstieg der Haplogruppe H verifizierbar. In der anschließenden Aunjetitzer Kultur ist davon auszugehen, dass maternale Elemente der Schnurkeramikkultur erhalten bleiben, während sich die charakteristische Glockenbecher-Signatur abschwächt. Auch dieser Prozess ist anhand der präsentierten populationsgenetischen Ergebnisse und der konträren mtDNA-Profile des Schnurkeramik-Aunjetitz-Komplexes sowie der Glockenbecherkultur nachweisbar. Simultan würde man erwarten, einen genetischen Einfluss paternaler Elemente mit der Glockenbecherkultur beobachten zu können. Dies ist durch die Präsenz der Y-chromosomalen Haplogruppe R1b angedeutet, die in der Glockenbecher-Stichprobe aus Thüringen beobachtet wurde (Lee u. a. 2012a; Kap. 3.3.5.2 u. 8.2.7) und im Kontrast zur Häufigkeit von Haplogruppe R1a1a in der Schnurkeramikkultur (Haak u. a. 2008) und der südsibirischen Kurgan-Kultur (Keyser u. a. 2009) steht (Kap. 3.3.5.2 u. 8.2.6).

Die diskutierten Punkte sprechen zusammenfassend dafür, dass dem populationsdynamischen *Event D* vermutlich eine geschlechtsgekoppelte Diffusion zugrunde lag, in der Männer eine gewichtigere Rolle spielten. In Zentraleuropa erfolgte vermutlich eine Vermischung mit ansässigen schnurkeramischen Gesellschaften, woraus schließlich das genetische Substrat der Aunjetitzer Kultur hervorging. Die Entwicklung zweier zeitgleicher paneuropäischer Kulturkomplexe vor dem Beginn der Bronzezeit mit gegensätzlicher geografischer Verbreitung und konträren kulturellen Merkmalen wie z. B. Bestattungssitten (Kap. 2.2.12–2.2.13) ist ein faszinierendes archäologisches Phänomen (Heyd 2007). Dem Überschneidungsgebiet beider Kulturkomplexe kommt bei der Rekonstruktion sozialer und biologischer Interaktionen in Zentraleuropa eine entscheidende Rolle zu. Um die zugrunde liegenden Prozesse genauer zu beleuchten, können auch hier nur weitere Daten helfen. Nichtsdestotrotz gibt es anhand der hier vorgestellten Ergebnisse keine Anzeichen dafür, dass die frühe Bronzezeit im MESG durch weitere populationsdynamische Prozesse induziert wurde. Vielmehr erscheint es plausibel, dass die vorangegangenen Populationsdynamiken des Spätneolithikums das genetische Substrat formten, aus dem sich die Aunjetitzer Kultur entwickelte.

8.2.9 Die Entstehung rezenter mtDNA-Variabilität

Die archäologischen Kulturkomplexe, die mit den vier *Events A–D* assoziiert werden können (LBK, Trichterbecherkultur, Schnurkeramikkultur und Glockenbecherkultur), hatten eine weite Verbreitung im prähistorischen Europa[125]. Daher ist es nicht unwahrscheinlich, dass die diskutierten genetischen Einflüsse auch die genetische Variabilität der heutigen Bevölkerung Zentraleuropas beeinflussten.

Die populationsgenetischen Analysen zeigen, dass neben den zentraleuropäischen Jäger-Sammlern auch die früh-/mittelneolithischen Kulturen überwiegend signifikante Unterschiede zur zentraleuropäischen Metapopulation aufweisen. Diese sind sowohl auf Haplotypen- als auch auf Haplogruppenniveau konsistent (Kap. 7.2.1.3–7.2.1.4; Abb. 7.6–7.7) und nicht durch genetische Drift erklärbar (Brandt u. a. 2013). Zwischen den Kulturen des Spätneolithikums und der Rezentpopulation bestehen hingegen nicht signifikante Unterschiede. Diese Differenzierung wird ebenfalls durch die Ergebnisse der AMOVA bestätigt, in der die optimale Gruppierung dadurch erreicht wurde, dass alle spätneolithischen/frühbronzezeitlichen Kulturen mit der Metapopulation Zentraleuropas in einer Gruppe und die übrigen früh-/mittelneolithischen Kulturen in einer weiteren zusammengefasst wurden (Kap. 7.2.1.6; Tab. 7.8). Es ist offensichtlich, dass die genetische Zusammensetzung der spätneolithischen/frühbronzezeitlichen Kulturen größere Übereinstimmungen zur Rezentpopulation Zentraleuropas aufweisen als die früh-/mittelneolithischen. Diese Gemeinsamkeiten beruhen vor allem auf einer mit der gegenwärtigen Bevölkerung Europas weitestgehend vergleichbaren Haplogruppenzusammensetzung (Kap. 7.2.1.1; Abb. 7.4). Die Tatsache, dass mit den *Events A–D* alle wesentlichen Haplogruppen heutiger Europäer assoziiert sind, macht deutlich, dass die rezente mtDNA-Diversität durch eine komplexe Abfolge sukzessiver demografischer Prozesse maßgeblich geformt wurde. Dies ist auch mit der Beobachtung einer ansteigenden Haplotypen- und Haplogruppendiversität vereinbar, deren Werte bereits in der Frühbronzezeit mit der Gegenwart vergleichbar sind (Kap. 7.2.1.2; Abb. 7.5). Somit bestätigen diese Resultate die Annahme früherer Studien,

---

125 Buchvaldek/Strahm 1992; Gronenborn 1999; Gronenborn 2003; Price 2000; Nicolis 2001; Furholt 2003; Bogucki/Crabtree 2004; Heyd 2007; Whittle/Cummings 2007; Vander Linden 2007a; Vander Linden 2007b; Rowley-Conwy 2011; Abb. 8.1–8.4.

dass nach der initialen Neolithisierung weitere populationsdynamische Prozesse stattgefunden haben müssen, welche die genetische Zusammensetzung Europas beeinflussten (Bramanti u. a. 2009; Haak u. a. 2010; Kap. 3.3.5.2).

Mithilfe der ASHA wurde ein Anteil von 2,8–11,8 % paläo-/mesolithischer, 32,4–48,6 % früh-/mittelneolithischer und 13,8–16,4 % spätneolithischer/frühbronzezeitlicher Linien an der heutigen mtDNA-Diversität Zentraleuropas ermittelt (Kap. 7.2.2.3; Abb. 7.11a). Die übrigen 23,2 % repräsentieren Linien – vornehmlich der Haplogruppe H – die derzeit keiner Periode zweifelsfrei zugeordnet werden können. Auch wenn diese Zusammensetzung Parallelen zur Aunjetitzer Kultur aufweist, vor allem bezüglich der Häufigkeit früh-/mittelneolithischer Linien, so ist seit der Bronzezeit bis in die Gegenwart dennoch eine Verringerung der charakteristischen Haplogruppen I, U2, U4, und U5a des Schnurkeramik-Aunjetitz-Komplexes und eine Erhöhung der mit der Glockenbecherkultur assoziierten Haplogruppe H zu verzeichnen (Kap. 7.2.1.1). Diese Unterschiede resultieren in signifikanten Fst-Werten zwischen der rezenten Metapopulation Zentraleuropas und der Aunjetitzer Kultur (Kap. 7.2.1.3–7.2.1.4; Abb. 7.6–7.7). Die größten Gemeinsamkeiten der rezenten Metapopulation Zentraleuropas bestehen zu der Glockenbecherkultur (Kap. 7.2.1.5; Abb. 7.8), die aufgrund von Gemeinsamkeiten in der H-Variabilität mit einem Ursprung in Südwesteuropa assoziiert werden kann (Kap. 8.2.7). Dies lässt darauf schließen, dass die heutige mtDNA-Diversität vermutlich stärker durch westliche Elemente geprägt worden ist als durch östliche. Daher könnte die Existenz eines weiteren populationsdynamischen Ereignisses postuliert werden, das Zentraleuropa nach der Frühbronzezeit erreichte und in dessen Verlauf mitochondriale Elemente der Schnurkeramikkultur und der Aunjetitzer Kultur durch genetische Einflüsse (darunter Haplogruppe H) aus dem Westen reduziert wurden.

Der ermittelte Anteil neolithischer Linien am rezenten Genpool Zentraleuropas steht im klaren Kontrast zu populationsgenetischen Studien der Rezentgenetik, die für den Großteil der heutigen mtDNA-Variabilität eine paläolithische Entstehung in glazialen Refugien mit anschließender Rekolonisierung Zentral- und Nordeuropas annehmen[126]. Demnach wäre der Anteil neolithischer Siedler am rezenten Genpool äußerst gering und würde laut Richards und Kollegen vermutlich 20 % nicht übersteigen (Richards u. a. 2000). Obwohl diese Schätzung im Zuge aktueller Studien (Pala u. a. 2012; Olivieri u. a. 2013) einer erneuten Quantifizierung und vermutlich Korrektur nach unten Bedarf, soll dieser Wert hier dennoch als konservativer Anhaltspunkt herangezogen werden. Anhand der vorgelegten Daten kann ein etwa doppelt so hoher Anteil früh- und mittelneolithischer Linien von 32,4–48,6 % in der rezenten Population Europas angenommen werden. Dieser erhöht sich bei der Erweiterung um spätneolithische Linien sogar auf 46,2–65 % und schließt einen maßgeblichen paläolithischen Beitrag am rezenten mtDNA-Genpool weitgehend aus. Diese Diskrepanz kann im Wesentlichen durch drei Ansätze erklärt werden:

1. Obwohl die seit Jahren stetig anwachsende Zahl von aDNA-Publikationen die Datenbasis paläo-/mesolithischer und neolithischer Funde immer weiter erhöht hat (Kap. 3.3.5.1–3.3.5.6), ist die Menge derzeit verfügbarer präneolithischer Daten noch gering. Diese decken ein Territorium von Portugal im Westen bis Karelien im Nordosten und den Fundplatz Kostenki im Südwesten Russlands ab (Abb. 6.5). Wenngleich die Ergebnisse in sich konsistent sind und in einem sinnvollen phylogeografischen Zusammenhang interpretiert werden können, ist es möglich, dass nicht die gesamte Bandbreite der paläo-/mesolithischen Variabilität Europas erfasst wurde. Die Diskrepanz würde daher schlicht auf einer Fundlücke in den bisherigen aDNA-Daten basieren.

2. Ein Großteil der rezentgenetischen Theorien zur Besiedelungsgeschichte Europas basiert auf der Berechnung von Koaleszenzzeiten verschiedener Haplogruppen mithilfe der molekularen Uhr (Kap. 3.2.3 u. 3.2.6.1–3.2.6.4). Diese Methode ist im hohen Maße von einer zuverlässigen Kalibrierung der Mutationsrate abhängig, sodass die errechneten Koaleszenzzeiten und die damit verbundenen Hypothesen fehlerbehaftet sein könnten. In den letzten Jahren wurde häufig eine Mutationsrate verwendet, die auf der phylogenetischen Trennung von Mensch und Schimpanse vor 6,5 Millionen Jahren basiert (Mishmar u. a. 2003). Neuere Studien konnten zeigen, dass eine direkte Kalibrierung der Mutationsrate mittels aDNA-Analysen zuverlässig datierter prähistorischer Funde eine etwa 1,5-mal schnellere Mutationsrate ergibt (Brotherton u. a. 2013; Fu u. a. 2013; Kap. 3.2.3). Dies würde einen Großteil der bisher publizierten Koaleszenzzeiten um mehrere tausend Jahre vordatieren. Als Beispiel soll hier die Haplogruppe H angeführt werden, deren aktuell durch aDNA errechnete Koaleszenzzeit von 10 900–19 100 Jahren um etwa 4000 Jahre von den mittels rezenter DNA kalkulierten 14 700–22 600 (Soares u. a. 2009) bzw. 15 700–22 500 (Mishmar u. a. 2003) Jahren abweicht. Die Diskrepanz könnte also möglicherweise das Resultat einer zu langsamen Mutationsrate sein, welche die Differenzierung und Expansion bestimmter Haplogruppen zu alt erscheinen lassen würde.

3. Der dritte Erklärungsansatz basiert auf der Annahme, dass die aDNA-Daten die ursprüngliche präneolithische Variabilität zuverlässig repräsentieren und die Koaleszenzzeiten unter Verwendung einer direkt kalibrierten Mutationsrate auf einen paläo-/mesolithischen Ursprung der europäischen Haplogruppen hindeuten. Unter diesen Voraussetzungen ist es wahrscheinlich, dass sich die heutige Variabilität zwar während des Paläolithikums (vermutlich in glazialen Refugien) in unterschiedlichen Regionen entwickelt hat, aber erst in späteren Perioden des Neolithikums Zentraleuropa erreichte. In Südwesteuropa deuten die aDNA-Daten auf eine Präsenz von H

---

126 Richards u. a. 1996; Torroni u. a. 1998; Richards u. a. 2000; Torroni u. a. 2001; Achilli u. a. 2004; Achilli u. a. 2005; Peireira u. a. 2005; Malyarchuk u. a. 2008a; Pala u. a. 2009; Malyarchuk u. a. 2010a; Soares u. a. 2010; Pala u. a. 2012; Olivieri u. a. 2013; Kap. 3.2.6.3–3.2.6.4.

während des Paläo-/Mesolithikums hin (Chandler u.a. 2005; Hervella u.a. 2012) und unterstützen die Hypothese einer postglazialen Reexpansion von H aus dem franko-kantabrischen Refugium (Kap. 3.2.6.3 u. 8.2.1). Auch die rezentgenetische Hypothese einer Verbreitung von U5b im Westen und U5a bzw. U4 im Osten Europas (Malyarchuk u.a. 2008a; Malyarchuk u.a. 2010a) stimmt mit den Daten der aDNA überein (Kap. 3.2.6.3 u. 8.2.1). Aufgrund dieser Parallelen zwischen aDNA und Rezentgenetik scheint vor allem das erst kürzlich postulierte Refugium im Nahen Osten (Pala u.a. 2012; Olivieri u.a. 2013) von Interesse zu sein. Dieses soll einen wesentlichen Teil charakteristischer Linien des Neolithikums hervorgebracht haben, die sich nach dem letzten glazialem Maximum über Südost- bis nach Zentraleuropa verbreiteten (Kap. 3.2.6.3). Um zu klären, ob charakteristische Haplogruppen der frühen Bauern Zentraleuropas bereits während des Mesolithikums vorhanden waren, bedarf es weiterer Daten, insbesondere aus Südosteuropa und aus den Ursprungsgebieten der Neolithisierung im Nahen Osten, die viele der bislang offenen Fragen beantworten könnten. Allerdings setzt die Erhaltungswahrscheinlichkeit alter DNA in wärmeren Klimazonen diesem Anspruch klare Grenzen. Sollten zukünftig charakteristische Linien der frühen Bauern in den südöstlichen Regionen Europas bereits im Paläo-/Mesolithikum nachgewiesen werden, würde auch die initiale Neolithisierung einem Prozess folgen, der analog für die übrigen *Events B–D* anzunehmen ist und in den obigen Kapiteln formuliert wurde: Ein Teil der mesolithischen Diversität einer bestimmten Region erreicht Zentraleuropa zu unterschiedlichen Zeitpunkten.

Es bleibt hinzuzufügen, dass die Berechnungen der Koaleszenzzeiten bestimmter (Sub-)Haplogruppen und damit die Entstehung ihrer Diversität bislang nur anhand der rezenten Verteilung erfolgten. Allerdings könnte sich die genetische Vielfalt heutiger Populationen seit der initialen Besiedelung Europas vor ~45 000 Jahren durch mehrere unabhängige demografische oder evolutive Prozesse entwickelt haben, die durch rezentgenetische Querschnitte nicht differenziert werden können (Kap. 3.3.1; Abb. 3.8). Die heutige Diversität einer Haplogruppe in einer bestimmten Region bildet daher sehr wahrscheinlich eine komplexe Populationsgeschichte ab, die sich aus unterschiedlichen (prä-)historischen Einflüssen diverser Regionen zusammensetzt und damit die Aussagekraft der zeitlichen Tiefe von Koaleszenzzeiten reduziert. Das solch komplexe Prozesse der Entstehung heutiger mtDNA-Diversität tatsächlich zugrunde liegen, zeichnet sich nicht nur in der vorgelegten Arbeit, sondern auch in weiteren chronologisch angelegten Studien ab (Melchior u.a. 2010; Brotherton u.a. 2013; Der Sarkissian u.a. 2013). Die Diskrepanz wäre also in einer unterschiedlichen Definition von paläo-/mesolithischen und neolithischen Linien begründet, wobei zwischen dem errechneten potenziellen zeitlichen Ursprung einer Haplogruppe und dem nachweisbaren Auftreten in einer bestimmten Region klar unterschieden werden müsste. Eine Synthese der methodischen Ansätze könnte zukünftig darin bestehen, aDNA-Daten als direkte Kalibrierungspunkte nicht nur für die Berechnung der Mutationsrate (Brotherton u.a. 2013; Fu u.a. 2013), sondern auch für die Erfassung mitochondrialer Diversität durch Zeit und Raum zu verwenden, wodurch exaktere Koaleszenzzeiten ermittelt werden könnten. Allerdings setzt die lückenhafte Verfügbarkeit geografisch und chronologisch differenzierter aDNA-Daten (Abb. 6.5) diesem Ansatz derzeit noch klare Grenzen.

8.2.10 Diskussion der Ergebnisse im Kontext benachbarter Forschungsdisziplinen

Während die Synthese der genetischen Ergebnisse bereits vor dem Hintergrund archäologischer, paläogenetischer und populationsgenetischer Hypothesen und Modelle diskutiert wurde (Kap. 8.2.1–8.2.9), soll dieser Ansatz in den folgenden Kapiteln auf die Linguistik, Demografie und Paläoklimatologie ausgeweitet werden. Wenngleich aufgrund fehlender empirischer Beweise derartige Korrelationen spekulativ erscheinen, können mit ihrer Hilfe populationsdynamische Prozesse aus anderen Blickwinkeln beleuchtet und zusätzliche Hintergrundinformationen geliefert werden.

8.2.10.1 Linguistik

Der Ursprung und die Verbreitung der indoeuropäischen Sprachfamilie ist Gegenstand wiederholter Diskussionen in Archäologie und Linguistik. Die Expansion der proto-indoeuropäischen Sprache wird entweder durch einen Ursprung in Anatolien mit anschließender Ausbreitung über Europa während der Neolithisierung (Renfrew 1987; Renfrew 1999), eine Entwicklung im südlichen Kaukasus mit einer von der Neolithisierung unabhängigen Expansion (Gamkrelidze/Ivanov 1984) oder einen Ursprung in der pontisch-kaspischen Steppe nordwestlich des Schwarzen Meeres mit anschließender Verbreitung durch Kurgan-Gesellschaften (Gimbutas 1991; Anthony 2007) erklärt. Obwohl die Korrelation von Genetik und Linguistik in der populationsgentischen Literatur bisweilen kontrovers diskutiert wurde (Lawler 2008; Soares u.a. 2010; Balanovsky u.a. 2013), ist eine parallele Entwicklung durchaus belegbar (Quintana-Murci u.a. 2001; Balanovsky u.a. 2011). Im Folgenden werden daher einige der *Events A–D* im Hinblick auf Parallelen zu Ursprung und Verbreitung der indoeuropäischen Sprachfamilie diskutiert.

Eine kürzlich erschienene Studie hat die Kontroverse um die indoeuropäische Sprache unter Linguisten, Archäologen und Anthropologen neu entfacht. Bouckaert und Kollegen nutzten das Vokabular 103 vergangener und heutiger Sprachen und simulierten die temporäre und geografische Verbreitung der indoeuropäischen Sprachfamilie (Bouckaert u.a. 2012). Die Ergebnisse unterstützen einen Ursprung in Anatolien und eine einsetzende Expansion über Europa und Asien zwischen 7500–6000 BC. Diese Divergenzzeit ist konkordant mit der neolithischen Expansion über die kontinentale Route (*Event A*; Kap. 8.2.2; Abb. 8.1) und spricht für eine Beteiligung früher Bauern-Populationen wie der LBK an der Verbreitung der indoeuropäischen Sprache.

Wie in den vorangegangenen Kapiteln dargelegt, unterstützen die genetischen Daten sowohl eine Diskontinuität zwischen den letzten Jäger-Sammlern und den frühen Bauern als auch eine homogene genetische Signatur der LBK in ihrem Verbreitungsgebiet (Kap. 8.2.1–8.2.2). Es erscheint plausibel, dass ein solch starker Populationsbruch, der ein ausgedehntes Gebiet innerhalb weniger Jahrhunderte erfasste, ebenfalls mit der Einführung einer gemeinsamen Sprache einhergegangen sein muss.

Bouckaert und Kollegen gingen aber noch einen Schritt weiter und berechneten Divergenzzeiten für die fünf großen indoeuropäischen Subfamilien. Demnach entwickelten sich die keltische (~2500 BC), italienische (~2500 BC), germanische (~3100 BC), balto-slawische (~3800 BC) und indo-iranische Sprache (~4000 BC) um 4000–2000 BC. Berücksichtigt man die zeitliche Überlappung und den genetischen Einfluss aus dem Osten, so könnten die Schnurkeramikkultur und die assoziierten Kurgan-Kulturen (*Event C*) sehr wahrscheinlich entweder mit der Verbreitung der germanischen und/oder der balto-slawischen Sprache in Verbindung gebracht werden. Dies steht ebenfalls im Einklang mit rezentgenetischen Studien, die Häufigkeitsmaxima der schnurkeramikassoziierten Y-chromosomalen Haplogruppe R1a1a (Kap. 8.2.6; Abb. 8.4) vor allem in slawisch bzw. germanisch sprechenden Ländern beschreiben (Soares u. a. 2010; Underhill u. a. 2010).

In Anbetracht der errechneten Divergenzzeit der keltischen Sprache von ~2500 BC (Bouckaert u. a. 2012) könnte der genetische Eintrag aus dem Südwesten, der mit der Glockenbecherkultur im MESG angezeigt wird (*Event D*; Kap. 8.2.7; Abb. 8.4), mit einer früher als bislang angenommenen keltischen Verbreitung assoziiert sein (Brotherton u. a. 2013). Ursprung und Verbreitung der keltischen Sprachfamilie werden bisweilen kontrovers in der linguistischen Literatur diskutiert. Während die traditionelle Sichtweise von einer Etablierung in Westeuropa während der Eisenzeit ausgeht, vermuten neuere Studien eine Entwicklung auf der Iberischen Halbinsel (Cunliffe 2001; Koch 2009; Cunliffe/Koch 2010). Demzufolge hätten sich in dieser Region bereits während des Neolithikums frühe Formen der keltischen Sprachfamilie aus indoeuropäischen Vorläufern entwickelt und sich zunächst entlang der atlantischen Küstengebiete verbreitet. Die Expansion über weite Teile Westeuropas hätte erst in einer Phase größerer Mobilität stattgefunden, die vermutlich mit der Glockenbecherkultur assoziiert werden kann.

8.2.10.2 Demografie

Seit der Beschreibung des *wave-of-advance*-Modells durch Ammermann und Cavalli-Sforza (Ammermann/Cavalli-Sforza 1984; Kap. 3.2.6.1) scheint Konsens darüber zu bestehen, dass die meso-/neolithische Transition mit einer Zunahme von Populationsgrößen einherging und dass diese demografische Entwicklung in der Etablierung verbesserter Subsistenzstrategien und landwirtschaftlicher Techniken begründet war. Obwohl die neolithische Transition und deren zugrunde liegende Prozesse in der Vergangenheit das Forschungsinteresse zahlreicher Wissenschaftsdisziplinen geweckt haben, sind Studien, welche auf die demografische Entwicklung vor, während und nach der Einführung der Landwirtschaft fokussieren, relativ begrenzt. Paläoanthropologische Untersuchungen haben gezeigt, dass mit Einsetzen des Neolithikums eine erhebliche Zunahme der Fertilisation einherging, die durch den ansteigenden Anteil juveniler Individuen in frühneolithischen Populationen zum Ausdruck kommt (Bocquet-Appel 2002). Diese Zusammenhänge sind keinesfalls auf Europa beschränkt, sondern stellen ein globales Phänomen dar, das mit Etablierung der Landwirtschaft einherging (Bocquet-Appel 2011). Dies wird ebenfalls durch archäologische Arbeiten unterstützt, die anhand der Anzahl, Größe und Dichte von LBK-Siedlungen ein Populationswachstum von 0,9–2,7 % pro Jahr berechnen (Petrasch u. a. 2001; Petrasch 2010). Populationsgenetische Studien haben zur Fragestellung der demografischen Entwicklung bislang vor allem durch koaleszenzbasierte Analysen kompletter mitochondrialer Genome rezenter Bevölkerungen beigetragen und einen Anstieg der mtDNA-Diversität zur Zeit der neolithischen Transition detektiert (Gignoux u. a. 2011; Fu u. a. 2012). Die demografische Entwicklung nach der initialen Neolithisierung ist hingegen weitestgehend unerforscht. Vielmehr scheint allgemein ein konstantes und exponentielles Populationswachstum in Übereinstimmung mit Langzeittrends der globalen und kontinentalen Bevölkerungsentwicklung angenommen zu werden (McEvedy/Jones 1978).

Eine aktuelle Studie von Shennan und Kollegen (Shennan u. a. 2013) ging einen Schritt weiter und rekonstruierte die demografische Entwicklung Europas in zwölf Subregionen anhand von 13 658 radiokohlenstoffdatierten Funden, die zeitlich eine Periode vom Mesolithikum bis in die Bronzezeit abdecken (~8000–2000 BC). Basierend auf der Annahme, dass die Anzahl datierter Funde einer Region innerhalb eines gegebenen Zeitintervalls mit der Bevölkerungsdichte korreliert, können Radiokohlenstoffdaten als Alternative zu herkömmlichen demografischen Proxies verwendet werden (Collard u. a. 2010; Williams 2012). Allerdings ist hierbei auch zu beachten, dass die Generierung von Radiokohlenstoffdaten durch eine Vielzahl von Faktoren wie z. B. finanziellen Mitteln oder dem Forschungsinteresse beeinflusst sein können und somit einen methodenimmanenten Fehler beinhalten.

In der Studie von Shennan und Kollegen wurde anhand der verfügbaren Radiokohlenstoffdaten eine Wahrscheinlichkeitsverteilung simuliert und gegen die Null-Hypothese des exponentiellen Populationswachstums getestet, um signifikante Abweichungen ermitteln zu können. Diese Analysen wurden sowohl im gesamteuropäischen Kontext als auch separat in zwölf Subregionen Zentraleuropas (5), Südskandinaviens (4) und Großbritanniens/Irlands (3) durchgeführt. Demnach folgt das Populationswachstum während des Neolithikums einem Muster von *booms* und *busts*, was bedeutet, dass auf Phasen gesteigerten Populationswachstums eine Reduktion der Bevölkerungsdichte folgt. Im Wesentlichen können zwei *boom*-Phasen herausgestellt werden, die sich signifikant vom Langzeittrend des exponentiellen Wachstums abheben. In Zentraleuropa zeigen vier der fünf untersuchten Regionen einen signifikanten Anstieg des Populationswachstums zur Zeit der neolithischen Transition um 5500 BC. Dieser schlägt sich jedoch aufgrund der erst 1500 Jahre später einsetzenden Neolithisierung in den sieben Subregionen Südskandinaviens und Großbritanniens/Irlands nicht im gesamteuropäischen Kontext nieder (Abb. 8.5a). Die zweite *boom*-Phase setzt um 4000 BC ein. Diese manifestiert sich nicht nur in allen Subregionen Südskandinaviens und Großbritanniens/Irlands, sondern auch deutlich im gesamteuropäischen Raum (Abb. 8.5a) und ist mit der Neolithisierung dieser Regionen vereinbar. In allen Subregionen kann also ein Anstieg der Bevölkerungsdichte nachgewiesen werden, der mit der Etablierung der Landwirtschaft in den jeweiligen Regionen korreliert (Shennan u. a. 2013). Beide *boom*-Phasen stimmen ebenfalls mit den hier beschrieben Migrationsereignissen im Zuge der Neolithisierung Zentraleuropas (*Event A*; Kap. 8.2.2; Abb. 8.1) und Südskandinaviens (*Event B_1*; Kap. 8.2.5; Abb. 8.2) überein.

Außer diesen offensichtlichen *boom*-Phasen sind weitere Bevölkerungsanstiege erkennbar, die jedoch in der Originalpublikation nicht im Detail diskutiert wurden. Nach der generellen Zunahme der Bevölkerungsdichte um 4000 BC sind in ganz Europa weitere signifikante Anstiege um 3650, 3550, 3500 und 3350 BC ersichtlich (Abb. 8.5a). Diese sind insbesondere durch die südskandinavischen Subregionen induziert, aber in Norddeutschland und Zentraldeutschland ebenfalls in abgeschwächter Intensität erkennbar. Möglicherweise könnten diese Muster mit einer generellen Expansion der Trichterbecherkultur nach Zentraleuropa erklärt werden, die mit *Event B_2* übereinstimmt und mit der Bernburger Kultur im MESG fassbar wird (Kap. 8.2.5; Abb. 8.3). Das dieses Ereignis bereits durch zeitlich frühere Repräsentanten des Trichterbecher-Komplexes eingesetzt haben könnte, erscheint angesichts der aufgezeigten Kultursequenz von Tiefstichkeramikkultur, Walternienburger Kultur und Bernburger Kultur als wahrscheinlich.

Ein weiterer signifikanter Anstieg der Populationsdichte ist um 2900 BC zu verzeichnen, der auf eine *bust*-Phase im ausgehenden 4. Jt. BC folgt (Abb. 8.5a) und durch fünf der neun zentraleuropäischen und südskandinavischen Subregionen repräsentiert ist. In Großbritannien/Irland bleibt ein Bevölkerungsanstieg zu dieser Zeit jedoch aus. Die zeitlichen und geografischen Muster sind mit der Entstehung und Verbreitung der schnurkeramischen Kultur kongruent, die ab 2800 cal BC im MESG nachweisbar ist und das populationsdynamische *Event C* definiert (Kap. 8.2.6; Abb. 8.4).

Nach einer weiteren *bust*-Phase, die über die gesamte erste Hälfte des 3. Jts. BC andauert, kann eine erneute Zunahme der Bevölkerungsdichte um 2500 BC vermutet werden (Abb. 8.5a), die im gesamteuropäischen Kontext zwar unterhalb des exponentiellen Wachstums liegt, in zwei Subregionen Großbritanniens/Irlands und Südskandinaviens aber signifikant davon abweicht. Auch wenn diese demografische Fluktuation deutlich schwächer ausfällt als die zuvor diskutierten, stimmt die zeitliche Einordnung relativ gut mit dem frühesten Erscheinen der Glockenbecherkultur in Großbritannien, Irland, Zentraleuropa und Südskandinavien um 2500 BC überein und könnte möglicherweise ebenfalls *Event D* widerspiegeln (Kap. 8.2.7; Abb. 8.4).

Wenngleich die hier aufgeführten Vergleiche keinesfalls statistische Relevanz haben, so scheinen die demografischen Schwankungen in den einzelnen Subregionen und im gesamteuropäischen Kontext mit den Veränderungen in der genetischen Diversität während des Neolithikums relativ gut vereinbar zu sein. Dies unterstützt die intuitive Annahme, dass sich die hier beschriebenen Migrationsereignisse A–D ebenfalls auf die demografische Entwicklung prähistorischer Populationen ausgewirkt haben. In zukünftigen Studien wäre es von Interesse, einerseits chronologische Datensätze zu erzeugen und zu verwenden, die nicht nur auf die initiale Neolithisierung fokussieren und andererseits in einem interdisziplinären Ansatz neben Radiokohlenstoff- auch klassische paläoanthropologische Daten mit der Genetik zu verbinden.

8.2.10.3 Paläoklimatologie

Der potenzielle Einfluss klimatischer Veränderungen während des Holozäns auf die Entfaltung und den Niedergang prähistorischer Populationen ist im Laufe des vergangenen Jahrzehnts Gegenstand zunehmender Diskussionen in der archäologischen Literatur geworden[127]. Die archäologische Forschung hat gezeigt, dass die Geschwindigkeit und der Prozess einer agrikulturellen Expansion sowie die Beständigkeit kultureller Entwicklungen von einer Kombination zahlreicher Gegebenheiten abhängig ist, wobei umweltbezogene und klimatische Bedingungen weithin als potenzielle Faktoren akzeptiert sind[128]. Es ist plausibel, dass der Erfolg landwirtschaftlicher Subsistenzstrategien im hohen Maß von derartigen externen Faktoren abhängig ist. Dies gewinnt umso mehr an Bedeutung, wenn sich die klimatischen Bedingungen über längere Zeiträume verändern oder die Peripherie einer expandierenden Bauernpopulation in nördlichere und klimatisch instabile Regionen vordringt. Diese Zusammenhänge werfen unweigerlich die Frage auf, ob die hier diskutierten Migrationsereignisse A–D möglicherweise mit Fluktuationen oder Veränderungen der Umweltbedingungen korrelieren, die anhand klimatologischer Archive rekonstruiert werden können.

Die Aktivität der Sonne unterliegt zyklischen Veränderungen. Diese kommen am auffälligsten durch die Anzahl und Größe der Sonnenflecken zum Ausdruck, die mit einer Periodizität von durchschnittlich elf Jahren zwischen Minima und Maxima schwanken. Sonnenfleckenmaxima gehen mit einer höheren, Sonnenfleckenminima mit einer verringerten Sonnenaktivität einher. Paläoklimatologische Studien haben gezeigt, dass Anstiege der solarinduzierten ^{14}C-Produktion mit einer verringerten Sonnenaktivität während des Sonnenfleckenzyklus korrelieren (Solanki u. a. 2004). Dementsprechend können Maxima in der ^{14}C-Produktions-Kurve generell als Phasen geringer Sonnenintensität und damit einhergehend kälterer Winter in Eurasien interpretiert werden (Lockwood u. a. 2010; Wool-

---

[127] Weiss/Bradley 2001; Bar-Yosef/Belfer-Cohen 2002; Bonsall u. a. 2002; Arbogast u. a. 2006; Migowski u. a. 2006; Gronenborn 2007; Gronenborn 2009; Weninger u. a. 2009; Gronenborn 2010; Gronenborn 2012; Medina-Elizalde/Rohling 2012; Gronenborn u. a. 2013.

[128] Whittle 1996, Gronenborn 1999, Price 2000, Whittle/Cummings 2007, Rowley-Conwy 2011.

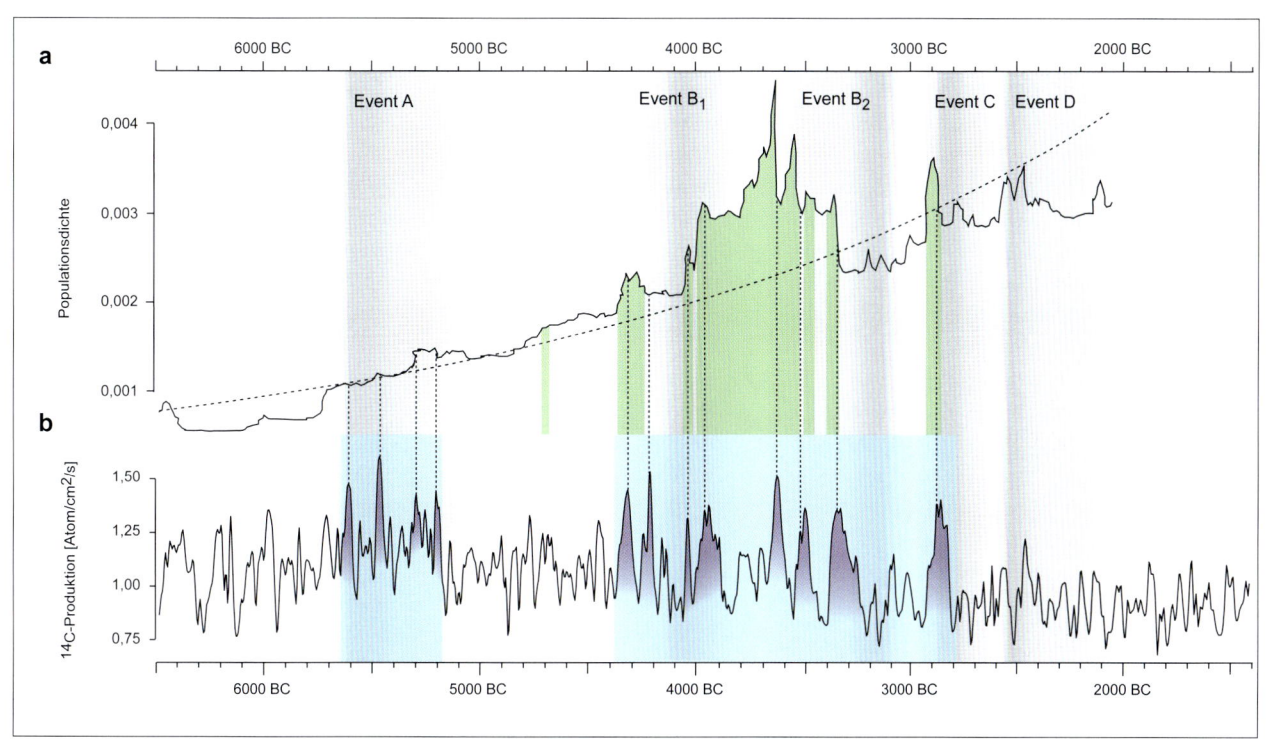

Abb. 8.5a–b Demographische Entwicklung und klimatische Fluktuationen während des Neolithikums

Abbildung a zeigt das *boom*-and-*bust*-Muster der demografischen Entwicklung basierend auf der Häufigkeitsverteilung radiokohlenstoffdatierter neolithischer Funde. Grüne Bereiche markieren Phasen, in denen sich die Populationsdichte signifikant vom Langzeittrend des exponentiellen Wachstums (gestrichelte Kurve) absetzt. Abbildung b zeigt klimatische Fluktuationen basierend auf der solarinduzierten ^{14}C-Produktionskurve (Kromer/Friederich 2007). Die Klimakurve deutet auf alternierende Phasen mit warmen Sommern und gemäßigten Wintern sowie dazwischenliegende Kaltphasen (blaue Bereiche) hin. Innerhalb dieser Kaltphasen lassen Maxima in der ^{14}C-Produktionskurve auf Dekaden extrem kalter Winter schließen (blaue Peaks), die Phasen geringerer Populationsdichte (a) vorausgehen. Die grauen Farbverläufe kennzeichnen den zeitlichen Rahmen der populationsdynamischen *Events A–D*, die mit Phasen demografischer und klimatischer Fluktuationen übereinstimmen. Dunkelgraue Bereiche beziehen sich auf den Nachweis der *Events* im MESG. Hellgraue Bereiche hingegen markieren ihre potenzielle Beständigkeit basierend auf der zeitlichen Verbreitung der assoziierten Kulturen in Europa oder deren Kulturinteraktionen.

lings u. a. 2010; Sirocko u. a. 2012). Zum Beispiel konnte mittels historischer Aufzeichnungen der letzten 230 Jahre belegt werden, dass der Rhein bevorzugt in Phasen von Sonnenfleckenminima gefriert (Sirocko u. a. 2012). Des Weiteren wurde eine ansteigende oder abnehmende Solarintensität als Ursache weiterer terrestrischer Klima-Proxies diskutiert, die eine Beziehung zwischen Umweltveränderungen und der atmosphärischen ^{14}C-Produktion nahelegen[129]. Die ^{14}C-Produktionskurve (Kromer/Friedrich 2007) hat zudem den Vorteil einer präzisen Datierung und repräsentiert somit einen der am besten datierten Klimaindikatoren, die derzeit verfügbar sind (Gronenborn u. a. 2013). Daher wurde im Folgenden die ^{14}C-Produktionskurve verwendet, um klimatische Fluktuationen zwischen dem Spätmesolithikum und der Frühbronzezeit mit dem zeitlichen Einsetzen der postulierten populationsdynamischen *Events A–D* abzugleichen.

Die Klimadaten lassen vermuten, dass Phasen extrem kalter Winter den *Events A*, B_1, B_2 und *C* vorangingen (Abb. 8.5b). Während des Spätmesolithikums (~7000–5650 BC) war das Klima mit warmen Sommern und gemäßigten Wintern relativ stabil. Diese günstigen Bedingungen änderten sich jedoch in der Zeit zwischen 5650–5200 BC. Die solare ^{14}C-Produktion erreichte in diesem Zeitraum klare Maxima um 5610, 5460, 5300 und 5210 BC, die auf Phasen kälterer Winter zur Zeit der LBK-Entwicklung in Transdanubien um 5600 BC und deren Expansion über Zentraleuropa während der folgenden Jahrhunderte (*Event A*; Kap. 8.2.2; Abb. 8.1) schließen lassen. Analog zeigt die Periode zwischen 4400–2800 BC eine Reihe klimatischer Veränderungen mit alternierenden Phasen gemäßigter und extrem kalter Winter, die auf 4320, 4220, 4040, 3940, 3630, 3520, 3330 und 2860 BC datiert werden können. Die Phasen kalter Winter zwischen 4320 und 3940 BC können möglicherweise mit der Einführung produzierender Subsistenzstrategien in Südskandinavien durch immigrierende frühneolithische Siedler Zentraleuropas korreliert werden, die letztlich die Etablierung des Trichterbecher-Komplexes um ~4100 BC katalysierten (*Event B_1*; Kap. 8.2.5; Abb. 8.2). Hingegen können kalte Winter um 3630, 3520 und 3330 BC mit der Expansion von Trichterbecher-Gruppen in die Regionen der hochproduktiven Lössböden Mitteldeutschlands assoziiert werden. In diesem Zusammenhang wären vor allem die Tiefstichkeramikkultur (~3650 BC) und die Walternienburger Kultur (~3325 BC) zu nennen. Diese gehen in die Bernburger Kultur über, durch die ein nördlicher Einfluss der

---

129 Burga/Perret 1998; Haas u. a. 1998; Spurk
  u. a. 2002; Blaauw u. a. 2004; Magny 2004.

Trichterbecherkultur mit *Event B₂* im MESG fassbar wird (Kap. 8.2.5; Abb. 8.3). Es wäre denkbar, dass veränderte klimatische Bedingungen sowohl die Neolithisierung Südskandinaviens als auch die südliche Expansion der Trichterbecherkultur nach Zentraleuropa beeinflussten. Ein weiteres Maximum der ^{14}C-Produktionskurve ist um 2860 BC erkennbar. Dies ist weitestgehend zeitgleich mit der Entstehung und Verbreitung der Schnurkeramikkultur in Osteuropa (*Event C*; Kap. 8.2.6; Abb. 8.4), die um 2900 BC in deren Ursprungsregionen einsetzte und ab 2800 BC in Zentraleuropa nachweisbar ist.

Es bleibt kritisch anzumerken, dass die hier aufgezeigten Vergleiche anhand eines Klimamarkers keinesfalls als umfassende Analysen zu verstehen sind und nur Impulse für zukünftige Forschungsansätze liefern können, in denen die Korrelation von genetischen, archäologischen und klimatischen Daten durch multiple Klima-Archive mit Relevanz für die jeweils untersuchte Region ausgeweitet werden sollten.

8.2.10.4 Kulturwandel und adaptive Zyklen

Eine bemerkenswerte Beobachtung ergibt sich aus dem Vergleich der Klimadaten mit den zuvor erläutertem *boom*- und *bust*-Mustern des Bevölkerungswachstums (Shennan u. a. 2013; Kap. 8.2.10.2; Abb. 8.5a), bei denen Peaks in der Populationsdichte durch Maxima in der ^{14}C-Produktion abgelöst werden. Dies wird besonders während der Phasen extrem kalter Winter um 3630, 3520, 3330 und 2860 BC – denen kurz zuvor Spitzen in der Bevölkerungsdichte um 3650, 3550, 3350 und 2900 BC vorausgingen – verdeutlicht, ist analog aber auch während früherer Kaltevents um 4320, 4220, 4040 und 3940 BC mit geringerer Intensität zu beobachten (Abb. 8.5ab). Es scheint, als ob die Bevölkerungsdichte rückläufig ist, wenn sich die klimatischen Bedingungen verschlechtern, sodass ein alternierendes Muster zwischen Maxima der Populationsdichte und der ^{14}C-Produktion zu beobachten ist. Es wäre durchaus möglich, dass die widrigeren klimatischen Bedingungen das Populationswachstum beeinflussten. In diesem Zusammenhang muss angemerkt werden, dass Shennan und Kollegen (Shennan u. a. 2013) Korrelationen zwischen Klimaschwankungen und Veränderungen der Bevölkerungsdichte bereits getestet haben. Der Abgleich der Populationsdichte während des Neolithikums in den zwölf untersuchten Subregionen Europas mit sieben klimatologischen Proxies ergab aber keine Hinweise auf einen signifikanten Zusammenhang. Möglicherweise beruht diese Diskrepanz jedoch auf der Verwendung unterschiedlicher klimatologischer Proxies. Obwohl mehrere Klimamarker in die Analysen integriert wurden, blieb die solarinduzierte ^{14}C-Produktion unberücksichtigt, sodass die Ergebnisse nicht unmittelbar miteinander vergleichbar sind.

Die möglichen Ursachen für potenzielle Übereinstimmungen klimatischer, genetischer und demografischer Muster können vielfältig sein und es ist kaum anzunehmen, dass die Gründe hierfür monokausal allein auf Klimafluktuationen zurückzuführen sind. Dennoch könnten die dargestellten Übereinstimmungen durch ein Szenario erklärt werden, in dem widrige Klimabedingungen eine Reduktion verfügbarer Ressourcen und damit ein reduziertes Populationswachstum bedingten, z. B. durch den Rückgang der Geburtenrate oder einen Anstieg der Sterblichkeit im Zuge begrenzter Ressourcen bzw. möglicherweise auch kriegerischer Auseinandersetzungen. Vermutlich wären prähistorische Gesellschaften im Zuge dieser »Krisen« gezwungen gewesen, mit höherer Mobilität oder der Etablierung neuer landwirtschaftlicher Techniken zur Verbesserung der Vorratshaltung zu reagieren. Letzteres würde den modellhaften Vorstellungen eines klimainduzierten Kulturwandels entsprechen, der nicht nur wirtschaftliche, sondern auch politische und soziokulturelle Veränderungen zur Folge hatte.

In den vergangen Jahren wurden in der archäologischen Literatur derartige Prozesse wiederholt mit dem aus der Ökologie entlehnten Modell der adaptiven Zyklen und der Resilienz-Theorie (Widerstandskraft; Holling/Gunderson 2002) erklärt (Redman 2005; Scarborough/Burnside 2010; Gronenborn 2012; Gronenborn u. a. 2013). Der Grundannahme zufolge durchlaufen Ökosysteme einen Zyklus, der sich aus den vier Phasen Wachstum (r), Konservierung und Erhalt (K), Zusammenbruch und Rückgang (Ω) sowie Reorganisation und Erneuerung (α) zusammensetzt. Diese Phasen werden im Wesentlichen durch die Faktoren Widerstandskraft/Anfälligkeit, Komplexität und Kapazität beeinflusst (Abb. 8.6). Populationen können z. B. einem starken Wachstum (r-Phase) unterliegen, wenn die Bedingungen günstig und Ressourcen ausreichend verfügbar sind – die Widerstandskraft also hoch, Komplexität und Anfälligkeit des Systems gering und die Kapazitätsgrenze noch nicht erreicht sind. Mit zunehmender Populationsgröße und limitierten Ressourcen werden die Grenzen des Wachstums erreicht, Komplexität und Anfälligkeit des Systems nehmen zu und die Widerstandskraft gegenüber äußeren Einflüssen nimmt ab. Die Population geht in die K-Phase über, die weniger durch Wachstum als vielmehr durch den Erhalt des bestehenden Systems geprägt ist. Externe Faktoren, die auf solch ein »gesättigtes« System nahe der Kapazitätsgrenze einwirken, können zu einem Zusammenbruch und somit zu einer Reduktion der Populationsgröße führen (Ω-Phase). Schließlich entsteht ein weniger komplexes System, dessen Potenzial für erneutes Wachstum aufgrund ausreichender Ressourcen höher und dessen Anfälligkeit gegenüber äußeren Einflüssen geringer ist. Die Population geht damit in eine Phase der Reorganisation und Erneuerung über (α-Phase), an die sich eine erneute Expansion anschließen kann (r-Phase). Ergänzend muss hinzugefügt werden, dass innerhalb dieser alternierenden Phasen, vor allem während der α, r und K-Phase, weitere Zyklen integriert sein können. Diese führen jedoch nicht zwangsläufig zu einem Zusammenbruch des Systems, da die Kapazitätsgrenze und damit auch die maximale Resilienz des Systems noch nicht erreicht sind (Abb. 8.6).

Adaptive Zyklen und die Resilienz-Theorie sind jedoch nicht nur auf ökologische, sondern in ähnlicher Weise auch auf wirtschaftliche, soziale, politische oder auch auf prähistorische Gesellschaftssysteme übertragbar. Erste archäologische Anwendungen scheinen sowohl die Ausbreitung als auch den Niedergang der LBK im Zuge klimatischer Fluktuationen mit der Resilienz-Theorie vereinbaren zu können

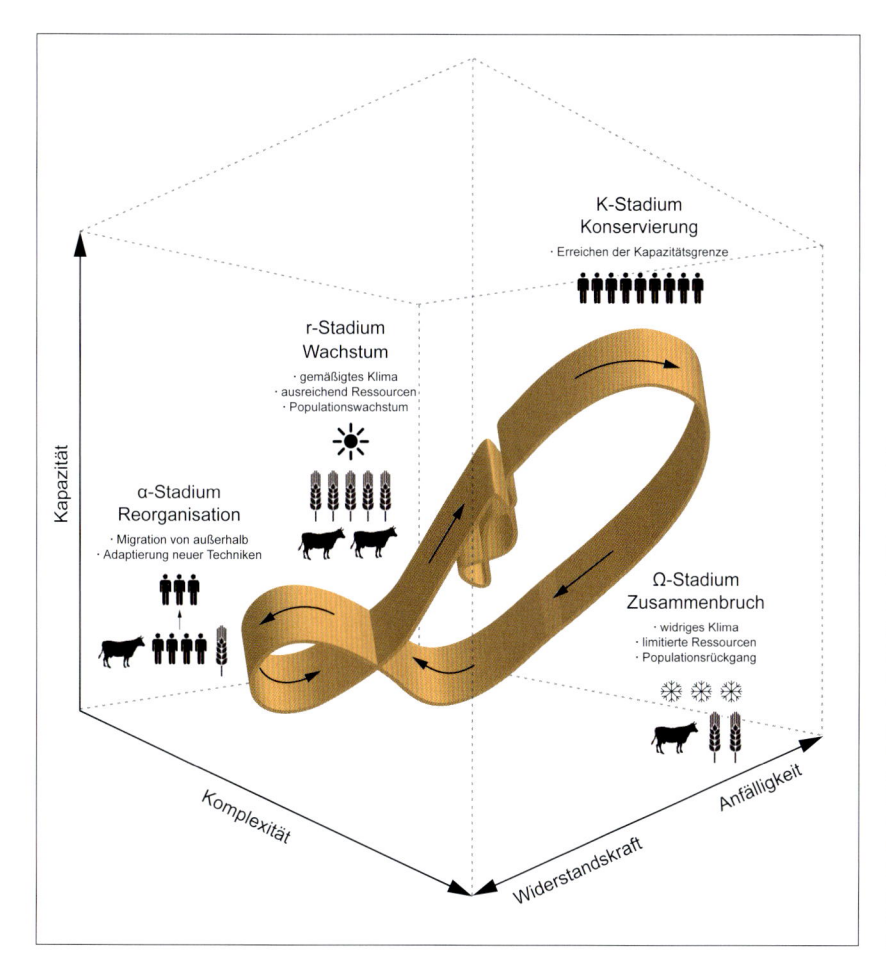

Abb. 8.6 Die Anwendung adaptiver Zyklen und der Resilienz-Theorie auf prähistorische Gesellschaften

Adaptive Zyklen setzen sich aus den vier Phasen Wachstum (r), Konservierung (K), Zusammenbruch (Ω) und Reorganisation (α) zusammen, die maßgeblich durch die Faktoren Widerstandskraft/Anfälligkeit, Komplexität und Kapazität beeinflusst werden. Die Übertragung auf prähistorische Gesellschaften bedeutet, dass diese bei ausreichenden Ressourcen und günstigen Bedingungen einem Populationswachstum unterliegen. Sind die Kapazitätsgrenzen erreicht, könnten äußere Bedingungen wie z. B. Klimaveränderungen einen Zusammenbruch des Systems bewirken. Dieser führt im Folgenden zu einer Reorganisation prähistorischer Gesellschaften, im Zuge dessen möglicherweise auch ein kultureller Wandel durch die Adaptierung neuer Techniken oder einen Populationsdruck von außerhalb induziert wird.

(Gronenborn 2012; Gronenborn u. a. 2013). Vor allem die Widerstandkraft einer Gesellschaft kann dabei die Tatsache begründen, dass nicht jede Klimafluktuation automatisch den Zusammenbruch des gesellschaftlich-kulturellen Systems nach sich zieht. Vielmehr kann angenommen werden, dass auf Umweltveränderungen im Rahmen der verfügbaren Möglichkeiten reagiert wird. Im Falle der LBK war dies die kontinuierliche Ausbreitung, also erhöhte Mobilität (Gronenborn 2012). Wenn die Kapazitätsgrenzen einer Gesellschaft jedoch erreicht sind, können Klimaänderungen, die zur Limitierung verfügbarer Ressourcen führen und möglicherweise mit kriegerischen Auseinandersetzungen einhergehen, ihren Zusammenbruch bewirken und den Nährboden für die Etablierung neuer Kulturen durch äußere Einflüsse – kulturelle wie genetische – bilden. Ein derartiges Szenario wäre möglicherweise eine plausible Erklärung für die neolithische Transition in Südskandinavien, während der sowohl die demografischen als auch klimatologischen Fluktuationen am deutlichsten sind (Abb. 8.5ab). In diesen Regionen praktizierte die lokale Bevölkerung die wildbeuterische Lebensweise noch lange nachdem in Zentraleuropa die Landwirtschaft durch die LBK etabliert wurde und adaptierte die neuen Subsistenzstrategien erst, als sich die klimatischen Bedingungen ab 4300 BC periodisch verschlechterten und die Wildbeuter einem Populationsdruck aus Zentraleuropa möglicherweise nicht mehr standhalten konnten.

9 Zusammenfassung und Ausblick

In dieser Studie wurde die mitochondriale DNA von 472 Individuen aus dem Mittelelbe-Saale-Gebiet typisiert, die den archäologischen Komplexen Linienbandkeramikkultur, Rössener Kultur, Gaterslebener Kultur, Schöninger Gruppe, Baalberger Kultur, Salzmünder Kultur, Bernburger Kultur, Kugelamphorenkultur, Schnurkeramikkultur, Glockenbecherkultur und Aunjetitzer Kultur zugeordnet werden. Das primäre Ziel dieser Arbeit bestand darin, mittels paläo- und populationsgenetischer Analysen den Fragen nachzugehen, inwiefern bevölkerungsdynamische Prozesse einerseits den kulturellen Wandel während des Neolithikums und andererseits die Entstehung der rezenten Variabilität Europas beeinflusst haben. Die generierten Daten liefern ein umfassendes und lückenloses diachrones Profil der mitochondrialen Variabilität in Zentraleuropa, das den Zeitraum von der Etablierung der Landwirtschaft bis zur Entstehung stratifizierter Gesellschaften in der Frühbronzezeit abdeckt (5500–1550 cal BC). Mithilfe dieses genetischen Datensatzes konnten Veränderungen in der mitochondrialen Zusammensetzung mehrfach nachgewiesen werden, die Diskontinuitäten durch äußere genetische Einflüsse belegen. Durch umfangreiche populationsgenetische Analysen, sowohl mit prähistorischen als auch rezenten Vergleichsdaten, konnten potenzielle Ursprungsgebiete dieser externen Einflüsse in Eurasien identifiziert werden. Dies erlaubte die Rekonstruktion von vier Migrationsereignissen während des Neolithikums in Zentraleuropa (*Events A–D*), welche maßgeblich an der Formierung der rezenten mtDNA-Diversität beteiligt waren. Darüber hinaus ermöglichte dieser umfangreiche Datensatz ebenfalls Rückschlüsse auf demografische Prozesse während der Neolithisierung in anderen Schlüsselregionen Europas, die zur Aufstellung eines paneuropäischen Besiedelungsmodells während des Neolithikums synthetisiert wurden. Folgende Kernaussagen können daraus in chronologischer Reihenfolge festgehalten werden:

1. Anhand der Vergleichsdaten präneolithischer Jäger-Sammler-Gemeinschaften zeichnet sich in Europa eine Populationsstruktur ab. Diese kann in eine südwestliche und östliche Komponente unterschieden werden, die sich in Zentraleuropa vermischten. Teile der mesolithischen Variabilität erreichten Zentraleuropa im Zuge populationsdynamischer Prozesse im ausgehenden Mittelneolithikum und Spätneolithikum (*Events B–D*).
2. Die neolithische Transition in Zentraleuropa durch die Linienbandkeramikkultur kann als Migrationsereignis beurteilt werden, das ausgehend vom Nahen Osten über die kontinentale Route weite Regionen Europas mit einer relativ homogenen mitochondrialen DNA-Signatur prägte, die den überwiegenden Teil der mesolithischen Diversität überlagerte und/oder ersetzte (*Event A*, ~5500 cal BC).
3. Die Einführung der Landwirtschaft in Südwesteuropa war mit einer mitochondrialen Signatur verbunden, welche Parallelen zum *Event A* in Zentraleuropa aufweist und vermutlich ausgehend vom Nahen Osten über die mediterrane Route die Mittelmeerküsten Südwesteuropas erreichte. In den Zielregionen erfolgte eine wesentlich stärkere Interaktion mit den dortigen Jäger-Sammler-Gesellschaften als in Zentraleuropa, die mit der Neolithisierung des Binnenlandes zunahm.
4. In Zentraleuropa kann bei Kulturen, die sich direkt aus der LBK oder unter donauländischen Einflüssen entwickelten (Rössener Kultur, Schöninger Gruppe, Baalberger Kultur, Salzmünder Kultur), überwiegend von genetischer Kontinuität ausgegangen werden. Der kulturelle Wandel während der ersten 2500 Jahre bäuerlicher Subsistenzwirtschaft ist demzufolge eher durch einen Prozess der Regionalisierung als durch Migrationsereignisse zu erklären. Aufgrund der komplexen Kulturinteraktionen während des Früh-/Mittelneolithikums können kleinere Bevölkerungsbewegungen auf regionaler Ebene jedoch nicht vollends ausgeschlossen werden.
5. Die Etablierung des Neolithikums in Südskandinavien wurde vermutlich durch genetische Einflüsse kleiner Pioniergruppen frühneolithischer Gemeinschaften Zentraleuropas katalysiert, die sich mit der einheimischen Jäger-Sammler-Bevölkerung vermischten und zur Entstehung der Trichterbecherkultur führten (*Event B_1*, ~4100 cal BC).
6. Ein genetischer Eintrag aus dem Norden nach Zentraleuropa ist mit der Bernburger Kultur festzustellen, der vermutlich mit einer südlichen Expansion der Trichterbecherkultur einherging. Dieses Ereignis ist durch einen Rückstrom typischer vormals mesolithischer Elemente nach Zentraleuropa charakterisiert (*Event B_2*, ~3100 cal BC).
7. Mit der Schnurkeramikkultur sind genetische Einflüsse aus östlichen Regionen nachweisbar, durch die ehemalige paläo-/mesolithische Elemente Osteuropas teilweise nach Zentraleuropa eingeführt wurden (*Event C*, ~2800 cal BC).
8. Die Glockenbecherkultur ist mit einer Wanderungsbewegung von Südwest- nach Zentraleuropa verbunden (*Event D*, ~2500 cal BC). Insbesondere die Mobilität der Männer und deren Vermischung mit ansässigen Schnurkeramikern in Zentraleuropa spielten dabei möglicherweise eine gewichtige Rolle.
9. Die vorangegangenen Migrationsereignisse des Spätneolithikums (*Events C–D*) bildeten das genetische Substrat,

aus dem die Aunjetitzer Kultur der Frühbronzezeit hervorging.
10. Die *Events A–D* trugen entscheidend zur Entwicklung der rezenten mitochondrialen Diversität Zentraleuropas bei. Insgesamt sind 2,8–11,8 % der rezenten mtDNA-Variabilität seit dem Paläo-/Mesolithikum nachweisbar und können als mesolithisches Grundsubstrat angesehen werden; 32,4–48,6 % wurden im Rahmen der neolithischen Transition durch expandierende Bauernpopulationen in Zentraleuropa eingeführt und 13,8–16,4 % können mit populationsdynamischen Ereignissen während des Spätneolithikums assoziiert werden. Allerdings ist es nicht ausgeschlossen, dass nach der Frühbronzezeit mindestens ein weiteres Ereignis stattfand, das seinen potenziellen Ursprung analog zur Glockenbecherkultur im Westen hatte.

Obwohl die Ergebnisse dieser Studie in vielfältiger Hinsicht dazu beigetragen haben, archäologische und populationsgenetische Modelle zum Kulturwandel in Europa während des Neolithikums zu verifizieren oder zu falsifizieren, sind sie erwartungsgemäß Ausgangspunkt für zahlreiche neue Fragestellungen. Diese resultieren vor allem aus der noch immer zu geringen Datengrundlage in bestimmten Zeitperioden oder spezifischen Regionen Europas, sodass chronologisch oder geografisch großflächig angelegte Studien zukünftig von zentraler Bedeutung sein werden. Obwohl die bislang sehr wenigen Y-chromosomalen und autosomalen Daten mesolithischer und neolithischer Gemeinschaften mit dem hier vorgestellten, auf mitochondrialen Daten basierenden Besiedelungsmodell vereinbar sind, steht außer Frage, dass die anhaltende Methodenoptimierung der aDNA-Forschung zukünftig entscheidend dazu beitragen wird, unser Verständnis prähistorischer Besiedelungsvorgänge zu präzisieren. Die zunehmende Analyse genomischer DNA wird außerdem wertvolle Erkenntnisse über die Selektion phänotypischer, stoffwechselrelevanter oder krankheitsbedingter Marker hervorbringen, die möglicherweise auch mit den Wanderungen prähistorischer Gesellschaften korrelieren. Dadurch wird es möglich sein, die genetische Struktur prähistorischer Populationen oder Kulturen präziser zu erfassen und im interdisziplinären Vergleich die maßgeblichen sozialen, anthropologischen oder ökologischen Faktoren herauszufiltern, welche die Entwicklung der heutigen genetischen Diversität beeinflusst haben.

10 Literatur

Abbott 2003
A. A. Abbott, Anthropologists cast doubt on human DNA evidence. Nature 423, 2003, 468.

Abe u. a. 1998
S. Abe/S. Usami/H. Shinkawa/M. D. Weston, Phylogenetic analysis of mitochondrial DNA in Japanese pedigrees of sensorineural hearing loss associated with the A1555G mutation. Eur. J. Hum. Genet. 6, 1998, 563–569.

Abu-Amero u. a. 2008
K. K. Abu-Amero/J. M. Larruga/V. M. Cabrera/ A. M. González, Mitochondrial DNA structure in the Arabian Peninsula. BMC Evol. Biol. 8, 2008, 45.

Achilli u. a. 2004
A. Achilli / C. Rengo/C. Magri/V. Battaglia u. a., The molecular dissection of mtDNA haplogroup H confirms that the Franco-Cantabrian glacial refuge was a major source for the European gene pool. Am. J. Hum. Genet. 75, 2004, 910–918.

Achilli u. a. 2005
A. Achilli/C. Rengo/V. Battaglia/M. Pala u. a., Saami and Berbers – an unexpected mitochondrial DNA link. Am. J. Hum. Genet. 76, 2005, 883–886.

Achilli u. a. 2007
A. Achilli/A. Olivieri/M. Pala/E. Metspalu u. a., Mitochondrial DNA variation of modern Tuscans supports the near eastern origin of Etruscans. Am. J. Hum. Genet. 80, 2007, 759–768.

Achilli u. a. 2008
A. Achilli/U. a. Perego/C. M. Bravi/M. D. Coble u. a., The phylogeny of the four pan-American MtDNA haplogroups: implications for evolutionary and disease studies. PLoS ONE 3, 2008, e1764.

Adcock u. a. 2001
G. J. Adcock/E. S. Dennis/S. Easteal/ G. A. Huttley u. a., Mitochondrial DNA sequences in ancient Australians: Implications for modern human origins. Proc. Natl. Acad. Sci. U.S.A. 98, 2001, 537–542.

Adler u. a. 2011
C. J. Adler/W. Haak/D. Donlon/A. Cooper, Survival and recovery of DNA from ancient teeth and bones. J. Archaeol. Sci. 38, 2011, 956–964.

Adler 2012
C. J. Adler, Ancient DNA Studies of Human Evolution (University of Adelaide 2012).

Alberdi u. a. 2005
M. T. Alberdi/J. L. Prado/A. Prieto, Considerations on the paper »Morphological convergence in Hippidion and Equus (Amerhippus) South American equids elucidated by ancient DNA analysis«, by Ludovic Orlando, Véra Eisenmann, Frédéric Reynier, Paul Sondaar, Catherine Hänni. J. Mol. Evol. 61, 2005, 145–147.

Alfonso-Sánchez u. a. 2006
M. A. Alfonso-Sánchez/C. Martínez-Bouzas/ A. Castro/A. J. Peña u. a., Sequence polymorphisms of the mtDNA control region in a human isolate: the Georgians from Swanetia. J. Hum. Genet. 51, 2006, 429–439.

Alfonso-Sánchez u. a. 2008
M. A. Alfonso-Sánchez/S. Cardoso/ C. Martínez-Bouzas/J. A. Peña u. a., Mitochondrial DNA haplogroup diversity in Basques: a reassessment based on HVI and HVII polymorphisms. Am. J. Hum. Biol. 20, 2008, 154–164.

Allaby u. a. 1997
R. G. Allaby/K. O'Donoghue/R. Sallares/ M. K. Jones u. a., Evidence for the survival of ancient DNA in charred wheat seeds from European archaeological sites. Anc. Biomol. 1, 1997, 119–129.

Allaby u. a. 1999
R. G. Allaby/M. Banerjee/T. A. Brown, Evolution of the high molecular weight glutenin loci of the A, B, D, and G genomes of wheat. Genome 42, 1999, 296–307.

Allard u. a. 1995
M. W. Allard/D. Young/Y. Huyen, Detecting dinosaur DNA. Science 268, 1995, 1192.

Allentoft u. a. 2009
M. E. Allentoft/S. C. Schuster/R. Holdaway/ M. L. Hale u. a., Identification of microsatellites from an extinct moa species using high-throughput (454) sequence data. BioTechniques 46, 2009, 195–200.

Allentoft u. a. 2011
M. E. Allentoft/C. Oskam/J. Houston/ M. L. Hale u. a., Profiling the dead: generating microsatellite data from fossil bones of extinct megafauna – protocols, problems, and prospects. PLoS ONE 6, 2011, e16670.

Allentoft u. a. 2012
M. E. Allentoft/M. Collins/D. Harker/J. Haile u. a., The half-life of DNA in bone: measuring decay kinetics in 158 dated fossils. Proc. Biol. Sci. 279, 2012, 4724–4733.

Allentoft/Rawlence 2012
M. E. Allentoft/N. J. Rawlence, Moa's Ark or volant ghosts of Gondwana? Insights from nineteen years of ancient DNA research on the extinct moa (Aves: Dinornithiformes) of New Zealand. Ann. Anat. 194, 2012, 36–51.

Als u. a. 2006
T. D. Als/T. H. Jorgensen/A. D. Børglum/ P. A. Petersen u. a., Highly discrepant proportions of female and male Scandinavian and British Isles ancestry within the isolated population of the Faroe Islands. Eur. J. Hum. Genet. 14, 2006, 497–504.

Alshamali u. a. 2008
F. Alshamali/A. Brandstätter/B. Zimmermann/W. Parson, Mitochondrial DNA control region variation in Dubai, United Arab Emirates. Forensic Sci. Int. Genet. 2, 2008, e9–e10.

Alvarez u. a. 2007
J. C. Alvarez/D. L. E. Johnson/J. A. Lorente/ E. Martinez-Espin u. a., Characterization of human control region sequences for Spanish individuals in a forensic mtDNA data set. Leg. Med. 9, 2007, 293–304.

Alvarez-Iglesias u. a. 2009
V. Alvarez-Iglesias/A. Mosquera-Miguel/ M. Cerezo M/B. Quintáns u. a., New population and phylogenetic features of the internal variation within mitochondrial DNA macro-haplogroup R0. PLoS ONE 4, 2009, e5112.

Al-Zahery u. a. 2003
N. Al-Zahery/O. Semino/G. Benuzzi/C. Magri u. a., Y-chromosome and mtDNA polymorphisms in Iraq, a crossroad of the early human dispersal and of post-Neolithic migrations. Mol. Phylogenet. Evol. 28, 2003, 458–472.

Al-Zahery u. a. 2011
N. Al-Zahery/M. Pala/V. Battaglia/V. Grugni u. a., In search of the genetic footprints of Sumerians: a survey of Y-chromosome and mtDNA variation in the Marsh Arabs of Iraq. BMC Evol. Biol. 11, 2011, 288.

Amar u. a. 2007
S. Amar/A. Shamir/O. Ovadia/M. Blanaru u. a., Mitochondrial DNA HV lineage increases the susceptibility to schizophrenia among Israeli Arabs. Schizophr. Res. 94, 2007, 354–358.

Ames/Spooner 2008
M. Ames/D. M. Spooner, DNA from herbarium specimens settles a controversy about origins of the European potato. Am. J. Bot. 95, 2008, 252–257.

Ammermann/Cavalli-Sforza 1984
A. J. Ammerman/L. L. Cavalli-Sforza, The neolithic transition and the genetics of populations in Europe (Princeton 1984).

Ammermann u. a. 2006
A. J. Ammerman/R. Pinhasi/E. Bánffy, Comment on »Ancient DNA from the first European farmers in 7500-year-old Neolithic sites«. Science 312, 2006, 1875.

Anastasiou/Mitchell 2013
E. Anastasiou/P. D. Mitchell, Palaeopathology and genes: investigating the genetics of infectious diseases in excavated human skeletal remains and mummies from past populations. Gene 528, 2013, 33–40.

Anderson 1981
S. Anderson/A. T. Bankier/B. G. Barrell/ M. H. de Bruijn u. a., Sequence and organization of the human mitochondrial genome. Nature 290, 1981, 457–465.

Anderson u. a. 2011
L. L. Anderson-Carpenter/J. S. McLachlan/ S. T. Jackson/M. Kuch u. a., Ancient DNA from lake sediments: bridging the gap between paleoecology and genetics. BMC Evol. Biol. 11, 2011, 30.

Andews u. a. 2004
L. B. Andrews/N. Buenger/J. Bridge/L. Rosenow u. a., Ethics. Constructing ethical guidelines for biohistory. Science 304, 2004, 215–216.

Andrews u. a. 1999
R. M. Andrews/I. Kubacka/P. F. Chinnery/ R. N. Lightowlers u. a., Reanalysis and revision of the Cambridge reference sequence for human mitochondrial DNA. Nat. Genet. 23, 1999, 147.

Ankel-Simons/Cummins 1996
F. Ankel-Simons/J. M. Cummins, Misconceptions about mitochondria and mammalian fertilization: implications for theories on human evolution. Proc. Natl. Acad. Sci. U.S.A. 93, 1996, 13859–13863.

Anthony 2007
D. W. Anthony, The horse, the wheel, and language. How bronze-age riders from the

Eurasian steppes shaped the modern world (Princeton 2007).

Arbogast u. a. 2006
R. Arbogast/S. Jacomet/M. Magny/J. Schibler, The significance of climate fluctuations for lake level changes and shifts in subsistence economy during the late Neolithic (4300–2400 b.c.) in central Europe. Veget. Hist. Archaeobot. 15, 2006, 403–418.

Asplund u. a. 2010
L. Asplund/J. Hagenblad/M. W. Leino, Re-evaluating the history of the wheat domestication gene NAM-B1 using historical plant material. J. Archaeol. Sci. 37, 2010, 2303–2307.

Astier u. a. 2006
Y. Astier/O. Braha/H. Bayley, Toward single molecule DNA sequencing: direct identification of ribonucleoside and deoxyribonucleoside 5'-monophosphates by using an engineered protein nanopore equipped with a molecular adapter. J. Am. Chem. Soc. 128, 2006, 1705–1710.

Attardi u. a. 1986
G. Attardi/A. Chomyn/R. F. Doolittle/P. Mariottini u. a., Seven unidentified reading frames of human mitochondrial DNA encode subunits of the respiratory chain NADH dehydrogenase. Cold Spring Harb. Symp. Quant. Biol. 51,1, 1986, 103–114.

Austin u. a. 1997a
J. J. Austin/A. B. Smith/R. H. Thomas, Palaeontology in a molecular world: the search for authentic ancient DNA. Trends Ecol. Evol. (Amst.) 12, 1997, 303–306.

Austin u. a. 1997b
J. J. Austin/A. J. Ross/A. B. Smith/R. A. Fortey u. a., Problems of reproducibility – does geologically ancient DNA survive in amber-preserved insects? Proc. Biol. Sci. 264, 1997, 467–474.

Austin u. a. 2013
J. J. Austin/J. Soubrier/F. J. Prevosti/L. Prates u. a., The origins of the enigmatic Falkland Islands wolf. Nat. Commun. 4, 2013, 1552.

Avise u. a. 1987
J. C. Avise/J. Arnold/R. M. Ball/E. Bermingham u. a., Intraspecific Phylogeography: The Mitochondrial DNA Bridge Between Population Genetics and Systematics. Annu. Rev. Ecol. Syst. 18, 1987, 489–522.

Awadalla u. a. 1999
P. Awadalla/A. Eyre-Walker/J. M. Smith, Linkage disequilibrium and recombination in hominid mitochondrial DNA. Science 286, 1999, 2524–2525.

Baasner u. a. 1998
A. Baasner/C. Schäfer/A. Junge/B. Madea, Polymorphic sites in human mitochondrial DNA control region sequences: population data and maternal inheritance. Forensic Sci. Int. 98, 1998, 169–178.

Baasner/Madea 2000
A. Baasner/B. Madea, Sequence polymorphisms of the mitochondrial DNA control region in 100 German Caucasians. J. Forensic Sci. 45, 2000, 1343–1348.

Babalini u. a. 2005
C. Babalini/C. Martínez-Labarga/H. Tolk/T. Kivisild u. a., The population history of the Croatian linguistic minority of Molise (southern Italy): a maternal view. Eur. J. Hum. Genet. 13, 2005, 902–912.

Baca u. a. 2012
M. Baca/K. Doan/M. Sobczyk/A. Stankovic u. a., Ancient DNA reveals kinship burial patterns of a pre-Columbian Andean community. BMC Genet. 13, 2012, 30.

Bailey u. a. 1996
J. F. Bailey/M. B. Richards/V. A. Macaulay/I. B. Colson u. a., Ancient DNA suggests a recent expansion of European cattle from a diverse wild progenitor species. Proc. Biol. Sci. 263, 1996, 1467–1473.

Baker u. a. 2005
A. J. Baker/L. J. Huynen/O. Haddrath/C. D. Millar u. a., Reconstructing the tempo and mode of evolution in an extinct clade of birds with ancient DNA: the giant moas of New Zealand. Proc. Natl. Acad. Sci. U.S.A. 102, 2005, 8257–8262.

Balanovsky u. a. 2011
O. Balanovsky/K. Dibirova/A. Dybo/O. Mudrak u. a., Parallel evolution of genes and languages in the Caucasus region. Mol. Biol. Evol. 28, 2011, 2905–2920.

Balanovsky u. a. 2013
O. Balanovsky/O. Utevska/E. Balanovska, Genetics of Indo-European populations: the past, the future. J. Language Relationship 9, 2013, 23–35.

Balaresque u. a. 2010
P. Balaresque/G. R. Bowden/S. M. Adams/H. Leung u. a., A predominantly neolithic origin for European paternal lineages. PLoS Biol. 8, 2010, e1000285.

Ballinger u. a. 1992
S. W. Ballinger/T. G. Schurr/A. Torroni/Y. Y. Gan u. a., Southeast Asian mitochondrial DNA analysis reveals genetic continuity of ancient mongoloid migrations. Genetics 130, 1992, 139–152.

Bánffy 2000
E. Bánffy, The Late Starčevo and the Earliest Linear Pottery Groups in Western Transdanubia. Doc. Praeh. 27, 2000, 173–185.

Bánffy 2004
E. Bánffy, The 6th millennium BC boundary in western Transdanubia and its role in the Central European Neolithic transition, the Szentgyörgyvölgy-Pityerdomb settlement (Budapest 2004).

Bánffy u. a. 2012
E. Bánffy/G. Brandt/K. W. Alt, »Early Neolithic« graves of the Carpathian Basin are in fact 6000 years younger-appeal for real interdisciplinarity between archaeology and ancient DNA research. J. Hum. Genet. 57, 2012, 467–469.

Barbujani u. a. 1998
G. Barbujani/G. Bertorelle/L. Chikhi, Evidence for Paleolithic and Neolithic gene flow in Europe. Am. J. Hum. Genet. 62, 1998, 488–492.

Barbujani/Bertorelle 2003
G. Barbujani/G. Bertorelle, Were Cro-Magnons too like us for DNA to tell? Nature 424, 2003, 127.

Barbujani/Chikhi 2006
G. Barbujani/L. Chikhi, Population genetics: DNAs from the European Neolithic. Heredity 97, 2006, 84–85.

Barker 1985
G. Barker, Prehistoric farming in Europe (New York 1985).

Barker 2009
G. Barker, The agricultural revolution in prehistory. Why did foragers become farmers? (Oxford 2009).

Barnes u. a. 2002
I. Barnes/P. Matheus/B. Shapiro/D. Jensen u. a., Dynamics of Pleistocene population extinctions in Beringian brown bears. Science 295, 2267–2270.

Barnes u. a. 2007
I. Barnes/B. Shapiro/A. Lister/T. Kuznetsova u. a., Genetic structure and extinction of the woolly mammoth, Mammuthus primigenius. Curr. Biol. 17, 2007, 1072–1075.

Barnett u. a. 2009
R. Barnett/B. Shapiro/I. Barnes/S. Y. W. Ho u. a., Phylogeography of lions (Panthera leo ssp.) reveals three distinct taxa and a late Pleistocene reduction in genetic diversity. Mol. Ecol. 18, 2009, 1668–1677.

Barell u. a. 1979
B. G. Barrell/A. T. Bankier/J. Drouin, A different genetic code in human mitochondria. Nature 282, 1979, 189–194.

Barriel u. a. 1999
V. Barriel/E. Thuet/P. Tassy, Molecular phylogeny of Elephantidae. Extreme divergence of the extant forest African elephant. C. R. Acad. Sci. III, Sci. Vie 322, 1999, 447–454.

Bar-Yosef 1998
O. Bar-Yosef, The Natufian Culture in the Levant, Threshold to the Origins of Agriculture. Evol. Anthropol. 6, 1998, 159–177.

Bar-Yosef/Belfer-Cohen 2002
O. Bar-Yosef/A. Belfer-Cohen, Facing environmental crisis. Societal and cultural changes at the transition from the Younger Dryas to the Holocene in the Levant. In: R. T. J. Cappers/S. Bottema (Hrsg.), The dawn of farming in the Near East (Berlin 2002) 55–66.

Batini u. a. 2011
C. Batini/J. B. López/D. M. Behar/F. Calafell u. a., Insights into the demographic history of African Pygmies from complete mitochondrial genomes. Mol. Biol. Evol. 28, 2011, 1099–1110.

Bauer u. a. 2013a
C. M. Bauer/M. Bodner/H. Niederstätter/D. Niederwieser u. a., Molecular genetic investigations on Austria's patron saint Leopold III. Forensic Sci. Int. Genet. 7, 2013, 313–315.

Bauer u. a. 2013b
C. M. Bauer/H. Niederstätter/G. McGlynn/H. Stadler u. a., Comparison of morphological and molecular genetic sex-typing on mediaeval human skeletal remains. Forensic Sci. Int. Genet. 7, 2013, 581–586.

Beauval u. a. 2005
C. Beauval/B. Maureille/F. Lacrampe-Cuyaubère/D. Serre u. a., A late Neandertal femur from Les Rochers-de-Villeneuve, France. Proc. Natl. Acad. Sci. U.S.A. 102, 2005, 7085–7090.

Behar u. a. 2008
D. M. Behar/R. Villems/H. Soodyall/J. Blue-Smith u. a., The dawn of human matrilineal diversity. Am. J. Hum. Genet. 82, 2008, 1130–1140.

Behar u. a. 2012a
D. M. Behar/M. van Oven/S. Rosset/M. Metspalu u. a., A »Copernican« reassessment of the human mitochondrial DNA tree from its root. Am. J. Hum. Genet. 90, 2012, 675–684.

Behar u. a. 2012b
D. M. Behar/C. Harmant/J. Manry/M. van Oven u. a., The Basque paradigm: genetic evidence of a maternal continuity in the Franco-Cantabrian region since pre-Neolithic times. Am. J. Hum. Genet. 90, 2012, 486–493.

Behrens 1973
H. Behrens, Die Jungsteinzeit im Mittelelbe-Saale-Gebiet. Veröff. Landesmus. Vorgesch. Halle 27 (Berlin 1973).

Beier 1998
H.-J. Beier, Kugelamphorenkultur. In: J. Preuß (Hrsg.), Das Neolithikum in Mitteleuropa. Kulturen – Wirtschaft – Umwelt vom 6. bis 3. Jahrtausend v. u. Z. Übersichten zum Stand der Forschung (Weißbach 1998) 52–54.

Beier/Einicke 1994
H. Beier/R. Einicke (Hrsg.), Das Neolithikum im Mittelelbe-Saale-Gebiet und in der Altmark. Eine Übersicht und ein Abriss zum Stand der Forschung. Beitr. Ur- und Frühgesch. Mitteleuropa 4 (Wilkau-Hasslau 1994).

Beja-Pereira u. a. 2006
A. Beja-Pereira/D. Caramelli/C. Lalueza-Fox/
C. Vernesi u. a., The origin of European cattle:
evidence from modern and ancient DNA.
Proc. Natl. Acad. Sci. U.S.A. 103, 2006,
8113–8118.

Bell 1990
L. S. Bell, Palaeopathology and diagenesis: an
SEM evaluation of structural changes using
backscattered electron imaging. J. Archaeol.
Sci. 17, 1990, 85–102.

Belledi u. a. 2000
M. Belledi/E. S. Poloni/R. Casalotti/
F. Conterio u. a., Maternal and paternal linea-
ges in Albania and the genetic structure of
Indo-European populations. Eur. J. Hum.
Genet. 8, 2000, 480–486.

Belyaeva u. a. 2003
O. Belyaeva/M. Bermisheva/A. Khrunin/
P. Slominsky u. a., Mitochondrial DNA varia-
tions in Russian and Belorussian populations.
Hum. Biol. 75, 2003, 647–660.

Benecke 1994
N. Benecke, Der Mensch und seine Haustiere.
Die Geschichte einer jahrtausendealten
Beziehung (Stuttgart 1994).

Bentley u. a. 2008
D. R. Bentley/S. Balasubramanian/
H. P. Swerdlow/G. P. Smith u. a., Accurate
whole human genome sequencing using rever-
sible terminator chemistry. Nature 456, 2008,
53–59.

Beran 1998a
J. Beran, Rössener Kultur. In: J. Preuß (Hrsg.),
Das Neolithikum in Mitteleuropa. Kulturen –
Wirtschaft – Umwelt vom 6. bis 3. Jahrtau-
send v. u. Z. Übersichten zum Stand der For-
schung (Weißbach 1998) 89.

Beran 1998b
J. Beran, Gaterslebener Kultur. In: J. Preuß
(Hrsg.), Das Neolithikum in Mitteleuropa.
Kulturen – Wirtschaft – Umwelt vom 6. bis
3. Jahrtausend v. u. Z. Übersichten zum Stand
der Forschung (Weißbach 1998) 31–32.

Beran 1998c
J. Beran, Baalberger Kultur. In: J. Preuß
(Hrsg.), Das Neolithikum in Mitteleuropa.
Kulturen – Wirtschaft – Umwelt vom 6. bis
3. Jahrtausend v. u. Z. Übersichten zum Stand
der Forschung (Weißbach 1998) 6–7.

Beran 1998d
J. Beran, Salzmünder Kultur. In: J. Preuß
(Hrsg.), Das Neolithikum in Mitteleuropa.
Kulturen – Wirtschaft – Umwelt vom 6. bis
3. Jahrtausend v. u. Z. Übersichten zum Stand
der Forschung (Weißbach 1998) 91–92.

Beran 1998e
J. Beran, Walternienburger Kultur. In: J. Preuß
(Hrsg.), Das Neolithikum in Mitteleuropa.
Kulturen – Wirtschaft – Umwelt vom 6. bis
3. Jahrtausend v. u. Z. Übersichten zum Stand
der Forschung (Weißbach 1998) 125–126.

Beran 1998f
J. Beran, Bernburger Kultur. In: J. Preuß
(Hrsg.), Das Neolithikum in Mitteleuropa.
Kulturen – Wirtschaft – Umwelt vom 6. bis
3. Jahrtausend v. u. Z. Übersichten zum Stand
der Forschung (Weißbach 1998) 8–10.

Beran 1998g
J. Beran, Schnurkeramische Kultur. In:
J. Preuß (Hrsg.), Das Neolithikum in Mitteleuropa. Kulturen – Wirtschaft – Umwelt vom
6. bis 3. Jahrtausend v. u. Z. Übersichten zum
Stand der Forschung (Weißbach 1998)
95–106.

Bertemes u. a. 2004
F. Bertemes/P. F. Biehl/A. Northe/
O. Schröder, Die neolithische Kreisgrabenan-
lage von Goseck, Ldkr. Weißenfels. Arch.
Sachsen Anhalt 2, 2004, 137–145.

Berthold 2008
B. Berthold, Die Totenhütte von Benzinge-
rode. Archäologie und Anthropologie
(Halle [Saale] 2008).

Bertram 1994
J. K. Bertram, Schnurkeramik (SchK). In:
H.-J. Beier/R. Einicke (Hrsg.), Das Neolithikum
im Mittelelbe-Saale-Gebiet und in der Altmark. Eine Übersicht und ein Abriss zum
Stand der Forschung. Beitr. Ur- und Frühgesch. Mitteleuropa 4 (Wilkau-Hasslau 1994)
229–242.

Bertanpetit u. a. 1995
J. Bertranpetit/J. Sala/F. Calafell/P. A. Underhill u. a., Human mitochondrial DNA variation
and the origin of Basques. Ann. Hum.
Genet. 59, 1995, 63–81.

Betty u. a. 1996
D. J. Betty/A. N. Chin-Atkins/L. Croft/
M. Sraml u. a., Multiple independent origins of
the COII/tRNA(Lys) intergenic 9-bp mtDNA
deletion in aboriginal Australians. Am.
J. Hum. Genet. 58, 1996, 428–433.

Bini u. a. 2003
C. Bini/S. Ceccardi/D. Luiselli/G. Ferri u. a.,
Different informativeness of the three hyper-
variable mitochondrial DNA regions in the
population of Bologna (Italy). Forensic Sci.
Int. 135, 2003, 48–52.

Binladen u. a. 2007
J. Binladen/M. T. P. Gilbert/E. Willerslev,
800,000 year old mammoth DNA, modern
elephant DNA or PCR artefact? Biol. Lett. 3,
2007, 55–56.

Blaauw u. a. 2004
M. Blaauw/B. van Geel/J. van der Plicht, Solar
forcing of climatic change during the mid-
Holocene: indications from raised bogs in
The Netherlands. Holocene 14, 2004,
35–44.

Blanchard/Lynch 2000
J. L. Blanchard/M. Lynch, Organellar genes:
why do they end up in the nucleus? Trends
Genet. 16, 2000, 315–320.

Blatter u. a. 2002
R. H. E. Blatter/S. Jacomet/A. Schlumbaum,
Spelt-specific alleles in HMW glutenin genes
from modern and historical European spelt
(Triticum spelta L.). Theor. Appl. Genet. 104,
2002, 329–337.

Bocquet-Appel 2002
J. Bocquet-Appel, Paleoanthropological Traces
of a Neolithic Demographic Transition. Curr.
Anthropol. 43, 2002, 637–650.

Bocquet-Appel u. a. 2009
J. Bocquet-Appel/S. Naji/M. Vander Linden/
J. K. Kozlowski, Detection of diffusion and contact zones of early farming in Europe from the
space-time distribution of ^{14}C dates. J. Archaeol. Sci. 36, 2009, 807–820.

Bocquet-Appel 2011
J. Bocquet-Appel, When the world's population
took off: the springboard of the Neolithic
Demographic Transition. Science 333, 2011,
560–561.

Bodner u. a. 2012
M. Bodner/U. a. Perego/G. Huber G/L. Fendt
u. a., Rapid coastal spread of First Americans:
novel insights from South America's Southern
Cone mitochondrial genomes. Genome Res. 22,
2012, 811–820.

Bogácsi-Szabó u. a. 2005
E. Bogácsi-Szabó/T. Kalmár/B. Csányi/
G. Tömöry u. a., Mitochondrial DNA of ancient
Cumanians: culturally Asian steppe nomadic
immigrants with substantially more western
Eurasian mitochondrial DNA lineages. Hum.
Biol. 77, 2005, 639–662.

Bogenhagen 1999
D. F. Bogenhagen, Repair of mtDNA in
vertebrates. Am. J. Hum. Genet. 64, 1999,
1276–1281.

Bogucki/Crabtree 2004
P. Bogucki/P. J. Crabtree (Hrsg.), Ancient
Europe 8000 B.C. – A.D. 1000. Encyclopedia of
the Barbarian world (New York 2004).

Bollongino u. a. 2006
R. Bollongino/C. J. Edwards/K. W. Alt/
J. Burger u. a., Early history of European dome-
stic cattle as revealed by ancient DNA. Biol.
Lett. 2, 2006, 155–159.

Bollongino u. a. 2008a
R. Bollongino/J. Elsner/J. Vigne/J. Burger,
Y-SNPs do not indicate hybridisation between
European aurochs and domestic cattle. PLoS
ONE 3, 2008, e3418.

Bollongino u. a. 2008b
R. Bollongino/A. Tresset/J. Vigne, Environment and excavation: Pre-lab impacts on ancient DNA analyses. C. R. Palevol 7, 2008, 91–98.

Bollongino u. a. 2012
R. Bollongino/J. Burger/A. Powell/M. Mash-
kour u. a., Modern taurine cattle descended
from small number of near-eastern founders. Mol. Biol. Evol. 29, 2012, 2101–2104.

Bollongino u. a. 2013
R. Bollongino/O. Nehlich/M. P. Richards/
J. Orschiedt u. a., 2000 years of parallel societies in Stone Age Central Europe. Science 342,
2013, 479–481.

Bon u. a. 2008
C. Bon, N. Caudy/M. de Dieuleveult/P. Fosse
u. a., Deciphering the complete mitochondrial
genome and phylogeny of the extinct cave
bear in the Paleolithic painted cave of Chau-
vet. Proc. Natl. Acad. Sci. U.S.A. 105, 2008,
17447–17452.

Bon u. a. 2012
C. Bon/V. Berthonaud/F. Maksud/K. Labadie
u. a., Coprolites as a source of information on
the genome and diet of the cave hyena. Proc.
Biol. Sci. 279, 2012, 2825–2830.

Bonsall u. a. 2002
C. Bonsall/M. G. Macklin/D. E. Anderson/
R. W. Payton, Climate Change and the Adop-
tion of Agriculture in North-West Europe.
Eur. J. Archaeol. 5, 2002, 9–23.

Bos u. a. 2011
K. I. Bos/V. J. Schuenemann/G. B. Golding/
H. A. Burbano u. a., A draft genome of Yersinia
pestis from victims of the Black Death. Nature
478, 2011, 506–510.

Bosch u. a. 2006
E. Bosch/F. Calafell/A. González-Neira/
C. Flaiz u. a., Paternal and maternal lineages in
the Balkans show a homogeneous landscape
over linguistic barriers, except for the isolated
Aromuns. Ann. Hum. Genet. 70, 2006,
459–487.

Bouakaze u. a. 2009
C. Bouakaze/C. Keyser/E. Crubézy/
D. Montagnon u. a., Pigment phenotype and
biogeographical ancestry from ancient skeletal remains: inferences from multiplexed autosomal SNP analysis. Int. J. Legal Med. 123,
2009, 315–325.

Bouckaert u. a. 2009
R. Bouckaert/P. Lemey/M. Dunn/
S. J. Greenhill u. a., Mapping the origins and
expansion of the Indo-European language
family. Science 337, 2012, 957–960.

Bouwman u. a. 2008
A. S. Bouwman/K. A. Brown/
A. J. N. W. Prag/T. A. Brown TA, Kinship between burials from Grave Circle B at Mycenae
revealed by ancient DNA typing. J. Archaeol. Sci. 35, 2008, 2580–2584.

Bowcock u. a. 1994
A. M. Bowcock/A. Ruiz-Linares/
J. Tomfohrde/E. Minch u. a., High resolution of

human evolutionary trees with polymorphic microsatellites. Nature 368, 1994, 455–457.

Brakez u. a. 2001
Z. Brakez/E. Bosch/H. Izaabel/O. Akhayat u. a., Human mitochondrial DNA sequence variation in the Moroccan population of the Souss area. Ann. Hum. Biol. 28, 2001, 295–307.

Bramanti 2008
B. Bramanti, Ancient DNA: Genetic analysis of aDNA from sixteen skeletons of the Vedrovice collection. Anthropologie 88, 2008, 153–160.

Bramanti u. a. 2009
B. Bramanti/M. G. Thomas/W. Haak/ M. Unterlaender u. a., Genetic discontinuity between local hunter-gatherers and central Europe's first farmers. Science 326, 2009, 137–140.

Brandstätter u. a. 2006
A. Brandstätter/R. Klein/N. Duftner/ P. Wiegand u. a., Application of a quasi-median network analysis for the visualization of character conflicts to a population sample of mitochondrial DNA control region sequences from southern Germany (Ulm). Int. J. Legal Med. 120, 2006, 310–314.

Brandstätter u. a. 2006
A. Brandstätter/H. Niederstätter/M. Pavlic/ P. Grubwieser u. a., Generating population data for the EMPOP database – an overview of the mtDNA sequencing and data evaluation processes considering 273 Austrian control region sequences as example. Forensic Sci. Int. 166, 2006, 164–175.

Brandt u. a. 2010
G. Brandt/C. Knipper/C. Roth/A. Siebert u. a., Beprobungsstrategien für aDNA und Isotopenanalysen an historischem und prähistorischem Skelettmaterial. In: H. Meller, K. W. Alt (Hrsg.), Anthropologie, Isotopie und DNA – biografische Annäherung an namenlose vorgeschichtliche Skelette? 2. Mitteldeutscher Archäologentag vom 08. bis 10. Oktober 2009 in Halle (Saale). Tagungen Landesmus. Vorgesch. Halle (Saale) 3 (Halle [Saale] 2010) 57–72.

Brandt u. a. 2013
G. Brandt/W. Haak/C. J. Adler/C. Roth u. a., Ancient DNA reveals key stages in the formation of central European mitochondrial genetic diversity. Science 342, 2013, 257–261.

Brandt u. a. 2014a
G. Brandt/A. Szécsényi-Nagy/C. Roth/ K. W. Alt u. a., Human paleogenetics of Europe – the known knowns and the known unknowns. Journal of Human Evolution 79, 2014, 73-92.

Brandt u. a. 2014b
G. Brandt/C. Knipper/N. Nicklisch/ R. Ganslmeier u. a., Settlement burials at the Karsdorf LBK site, Saxony-Anhalt, Germany: biological ties and residential mobility. In: A. W. R. Whittle/P. Bickle (Hrsg.), Early Farmers: The view from Archaeology and Science. Proceedings of the British Academy 198 (Oxford University Press 2014) 95–114.

Bräuer 1984
G. Bräuer, »The Afro-European sapiens hypothesis«, and hominid evolution in East Asia during the late Middle and Upper Pleistocene. Cour. Forsch. Inst. Senckenberg 69, 1984, 145–165.

Brehm u. a. 2003
A. Brehm/L. Pereira/T. Kivisild/A. Amorim, Mitochondrial portraits of the Madeira and Açores archipelagos witness different genetic pools of its settlers. Hum. Genet. 114, 2003, 77–86.

Briggs u. a. 2009
A. W. Briggs/J. M. Good/R. E. Green/J. Krause u. a., Targeted retrieval and analysis of five Neandertal mtDNA genomes. Science 325, 2009, 318–321.

Brosch u. a. 2002
R. Brosch/S. V. Gordon/M. Marmiesse/ P. Brodin u. a., A new evolutionary scenario for the Mycobacterium tuberculosis complex. Proc. Natl. Acad. Sci. U. S. A. 99, 2002, 3684–3689.

Brotherton u. a. 2013
P. Brotherton/W. Haak/J. Templeton/ G. Brandt u. a., Neolithic mitochondrial haplogroup H genomes and the genetic origins of Europeans. Nat. Commun. 4, 2013, 1764.

Brown u. a. 1998
M. D. Brown/S. H. Hosseini/A. Torroni/ H. J. Bandelt u. a., mtDNA haplogroup X: An ancient link between Europe/Western Asia and North America? Am. J. Hum. Genet. 63, 1998, 1852–1861.

Brown u. a. 1998
T. A. Brown/R. G. Allaby/R. Sallares/G. Jones, Ancient DNA in Charred Wheats: Taxonomic Identification of Mixed and Single Grains. Anc. Biomol. 2, 1998, 185–193.

Buchvaldek 1994
M. Buchvaldek, Die kontinentaleuropäischen Gruppen der Kultur mit Schnurkeramik. Schnurkeramik-Symposium 1990. Acta Inst. Praehist. Univers. Carolinae Pragensis = Praehistorica 19 (Prag 1994).

Bunce u. a. 2003
M. Bunce/T. H. Worthy/T. Ford/W. Hoppitt u. a., Extreme reversed sexual size dimorphism in the extinct New Zealand moa Dinornis. Nature 425, 2003, 172–175.

Bunce u. a. 2005
M. Bunce/M. Szulkin/H. R. L. Lerner/ I. Barnes u. a., Ancient DNA provides new insights into the evolutionary history of New Zealand's extinct giant eagle. PLoS Biol. 3, 2005, e9.

Bunce u. a. 2009
M. Bunce/T. H. Worthy/M. J. Phillips/ R. N. Holdaway u. a., The evolutionary history of the extinct ratite moa and New Zealand Neogene paleogeography. Proc. Natl. Acad. Sci. U. S. A. 106, 2009, 20646–20651.

Burga u. a. 1998
C. A. Burga/R. Perret/C. Vonarburg, Vegetation und Klima der Schweiz seit dem jüngeren Eiszeitalter (Thun 1998).

Burger u. a. 1999
J. Burger/S. Hummel/B. Herrmann/W. Henke, DNA preservation: a microsatellite-DNA study on ancient skeletal remains. Electrophoresis 20, 1999, 1722–1728.

Burger u. a. 2004
J. Burger/W. Rosendahl/O. Loreille/ H. Hemmer u. a., Molecular phylogeny of the extinct cave lion Panthera leo spelaea. Mol. Phylogenet. Evol. 30, 2004, 841–849.

Burger u. a. 2006
J. Burger/D. Gronenborn/P. Forster/ S. Matsumura u. a., Response to Comment on »Ancient DNA from the First European Farmers in 7500-Year-Old Neolithic Sites«. Science 312, 2006, 1875b.

Burger u. a. 2007
J. Burger/M. Kirchner/B. Bramanti/W. Haak u. a., Absence of the lactase-persistence-associated allele in early Neolithic Europeans. Proc. Natl. Acad. Sci. U. S. A. 104, 2007, 3736–3741.

Burger/Bollongino 2010
J. Burger/R. Bollongino, Richtlinien zur Bergung, Entnahme und Archivierung von Skelettproben für palaeogenetische Analysen. Bulletin der Schweizerischen Gesellschaft für Anthropologie 16, 2010, 71–78.

Calafell u. a. 1996
F. Calafell/P. Underhill/A. Tolun/D. Angelicheva u. a., From Asia to Europe: mitochondrial DNA sequence variability in Bulgarians and Turks. Ann. Hum. Genet. 60, 1996, 35–49.

Calì u. a. 2001
F. Calì/M. G. Le Roux/R. D'Anna/A. Flugy u. a., MtDNA control region and RFLP data for Sicily and France. Int. J. Legal Med. 114, 2001, 229–231.

Calvinac u. a. 2008
S. Calvignac/S. Hughes/C. Tougard/ J. Michaux u. a., Ancient DNA evidence for the loss of a highly divergent brown bear clade during historical times. Mol. Ecol. 17, 2008, 1962–1970.

Campbell u. a. 2010
K. L. Campbell/J. E. E. Roberts/ L. N. Watson/J. Stetefeld u. a., Substitutions in woolly mammoth hemoglobin confer biochemical properties adaptive for cold tolerance. Nat. Genet. 42, 2010, 536–540.

Campos u. a. 2010
P. F. Campos/T. Kristensen/L. Orlando/ A. Sher u. a., Ancient DNA sequences point to a large loss of mitochondrial genetic diversity in the saiga antelope (Saiga tatarica) since the Pleistocene. Mol. Ecol. 19, 2010, 4863–4875.

Campos u. a. 2012
P. F. Campos/O. E. Craig/G. Turner-Walker/ E. Peacock u. a., DNA in ancient bone – where is it located and how should we extract it? Ann. Anat. 194, 2012, 7–16.

Cann u. a. 1987a
R. L. Cann/M. Stoneking/A. C. Wilson, Mitochondrial DNA and human evolution. Nature 325, 1987, 31–36.

Cann u. a. 1987b
R. L. Cann/M. Stoneking/A. C. Wilson, Disputed African origin of human populations. Nature 329, 1987, 111–112.

Cano u. a. 1992a
R. J. Cano/H. N. Poinar/G. O. Poinar, Isolation and partial characterization of the DNA from the bee Proplebeia dominicana in 25–40 milion year old amber. Med. Sci. Res. 20, 1992, 249–251.

Cano u. a. 1992b
R. J. Cano/H. N. Poinar/D. W. Roubik/ G. O. Poinar, Enzymatic amplification and nucleotide sequencing of portions of the 18S rRNA gene of the bee Proplebeia dominicana (Apidae: Hymenoptera) isolated from 25±40 million year old Dominican amber. Med. Sci. Res. 20, 1992, 619–622.

Cano u. a. 1993
R. J. Cano/H. N. Poinar/N. J. Pieniazek/ A. Acra u. a., Amplification and sequencing of DNA from a 120-135-million-year-old weevil. Nature 363, 1993, 536–538.

Cano u. a. 1994
R. J. Cano/M. K. Borucki/M. Higby-Schweitzer/H. N. Poinar u. a., Bacillus DNA in fossil bees: an ancient symbiosis? Appl. Environ. Microbiol. 60, 1994, 2164–2167.

Cano/Borucki 1995
R. J. Cano/M. K. Borucki, Revival and identification of bacterial spores in 25- to 40-million-year-old Dominican amber. Science 268, 1995, 1060–1064.

Cappellini u. a. 2010
E. Cappellini/M. T. P. Gilbert/F. Geuna/ G. Fiorentino u. a., A multidisciplinary study of archaeological grape seeds. Naturwissenschaften 97, 2010, 205–217.

Caramelli u. a. 2003
D. Caramelli/C. Lalueza-Fox/C. Vernesi/ M. Lari u. a., Evidence for a genetic discontinuity between Neandertals and 24,000-year-old anatomically modern Europeans. Proc. Natl. Acad. Sci. U. S. A. 100, 2003, 6593–6597.

Caramelli u. a. 2007a
D. Caramelli/C. Vernesi/S. Sanna/L. Sampie-

tro u. a., Genetic variation in prehistoric Sardinia. Hum. Genet. 122, 2007, 327–336.

Caramelli u. a. 2007b
D. Caramelli/C. Lalueza-Fox/C. Capelli/ M. Lari u. a., Genetic analysis of the skeletal remains attributed to Francesco Petrarca. Forensic Sci. Int. 173, 2007, 36–40.

Cardoso u. a. 2010
S. Cardoso/M. T. Zarrabeitia/L. Valverde/ A. Odriozola u. a., Variability of the entire mitochondrial DNA control region in a human isolate from the Pas Valley (northern Spain). J. Forensic Sci. 55, 2010, 1196–1201.

Cardoso u. a. 2011
S. Cardoso/M. A. Alfonso-Sánchez/ L. Valverde/A. Odriozola u. a., The maternal legacy of Basques in northern navarre: New insights into the mitochondrial DNA diversity of the Franco-Cantabrian area. Am. J. Phys. Anthropol. 145, 2011, 480–488.

Casas u. a. 2006
M. J. Casas/E. Hagelberg/R. Fregel/ J. M. Larruga u. a., Human mitochondrial DNA diversity in an archaeological site in al-Andalus: genetic impact of migrations from North Africa in medieval Spain. Am. J. Phys. Anthropol. 131, 2006, 539–551.

Cavalli-Sforza u. a. 1994
L. L. Cavalli-Sforza/P. Menozzi/A. Piazza, The history and geography of human genes (Princeton 1994).

Cavalli-Sforza/Minch 1997
L. L. Cavalli-Sforza/E. Minch, Paleolithic and Neolithic lineages in the European mitochondrial gene pool. Am. J. Hum. Genet. 61, 1997, 247–254.

Cerný u. a. 2004
V. Cerný/M. Hájek/R. Cmejla/J. Brůzek u. a., mtDNA sequences of Chadic-speaking populations from northern Cameroon suggest their affinities with eastern Africa. Ann. Hum. Biol. 31, 2004, 554–569.

Cerný u. a. 2006
V. Cerný/M. Hájek/M. Bromová/R. Cmejla u. a., MtDNA of Fulani nomads and their genetic relationships to neighboring sedentary populations. Hum. Biol. 78, 2006, 9–27.

Cerný u. a. 2008
V. Cerný/C. J. Mulligan/J. Rídl/M. Zaloudková u. a., Regional differences in the distribution of the sub-Saharan, West Eurasian, and South Asian mtDNA lineages in Yemen. Am. J. Phys. Anthropol. 136, 2008, 128–137.

Chaix u. a. 2007
R. Chaix/L. Quintana-Murci/T. Hegay/ M. F. Hammer u. a., From social to genetic structures in central Asia. Curr. Biol. 17, 2007, 43–48.

Chandler 2003
H. C. Chandler, Using ancient DNA to link culture and biology in human populations (Oxford 2003).

Chandler u. a. 2005
H. C. Chandler/B. Sykes/J. Zilhão, Using ancient DNA to examine genetic continuity at the Mesolithic-Neolithic transition in Portugal. In: C. P. Arias/P. R. Ontañón/P. C. García-Moncó (Hrsg.), Actas del III Congreso del Neolítico en la Península Ibérica (Santander 2005) 781–786.

Chandrasekar u. a. 2009
A. Chandrasekar/S. Kumar/J. Sreenath/ B. N. Sarkar u. a., Updating phylogeny of mitochondrial DNA macrohaplogroup m in India: dispersal of modern human in South Asian corridor. PLoS ONE 4, 2009, e7447.

Chapman 1994
J. Chapman, The origins of farming in Southeast Europe. Préhistoire Européenne 6, 1994, 133–156.

Chen u. a. 2008
F. Chen/S. Wang/R. Zhang/Y. Hu u. a., Analysis of mitochondrial DNA polymorphisms in Guangdong Han Chinese. Forensic Sci. Int. Genet. 2, 2008, 150–153.

Chikhi u. a. 1998
L. Chikhi/G. Destro-Bisol/G. Bertorelle/ V. Pascali u. a., Clines of nuclear DNA markers suggest a largely neolithic ancestry of the European gene pool. Proc. Natl. Acad. Sci. U.S.A. 95, 1998, 9053–9058.

Chikhi u. a. 2002
L. Chikhi/R. A. Nichols/G. Barbujani/ M. A. Beaumont, Y genetic data support the Neolithic demic diffusion model. Proc. Natl. Acad. Sci. U.S.A. 99, 2002, 11008–11013.

Cherni u. a. 2005
L. Cherni/B. Y. Loueslati/L. Pereira/ H. Ennafaâ u. a., Female gene pools of Berber and Arab neighboring communities in central Tunisia: microstructure of mtDNA variation in North Africa. Hum. Biol. 77, 2005, 61–70.

Cherni u. a. 2009
L. Cherni/V. Fernandes/J. B. Pereira/M. D. Costa u. a., Post-last glacial maximum expansion from Iberia to North Africa revealed by fine characterization of mtDNA H haplogroup in Tunisia. Am. J. Phys. Anthropol. 139, 2009, 253–260.

Childe 1929
V. G. Childe, The Danube in prehistory (Oxford 1929).

Childe 1936
V. G. Childe, Man makes himself (London 1936).

Childe 1957
V. G. Childe, The Dawn of European civilisation (London 1957).

Clack u. a. 2012
A. A. Clack/R. D. E. MacPhee/H. N. Poinar, Mylodon darwinii DNA sequences from ancient fecal hair shafts. Ann. Anat. 194, 2012, 26–30.

Clack 1965
J. G. D. Clark, Radiocarbon dating and the expansion of farming culture from the Near East over Europe. Proc. Prehist. Soc. 31, 1965, 57–73.

Clarke u. a. 2009
J. Clarke/H. Wu/L. Jayasinghe/A. Patel u. a., Continuous base identification for single-molecule nanopore DNA sequencing. Nat. Nanotechnol. 4, 2009, 265–270.

Coia u. a. 2005
V. Coia/G. Destro-Bisol/F. Verginelli/ C. Battaggia u. a., Brief communication: mtDNA variation in North Cameroon: lack of Asian lineages and implications for back migration from Asia to sub-Saharan Africa. Am. J. Phys. Anthropol. 128, 2005, 678–681.

Collard u. a. 2010
M. Collard/K. Edinborough/S. Shennan/ M. G. Thomas, Radiocarbon evidence indicates that migrants introduced farming to Britain. J. Archaeol. Sci. 37, 2010, 866–870.

Comas u. a. 1996
D. Comas/F. Calafell/E. Mateu/ A. Pérez-Lezaun u. a., Geographic variation in human mitochondrial DNA control region sequence: the population history of Turkey and its relationship to the European populations. Mol. Biol. Evol. 13, 1996, 1067–1077.

Comas u. a. 1997
D. Comas/F. Calafell/E. Mateu/ A. Pérez-Lezaun u. a., Mitochondrial DNA variation and the origin of the Europeans. Hum. Genet. 99, 1997, 443–449.

Comas u. a. 1998
D. Comas/F. Calafell/E. Mateu/ A. Pérez-Lezaun u. a., Trading genes along the silk road: mtDNA sequences and the origin of central Asian populations. Am. J. Hum. Genet. 63, 1998, 1824–1838.

Comas u. a. 2000
D. Comas/F. Calafell/N. Bendukidze/ L. Fañanás u. a., Georgian and kurd mtDNA sequence analysis shows a lack of correlation between languages and female genetic lineages. Am. J. Phys. Anthropol. 112, 2000, 5–16.

Comas u. a. 2004
D. Comas/S. Plaza/R. S. Wells/N. Yuldasheva u. a., Admixture, migrations, and dispersals in Central Asia: evidence from maternal DNA lineages. Eur. J. Hum. Genet. 12, 2004, 495–504.

Cooper u. a. 1992
A. Cooper/C. Mourer-Chauviré/ G. K. Chambers/A. von Haeseler u. a., Independent origins of New Zealand moas and kiwis. Proc. Natl. Acad. Sci. U.S.A. 89, 1992, 8741–8744.

Cooper/Cooper 1995
A. Cooper/R. A. Cooper, The Oligocene bottleneck and New Zealand biota: genetic record of a past environmental crisis. Proc. Biol. Sci. 261, 1995, 293–302.

Cooper/Penny 1997
A. Cooper/D. Penny, Mass survival of birds across the Cretaceous-Tertiary boundary: molecular evidence. Science 275, 1997, 1109–1113.

Cooper/Poinar 2000
A. Cooper/H. N. Poinar, Ancient DNA: do it right or not at all. Science 289, 2000, 1139.

Cooper u. a. 2001a
A. Cooper/A. Rambaut/V. Macaulay/ E. Willerslev u. a., Human origins and ancient human DNA. Science 292, 2001, 1655–1656.

Cooper u. a. 2001b
A. Cooper/C. Lalueza-Fox/S. Anderson/ A. Rambaut u. a., Complete mitochondrial genome sequences of two extinct moas clarify ratite evolution. Nature 409, 2001, 704–707.

Cooper u. a. 2004
A. Cooper/A. J. Drummond/E. Willerslev, Ancient DNA: would the real Neandertal please stand up? Curr. Biol. 14, 2004, R431–R433.

Cooper 2006
A. Cooper, The year of the mammoth. PLoS Biol. 4, 2006, e78.

Cooper/Stringer 2013
A. Cooper/C. B. Stringer, Paleontology. Did the Denisovans cross Wallace's Line? Science 342, 2013, 321–323.

Côrte-Real u. a. 1996
H. B. Côrte-Real/V. A. Macaulay/ M. B. Richards/G. Hariti u. a., Genetic diversity in the Iberian Peninsula determined from mitochondrial sequence analysis. Ann. Hum. Genet. 60, 1996, 331–350.

Coudray u. a. 2009
C. Coudray/A. Olivieri/A. Achilli/M. Pala u. a., The complex and diversified mitochondrial gene pool of Berber populations. Ann. Hum. Genet. 73, 2009, 196–214.

Crespillo u. a. 2000
M. Crespillo/J. A. Luque/M. Paredes/ R. Fernández R u. a., Mitochondrial DNA sequences for 118 individuals from northeastern Spain. Int. J. Legal Med. 114, 2000, 130–132.

Crews u. a. 1979
S. Crews/D. Ojala/J. Posakony/J. Nishiguchi u. a., Nucleotide sequence of a region of human mitochondrial DNA containing the precisely identified origin of replication. Nature 277, 1979, 192–198.

Crubézy u. a. 2010
E. Crubézy/S. Amory/C. Keyser/C. Bouakaze

u. a., Human evolution in Siberia: from frozen bodies to ancient DNA. BMC Evol. Biol. 10, 2010, 25.

Cunliffe 2001
B. Cunliffe, Facing the Ocean. The Atlantic and its peoples 8000 BC–AD 1500 (Oxford 2001).

Cunliffe / Koch 2010
B. W. Cunliffe / J. T. Koch, Celtic from the West. Alternative perspectives from archaeology, genetics, language, and literature (Oxford, Oakville 2010).

Currat / Excoffier 2004
M. Currat / L. Excoffier, Modern humans did not admix with Neanderthals during their range expansion into Europe. PLoS Biol. 2, 2004, e421.

Currat / Excoffier 2005
M. Currat / L. Excoffier, The effect of the Neolithic expansion on European molecular diversity. Proc. Biol. Sci. 272, 2005, 679–688.

Czebreszuk / Szmyt 2003
J. Czebreszuk / M. Szmyt, The Northeast Frontier of Bell Beakers. Proceedings oft he symposium held at the Adam Mickiewicz University, Poznań (Poland), May 26–29 2002. BAR Internat. Ser. 1155 (Oxford 2003).

Dabney u. a. 2013
J. Dabney / M. Knapp / I. Glocke / M. Gansauge u. a., Complete mitochondrial genome sequence of a Middle Pleistocene cave bear reconstructed from ultrashort DNA fragments. Proc. Natl. Acad. Sci. U.S.A. 110, 2013, 15758–15763.

Darlu / Tassy 1987
P. Darlu / P. Tassy, Disputed African origin of human populations. Nature 329, 1987, 111–112.

Debruyne u. a. 2003
R. Debruyne / V. Barriel / P. Tassy, Mitochondrial cytochrome b of the Lyakhov mammoth (Proboscidea, Mammalia): new data and phylogenetic analyses of Elephantidae. Mol. Phylogenet. Evol. 26, 2003, 421–434.

Debruyne u. a. 2008
R. Debruyne / G. Chu / C. E. King / K. Bos u. a., Out of America: ancient DNA evidence for a new world origin of late quaternary woolly mammoths. Curr. Biol. 18, 2008, 1320–1326.

Deguilloux u. a. 2011
M. Deguilloux / L. Soler / M. Pemonge / C. Scarre u. a., News from the west: ancient DNA from a French megalithic burial chamber. Am. J. Phys. Anthropol. 144, 2011, 108–118.

Deguilloux u. a. 2012
M. Deguilloux / R. Leahy / M. Pemonge / S. Rottier, European neolithization and ancient DNA: an assessment. Evol. Anthropol. 21, 2012, 24–37.

Del Castillo 1928
Y. A. Del Castillo, La Cultura del Vaso campaniforme (su origen y extensión en Europa) (Barcelona 1928).

Delghandi u. a. 1998
M. Delghandi / E. Utsi / S. Krauss, Saami mitochondrial DNA reveals deep maternal lineage clusters. Hum. Hered. 48, 1998, 108–114.

Dennel 1983
R. Dennell, European economic prehistory. A new approach (New York 1983).

Der Sarkissian 2013
C. Der Sarkissian / O. Balanovsky / G. Brandt / V. Khartanovich u. a., Ancient DNA reveals prehistoric gene-flow from siberia in the complex human population history of North East Europe. PLoS Genet. 9, 2013, e1003296.

Derbeneva u. a. 2002a
O. A. Derbeneva / R. I. Sukernik / N. V. Volodko / S. H. Hosseini u. a., Analysis of mitochondrial DNA diversity in the aleuts of the commander islands and its implications for the genetic history of beringia. Am. J. Hum. Genet. 71, 2002, 415–421.

Derbeneva u. a. 2002b
O. A. Derbeneva / E. B. Starikovskaya / N. V. Volodko / D. C. Wallace u. a., Mitochondrial DNA Variation in the Kets and Nganasans and Its Implications for the Initial Peopling of Northern Eurasia. Russ. J. Genet. 38, 2002, 1316–1321.

Derbeneva u. a. 2002c
O. A. Derbeneva / E. B. Starikovskaya / D. C. Wallace / R. I. Sukernik, Traces of early Eurasians in the Mansi of northwest Siberia revealed by mitochondrial DNA analysis. Am. J. Hum. Genet. 70, 2002, 1009–1014.

Derenko u. a. 1997
M. Derenko / B. Malyarchuk / G. Shields, Mitochondrial cytochrome b sequence from a 33,000 year-old woolly mammoth (*Mammuthus primigenius*). Anc. Biomol. 1, 1997, 109–117.

Derenko u. a. 2000
M. V. Derenko / B. A. Malyarchuk / I. K. Dambueva / G. O. Shaikhaev u. a., Mitochondrial DNA variation in two South Siberian Aboriginal populations: implications for the genetic history of North Asia. Hum. Biol. 72, 2000, 945–973.

Derenko u. a. 2001
M. V. Derenko / T. Grzybowski / B. A. Malyarchuk / J. Czarny u. a., The presence of mitochondrial haplogroup x in Altaians from South Siberia. Am. J. Hum. Genet. 69, 2001, 237–241.

Derenko u. a. 2003
M. V. Derenko / T. Grzybowski / B. A. Malyarchuk / I. K. Dambueva u. a., Diversity of mitochondrial DNA lineages in South Siberia. Ann. Hum. Genet. 67, 2003, 391–411.

Derenko u. a. 2007
M. Derenko / B. Malyarchuk / T. Grzybowski / G. Denisova u. a., Phylogeographic analysis of mitochondrial DNA in northern Asian populations. Am. J. Hum. Genet. 81, 2007, 1025–1041.

Derenko u. a. 2010
M. Derenko / B. Malyarchuk / T. Grzybowski / G. Denisova u. a., Origin and post-glacial dispersal of mitochondrial DNA haplogroups C and D in northern Asia. PLoS ONE 5, 2010, e15214.

Derenko u. a. 2012
M. Derenko / B. Malyarchuk / G. Denisova / M. Perkova u. a., Complete mitochondrial DNA analysis of eastern Eurasian haplogroups rarely found in populations of northern Asia and eastern Europe. PLoS ONE 7, 2012, e32179.

DeSalle u. a. 1992
R. DeSalle / J. Gatesy / W. Wheeler / D. Grimaldi, DNA sequences from a fossil termite in Oligo-Miocene amber and their phylogenetic implications. Science 257, 1992, 1933–1936.

DeSalle u. a. 1993
R. DeSalle / M. Barcia / C. Wray, PCR jumping in clones of 30-million-year-old DNA fragments from amber preserved termites (Mastotermes electrodominicus). Experientia 49, 1993, 906–909.

DeSalle 1994
R. DeSalle, Implications of ancient DNA for phylogenetic studies. Experientia 50, 1994, 543–550.

Destro-Bisol u. a. 2004
G. Destro-Bisol / V. Coia / I. Boschi / F. Verginelli u. a., The analysis of variation of mtDNA hypervariable region 1 suggests that Eastern and Western Pygmies diverged before the Bantu expansion. Am. Nat. 163, 2004, 212–226.

Devor u. a. 2009
E. J. Devor / I. Abdurakhmonov / M. Zlojutro / M. P. Millis u. a., Gene Flow at the Crossroads of Humanity: mtDNA Sequence Diversity and Alu Insertion Polymorphism Frequencies in Uzbekistan. TOGENJ 2, 2009, 1–11.

Di Benedetto u. a. 2000
G. Di Benedetto / I. S. Nasidze / M. Stenico / L. Nigro u. a., Mitochondrial DNA sequences in prehistoric human remains from the Alps. Eur. J. Hum. Genet. 8, 2000, 669–677.

Di Benedetto u. a. 2001
G. Di Benedetto / A. Ergüven / M. Stenico / L. Castrì u. a., DNA diversity and population admixture in Anatolia. Am. J. Phys. Anthropol. 115, 2001, 144–156.

Di Bernardo u. a. 2009
G. Di Bernardo / S. Del Gaudio / U. Galderisi / A. Cascino u. a., Ancient DNA and family relationships in a Pompeian house. Ann. Hum. Genet. 73, 2009, 429–437.

Di Rienzo / Wilson 1991
A. Di Rienzo / A. C. Wilson, Branching pattern in the evolutionary tree for human mitochondrial DNA. Proc. Natl. Acad. Sci. U.S.A. 88, 1991, 1597–1601.

Dimo-Simonin u. a. 2000
N. Dimo-Simonin / F. Grange / F. Taroni / C. Brandt-Casadevall u. a., Forensic evaluation of mtDNA in a population from south west Switzerland. Int. J. Legal Med. 113, 2000, 89–97.

Dolukhanov u. a. 2005
P. Dolukhanov / A. Shukurov / D. Gronenborn / D. Sokoloff u. a., The chronology of Neolithic dispersal in Central and Eastern Europe. J. Archaeol. Sci. 32, 2005, 1441–1458.

Donoghue u. a. 1998
H. D. Donoghue / M. Spigelman / J. Zias / A. M. Gernaey-Child u. a., Mycobacterium tuberculosis complex DNA in calcified pleura from remains 1400 years old. Lett. Appl. Microbiol. 27, 1998, 265–269.

Donoghue u. a. 2001
H. D. Donoghue / J. Holton / M. Spigelman, PCR primers that can detect low levels of Mycobacterium leprae DNA. J. Med. Microbiol. 50, 2001, 177–182.

Donoghue u. a. 2005
H. D. Donoghue / A. Marcsik / C. Matheson / K. Vernon u. a., Co-infection of Mycobacterium tuberculosis and Mycobacterium leprae in human archaeological samples: a possible explanation for the historical decline of leprosy. Proc. Biol. Sci. 272, 2005, 389–394.

Donoghue / Spigelman 2006
H. D. Donoghue / M. Spigelman, Pathogenic microbial ancient DNA: a problem or an opportunity? Proc. Biol. Sci. 273, 2006, 641–642.

Donoghue 2009
H. D. Donoghue, Human tuberculosis – an ancient disease, as elucidated by ancient microbial biomolecules. Microbes Infect. 11, 2009, 1156–1162.

Donoghue u. a. 2010
H. D. Donoghue / O. Y. Lee / D. E. Minnikin / G. S. Besra u. a., Tuberculosis in Dr Granville's mummy: a molecular re-examination of the earliest known Egyptian mummy to be scientifically examined and given a medical diagnosis. Proc. Biol. Sci. 277, 2010, 51–56.

Doran u. a. 1986
G. H. Doran / D. N. Dickel / W. E. Ballinger / O. F. Agee u. a., Anatomical, cellular and molecular analysis of 8,000-yr-old human brain tissue from the Windover archaeological site. Nature 323, 1986, 803–806.

Drancourt u. a. 1998
M. Drancourt / G. Aboudharam / M. Signoli / O. Dutour u. a., Detection of 400-year-old Yersi-

nia pestis DNA in human dental pulp: an approach to the diagnosis of ancient septicemia. Proc. Natl. Acad. Sci. U.S.A. 95, 1998, 12637–12640.

Drancourt 2002
M. Drancourt/D. Raoult, Molecular insights into the history of plague. Microbes Infect. 4, 2002, 105–109.

Drancourt/Raoult 2004
M. Drancourt/D. Raoult, Molecular detection of Yersinia pestis in dental pulp. Microbiology 150, 2004, 263–264.

Drancourt u. a. 2004
M. Drancourt/V. Roux/V. La Dang/ L. Tran-Hung u. a., Genotyping, Orientalis-like Yersinia pestis, and plague pandemics. Emerging Infect. Dis. 10, 2004, 1585–1592.

Draus-Barini u. a. 2013
J. Draus-Barini/S. Walsh/E. Pośpiech/ T. Kupiec u. a., Bona fide colour: DNA prediction of human eye and hair colour from ancient and contemporary skeletal remains. Investig. Genet. 4, 2013, 3.

Driscoll u. a. 2009
C. A. Driscoll/N. Yamaguchi/G. Kahila Bar-Gal/A. L. Roca u. a., Mitochondrial phylogeography illuminates the origin of the extinct caspian tiger and its relationship to the amur tiger. PLoS ONE 4, 2009, e4125.

Druzhkova u. a. 2013
A. S. Druzhkova/O. Thalmann/V. A. Trifonov/J. A. Leonard u. a., Ancient DNA analysis affirms the canid from Altai as a primitive dog. PLoS ONE 8, 2013, e57754.

Dubut u. a. 2004
V. Dubut/L. Chollet/P. Murail/F. Cartault u. a., mtDNA polymorphisms in five French groups: importance of regional sampling. Eur. J. Hum. Genet. 12, 2004, 293–300.

Dupanloup u. a. 2004
I. Dupanloup/G. Bertorelle/L. Chikhi/ G. Barbujani, Estimating the impact of prehistoric admixture on the genome of Europeans. Mol. Biol. Evol. 21, 2004, 1361–1372.

Econoumou u. a. 2013
C. Economou/A. Kjellström/K. Lidén/ I. Panagopoulos, Ancient-DNA reveals an Asian type of Mycobacterium leprae in medieval Scandinavia. J. Archaeol. Sci. 40, 2013, 465–470.

Edwards u. a. 2007
C. J. Edwards/R. Bollongino/A. Scheu/ A. Chamberlain u. a., Mitochondrial DNA analysis shows a Near Eastern Neolithic origin for domestic cattle and no indication of domestication of European aurochs. Proc. Biol. Sci. 274, 2007, 1377–1385.

Edwards u. a. 2010
C. J. Edwards/D. A. Magee/S. D. E. Park/ P. A. McGettigan u. a., A complete mitochondrial genome sequence from a mesolithic wild auroch (Bos primigenius). PLoS ONE 5, 2010, e9255.

Edwards u. a. 2011
C. J. Edwards/M. A. Suchard/P. Lemey/ J. J. Welch u. a., Ancient hybridization and an Irish origin for the modern polar bear matriline. Curr. Biol. 21, 2011, 1251–1258.

Edwards u. a. 2012
C. J. Edwards/C. D. Soulsbury/M. J. Statham/S. Y. W. Ho u. a., Temporal genetic variation of the red fox, Vulpes vulpes, across western Europe and the British Isles. Quat. Sci. Rev. 57, 2012, 95–104.

Edwards u. a. 2005
J. R. Edwards/H. Ruparel/J. Ju, Mass-spectrometry DNA sequencing. Mutat. Res. 573, 2005, 3–12.

Efron/Tibshirani 1994
B. Efron/R. Tibshirani, An introduction to the bootstrap. Monogr. Statistics and Applied Probability 57 (New York 1994).

Ehrhardt 1994
J. Ehrhardt, Rössener Kultur (RK). In: H.-J. Beier/R. Einicke (Hrsg.), Das Neolithikum im Mittelelbe-Saale-Gebiet und in der Altmark. Eine Übersicht und ein Abriss zum Stand der Forschung. Beitr. Ur- und Frühgesch. Mitteleuropa 4 (Wilkau-Hasslau 1994) 67–83.

Eid u. a. 2009
J. Eid/A. Fehr/J. Gray/K. Luong u. a., Real-time DNA sequencing from single polymerase molecules. Science 323, 2009, 133–138.

Einicke 1994
R. Einicke, Linienbandkeramik (LBK). In: H.-J. Beier/R. Einicke (Hrsg.), Das Neolithikum im Mittelelbe-Saale-Gebiet und in der Altmark. Eine Übersicht und ein Abriss zum Stand der Forschung. Beitr. Ur- und Frühgesch. Mitteleuropa 4 (Wilkau-Hasslau 1994) 27–47.

Elbaum u. a. 2006
R. Elbaum/C. Melamed-Bessudo/ E. Boaretto/E. Galili u. a., Ancient olive DNA in pits: preservation, amplification and sequence analysis. J. Archaeol. Sci. 33, 2006, 77–88.

Elson u. a. 2001
J. L. Elson/R. M. Andrews/P. F. Chinnery/ R. N. Lightowlers u. a., Analysis of European mtDNAs for recombination. Am. J. Hum. Genet. 68, 2001, 145–153.

Ely u. a. 2006
B. Ely/J. L. Wilson/F. Jackson/B. A. Jackson, African-American mitochondrial DNAs often match mtDNAs found in multiple African ethnic groups. BMC Biol. 4, 2006, 34.

Endicott u. a. 2003
P. Endicott/M. T. P. Gilbert/C. Stringer/ C. Lalueza-Fox u. a., The genetic origins of the Andaman Islanders. Am. J. Hum. Genet. 72, 2003, 178–184.

Enk u. a. 2011
J. Enk/A. Devault/R. Debruyne/C. E. King u. a., Complete Columbian mammoth mitogenome suggests interbreeding with woolly mammoths. Genome Biol. 12, 2011, R51.

Ennafaâ u. a. 2011
H. Ennafaâ/R. Fregel/H. Khodjet-El-Khil/ A. M. González u. a., Mitochondrial DNA and Y-chromosome microstructure in Tunisia. J. Hum. Genet. 56, 2011, 734–741.

Epp u. a. 2012
L. S. Epp/S. Boessenkool/E. P. Bellemain/ J. Haile u. a., New environmental metabarcodes for analysing soil DNA: potential for studying past and present ecosystems. Mol. Ecol. 21, 2012, 1821–1833.

Erickson u. a. 2005
D. L. Erickson/B. D. Smith/A. C. Clarke/ D. H. Sandweiss u. a., An Asian origin for a 10,000-year-old domesticated plant in the Americas. Proc. Natl. Acad. Sci. U.S.A. 102, 2005, 18315–18320.

Ermini u. a. 2008
L. Ermini/C. Olivieri/E. Rizzi/G. Corti u. a., Complete mitochondrial genome sequence of the Tyrolean Iceman. Curr. Biol. 18, 2008, 1687–1693.

Excoffier/Lischer 2010
L. Excoffier/H. E. L. Lischer, Arlequin suite ver 3.5: a new series of programs to perform population genetics analyses under Linux and Windows. Mol. Ecol. Resour. 10, 2010, 564–567.

Eyre-Walker u. a. 1999
A. Eyre-Walker/N. H. Smith/J. M. Smith, How clonal are human mitochondria? Proc. Biol. Sci. 266, 1999, 477–483.

Fadhlaoui-Zid u. a. 2004
K. Fadhlaoui-Zid/S. Plaza/F. Calafell/ M. Ben Amor u. a., Mitochondrial DNA heterogeneity in Tunisian Berbers. Ann. Hum. Genet. 68, 2004, 222–233.

Fadhlaoui-Zid u. a. 2011
K. Fadhlaoui-Zid/L. Rodríguez-Botigué/ N. Naoui/A. Benammar-Elgaaied u. a., Mitochondrial DNA structure in North Africa reveals a genetic discontinuity in the Nile Valley. Am. J. Phys. Anthropol. 145, 2011, 107–117.

Falchi u. a. 2006
A. Falchi/L. Giovannoni/C. M. Calò/I. S. Piras u. a., Genetic history of some western Mediterranean human isolates through mtDNA HVR1 polymorphisms. J. Hum. Genet. 51, 2006, 9–14.

Fedorova u. a. 2003
S. A. Fedorova/M. A. Bermisheva/ R. Villems/N. R. Maksimova u. a., Analysis of Mitochondrial DNA Lineages in Yakuts. Mol. Biol. 37, 544–553.

Fernandes u. a. 2012
V. Fernandes/F. Alshamali/M. Alves/ M. D. Costa u. a., The Arabian cradle: mitochondrial relicts of the first steps along the southern route out of Africa. Am. J. Hum. Genet. 90, 2012, 347–355.

Fernández u. a. 2008
E. Fernández/J. E. Ortiz/T. Torres/A. Pérez-Pérez u. a., Mitochondrial DNA genetic relationships at the ancient Neolithic site of Tell Halula. Forensic Science International: Genetics Supplement Series 1, 2008, 271–273.

Fernández López de Pablo/Gómez Puche 2009
J. Fernández López de Pablo/M. Gómez Puche, Climate change and population dynamics during the late Mesolithic and the Neolithic transition in Iber. Doc. Praeh. 36, 2009, 67–96.

Finnilä u. a. 2001
S. Finnilä/M. S. Lehtonen/K. Majamaa, Phylogenetic network for European mtDNA. Am. J. Hum. Genet. 68, 2001, 1475–1484.

Fish u. a. 2002
S. A. Fish/T. J. Shepherd/T. J. McGenity/ W. Grant, Recovery of 16S ribosomal RNA gene fragments from ancient halite. Nature 417, 2002, 432–436.

Fix 1996
A. G. Fix, Gene frequency clines in Europe. Demic diffusion or natural selection? J. R. Anthropol. Inst. 2, 1996, 625–643.

Fix 1999
A. G. Fix, Migration and colonization in human microevolution. Cambridge Stud. Biological Evolutionary Anthr. 24 (New York 1999).

Fordyce u. a. 2013
S. L. Fordyce/M. C. Ávila-Arcos/ M. Rasmussen/E. Cappellini u. a., Deep sequencing of RNA from ancient maize kernels. PLoS ONE 8, 2013, e50961.

Forster u. a. 2001
P. Forster/A. Torroni/C. Renfrew/A. Röhl, Phylogenetic star contraction applied to Asian and Papuan mtDNA evolution. Mol. Biol. Evol. 18, 2001, 1864–1881.

Forster u. a. 2002
P. Forster/F. Calì/A. Röhl/E. Metspalu u. a., Continental and subcontinental distributions of mtDNA control region types. Int. J. Legal Med. 116, 2002, 99–108.

Forster 2004
P. Forster, Ice Ages and the mitochondrial DNA chronology of human dispersals: a review. Philos. Trans. R. Soc. Lond., B, Biol. Sci. 359, 2004, 255–64.

Forster/Matsumura 2005
P. Forster/S. Matsumura, Evolution. Did early humans go north or south? Science 308, 2005, 965–966.

Fortes u. a. 2013
G. G. Fortes/C. F. Speller/M. Hofreiter/
T. E. King, Phenotypes from ancient DNA:
approaches, insights and prospects. Bioessays
35, 2013, 690–695.

Francalacci u. a. 1996
P. Francalacci/J. Bertranpetit/F. Calafell/
P. A. Underhill, Sequence diversity of the control region of mitochondrial DNA in Tuscany
and its implications for the peopling of
Europe. Am. J. Phys. Anthropol. 100, 1996,
443–460.

Freitas u. a. 2003
F. O. Freitas/G. Bendel/R. G. Allaby/
T. A. Brown, DNA from primitive maize landraces and archaeological remains: implications for the domestication of maize and its
expansion into South America. J. Archaeol.
Sci. 30, 2003, 901–908.

Friedlaender u. a. 2005
J. Friedlaender/T. Schurr/F. Gentz/G. Koki
u. a., Expanding Southwest Pacific mitochondrial haplogroups P and Q. Mol. Biol. Evol. 22,
2005, 1506–1517.

Fu u. a. 2012
Q. Fu/P. Rudan/S. Pääbo/J. Krause, Complete
mitochondrial genomes reveal neolithic
expansion into Europe. PLoS ONE 7, 2012,
e32473.

Fu u. a. 2013
Q. Fu/A. Mittnik/P. L. F. Johnson/K. Bos u. a.,
A revised timescale for human evolution
based on ancient mitochondrial genomes. Curr. Biol. 23, 2013, 553–559.

Fucharoen u. a. 2001
G. Fucharoen/S. Fucharoen/S. Horai,
Mitochondrial DNA polymorphisms in Thailand. J. Hum. Genet. 46, 2001, 115–125.

Fulton u. a. 2012
T. L. Fulton/S. M. Wagner/C. Fisher/
B. Shapiro, Nuclear DNA from the extinct
Passenger Pigeon (Ectopistes migratorius)
confirms a single origin of New World pigeons. Ann. Anat. 194, 2012, 52–57.

Furholt 2003
M. Furholt, Die absolutchronologische Datierung der Schnurkeramik in Mitteleuropa und
Südskandinavien. Univforsch. Prähist.
Arch. 101 (Bonn 2003).

Gamba u. a. 2008
C. Gamba/E. Fernández/A. Oliver/M. Tirado
u. a., Population genetics and DNA preservation in ancient human remains from Eastern
Spain. Forensic Science International: Genetics Supplement Series 1, 2008, 462–464.

Gamba u. a. 2011
C. Gamba/E. Fernández/M. Tirado/F. Pastor
u. a., Brief communication: Ancient nuclear
DNA and kinship analysis: the case of a medieval burial in San Esteban Church in Cuellar
(Segovia, Central Spain). Am. J. Phys.
Anthropol. 144, 2011, 485–491.

Gamba u. a. 2012
C. Gamba/E. Fernández/M. Tirado/
M. F. Deguilloux u. a., Ancient DNA from an
Early Neolithic Iberian population supports a
pioneer colonization by first farmers. Mol.
Ecol. 21, 2012, 45–56.

Gamkrelidze u. a. 1984
T. V. Gamkrelidze/V. V. Ivanov/
R. O. Âkobson, Indo-european and the Indoeuropeans: a reconstruction and historical
typological analysis of protolanguage and
proto-culture (Tbilisi 1984).

García u. a. 2011
O. García/R. Fregel/J. M. Larruga/V. Álvarez
u. a., Using mitochondrial DNA to test the
hypothesis of a European post-glacial human
recolonization from the Franco-Cantabrian
refuge. Heredity 106, 2011, 37–45.

Gasbarrini u. a. 2012
G. Gasbarrini/O. Rickards/C. Martínez-Labarga/E. Pacciani u. a., Origin of celiac
disease: how old are predisposing haplotypes?
World J. Gastroenterol. 18, 2012,
5300–5304.

Gee 1992
H. Gee, Statistical cloud over African
Eden. Nature 355, 1992, 583.

Gerbault u. a. 2011
P. Gerbault/A. Liebert/Y. Itan/A. Powell u. a.,
Evolution of lactase persistence: an example of
human niche construction. Philos. Trans. R.
Soc. Lond., B, Biol. Sci. 366, 2011, 863–877.

Germonpré u. a. 2009
M. Germonpré/M. V. Sablin/R. E. Stevens/
R. E. M. Hedges u. a., Fossil dogs and wolves
from Palaeolithic sites in Belgium, the Ukraine
and Russia: osteometry, ancient DNA and
stable isotopes. J. Archaeol. Sci. 36, 2009,
473–490.

Gerstenberger u. a. 1999
J. Gerstenberger/S. Hummel/T. Schultes/
B. Häck u. a., Reconstruction of a historical
genealogy by means of STR analysis and
Y-haplotyping of ancient DNA. Eur. J. Hum.
Genet. 7, 1999, 469–477.

Ghirotto et al 2012
S. Ghirotto/S. Mona/A. Benazzo/F. Paparazzo
u. a., Inferring genealogical processes from
patterns of Bronze-Age and modern DNA
variation in Sardinia. Mol. Biol. Evol. 27, 2012,
875–886.

Gignoux et al 2011
C. R. Gignoux/B. M. Henn/J. L. Mountain,
Rapid, global demographic expansions after
the origins of agriculture. Proc. Natl. Acad.
Sci. U.S.A. 108, 2011, 6044–6049.

Gilbert u. a. 2003
M. T. P. Gilbert/A. J. Hansen/E. Willerslev/
L. Rudbeck u. a., Characterization of genetic
miscoding lesions caused by postmortem
damage. Am. J. Hum. Genet. 72, 2003, 48–61.

Gilbert u. a. 2004a
M. T. P. Gilbert/A. S. Wilson/M. Bunce/
A. J. Hansen u. a., Ancient mitochondrial DNA
from hair. Curr. Biol. 14, 2004, R463–4.

Gilbert u. a. 2004b
M. T. P. Gilbert/J. Cuccui/W. White/
N. Lynnerup u. a., Absence of Yersinia pestis-specific DNA in human teeth from five European excavations of putative plague victims.
Microbiology 150, 2004, 341–354.

Gilbert u. a. 2005a
M. T. P. Gilbert/H. J. Bandelt/M. Hofreiter/
I. Barnes, Assessing ancient DNA studies.
Trends Ecol. Evol. (Amst.) 20, 2005,
541–544.

Gilbert u. a. 2005b
M. T. P. Gilbert/L. Rudbeck/E. Willerslev/
A. J. Hansen u. a., Biochemical and physical
correlates of DNA contamination in archaeological human bones and teeth excavated at
Matera, Italy. J. Archaeol. Sci. 32, 2005,
785–793.

Gilbert u. a. 2006
M. T. P. Gilbert/R. C. Janaway/D. J. Tobin/
A. Cooper u. a., Histological correlates of post
mortem mitochondrial DNA damage in
degraded hair. Forensic Sci. Int. 156, 2006,
201–207.

Gilbert u. a. 2007a
M. T. P. Gilbert/D. Djurhuus/L. Melchior/
N. Lynnerup u. a., mtDNA from hair and nail
clarifies the genetic relationship of the 15th
century Qilakitsoq Inuit mummies. Am.
J. Phys. Anthropol. 133, 2007, 847–853.

Gilbert u. a. 2007b
M. T. P. Gilbert/L. P. Tomsho/S. Rendulic/
M. Packard u. a., Whole-genome shotgun
sequencing of mitochondria from ancient hair
shafts. Science 317, 2007, 1927–1930.

Gilbert u. a. 2008a
M. T. P. Gilbert/D. I. Drautz/A. M. Lesk/
S. Y. W. Ho u. a., Intraspecific phylogenetic
analysis of Siberian woolly mammoths using
complete mitochondrial genomes. Proc. Natl.
Acad. Sci. U.S.A. 105, 2008, 8327–8332.

Gilbert u. a. 2008b
M. T. P. Gilbert/D. L. Jenkins/A. Götherström/
N. Naveran u. a., DNA from pre-Clovis human
coprolites in Oregon, North America. Science
320, 2008, 786–789.

Gill u. a. 1994
P. Gill/P. L. Ivanov/C. Kimpton/R. Piercy u. a.,
Identification of the remains of the Romanov
family by DNA analysis. Nat. Genet. 6, 1994,
130–135.

Gimbutas 1965
M. Gimbutas, Bronze age cultures in central
and eastern Europe (Den Haag 1965).

Gimbutas 1970
M. Gimbutas, Proto–Indo–European culture:
The Kurgan culture during the fifth, fourths
and third millennia B.C. In: G. Cardona/
H. M. Koenigswald/A. Senn (Hrsg.), Indo-European and Indo-Europeans. Papers presented at the 3rd Indo-European Conference at
the University of Pennsylvania. Haney Foundation Ser. (Philadelphia 1970) 155–197.

Gimbutas 1991
M. Gimbutas, The civilization of the goddess
(San Francisco 1991).

Gokcumen u. a. 2008
O. Gokcumen/M. C. Dulik/A. A. Pai/
S. I. Zhadanov u. a., Genetic variation in the
enigmatic Altaian Kazakhs of South-Central
Russia: insights into Turkic population
history. Am. J. Phys. Anthropol. 136, 2008,
278–293.

Goldberg u. a. 2009
P. Goldberg/F. Berna/R. I. Macphail, Comment
on »DNA from pre-Clovis human coprolites in
Oregon, North America«. Science 325, 2009,
148.

Golenber u. a. 1990
E. M. Golenberg/D. E. Giannasi/M. T. Clegg/
C. J. Smiley u. a., Chloroplast DNA sequence
from a miocene Magnolia species. Nature 344,
1990, 656–658.

Goloubinoff u. a. 1993
P. Goloubinoff/S. Pääbo/A. C. Wilson AC, Evolution of maize inferred from sequence diversity of an Adh2 gene segment from archaeological specimens. Proc. Natl. Acad. Sci. U.S.A. 90,
1993, 1997–2001.

González u. a. 2003
A. M. González/A. Brehm/J. A. Pérez/
N. Maca-Meyer u. a., Mitochondrial DNA affinities at the Atlantic fringe of Europe.
Am. J. Phys. Anthropol. 120, 2003, 391–404.

González u. a. 2006a
A. M. González/O. García/J. M. Larruga/
V. M. Cabrera, The mitochondrial lineage U8a
reveals a Paleolithic settlement in the Basque
country. BMC Genomics 7, 2006, 124.

González u. a. 2006b
A. M. González/V. M. Cabrera/T. M. Larruga/
A. Tounkara u. a., Mitochondrial DNA variation in Mauritania and Mali and their genetic
relationship to other Western Africa populations. Ann. Hum. Genet. 70, 2006, 631–657.

González u. a. 2008
A. M. González/N. Karadsheh/N. Maca-Meyer/C. Flores u. a., Mitochondrial DNA variation in Jordanians and their genetic relationship to other Middle East populations.
Ann. Hum. Biol. 35, 2008, 212–231.

González u. a. 2012
M. González-Ruiz/C. Santos/X. Jordana/

M. Simón u. a., Tracing the origin of the east-west population admixture in the Altai region (Central Asia). PLoS ONE 7, 2012, e48904.

Goodacre u. a. 2005
S. Goodacre / A. Helgason / J. Nicholson / L. Southam u. a., Genetic evidence for a family-based Scandinavian settlement of Shetland and Orkney during the Viking periods. Heredity 95, 2005, 129–135.

Goring-Morris / Belfer-Cohen 2011
A. N. Goring-Morris / A. Belfer-Cohen, Neolithization Processes in the Levant. Curr. Anthropol. 52, 2011, S195.

Graven u. a. 1995
L. Graven / G. Passarino / O. Semino / P. Boursot u. a., Evolutionary correlation between control region sequence and restriction polymorphisms in the mitochondrial genome of a large Senegalese Mandenka sample. Mol. Biol. Evol. 12, 1995, 334–345.

Gravlund u. a. 2012
P. Gravlund / K. Aaris-Sørensen / M. Hofreiter / M. Meyer u. a., Ancient DNA extracted from Danish aurochs (Bos primigenius): genetic diversity and preservation. Ann. Anat. 194, 2012, 103–111.

Green u. a. 2006
R. E. Green / J. Krause / S. E. Ptak / A. W. Briggs u. a., Analysis of one million base pairs of Neanderthal DNA. Nature 444, 2006, 330–336.

Green u. a. 2008
R. E. Green / A. Malaspinas / J. Krause / A. W. Briggs u. a., A complete Neandertal mitochondrial genome sequence determined by high-throughput sequencing. Cell 134, 2008, 416–426.

Green u. a. 2010
R. E. Green / J. Krause / A. W. Briggs / T. Maricic u. a., A draft sequence of the Neandertal genome. Science 328, 2010, 710–722.

Greenfield 2010
H. J. Greenfield, The Secondary Products Revolution: the past, the present and the future. World Archaeol. 42, 2010, 29–54.

Greendwoord u. a. 1999
A. D. Greenwood / C. Capelli / G. Possnert / S. Pääbo, Nuclear DNA sequences from late Pleistocene megafauna. Mol. Biol. Evol. 16, 1999, 1466–1473.

Gronenborn 1999
D. Gronenborn, A Variation on a Basic Theme: The Transition to Farming in Southern Central Europe. J. World. Prehist. 13, 1999, 123–210.

Gronenborn 2003
D. Gronenborn, Migration, acculturation and culture change in western temperate Eurasia, 6500–5000 cal BC. Doc. Praeh. 30, 2003, 79–91.

Gronenborn 2005
D. Gronenborn, Bauern – Priester – Häuptlinge. Die Anfänge der Landwirtschaft und die frühe Gesellschaftsentwicklung zwischen Orient und Europa. In: F. Daim / W. Neubauer (Hrsg.), Zeitreise Heldenberg, geheimnisvolle Kreisgräben. Katalog zur Niederösterreichischen Landesausstellung 2005. N. F. 459 (Horn, Wien 2005) 115–260.

Gronenborn 2007
D. Gronenborn, Climate change and sociopolitical crises some cases from Neolithic Central Europe. In: T. Pollard / I. Banks (Hrsg.), War and sacrifice. Studies in the archaeology of conflict (Leiden, Boston 2007) 13–32.

Gronenborn 2009
D. Gronenborn, Climate fluctuations and trajectories to complexity in the Neolithic: towards a theory. Doc. Praeh. 36, 2009, 97–110.

Gronenborn 2010
D. Gronenborn, Climate, crises and the »neolithisation« of Central Europe between IRD-events 6 and 4. In: D. Gronenborn / J. Petrasch (Hrsg.), The spread of the Neolithic to central Europe. International symposium, Mainz 24 June–26 June 2005. RGZM-Tagungen 4 (Mainz 2010) 61–80.

Gronenborn 2012
D. Gronenborn, Das Ende von IRD5b. Abrupte Klimafluktuationen um 5100 den BC und der Übergang vom Alt- zum Mittelneolithikum im westlichen Mitteleuropa. In: R. Smolnik (Hrsg.), Siedlungsstruktur und Kulturwandel in der Bandkeramik. Beiträge der internationalen Tagung »Neue Fragen zur Bandkeramik oder alles beim Alten?!«; Leipzig, 23. bis 24. September 2010. Arbeits- u. Forschber. Sächsische Bodendenkmalpfl. Beih. 25 (Dresden 2012) 241–250.

Gronenborn u. a. 2013
D. Gronenborn / H. Strien / S. Dietrich / F. Sirocko, »Adaptive cycles« and climate fluctuations: a case study from Linear Pottery Culture in western Central Europe. J. Archaeol. Sci. 51, 2013, 73–83, doi:10.1016/j.jas.2013.03.015.

Grzybowski u. a. 2007
T. Grzybowski / B. A. Malyarchuk / M. V. Derenko / M. A. Perkova u. a., Complex interactions of the Eastern and Western Slavic populations with other European groups as revealed by mitochondrial DNA analysis. Forensic Sci. Int. Genet. 1, 2007, 141–147.

Guba u. a. 2011
Z. Guba / É. Hadadi / Á. Major / T. Furka u. a., HVS-I polymorphism screening of ancient human mitochondrial DNA provides evidence for N9a discontinuity and East Asian haplogroups in the Neolithic Hungary. J. Hum. Genet. 56, 2011, 784–796.

Gugerli u. a. 2013
F. Gugerli / N. Alvarez / W. Tinner, A deep dig-hindsight on Holocene vegetation composition from ancient environmental DNA. Mol. Ecol. 22, 2013, 3433–3436.

Guilaine 2007
J. Guilaine, Die Ausbreitung der neolithischen Lebensweise im Mittelmeerraum. In: Badisches Landesmuseum Karlsruhe (Hrsg.), Vor 12.000 Jahren in Anatolien. Die ältesten Monumente der Menschheit (Stuttgart 2007) 166–176.

Gunderson / Holling 2002
L. H. Gunderson / C. S. Holling, Panarchy. Understanding transformations in human and natural systems (Washington 2002).

Gutierrez u. a. 2005
M. C. Gutierrez / S. Brisse / R. Brosch / M. Fabre u. a., Ancient origin and gene mosaicism of the progenitor of Mycobacterium tuberculosis. PLoS Pathog. 1, 2005, e5.

Gutiérrez u. a. 2002
G. Gutiérrez / D. Sánchez / A. Marín, A reanalysis of the ancient mitochondrial DNA sequences recovered from Neandertal bones. Mol. Biol. Evol. 19, 2002, 1359–1366.

Gyllensten u. a. 1991
U. Gyllensten / D. Wharton / A. Josefsson / A. C. Wilson, Paternal inheritance of mitochondrial DNA in mice. Nature 352, 1991, 255–257.

Gyulai u. a. 2006
G. Gyulai / M. Humphreys / R. Lágler / Z. Szabó u. a., Seed remains of common millet from the 4th (Mongolia) and 15th (Hungary) centuries: AFLP, SSR and mtDNA sequence recoveries. Seed Science Research 16, 2006, 179–191.

Haak u. a. 2005
W. Haak / P. Forster / B. Bramanti / S. Matsumura u. a., Ancient DNA from the first European farmers in 7500-year-old Neolithic sites. Science 310, 2005, 1016–1018.

Haak 2006
W. Haak, Populationsgenetik der ersten Bauern Mitteleuropas. Eine aDNA-Studie an neolithischem Skelettmaterial (Mainz 2006).

Haak u. a. 2008
W. Haak / G. Brandt / H. N. de Jong / C. Meyer u. a., Ancient DNA, Strontium isotopes, and osteological analyses shed light on social and kinship organization of the Later Stone Age. Proc. Natl. Acad. Sci. U.S.A. 105, 2008, 18226–18231.

Haak u. a. 2010
W. Haak / O. Balanovsky / J. J. Sanchez / S. Koshel u. a., Ancient DNA from European early neolithic farmers reveals their near eastern affinities. PLoS Biol. 8, 2010, e1000536.

Haas u. a. 2000
C. J. Haas / A. Zink / G. Pálfi / U. Szeimies u. a., Detection of leprosy in ancient human skeletal remains by molecular identification of Mycobacterium leprae. Am. J. Clin. Pathol. 114, 2000, 428–436.

Haas u. a. 1998
J. N. Haas / I. Richoz / W. Tinner / L. Wick, Synchronous Holocene climatic oscillations recorded on the Swiss Plateau and at timberline in the Alps. Holocene 8, 1998, 301–309.

Haber u. a. 2012
M. Haber / S. C. Youhanna / O. Balanovsky / S. Saade u. a., mtDNA lineages reveal coronary artery disease-associated structures in the Lebanese population. Ann. Hum. Genet. 76, 2012, 1–8.

Haddrath / Baker 2001
O. Haddrath / A. J. Baker, Complete mitochondrial DNA genome sequences of extinct birds: ratite phylogenetics and the vicariance biogeography hypothesis. Proc. Biol. Sci. 268, 2001, 939–945.

Haensch u. a. 2010
S. Haensch / R. Bianucci / M. Signoli / M. Rajerison u. a., Distinct clones of Yersinia pestis caused the black death. PLoS Pathog. 6, 2010, e1001134.

Hagelberg u. a. 1989
E. Hagelberg / B. Sykes / R. Hedges, Ancient bone DNA amplified. Nature 342, 1989, 485.

Hagelberg u. a. 1994
E. Hagelberg / M. G. Thomas / C. E. Cook / A. V. Sher u. a., DNA from ancient mammoth bones. Nature 370, 1994, 333–334.

Hagelberg u. a. 1999
E. Hagelberg / N. Goldman / P. Lió / S. Whelan u. a., Evidence for mitochondrial DNA recombination in a human population of island Melanesia. Proc. Biol. Sci. 266, 1999, 485–492.

Haile u. a. 2007
J. Haile / R. Holdaway / K. Oliver / M. Bunce u. a., Ancient DNA chronology within sediment deposits: are paleobiological reconstructions possible and is DNA leaching a factor? Mol. Biol. Evol. 24, 2007, 982–989.

Haile u. a. 2009
J. Haile / D. G. Froese / R. D. E. MacPhee / R. G. Roberts u. a., Ancient DNA reveals late survival of mammoth and horse in interior Alaska. Proc. Natl. Acad. Sci. U.S.A. 106, 2009, 22352–22357.

Hall u. a. 2005
T. A. Hall / B. Budowle / Y. Jiang / L. Blyn u. a., Base composition analysis of human mitochondrial DNA using electrospray ionization mass spectrometry: a novel tool for the identification and differentiation of humans. Anal. Biochem. 344, 2005, 53–69.

Handt u. a. 1994a
O. Handt / M. Höss / M. Krings / S. Pääbo,

Ancient DNA: methodological challenges. Experientia 50, 1994, 524–529.

Handt u. a. 1994b
O. Handt / M. Richards / M. Trommsdorff / C. Kilger u. a., Molecular genetic analyses of the Tyrolean Ice Man. Science 264, 1994, 1775–1778.

Handt u. a. 1996
O. Handt / M. Krings / R. H. Ward / S. Pääbo, The retrieval of ancient human DNA sequences. Am. J. Hum. Genet. 59, 1996, 368–376.

Hänni u. a. 1994
C. Hänni / V. Laudet / D. Stehelin / P. Taberlet, Tracking the origins of the cave bear (Ursus spelaeus) by mitochondrial DNA sequencing. Proc. Natl. Acad. Sci. U.S.A. 91, 1994, 12336–12340.

Hänni u. a. 1995
C. Hänni / T. Brousseau / V. Laudet / D. Stehelin, Isopropanol precipitation removes PCR inhibitors from ancient bone extracts. Nucleic Acids Res. 23, 1995, 881–882.

Hansen u. a. 2001
A. Hansen / E. Willerslev / C. Wiuf / T. Mourier u. a., Statistical evidence for miscoding lesions in ancient DNA templates. Mol. Biol. Evol. 18, 2001, 262–265.

Hansson / Foley 2008
M. C. Hansson / B. P. Foley, Ancient DNA fragments inside Classical Greek amphoras reveal cargo of 2400-year-old shipwreck. J. Archaeol. Sci. 35, 2008, 1169–1176.

Harbeck u. a. 2013
M. Harbeck / L. Seifert / S. Hänsch / D. M. Wagner u. a., Yersinia pestis DNA from skeletal remains from the 6(th) century AD reveals insights into Justinianic Plague. PLoS Pathog. 9, 2013, e1003349.

Hardy u. a. 1994
C. Hardy / D. Casane / J. D. Vigne / C. Callou u. a., Ancient DNA from Bronze Age bones of European rabbit (Oryctolagus cuniculus). Experientia 50, 1994, 564–570.

Hardy u. a. 1995
C. Hardy / C. Callou / J. D. Vigne / D. Casane u. a., Rabbit mitochondrial DNA diversity from prehistoric to modern times. J. Mol. Evol. 40, 1995, 227–237.

Harich u. a. 2010
N. Harich / M. D. Costa / V. Fernandes / M. Kandil u. a., The trans-Saharan slave trade – clues from interpolation analyses and high-resolution characterization of mitochondrial DNA lineages. BMC Evol. Biol. 10, 2010, 138.

Harris u. a. 2008
T. D. Harris / P. R. Buzby / H. Babcock / E. Beer u. a., Single-molecule DNA sequencing of a viral genome. Science 320, 2008, 106–109.

Harrison / Heyd 2007
R. Harrison / V. Heyd, The Transformation of Europe in the Third Millennium BC: the example of »Le Petit-Chasseur I + III« (Sion, Valais, Switzerland). Praehist. Z. 82, 2007, 129–214.

Hauptmann / Özdoğan 2007
H. Hauptmann / M. Özdoğan, Die neolithische Revolution in Anatolien. In: Badisches Landesmuseum Karlsruhe (Hrsg.), Vor 12.000 Jahren in Anatolien. Die ältesten Monumente der Menschheit (Stuttgart 2007) 26–36.

Hawass u. a. 2010
Z. Hawass / Y. Z. Gad / S. Ismail / R. Khairat u. a., Ancestry and pathology in King Tutankhamun's family. JAMA 303, 2010, 638–647.

Hebsgaard u. a. 2005
M. B. Hebsgaard / M. J. Phillips / E. Willerslev, Geologically ancient DNA: fact or artefact? Trends Microbiol. 13, 2005, 212–220.

Hebsgaard u. a. 2007
M. B. Hebsgaard / C. Wiuf / M. T. P. Gilbert / H. Glenner u. a., Evaluating Neanderthal genetics and phylogeny. J. Mol. Evol. 64, 2007, 50–60.

Hedges u. a. 1992
S. B. Hedges / S. Kumar / K. Tamura / M. Stoneking, Human origins and analysis of mitochondrial DNA sequences. Science 255, 1992, 737–739.

Hedges / Millard 1995
R. E. M. Hedges / A. R. Millard, Bones and Groundwater: Towards the Modelling of Diagenetic Processes. J. Archaeol. Sci. 22, 1995, 155–164.

Hedman u. a. 2007
M. Hedman / A. Brandstätter / V. Pimenoff / P. Sistonen u. a., Finnish mitochondrial DNA HVS-I and HVS-II population data. Forensic Sci. Int. 172, 2007, 171–178.

Helgason u. a. 2000
A. Helgason / S. Sigurðardóttir / J. R. Gulcher / R. Ward u. a., mtDNA and the origin of the Icelanders: deciphering signals of recent population history. Am. J. Hum. Genet. 66, 2000, 999–1016.

Helgason u. a. 2001
A. Helgason / E. Hickey / S. Goodacre / V. Bosnes u. a., mtDNA and the Islands of the North Atlantic: estimating the proportions of Norse and Gaelic ancestry. Am. J. Hum. Genet. 68, 2001, 723–737.

Helgason u. a. 2003
A. Helgason / G. Nicholson / K. Stefánsson / P. Donnelly, A reassessment of genetic diversity in Icelanders: strong evidence from multiple loci for relative homogeneity caused by genetic drift. Ann. Hum. Genet. 67, 2003, 281–297.

Henikoff 1995
S. Henikoff, Detecting dinosaur DNA. Science 268, 1995, 1192.

Herrnstadt u. a. 2002
C. Herrnstadt / J. L. Elson / E. Fahy / G. Preston u. a., Reduced-median-network analysis of complete mitochondrial DNA coding-region sequences for the major African, Asian, and European haplogroups. Am. J. Hum. Genet. 70, 2002, 1152–1171.

Hershberg u. a. 2008
R. Hershberg / M. Lipatov / P. M. Small / H. Sheffer u. a., High functional diversity in Mycobacterium tuberculosis driven by genetic drift and human demography. PLoS Biol. 6, 2008, e311.

Hershkovitz u. a. 2008
I. Hershkovitz / H. D. Donoghue / D. E. Minnikin / G. S. Besra u. a., Detection and molecular characterization of 9,000-year-old Mycobacterium tuberculosis from a Neolithic settlement in the Eastern Mediterranean. PLoS ONE 3, 2008, e3426.

Hervella 2010
A. M. Hervella, Variación temporal del ADNmt en poblaciones de la cornisa cantábrica. Contribución del ADN antiguo (Lejona, Vizcaya 2010).

Hervella u. a. 2012
M. Hervella / N. Izagirre / S. Alonso / R. Fregel u. a., Ancient DNA from hunter-gatherer and farmer groups from Northern Spain supports a random dispersion model for the Neolithic expansion into Europe. PLoS ONE 7, 2012, e34417.

Heyd 2007
V. Heyd, Families, treasures, warriors and complex societies: Beaker groups of the third millennium BC along the Upper and Middle Danube. Proc. Prehist. Soc. 73, 2007, 327–379.

Higuchi u. a. 1984
R. Higuchi / B. Bowman / M. Freiberger / O. A. Ryder u. a., DNA sequences from the quagga, an extinct member of the horse family. Nature 312, 1984, 282–284.

Higuchi u. a. 1987
R. G. Higuchi / L. A. Wrischnik / E. Oakes / M. George u. a., Mitochondrial DNA of the extinct quagga: relatedness and extent of postmortem change. J. Mol. Evol. 25, 1987, 283–287.

Hilbig 1998
O. Hilbig, Altmärkische Gruppe der Tiefstichkeramik. In: J. Preuß (Hrsg.), Das Neolithikum in Mitteleuropa. Kulturen – Wirtschaft – Umwelt vom 6. bis 3. Jahrtausend v. u. Z. Übersichten zum Stand der Forschung (Weißbach 1998) 5–6.

Hill u. a. 2006
C. Hill / P. Soares / M. Mormina / V. Macaulay u. a., Phylogeography and ethnogenesis of aboriginal Southeast Asians. Mol. Biol. Evol. 23, 2006, 2480–2491.

Hille 2012
A. Hille, Die Glockenbecherkultur in Mitteldeutschland. Veröff. Landesamt Arch. Sachsen-Anhalt 66 (Landesmuseum für Vorgeschichte, Halle [Saale] 2012).

Hofmann u. a. 1997
S. Hofmann / M. Jaksch / R. Bezold / S. Mertens u. a., Population genetics and disease susceptibility: characterization of central European haplogroups by mtDNA gene mutations, correlation with D loop variants and association with disease. Hum. Mol. Genet. 6, 1997, 1835–1846.

Hofreiter u. a. 2000
M. Hofreiter / H. N. Poinar / W. G. Spaulding / K. Bauer u. a., A molecular analysis of ground sloth diet through the last glaciation. Mol. Ecol. 9, 2000, 1975–1984.

Hofreiter u. a. 2001
M. Hofreiter / D. Serre / H. N. Poinar / M. Kuch u. a., Ancient DNA. Nat. Rev. Genet. 2, 2001, 353–359.

Hofreiter u. a. 2002
M. Hofreiter / C. Capelli / M. Krings / L. Waits u. a., Ancient DNA analyses reveal high mitochondrial DNA sequence diversity and parallel morphological evolution of late pleistocene cave bears. Mol. Biol. Evol. 19, 2002, 1244–1250.

Hofreiter u. a. 2004
M. Hofreiter / G. Rabeder / V. Jaenicke-Després / G. Withalm u. a., Evidence for reproductive isolation between cave bear populations. Curr. Biol. 14, 2004, 40–43.

Hofreiter 2011
M. Hofreiter, Drafting human ancestry: what does the Neanderthal genome tell us about hominid evolution? Commentary on Green u. a. (2010). Hum. Biol. 83, 2011, 1–11.

Hollad / Kenyon 1981
T. A. Holland / K. M. Kenyon, Excavations at Jericho (Jerusalem 1981).

Horai u. a. 1989
S. Horai / K. Hayasaka / K. Murayama / N. Wate u. a., DNA amplification from ancient human skeletal remains and their sequence analysis. Proc. Jpn. Acad. 65, 1989, 229–233.

Horai u. a. 1996
S. Horai / K. Murayama / K. Hayasaka / S. Matsubayashi u. a., mtDNA polymorphism in East Asian Populations, with special reference to the peopling of Japan. Am. J. Hum. Genet. 59, 1996, 579–590.

Höss u. a. 1996a
M. Höss / A. Dilling / A. Currant / S. Pääbo, Molecular phylogeny of the extinct ground sloth Mylodon darwinii. Proc. Natl. Acad. Sci. U.S.A. 93, 1996, 181–185.

Höss u. a. 1996b
M. Höss/P. Jaruga/T. H. Zastawny/
M. Dizdaroglu u. a., DNA damage and DNA sequence retrieval from ancient tissues. Nucleic Acids Res. 24, 1996, 1304–1307.

Höss u. a. 1994
M. Höss/S. Pääbo/N. K. Vereshchagin, Mammoth DNA sequences. Nature 370, 1994, 333.

Howland / Hewitt 1994
D. E. Howland/G. M. Hewitt, DNA analysis of extant and fossil beetles. In: G. Eglinton/R. L. F. Kay (Hrsg.), Biomolecular palaeontology. Lyell Meeting volume (Swindon 1994) 49–51.

Hudjashov u. a. 2007
G. Hudjashov/T. Kivisild/P. A. Underhill/P. Endicott u. a., Revealing the prehistoric settlement of Australia by Y chromosome and mtDNA analysis. Proc. Natl. Acad. Sci. U.S.A. 104, 2007, 8726–8730.

Hughes u. a. 2006
S. Hughes/T. J. Hayden/C. J. Douady/C. Tougard u. a., Molecular phylogeny of the extinct giant deer, Megaloceros giganteus. Mol. Phylogenet. Evol. 40, 2006, 285–291.

Hughey u. a. 2013
J. R. Hughey/P. Paschou/P. Drineas/D. Mastropaolo u. a., A European population in Minoan Bronze Age Crete. Nat. Commun. 4, 2013, 1861.

Hummel u. a. 1999
S. Hummel/T. Schultes/B. Bramanti/B. Herrmann, Ancient DNA profiling by megaplex amplications. Electrophoresis 20, 1999, 1717–1721.

Hung u. a. 2013
C. Hung/R. Lin/J. Chu/C. Yeh u. a., The de novo assembly of mitochondrial genomes of the extinct passenger pigeon (Ectopistes migratorius) with next generation sequencing. PLoS ONE 8, 2013, e56301.

Huynen u. a. 2013
L. Huynen/C. D. Millar/R. P. Scofield/D. M. Lambert, Nuclear DNA sequences detect species limits in ancient moa. Nature 425, 2013, 175–178.

Huynen u. a. 2010
L. Huynen/B. J. Gill/C. D. Millar/D. M. Lambert, Ancient DNA reveals extreme egg morphology and nesting behavior in New Zealand's extinct moa. Proc. Natl. Acad. Sci. U.S.A. 107, 2012, 16201–16206.

Huynen u. a. 2012
L. Huynen/C. D. Millar/D. M. Lambert, Resurrecting ancient animal genomes: the extinct moa and more. Bioessays 34, 2012, 661–669.

Imaizumi u. a. 2002
K. Imaizumi/T. J. Parsons/M. Yoshino/M. M. Holland, A new database of mitochondrial DNA hypervariable regions I and II sequences from 162 Japanese individuals. Int. J. Legal Med. 116, 2002, 68–73.

Ingman u. a. 2000
M. Ingman/H. Kaessmann/S. Pääbo/U. Gyllensten, Mitochondrial genome variation and the origin of modern humans. Nature 408, 2000, 708–713.

Ingman / Gyllensten 2001
M. Ingman/U. Gyllensten, Analysis of the complete human mtDNA genome: methodology and inferences for human evolution. J. Hered. 92, 2001, 454–461.

Ingman / Gyllensten 2003
M. Ingman/U. Gyllensten, Mitochondrial genome variation and evolutionary history of Australian and New Guinean aborigines. Genome Res. 13, 2003, 1600–1606.

Ingman / Gyllensten 2007
M. Ingman/U. Gyllensten, A recent genetic link between Sami and the Volga-Ural region of Russia. Eur. J. Hum. Genet. 15, 2007, 115–120.

International Human Genome Sequencing Consortium 2001
International Human Genome Sequencing Consortium, Initial sequencing and analysis of the human genome. Nature 409, 2001, 860–921.

International Human Genome Sequencing Consortium 2004
International Human Genome Sequencing Consortium, Finishing the euchromatic sequence of the human genome. Nature 431, 2004, 931–945.

Irwin u. a. 2007
J. Irwin/B. Egyed/J. Saunier/G. Szamosi u. a., Hungarian mtDNA population databases from Budapest and the Baranya county Roma. Int. J. Legal Med. 121, 2007, 377–383.

Irwin u. a. 2008a
J. A. Irwin/J. L. Saunier/K. M. Strouss/T. M. Diegoli u. a., Mitochondrial control region sequences from a Vietnamese population sample. Int. J. Legal Med. 122, 2008, 257–259.

Irwin u. a. 2008b
J. Irwin/J. Saunier/K. Strouss/C. Paintner u. a., Mitochondrial control region sequences from northern Greece and Greek Cypriots. Int. J. Legal Med. 122, 2008, 87–89.

Irwin u. a. 2009
J. A. Irwin/J. L. Saunier/P. Beh/K. M. Strouss u. a., Mitochondrial DNA control region variation in a population sample from Hong Kong, China. Forensic Sci. Int. Genet. 3, 2009, e119–25.

Irwin u. a. 2010
J. A. Irwin/A. Ikramov/J. Saunier/M. Bodner u. a., The mtDNA composition of Uzbekistan: a microcosm of Central Asian patterns. Int. J. Legal Med. 124, 2010, 195–204.

Itan u. a. 2009
Y. Itan/A. Powell/M. A. Beaumont/J. Burger u. a., The origins of lactase persistence in Europe. PLoS Comput. Biol. 5, 2009, e1000491.

Ivanov u. a. 1996
P. L. Ivanov/M. J. Wadhams/R. K. Roby/M. M. Holland u. a., Mitochondrial DNA sequence heteroplasmy in the Grand Duke of Russia Georgij Romanov establishes the authenticity of the remains of Tsar Nicholas II. Nat. Genet. 12, 1996, 417–420.

Jackson u. a. 2005
B. A. Jackson/J. L. Wilson/S. Kirbah/S. S. Sidney u. a., Mitochondrial DNA genetic diversity among four ethnic groups in Sierra Leone. Am. J. Phys. Anthropol. 128, 2005, 156–163.

Jaenicke-Després u. a. 2003
V. Jaenicke-Després/E. S. Buckler/B. D. Smith/M. T. P. Gilbert u. a., Early allelic selection in maize as revealed by ancient DNA. Science 302, 2003, 1206–1208.

Janczewski u. a. 1992
D. N. Janczewski/N. Yuhki/D. A. Gilbert/G. T. Jefferson u. a., Molecular phylogenetic inference from saber-toothed cat fossils of Rancho La Brea. Proc. Natl. Acad. Sci. U.S.A. 89, 1992, 9769–9773.

Jans u. a. 2004
M. M. E. Jans/C. M. Nielsen-Marsh/C. I. Smith/M. J. Collins u. a., Characterisation of microbial attack on archaeological bone. J. Archaeol. Sci. 31, 2004, 87–95.

Jansen 2000
R. P. Jansen, Germline passage of mitochondria: quantitative considerations and possible embryological sequelae. Hum. Reprod. 15, 2000, 112–128.

Jeran u. a. 2009
N. Jeran/D. Havas Augustin/B. Grahovac/M. Kapović u. a., Mitochondrial DNA heritage of Cres Islanders – example of Croatian genetic outliers. Coll. Antropol. 33, 2009, 1323–1328.

Jeunesse 1998
C. Jeunesse, Pour une origine occidentale de la culture de Michelsberg? In: J. Biel/H. Schlichtherle/M. Strobel/A. Zeeb (Hrsg.), Die Michelsberger Kultur und ihre Randgebiete. Probleme der Entstehung, Chronologie und des Siedlungswesens: Kolloquium Hemmenhofen 21.–23. Febrar 1997. Matherialh. Arch. Baden-Württemberg 43 (Stuttgart 1998) 29–46.

Jeunesse 2010
C. Jeunesse, Die Michelsberger Kultur. In: Badisches Landesmuseum Karlsruhe (Hrsg.), Jungsteinzeit im Umbruch. Die »Michelsberger Kultur« und Mitteleuropa vor 6000 Jahren. Katalog zur Ausstellung im Badischen Landesmuseum Schloss Karlsruhe (Darmstadt 2010) 46–55.

Jin / Su 2000
L. Jin/B. Su, Natives or immigrants: modern human origin in east Asia. Nat. Rev. Genet. 1, 2000, 126–133.

Jobling u. a. 2004
M. A. Jobling/M. Hurles/C. Tyler-Smith, Human evolutionary genetics. Origins, peoples & disease (New York 2004).

Johnson / Ferris 2002
L. A. Johnson/J. A. J. Ferris, Analysis of postmortem DNA degradation by single-cell gel electrophoresis. Forensic Sci. Int. 126, 2002, 43–47.

Jorde / Bamshad 2000
L. B. Jorde/M. Bamshad, Questioning evidence for recombination in human mitochondrial DNA. Science 288, 2000, 1931.

Jørgensen u. a. 2012a
T. Jørgensen/K. H. Kjaer/J. Haile/M. Rasmussen u. a., Islands in the ice: detecting past vegetation on Greenlandic nunataks using historical records and sedimentary ancient DNA meta-barcoding. Mol. Ecol. 21, 2012, 1980–1988.

Jørgensen u. a. 2012b
T. Jørgensen/J. Haile/P. Möller/A. Andreev u. a., A comparative study of ancient sedimentary DNA, pollen and macrofossils from permafrost sediments of northern Siberia reveals long-term vegetational stability. Mol. Ecol. 21, 2012, 1989–2003.

Kaessmann u. a. 1999
H. Kaessmann/F. Heissig/A. von Haeseler/S. Pääbo, DNA sequence variation in a noncoding region of low recombination on the human X chromosome. Nat. Genet. 22, 1999, 78–81.

Kaessmann u. a. 2002
H. Kaessmann/S. Zöllner/A. C. Gustafsson/V. Wiebe u. a., Extensive linkage disequilibrium in small human populations in Eurasia. Am. J. Hum. Genet. 70, 2002, 673–685.

Kahila Bar Gal u. a. 2002
G. Kahila Bar-Gal/H. Khalaily/O. Mader/P. Ducos u. a., Ancient DNA Evidence for the Transition from Wild to Domestic Status in Neolithic Goats: A Case Study from the Site of Abu Gosh, Israel. Anc. Biomol. 4, 2002, 9–17.

Kahila Bar-Gal 2012
G. Kahila Bar-Gal/M. J. Kim/A. Klein/D. H. Shin u. a., Tracing hepatitis B virus to the 16th century in a Korean mummy. Hepatology 56, 2012, 1671–1680.

Kalicz 1983
N. Kalicz, Die Körös-Starcevo-Kulturen und ihre Beziehungen zur Linearbandkera-

mik. Nachr. Niedersachsen Urgesch. 52, 1983, 91–130.

Karachanak u. a. 2012
S. Karachanak/V. Carossa/D. Nesheva/ A. Olivieri u. a., Bulgarians vs the other European populations: a mitochondrial DNA perspective. Int. J. Legal Med. 126, 2012, 497–503.

Karlsson u. a. 2006
A. O. Karlsson/T. Wallerström/ A. Götherström/G. Holmlund, Y-chromosome diversity in Sweden – a long-time perspective. Eur. J. Hum. Genet. 14, 2006, 963–970.

Kasperavičiūtė u. a. 2004
D. Kasperavičiūtė/V. Kučinskas/M. Stoneking, Y chromosome and mitochondrial DNA variation in Lithuanians. Ann. Hum. Genet. 68, 2004, 438–452.

Kaufmann 1994
D. Kaufmann, Bemerkungen zum älteren Mittelneolithikum in Mitteldeutschland. In: H. Beier (Hrsg.), Der Rössener Horizont in Mitteleuropa. Beitr. Ur- u. Frühgesch. Mitteleuropa 6 (Wilkau-Hasslau 1994) 85–92.

Keller u. a. 2012
A. Keller/A. Graefen/M. Ball/M. Matzas u. a., New insights into the Tyrolean Iceman's origin and phenotype as inferred by whole-genome sequencing. Nat. Commun. 3, 2012, 698.

Kenyon 1957
K. M. Kenyon, Digging up Jericho: The results of the Jericho excavations, 1952–1956 (New York 1957).

Keyer u. a. 2008
C. Keyser/S. Romac/C. Bouakaze/S. Amory u. a., Tracing back ancient south Siberian population history using mitochondrial and Y-chromosome SNPs. Forensic Science International: Genetics Supplement Series 1, 2008, 343–345.

Keyser u. a. 2009
C. Keyser/C. Bouakaze/E. Crubézy/ V. G. Nikolaev u. a., Ancient DNA provides new insights into the history of south Siberian Kurgan people. Hum. Genet. 126, 2009, 395–410.

Keyser-Tracqui u. a. 2003
C. Keyser-Tracqui/E. Crubézy/B. Ludes, Nuclear and mitochondrial DNA analysis of a 2,000-year-old necropolis in the Egyin Gol Valley of Mongolia. Am. J. Hum. Genet. 73, 2003, 247–260.

Keyser-Tracqui u. a. 2006
C. Keyser-Tracqui/E. Crubézy/H. Pamzsav/ T. Varga u. a., Population origins in Mongolia: genetic structure analysis of ancient and modern DNA. Am. J. Phys. Anthropol. 131, 2006, 272–281.

Kircher/Kelso 2010
M. Kircher/J. Kelso, High-throughput DNA sequencing – concepts and limitations. Bioessays 32, 2010, 524–536.

Kittles u. a. 1999
R. A. Kittles/A. W. Bergen/M. Urbanek/ M. Virkkunen u. a., Autosomal, mitochondrial, and Y chromosome DNA variation in Finland: evidence for a male-specific bottleneck. Am. J. Phys. Anthropol. 108, 1999, 381–399.

Kivisild u. a. 1999
T. Kivisild/M. J. Bamshad/K. Kaldma/M. Metspalu u. a., Deep common ancestry of indian and western-Eurasian mitochondrial DNA lineages. Curr. Biol. 9, 1999, 1331–1334.

Kivisild/Villems 2000
T. Kivisild/R. Villems, Questioning evidence for recombination in human mitochondrial DNA. Science 288, 2000, 1931.

Kivisild u. a. 2002
T. Kivisild/H. Tolk/J. Parik/Y. Wang u. a., The emerging limbs and twigs of the East Asian mtDNA tree. Mol. Biol. Evol. 19, 2002, 1737–1751.

Kivisild u. a. 2004
T. Kivisild/M. Reidla/E. Metspalu/A. Rosa u. a., Ethiopian mitochondrial DNA heritage: tracking gene flow across and around the gate of tears. Am. J. Hum. Genet. 75, 2004, 752–770.

Kloss-Brandstätter u. a. 2011
A. Kloss-Brandstätter/D. Pacher/S. Schönherr/ H. Weissensteiner u. a., HaploGrep: a fast and reliable algorithm for automatic classification of mitochondrial DNA haplogroups. Hum. Mutat. 32, 2011, 25–32.

Knight 2003
A. Knight, The phylogenetic relationship of Neandertal and modern human mitochondrial DNAs based on informative nucleotide sites. J. Hum. Evol. 44, 2003, 627–632.

Knight u. a. 2004
A. Knight/L. A. Zhivotovsky/D. H. Kass/ D. E. Litwin u. a., Molecular, forensic and haplotypic inconsistencies regarding the identity of the Ekaterinburg remains. Ann. Hum. Biol. 31, 2004, 129–138.

Koch 2009
J. T. Koch, Celtic in the South-west at the Dawn of History. Celtic Stud. Publ. 13 (Aberystwyth, Oakville CT 2009).

Kolman u. a. 1996
C. J. Kolman/N. Sambuughin/E. Bermingham, Mitochondrial DNA analysis of Mongolian populations and implications for the origin of New World founders. Genetics 142, 1996, 1321–1334.

Kong u. a. 2003
Q. Kong/Y. Yao/M. Liu/S. Shen u. a., Mitochondrial DNA sequence polymorphisms of five ethnic populations from northern China. Hum. Genet. 113, 2003, 391–405.

Korlach u. a. 2008
J. Korlach/P. J. Marks/R. L. Cicero/J. J. Gray u. a., Selective aluminum passivation for targeted immobilization of single DNA polymerase molecules in zero-mode waveguide nanostructures. Proc. Natl. Acad. Sci. U.S.A. 105, 2008, 1176–1181.

Kouvatsi u. a. 2001
A. Kouvatsi/N. Karaiskou/A. Apostolidis/ G. Kirmizidis, Mitochondrial DNA sequence variation in Greeks. Hum. Biol. 73, 2001, 855–869

Koyama u. a. 2002
H. Koyama/M. Iwasa/Y. Maeno/T. Tsuchimochi u. a., Mitochondrial sequence haplotype in the Japanese population. Forensic Sci. Int. 125, 2002, 93–96.

Krajewski u. a. 1992
C. Krajewski/A. C. Driskell/P. R. Baverstock/ M. J. Braun, Phylogenetic relationships of the thylacine (Mammalia: Thylacinidae) among dasyuroid marsupials: evidence from cytochrome b DNA sequences. Proc. Biol. Sci. 250, 1992, 19–27.

Krajewski u. a. 1997
C. Krajewski/L. Buckley/M. Westerman, DNA phylogeny of the marsupial wolf resolved. Proc. Biol. Sci. 264, 1997, 911–917.

Krajewski u. a. 2000
C. Krajewski/M. J. Blacket/M. Westerman, DNA Sequence Analysis of Familial Relationships Among Dasyuromorphian Marsupials. J. Mamm. Evo. 7, 2000, 95–108.

Krause u. a. 2006
J. Krause/P. H. Dear/J. L. Pollack/M. Slatkin u. a., Multiplex amplification of the mammoth mitochondrial genome and the evolution of Elephantidae. Nature 439, 2006, 724–727.

Krause u. a. 2007a
J. Krause/L. Orlando/D. Serre/B. Viola u. a., Neanderthals in central Asia and Siberia. Nature 449, 2007, 902–904.

Krause u. a. 2007b
J. Krause/C. Lalueza-Fox/L. Orlando/W. Enard u. a., The derived FOXP2 variant of modern humans was shared with Neandertals. Curr. Biol. 17, 2007, 1908–1912.

Krause u. a. 2008
J. Krause/T. Unger/A. Noçon/A. Malaspinas u. a., Mitochondrial genomes reveal an explosive radiation of extinct and extant bears near the Miocene-Pliocene boundary. BMC Evol. Biol. 8, 2008, 220.

Krause u. a. 2010a
J. Krause/A. W. Briggs/M. Kircher/T. Maricic u. a., A complete mtDNA genome of an early modern human from Kostenki, Russia. Curr. Biol. 20, 2010, 231–236.

Krause u. a. 2010b
J. Krause/Q. Fu/J. M. Good/B. Viola u. a., The complete mitochondrial DNA genome of an unknown hominin from southern Siberia. Nature 464, 2010, 894–897.

Krause-Kyora u. a. 2013
B. Krause-Kyora/C. Makarewicz/A. Evin/ L. G. Flink u. a., Use of domesticated pigs by Mesolithic hunter-gatherers in northwestern Europe. Nat. Commun. 4, 2013, 2348.

Krings u. a. 1997
M. Krings/A. Stone/R. W. Schmitz/ H. Krainitzki u. a., Neandertal DNA sequences and the origin of modern humans. Cell 90, 1997, 19–30.

Krings u. a. 1999a
M. Krings/H. Geisert/R. W. Schmitz/ H. Krainitzki u. a., DNA sequence of the mitochondrial hypervariable region II from the neandertal type specimen. Proc. Natl. Acad. Sci. U.S.A. 96, 1999, 5581–5585.

Krings u. a. 1999b
M. Krings/A. E. Salem/K. Bauer/H. Geisert u. a., mtDNA analysis of Nile River Valley populations: A genetic corridor or a barrier to migration? Am. J. Hum. Genet. 64, 1999, 1166–1176.

Krings u. a. 2000
M. Krings/C. Capelli/F. Tschentscher/ H. Geisert u. a., A view of Neandertal genetic diversity. Nat. Genet. 26, 2000, 144–146.

Kromer/Friedrich 2007
B. Kromer/M. Friedrich, Jahrringchronologien und Radiokohlenstoff: Ein ideales Gespann in der Paläoklimaforschung. Geographische Rundschau 59, 2007, 50–55.

Kubenz 1994
T. Kubenz, Baalberger Kultur. In: H.-J. Beier/ R. Einicke (Hrsg.), Das Neolithikum im Mittelelbe-Saale-Gebiet und in der Altmark. Eine Übersicht und ein Abriss zum Stand der Forschung. Beitr. Ur- und Frühgesch. Mitteleuropa 4 (Wilkau-Hasslau 1994) 113–128.

Kuehn u. a. 2005
R. Kuehn/C. J. Ludt/W. Schroeder/O. Rottmann, Molecular phylogeny of Megaloceros giganteus – the giant deer or just a giant red deer? Zool. Sci. 22, 2005, 1031–1044.

Kumar u. a. 2000
S. Kumar/P. Hedrick/T. Dowling/ M. Stoneking, Questioning evidence for recombination in human mitochondrial DNA. Science 288, 2000, 1931.

Kumar u. a. 2009
S. Kumar/R. R. Ravuri/P. Koneru/B. P. Urade u. a., Reconstructing Indian-Australian phylogenetic link. BMC Evol. Biol. 9, 2009, 173.

Lacan 2011
M. Lacan, La Néolithisation du bassin méditerranéen. Apports de l'ADN ancien (Université Toulouse 2011).

Lacan u. a. 2011a
M. Lacan/C. Keyser/F. Ricaut/N. Brucato u. a., Ancient DNA reveals male diffusion through the Neolithic Mediterranean route. Proc. Natl. Acad. Sci. U.S.A. 108, 2011, 9788–9791.

Lacan u. a. 2011b
M. Lacan/C. Keyser/F. Ricaut/N. Brucato u. a., Ancient DNA suggests the leading role played by men in the Neolithic dissemination. Proc. Natl. Acad. Sci. U.S.A. 108, 2011, 18255–18259.

Lacan u. a. 2013
M. Lacan/C. Keyser/E. Crubézy/B. Ludes, Ancestry of modern Europeans: contributions of ancient DNA. Cell. Mol. Life Sci. 70, 2013, 2473–2487.

Lágler u. a. 2005
R. Lágler/G. Gyulai/M. Humphreys/Z. Szabó u. a., Morphological and molecular analysis of common millet (P. miliaceum) cultivars compared to an aDNA sample from the 15th century (Hungary). Euphytica 146, 2005, 77–85.

Lágler u. a. 2006
R. Lágler/G. Gyulai/Z. Szabó/Z. Tóth u. a., Molecular diversity of common millet (P. miliaceum) compared to archaeological samples excavated from the 4th and 15th centuries. Hungarian Agricultural Res. 1, 2006, 14–19.

Lahermo u. a. 1996
R. Lahermo/A. Sajantila/P. Sistonen/M. Lukka u. a., The genetic relationship between the Finns and the Finnish Saami (Lapps): analysis of nuclear DNA and mtDNA. Am. J. Hum. Genet. 58, 1996, 1309–1322.

Lalueza-Fox u. a. 2004
C. Lalueza-Fox/M. L. Sampietro/ M. T. P. Gilbert/L. Castrì u. a., Unravelling migrations in the steppe: mitochondrial DNA sequences from ancient central Asians. Proc. Biol. Sci. 271, 2004, 941–947.

Lalueza-Fox u. a. 2004
C. Lalueza-Fox/M. L. Sampietro/D. Caramelli/ Y. Puder u. a., Neandertal evolutionary genetics: mitochondrial DNA data from the iberian peninsula. Mol. Biol. Evol. 22, 2004, 1077–1081.

Lalueza-Fox/Gilbert 2011
C. Lalueza-Fox/M. T. P. Gilbert, Paleogenomics of archaic hominins. Curr. Biol. 21, 2011, R1002–R1009.

Lambert u. a. 2002
D. M. Lambert/P. A. Ritchie/C. D. Millar/ B. Holland u. a., Rates of evolution in ancient DNA from Adélie penguins. Science 295, 2002, 2270–2273.

Lambert u. a. 2005
D. M. Lambert/A. Baker/L. Huynen/ O. Haddrath u. a., Is a large-scale DNA-based inventory of ancient life possible? J. Hered. 96, 2005, 279–284.

Lanting/van der Waals 1976
J. N. Lanting/J. D. van der Waals, Glockenbecher Symposion. Oberried, 18.–23. März 1974 (Bussum, Haarlem 1976).

Lappalainen u. a. 2008
T. Lappalainen/V. Laitinen/E. Salmela/ P. Andersen u. a., Migration waves to the Baltic Sea region. Ann. Hum. Genet. 72, 2008, 337–348.

Lappalainen u. a. 2009
T. Lappalainen/U. Hannelius/E. Salmela/ U. von Döbeln u. a., Population structure in contemporary Sweden – a Y-chromosomal and mitochondrial DNA analysis. Ann. Hum. Genet. 73, 2009, 61–73.

Lari u. a. 2011
M. Lari/E. Rizzi/S. Mona/G. Corti u. a., The complete mitochondrial genome of an 11,450-year-old aurochsen (*Bos primigenius*) from Central Italy. BMC Evol. Biol. 11, 2011, 32.

Larruga u. a. 2001
J. M. Larruga/F. Díez/F. M. Pinto/C. Flores u. a., Mitochondrial DNA characterisation of European isolates: the Maragatos from Spain. Eur. J. Hum. Genet. 9, 2001, 708–716.

Larson u. a. 2005
G. Larson/K. Dobney/U. Albarella/M. Fang u. a., Worldwide phylogeography of wild boar reveals multiple centers of pig domestication. Science 307, 2005, 1618–1621.

Larson u. a. 2007a
G. Larson/T. Cucchi/M. Fujita/E. Matisoo-Smith u. a., Phylogeny and ancient DNA of Sus provides insights into neolithic expansion in Island Southeast Asia and Oceania. Proc. Natl. Acad. Sci. U.S.A. 104, 2007, 4834–4839.

Larson u. a. 2007b
G. Larson/U. Albarella/K. Dobney/P. Rowley-Conwy u. a., Ancient DNA, pig domestication, and the spread of the Neolithic into Europe. Proc. Natl. Acad. Sci. U.S.A. 104, 2007, 15276–15281.

Larson u. a. 2010
G. Larson/R. Liu/X. Zhao/J. Yuan u. a., Patterns of East Asian pig domestication, migration, and turnover revealed by modern and ancient DNA. Proc. Natl. Acad. Sci. U.S.A. 107, 2010, 7686–7691.

Larson/Burger 2013
G. Larson/J. Burger, A population genetics view of animal domestication. Trends Genet. 29, 2013, 197–205.

Lawler 2008
A. Lawler, From the Horse's Mouth. Humanities 29, 2008, 11–13.

Lazaridis u. a. 2013
I. Lazaridis/N. Patterson/A. Mittnik/ G. Renaud/S. Mallick u. a., Ancient human genomes suggest three ancestral populations for present-day Europeans. bioRxiv, doi:10.1101/001552.

Lee u. a. 2012a
E. J. Lee/C. Makarewicz/R. Renneberg/ M. Harder u. a., Emerging genetic patterns of the European Neolithic: perspectives from a late Neolithic Bell Beaker burial site in Germany. Am. J. Phys. Anthropol. 148, 2012, 571–579.

Lee u. a. 2012b
E. J. Lee/R. Renneberg/M. Harder/B. Krause-Kyora u. a., Collective burials among agropastoral societies in later Neolithic Germany: perspectives from ancient DNA. J. Archaeol. Sci. 51, 174–178, doi:10.1016/j.jas.2012.08.037.

Lee u. a. 2013
E. J. Lee/B. Krause-Kyora/C. Rinne/R. Schütt u. a., Ancient DNA insights from the Middle Neolithic in Germany. Archaeol. Anthropol. Sci. 6,2, 2013 (2014), 199–204.

Lee u. a. 2006
H. Y. Lee/J. Yoo/M. J. Park/U. Chung u. a., Mitochondrial DNA control region sequences in Koreans: identification of useful variable sites and phylogenetic analysis for mtDNA data quality control. Int. J. Legal Med. 120, 2006, 5–14.

Lee u. a. 2012
O. Y. Lee/H. H. T. Wu/H. D. Donoghue/ M. Spigelman u. a., Mycobacterium tuberculosis complex lipid virulence factors preserved in the 17,000-year-old skeleton of an extinct bison, Bison antiquus. PLoS ONE 7, 2012, e41923.

Lee u. a. 1997
S. D. Lee/C. H. Shin/K. B. Kim/Y. S. Lee u. a., Sequence variation of mitochondrial DNA control region in Koreans. Forensic Sci. Int. 87, 1997, 99–116.

Lehocký u. a. 2008
I. Lehocký/M. Baldovic/L. Kádasi/ E. Metspalu, A database of mitochondrial DNA hypervariable regions I and II sequences of individuals from Slovakia. Forensic Sci. Int. Genet. 2, 2008, e53–9.

Lejzerowicz u. a. 2013
F. Lejzerowicz/P. Esling/W. Majewski/ W. Szczuciński u. a., Ancient DNA complements microfossil record in deep-sea subsurface sediments. Biol. Lett. 9, 2013, 20130283.

Leonard u. a. 2000
J. A. Leonard/R. K. Wayne/A. Cooper, Population genetics of ice age brown bears. Proc. Nat. Acad. Sci. U.S.A. 97, 2000, 1651–1654.

Leonard u. a. 2002
J. A. Leonard/R. K. Wayne/J. Wheeler/ R. Valadez u. a., Ancient DNA evidence for Old World origin of New World dogs. Science 298, 2002, 1613–1616.

Leonard u. a. 2005a
J. A. Leonard/N. Rohland/S. Glaberman/R. C. Fleischer u. a., A rapid loss of stripes: the evolutionary history of the extinct quagga. Biol. Lett. 1, 2005, 291–295.

Leonard u. a. 2005b
J. A. Leonard/C. Vilà/R. K. Wayne, Legacy lost: genetic variability and population size of extirpated US grey wolves (Canis lupus). Mol. Ecol. 14, 2005, 9–17.

Leonard u. a. 2007
J. A. Leonard/C. Vilà/K. Fox-Dobbs/P. L. Koch u. a., Megafaunal extinctions and the disappearance of a specialized wolf ecomorph. Curr. Biol. 17, 2007, 1146–1150.

Leonardi u. a. 2012
M. Leonardi/P. Gerbault/M. G. Thomas/ J. Burger, The evolution of lactase persistence in Europe. A synthesis of archaeological and genetic evidence. Int. Dairy J. 22, 2012, 88–97.

Levy u. a. 2007
S. Levy/G. Sutton/P. C. Ng/L. Feuk u. a., The diploid genome sequence of an individual human. PLoS Biol. 5, 2007, e254.

Lewthwaite 1989
J. Lewthwaite, Isolating the residuals: The Mesolithic basis of man-animal relationships on the mediterranean islands. In: C. Bonsall (Hrsg.), The Mesolithic in Europe. Papers presented at the third international symposium, Edinburgh, 1985 (Edinburgh 1985) 541–555.

Li u. a. 2010
C. Li/H. Li/Y. Cui/C. Xie u. a., Evidence that a West-East admixed population lived in the Tarim Basin as early as the early Bronze Age. BMC Biol. 8, 2010, 15.

Li u. a. 2011
C. Li/D. L. Lister/H. Li/Y. Xu u. a., Ancient DNA analysis of desiccated wheat grains excavated from a Bronze Age cemetery in Xinjiang. J. Archaeol. Sci. 38, 2011, 115–119.

Li u. a. 2007
H. Li/X. Cai/E. R. Winograd-Cort/B. Wen u. a., Mitochondrial DNA diversity and population differentiation in southern East Asia. Am. J. Phys. Anthropol. 134, 2007, 481–488.

Lia u. a. 2007
V. V. Lia/V. A. Confalonieri/N. Ratto/ J. A. C. Hernández u. a., Microsatellite typing of ancient maize: insights into the history of agriculture in southern South America. Proc. Biol. Sci. 274, 2007, 545–554.

Librado/Rozas 2009
P. Librado/J. Rozas, DnaSP v5: a software for comprehensive analysis of DNA polymorphism data. Bioinformatics 25, 2009, 1451–1452.

Lightowlers u. a. 1997
R. N. Lightowlers/P. F. Chinnery/ D. M. Turnbull/N. Howell, Mammalian mito-

chondrial genetics: heredity, heteroplasmy and disease. Trends Genet. 13, 1997, 450–455.

Lindahl / Nyberg 1972
T. Lindahl / B. Nyberg, Rate of depurination of native deoxyribonucleic acid. Biochemistry 11, 1972, 3610–3618.

Lindahl 1993
T. Lindahl, Instability and decay of the primary structure of DNA. Nature 362, 1993, 709–715.

Lindahl 1997
T. Lindahl, Facts and artifacts of ancient DNA. Cell 90, 1997, 1–3.

Linderholm / Larson 2013
A. Linderholm / G. Larson, The role of humans in facilitating and sustaining coat colour variation in domestic animals. Semin. Cell Dev. Biol. 24, 2013, 587–593.

Lindqvist u. a. 2010
C. Lindqvist / S. C. Schuster / Y. Sun / S. L. Talbot u. a., Complete mitochondrial genome of a Pleistocene jawbone unveils the origin of polar bear. Proc. Natl. Acad. Sci. U. S. A. 107, 2010, 5053–5057.

Linstädter 2008
J. Linstädter, The Epipalaeolithic-Neolithic-transition in the Mediterranean region of northwest Africa. Quartär 55, 2008, 41–62.

Lippold u. a. 2011
S. Lippold / N. J. Matzke / M. Reissmann / M. Hofreiter, Whole mitochondrial genome sequencing of domestic horses reveals incorporation of extensive wild horse diversity during domestication. BMC Evol. Biol. 11, 2011, 328.

Lira u. a. 2010
J. Lira / A. Linderholm / C. Olaria / M. Brandström Durling u. a., Ancient DNA reveals traces of Iberian Neolithic and Bronze Age lineages in modern Iberian horses. Mol. Ecol. 19, 2010, 64–78.

Lister u. a. 1998
A. M. Lister / M. Kadwell / L. M. Kaagan / W. C. Jordan u. a., Ancient and Modern DNA in a Study of Horse Domestication. Anc. Biomol. 2, 1998, 267–280.

Lister u. a. 2005
A. M. Lister / C. J. Edwards / D. A. W. Nock / M. Bunce u. a., The phylogenetic position of the »giant deer« Megaloceros giganteus. Nature 438, 2005, 850–853.

Lister u. a. 2009
D. L. Lister / S. Thaw / M. A. Bower / H. Jones u. a., Latitudinal variation in a photoperiod response gene in European barley: insight into the dynamics of agricultural spread from »historic« specimens. J. Archaeol. Sci. 36, 2009, 1092–1098.

Liu u. a. 2011
C. Liu / S. Wang / M. Zhao / Z. Xu u. a., Mitochondrial DNA polymorphisms in Gelao ethnic group residing in Southwest China. Forensic Sci. Int. Genet. 5, 2011, e4–10.

Lockwood u. a. 2010
M. Lockwood / R. G. Harrison / T. Woollings / S. K. Solanki, Are cold winters in Europe associated with low solar activity? Environ. Res. Lett. 5, 2010, 24001.

Loogväli u. a. 2004
E. Loogväli / U. Roostalu / B. A. Malyarchuk / M. V. Derenko u. a., Disuniting uniformity: a pied cladistic canvas of mtDNA haplogroup H in Eurasia. Mol. Biol. Evol. 21, 2004, 2012–2021.

Loreille u. a. 1997
O. Loreille / J. Vigne / C. Hardy / C. Callou u. a., First Distinction of Sheep and Goat Archaeological Bones by the Means of their Fossil mtDNA. J. Archaeol. Sci. 24, 1997, 33–37.

Loreille et al 2001
O. Loreille / L. Orlando / M. Patou-Mathis / M. Philippe u. a., Ancient DNA analysis reveals divergence of the cave bear, Ursus spelaeus, and brown bear, Ursus arctos, lineages. Curr. Biol. 11, 2001, 200–203.

Loueslati u. a. 2006
B. Y. Loueslati / L. Cherni / H. Khodjet-El-Khil / H. Ennafaâ u. a., Islands inside an island: reproductive isolates on Jerba island. Am. J. Hum. Biol. 18, 2006, 149–153.

Lubbock 1865
J. Lubbock, Prehistoric times, as illustrated by ancient remains and the manners and customs of modern savages (London 1865).

Lübke u. a. 2007
H. Lübke / F. Lüth / T. Terberger, Fishers or farmers? The archaeology of the Ostorf (Mecklenburg) cemetery and related Neolithic finds in the light of new information. Ber. RGK 88, 2007, 307–338.

Ludwig u. a. 2009
A. Ludwig / M. Pruvost / M. Reissmann / N. Benecke u. a., Coat color variation at the beginning of horse domestication. Science 324, 2009, 485.

Lüning 1988
J. Lüning, Frühe Bauern in Mitteleuropa im 6. und 5. Jahrtausend v. Chr. Jahrb. RGZM 35, 1988, 27–93.

Lüning u. a. 1989
J. Lüning / U. Kloos / S. Albert, Westliche Nachbarn der bandkeramischen Kultur: Die Keramikgruppen La Hoguette und Limburg. Germania 67, 1989, 355–393.

Lüning 2000
J. Lüning, Steinzeitliche Bauern in Deutschland. Die Landwirtschaft im Neolithikum. Univforsch. Prähist. Arch. 58 (Bonn 2000).

Lutz u. a. 1998
S. Lutz / H. J. Weisser / J. Heizmann / S. Pollak, Location and frequency of polymorphic positions in the mtDNA control region of individuals from Germany. Int. J. Legal Med. 111, 1998, 67–77.

Lydolph u. a. 2005
M. C. Lydolph / J. Jacobsen / P. Arctander / M. T. P. Gilbert u. a., Beringian paleoecology inferred from permafrost-preserved fungal DNA. Appl. Environ. Microbiol. 71, 2005, 1012–1017.

Maatsch / Schmälzle 2009
J. Maatsch / C. Schmälzle (Hrsg.), Schillers Schädel. Physiognomie einer fixen Idee. Begleitband zur Ausstellung Schillers Schädel – Physiognomie einer fixen Idee, Schiller-Museum, Weimar 24. September 2009 bis 31. Januar 2010 (Göttingen 2009).

Mabuchi u. a. 2007
T. Mabuchi / R. Susukida / A. Kido / M. Oya M, Typing the 1.1 kb control region of human mitochondrial DNA in Japanese individuals. J. Forensic Sci. 52, 2007, 355–363.

Maca-Meyer u. a. 2001
N. Maca-Meyer / A. M. González / J. M. Larruga / C. Flores u. a., Major genomic mitochondrial lineages delineate early human expansions. BMC Genet. 2, 2001, 13.

Maca-Meyer u. a. 2003a
N. Maca-Meyer / A. M. González / J. Pestano / C. Flores u. a., Mitochondrial DNA transit between West Asia and North Africa inferred from U6 phylogeography. BMC Genet. 4, 2003, 15.

Maca-Meyer u. a. 2003b
N. Maca-Meyer / P. Sánchez-Velasco / C. Flores / J. M. Larruga u. a., Y chromosome and mitochondrial DNA characterization of Pasiegos, a human isolate from Cantabria (Spain). Ann. Hum. Genet. 67, 2003, 329–339.

Macaulay u. a. 1999a
V. Macaulay / M. Richards / B. Sykes, Mitochondrial DNA recombination – no need to panic. Proc. Biol. Sci. 266, 1999, 2037–2039.

Macaulay u. a. 1999b
V. Macaulay / M. Richards / E. Hickey / E. Vega u. a., The emerging tree of West Eurasian mtDNAs: a synthesis of control-region sequences and RFLPs. Am. J. Hum. Genet. 64, 1999, 232–249.

Macaulay u. a. 2005
V. Macaulay / C. Hill / A. Achilli / C. Rengo u. a., Single, rapid coastal settlement of Asia revealed by analysis of complete mitochondrial genomes. Science 308, 2005, 1034–1036.

Magny 2004
M. Magny, Holocene climate variability as reflected by mid-European lake-level fluctuations and its probable impact on prehistoric human settlements. Quatern. Int. 113, 2004, 65–79.

Mahmoudi Nasab u. a. 2010
H. Mahmoudi Nasab / M. Mardi / H. Talae / H. Fazeli Nashli u. a., Molecular Analysis of Ancient DNA Extracted from 3250–3450 Year-old Plant Seeds Excavated from Tepe Sagz Abad in Iran. J. Agr. Sci. Tech. 12, 2010, 459–470.

Majno / Joris 1995
G. Majno / I. Joris, Apoptosis, oncosis, and necrosis. An overview of cell death. Am. J. Pathol. 146, 1995, 3–15.

Mallory 1989
J. P. Mallory, In search of the Indo-Europeans. Language, archaeology and myth (London 1989).

Malmström u. a. 2009
H. Malmström / M. T. P. Gilbert / M. G. Thomas / M. Brandström u. a., Ancient DNA reveals lack of continuity between neolithic hunter-gatherers and contemporary Scandinavians. Curr. Biol. 19, 2009, 1758–1762.

Malmström u. a. 2012
H. Malmström / M. Vretemark / A. Tillmar / M. B. Durling u. a., Finding the founder of Stockholm – a kinship study based on Y-chromosomal, autosomal and mitochondrial DNA. Ann. Anat. 194, 2012, 138–145.

Malyarchuk / Derenko 2001
B. A. Malyarchuk / M. V. Derenko, Mitochondrial DNA variability in Russians and Ukrainians: implication to the origin of the Eastern Slavs. Ann. Hum. Genet. 65, 2001, 63–78.

Malyarchuk u. a. 2002
B. A. Malyarchuk / T. Grzybowski / M. V. Derenko / J. Czarny u. a., Mitochondrial DNA variability in Poles and Russians. Ann. Hum. Genet. 66, 2002, 261–283.

Malyarchuk u. a. 2003
B. A. Malyarchuk / T. Grzybowski / M. V. Derenko / J. Czarny u. a., Mitochondrial DNA variability in Bosnians and Slovenians. Ann. Hum. Genet. 67, 2003, 412–425.

Malyarchuk u. a. 2004
B. Malyarchuk / M. Derenko / T. Grzybowski / A. Lunkina u. a., Differentiation of mitochondrial DNA and Y chromosomes in Russian populations. Hum. Biol. 76, 2004, 877–900.

Malyarchuk u. a. 2006
B. A. Malyarchuk / T. Vanecek / M. A. Perkova / M. V. Derenko u. a., Mitochondrial DNA variability in the Czech population, with application to the ethnic history of Slavs. Hum. Biol. 78, 2006, 681–696.

Malyarchuk et al 2008a
B. Malyarchuk / T. Grzybowski / M. Derenko / M. Perkova u. a., Mitochondrial DNA phylogeny in Eastern and Western Slavs. Mol. Biol. Evol. 25, 2008, 1651–1658.

Malyarchuk u. a. 2008b
B. Malyarchuk / M. Derenko / M. Perkova / T. Vanecek, Mitochondrial haplogroup U2d

phylogeny and distribution. Hum. Biol. 80, 2008, 565–571.

Malyarchuk u. a. 2008c
B. A. Malyarchuk/M. A. Perkova/ M. V. Derenko/T. Vanecek u. a., Mitochondrial DNA variability in Slovaks, with application to the Roma origin. Ann. Hum. Genet. 72, 2008, 228–240.

Malyarchuk u. a. 2010a
B. Malyarchuk/M. Derenko/T. Grzybowski/ M. Perkova u. a., The peopling of Europe from the mitochondrial haplogroup U5 perspective. PLoS ONE 5, 2010, e10285.

Malyarchuk 2010b
B. Malyarchuk/M. Derenko/G. Denisova/ O. Kravtsova, Mitogenomic diversity in Tatars from the Volga-Ural region of Russia. Mol. Biol. Evol. 27, 2010, 2220–2226.

Manen u. a. 2003
J. Manen/L. Bouby/O. Dalnoki/P. Marinval u. a., Microsatellites from archaeological Vitis vinifera seeds allow a tentative assignment of the geographical origin of ancient cultivars. J. Archaeol. Sci. 30, 2003, 721–729.

Manfredi u. a. 1997
G. Manfredi/D. Thyagarajan/L. C. Papadopoulou/F. Pallotti u. a., The fate of human sperm-derived mtDNA in somatic cells. Am. J. Hum. Genet. 61, 1997, 953–960.

Mannino u. a. 2012
M. A. Mannino/G. Catalano/S. Talamo/ G. Mannino u. a., Origin and diet of the prehistoric hunter-gatherers on the mediterranean island of Favignana (Ègadi Islands, Sicily). PLoS ONE 7, 2012, e49802.

Mardis 2011
E. R. Mardis, A decade's perspective on DNA sequencing technology. Nature 470, 2011, 198–203.

Margulies u. a. 2005
M. Margulies/M. Egholm/W. E. Altman/S. Attiya u. a., Genome sequencing in microfabricated high-density picolitre reactors. Nature 437, 2005, 376–380.

Margulis/Bermudes 1985
L. Margulis/D. Bermudes, Symbiosis as a mechanism of evolution: status of cell symbiosis theory. Symbiosis 1, 1985, 101–124.

Martinez u. a. 2008
L. Martinez/S. Mirabal/J. R. Luis/R. J. Herrera, Middle Eastern and European mtDNA lineages characterize populations from eastern Crete. Am. J. Phys. Anthropol. 137, 2008, 213–223.

Maruyama u. a. 2003
S. Maruyama/K. Minaguchi/N. Saitou, Sequence polymorphisms of the mitochondrial DNA control region and phylogenetic analysis of mtDNA lineages in the Japanese population. Int. J. Legal Med. 117, 2003, 218–225.

Mason/Lightowlers 2003
P. A. Mason/R. N. Lightowlers, Why do mammalian mitochondria possess a mismatch repair activity? FEBS Lett. 554, 2003, 6–9.

McCallum 2008
H. McCallum, Tasmanian devil facial tumour disease: lessons for conservation biology. Trends Ecol. Evol. (Amst.) 23, 2008, 631–637.

McCallum u. a. 2013
J. McCallum/S. Hall/I. Lissone/J. Anderson u. a., Highly informative ancient DNA 'snippets' for New Zealand moa. PLoS ONE 8, 2013, e50732.

McEvedy/Jones 1978
C. McEvedy/R. Jones, Atlas of world population history. Penguin Reference Books (Harmondsworth, New York 1978).

McEvoy u. a. 2004
B. McEvoy/M. Richards/P. Forster/ D. G. Bradley, The Longue Durée of genetic ancestry: multiple genetic marker systems and Celtic origins on the Atlantic facade of Europe. Am. J. Hum. Genet. 75, 2004, 693–702.

McGahern u. a. 2006
A. M. McGahern/C. J. Edwards/M. A. Bower/ A. Heffernan u. a., Mitochondrial DNA sequence diversity in extant Irish horse populations and in ancient horses. Anim. Genet. 37, 2006, 498–502.

Medina-Elizalde/Rohling 2012
M. Medina-Elizalde/E. J. Rohling, Collapse of Classic Maya civilization related to modest reduction in precipitation. Science 335, 2012, 956–959.

Meinilä u. a. 2001
M. Meinilä/S. Finnilä/K. Majamaa, Evidence for mtDNA admixture between the Finns and the Saami. Hum. Hered. 52, 2001, 160–170.

Melchior u. a. 2010
L. Melchior/N. Lynnerup/H. R. Siegismund/ T. Kivisild u. a., Genetic diversity among ancient Nordic populations. PLoS ONE 5, 2010, e11898.

Mellaart 1967
J. Mellaart, Çatal Hüyük. A neolithic town in Anatolia (London 1967).

Meller/Garret 2004
H. Meller/K. Garrett, Star search: Relic thieves, a 3600-year-old disk of the heavens, and an intrepid archaeologist add up to a real-life thriller. National Geographic 205, 2004.

Meller 2013
H. Meller (Hrsg.), 3300 BC – Mysteriöse Steinzeittote und ihre Welt. Sonderausstellung vom 14. November 2013 bis 18. Mai 2014 im Landesmuseum für Vorgeschichte Halle (Mainz 2013).

Melton u. a. 1998
T. Melton/S. Clifford/J. Martinson/M. Batzer u. a., Genetic evidence for the proto-Austronesian homeland in Asia: mtDNA and nuclear DNA variation in Taiwanese aboriginal tribes. Am. J. Hum. Genet. 63, 1998, 1807–1823.

Mergen u. a. 2004
H. Mergen/R. Oner/C. Oner, Mitochondrial DNA sequence variation in the Anatolian Peninsula (Turkey). J. Genet. 83, 2004, 39–47.

Messina u. a. 2010
F. Messina/G. Scorrano/C. M. Labarga/ M. F. Rolfo u. a., Mitochondrial DNA variation in an isolated area of Central Italy. Ann. Hum. Biol. 37, 2010, 385–402.

Metspalu u. a. 2004
M. Metspalu/T. Kivisild/E. Metspalu/J. Parik u. a., Most of the extant mtDNA boundaries in south and southwest Asia were likely shaped during the initial settlement of Eurasia by anatomically modern humans. BMC Genet. 5, 2004, 26.

Metspalu u. a. 2006
M. Metspalu/T. Kivisild/H. J. Bandelt/ M. Richards u. a., The Pioneer Settlement of Modern Humans in Asia. In: H. J. Bandelt/ V. Macaulay/M. Richards (Hrsg.), Human Mitochondrial DNA and the Evolution of Homo sapiens. Nucleic Acids and Moleculary Biolog. 18 (Berlin, Heidelberg 2006) 181–199.

Metzker 2010
M. L. Metzker, Sequencing technologies – the next generation. Nat. Rev. Genet. 11, 2010, 31–46.

Meyer u. a. 2013
C. Meyer/S. Karimnia/C. Knipper/M. Stecher u. a., Eine komplexe Mehrfachbestattung der Salzmünder Kultur In: H. Meller (Hrsg.), 3300 BC – Mysteriöse Steinzeittote und ihre Welt. Sonderausstellung vom 14. November 2013 bis 18. Mai 2014 im Landesmuseum für Vorgeschichte Halle (Mainz 2013) 290–299.

Migowski u. a. 2006
C. Migowski/M. Stein/S. Prasad/ J. F. W. Negendank u. a., Holocene climate variability and cultural evolution in the Near East from the Dead Sea sedimentary record. Quatern. Res. 66, 2006, 421–431.

Mikkelsen u. a. 2010
M. Mikkelsen/E. Sørensen/E. M. Rasmussen/N. Morling, Mitochondrial DNA HV1 and HV2 variation in Danes. Forensic Sci. Int. Genet. 4, 2010, e87-8.

Millar/Lambert 2013
C. D. Millar/D. M. Lambert, Ancient DNA: Towards a million-year-old genome. Nature 499, 2013, 34–35.

Miller u. a. 2008
W. Miller/D. I. Drautz/A. Ratan/B. Pusey u. a., Sequencing the nuclear genome of the extinct woolly mammoth. Nature 456, 2008, 387–390.

Miller u. a. 2009
W. Miller/D. I. Drautz/J. E. Janecka/A. M. Lesk u. a., The mitochondrial genome sequence of the Tasmanian tiger (Thylacinus cynocephalus). Genome Res. 19, 2009, 213–220.

Miller u. a. 2011
W. Miller/V. M. Hayes/A. Ratan/D. C. Petersen u. a., Genetic diversity and population structure of the endangered marsupial Sarcophilus harrisii (Tasmanian devil). Proc. Natl. Acad. Sci. U.S.A. 108, 2011, 12348–12353.

Mishmar u. a. 2003
D. Mishmar/E. Ruiz-Pesini/P. Golik/ V. Macaulay u. a., Natural selection shaped regional mtDNA variation in humans. Proc. Natl. Acad. Sci. U.S.A. 100, 2003, 171–176.

Mogentale-Profizi u. a. 2001
N. Mogentale-Profizi/L. Chollet/A. Stévanovitch/V. Dubut u. a., Mitochondrial DNA sequence diversity in two groups of Italian Veneto speakers from Veneto. Ann. Hum. Genet. 65, 2001, 153–166.

Mona u. a. 2010
S. Mona/G. Catalano/M. Lari/G. Larson u. a., Population dynamic of the extinct European aurochs: genetic evidence of a north-south differentiation pattern and no evidence of post-glacial expansion. BMC Evol. Biol. 10, 2010, 83.

Montag 1994
T. Montag, Kugelamphoren Kultur (KAK). In: H.-J. Beier/R. Einicke (Hrsg.), Das Neolithikum im Mittelelbe-Saale-Gebiet und in der Altmark. Eine Übersicht und ein Abriss zum Stand der Forschung. Beitr. Ur- und Frühgesch. Mitteleuropa 4 (Wilkau-Hasslau 1994) 215–228.

Montiel u. a. 2003
R. Montiel/C. García/M. P. Cañadas/A. Isidro u. a., DNA sequences of Mycobacterium leprae recovered from ancient bones. FEMS Microbiol. Lett. 226, 2003, 413–414.

Mooder u. a. 2006
K. P. Mooder/T. G. Schurr/F. J. Bamforth/ V. I. Bazaliiski u. a., Population affinities of Neolithic Siberians: a snapshot from prehistoric Lake Baikal. Am. J. Phys. Anthropol. 129, 2006, 349–361.

Moore u. a. 2000
A. M. T. Moore/G. C. Hillman/A. J. Legge, Village on the Euphrates. From foraging to farming at Abu Hureyra (London, New York 2000).

Morris u. a. 2013
K. Morris/J. J. Austin/K. Belov, Low major histocompatibility complex diversity in the Tasmanian devil predates European settlement and may explain susceptibility to disease epidemics. Biol. Lett. 9, 2013, 20120900.

Mullis/Faloona 1987
K. B. Mullis/F. A. Faloona, Specific synthesis of

DNA in vitro via a polymerase-catalyzed chain reaction. Meth. Enzymol. 155, 1987, 335–350.

Müller 1994
J. Müller, Das ostadriatische Frühneolithikum. Die Impresso-Kultur und die Neolithisierung des Adriaraumes. Prähist. Arch. Südosteuropa 9 (Berlin 1994).

Myres u. a. 2011
N. M. Myres/S. Rootsi/A. A. Lin/M. Järve u. a., A major Y-chromosome haplogroup R1b Holocene era founder effect in Central and Western Europe. Eur. J. Hum. Genet. 19, 2011, 95–101.

Nasidze u. a. 2008
I. Nasidze/D. Quinque/M. Rahmani/ S. A. Alemohamad u. a., Close genetic relationship between Semitic-speaking and Indo-European-speaking groups in Iran. Ann. Hum. Genet. 72, 2008, 241–252.

Nei 1987
M. Nei, Molecular evolutionary genetics (New York 1987).

Nerlich u. a. 1997
A. G. Nerlich/C. J. Haas/A. Zink/U. Szeimies u. a., Molecular evidence for tuberculosis in an ancient Egyptian mummy. Lancet 350, 1997, 1404.

Neubert 1994
A. Neubert, Schnurkeramik (SK), Glockenbecher (GBK), Aunjetitzer Kultur (AK). Zum Übergang vom Neolithikum zur Bronzezeit. In: H.-J. Beier/R. Einicke (Hrsg.), Das Neolithikum im Mittelelbe-Saale-Gebiet und in der Altmark. Eine Übersicht und ein Abriss zum Stand der Forschung. Beitr. Ur- und Frühgesch. Mitteleuropa 4 (Wilkau-Hasslau 1994) 291–310.

Neustupny 1982
E. Neustupny, Prehistoric migration by infiltration. Archeologické Rozhledy 34, 1982, 278–293.

Nicolis 2001
F. Nicolis, Bell Beakers Today: Pottery, People, Culture, Symbols in Prehistoric Europe. Proceedings of the international colloquium, Riva del Garda, Trento, Italy, 11–16 May 1998 (Trento 2001).

Nielsen-Marsh/Hedges 2000
C. M. Nielsen-Marsh/R. E. M. Hedges, Patterns of Diagenesis in Bone I: The Effects of Site Environments. J. Archaeol. Sci. 27, 2000, 1139–1150.

Niemi u. a. 2013
M. Niemi/A. Bläuer/T. Iso-Touru/V. Nyström u. a., Mitochondrial DNA and Y-chromosomal diversity in ancient populations of domestic sheep (Ovis aries) in Finland: comparison with contemporary sheep breeds. Genet. Sel. Evol. 45, 2013, 2.

Nikitin u. a. 2012
A. G. Nikitin/J. R. Newton/I. D. Potekhina, Mitochondrial haplogroup C in ancient mitochondrial DNA from Ukraine extends the presence of East Eurasian genetic lineages in Neolithic Central and Eastern Europe. J. Hum. Genet. 57, 2012, 610–612.

Nishimaki u. a. 1999
Y. Nishimaki/K. Sato/L. Fang/M. Ma u. a., Sequence polymorphism in the mtDNA HV1 region in Japanese and Chinese. Leg. Med. (Tokyo) 1, 1999, 238–249.

Non u. a. 2011
A. L. Non/A. Al-Meeri/R. L. Raaum/ L. F. Sanchez u. a., Mitochondrial DNA reveals distinct evolutionary histories for Jewish populations in Yemen and Ethiopia. Am. J. Phys. Anthropol. 144, 2011, 1–10.

Noonan u. a. 2005
J. P. Noonan/M. Hofreiter/D. Smith/J. R. Priest u. a., Genomic sequencing of Pleistocene cave bears. Science 309, 2005, 597–599.

Noonan u. a. 2006
J. P. Noonan/G. Coop/S. Kudaravalli/D. Smith u. a., Sequencing and analysis of Neanderthal genomic DNA. Science 314, 2006, 1113–1118.

Nordborg 1998
M. Nordborg, On the probability of Neanderthal ancestry. Am. J. Hum. Genet. 63, 1998, 1237–1240.

Noro u. a. 1998
M. Noro/R. Masuda/I. A. Dubrovo/ M. C. Yoshida u. a., Molecular phylogenetic inference of the woolly mammoth Mammuthus primigenius, based on complete sequences of mitochondrial cytochrome b and 12S ribosomal RNA genes. J. Mol. Evol. 46, 1998, 314–326.

Novembre u. a. 2009
J. Novembre/T. Johnson/K. Bryc/Z. Kutalik u. a., Genes mirror geography within Europe. Nature 456, 2009, 98–101.

Novembre/Stephens 2008
J. Novembre/M. Stephens, Interpreting principal component analyses of spatial population genetic variation. Nat. Genet. 40, 2008, 646–649.

Ojala u. a. 1981
D. Ojala/J. Montoya/G. Attardi, tRNA punctuation model of RNA processing in human mitochondria. Nature 290, 1981, 470–474.

Olalde u. a. 2014
I. Olalde/M. E. Allentoft/F. Sánchez-Quinto/G. Santpere u. a., Derived immune and ancestral pigmentation alleles in a 7,000-year-old Mesolithic European. Nature 507, 2014, 225–228.

Olivieri u. a. 2006
A. Olivieri/A. Achilli/M. Pala/V. Battaglia u. a., The mtDNA legacy of the Levantine early Upper Palaeolithic in Africa. Science 314, 2006, 1767–1770.

Olivieri u. a. 2013
A. Olivieri/M. Pala/F. Gandini/B. Hooshiar Kashani u. a., Mitogenomes from two uncommon haplogroups mark late glacial/postglacial expansions from the near east and neolithic dispersals within Europe. PLoS ONE 8, 2013, e70492.

Ollivier u. a. 2013
M. Ollivier/A. Tresset/C. Hitte/C. Petit u. a., Evidence of coat color variation sheds new light on ancient canids. PLoS ONE 8, 2013, e75110.

Oota u. a. 2001
H. Oota/W. Settheetham-Ishida/ D. Tiwawech/T. Ishida u. a., Human mtDNA and Y-chromosome variation is correlated with matrilocal versus patrilocal residence. Nat. Genet. 29, 2001, 20–21.

Ooata u. a. 2002
H. Oota/T. Kitano/F. Jin/I. Yuasa u. a., Extreme mtDNA homogeneity in continental Asian populations. Am. J. Phys. Anthropol. 118, 2002, 146–153.

Opdal u. a. 1998
S. H. Opdal/T. O. Rognum/A. Vege/A. K. Stave u. a., Increased number of substitutions in the D-loop of mitochondrial DNA in the sudden infant death syndrome. Acta Paediatr. 87, 1998, 1039–1044.

Orekhov u. a. 1999
V. Orekhov/A. Poltoraus/L. A. Zhivotovsky/ V. Spitsyn u. a., Mitochondrial DNA sequence diversity in Russians. FEBS Lett. 445, 1999, 197–201.

Orlando u. a. 2002
L. Orlando/D. Bonjean/H. Bocherens/ A. Thenot u. a., Ancient DNA and the population genetics of cave bears (Ursus spelaeus) through space and time. Mol. Biol. Evol. 19, 2002, 1920–1933.

Orlando u. a. 2003a
L. Orlando/J. A. Leonard/A. Thenot/V. Laudet u. a., Ancient DNA analysis reveals woolly rhino evolutionary relationships. Mol. Phylogenet. Evol. 28, 2003, 485–499.

Orlando u. a. 2003b
L. Orlando/V. Eisenmann/F. Reynier/ P. Sondaar u. a., Morphological convergence in Hippidion and Equus (Amerhippus) South American equids elucidated by ancient DNA analysis. J. Mol. Evol. 57 Suppl 1, 2003, S29–40.

Orlando u. a. 2006a
L. Orlando/P. Darlu/M. Toussaint/D. Bonjean u. a., Revisiting Neandertal diversity with a 100,000 year old mtDNA sequence. Curr. Biol. 16, 2006, R400-2.

Orlando u. a. 2006b
L. Orlando/M. Mashkour/A. Burke/ C. J. Douady u. a., Geographic distribution of an extinct equid (Equus hydruntinus: Mammalia, Equidae) revealed by morphological and genetical analyses of fossils. Mol. Ecol. 15, 2006, 2083–2093.

Orlando u. a. 2008
L. Orlando/D. Male/M. T. Alberdi/J. L. Prado u. a., Ancient DNA clarifies the evolutionary history of American Late Pleistocene equids. J. Mol. Evol. 66, 2008, 533–538.

Orlando u. a. 2009
L. Orlando/J. L. Metcalf/M. T. Alberdi/ M. Telles-Antunes u. a., Revising the recent evolutionary history of equids using ancient DNA. Proc. Natl. Acad. Sci. U.S.A. 106, 2009, 21754–21759.

Orlando u. a. 2011
L. Orlando/A. Ginolhac/M. Raghavan/ J. Vilstrup u. a., True single-molecule DNA sequencing of a pleistocene horse bone. Genome Res. 21, 2011, 1705–1719.

Orlando u. a. 2013
L. Orlando/A. Ginolhac/G. Zhang/D. Froese u. a., Recalibrating Equus evolution using the genome sequence of an early Middle Pleistocene horse. Nature 499, 2013, 74–78.

Oross/Bánffy 2009
K. Oross/E. Bánffy, Three successive waves of Neolithisation: LBK development in Transdanubia. Doc. Praeh. 36, 2009, 175–189.

Oskam u. a. 2010
C. L. Oskam/J. Haile/E. McLay/P. Rigby u. a., Fossil avian eggshell preserves ancient DNA. Proc. Biol. Sci. 277, 2010, 1991–2000.

Oskam/Bunce u. a. 2012
C. L. Oskam/M. Bunce, DNA extraction from fossil eggshell. Methods Mol. Biol. 840, 2012, 65–70.

Ottoni u. a. 2009a
C. Ottoni/C. Martínez-Labarga/E. Loogväli/ E. Pennarun u. a., First genetic insight into Libyan Tuaregs: a maternal perspective. Ann. Hum. Genet. 73, 2009, 438–448.

Ottoni u. a. 2009b
C. Ottoni/C. Martínez-Labarga/L. Vitelli/ G. Scano G u. a., Human mitochondrial DNA variation in Southern Italy. Ann. Hum. Biol. 36, 2009, 785–811.

Ottoni u. a. 2013
C. Ottoni/L. G. Flink/A. Evin/C. Geörg u. a., Pig domestication and human-mediated dispersal in western Eurasia revealed through ancient DNA and geometric morphometrics. Mol. Biol. Evol. 30, 2013, 824–832.

Ovchinnikov u. a. 2000
I. V. Ovchinnikov/A. Götherström/ G. P. Romanova/V. M. Kharitonov u. a., Molecular analysis of Neanderthal DNA from the

northern Caucasus. Nature 404, 2000, 490–493.

Ozawa u. a. 1997
T. Ozawa/S. Hayashi/V. M. Mikhelson, Phylogenetic position of mammoth and Steller's sea cow within Tethytheria demonstrated by mitochondrial DNA sequences. J. Mol. Evol. 44, 1997, 406–413.

Özdoğan 2007
M. Özdoğan, Asagi Pinar. In: Badisches Landesmuseum Karlsruhe (Hrsg.), Vor 12.000 Jahren in Anatolien. Die ältesten Monumente der Menschheit (Stuttgart 2007) 159.

Özdoğan 2011
M. Özdoğan, Archaeological Evidence on the Westward Expansion of Farming Communities from Eastern Anatolia to the Aegean and the Balkans. Curr. Anthropol. 52, 2011, S415.

Özkaya u. a. 2009
V. Özkaya, Excavations at Körtik Tepe. A new Pre-Pottery Neolithic A site in Southeastern Anatolia. Neo-Lithics 2, 2009, 3–8.

Özkaya/San 2007
V. Özkaya/O. San, Körtik Tepe. In: Badisches Landesmuseum Karlsruhe (Hrsg.), Vor 12.000 Jahren in Anatolien. Die ältesten Monumente der Menschheit (Stuttgart 2007).

Pääbo 1985
S. Pääbo, Molecular cloning of Ancient Egyptian mummy DNA. Nature 314, 1985, 644–645.

Pääbo u. a. 1988
S. Pääbo/J. A. Gifford/A. C. Wilson, Mitochondrial DNA sequences from a 7000-year old brain. Nucleic Acids Res. 16, 1988, 9775–9787.

Pääbo/Wilson 1988
S. Pääbo/A. C. Wilson, Polymerase chain reaction reveals cloning artefacts. Nature 334, 1988, 387–388.

Pääbo 1989
S. Pääbo, Ancient DNA: extraction, characterization, molecular cloning, and enzymatic amplification. Proc. Natl. Acad. Sci. U.S.A. 86, 1989, 1939–1943.

Pääbo u. a. 1989
S. Pääbo/R. G. Higuchi/A. C. Wilson, Ancient DNA and the polymerase chain reaction. The emerging field of molecular archaeology. J. Biol. Chem. 264, 1989, 9709–9712.

Pääbo 1991
S. Pääbo, Amplifying DNA from archeological remains: a meeting report. PCR Methods Appl. 1, 1991, 107–110.

Pääbo/Wilson 1991
S. Pääbo/A. C. Wilson, Miocene DNA sequences – a dream come true? Curr. Biol. 1, 1991, 45–46.

Pääbo 1984
S. Pääbo, Über den Nachweis von DNA in altägyptischen Mumien. Das Altertum 30, 1984, 213–218.

Pääbo u. a. 2004
S. Pääbo/H. Poinar/D. Serre/V. Jaenicke-Després u. a., Genetic analyses from ancient DNA. Annu. Rev. Genet. 38, 2004, 645–679.

Paijmans u. a. 2013
J. L. A. Paijmans/M. T. P. Gilbert/M. Hofreiter, Mitogenomic analyses from ancient DNA. Mol. Phylogenet. Evol. 69, 2013, 404–416.

Pakendorf u. a. 2003
B. Pakendorf/V. Wiebe/L. A. Tarskaia/V. A. Spitsyn u. a., Mitochondrial DNA evidence for admixed origins of central Siberian populations. Am. J. Phys. Anthropol. 120, 2003, 211–224.

Pakendorf u. a. 2006
B. Pakendorf/I. N. Novgorodov/V. L. Osakovskij/A. P. Danilova u. a., Investigating the effects of prehistoric migrations in Siberia: genetic variation and the origins of Yakuts. Hum. Genet. 120, 2006, 334–353.

Pakendorf u. a. 2007
B. Pakendorf/I. N. Novgorodov/V. L. Osakovskij/M. Stoneking, Mating patterns amongst Siberian reindeer herders: inferences from mtDNA and Y-chromosomal analyses. Am. J. Phys. Anthropol. 133, 2007, 1013–1027.

Pala u. a. 2009
M. Pala/A. Achilli/A. Olivieri/B. Hooshiar Kashani u. a., Mitochondrial haplogroup U5b3: a distant echo of the epipaleolithic in Italy and the legacy of the early Sardinians. Am. J. Hum. Genet. 84, 2009, 814–821.

Pala u. a. 2012
M. Pala/A. Olivieri/A. Achilli/M. Accetturo u. a., Mitochondrial DNA signals of late glacial recolonization of Europe from near eastern refugia. Am. J. Hum. Genet. 90, 2012, 915–924.

Palanichamy u. a. 2004
M. G. Palanichamy/C. Sun/S. Agrawal/H. J. Bandelt u. a., Phylogeny of mitochondrial DNA macrohaplogroup N in India, based on complete sequencing: implications for the peopling of South Asia. Am. J. Hum. Genet. 75, 2004, 966–978.

Palanichamy u. a. 2010
M. G. Palanichamy/C. Zhang/B. Mitra/B. Malyarchuk u. a., Mitochondrial haplogroup N1a phylogeography, with implication to the origin of European farmers. BMC Evol. Biol. 10, 2010, 304.

Palkopoulou u. a. 2013
E. Palkopoulou/L. Dalén/A. M. Lister/S. Vartanyan u. a., Holarctic genetic structure and range dynamics in the woolly mammoth. Proc. Biol. Sci. 280, 2013, doi:10.1098/rspb.2013.1910.

Palmer u. a. 2009
S. A. Palmer/J. D. Moore/A. J. Clapham/P. Rose u. a., Archaeogenetic evidence of ancient nubian barley evolution from six to two-row indicates local adaptation. PLoS ONE 4, 2009, e6301.

Palmer u. a. 2012
S. A. Palmer/O. Smith/R. G. Allaby, The blossoming of plant archaeogenetics. Ann. Anat. 194, 2012, 146–156.

Parsons u. a. 1997
T. J. Parsons/D. S. Muniec/K. Sullivan/N. Woodyatt u. a., A high observed substitution rate in the human mitochondrial DNA control region. Nat. Genet. 15, 1997, 363–368.

Parson u. a. 1998
W. Parson/T. J. Parsons/R. Scheithauer/M. M. Holland, Population data for 101 Austrian Caucasian mitochondrial DNA d-loop sequences: application of mtDNA sequence analysis to a forensic case. Int. J. Legal Med. 111, 1998, 124–132.

Passarino u. a. 2002
G. Passarino/G. L. Cavalleri/A. A. Lin/L. L. Cavalli-Sforza u. a., Different genetic components in the Norwegian population revealed by the analysis of mtDNA and Y chromosome polymorphisms. Eur. J. Hum. Genet. 10, 2002, 521–529.

Pastinen u. a. 1997
T. Pastinen/A. Kurg/A. Metspalu/L. Peltonen u. a., Minisequencing: a specific tool for DNA analysis and diagnostics on oligonucleotide arrays. Genome Res. 7, 1997, 606–614.

Paton u. a. 2002
T. Paton/O. Haddrath/A. J. Baker, Complete mitochondrial DNA genome sequences show that modern birds are not descended from transitional shorebirds. Proc. Biol. Sci. 269, 2002, 839–846.

Pavlů 1998
I. Pavlů, Linearbandkeramik. In: J. Preuß (Hrsg.), Das Neolithikum in Mitteleuropa. Kulturen – Wirtschaft – Umwelt vom 6. bis 3. Jahrtausend v. u. Z. Übersichten zum Stand der Forschung (Weißbach 1998) 55–62.

Pavúk 1995
J. Pavúk, Die rotbemalte Keramik und der Anfang der Starčevo-Kultur. Acta Musei Napocensis 32, 1995, 29–45.

Pawlowski u. a. 1996
J. Pawlowski/D. Kmieciak/R. Szadziewski/A. Burkiewicz, Attempted isolation of DNA from insects embedded in Baltic amber. Inclusion 22, 1996, 12–13.

Perego u. a. 2010
U. a. Perego/N. Angerhofer/M. Pala/A. Olivieri u. a., The initial peopling of the Americas: a growing number of founding mitochondrial genomes from Beringia. Genome Res. 20, 2010, 1174–1179.

Pereira u. a. 2000
L. Pereira/M. J. Prata/A. Amorim, Diversity of mtDNA lineages in Portugal: not a genetic edge of European variation. Ann. Hum. Genet. 64, 2000, 491–506.

Pereira u. a. 2004
L. Pereira/C. Cunha/A. Amorim, Predicting sampling saturation of mtDNA haplotypes: an application to an enlarged Portuguese database. Int. J. Legal Med. 118, 2004, 132–136.

Pereira u. a. 2005
L. Pereira/M. Richards/A. Goios/A. Alonso u. a., High-resolution mtDNA evidence for the late-glacial resettlement of Europe from an Iberian refugium. Genome Res. 15, 2005, 19–24.

Pereira u. a. 2010a
L. Pereira/N. M. Silva/R. Franco-Duarte/V. Fernandes u. a., Population expansion in the North African late Pleistocene signalled by mitochondrial DNA haplogroup U6. BMC Evol. Biol. 10, 2010, 390.

Pereira u. a. 2010b
L. Pereira/V. Cerný/M. Cerezo/N. M. Silva u. a., Linking the sub-Saharan and West Eurasian gene pools: maternal and paternal heritage of the Tuareg nomads from the African Sahel. Eur. J. Hum. Genet. 18, 2010, 915–923.

Pereira u. a. 2010
V. Pereira/V. Gomes/A. Amorim/L. Gusmão L u. a., Genetic characterization of uniparental lineages in populations from Southwest Iberia with past malaria endemicity. Am. J. Hum. Biol. 22, 2010, 588–595.

Peričić u. a. 2005
M. Peričić/L. B. Lauc/I. M. Klarić/S. Rootsi u. a., High-resolution phylogenetic analysis of southeastern Europe traces major episodes of paternal gene flow among Slavic populations. Mol. Biol. Evol. 22, 2005, 1964–1975.

Petrasch 2001
J. Petrasch, »Seid fruchtbar und mehret euch und füllet die Erde und machet sie euch untertan...«. Überlegungen zur demographischen Situation der brandkeramischen Landnahme. Archäologisches Korrespondenzblatt 31, 2001, 13–25.

Petrasch 2010
J. Petrasch, Demografischer Wandel während der Neolithisierung in Mitteleuropa. In: D. Gronenborn/J. Petrasch (Hrsg.), The spread of the Neolithic to central Europe. International symposium, Mainz 24 June–26 June 2005. RGZM-Tagungen 4,2 (Mainz 2010) 351–363.

Pfeiffer u. a. 1998
H. Pfeiffer/R. Steighner/R. Fisher/H. Mörnstad u. a., Mitochondrial DNA extraction and typing from isolated dentin-experimental evaluation in a Korean population.

Int. J. Legal Med. 111, 1998, 309–313.

Pfeiffer u. a. 1999
H. Pfeiffer/B. Brinkmann/J. Hühne/B. Rolf u. a., Expanding the forensic German mitochondrial DNA control region database: genetic diversity as a function of sample size and microgeography. Int. J. Legal Med. 112, 1999, 291–298.

Pfeiffer u. a. 2001
H. Pfeiffer/P. Forster/C. Ortmann/ B. Brinkmann, The results of an mtDNA study of 1,200 inhabitants of a German village in comparison to other Caucasian databases and its relevance for forensic casework. Int. J. Legal Med. 114, 2001, 169–172.

Phillips u. a. 2010
M. J. Phillips/G. C. Gibb/E. A. Crimp/D. Penny, Tinamous and moa flock together: mitochondrial genome sequence analysis reveals independent losses of flight among ratites. Syst. Biol. 59, 2010, 90–107.

Phillips-Krawczak u. a. 2006
C. Phillips-Krawczak/E. Devor/M. Zlojutro/ K. Moffat-Wilson u. a., MtDNA variation in the Altai-Kizhi population of southern Siberia: a synthesis of genetic variation. Hum. Biol. 78, 2006, 477–494.

Pichler u. a. 2006
I. Pichler/J. C. Mueller/S. A. Stefanov/ A. de Grandi u. a., Genetic structure in contemporary south Tyrolean isolated populations revealed by analysis of Y-chromosome, mtDNA, and Alu polymorphisms. Hum. Biol. 78, 2006, 441–464.

Picornell u. a. 2005
A. Picornell/B. Gómez-Barbeito/C. Tomàs/ J. A. Castro u. a., Mitochondrial DNA HVRI variation in Balearic populations. Am. J. Phys. Anthropol. 128, 2005, 119–130.

Piercy u. a. 1993
R. Piercy/K. M. Sullivan/N. Benson/P. Gill, The application of mitochondrial DNA typing to the study of white Caucasian genetic identification. Int. J. Legal Med. 106, 1993, 85–90.

Piganeau/Eyre-Walker 2004
G. Piganeau/A. Eyre-Walker, A reanalysis of the indirect evidence for recombination in human mitochondrial DNA. Heredity 92, 2004, 282–288.

Piggott 1965
S. Piggott, Ancient Europe from the beginnings of agriculture to classical antiquity: a survey (Edinburgh 1965).

Pilli u. a. 2013
E. Pilli/A. Modi/C. Serpico/A. Achilli u. a., Monitoring DNA contamination in handled vs. directly excavated ancient human skeletal remains. PLoS ONE 8, 2013, e52524.

Pimenoff u. a. 2008
V. N. Pimenoff/D. Comas/J. U. Palo/ G. Vershubsky u. a., Northwest Siberian Khanty and Mansi in the junction of West and East Eurasian gene pools as revealed by uniparental markers. Eur. J. Hum. Genet. 16, 2008, 1254–1264.

Pinto u. a. 1996
F. Pinto/A. M. González/M. Hernández/ J. M. Larruga u. a., Genetic relationship between the Canary Islanders and their African and Spanish ancestors inferred from mitochondrial DNA sequences. Ann. Hum. Genet. 60, 1996, 321–330.

Plaza u. a. 2003
S. Plaza/F. Calafell/A. Helal/N. Bouzerna u. a., Joining the pillars of Hercules: mtDNA sequences show multidirectional gene flow in the western Mediterranean. Ann. Hum. Genet. 67, 2003, 312–328.

Pliss u. a. 2006
L. Pliss/K. Tambets/E. Loogväli/N. Pronina u. a., Mitochondrial DNA portrait of Latvians: towards the understanding of the genetic structure of Baltic-speaking populations. Ann. Hum. Genet. 70, 2006, 439–458.

Poetsch u. a. 2004
M. Poetsch/H. Wittig/D. Krause/E. Lignitz, Mitochondrial diversity of a northeast German population sample. Forensic Sci. Int. 137, 2004, 125–132.

Poinar u. a. 1993
H. N. Poinar/R. J. Cano/G. O. Poinar, DNA from an extinct plant. Nature 363, 1993, 677.

Poinar er al. 1996
H. N. Poinar/M. Höss/J. L. Bada/S. Pääbo, Amino acid racemization and the preservation of ancient DNA. Science 272, 1996, 864–866.

Poinar u. a. 1998
H. N. Poinar/M. Hofreiter/W. G. Spaulding/ P. S. Martin u. a., Molecular coproscopy: dung and diet of the extinct ground sloth Nothrotheriops shastensis. Science 281, 1998, 402–406.

Poinar u. a. 2001
H. N. Poinar/M. Kuch/K. D. Sobolik/ I. Barnes u. a., A molecular analysis of dietary diversity for three archaic Native Americans. Proc. Natl. Acad. Sci. U.S.A. 98, 2001, 4317–4322.

Poinar u. a. 2003
H. Poinar/M. Kuch/G. McDonald/P. Martin u. a., Nuclear gene sequences from a late pleistocene sloth coprolite. Curr. Biol. 13, 2003, 1150–1152.

Poinar u. a. 2006
H. N. Poinar/C. Schwarz/J. Qi/B. Shapiro u. a., Metagenomics to paleogenomics: large-scale sequencing of mammoth DNA. Science 311, 2006, 392–394.

Poinar u. a. 2009
H. Poinar/S. Fiedel/C. E. King/A. M. Devault u. a., Comment on »DNA from pre-Clovis human coprolites in Oregon, North America«. Science 325, 2009, 148.

Poloni u. a. 2009
E. S. Poloni/Y. Naciri/R. Bucho/R. Niba u. a., Genetic evidence for complexity in ethnic differentiation and history in East Africa. Ann. Hum. Genet. 73, 2009, 582–600.

Pope 1983
G. G. Pope, Evidence on the age of the Asian Hominidae. Proc. Natl. Acad. Sci. U.S.A. 80, 1983, 4988–4992.

Posada u. a. 2008
D. Posada, jModelTest: phylogenetic model averaging. Mol. Biol. Evol. 25, 2008, 1253–1256.

Pratsch 1994
A. Pratsch, Stichbandkeramik (SBK). In: H.-J. Beier/R. Einicke (Hrsg.), Das Neolithikum im Mittelelbe-Saale-Gebiet und in der Altmark. Eine Übersicht und ein Abriss zum Stand der Forschung. Beitr. Ur- und Frühgesch. Mitteleuropa 4 (Wilkau-Hasslau 1994) 49–65.

Preuß 1998
J. Preuß (Hrsg.), Das Neolithikum in Mitteleuropa. Kulturen – Wirtschaft – Umwelt vom 6. bis 3. Jahrtausend v. u. Z. Übersichten zum Stand der Forschung (Weißbach 1998).

Price 2000
T. D. Price, Europe's first farmers (New York 2000).

Prieto u. a. 2011
L. Prieto/B. Zimmermann/A. Goios/ A. Rodriguez-Monge u. a., The GHEP-EMPOP collaboration on mtDNA population data – A new resource for forensic casework. Forensic Sci. Int. Genet. 5, 2011, 146–151.

Pruvost u. a. 2007
M. Pruvost/R. Schwarz/V. B. Correia/ S. Champlot u. a., Freshly excavated fossil bones are best for amplification of ancient DNA. Proc. Natl. Acad. Sci. U.S.A. 104, 2007, 739–744.

Pult u. a. 1994
I. Pult/A. Sajantila/J. Simanainen/O. Georgiev u. a., Mitochondrial DNA sequences from Switzerland reveal striking homogeneity of European populations. Biol. Chem. Hoppe-Seyler 375, 1994, 837–840.

Puttkammer 1994
T. Puttkammer, Glockenbecherkultur. In: H.-J. Beier/R. Einicke (Hrsg.), Das Neolithikum im Mittelelbe-Saale-Gebiet und in der Altmark. Eine Übersicht und ein Abriss zum Stand der Forschung. Beitr. Ur- und Frühgesch. Mitteleuropa 4 (Wilkau-Hasslau 1994) 269–289.

Puzyrev u. a. 2003
V. P. Puzyrev/V. A. Stepanov/M. V. Golubenko/ K. V. Puzyrev u. a., MtDNA and Y-Chromosome Lineages in the Yakut Population. Russ. J. Genet. 39, 2003, 816–822.

Qian u. a. 2001
Y. P. Qian/Z. T. Chu/Q. Dai/C. D. Wei u. a., Mitochondrial DNA polymorphisms in Yunnan nationalities in China. J. Hum. Genet. 46, 2001, 211–220.

Quintana-Murci u. a. 1999
L. Quintana-Murci/O. Semino/H. J. Bandelt/ G. Passarino u. a., Genetic evidence of an early exit of Homo sapiens sapiens from Africa through eastern Africa. Nat. Genet. 23, 1999, 437–441.

Quintana-Murci u. a. 2001
L. Quintana-Murci/C. Krausz/T. Zerjal/ S. H. Sayar u. a., Y-chromosome lineages trace diffusion of people and languages in southwestern Asia. Am. J. Hum. Genet. 68, 2001, 537–542.

Quintana-Murci u. a. 2004
L. Quintana-Murci/R. Chaix/R. S. Wells/ D. M. Behar u. a., Where west meets east: the complex mtDNA landscape of the southwest and Central Asian corridor. Am. J. Hum. Genet. 74, 2004, 827–845.

Quintana-Murci u. a. 2008
L. Quintana-Murci/H. Quach/C. Harmant/ F. Luca u. a., Maternal traces of deep common ancestry and asymmetric gene flow between Pygmy hunter-gatherers and Bantu-speaking farmers. Proc. Natl. Acad. Sci. U.S.A. 105, 2008, 1596–1601.

Quitta 1960
H. Quitta, Zur Frage der ältesten Bandkeramik in Mitteleuropa. Praehist. Z. 38, 1960, 1–38.

Radi u. a. 1994
A. Rafi/M. Spigelman/J. Stanford/E. Lemma u. a., Mycobacterium leprae DNA from ancient bone detected by PCR. Lancet 343, 1994, 1360–1361.

Raghavan u. a. 2014
M. Raghavan/P. Skoglund/K. E. Graf/ M. Metspalu u. a., Upper Palaeolithic Siberian genome reveals dual ancestry of Native Americans. Nature 505, 2014, 87–91.

Rakha u. a. 2011
A. Rakha/K. Shin/J. A. Yoon/N. Y. Kim u. a., Forensic and genetic characterization of mtDNA from Pathans of Pakistan. Int. J. Legal Med. 125, 2011, 841–848.

Rando u. a. 1998
J. C. Rando/F. Pinto/A. M. González/ M. Hernández u. a., Mitochondrial DNA analysis of northwest African populations reveals genetic exchanges with European, near-eastern, and sub-Saharan populations. Ann. Hum. Genet. 62, 1998, 531–550.

Rando u. a. 1999
J. C. Rando/V. M. Cabrera/J. M. Larruga/

M. Hernández u. a., Phylogeographic patterns of mtDNA reflecting the colonization of the Canary Islands. Ann. Hum. Genet. 63, 1999, 413–428.

Raoult u. a. 2000
D. Raoult/G. Aboudharam/E. Crubézy/ G. Larrouy u. a., Molecular identification by »suicide PCR« of Yersinia pestis as the agent of medieval black death. Proc. Natl. Acad. Sci. U.S.A. 97, 2000, 12800–12803.

Rasmussen u. a. 2010
M. Rasmussen/Y. Li/S. Lindgreen/ J. S. Pedersen u. a., Ancient human genome sequence of an extinct Palaeo-Eskimo. Nature 463, 2010, 757–762.

Rawlence u. a. 2009
N. J. Rawlence/J. R. Wood/K. N. Armstrong/A. Cooper, DNA content and distribution in ancient feathers and potential to reconstruct the plumage of extinct avian taxa. Proc. Biol. Sci. 276, 2009, 3395–3402.

Redman u. a. 2005
C. L. Redman, Resilience Theory in Archaeology. Am. Anthropol. 107, 2005, 70–77.

Reich u. a. 2010
D. Reich/R. E. Green/M. Kircher/J. Krause u. a., Genetic history of an archaic hominin group from Denisova Cave in Siberia. Nature 468, 2010, 1053–1060.

Reich u. a. 2011
D. Reich/N. Patterson/M. Kircher/F. Delfin u. a., Denisova admixture and the first modern human dispersals into Southeast Asia and Oceania. Am. J. Hum. Genet. 89, 2011, 516–528.

Reid u. a. 1999
A. H. Reid/T. G. Fanning/J. V. Hultin/ J. K. Taubenberger, Origin and evolution of the 1918 »Spanish« influenza virus hemagglutinin gene. Proc. Natl. Acad. Sci. U.S.A. 96, 1999, 1651–1656.

Reid u. a. 2001
A. H. Reid/J. K. Taubenberger/T. G. Fanning, The 1918 Spanish influenza: integrating history and biology. Microbes Infect. 3, 2001, 81–87.

Reidla u. a. 2003
M. Reidla/T. Kivisild/E. Metspalu/K. Kaldma u. a., Origin and diffusion of mtDNA haplogroup X. Am. J. Hum. Genet. 73, 203, 1178–1190.

Renfrew 1996
C. Renfrew, Prehistory and the identity of Europe, or don't lets be beastly to the Hungarians. In: P. Graves-Brown/S. Jones/C. Gamble (Hrsg.), Cultural identity and archaeology. The construction of European communities. Theoretical. Arch. Group (London, New York 1996) 125–137.

Renfrew 1987
C. Renfrew, Archaeology and language. The puzzle of Indo-European origins (New York 1987).

Renfrew 1999
C. Renfrew, Time depth, convergence theory, and innovation in Proto-Indo-European: Old Europe as a PIE linguistic area. J. Indo-European Studies 27, 1999, 257–293.

Renfrew 2000
C. Renfrew, At the edge of Knowability: towards a Prehistory of Languages. Cambridge Archaeol. J. 10, 2000, 7–34.

Rhouda u. a. 2009
T. Rhouda/D. Martínez-Redondo/ A. Gómez-Durán/N. Elmtili u. a., Moroccan mitochondrial genetic background suggests prehistoric human migrations across the Gibraltar Strait. Mitochondrion 9, 2009, 402–407.

Ricaut u. a. 2004a
F. Ricaut/C. Keyser-Tracqui/L. Cammaert/ E. Crubézy u. a., Genetic analysis and ethnic affinities from two Scytho-Siberian skeletons. Am. J. Phys. Anthropol. 123, 2004, 351–360.

Ricaut u. a. 2004b
F. Ricaut/S. Kolodesnikov/C. Keyser-Tracqui/ A. N. Alekseev u. a., Genetic analysis of human remains found in two eighteenth century Yakut graves at At-Dabaan. Int. J. Legal Med. 118, 2004, 24–31.

Ricaut u. a. 2004c
F. Ricaut/C. Keyser-Tracqui/J. Bourgeois/ E. Crubézy u. a., Genetic analysis of a Scytho-Siberian skeleton and its implications for ancient Central Asian migrations. Hum. Biol. 76, 2004, 109–125.

Ricaut u. a. 2005
F. Ricaut/A. Fedoseeva/C. Keyser-Tracqui/ E. Crubézy u. a., Ancient DNA analysis of human neolithic remains found in northeastern Siberia. Am. J. Phys. Anthropol. 126, 2005, 458–462.

Ricaut u. a. 2010
F. Ricaut/V. Auriol/N. von Cramon-Taubadel/ C. Keyser u. a., Comparison between morphological and genetic data to estimate biological relationship: the case of the Egyin Gol necropolis (Mongolia). Am. J. Phys. Anthropol. 143, 2010, 355–364.

Richard u. a. 2007
C. Richard/E. Pennarun/T. Kivisild/ K. Tambets u. a., An mtDNA perspective of French genetic variation. Ann. Hum. Biol. 34, 2007, 68–79.

Richards 1996
M. Richards/H. Côrte-Real/P. Forster/ V. Macaulay u. a., Paleolithic and neolithic lineages in the European mitochondrial gene pool. Am. J. Hum. Genet. 59, 1996, 185–203.

Richards u. a. 1998
M. B. Richards/V. A. Macaulay/H. J. Bandelt/ B. C. Sykes, Phylogeography of mitochondrial DNA in western Europe. Ann. Hum. Genet. 62, 1998, 241–260.

Richards/Sykes 1998
M. Richards/B. Sykes, Reply to Barbujani u. a. Am. J. Hum. Genet. 62, 1998, 491–492.

Richards u. a. 2000
M. Richards/V. Macaulay/E. Hickey/E. Vega u. a., Tracing European founder lineages in the Near Eastern mtDNA pool. Am. J. Hum. Genet. 67, 2000, 1251–1276.

Richard/Macaulay 2001
M. Richards/V. Macaulay, The mitochondrial gene tree comes of age. Am. J. Hum. Genet. 68, 2001, 1315–1320.

Richards u. a. 2002
M. Richards/V. Macaulay/A. Torroni/ H. J. Bandelt, In search of geographical patterns in European mitochondrial DNA. Am. J. Hum. Genet. 71, 2002, 1168–1174.

Richards 2003
M. Richards, The Neolithic Invasion of Europa. Annu. Rev. Anthropol. 32, 2003, 135162.

Ritchie u. a. 2004
P. A. Ritchie/C. D. Millar/G. C. Gibb/C. Baroni u. a., Ancient DNA enables timing of the pleistocene origin and holocene expansion of two adélie penguin lineages in antarctica. Mol. Biol. Evol. 21, 2004, 240–248.

Rizzi u. a. 2012
E. Rizzi/M. Lari/E. Gigli/G. de Bellis u. a., Ancient DNA studies: new perspectives on old samples. Genet. Sel. Evol. 44, 2012, 21.

Roberts/Ingham u. a. 2008
C. Roberts/S. Ingham, Using ancient DNA analysis in palaeopathology: a critical analysis of published papers, with recommendations for future work. Int. J. Osteoarchaeol. 18, 2008, 600–613.

Robinson u. a. 1996
T. J. Robinson/A. D. Bastos/K. M. Halanych/B. Herzig, Mitochondrial DNA sequence relationships of the extinct blue antelope Hippotragus leucophaeus. Naturwissenschaften 83, 1996, 178–182.

Roca u. a. 2009
A. L. Roca/Y. Ishida/N. Nikolaidis/ S. Kolokotronis u. a., Genetic variation at hair length candidate genes in elephants and the extinct woolly mammoth. BMC Evol. Biol. 9, 2009, 232.

Roewer u. a. 2005
L. Roewer/P. J. P. Croucher/S. Willuweit/ T. T. Lu u. a., Signature of recent historical events in the European Y-chromosomal STR haplotype distribution. Hum. Genet. 116, 2005, 279–291.

Rogaev u. a. 2006
E. I. Rogaev/Y. K. Moliaka/B. A. Malyarchuk/F. A. Kondrashov u. a., Complete mitochondrial genome and phylogeny of Pleistocene mammoth Mammuthus primigenius. PLoS Biol. 4, 2006, e73.

Rogaev u. a. 2009
E. I. Rogaev/A. P. Grigorenko/Y. K. Moliaka/ G. Faskhutdinova u. a., Genomic identification in the historical case of the Nicholas II royal family. Proc. Natl. Acad. Sci. U.S.A. 106, 2009, 5258–5263.

Rohland u. a. 2005
N. Rohland/J. L. Pollack/D. Nagel/C. Beauval u. a., The population history of extant and extinct hyenas. Mol. Biol. Evol. 22, 2005, 2435–2443.

Rohland u. a. 2007
N. Rohland/A. Malaspinas/J. L. Pollack/ M. Slatkin u. a., Proboscidean mitogenomics: chronology and mode of elephant evolution using mastodon as outgroup. PLoS Biol. 5, 2007, e207.

Rohland u. a. 2010
N. Rohland/D. Reich/S. Mallick/M. Meyer u. a., Genomic DNA sequences from mastodon and woolly mammoth reveal deep speciation of forest and savanna elephants. PLoS Biol. 8, 2010, e1000564.

Rollo u. a. 1988
F. Rollo/A. Amici/R. Salvi/A. Garbuglia, Short but faithful pieces of ancient DNA. Nature 335, 1988, 774.

Roostalu u. a. 2007
U. Roostalu/I. Kutuev/E. Loogväli/ E. Metspalu u. a., Origin and expansion of haplogroup H, the dominant human mitochondrial DNA lineage in West Eurasia: the Near Eastern and Caucasian perspective. Mol. Biol. Evol. 24, 2007, 436–448.

Rootsi u. a. 2004
S. Rootsi/C. Magri/T. Kivisild/G. Benuzzi u. a., Phylogeography of Y-chromosome haplogroup I reveals distinct domains of prehistoric gene flow in europe. Am. J. Hum. Genet. 75, 2004, 128–137.

Rosa u. a. 2004
A. Rosa/A. Brehm/T. Kivisild/E. Metspalu u. a., MtDNA profile of West Africa Guineans: towards a better understanding of the Senegambia region. Ann. Hum. Genet. 68, 2004, 340–352.

Rosser u. a. 2000
Z. H. Rosser/T. Zerjal/M. E. Hurles/ M. Adojaan u. a., Y-chromosomal diversity in Europe is clinal and influenced primarily by geography, rather than by language. Am. J. Hum. Genet. 67, 2000, 1526–1543.

Roth 2008
C. Roth, Paläogenetische Untersuchungen an neolithischen Skelettfunden aus dem Mittelelbe-Saale-Gebiet. Haplotypisierung an

Individuen der Gaterslebener- und Schnurkeramischen Kultur aus Eulau (Sachsen-Anhalt) (Universität Mainz 2008).

Rothschild u. a. 2001
B. M. Rothschild/L. D. Martin/G. Lev/H. Bercovier u. a., Mycobacterium tuberculosis complex DNA from an extinct bison dated 17,000 years before the present. Clin. Infect. Dis. 33, 2001, 305–311.

Rousselet/Mangin 1998
F. Rousselet/P. Mangin, Mitochondrial DNA polymorphisms: a study of 50 French Caucasian individuals and application to forensic casework. Int. J. Legal Med. 111, 1998, 292–298.

Rowley-Conwy 2011
P. Rowley-Conwy, Westward Ho! Curr. Anthropol. 52, 2011, S431.

Rowold u. a. 2007
D. J. Rowold/J. R. Luis/M. C. Terreros/R. J. Herrera, Mitochondrial DNA geneflow indicates preferred usage of the Levant Corridor over the Horn of Africa passageway. J. Hum. Genet. 52, 2007, 436–447.

Rubicz 2007
R. C. Rubicz, Evolutionary consequences of recently founded Aleut communities in the Commander and Pribilof Islands (University of Kansas 2007).

Rubicz u. a. 2010
R. Rubicz/P. E. Melton/V. Spitsyn/G. Sun u. a., Genetic structure of native circumpolar populations based on autosomal, mitochondrial, and Y chromosome DNA markers. Am. J. Phys. Anthropol. 143, 2010, 62–74.

Saiki u. a. 1985
R. K. Saiki/S. Scharf/F. Faloona/K. B. Mullis u. a., Enzymatic amplification of beta-globin genomic sequences and restriction site analysis for diagnosis of sickle cell anemia. Science 230, 1985, 1350–1354.

Saiki u. a. 1988
R. K. Saiki/D. H. Gelfand/S. Stoffel/S. J. Scharf u. a., Primer-directed enzymatic amplification of DNA with a thermostable DNA polymerase. Science 239, 1988, 487–491.

Saitou/Omoto 1987
N. Saitou/K. Omoto, Time and place of human origins from mt DNA data. Nature 327, 1987, 288.

Sajantila u. a. 1995
A. Sajantila/P. Lahermo/T. Anttinen/M. Lukka u. a., Genes and languages in Europe: an analysis of mitochondrial lineages. Genome Res. 5, 1995, 42–52.

Sajantila u. a. 1996
A. Sajantila/A. H. Salem/P. Savolainen/K. Bauer u. a., Paternal and maternal DNA lineages reveal a bottleneck in the founding of the Finnish population. Proc. Natl. Acad. Sci. U.S.A. 93, 1996, 12035–12039.

Salas u. a. 1998
A. Salas/D. Comas/M. V. Lareu/J. Bertranpetit u. a., mtDNA analysis of the Galician population: a genetic edge of European variation. Eur. J. Hum. Genet. 6, 1998, 365–375.

Salo u. a. 1994
W. L. Salo/A. C. Aufderheide/J. Buikstra/T. A. Holcomb, Identification of Mycobacterium tuberculosis DNA in a pre-Columbian Peruvian mummy. Proc. Natl. Acad. Sci. U.S.A. 91, 1994, 2091–2094.

Sampietro u. a. 2007
M. L. Sampietro/O. Lao/D. Caramelli/M. Lari u. a., Palaeogenetic evidence supports a dual model of Neolithic spreading into Europe. Proc. Biol. Sci. 274, 2007, 2161–2167.

Sánchez-Quinto u. a. 2012
F. Sánchez-Quinto/H. Schroeder/O. Ramírez/M. C. Ávila-Arcos u. a., Genomic affinities of two 7,000-year-old Iberian hunter-gatherers. Curr. Biol. 22, 2012, 1494–1499.

Sanger u. a. 1977
F. Sanger/S. Nicklen/A. R. Coulson, DNA sequencing with chain-terminating inhibitors. Proc. Natl. Acad. Sci. U.S.A. 74, 1977, 5463–5467.

Sangmeister 1967
E. Sangmeister, Die Datierung des Rückstroms der Glockenbecher und ihre Auswirkung auf die Chronologie der Kupferzeit in Portugal. Palaeohistorica 12, 1967, 395–409.

Santos u. a. 2003
C. Santos/M. Lima/R. Montiel/N. Angles u. a., Genetic structure and origin of peopling in the Azores islands (Portugal): the view from mtDNA. Ann. Hum. Genet. 67, 2003, 433–456.

Santos u. a. 2010
C. Santos/R. Fregel/V. M. Cabrera/A. M. González u. a., Mitochondrial DNA patterns in the Macaronesia islands: Variation within and among archipelagos. Am. J. Phys. Anthropol. 141, 2010, 610–619.

Saunier u. a. 2009
J. L. Saunier/J. A. Irwin/K. M. Strouss/H. Ragab u. a., Mitochondrial control region sequences from an Egyptian population sample. Forensic Sci. Int. Genet. 3, 2009, e97–103.

Scally/Durbin 2012
A. Scally/R. Durbin, Revising the human mutation rate: implications for understanding human evolution. Nat. Rev. Genet. 13, 2012, 745–753.

Scarborough/Burnside 2010
V. L. Scarborough/W. R. Burnside, Complexity and Sustainability: Perspectives from the ancient Maya and the modern Balinese. American Antiquity 75, 2010.

Schaefer u. a. 2009
H. Schaefer/C. Heibl/S. S. Renner, Gourds afloat: a dated phylogeny reveals an Asian origin of the gourd family (Cucurbitaceae) and numerous oversea dispersal events. Proc. B iol. Sci. 276, 2009, 843–851.

Scharl 2004
S. Scharl, Die Neolithisierung Europas. Ausgewählte Modelle und Hypothesen. Würzburger Arbeiten Prähist. Arch. 2 (Rahden/Westf. 2004).

Scheible u. a. 2011
M. Scheible/M. Alenizi/K. Sturk-Andreaggi/M. D. Coble u. a., Mitochondrial DNA control region variation in a Kuwaiti population sample. Forensic Sci. Int. Genet. 5, 2011, e112–113.

Scheu u. a. 2008
A. Scheu/S. Hartz/U. Schmölcke/A. Tresset u. a., Ancient DNA provides no evidence for independent domestication of cattle in Mesolithic Rosenhof, Northern Germany. J. Archaeol. Sci. 35, 2008, 1257–1264.

Schilz 2006
F. Schilz, Molekulargenetische Verwandtschaftsanalysen am prähistorischen Skelettkollektiv der Lichtensteinhöhle (Universität Göttingen 2006).

Schindler 1994
G. Schindler, Salzmünder Kultur (SMK). In: H.-J. Beier/R. Einicke (Hrsg.), Das Neolithikum im Mittelelbe-Saale-Gebiet und in der Altmark. Eine Übersicht und ein Abriss zum Stand der Forschung. Beitr. Ur- und Frühgesch. Mitteleuropa 4 (Wilkau-Hasslau 1994) 145–158.

Schlenker/Stecher 2013
B. Schlenker/M. Stecher, Bestattungssitten der Salzmünder Kultur In: H. Meller (Hrsg.), 3300 BC – Mysteriöse Steinzeittote und ihre Welt. Sonderausstellung vom 14. November 2013 bis 18. Mai 2014 im Landesmuseum für Vorgeschichte Halle (Mainz 2013) 267–269.

Schlumbaum u. a. 1998
A. Schlumbaum/J. Neuhaus/S. Jacomet, Coexistence of Tetraploid and Hexaploid Naked Wheat in a Neolithic Lake Dwelling of Central Europe: Evidence from Morphology and Ancient DNA. J. Archaeol. Sci. 25, 1998, 1111–1118.

Schmidt 2009
K. Schmidt, Erste Tempel, Frühe Siedlungen. 12000 Jahre Kunst und Kultur: Ausgrabungen und Forschungen zwischen Donau und Euphrat (Oldenburg 2009).

Schmitz u. a. 2002
R. W. Schmitz/D. Serre/G. Bonani/S. Feine u. a., The Neandertal type site revisited: interdisciplinary investigations of skeletal remains from the Neander Valley, Germany. Proc. Natl. Acad. Sci. U.S.A. 99, 2002, 13342–13347.

Schönberg u. a. 2011
A. Schönberg/C. Theunert/M. Li/M. Stoneking u. a., High-throughput sequencing of complete human mtDNA genomes from the Caucasus and West Asia: high diversity and demographic inferences. Eur. J. Hum. Genet. 19, 2011, 988–994.

Schumacher/Sanz González de Lema 2013
T. X. Schuhmacher/S. Sanz González de Lema, »Kontinuität und Wandel«: 20 Jahre später. Zur Frage der Neolithisierung Ost-Spaniens. In: A. Pastoors/B. Auffermann (Hrsg.), Pleistocene foragers: Their culture and environment. Festschrift in Honour of Gerd-Christian Weniger for his sixtieth birthday. Wiss. Schr. Neanderthal Mus. 6 (Mettmann 2013) 163–186.

Schultes u. a. 2000
T. Schultes/S. Hummel/B. Herrmann, Ancient DNA-typing approaches for the determination of kinship in a disturbed collective burial site. Anthropol. Anz. 58, 2000, 37–44.

Schunke 1994
T. Schunke, »Schöninger Gruppe«. In: H.-J. Beier/R. Einicke (Hrsg.), Das Neolithikum im Mittelelbe-Saale-Gebiet und in der Altmark. Eine Übersicht und ein Abriss zum Stand der Forschung. Beitr. Ur- und Frühgesch. Mitteleuropa 4 (Wilkau-Hasslau 1994) 107–112.

Schurr u. a. 1990
T. G. Schurr/S. W. Ballinger/Y. Y. Gan/J. A. Hodge u. a., Amerindian mitochondrial DNAs have rare Asian mutations at high frequencies, suggesting they derived from four primary maternal lineages. Am. J. Hum. Genet. 46, 1990, 613–623.

Schurr u. a. 1999
T. G. Schurr/R. I. Sukernik/Y. B. Starikovskaya/D. C. Wallace, Mitochondrial DNA variation in Koryaks and Itel'men: population replacement in the Okhotsk Sea-Bering Sea region during the Neolithic. Am. J. Phys. Anthropol. 108, 1999, 1–39.

Schurr u. a. 2004
T. G. Schurr, The Peopling of the New World: Perspectives from Molecular Anthropology. Annu. Rev. Anthropol. 33, 2004, 551–583.

Schwartz/Vissing 2002
M. Schwartz/J. Vissing, Paternal inheritance of mitochondrial DNA. N. Engl. J. Med. 347, 2002, 576–580.

Schwarz 2013
R. Schwarz, Das Mittelneolithikum in Sachsen-Anhalt – Die Kulturen und ihre Erdwerke. In: H. Meller (Hrsg.), 3300 BC. Mysteriöse Steinzeittote und ihre Welt. Sonderausstellung vom 14. November 2013 bis 18. Mai 2014 im Landesmuseum für Vorgeschichte Halle (Mainz 2013) 231–238.

Schwarz in Vorber.
R. Schwarz, Zur Chronologie und Verbreitung der früh- und mittelneolithischen Kulturen in Sachsen-Anhalt. In H. Meller (Hrsg.), Neolithikum und Frühbronzezeit. Kataloge zur Dauerausstellung im Landesmuseum für Vorgeschichte Halle 2 (Halle [Saale] in Vorber.).

Schwertfeger 1994
K. Schwertfeger, Walternienburger Kultur (WbK). In: H.-J. Beier/R. Einicke (Hrsg.), Das Neolithikum im Mittelelbe-Saale-Gebiet und in der Altmark. Eine Übersicht und ein Abriss zum Stand der Forschung. Beitr. Ur- und Frühgesch. Mitteleuropa 4 (Wilkau-Hasslau 1994) 195–202.

Sebastian u. a. 2010
P. Sebastian/H. Schaefer/S. S. Renner, Darwin's Galapagos gourd: providing new insights 175 years after his visit. J. Biogeography 37, 2010, 975–978.

Seifert u. a. 2013
L. Seifert/M. Harbeck/A. Thomas/N. Hoke u. a., Strategy for sensitive and specific detection of Yersinia pestis in skeletons of the black death pandemic. PLoS ONE 8, 2013, e75742.

Semino u. a. 2000
O. Semino/G. Passarino/P. J. Oefner/A. A. Lin u. a., The genetic legacy of Paleolithic Homo sapiens sapiens in extant Europeans: a Y chromosome perspective. Science 290, 2000, 1155–1159.

Serre u. a. 2004
D. Serre/A. Langaney/M. Chech/M. Teschler-Nicola u. a., No evidence of Neandertal mtDNA contribution to early modern humans. PLoS Biol. 2, 2004, e57.

Shadel/Clayton 1997
G. S. Shadel/D. A. Clayton, Mitochondrial DNA maintenance in vertebrates. Annu. Rev. Biochem. 66, 1997, 409–435.

Shapiro u. a. 2002
B. Shapiro/D. Sibthorpe/A. Rambaut/J. Austin u. a., Flight of the dodo. Science 295, 2002, 1683.

Shapiro u. a. 2004
B. Shapiro/A. J. Drummond/A. Rambaut/M. C Wilson u. a., Rise and fall of the Beringian steppe bison. Science 306, 2004, 1561–1565.

Sharma u. a. 2004
D. K. Sharma/J. E. Maldonado/Y. V. Jhala/R. C. Fleischer, Ancient wolf lineages in India. Proc. Biol. Sci. 271 Suppl 3, 2004, S1–4.

Shendure u. a. 2005
J. Shendure/G. J. Porreca/N. B. Reppas/X. Lin u. a., Accurate multiplex polony sequencing of an evolved bacterial genome. Science 309, 2005, 1728–1732.

Shennan u. a. 2013
S. Shennan/S. S. Downey/A. Timpson/K. Edinborough u. a., Regional population collapse followed initial agriculture booms in mid-Holocene Europe. Nat. Commun. 4, 2013, 2486.

Sherratt 1983
A. G. Sherratt, The Secondary Products Revolution of animals in the Old World. World Archaeol. 15, 1983, 90–104.

Sherratt 1986
A. G. Sherratt, Wool, wheels, and ploughmarks: local developments or outside introductions in Neolithic Europe? Bulletin of the Institute of Archaeology 2, 1986, 15–31.

Sherratt 2009
A. G. Sherratt, Plough and pastoralism: aspects of the Secondary Products Revolution. In: D. L. Clarke/I. Hodder/G. L. Isaac/N. Hammond (Hrsg.), Pattern of the past. Studies in honour of David Clarke (Cambridge 2009) 261–306.

Shields u. a. 1993
G. F. Shields/A. M. Schmiechen/B. L. Frazier/A. Redd u. a., mtDNA sequences suggest a recent evolutionary divergence for Beringian and northern North American populations. Am. J. Hum. Genet. 53, 1993, 549–562.

Shimada u. a. 2002
M. K. Shimada/C. G. Kim/A. Takahashi/V. A. Spitsyn u. a., Mitochondrial DNA control region sequences for a Buryats population in Russia. In: H. Ishidu (Hrsg.), DNA Polymorphism (Tokyo 2002) 151–155.

Shlush u. a. 2008
L. I. Shlush/D. M. Behar/G. Yudkovsky/A. Templeton u. a., The Druze: a population genetic refugium of the Near East. PLoS ONE 3, 2008, e2105.

Sidow u. a. 1991
A. Sidow/A. C. Wilson/S. Pääbo, Bacterial DNA in Clarkia fossils. Philos. Trans. R. Soc. Lond., B, Biol. Sci. 333, 1991, 429–432.

Silva u. a. 2002
W. A. Silva/S. L. Bonatto/A. J. Holanda/A. K. Ribeiro-Dos-Santos u. a., Mitochondrial genome diversity of Native Americans supports a single early entry of founder populations into America. Am. J. Hum. Genet. 71, 2002, 187–192.

Simandan u. a. 1998
T. Simandan/J. Sun/T. A. Dix, Oxidation of DNA bases, deoxyribonucleosides and homopolymers by peroxyl radicals. Biochem. J. 335 (Pt 2), 1998, 233–240.

Simmons 2010
A. H. Simmons, The neolithic revolution in the Near East. Transforming the human landscape (Tucson AZ 2010).

Simón u. a. 2011
M. Simón/X. Jordana/N. Armentano/C. Santos u. a., The presence of nuclear families in prehistoric collective burials revisited: the bronze age burial of Montanissell Cave (Spain) in the light of aDNA. Am. J. Phys. Anthropol. 146, 2011, 406–413.

Simoni u. a. 2000a
L. Simoni/F. Calafell/D. Pettener/J. Bertranpetit u. a., Geographic patterns of mtDNA diversity in Europe. Am. J. Hum. Genet. 66, 2000, 262–278.

Simoni u. a. 2000b
L. Simoni/F. Calafell/D. Pettener/J. Bertranpetit u. a., Reconstruction of prehistory on the basis of genetic data. Am. J. Hum. Genet. 66, 2000, 1177–1179.

Sirocko u. a. 2012
F. Sirocko/H. Brunck/S. Pfahl, Solar influence on winter severity in central Europe. Geophys. Res. Lett. 39, 2012.

Skoglund u. a. 2012
P. Skoglund/H. Malmström/M. Raghavan/J. Storå u. a., Origins and genetic legacy of Neolithic farmers and hunter-gatherers in Europe. Science 336, 2012, 466–469.

Slatkin 1995
M. Slatkin, A measure of population subdivision based on microsatellite allele frequencies. Genetics 139, 1995, 457–462.

Smith u. a. 2001
C. I. Smith/A. T. Chamberlain/M. S. Riley/A. Cooper u. a., Neanderthal DNA. Not just old but old and cold? Nature 410, 2001, 771–772.

Smith u. a. 2003
C. I. Smith/A. T. Chamberlain/M. S. Riley/C. Stringer u. a., The thermal history of human fossils and the likelihood of successful DNA amplification. J. Hum. Evol. 45, 2003, 203–217.

Smith/Spencer 1984
F. H. Smith/F. Spencer (Hrsg.), The Origins of modern humans. A world survey of fossil evidence (New York 1984).

Soares u. a. 2009
P. Soares/L. Ermini/N. Thomson/M. Mormina u. a., Correcting for purifying selection: an improved human mitochondrial molecular clock. Am. J. Hum. Genet. 84, 2009, 740–759.

Soares u. a. 2010
P. Soares/A. Achilli/O. Semino/W. Davies u. a., The archaeogenetics of Europe. Curr. Biol. 20, 2010, R174–183.

Soares u. a. 2012
P. Soares/F. Alshamali/J. B. Pereira/V. Fernandes u. a., The Expansion of mtDNA Haplogroup L3 within and out of Africa. Mol. Biol. Evol. 29, 2012, 915–927.

Solanki u. a. 2004
S. K. Solanki/I. G. Usoskin/B. Kromer/M. Schüssler u. a., Unusual activity of the Sun during recent decades compared to the previous 11,000 years. Nature 431, 2004, 1084–1087.

Soltis u. a. 1992
P. S. Soltis/D. E. Soltis/C. J. Smiley, An rbcL sequence from a Miocene Taxodium (bald cypress). Proc. Natl. Acad. Sci. U.S.A. 89, 1992, 449–451.

Spigelman/Donoghue 2001
M. Spigelman/H. D. Donoghue, Brief communication: unusual pathological condition in the lower extremities of a skeleton from ancient Israel. Am. J. Phys. Anthropol. 114, 2001, 92–93.

Spurk u. a. 2002
M. Spurk/H. H. Leuschner/M. G. L. Baillie/K. R. Briffa u. a., Depositional frequency of German subfossil oaks: climatically and non-climatically induced fluctuations in the Holocene. Holocene 12, 2002, 707–715.

Srejović 1966
D. Srejović, Lepenski Vir – a new prehistoric Culture in the Danubian Region. Arch. Jugoslavica 7, 1966, 13–17.

Srejović 1971
D. Srejović, Die Lepenski Vir-Kultur und der Beginn der Jungsteinzeit an der mittleren Donau. Fundamenta 1971, 1–39.

Srejović 1972
D. Srejović, Kulturen des frühen Postglazials im südlichen Donauraum. Balcanica III, 1972, 11–48.

Srejović 1973
D. Srejović, Lepenski Vir. eine vorgeschichtliche Geburtsstätte europäischer Kultur. Neue Entdeckungen Arch. (Bergisch Gladbach 1973).

Starikovskaya u. a. 2005
E. B. Starikovskaya/R. I. Sukernik/O. A. Derbeneva/N. V. Volodko u. a., Mitochondrial DNA diversity in indigenous populations of the southern extent of Siberia, and the origins of Native American haplogroups. Ann. Hum. Genet. 69, 2005, 67–89.

Stenico u. a. 1996
M. Stenico/L. Nigro/G. Bertorelle/F. Calafell u. a., High mitochondrial sequence diversity in linguistic isolates of the Alps. Am. J. Hum. Genet. 59, 1996, 1363–1375.

Stecher u. a. 2013
M. Stecher/B. Schlenker/K. W. Alt, Die Scherbenpackungsgräber In: H. Meller (Hrsg.), 3300 BC – Mysteriöse Steinzeittote und ihre Welt. Sonderausstellung vom 14. November 2013 bis 18. Mai 2014 im Landesmuseum für Vorgeschichte Halle (Mainz 2013) 282–289.

Steinmann 1994
C. Steinmann, Gatersleben (GL). In: H.-J. Beier/R. Einicke (Hrsg.), Das Neolithikum im Mittelelbe-Saale-Gebiet und in der Altmark. Eine Übersicht und ein Abriss zum

Stand der Forschung. Beitr. Ur- und Frühgesch. Mitteleuropa 4 (Wilkau-Hasslau 1994) 85–98.

Stévanovitch u. a. 2003
A. Stévanovitch/A. Gilles/E. Bouzaid/R. Kefi u. a., Mitochondrial DNA sequence diversity in a sedentary population from Egypt. Ann. Hum. Genet. 68, 2003, 23–39.

Stiller u. a. 2009
M. Stiller/M. Knapp/U. Stenzel/M. Hofreiter u. a., Direct multiplex sequencing (DMPS) – a novel method for targeted high-throughput sequencing of ancient and highly degraded DNA. Genome Res. 19, 2009, 1843–1848.

Stiller u. a. 2010
M. Stiller/G. Baryshnikov/H. Bocherens/ A. Grandal d'Anglade u. a., Withering away – 25,000 years of genetic decline preceded cave bear extinction. Mol. Biol. Evol. 27, 2010, 975–978.

Stock u. a. 2009
F. Stock/C. J. Edwards/R. Bollongino/ E. K. Finlay u. a., Cytochrome b sequences of ancient cattle and wild ox support phylogenetic complexity in the ancient and modern bovine populations. Anim. Genet. 40, 2009, 694–700.

Stoddart u. a. 2009
D. Stoddart/A. J. Heron/E. Mikhailova/ G. Maglia u. a., Single-nucleotide discrimination in immobilized DNA oligonucleotides with a biological nanopore. Proc. Natl. Acad. Sci. U.S.A. 106, 2009, 7702–7707.

Stone/Stoneking 1998
A. C. Stone/M. Stoneking, mtDNA analysis of a prehistoric Oneota population: implications for the peopling of the New World. Am. J. Hum. Genet. 62, 1998, 1153–1170.

Stone u. a. 2001
A. C. Stone/J. E. Starr/M. Stoneking, Mitochondrial DNA analysis of the presumptive remains of Jesse James. J. Forensic Sci. 46, 2001, 173–176.

Stone u. a. 2009
A. C. Stone/A. K. Wilbur/J. E. Buikstra/ C. A. Roberts, Tuberculosis and leprosy in perspective. Am. J. Phys. Anthropol. 140, 2009, 66–94.

Stoneking u. a. 1990
M. Stoneking/L. B. Jorde/K. Bhatia/ A. C. Wilson, Geographic variation in human mitochondrial DNA from Papua New Guinea. Genetics 124, 1990, 717–733.

Storey u. a. 2012
A. A. Storey/J. S. Athens/D. Bryant/M. Carson u. a., Investigating the global dispersal of chickens in prehistory using ancient mitochondrial DNA signatures. PLoS ONE 7, 2012, e39171.

Stringer/Andrews 1988
C. B. Stringer/P. Andrews, Genetic and fossil evidence for the origin of modern humans. Science 239, 1988, 1263–1268.

Subramanian u. a. 2009
S. Subramanian/D. R. Denver/C. D. Millar/ T. Heupink u. a., High mitogenomic evolutionary rates and time dependency. Trends Genet. 25, 2009, 482–486.

Sutovsky u. a. 2004
P. Sutovsky/K. van Leyen/T. McCauley/ B. N. Day u. a., Degradation of paternal mitochondria after fertilization: implications for heteroplasmy, assisted reproductive technologies and mtDNA inheritance. Reprod. Biomed. Online 8, 2004, 24–33.

Suzuki u. a. 2010
K. Suzuki/W. Takigawa/K. Tanigawa/ K. Nakamura u. a., Detection of Mycobacterium leprae DNA from archaeological skeletal remains in Japan using whole genome amplification and polymerase chain reaction. PLoS ONE 5, 2010, e12422.

Sykes u. a. 1995
B. Sykes/A. Leiboff/J. Low-Beer/S. Tetzner u. a., The origins of the Polynesians: an interpretation from mitochondrial lineage analysis. Am. J. Hum. Genet. 57, 1995, 1463–1475.

Sykes 1997
B. Sykes, Really ancient DNA. Lights turning red on amber. Nature 386, 1997, 764–765.

Sykes 2006
B. Sykes, Blood of the Isles. Exploring the genetic roots of our tribal history (London 2006).

Tagliabracci u. a. 2001
A. Tagliabracci/C. Turchi/L. Buscemi/ C. Sassaroli, Polymorphism of the mitochondrial DNA control region in Italians. Int. J. Legal Med. 114, 2001, 224–228.

Tajima u. a. 2003
A. Tajima/C. Sun/I. Pan/T. Ishida u. a., Mitochondrial DNA polymorphisms in nine aboriginal groups of Taiwan: implications for the population history of aboriginal Taiwanese. Hum. Genet. 113, 2003, 24–33.

Tajima u. a. 2004
A. Tajima/M. Hayami/K. Tokunaga/T. Juji u. a., Genetic origins of the Ainu inferred from combined DNA analyses of maternal and paternal lineages. J. Hum. Genet. 49, 2004, 187–193.

Tajima 1983
F. Tajima, Evolutionary relationship of DNA sequences in finite populations. Genetics 105, 1983, 437–460.

Tambets u. a. 2004
K. Tambets/S. Rootsi/T. Kivisild/H. Help u. a., The western and eastern roots of the Saami – the story of genetic »outliers« told by mitochondrial DNA and Y chromosomes. Am. J. Hum. Genet. 74, 2004, 661–682.

Tamm u. a. 2007
E. Tamm/T. Kivisild/M. Reidla/M. Metspalu u. a., Beringian standstill and spread of Native American founders. PLoS ONE 2, 2007, e829.

Tamura/Nei 1993
K. Tamura/M. Nei, Estimation of the number of nucleotide substitutions in the control region of mitochondrial DNA in humans and chimpanzees. Mol. Biol. Evol. 10, 1993, 512–526.

Tanaka u. a. 2004
M. Tanaka/V. M. Cabrera/A. M. González/ J. M. Larruga u. a., Mitochondrial genome variation in eastern Asia and the peopling of Japan. Genome Res. 14, 2004, 1832–1850.

Tanaka u. a. 2010
K. Tanaka/T. Honda/R. Ishikawa, Rice archaeological remains and the possibility of DNA archaeology: examples from Yayoi and Heian periods of Northern Japan. Archaeol. Anthropol. Sci. 2, 2010, 69–78.

Tapper/Clayton 1981
D. P. Tapper/D. A. Clayton, Mechanism of replication of human mitochondrial DNA. Localization of the 5' ends of nascent daughter strands. J. Biol. Chem. 256, 1981, 5109–5115.

Taubenberger u. a. 1997
J. R. Taubenberger/A. H. Reid/A. E. Krafft/ K. E. Bijwaard u. a., Initial genetic characterization of the 1918 »Spanish« influenza virus. Science 275, 1997, 1793–1796.

Taubenberger u. a. 2005
J. K. Taubenberger/A. H. Reid/R. M. Lourens/ R. Wang u. a., Characterization of the 1918 influenza virus polymerase genes. Nature 437, 2005, 889–893.

Taubenberger u. a. 2007
J. K. Taubenberger/J. V. Hultin/D. M. Morens, Discovery and characterization of the 1918 pandemic influenza virus in historical context. Antivir. Ther. (Lond.) 12, 2007, 581–591.

Taylor u. a. 1999
G. M. Taylor/M. Goyal/A. J. Legge/R. J. Shaw u. a., Genotypic analysis of Mycobacterium tuberculosis from medieval human remains. Microbiology 145, 1999, 899–904.

Taylor u. a. 2000
G. M. Taylor/S. Widdison/I. N. Brown/ D. Young u. a., A Mediaeval Case of Lepromatous Leprosy from 13–14th Century Orkney, Scotland. J. Archaeol. Sci. 27, 2000, 1133–1138.

Taylor u. a. 2007
G. M. Taylor/E. Murphy/R. Hopkins/P. Rutland u. a., First report of Mycobacterium bovis DNA in human remains from the Iron Age. Microbiology 153, 2007, 1243–1249.

Teacher u. a. 2011
A. G. F. Teacher/J. A. Thomas/I. Barnes, Modern and ancient red fox (*Vulpes vulpes*) in Europe show an unusual lack of geographical and temporal structuring, and differing responses within the carnivores to historical climatic change. BMC Evol. Biol. 11, 2011, 214.

Templeton 1992
A. R. Templeton, Human origins and analysis of mitochondrial DNA sequences. Science 255, 1992, 737.

Tetzlaff u. a. 2007
S. Tetzlaff/A. Brandstätter/R. Wegener/ W. Parson u. a., Mitochondrial DNA population data of HVS-I and HVS-II sequences from a northeast German sample. Forensic Sci. Int. 172, 2007, 218–224.

Thangaraj u. a. 2005
K. Thangaraj/G. Chaubey/T. Kivisild/ A. G. Reddy u. a., Reconstructing the origin of Andaman Islanders. Science 308, 2005, 996.

Thévenot 1969
J. P. Thévenot, Éléments chasséens de la céramique de Chassey (Dijon 1969).

Thomas 1988
J. Thomas, Neolithic Explanations Revisited: The Mesolithic-Neolithic Transition in Britain and South Scandinavia. Proc. Prehist. Soc. 54, 1988, 59–66.

Thomas 1996
J. Thomas, The cultural context of the first use of domesticates in continental Central and Northwest Europe. In: D. R. Harris (Hrsg.), The origins and spread of agriculture and pastoralism in Eurasia (London 1996) 310–322.

Thomas u. a. 2000
M. G. Thomas/E. Hagelberg/H. B. Jone/Z. Yang u. a., Molecular and morphological evidence on the phylogeny of the Elephantidae. Proc. Biol. Sci. 267, 2000, 2493–2500.

Thomas u. a. 2008
M. G. Thomas/I. Barnes/M. E. Weale/ A. L. Jones u. a., New genetic evidence supports isolation and drift in the Ladin communities of the South Tyrolean Alps but not an ancient origin in the Middle East. Eur. J. Hum. Genet. 16, 2008, 124–134.

Thomas u. a. 1989
R. H. Thomas/W. Schaffner/A. C. Wilson/S. Pääbo, DNA phylogeny of the extinct marsupial wolf. Nature 340, 1989, 465–467.

Thompson/Steinmann 2010
J. F. Thompson/K. E. Steinmann, Single Molecule Sequencing with a HeliScope Genetic Analysis System. In: F. M. Ausubel/R. Brent/ R. E. Kingston/D. D. Moore/ J. G. Seidman/ J. A. Smith u. a. (Hrsg.), Current Protocols in Molecular Biology (Hoboken 2010).

Thompson u. a. 2003
W. E. Thompson/J. Ramalho-Santos/ P. Sutovsky, Ubiquitination of prohibitin in mammalian sperm mitochondria: possible

roles in the regulation of mitochondrial inheritance and sperm quality control. Biol. Reprod. 69, 2003, 254–260.

Thorburn / Dahl 2001
D. R. Thorburn / H. H. Dahl, Mitochondrial disorders: genetics, counseling, prenatal diagnosis and reproductive options. Am. J. Med. Genet. 106, 2001, 102–114.

Thorne / Wolpoff u. a. 1981
A. G. Thorne / M. H. Wolpoff, Regional continuity in Australasian Pleistocene hominid evolution. Am. J. Phys. Anthropol. 55, 1981, 337–349.

Thorpe 1996
I. J. Thorpe, The origins of agriculture in Europe (London 1996).

Tilley 1994
C. Y. Tilley, A phenomenology of landscape. Places, paths, and monuments (Oxford, Providence 1994).

Tillmar u. a. 2010
A. O. Tillmar / M. D. Coble / T. Wallerström / G. Holmlund, Homogeneity in mitochondrial DNA control region sequences in Swedish subpopulations. Int. J. Legal Med. 124, 2010, 91–98.

Tishkoff u. a. 1996
S. A. Tishkoff / E. Dietzsch / W. Speed / A. J. Pakstis u. a., Global patterns of linkage disequilibrium at the CD4 locus and modern human origins. Science 271, 1996, 1380–1387.

Tolk u. a. 2001
H. V. Tolk / L. Barać / M. Peričić / I. M. Klarić u. a., The evidence of mtDNA haplogroup F in a European population and its ethnohistoric implications. Eur. J. Hum. Genet. 9, 2001, 717–723.

Tömöry u. a. 2007
G. Tömöry / B. Csányi / E. Bogácsi-Szabó / T. Kalmár u. a., Comparison of maternal lineage and biogeographic analyses of ancient and modern Hungarian populations. Am. J. Phys. Anthropol. 134, 2007, 354–368.

Torres-Blanco 1994
M. Torres-Blanco, Bernburger Kultur (BeK). In: H.-J. Beier / R. Einicke (Hrsg.), Das Neolithikum im Mittelelbe-Saale-Gebiet und in der Altmark. Eine Übersicht und ein Abriss zum Stand der Forschung. Beitr. Ur- und Frühgesch. Mitteleuropa 4 (Wilkau-Hasslau 1994) 159–177.

Torroni u. a. 1993a
A. Torroni / T. G. Schurr / M. F. Cabell / M. D. Brown u. a., Asian affinities and continental radiation of the four founding Native American mtDNAs. Am. J. Hum. Genet. 53, 1993, 563–590.

Torroni u. a. 1993b
A. Torroni / R. I. Sukernik / T. G. Schurr / Y. B. Starikovskaya u. a., mtDNA variation of aboriginal Siberians reveals distinct genetic affinities with Native Americans. Am. J. Hum. Genet. 53, 1993, 591–608.

Torroni u. a. 1994a
A. Torroni / Y. S. Chen / O. Semino / A. S. Santachiara-Benerecetti u. a., mtDNA and Y-chromosome polymorphisms in four Native American populations from southern Mexico. Am. J. Hum. Genet. 54, 1994, 303–318.

Torroni u. a. 1994b
A. Torroni / J. V. Neel / R. Barrantes / T. G. Schurr u. a., Mitochondrial DNA »clock« for the Amerinds and its implications for timing their entry into North America. Proc. Natl. Acad. Sci. U.S.A. 91, 1994, 1158–1162.

Torroni u. a. 1994c
A. Torroni / J. A. Miller / L. G. Moore / S. Zamudio u. a., Mitochondrial DNA analysis in Tibet: implications for the origin of the Tibetan population and its adaptation to high altitude. Am. J. Phys. Anthropol. 93, 1994, 189–199.

Torroni u. a. 1996
A. Torroni / K. Huoponen / P. Francalacci / M. Petrozzi u. a., Classification of European mtDNAs from an analysis of three European populations. Genetics 144, 1996, 1835–1850.

Torroni u. a. 1998
A. Torroni / H. J. Bandelt / L. D'Urbano / P. Lahermo u. a., mtDNA analysis reveals a major late Paleolithic population expansion from southwestern to northeastern Europe. Am. J. Hum. Genet. 62, 1998, 1137–1152.

Torroni u. a. 2001
A. Torroni / H. J. Bandelt / V. Macaulay / M. Richards u. a., A signal, from human mtDNA, of postglacial recolonization in Europe. Am. J. Hum. Genet. 69, 2001, 844–852.

Torroni u. a. 2006
A. Torroni / A. Achilli / V. Macaulay / M. Richards u. a., Harvesting the fruit of the human mtDNA tree. Trends Genet. 22, 2006, 339–345.

Tourmen u. a. 2002
Y. Tourmen / O. Baris / P. Dessen / C. Jacques u. a., Structure and chromosomal distribution of human mitochondrial pseudogenes. Genomics 80, 2002, 71–77.

Turchi u. a. 2008
C. Turchi / L. Buscemi / C. Previderè / P. Grignani u. a., Italian mitochondrial DNA database: results of a collaborative exercise and proficiency testing. Int. J. Legal Med. 122, 2008, 199–204.

Turchi u. a. 2009
C. Turchi / L. Buscemi / E. Giacchino / V. Onofri u. a., Polymorphisms of mtDNA control region in Tunisian and Moroccan populations: an enrichment of forensic mtDNA databases with Northern Africa data. Forensic Sci. Int. Genet. 3, 2009, 166–172.

Underhill u. a. 2010
P. A. Underhill / N. M. Myres / S. Rootsi / M. Metspalu u. a., Separating the post-Glacial coancestry of European and Asian Y chromosomes within haplogroup R1a. Eur. J. Hum. Genet. 18, 2010, 479–484.

van Andel / Runnels 1995
T. H. van Andel / C. N. Runnels, The earliest farmers in Europe. Antiquity 69, 1995, 481–500.

van Oven / Kayser 2009
M. van Oven / M. Kayser, Updated comprehensive phylogenetic tree of global human mitochondrial DNA variation. Hum. Mutat. 30, 2009, E386–94.

Van Willigen 2006
S. van Willigen, Die Neolithisierung im nordwestlichen Mittelmeerraum. Iberia Archaeol. 7 (Mainz 2006).

Vander Linden 2007a
M. Vander Linden, What linked the Bell Beakers in third millennium BC Europe? Antiquity 81, 2007, 343–352.

Vander Linden 2007b
M. Vander Linden, For equalities are plural: reassessing the social in Europe during the third millennium BC. World Archaeol. 39, 2007, 177–193.

Vanecek u. a. 2004
T. Vanecek / F. Vorel / M. Sip, Mitochondrial DNA D-loop hypervariable regions: Czech population data. Int. J. Legal Med. 118, 2004, 14–18.

Vanek u. a. 2009
D. Vanek / L. Saskova / H. Koch, Kinship and Y-chromosome analysis of 7th century human remains: novel DNA extraction and typing procedure for ancient material. Croat. Med. J. 50, 2009, 286–295.

Varesi u. a. 2000
L. Varesi / M. Memmí / M. Cristofari / G. E. Mameli u. a., Mitochondrial control-region sequence variation in the Corsican population, France. Am. J. Hum. Biol. 12, 2000, 339–351.

Venter u. a. 2001
J. C. Venter / M. D. Adams / E. W. Myers / P. W. Li u. a., The sequence of the human genome. Science 291, 2001, 1304–1351.

Verginelli u. a. 2003
F. Verginelli / F. Donati / V. Coia / I. Boschi u. a., Variation of the hypervariable region-1 of mitochondrial DNA in central-eastern Italy. J. Forensic Sci. 48, 2004, 443–444.

Vernesi u. a. 2001
C. Vernesi / G. Di Benedetto / D. Caramelli / E. Secchieri u. a., Genetic characterization of the body attributed to the evangelist Luke. Proc. Natl. Acad. Sci. U.S.A. 98, 2001, 13460–13463.

Vernesi u. a. 2002
C. Vernesi / S. Fuselli / L. Castrì / G. Bertorelle u. a., Mitochondrial diversity in linguistic isolates of the Alps: a reappraisal. Hum. Biol. 74, 2002, 725–730.

Vicent-García 1997
J. M. Vicent-García, The island filter model revisited. In: M. S. Balmuth / A. Gilman / L. Prados-Torreira (Hrsg.), Encounters and transformations. The archaeology of Iberia in transition. Monogr. Mediterranean Archeol. 7 (Sheffield 1997) 1–13.

Vigilant u. a. 1991
L. Vigilant / M. Stoneking / H. Harpending / K. Hawkes u. a., African populations and the evolution of human mitochondrial DNA. Science 253, 1991, 1503–1507.

Vilà u. a. 2001
C. Vilà / J. A. Leonard / A. Götherström / S. Marklund u. a., Widespread origins of domestic horse lineages. Science 291, 2001, 474–477.

Vilstrup u. a. 2013
J. R. Vilstrup / A. Seguin-Orlando / M. Stiller / A. Ginolhac u. a., Mitochondrial phylogenomics of modern and ancient equids. PLoS ONE 8, 2013, e55950.

Voigt 1994
X. Voigt, Tiefstichkeramik. In: H.-J. Beier / R. Einicke (Hrsg.), Das Neolithikum im Mittelelbe-Saale-Gebiet und in der Altmark. Eine Übersicht und ein Abriss zum Stand der Forschung. Beitr. Ur- und Frühgesch. Mitteleuropa 4 (Wilkau-Hasslau 1994) 179–193.

Volodko u. a. 2008
N. V. Volodko / E. B. Starikovskaya / I. O. Mazunin / N. P. Eltsov u. a., Mitochondrial genome diversity in arctic Siberians, with particular reference to the evolutionary history of Beringia and Pleistocenic peopling of the Americas. Am. J. Hum. Genet. 82, 2008, 1084–1100.

Vona u. a. 2001
G. Vona / M. E. Ghiani / C. M. Calò / L. Vacca u. a., Mitochondrial DNA sequence analysis in Sicily. Am. J. Hum. Biol. 13, 2001, 576–589.

Von Bubnoff 2008
A. von Bubnoff, Next-generation sequencing: the race is on. Cell 132, 2008, 721–723.

Vreeland u. a. 2000
R. H. Vreeland / W. D. Rosenzweig / D. W. Powers, Isolation of a 250 million-year-old halotolerant bacterium from a primary salt crystal. Nature 407, 2000, 897–900.

Walden / Robertson 1997
K. K. Walden / H. M. Robertson, Ancient DNA from amber fossil bees? Mol. Biol. Evol. 14, 1997, 1075–1077.

Wallace u. a. 1999
D. C. Wallace / M. D. Brown / M. T. Lott, Mito-

chondrial DNA variation in human evolution and disease. Gene 238, 1999, 211–230.

Watson u. a. 1996
E. Watson/K. Bauer/R. Aman/G. Weiss u. a., mtDNA sequence diversity in Africa. Am. J. Hum. Genet. 59, 1996, 437–444.

Watson u. a. 1997
E. Watson/P. Forster/M. Richards/ H. J. Bandelt, Mitochondrial footprints of human expansions in Africa. Am. J. Hum. Genet. 61, 1997, 691–704.

Weichhold u. a. 1998
G. M. Weichhold/J. E. Bark/W. Korte/ W. Eisenmenger u. a., DNA analysis in the case of Kaspar Hauser. Int. J. Legal Med. 111, 1998, 287–291.

Weinstock u. a. 2005
J. Weinstock/E. Willerslev/A. Sher/W. Tong u. a., Evolution, systematics, and phylogeography of pleistocene horses in the new world: a molecular perspective. PLoS Biol. 3, 2005, e241.

Weiss u. a. 2006
E. Weiss/M. E. Kislev/A. Hartmann, Anthropology. Autonomous cultivation before domestication. Science 312, 2006, 1608–1610.

Weiss/Bradley 2001
H. Weiss/R. S. Bradley, Archaeology. What drives societal collapse? Science 291, 2001, 609–610.

Wen u. a. 2004
B. Wen/X. Xie/S. Gao/H. Li u. a., Analyses of genetic structure of Tibeto-Burman populations reveals sex-biased admixture in southern Tibeto-Burmans. Am. J. Hum. Genet. 74, 2004, 856–865.

Weninger u. a. 2009
B. Weninger/L. Clare/E. Rohling/O. Bar-Yosef u. a., The Impact of Rapid Climate Change on Prehistoric Societies during the Holocene in the Eastern Mediterranean. Doc. Praeh. 36, 2009, 7–59.

Wheeler u. a. 2008
D. A. Wheeler/M. Srinivasa/M. Egholm/ Y. Shen u. a., The complete genome of an individual by massively parallel DNA sequencing. Nature 452, 2008, 872–876.

Whittle 1996
A. W. R. Whittle, Europe in the Neolithic. The creation of new worlds. Cambridge World Archaeol. (New York 1996).

Whittle/Cummings 2007
A. W. R. Whittle/V. Cummings, Going over. The Mesolithic-Neolithic transition in northwest Europe (Oxford 2007).

Willcox u. a. 2008
G. Willcox/S. Fornite/L. Herveux, Early Holocene cultivation before domestication in northern Syria. Veget. Hist. Archaeobot. 17, 2008, 313–325.

Willverslev u. a. 1999
E. Willerslev/A. J. Hansen/B. Christensen/ J. P. Steffensen u. a., Diversity of Holocene life forms in fossil glacier ice. Proc. Natl. Acad. Sci. U.S.A. 96, 1999, 8017–8021.

Willerslev u. a. 2003
E. Willerslev/A. J. Hansen/J. Binladen/ T. B. Brand u. a., Diverse plant and animal genetic records from Holocene and Pleistocene sediments. Science 300, 2003, 791–795.

Willerslev u. a. 2004a
E. Willerslev/A. J. Hansen/R. Rønn/T. B. Brand u. a., Long-term persistence of bacterial DNA. Curr. Biol. 14, 2004, R9–10.

Willerslev u. a. 2004b
E. Willerslev/A. J. Hansen/H. N. Poinar, Isolation of nucleic acids and cultures from fossil ice and permafrost. Trends Ecol. Evol. (Amst.) 19, 2004, 141–147.

Willerslev/Cooper 2005
E. Willerslev/A. Cooper, Ancient DNA. Proc. Biol. Sci. 272, 2005, 3–16.

Willerslev u. a. 2009
E. Willerslev/M. T. P. Gilbert/J. Binladen/ S. Y. W. Ho u. a., Analysis of complete mitochondrial genomes from extinct and extant rhinoceroses reveals lack of phylogenetic resolution. BMC Evol. Biol. 9, 2009, 95.

Williams 2012
A. N. Williams, The use of summed radiocarbon probability distributions in archaeology: a review of methods. J. Archaeol. Sci. 39, 2012, 578–589.

Wills 1992
C. Wills, Human origins. Nature 356, 1992, 389–390.

Wirth u. a. 2008
T. Wirth/F. Hildebrand/C. Allix-Béguec/ F. Wölbeling u. a., Origin, spread and demography of the Mycobacterium tuberculosis complex. PLoS Pathog. 4, 2008, e1000160.

Wolpoff u. a. 1984
M. H. Wolpoff/X. Z. Wu/A. G. Thome, Modern Homo sapiens Origins, A General Theory of Hominid Evolution, Involving the Fossil Evidence From East Asia. In: F. H. Smith/ F. Spencer (Hrsg.), The Origins of modern humans. A world survey of fossil evidence (New York 1984) 411–483.

Wong u. a. 2007
H. Y. Wong/J. S. W. Tang/B. Budowle/ M. W. Allard u. a., Sequence polymorphism of the mitochondrial DNA hypervariable regions I and II in 205 Singapore Malays. Leg. Med. (Tokyo) 9, 2007, 33–37.

Wood u. a. 2008
J. Wood/N. Rawlence/G. Rogers/J. Austin u. a., Coprolite deposits reveal the diet and ecology of the extinct New Zealand megaherbivore moa (Aves, Dinornithiformes). Quat. Sci. Rev. 27, 2008, 2593–2602.

Wood u. a. 2012
J. R. Wood/J. M. Wilmshurst/S. J. Wagstaff/ T. H. Worthy u. a., High-resolution coproecology: using coprolites to reconstruct the habits and habitats of New Zealand's extinct upland moa (Megalapteryx didinus). PLoS ONE 7, 2012, e40025.

Wood u. a. 2013a
J. R. Wood/J. M. Wilmshurst/S. J. Richardson/ N. J. Rawlence u. a., Resolving lost herbivore community structure using coprolites of four sympatric moa species (Aves: Dinornithiformes). Proc. Natl. Acad. Sci. U.S.A. 110, 2013, 16910–16915.

Wood u. a. 2013b
J. R. Wood/J. M. Wilmshurst/N. J. Rawlence/ K. I. Bonner u. a., A megafauna's microfauna: gastrointestinal parasites of New Zealand's extinct moa (Aves: Dinornithiformes). PLoS ONE 8, 2013, e57315.

Woodward u. a. 1994
S. R. Woodward/N. J. Weyand/M. Bunnell, DNA sequence from Cretaceous period bone fragments. Science 266, 1994, 1229–1232.

Woollings u. a. 2010
T. Woollings/M. Lockwood/G. Masato/ C. Bell u. a., Enhanced signature of solar variability in Eurasian winter climate. Geophys. Res. Lett. 37, 2010.

Yang u. a. 1996
H. Yang/E. M. Golenberg/J. Shoshani, Phylogenetic resolution within the Elephantidae using fossil DNA sequence from the American mastodon (Mammut americanum) as an outgroup. Proc. Natl. Acad. Sci. U.S.A. 93, 1996, 1190–1194.

Yao u. a. 2000
Y. G. Yao/W. S. Watkins/Y. P. Zhang, Evolutionary history of the mtDNA 9-bp deletion in Chinese populations and its relevance to the peopling of east and southeast Asia. Hum. Genet. 107, 2000, 504–512.

Yao u. a. 2002a
Y. Yao/L. Nie/H. Harpending/Y. Fu u. a., Genetic relationship of Chinese ethnic populations revealed by mtDNA sequence diversity. Am. J. Phys. Anthropol. 118, 2002, 63–76.

Yao u. a. 2002b
Y. Yao/Q. Kong/H. J. Bandelt/T. Kivisild u. a., Phylogeographic differentiation of mitochondrial DNA in Han Chinese. Am. J. Hum. Genet. 70, 2002, 635–651.

Yao u. a. 2003
Y. Yao/Q. Kong/X. Man/H. J. Bandelt u. a., Reconstructing the evolutionary history of China: a caveat about inferences drawn from ancient DNA. Mol. Biol. Evol. 20, 2003, 214–219.

Yao u. a. 2004
Y. Yao/Q. Kong/C. Wang/C. Zhu u. a., Different matrilineal contributions to genetic structure of ethnic groups in the silk road region in china. Mol. Biol. Evol. 21, 2004, 2265–2280.

Zapata u. a. 2004
L. Zapata/L. Peña-Chocarro/G. Pérez-Jordá/ H. Stika, Early Neolithic Agriculture in the Iberian Peninsula. J. World. Prehist. 18, 2004, 283–325.

Zápotocká 1998
M. Zápotocká, Stichbandkeramik. In: J. Preuß (Hrsg.), Das Neolithikum in Mitteleuropa. Kulturen – Wirtschaft – Umwelt vom 6. bis 3. Jahrtausend v. u. Z. Übersichten zum Stand der Forschung (Weißbach 1998) 112–116.

Zeyland u. a. 2013
J. Zeyland/L. Wolko/J. Bocianowski/ M. Szalata u. a., Complete mitochondrial genome of wild aurochs (Bos primigenius) reconstructed from ancient DNA. Pol. J. Vet. Sci. 16, 2013, 265–273.

Zgonjanin u. a. 2010
D. Zgonjanin/I. Veselinović/M. Kubat/I. Furac u. a., Sequence polymorphism of the mitochondrial DNA control region in the population of Vojvodina Province, Serbia. Leg. Med. (Tokyo) 12, 2010, 104–107.

Zhang u. a. 2010
F. Zhang/Z. Xu/J. Tan/Y. Sun u. a., Prehistorical East-West admixture of maternal lineages in a 2,500-year-old population in Xinjiang. Am. J. Phys. Anthropol. 142, 2010, 314–320.

Zilhão 1993
J. Zilhão, The spread of agro-pastoral economies across Mediterranean Europe: View from the far west. J. Mediterranean Archaeol. 8, 1993, 5–63.

Zilhão 1997
J. Zilhão, Maritime pioneer colonization in the Early Neolithic of the west Mediterranean. Testing the model against the evidence. Doc. Praeh. 24, 1997, 19–42.

Zilhão 2001
J. Zilhão, Radiocarbon evidence for maritime pioneer colonization at the origins of farming in west Mediterranean Europe. Proc. Natl. Acad. Sci. U.S.A. 98, 2001, 14180–14185.

Zimmermann 2002
A. Zimmermann, Der Beginn der Landwirtschaft in Mitteleuropa. Evolution oder Revolution? In: M. Nawroth/R. von Schnurbein/ R. Weiss (Hrsg.), Menschen, Zeiten, Räume. Archäologie in Deutschland. Deutschland von der Urgeschichte bis ins Mittelalter 2 (Stuttgart 2002) 133–135.

Zimmermann u. a. 2007
B. Zimmermann/A. Brandstätter/N. Duftner/

D. Niederwieser u. a., Mitochondrial DNA control region population data from Macedonia. Forensic Sci. Int. Genet. 1, 2007, e4–9.

Zimmermann u. a. 2009
B. Zimmermann/M. Bodner/S. Amory/L. Fendt u. a., Forensic and phylogeographic characterization of mtDNA lineages from northern Thailand (Chiang Mai). Int. J. Legal Med. 123, 2009, 495–501.

Zink u. a. 2001
A. Zink/C. J. Haas/U. Reischl/U. Szeimies u. a., Molecular analysis of skeletal tuberculosis in an ancient Egyptian population. J. Med. Microbiol. 50, 2001, 355–366.

Zink u. a. 2002
A. R. Zink/U. Reischl/H. Wolf/A. G. Nerlich, Molecular analysis of ancient microbial infections. FEMS Microbiol. Lett. 213, 2002, 141–147.

Zink u. a. 2003a
A. R. Zink/C. Sola/U. Reischl/W. Grabner u. a., Characterization of Mycobacterium tuberculosis complex DNAs from Egyptian mummies by spoligotyping. J. Clin. Microbiol. 41, 2003, 359–367.

Zink u. a. 2003b
A. R. Zink/W. Grabner/U. Reischl/H. Wolf u. a., Molecular study on human tuberculosis in three geographically distinct and time delineated populations from ancient Egypt. Epidemiol. Infect. 130, 2003, 239–249.

Zink u. a. 2005
A. R. Zink/W. Grabner/A. G. Nerlich, Molecular identification of human tuberculosis in recent and historic bone tissue samples: The role of molecular techniques for the study of historic tuberculosis. Am. J. Phys. Anthropol. 126, 2005, 32–47.

Zischler u. a. 1995
H. Zischler/M. Höss/O. Handt/A. von Haeseler u. a., Detecting dinosaur DNA. Science 268, 1995, 1192–3.

Zupanic Pajnic u. a. 2004
I. Zupanic Pajnic/J. Balazic/R. Komel, Sequence polymorphism of the mitochondrial DNA control region in the Slovenian population. Int. J. Legal Med. 118, 2004, 1–4.

Zvelebil 1989
M. Zvelebil, On the transition to farming in Europe, or what was spreading with the Neolithic: A reply to Ammerman (1989). Antiquity 63, 1989, 379–383.

Zvelebil 1995
M. Zvelebil, Neolithisation in eastern Europe: a review from the frontier. Porocilo 22, 1995, 107–150.

Zvelebil 1996
M. Zvelebil, The agricultural frontier and the transition to agriculture in the circum-Baltic region. In: D. R. Harris (Hrsg.), The origins and spread of agriculture and pastoralism in Eurasia (London 1996) 323–335.

Zvelebil 1998
M. Zvelebil, What´s in a name: The Mesolithic, the Neolithic and social change at the Mesolithic-Neolithic Societies of Temperate Eurasia and their Transition to Farming. In: M. R. Edmonds/C. Richards (Hrsg.), Understanding the Neolithic of north-western Europe (Glasgow 1998) 1–36.

Zvelebil 2001
M. Zvelebil, The agricultural transition and the origins of Neolithic society in Europe. Doc. Praeh. 28, 2001, 1–26.

Zvelebil 2002
M. Zvelebil, Demography and Dispersal of Early Farming Populations at the Mesolithic-Neolithic Transition: Linguistic and Genetic Implications. In: P. S. Bellwood/C. Renfrew (Hrsg.), Examining the farming/language dispersal hypothesis. McDonald Inst. Monogr. (Cambridge, Oxford 2002) 379–394.

Zvelebil/Pettitt 2013
M. Zvelebil/P. Pettitt, Biosocial archaeology of the Early Neolithic: Synthetic analyses of a human skeletal population from the LBK cemetery of Vedrovice, Czech Republic. J. Anthropol. Archaeol. 32, 2013, 313–329.

11.1 Tabellen

Tab. 11.1 Details zu den untersuchten Individuen

Die Tabelle enthält alle bearbeiteten Individuen und die dazugehörigen archäologischen und anthropologischen Informationen. Die Notation von Zahnproben folgt dem Standard der *FDI World Dental Federation*. Sofern Zahnproben nicht eindeutig bestimmt werden konnten, wurden entweder die Abkürzungen M (Molar), P (Prämolar), C (Caninus) und I (Incisivus) verwendet oder alle infrage kommenden Zähne durch Schrägstriche getrennt angegeben. Knochenproben wurden entsprechend der anatomischen Notation aufgeführt (Fem = *Femur*, Hum = *Humerus*, Fib = *Fibula*, Rad = *Radius*, Os occ = *Os Occipitale*, Pars pet = *Pars petrosa*) oder l (links) kenntlich gemacht.

Fundplatz	Kultur	¹⁴C ID	BP	cal BC 1σ	HK-Nr.	Befund	Grab	Kürzel	A	B	C	D	E
Derenburg-Meerenstieg II	LBK	KIA40331	6109±31	5064–4984	98:1287a	598	33	DEB 1	37	36			
	LBK				99:308a, 99:309a	644	44	DEB 2	37	47	38	36	
	LBK	KIA30401	6147±32	5079–5022	98:1237a	591,1	21	DEB 3	26	27			
	LBK	KIA30402	6141±33	5078–4998	98:1272a, 98:1273a	596	34	DEB 4	17	18			
	LBK	KIA40333	6199±33	5171–5073	99:238a	604,2	29	DEB 5	16	17			
	LBK				98:1147a	421	10	DEB 6	46	33			
	LBK	KIA30399	6101±34	5049–4947	98:1170a	486	12	DEB 8	46	43	Os occ		
	LBK				98:1175a	420	9	DEB 9	26	38	15		
	LBK				98:1219a	566	17	DEB 10	33/34/36/37	46/47	47/48		
	LBK	KIA40330	6045±35	4997–4906	98:1220a	569	16	DEB 11	37	38			
	LBK	KIA40329	6135±25	5075–5004	98:1222a	567	19	DEB 12l	46	55	Os occ		
	LBK				98:1225a	570	15	DEB 13	46/47	46/47	16		
	LBK				98:1239a	590,1	22	DEB 14ll	26	65			
	LBK				98:1240a, 98:1241a	593	23	DEB 15	65	64			
	LBK	KIA30403	6257±40	5300–5226	98:1275a	599	31	DEB 20	17	48	16		
	LBK	KIA30404	6151±27	5207–5159	98:1288a	600	32	DEB 21	26	37	47	27	
	LBK	KIA30334	6063±33	5023–4933	98:1298a	604,3	30	DEB 22	46	47	48		
	LBK				98:1373ab	565	18	DEB 23	54	84/85/46	84/85/46		
	LBK				99:257a	564	35	DEB 25	16/17	13/14/15			
	LBK				99:259a	606	37	DEB 26	46	47			
	LBK	KIA30406	6068±31	5000–4916	99:262a, 99:269a	649	41	DEB 29ll	16	26	16		
	LBK				99:270a, 99:271a	592	40	DEB 30	17	18			
	LBK	KIA30405	6142±34	5079–4998	99:292a	640	38	DEB 32	16/17	42/43			
	LBK				99:295a	483	43	DEB 33	46	36			
	LBK				99:303a	484	42	DEB 34ll	47	48	14		
	LBK	KIA40335	6197±31	5169–5074	99:304a	662,2	47	DEB 35l	17	27			
	LBK				99:318a	662,1	47	DEB 35ll	17	26	46		
	LBK				99:310a, 99:311a	645	45	DEB 36	16	46	47		
	LBK				99:317a, 99:322a	643	48	DEB 37l	47	46	17		
	LBK				99:319a, 99:320a	665	46	DEB 38	16	17	46		
	LBK	KIA30407	6148±33	5207–5159	99:538a	708	49	DEB 39	28	17			
Halberstadt-Sonntagsfeld	LBK	KIA40345	6159±30	5207–5159	2000:4059a	577	16	HAL 1	35				
	LBK	KIA40350, KIA30408	6130±39, 6123±35	5079–4997, 5066–4979	2000:4291a	999	35	HAL 2	33	35	Phalange		
	LBK	KIA40346	6211±32	5171–5073	2000:4060a	578,1	17	HAL 3	45	18	Rad l		
	LBK	KIA40341	6080±32	5032–4946	2000:3869a	139	1	HAL 4	47	37	Fem l		
	LBK				2000:3936a	241,1	2	HAL 5	16	26			
	LBK	KIA40342	6137±35	5079–5003	2000:3904a	198	4	HAL 7	16	26	24	25	
	LBK				2000:3967a	306	7	HAL 9	47	46			
	LBK				2000:3988a	340	9	HAL 11	17	27	Pars pet l		
	LBK				2000:3990a	343,1	10	HAL 12	16	36	Tibia r		
	LBK				2000:4021a	430	15	HAL 14	16	18	28		

Fundplatz	Kultur	14C ID	BP	cal BC 1σ	HK-Nr.	Befund	Grab	Kürzel	A	B	C	D	E
Halberstadt-Sonntagsfeld	LBK	KIA40344	6081±30	5030–4948	2000:4050a	536	18	HAL 15	43	35	16		
	LBK				2000:4083a	613,1	19	HAL 16	38	47			
	LBK?				2000:4114a	662	20	HAL 17	Fem r	Tibia l	Tibia l		
	LBK				2000:4110a	657	21	HAL 18	46	47	48		
	LBK				2000:4118a	666	22	HAL 19	17	37	21		
	LBK				2000:4163a	741	23	HAL 20	85	55	Fem r		
	LBK				2000:4162a	739	24	HAL 21	85	46	Fem l		
	LBK				2000:4196a	804	25	HAL 22	17	43	38		
	LBK	KIA40348	6076±34	5034–4942	2000:4231a	867	27	HAL 24	26	48	Tibia l		
	LBK				2000:4228a	861	28	HAL 25	38	48	47		
	LBK				2000:4226a	859	30	HAL 27	Tibia r	84	Tibia l		
	LBK				2000:4233a	870	33	HAL 30	55	85			
	LBK	KIA40349	6211±32	5171–5073	2000:4289a	995	34	HAL 31	18	37	14		
	LBK				2000:4307a	1059	36	HAL 32	26	36	46		
	LBK				2000:4288a	992	38	HAL 34	Tibia l	Tibia r			
	LBK				2000:4311a	1065	39	HAL 35	26	47	48		
	LBK				2000:4338a	1114	40	HAL 36	Tibia l	65			
	LBK	KIA40351	6265±30	5298–5247	2000:7332a	1215	41	HAL 37	16	27	36		
	LBK				2000:7374a	1324	42	HAL 38	17	36	28		
	LBK	KIA40343	6144±32	5080–5026	2000:4014a	413,1	11	HAL 39	18	38	48		
	LBK				2000:4060b	578,2	17	HAL 40	Fem r	Fem l			
Karsdorf	LBK?				2005:37376a	14		KAR 1	27	37	35		
	LBK?	KIA40359	6168±32	5140–5089	2005:37516a	122		KAR 3	17	Fib l			
	LBK?				2005:37518a	131		KAR 4	36	46			
	LBK?				2006:14423a	170		KAR 6	27	28	43		
	LBK?				2006:14430a	192		KAR 7	38	37	Fib l		
	LBK?				2005:37679a	303		KAR 8	17	18	25		
	LBK?	KIA40356	6116±30	5068–4992	2005:37683a	304		KAR 9	38	Fib r			
	LBK?				2004:26254a	400		KAR 10	18	16			
	LBK?				2004:26267a	430		KAR 11	26	27	28		
	LBK?				2004:26318a	509		KAR 13	17	16			
	LBK?	KIA40357	6100±32	5056–4959	2004:26340a	537		KAR 14	18	17	Ulna r		
	LBK?	KIA40358	6127±31	5075–4997	2004:26370a	605		KAR 15	38	37	Fib l		
	LBK?				2004:26374a	611		KAR 16	17	18	35		
	LBK?				2005:37539a	155		KAR 17	47	16			
	LBK	KIA40360	6142±31	5079–5020	2005:37670a	299		KAR 18	48	47	Fib l		
	LBK?				2005:37673a	300		KAR 19	18	48	Rad l		
	LBK?				2005:37676a	302		KAR 20	17	18	15		
	LBK?				2004:26062a	95		KAR 29	16	17	18		
	LBK?				2005:37585a	220		KAR 40	47	34	48		
	LBK?				2006:14418a	157		KAR 54	16	55	46	85	84
	LBK?				2005:37674a	301		KAR 55	Fem l	Fem l	84	74	54
	LBK?				2004:26333a	529		KAR 57	16	85	46	55	
	LBK				2005:37668a	298		KAR 59	85	84	55		
Naumburg	LBK				97:13343	223		NAU 1	36	37	38		
	LBK				97:13345	227		NAU 2	55	65	75?		
	LBK				97:13348	229		NAU 3	36	37	38		
	LBK				97:13562	333		NAU 4	36	37	38		
	LBK				97:13565	335		NAU 5	65	64	55		

Site	Culture	Lab ID	Date ±	Date range	Find ID	Grave	Sample 1	Val 1	Sample 2	Val 2
Oberwiederstedt 1, Unterwiederstedt	LBK				2001:2330	1	1_14	Fem r	UWS 1	Fem r
	LBK				2001:2331	3	1_14	Fem l	UWS 2	Fem r
	LBK				2001:2332	5	1_14	43	UWS 3	41
	LBK				2001:2333	6	1_14	43	UWS 4	Pars pet l
	LBK				2001:2334	7	1_14	24	UWS 5.2	38
	LBK				2001:2335	9	1_14	65	UWS 6	11
	LBK				2001:2336	10	1_14	83	UWS 7	74
	LBK				2001:2337	11	1_14	74	UWS 8b	41
	LBK				2001:2339	14	1_14	Fem r	UWS 10	Fem r
	LBK				2001:2338	13	1_14	73	UWS 11	63
Esperstedt	RSK	Er8534	5781±66	4705–4552	2005:1620a		4229	17	ESP 13	27
Halberstadt	RSK				2000:3987a	12	338	37	HAL 13	28	48
Oberwiederstedt 3, Schrammhoehe	RSK						225	33	OSH 1	13
	RSK						195	13	OSH 2	46
	RSK						206	47/48	OSH 3	13
	RSK						130	33	OSH 5	13
	RSK						220	Pars pet l	OSH 6	26
	RSK	Er8395	5669±54	4582–4407	97:20462		95	35	OSH 7	44
	RSK						90	13	OSH 8	28
	RSK	Er8394	5766±54	4686–4552	97:20461		97	Fem	OSH 9	Hum r
	RSK						64	16	OSH 10	55
Oberwiederstedt 4, Arschkerbe Ost	RSK						3	37?	OAO 1	36
	RSK						6	18	OAO 2	14?
Osterwieck	RSK	MAMS-11641	5462±34	4348–4267	2004:8824a	A	55	38/48	OST 1	47
	RSK	MAMS-11642	5370±33	4323–4081	2004:8830c	A	60	16	OST 2	46
	RSK				2004:8838a	A	67	48	OST 3	47
	RSK	MAMS-11644	5578±38	4448–4367	2004:8844a	A	73	37	OST 4	36
	RSK				2004:8966a	A	256	17	OST 7	16
	RSK	MAMS-11645	5627±35	4498–4374	2004:8849b	A	78	47	OST 8	36
	RSK	MAMS-11646	5934±38	4846–4729	2004:8916d	A	165	43?	OST 9	45
	RSK				2004:8814a	A	46	24	OST 10	38
Eulau	GLK	KIA40336	5593±29	4424–4370			1206	26	EUL 15	Ulna l
	GLK?	KIA40337	4695±32	3455–3377			1207	38/48	EUL 16	16
	GLK						1221	36	EUL 17	55	75
	GLK	KIA40338	5616±30	4488–4444			1270,1	Tibia r	EUL 18	Pars pet r
	GLK	Er8401	5634±57	4529–4445			1280,1	13	EUL 19	34	Ulna r
	GLK?						1281	47	EUL 20	48	Hum r
	GLK?						1282	46	EUL 21	34	Fem l
Oberwiederstedt 5, Arschkerbe West	GLK						3	36	OAW 1		47
	GLK						1	33	OAW 2		M6
Salzmünde-Schiepzig	SCG				2006:19526		3183	85	SALZ 8	53	Fem
	SCG				2006:19567		3189	54	SALZ 9	65	
	SCG				2006:19593		3192,1	Fem	SALZ 10	48	14
	SCG				2006:19593		3192,2	Fem	SALZ 11	47	14
	SCG				2006:19593		3192,3	Fem	SALZ 12	27	34
	SCG				2007:7440		3930,1	27	SALZ 13	36	
	SCG				2007:7440		3930,2	14	SALZ 14	46	

Fundplatz	Kultur	14C ID	BP	cal BC 1σ	HK-Nr.	Befund	Grab	Kürzel	A	B	C	D	E
Salzmünde-Schiepzig	SCG	Er10321	5295±47	4172–4089	2007:7440	3930,3		SALZ 15	14	46			
	SCG	KIA34068	5312±32	4134–4056	2007:7446	3932,2		SALZ 18	16	75/85	Fem		
	SCG				2007:7491	3970		SALZ 19	53	63			
	SCG				2006:5643	4044		SALZ 20	16	43			
	SCG				2006:4805	4090		SALZ 21	27	37			
	SCG				2006:4820	4095,1		SALZ 22	26	35/45	34/44		
	SCG	KIA31460	5248±30	4034–3985	2006:5700	4138		SALZ 24	17	26/27/48			
	SCG				2006:5969	5003		SALZ 25	16/26	17/27			
	SCG				2006:6013	5018		SALZ 26	44	45			
	SCG	KIA34073	5192±30	3996–3968	2006:6048	5030		SALZ 27	45	44	43		
	SCG				2006:4870	5061		SALZ 28	23	24			
	SCG				2006:4883	5065		SALZ 29	27/28	33			
	SCG	Er10327	5282±47	4171–4126	2006:4895	5066,2		SALZ 30	16/17	21			
	SCG	Er10327	5282±47	4171–4126	2006:4895	5066,2		SALZ 31	46	32			
	SCG				2006:6115	5077		SALZ 32	27	35			
	SCG				2006:6135	5081,1		SALZ 34	46	83?			
	SCG				2006:6151	5091,1		SALZ 35	24/33/34	23			
	SCG	KIA34071	5207±46	4045–3967	2006:6201	5134		SALZ 38	65	53/73/83			
	SCG				2007:7663	9014,1		SALZ 39	47	23			
	SCG				2007:7663	9014,2		SALZ 40	46	14			
	SCG				2007:7663	9014,4		SALZ 41	27	33			
	SCG				2007:7663	9014,5		SALZ 42	37	24/25			
	SCG				2007:7678	9023,1		SALZ 43	36	24			
	SCG				2007:7678	9023,2		SALZ 44	37	25			
	SCG	KIA33042-S	5199±43	4004–3963	2007:7669	9021,1	1	SALZ 107	26	23			
	SCG	KIA33042-S	5199±43	4004–3963	2007:7669	9021,4	4	SALZ 110	16	85			
Esperstedt	BAK	Er7784	5061±62	3887–3797	2004:22538a	6220		ESP 30	Fem l	Tibia l			
Eulau	BAK					83		EUL 13	27	33	32		
	BAK					84		EUL 14	46	36	65		
Halle-Queis	BAK				2002:2330b	960,2	960	HQU 1	65	85			
	BAK	K1A40352	4731±29	3630–3581	2002:2331a	961	961	HQU 2	37?	16?			
	BAK				2002:2332a	962	962	HQU 3	26	?			
	BAK				2002:2328a	957	957	HQU 4	36	46	16		
	BAK	KIA40353,	5053±58	3944–3852	2002:2330c	960,3	960	HQU 5	?	?			
		KIA40354,	4720±28	3427–3381	2002:2330c	960,3	960	HQU 5	?	?			
		KIA40355	4741±29	3631–3561	2002:2330c	960,3	960	HQU 5	?	?			
Karsdorf	BAK				2006:14426a	187		KAR 21	27	28	18		
	BAK?				2006:14429a	191		KAR 22	26	27			
Quedlinburg VII 2	BAK				2004:42020a	11260		QLB 1	47	48			
	BAK				2004:42914a	11973		QLB 2	26	27			
	BAK				2005:15121a	25134	99998	QLB 3	36	46			
	BAK				2005:15122a	25135	99998	QLB 4	85	55			
	BAK				2005:15123a	25136	99999	QLB 5	17	47			
	BAK				2005:15126a	25138	99999	QLB 6	M	17/18			
	BAK				2005:15129a	25140		QLB 7	47	37			
	BAK	Er8564	4836±62	3700–3620	2005:15202a	25179		QLB 8	37	48			
Quedlinburg VII 3	BAK				2005:29040a	41242		QLB 9	47	17			

Site									
Quedlinburg IX	BAK	Er7866	4481±61	3340–3150	2004:33506a	2580	QLB 10	17	47
	BAK	Er7858	4851±53	3710–3630	2004:33520a	2581	QLB 11	27	38
	BAK	Er7859	4751±52	3640–3510	2004:33532a	2582	QLB 13	36	37
	BAK				2004:34370a	21032	QLB 14	47	17
	BAK				2004:34373a	21033	QLB 15	16	26
	BAK	Er7861	4735±53	3640–3550	2004:34377a	21035	QLB 16	37	M
	BAK	Er7857	4707±52	3460–3370	2004:34382a	21038	QLB 17	26	38
	BAK	Er7856	4745±52	3640–3510	2004:34387a	21039	QLB 18	17	18
Salzmünde-Schiebzig	BAK				2006:5998	3827	SALZ 55	16	24
Esperstedt	SMK				2005:4158a	1841	ESP 24	38	48
Salzmünde-Schiebzig	SMK					6582	SALZ 1	28	27
	SMK					6582	SALZ 2	37	38 48
	SMK					6582	SALZ 3	Tibia r	Fem r Hum l
	SMK					6582	SALZ 4	54	74 52/53/61 Hum l
	SMK					6582	SALZ 5	47	Fem r 46 48
	SMK					6582	SALZ 6	25	48 23
	SMK					6582	SALZ 7	Fem l	61/62/64/74 Tibia r 84
	SMK				2006:5407	3700	SALZ 48	25	42
	SMK				2006:5418	3760	SALZ 49	25	26
	SMK				2006:5424	3765	SALZ 52	27	38
	SMK				2006:5441	3826	SALZ 54	17	16 15
	SMK	KIA31459	4498±27	3334–3262	2006:5445	3833	SALZ 57	27	26 24
	SMK	KIA31461	4455±28	3310–3236	2006:5735	4173	SALZ 60	Fem	17
	SMK				2006:19644	4500	SALZ 61	31	42
	SMK				2007:7732	4960	SALZ 63	16	46
	SMK				2007:7531	5141	SALZ 66	25	26 36
	SMK				2007:7534	5143	SALZ 67	65	26 35
	SMK				2007:7558	5147	SALZ 70	28	27 26
	SMK				2007:7601	5184	SALZ 74	37	27
	SMK	KIA34054	4580±35	3373–3335	2006:6244	5526	SALZ 75	37	34
	SMK				2006:6405	5533	SALZ 77	36	22
	SMK				2006:6405	5533	SALZ 78	75	31
	SMK	Er11026	4502±53	3339–3265	2006:6603	5586	SALZ 82	74	16
	SMK				2006:5966	6082/6083	SALZ 84	36	44
	SMK	Er10329	4538±47	3237–3171	2006:19897	6185	SALZ 88	85	46
	SMK	KIA33040-S	4476±31	3330–3218	2007:6897	6289	SALZ 89	15	36
	SMK					6504	SALZ 90	65	26
	SMK					3114	SALZ 116	47	37 48
	SMK					3117	SALZ 118	16	17 18
Benzingerode I	BBK	Er5554	4423±62	3101–2919		5279	BENZ 1	1	Zahn 47
	BBK	Er5555	4410±60	3101–2919		5279	BENZ 3	3	Zahn
	BBK					5279	BENZ 6	6	Zahn
	BBK					5279	BENZ 9	9	Fem l
	BBK	Er5557	4438±60	3104–2919		5279	BENZ 14	14	Zahn
	BBK					5279	BENZ 15	15	Zahn 46
	BBK					5279	BENZ 17	17	Zahn 26
	BBK	Er5556	4418±65	3101–2919		5279	BENZ 18	18	Zahn
	BBK					5279	BENZ 19	19	Zahn 36
	BBK	Er5558	4593±65	3251–3098		5279	BENZ 20	20	Zahn 36

Fundplatz	Kultur	¹⁴C ID	BP	cal BC 1σ	HK-Nr.	Befund	Grab	Kürzel	A	B	C	D	E
Benzingerode I	BBK					5279	21	BENZ 21	Zahn				
	BBK					5279	26	BENZ 26	Zahn				
	BBK					5279	27	BENZ 27	Zahn	Zahn			
Quedlinburg VII 2	KAK				2004:31571a	13199		QLB 21	26/27	28			
	KAK				2004:31572a	13200		QLB 22	26	27			
Benzingerode-Heimburg	SKK?				2003:2314	1287	2	BZH 6	36	37/38			
Esperstedt	SKK				2004:22048a	5052,2		ESP 5	65	41			
	SKK				2004:23547a, 2004:23829a	4182		ESP 8	37?	P			
	SKK				2004:23565a, 2004:28818a, 2004:22526a, 2004:22227a 2004:23540a, 2004:23566a, 2004:22525a	6216		ESP 11	34	36			
	SKK				2004:21022a	6141		ESP 14	21	45			
	SKK	Er7257	3904±47	2465–2395	2005:22589a, 2005:4885a, 2005:23865a, 2005:23895a	6		ESP 15	15	36			
	SKK					6236		ESP 16	43	23			
	SKK				2004:23511a	4098		ESP 17	46	47			
	SKK				2004:22047a, 2004:22065a	5082		ESP 19	26	16			
	SKK				2004:21921a	2200		ESP 20	85	75			
	SKK				2004:21716a	6140		ESP 22	36	16			
	SKK	Er7779	3967±57	2573–2511	2004:23573a, 2004:23836a, 2004:22097a	4179		ESP 25	26	17/18			
	SKK?				2004:23576a	6233,1		ESP 26	36	33			
	SKK				2004:21736a	2152,1		ESP 28	16	27			
	SKK				2005:4147a	4290		ESP 32	I	P			
	SKK				2004:21846a, 2004:21730a	2101.1, 2101.2		ESP 33	47	33			
	SKK				2004:21586a, 2004:23812a	2002		ESP 34	14/15	46			
	SKK				2004:23599a	6232,1		ESP 36	43	46			
Eulau	SKK	KIA27878	3969±29	2563–2465		90,1	5	EUL 1	17	16	Fem r		
	SKK	KIA27879	4101±27	2675–2578		90,2	6	EUL 2	65				
	SKK	KIA34263	4039±22	2617–2492		93,1	13	EUL 3	84	64	2xI		
	SKK	KIA34264	4078±30	2835–2504		93,2	11	EUL 4	28	36	Fem l		
	SKK	KIA27851	4049±26	2619–2494		93,3	12	EUL 5	75	65	M	M	
	SKK	KIA34267	4167±23	2874–2697		98,1	7	EUL 6	17	16	Fem r		
	SKK	KIA27852	4053±27	2620–2495		98,3	10	EUL 7	85	65	Tibia r		
	SKK	KIA27849	4074±24	2631–2571		98,4	9	EUL 8	74	36	Tibia l		
	SKK	KIA27850	4073±27	2632–2570		99,1	3	EUL 9	37	Fem l	Humerus l		
	SKK	KIA34268	4247±29	2905–2875		99,2	1	EUL 10	48	Fem r	35	Tibia r	
	SKK	KIA34269	4170±23	2875–2698		99,3	2	EUL 11	64	Fem r	75	Fem l	
	SKK	KIA34261	4113±25	2852–2620		99,4	4	EUL 12	55	Fem r	36	Hum r	
	SKK					172,1		EUL 24	84	85	65		
	SKK?					169		EUL 25	55	85	38		
	SKK	KIA29116	4078±31	2628–2570		66		EUL 26	37	48	18		
	SKK	KIA29118	4009±32	2568–2518		174		EUL 27	17	48	36	37	
	SKK?					767		EUL 29	28	38			
	SKK	KIA26664	4027±34	2542–2490		103		EUL 30	16/17	Os occ			
Karsdorf	SKK	KIA29551	4127±25	2698–2658	2005:37498a	95		KAR 2	36	35	Fib r		
	SKK?				2005:37347a	3		KAR 24	26	65	63		

Site	Culture	Lab ID	BP	cal BC	Inv.-Nr.	#	Sample			Element
Karsdorf	SKK				2005:37356a		KAR 25	17	18	
	SKK				2005:37359a		KAR 26	48	46	
	SKK?				2005:37461a		KAR 27	38	35	Tibia r
	SKK?				2005:37487a		KAR 28	16	27	
	SKK?				2005:37690a		KAR 30	37	35	
	SKK				2004:26325a		KAR 31	75	74	
	SKK?				2005:37526a		KAR 38	38	28	Hum l
	SKK	KIA29552	4095±26	2614–2578	2005:37640a		KAR 41	17	16	
	SKK	KIA29553	4006±26	2565–2521	2005:37662a		KAR 46	27	26	Tibia r
	SKK	KIA29550	3829±26	2260–2203	2005:37472a		KAR 53	36	75	74
	SKK				2005:37744c		KAR 56	26	65	
	SKK				2005:37469a		KAR 58	85	75	55
Oberwiederstedt 2	SKK				2001:219a	1	OBW 1	36/38	27	28
	SKK				2001:219b	2	OBW 2	16	17	18
	SKK				2001:219c	3	OBW 3	16	46	
	SKK				2001:219d	4	OBW 4	36/46	37/47	38/48
Quedlinburg VII 2	SKK				2004:28474		QLB 23	36	37	
Quedlinburg XII	SKK	Er7042	3792±50	2300–2130	2004:11864a		QUEXII 1	35	36	
	SKK				2005:14132a		QUEXII 8	42	33	
Alberstedt	GBK	Erl8537	3858±57	2371–2282	2005:3369a		ALB 1	38	46	
	GBK	Erl8538	3940±60	2494–2344	2005:3371a		ALB 2	46	33	
Benzingerode-Heimburg	GBK?				2003:2614	8	BZH 2	27	46	
	GBK?				2003:2589	7	BZH 4	47	26	
	GBK	KIA27950	3737±28	2198–2161	2003:2525	5	BZH 5	46	16	
	GBK?	KIA27951	3751±27	2201–2136	2003:2526	4	BZH 7	16	46	
	GBK	KIA27952	3758±33	2204–2136	2003:2527	3	BZH 12	26	38	
	GBK				2003:2315	1	BZH 15	17?	18?	
Eulau	GBK	KIA26653	3735±28	2198–2162	2003:4380a	3	EUL 22	18	28	Pars pet l 33
	GBK	KIA26663	3856±28	2351–2282			EUL 23	37		
	GBK				2003:4373a	2	EUL 31	16	47	Fem r
Karsdorf	GBK				2006:14416a		KAR 5	36	27	
	GBK	KIA29554	3842±27	2314–2278	2005:37709a		KAR 51	27	28	Fem r
	GBK	KIA29555	3730±29	2083–2042	2005:37722a		KAR 52	28	48	32
Quedlinburg III	GBK				2004:8496a		QLB 44	74	84	
Quedlinburg VII 2	GBK?				2005:20486		QLB 19	24	25	33 37
	GBK				2004:40906		QLB 24	36	37	
	GBK				2004:40931		QLB 25	26	27	
	GBK	Er8558	3839±55	2360–2190	2004:40935		QLB 26	36	37	
	GBK	Er8559	3782±56	2300–2130	2004:40944		QLB 27	75	85	
	GBK				2004:40957		QLB 28	16	17	
	GBK	Er8560	3871±61	2460–2280	2004:40947		QLB 38	84	85	
Quedlinburg XII	GBK?	Er7041	3655±48	2050–1940	2004:11857a		QUEXII 2	Tibia r	Fem l	Hum l Tibia l
	GBK	Er7038	3820±42	2340–2190	2004:9470a		QUEXII 3	36	23	
	GBK?	Er7283	3773±47	2290–2130	2004:9463a		QUEXII 4	33	23	
	GBK				2005:10793a		QUEXII 5	33/43	34	

Fundplatz	Kultur	14C ID	BP	cal BC 1σ	HK-Nr.	Befund	Grab	Kürzel	A	B	C	D	E
Rothenschirmbach	GBK	Er8715	3818±48	2345–2198	2005:4167a	10294		ROT 1	23	33			
	GBK				2005:4168a	10293		ROT 2	44	45			
	GBK				2005:1615a, 2005:1648a	10011		ROT 3	74/84	54			
	GBK	Er8712	3881±50	2414–2333	2005:4128a	10142		ROT 4	27	16			
	GBK	Er8706	3803±47	2300–2193	2005:1512a	10010		ROT 5	74/84	42			
	GBK	Er8710	3953±47	2497–2436	2005:1685a	10044		ROT 6	26/27	28			
Alberstedt	AK				2005:3695a	7144,2		ALB 3	16	37			
Benzingerode Heimburg	AK?				2003:2641	6035	23	BZH 1	Fem r	Fem r			
	AK	KIA27956	3550±23	1923–1878	2003:2648	5234,2	11 + 9	BZH 3	26	36			
	AK	KIA27958	3626±27	1982–1942	2003:2650	5236,1	12	BZH 8	47	27			
	AK	KIA27960	3380±27	1653–1627	2003:2651	5240,1	14	BZH 9	16/26	55			
	AK	KIA27957	3623±30	1983–1939	2003:2649	5235	13	BZH 10	16	17			
	AK	KIA27954	3565±28	1944–1880	2003:2624	4931,1	25	BZH 11	36	37			
	AK	KIA27953	3511±29	1804–1772	2003:2662	3109,1	24	BZH 13	46	47?			
	AK?				2003:2662	3109,2	24	BZH 14	Tibia l	Tibia l			
	AK?					4029		BZH 16	LK	LK			
	AK?					43		BZH 17	37	38			
	AK	KIA27949	3530±24	1843–1810		222,1	18	BZH 18	46	33			
Esperstedt	AK				2004:21671a	3340,1		ESP 2	23	13			
	AK?				2004:23875a	1559,1		ESP 3	23	16			
	AK?				2004:21664a, 2004:21666a,	3322		ESP 4	43	48			
	AK	Er7785	3570±54	1981–1878	2004:21734a, 2005:4856a, 2004:21800a	6593		ESP 9	13	15			
	AK				2004:21673a	3310,1		ESP 12	13	23			
	AK	Er7776	3426±53	1776–1664	2004:23877a, 2004:24756a	1579		ESP 18	33	45			
	AK				2004:21799a, 2004:21899a	5036		ESP 23	13	26/27			
	AK?	Er8532	3720±58	2155–2034	2004:21665a, 2004:21666a, 2004:21700a, 2004:22904a	3326		ESP 27	38	47			
	AK				2004:21593a, 2004:22912	3332		ESP 29	Pars pet l	74			
	AK				2004:22578a, 2004:21599a	3310,2		ESP 31	Pars pet l				
	AK				2004:23512a	1539,2		ESP 35	23	46			
	BZ				2004:20074b	5		ESP 6	33	16			
Eulau	AK?	KIA40340	3640±28	2034–1954		1284		EUL 28	36	33	35		
	AK	KIA26654	3626±26	1982–1943		338		EUL 32	46	44			
	AK	KIA26655	3495±26	1828–1789	2003:4558a	342,1		EUL 34	47	Tibia r	Tibia		
	AK				2003:4573a	342,2		EUL 35	27	Fem r			
	AK				2003:4569a	438		EUL 36	37	48	28		
	AK	KIA26657	3607±23	1978–1921		470		EUL 37	27	25	Fem		
	AK					488		EUL 38	17	38	18		
	AK	KIA26659	3598±27	1977–1915		740		EUL 40	38	26	48		
	AK					882		EUL 41	37	17	14		
	AK					883		EUL 42	46/47	26	16/17		
	AK					884		EUL 43	48	18			
	AK	KIA26660	3519±26	1843–1808		885		EUL 44	28	16	38		
	AK	KIA26662	3612±30	1980–1921		1114		EUL 45	46	47	27		
	AK					1266,1		EUL 46	47	26	37		
	AK	KIA29106	3674±29	2133–2080		1896,1		EUL 47	17	47	15/25		
	AK?					1923		EUL 48	75	65	74		
	AK	KIA29112	3582±25	1951–1884		1982		EUL 49	46	47	48	43?	

Eulau	AK?				1995		EUL 50	48	37	Hum r
	AK	KIA29105	3748±25	2200–2136	1894		EUL 51	17	16	Hum r
	AK	KIA29114	3609±24	1979–1921	1994		EUL 53	38	33	Hum r
	AK?				1897		EUL 54	13/23/33	44	
	AK	KIA29111	3601±25	1978–1916	1924		EUL 55	37	36	Tibia r
	AK?				1997		EUL 56	27	26	Hum r
	AK	KIA29108	3636±26	2030–1987	1911,3		EUL 57A	27	45	
	AK				1911,5		EUL 57B	17	24	14
	AK	KIA29110	3660±25	2040–2011	1919		EUL 58	16	15	Fem l
	AK				1913		EUL 59	28	35	Fem l
	AK				2008,1		EUL 60	65	55	
	AK				2008,2		EUL 61	64	74	55
	AK	KIA26666	3703±26	2073–2037	2008,3		EUL 62	26	14	Tibia r
	AK	KIA26665	3742±33	2199–2133	574,3		EUL 63	36	28	35?
					574,1		EUL 64	37	38	
Karsdorf	AK?				200,1		KAR 23	23	24	
	AK	KIA29556	3600±29	1978–1915	54		KAR 33	27	17	28
	AK?				57		KAR 34	34	33	Ulna l
	AK?				60		KAR 35	46	47	24
	AK?	KIA29557	3571±27	1945–1882	62		KAR 36	48	44	
	AK?				97		KAR 37	65	64	
	AK	KIA29558	3380±27	1653–1627	165		KAR 39	48	23	Tibia l
	AK	KIA29559	3728±27	2083–2042	291,2		KAR 42	27	33	28
	AK?				291,3		KAR 44	13	24/25	48
	AK				318		KAR 48	16	26	Rad r
	AK?	KIA29560	3662±28	2126–2084	410,1		KAR 49	17	18	
	AK/EZ				487		KAR 12	36	65	
	AK/EZ				462		KAR 50	16	46	85
Leau 2	AK				3001	97:11280-81a-c, 11292/1, 11309	LEA 1	46	47	
	AK				3001	97:11292-11299	LEA 2	17	48	
	AK				3001	97:1300-11304, 11351	LEA 3	37	47	
	AK				3001	97:11340-11347	LEA 4	23	27	
Osterwieck	AK?				404	2004:9066b	OST 6	27	28	
Plötzkau 3	AK				28	98:9080, 98:9083-88	PLÖTZ 1	23	47?	
	AK				30	98:9149-9292	PLÖTZ 2	84	51	61
	AK				30	98:9201, 98:9149-9292	PLÖTZ 3	17	16	
	AK				31	98:9423	PLÖTZ 4	54	1	–
	AK				31	98:9564	PLÖTZ 5	55	54	
	AK				31	98:9457	PLÖTZ 6	38	33	
	AK				31	98:9351	PLÖTZ 7	37	47	
	AK				31	98:9450	PLÖTZ 8	18	48	
Quedlinburg VII 2	AK?				1728	2005:7559	QLB 29	36	37	
	AK	Er8548	3681±58	2150–1960	1817	2005:7562	QLB 30	17/18	47	
	AK				1818,1	2005:7566	QLB 31	26	27	
	AK	Er8549	3557±57	1980–1870	1818,2	2005:7566	QLB 32	46	47	
	AK				1978,1	2005:7618	QLB 33	12	16	
	AK				1978,2	2005:7627	QLB 34	46	47	
	AK?				11917,1	2004:42864	QLB 35	26	27	
	AK?				11917,2	2004:42865	QLB 36	84	85	

Fundplatz	Kultur	¹⁴C ID	BP	cal BC 1σ	HK-Nr.	Befund	Grab	Kürzel	A	B	C	D	E
Quedlinburg VII 2	AK				2005:19059	18582,2		QLB 37	46	48			
	AK	Er8561	3568±54	1980–1870	2005:24160	22636		QLB 39	46	47			
	AK				2005:24226	22964		QLB 40	26	27			
	AK	Er8562	3632±55	2040–1910	2005:24239	22700		QLB 41	36	46			
	AK	Er8565	3633±58	2040–1910	2005:15341	25764		QLB 42	26	48			
	AK				2005:15339	25763		QLB 43	16	38			
Quedlinburg VIII	AK	Er7043	3664±57	2140–1950	2004:10732	3644		QUEVIII 1	33	37			
	AK				2004:10764	3650		QUEVIII 2	21	34			
	AK	Er7046	3689±48	2140–2020	2004:10749	3647		QUEVIII 3	26	37			
	AK	Er7045	3587±55	2030–1870	2004:10747	3646		QUEVIII 4	26	13			
	AK	Er7047	3550±48	1950–1860	2004:10759	3648		QUEVIII 5	38	34			
	AK				2004:10637	3580		QUEVIII 6	48	43			
Quedlinburg XII	AK	Er7036	3550±45	1950–1870	2004:10286a	7063,1	5	QUEXII 7	17	23			
Quedlinburg XIV	AK				2005:20714a	31043	1	QUEXIV 1	12/13	12			
Röcken 2	AK					370	1	RÖC 1		Ulna l	46		
	AK					370	2	RÖC 2	36	37			
	AK					370	4	RÖC 3	26	27	Fem l		
	AK					370	3	RÖC 4	36	37			
	AK				97:27059-61, 97:27063-69	5		RÖC 5	48	43	47		
	AK?				97:27169	40		RÖC 7		48	37		
	AK?				97:27460	163		RÖC 8		28	13		
	AK					388		RÖC 9	48	47			
	AK					427	1	RÖC 10	47	43	46	47	
	AK					653		RÖC 11	38	48			

Proben mit unsicherer Datierung

Fundplatz	Kultur	¹⁴C ID	BP	cal BC 1σ	HK-Nr.	Befund	Grab	Kürzel	A	B	C	D	E
Karsdorf	SKK/GBK				2005:37691a	314	29	KAR 47	27	28	Fib I		
Osterwieck	Neo		3886±28	2394–2356	2004:9065a	400	B	OST 5	16	36/37	37/38		
Profen	SKK?				2007:11836	1059	1	PRO 12	18	48			
	GBK	KIA31421			2007:11831	1025	2	PRO 1	18	37			
	GBK?				2007:11839	1026	5	PRO 2	27	47			
	GBK?	KIA31422	3822±27	2263–2203	2007:11797	1029	9	PRO 3	36	37			
	GBK	KIA31423	3928±32	2468–2402	2007:11834	1033	10	PRO 4	28	37			
	GBK?	KIA31424	3862±28	2353–2286	2007:11851	1034	14	PRO 5	18	27			
	GBK	KIA31425	3795±24	2284–2249	2007:11825	1038	16	PRO 6	45	46			
	GBK	KIA31427	3709±33	2102–2035	2007:11830	1040	19	PRO 7	16	26			
	GBK	KIA31429	3834±29	2311–2270	2007:11875	1044	21	PRO 8	24	27	35	37	
	GBK	KIA31430	3794±35	2287–2246	2007:11852	1046	23	PRO 9	18	48			
	GBK?	KIA31431	3959±27	2496–2456	2007:11840	1052	25	PRO 10	33	43			
	GBK				2007:11832	1055	31	PRO 11	55	75			
	GBK				2007:11828	1061	34	PRO 13	26	45			
	GBK?				2007:11793	1064	40	PRO 14	M	M			
	GBK				2007:11868	1074	41	PRO 17	25	26	35	37	48
	GBK?				2007:11864	1075	46	PRO 18	26	27			
	GBK	KIA31434	3817±26	2262–2203	2007:11869	1081	49	PRO 19	25	27	28	36	38
	GBK	KIA31435	3860±30	2353–2284	2007:11849	1084	50	PRO 20	26	27	36	37	38
	GBK				2007:11860	1085	58	PRO 21	17	18	23	47	48
	GBK	KIA31438	3850±44	2352–2272	2007:11876	1093	62	PRO 22	21	27?	37		
	GBK	KIA31439	3801±30	2288–2246	2007:11853	1097	69	PRO 23	25	26	27	36	37&38
	GBK?				2007:11846	1106	51	PRO 24	27	37			
	GBK?	KIA31436	3868±30	2354–2289	2007:11874	1086	35	PRO 25	14	15	18	45	48
	AK	KIA31433	3620±30	1982–1938	2007:11841	1068		PRO 15	26	46			

Tab. 11.2 HVS-I- und HVS-II-Sequenzen der untersuchten Individuen

Die Sequenzpolymorphismen der HVS-I und HVS-II aller bearbeiteten Individuen sind im Vergleich zur *revised Cambridge Reference Sequence* (Andrews u. a. 1999) angegeben. Generell wurden alle Sequenzdaten von mindestens zwei unabhängigen Proben und Extrakten repliziert. Einzige Ausnahmen bilden die HVS-II-Sequenzen der Individuen KAR 20 und PRO 23, die nicht durch eine zweite unabhängige Probe repliziert werden konnten (kursiv). Individuen mit unzureichender DNA-Erhaltung oder uneindeutiger Sequenzinformation sind mit n. b. (nicht bestimmbar) gekennzeichnet. Die Haplogruppenbestimmung erfolgte anhand der *control-region*-Sequenzen und den *coding region*-SNP-Profilen (Tab. 11.3) mithilfe der Software Haplo-Grep (http://haplogrep.uibk.ac.at, 21.10.2013; Kloss-Brandstätter u. a. 2011) basierend auf der Haplogruppenphylogenie von phylotree (http://www.phylotree.org, built 14, veröffentlicht am 5. April 2012; van Oven/Kayser 2009).

Kultur	Kürzel	HVS-I	range	HVS-II	range	Haplogruppe
LBK	DEB 1	16147a 16172C 16223T 16248T 16355T	15997-16409			N1a1
LBK	DEB 2	16224C 16311C	15997-16409			K
LBK	DEB 3	16147a 16172C 16223T 16248T 16320T 16355T	15997-16409			N1a1a
LBK	DEB 4	16311C	15997-16409			HV
LBK	DEB 5	16311C	15997-16409			HV
LBK	DEB 6	n.b.				n. d.
LBK	DEB 8	n.b.				H88
LBK	DEB 9	16519C	15997-16569	263G	1-397	K1a
LBK	DEB 10	16093C 16224C 16311C	15997-16409			
LBK	DEB 11	n.b.				n. d.
LBK	DEB 12I	16298C	15997-16409			V
LBK	DEB 13	n.b.				n. d.
LBK	DEB 14II	n.b.				n. d.
LBK	DEB 15	16126C 16294T 16296T 16304C	15997-16409			T2b
LBK	DEB 20	16311C	15997-16409			HV
LBK	DEB 21	16519C	15997-16569	263G	1-397	H1j
LBK	DEB 22	16092C 16129A 16147a 16154C 16172C 16223T 16248T 16320T 16355T	15997-16409			N1a1a3
LBK	DEB 23	16093C 16223T 16292T	15997-16409			W
LBK	DEB 25	n.b.				
LBK	DEB 26	16069T 16126C	15997-16409			J
LBK	DEB 29II	n.b.				
LBK	DEB 30	16069T 16126C	15997-16409			J
LBK	DEB 32	n.b.				
LBK	DEB 33	16126C 16147T 16294T 16296T 16297C 16304C	15997-16409			T2b23a
LBK	DEB 34II	16093C 16223T 16292T	15997-16409			W
LBK	DEB 35I	n.b.				
LBK	DEB 35II	16126C 16189C 16294T 16296T	15997-16409			T2f
LBK	DEB 36	16093C 16256C 16270T 16399G	15997-16409			U5a1a'g
LBK	DEB 37I	16069T 16126C	15997-16409			J
LBK	DEB 38	16093C 16224C 16311C	15997-16409			K1a
LBK	DEB 39	16126C 16294T 16296T 16304C	15997-16409			T2b
LBK	HAL 1	16298C	15997-16409			V
LBK	HAL 2	16086C 16147a 16223T 16248T 16320T 16355T	15997-16409			N1a1a
LBK	HAL 3	16093C 16126C 16294T 16296T 16304C	15997-16409			T2b
LBK	HAL 4	16147a 16172C 16223T 16248T 16320T 16355T	15997-16409			N1a1a
LBK	HAL 5	16126C 16292T 16294T 16296T	15997-16409			T2c
LBK	HAL 7	16147a 16172C 16223T 16248T	16056-16409			N1a1
LBK	HAL 9	16093C 16224C 16311C	16056-16409			K1a
LBK	HAL 11	16093C 16129A 16519C	15997-16569	263G	1-397	H
LBK	HAL 12	16224C 16311C	16056-16409			K
LBK	HAL 14	16093C 16126C 16294T 16296T 16304C	15997-16409			T2b

Culture	Sample	HVR1	Range	HVR2	Haplogroup
LBK	HAL 15	16129A 16147a 16154C 16172C 16223T 16248T 16320T 16355T	16056-16409		N1a1a3
LBK	HAL 16	16298C	16056-16409		V
LBK?	HAL 17	16298C	15997-16409		V
LBK	HAL 18	16224C 16311C 16398A	15997-16409		K
LBK	HAL 19	16093C 16224C 16311C	15997-16409		K1a
LBK	HAL 20	16093C 16224C 16311C	15997-16409		K1a
LBK	HAL 21	16126C 16294T 16296T 16304C	15997-16409		T2b
LBK	HAL 22	16126C 16294T 16296T 16304C	15997-16409		T2b
LBK	HAL 24	16189C 16223T 16278T	15997-16409		X
LBK	HAL 25	16093C 16224C 16311C	15997-16409		K1a
LBK	HAL 27	16092C 16129A 16147a 16154C 16172C 16223T 16248T 16320T 16355T	15056-16409		N1a1a3
LBK	HAL 30	16126C 16294T 16296T 16304C	15997-16409		T2b
LBK	HAL 31	16224C 16249C 16311C	15997-16409		K
LBK	HAL 32	16519C	15997-16569	263G	H26
LBK	HAL 34	16147a 16172C 16223T 16248T 16355T	16056-16409		N1a1
LBK	HAL 35	16069T 16126C	15997-16409		J
LBK	HAL 36	16192T 16256T 16270T	15997-16569	263G	H23
LBK	HAL 37	16519C	15997-16409		W
LBK	HAL 38	16223T 16292T	16056-16409		V
LBK	HAL 39	16298C	16056-16409		H1e
LBK	HAL 40	16519C	15997-16569	263G	T2b
LBK?	KAR 1	16093C 16126C 16294T 16296T 16304C	15997-16409		J
LBK	KAR 3	16069T 16126C 16274A	16046-16401		J1c2
LBK?	KAR 4	16069T 16126C	16046-16401	185A 188G 228A 263G 295T 315.1C	U5a
LBK?	KAR 6	16519C	15997-16569	263G 315.1C	H1bz
LBK	KAR 7	16093C 16209C 16224C 16311C	16046-16401		K1a
LBK	KAR 8	16224C 16311C 16319A	16046-16401		K1b1a
LBK	KAR 9	16126C 16189C 16294T 16296T	16046-16401		T2f
LBK?	KAR 10	16224C 16311C	16046-16401	73G 263G 309.1C 315.1C	K
LBK?	KAR 11	16519C	15997-16569	152C 263G 315.1C	H
LBK?	KAR 13	16126C 16153A 16294T 16296T	16046-16401		T2e
LBK	KAR 14	16069T 16126C	16046-16401	73G 185A 228A 263G 295T 315.1C	J1c
LBK	KAR 15	16126C 16294T 16296T 16304C 16321T	16046-16401		T2b
LBK?	KAR 16	16519C	15997-16569	263G	H46b
LBK?	KAR 17	16311C	16046-16401		HV
LBK?	KAR 18	16093C	16046-16401		H
LBK?	KAR 19	16192T 16270T	16046-16401		U5b
LBK?	KAR 20	-	16046-16401	263G 309.1C 315.1C (B)	H
LBK?	KAR 29	-	16046-16401	263G 309.1C 309.2C 315.1C	H
LBK?	KAR 40	16147a 16154C 16172C 16223T 16248T 16320T 16355T	16046-16401		N1a1a3
LBK?	KAR 54	16093C 16224C 16311C	16046-16401		K1a
LBK	KAR 55	16224C 16311C	16046-16401	73G 146C 152C 263G 309.1C 315.1C 324T	K2a5
LBK?	KAR 57	16069T 16126C	16046-16401	73G 185A 228A 263G 295T 315.1C	J1c
LBK	KAR 59	-	16046-16401	263G 315.1C	H
LBK	NAU 1	16093C 16126C 16294T 16296T 16304C	16046-16401		T2b
LBK	NAU 2	16069T 16126C	16046-16401		J
LBK	NAU 3	16093C 16224C 16311C	16046-16401		K1a
LBK	NAU 4	n.b.			
LBK	NAU 5	16126C 16292T 16294T	16046-16401		T2c
LBK	UWS 1	n.b.			
LBK	UWS 2	16224C 16249C 16311C	15997-16409		K
LBK	UWS 3	16224C 16311C	15997-16409		K
LBK	UWS 4	16069T 16126C	15997-16409		J

Kultur	Kürzel	HVS-I	range	HVS-II	range	Haplogruppe
LBK	UWS 5.2	16129A 16147a 16154C 16172C 16223T 16248T 16320T 16355T	15997-16409			N1a1a3
LBK	UWS 6	16129A 16147a 16154C 16172C 16223T 16248T 16320T 16355T	16056-16409			N1a1a3
LBK	UWS 7	16126C 16147T 16294T 16296T 16297C 16304C	16056-16409			T2b23a
LBK	UWS 8b	16069T 16126C	15997-16409			J
LBK	UWS 10	n.b.				
LBK	UWS 11	16126C 16189C 16294T 16296T	15997-16401			T2f
RSK	ESP 13	16126C 16153A 16294T 16296T	15997-16401			T2e
RSK	HAL 13	16298C 16311C	15997-16409			V
RSK	OSH 1	16519C	15997-16569	152C 263G	1-397	H16a'c
RSK	OSH 2	16519C	15997-16569	263G	1-397	H89
RSK	OSH 3	16519C	15997-16569	263G	1-397	H1
RSK	OSH 5	16179T 16189C 16223T 16255A 16278T 16297C 16362C	16056-16409			X2c
RSK	OSH 6	16224C 16311C	15997-16409			K
RSK	OSH 7	16304C	15997-16569	263G	1-397	H5b
RSK	OSH 8	16126C 16189C 16294T 16296T	15997-16409			T2f
RSK	OSH 9	n.b.				
RSK	OSH 10	16298C	15996-16409			HV0
RSK	OAO 1	16147a 16172C 16223T 16248T 16320T 16355T	16056-16409			N1a1a
RSK	OAO 2	n.b.				
RSK	OST 1	n.b.				
RSK	OST 2	n.b.				
RSK	OST 3	n.b.				
RSK	OST 4	n.b.				
RSK	OST 7	n.b.				
RSK	OST 8	n.b.				
RSK	OST 9	n.b.				
RSK	OST 10	n.b.				
GLK	EUL 15	n.b.				
GLK	EUL 16	n.b.				
GLK	EUL 17	n.b.				
GLK	EUL 18	16224C 16311C	16056-16409			K
GLK?	EUL 19	16224C 16270T	15997-16409			U5b
GLK	EUL 20	n.b.				
GLK?	EUL 21	n.b.				
GLK	OAW 1	16311C	16056-16409			HV
GLK	OAW 2	n.b.				
SCG	SALZ 8	16093C 16224C 16293c 16311C	16046-16401	73G 263G 309.1C 315.1C	34-397	K1a
SCG	SALZ 9	16224C 16311C 16398A	16046-16401	73G 146C 152C 263G 315.1C	34-397	K
SCG	SALZ 10	16069T 16093C 16126C	15997-16409			J
SCG	SALZ 11	16069T 16126C	16046-16401	73G 185A 228A 263G 295T 315.1C	34-397	J1c
SCG	SALZ 12	16069T 16126C 16193T 16278T	16046-16401	73G 94A 150T 152C 263G 295T 309.1C 309.2C 315.1C	34-397	J2b1a
SCG	SALZ 13	16093C 16224C 16311C	16046-16401	73G 263G 309.1C 309.2C 315.1C	34-397	K1a
SCG	SALZ 14	16093C 16224C 16293c 16311C	16046-16401			K1a
SCG	SALZ 15	16224C 16311C	16046-16401	73G 195C 263G 309.1C 315.1C	34-397	K1a
SCG	SALZ 18	16093C 16519C	15997-16569	263G	1-397	H10i
SCG	SALZ 19	16223T 16292T	16046-16401	73G 119C 189G 195C 204C 207A 263G 315.1C	34-397	W1c
SCG	SALZ 20	16223T 16292T	16046-16401	73G 94A 119C 189G 195C 204C 207A 263G 309.1C 315.1C	34-397	W1c
SCG	SALZ 21	16519C	15997-16569	263G 315.1C	1-397	H1e7
SCG	SALZ 22	16093C 16224C 16311C	16046-16401	73G 114T 263G 315.1C	34-397	K1a

SCG	SALZ 24	16311C		15997-16409		HV
SCG	SALZ 25	16129A 16147a 16154C 16172C 16209C 16223T 16248T 16320T 16355T		16046-16401	34-397	N1a1a3
SCG	SALZ 26	16189C 16223T 16278T	73G 152C 199C 204C 263G 309.1C 315.1C	16046-16401	34-397	X2b
SCG	SALZ 27	16192T 16270T 16304C	73G 153G 195C 225A 226C 263G 309.1C 315.1C	16046-16401		U5b3
SCG	SALZ 28	-	263G 315.1C	16046-16401	34-397	H
SCG	SALZ 29	16189C 16270T 16304C 16398A		15997-16409		U5b2a2c
SCG	SALZ 30	16224C 16311C	73G 114T 263G 315.1C	16046-16401	34-397	K
SCG	SALZ 31	16224C 16311C	73G 114T 263G 315.1C	16046-16401	34-397	K
SCG	SALZ 32	16126C 16292T 16294T		16046-16401		T2c
SCG	SALZ 34	16126C 16183c 16189C 16294T 16296T		16046-16401		T2f
SCG	SALZ 35	16223T 16292T	73G 94A 119C 189G 195C 204C 207A 263G 309.1C 315.1C	16046-16401	34-397	W1c
SCG	SALZ 38	-	263G 315.1C 385G	16046-16401	34-397	H
SCG	SALZ 39	16183c 16189C 16221T 16234T 16290T 16324C 16359C		16046-16401		U8b1b
SCG	SALZ 40	16224C 16311C	73G 263G 315.1C	16046-16401	34-397	K
SCG	SALZ 41	16093C 16224C 16311C	73G 263G 309.1C 315.1C	16046-16401	34-397	K1a
SCG	SALZ 42	16069T 16126C	73G 185A 228A 263G 295T 315.1C	16046-16401	34-397	J1c
SCG	SALZ 43	16126C 16294T 16296T 16304C	73G 263G 315.1C	16046-16401	34-397	T2b
SCG	SALZ 44	16126C 16294T 16296T 16304C	73G 263G 315.1C	16046-16401	34-397	T2b
SCG	SALZ 107	16129A		16046-16401		H
SCG	SALZ 110	16069T 16126C	73G 185A 228A 263G 295T 315.1C	16046-16401	34-397	J1c
BAK	ESP 30	16519C	263G	15997-16569	1-397	H1e1a5
BAK	EUL 13	n.b.				
BAK	EUL 14	n.b.				
BAK	HQU 1	n.b.				
BAK	HQU 2	n.b.				
BAK	HQU 3	n.b.				
BAK	HQU 4	16388A 16519C	263G	15997-16569	1-397	H7d5
BAK	HQU 5	n.b.				
BAK	KAR 21	16126C 16292T 16294T 16296T		16046-16401		T2c
BAK?	KAR 22	16126C 16163G 16186T 16189C 16294T	73G 152C 195C 263G 309.1C 309.2C 315.1C	16046-16401	34-397	T1a1'3
BAK	QLB 1	16093C 16224C 16311C	73G 114T 263G 315.1C	16046-16401	34-397	K1a
BAK	QLB 2	16342C		16046-16401		U8a1a
BAK	QLB 3	n.b.				
BAK	QLB 4	-	263G 315.1C	16046-16401	34-397	H
BAK	QLB 5	16093C 16224C 16311C	73G 152C 195C 263G 315.1C	15997-16409	34-397	K1a
BAK	QLB 6	16189C 16192T 16270T 16398A		15997-16409		U5b2a2
BAK	QLB 7	16183c 16189C 16223T 16278T		16046-16401		X
BAK	QLB 8	16086C 16147a 16172C 16223T 16248T 16320T 16325C 16355T		16056-16401		N1a1a
BAK	QLB 9	16126C 16292T 16294T		16056-16401		T2c
BAK	QLB 10	n.b.				
BAK	QLB 11	16042A 16179T 16189C 16223T 16255A 16278T 16297C 16362C		15997-16409		X2c
BAK	QLB 13	16069T 16126C 16311C		16046-16401		J
BAK	QLB 14	16093C 16129A		16046-16401		H
BAK	QLB 15	16311C		16046-16401		HV
BAK	QLB 16	n.b.				
BAK	QLB 17	16126C 16192T 16294T 16304C		16046-16401		T2b
BAK	QLB 18	16126C 16153A 16294T		16046-16401		T2e
BAK	SALZ 55	16093C 16129A		15997-16409		H
SMK	ESP 24	16126C 16294T 16296T 16304C		15997-16401		T2b
SMK	SALZ 1	16304C	263G 315.1C	15997-16409	34-397	H5
SMK	SALZ 2	16298C		16056-16409		V
SMK	SALZ 3	16343G 16390A	73G 150T 263G 315.1C	15997-16409	34-397	U3a

Kultur	Kürzel	HVS-I	range	HVS-II	range	Haplogruppe
SMK	SALZ 4	16343G 16390A	15997–16409	73G 150T 263G 315.1C	34-397	U3a
SMK	SALZ 5	16304C	15997–16409	263G 315.1C	34-397	H5
SMK	SALZ 6	16304C	15997–16409	263G 315.1C	34-397	H5
SMK	SALZ 7	16304C	15997–16409	263G 315.1C	34-397	H5
SMK	SALZ 48	16311C	15997–16409			HV
SMK	SALZ 49	16093C 16224C 16311C 16319A	15997–16409	73G 185A 228A 263G 295T 315.1C	34-397	K1
SMK	SALZ 52	16069T 16126C	15997–16409			J1c
SMK	SALZ 54	16069T 16126C 16274A	15997–16409			J
SMK	SALZ 57	16519C	15997–16569	152C 263G 315.1C	1-397	H3
SMK	SALZ 60	16343G 16390A	15997–16409	73G 150T 263G 315.1C	34-397	U3a
SMK	SALZ 61	16189C 16223T 16278T	15997–16409	73G 153G 195C 225A 226C 263G 309.1C 309.2C 315.1C	34-397	X2b
SMK	SALZ 63	16126C 16294T 16296T 16304C	15997–16409	73G 263G 309.1C 315.1C	34-397	T2b
SMK	SALZ 66		15997–16409	152C 263G 315.1C	34-397	H
SMK	SALZ 67	16129A 16147a 16154C 16172C 16209C 16223T 16248T 16320T 16355T	15997–16409	73G 152C 199C 204C 263G 309.1C 315.1C	34-397	N1a1a3
SMK	SALZ 70	16093C 16224C 16311C	15997–16409	73G 114T 263G 315.1C	34-397	K1a
SMK	SALZ 74	16069T 16126C	15997–16409	73G 185A 228A 263G 295T 315.1C	34-397	J1c
SMK	SALZ 75	n.b.				
SMK	SALZ 77	(16150T) 16519C	15997–16569	263G	1-397	H3
SMK	SALZ 78	16069T 16126C 16193T 16278T	16046–16401	73G 150T 152C 263G 295T 309.1C 315.1C	34-397	J2b1a
SMK	SALZ 82	16224C 16245T 16311C	16046–16401			K1a4a1a2
SMK	SALZ 84	16069T 16126C	16046–16401	73G 185A 228A 263G 295T 315.1C	34-397	J1c
SMK	SALZ 88	16069T 16126C	16046–16401	73G 228A 235G 263G 295T 315.1C	34-397	J1c
SMK	SALZ 89	16270T 16304C	16046–16401			U5b
SMK	SALZ 90	16129A 16147a 16154C 16172C 16223T 16248T 16320T 16355T 16362C	15997–16409			N1a1a3
SMK	SALZ 116	–	16046–16401	263G 309.1C 315.1C	34-397	H
SMK	SALZ 118	16304C	16046–16401	263G 309.1C 315.1C	34-397	H5
BBK	BENZ 1	16189C 16192T 16270T 16311C 16336A	15997–16409			U5b1c1
BBK	BENZ 3	16093C 16224C 16311C 16360T	15997–16409			K1a
BBK	BENZ 6	16126C 16294T 16296T 16304C	15997–16409			T2b
BBK	BENZ 9	n.b.				
BBK	BENZ 14	16192T 16256T 16270T	15997–16409			U5a
BBK	BENZ 15	16223T 16292T	15997–16409			W
BBK	BENZ 17	16192T	15997–16409			H
BBK	BENZ 18	16126C 16294T 16296T 16304C	15997–16409			U5b2a1a
BBK	BENZ 19	16126C 16294T 16296T 16304C	15997–16409			T2b
BBK	BENZ 20	16192T 16256T 16270T	15997–16409			U5a
BBK	BENZ 21	n.b.				n. d.
BBK	BENZ 26	n.b.				n. d.
BBK	BENZ 27	16093C 16224C 16311C 16360T	15997–16409			K1a
BBK	BENZ 29	16304C	15997–16409			H5
BBK	BENZ 33	16224C 16311C 16362C	15997–16409			K1
BBK	BENZ 35	16239C 16270T	15997–16409			U5b
BBK	BENZ 36	–	15997–16409			H
BBK	BENZ 37	16189C 16223T 16278T	15997–16409			X
BBK	BENZ 39	16297C 16298C	15997–16409			V
BBK	BENZ 40	16111a	15997–16409			H1e1a3
KAK	QLB 21	16343G 16390A	16046–16401	73G 150T 263G 315.1C	34-397	U3a
KAK	QLB 22	16343G 16390A	16046–16401	73G 150T 263G 315.1C	34-397	U3a
SKK?	BZH 6	16189C 16519C	15997–16569	263G	1-397	H1ca1

SKK	ESP 5	16192T 16256T 16270T		15997–16409	U5a
SKK	ESP 8	n.b.		15997–16401	U4
SKK	ESP 11	16356C 16362C		15997–16401	K
SKK	ESP 14	16224C 16311C		15997–16569	H6a1a
SKK	ESP 15	16362C 16482G	239C 263G	1-397	W6a'b
SKK	ESP 16	16192T 16223T 16292T 16325C		15997–16401	U5a1a'g
SKK	ESP 17	16256T 16270T 16399G		16056–16401	U5a
SKK	ESP 19	16192T 16256T 16270T		15997–16401	J
SKK	ESP 20	16069T 16126C		15997–16401	X
SKK	ESP 22	16189C 16223T 16278T		15997–16401	J
SKK	ESP 25	16069T 16126C		16056–16401	T2b2b
SKK?	ESP 26	16126C 16294T 16324C		15997–16401	J
SKK	ESP 28	16069T 16126C		15997–16401	
SKK	ESP 32	n.b.			
SKK	ESP 33	n.b.			
SKK	ESP 34	n.b.			
SKK	ESP 36	n.b.			
SKK	EUL 1	16129A 16223T 16391A		15997–16409	I
SKK	EUL 2	n.b.			
SKK	EUL 3	16145A 16224C 16311C		15997–16409	K1a24a
SKK	EUL 4	n.b.			
SKK	EUL 5	n.b.			
SKK	EUL 6	16093C 16221T		15997–16409	H10e
SKK	EUL 7	16189C 16223T 16278T	73G 153G 195C 225A 226C 263G 309.1C 315.1C	15997–16409	X2b	34-397
SKK	EUL 8	16189C 16223T 16278T	73G 153G 195C 225A 226C 263G 309.1C 315.1C	15997–16409	X2b	34-397
SKK	EUL 9	16189C 16192T 16270T		15997–16409	U5b1a'b
SKK	EUL 10	16093C 16224C 16311C 16319A		15997–16409	K1
SKK	EUL 11	16093C 16224C 16311C 16319A		15997–16409	K1
SKK	EUL 12	16093C 16224C 16311C 16319A		15997–16409	K1
SKK	EUL 24	n.b.			
SKK?	EUL 25	16126C 16163G 16186T 16189C 16294T		16056–16409	T1a
SKK	EUL 26	16304C		15997–16409	H5
SKK	EUL 27	16354T		15997–16409	H2a1
SKK?	EUL 29	n.b.			
SKK	EUL 30	n.b.			
SKK	KAR 2	16356C 16362C		16046–16401	U4
SKK?	KAR 24	16069T 16126C	73G 185A 228A 263G 295T 315.1C	16046–16401	J1c	34-397
SKK	KAR 25	n.b.			
SKK?	KAR 26	16126C 16294T 16304C		16046–16401	T2b4f
SKK?	KAR 27	16134T 16356C		16046–16401	U4a1
SKK?	KAR 28	16051G 16092C 16129c 16183c 16189C 16362C	73G 152C 263G 309.1C 315.1C	16046–16401	U2e2	34-397
SKK?	KAR 30	16126C 16294T 16296T		16046–16401	T2
SKK?	KAR 31	16126C 16163G 16186T 16189C 16294T	73G 146C 152C 263G 279C 309.1C 315.1C	16046–16401	T1a1'3	34-397
SKK?	KAR 38	16192T 16256T 16270T 16291T 16399G	73G 152C 195C 263G 309.1C 315.1C	16046–16401	U5a1b1	34-397
SKK	KAR 41	16126C 16163G 16186T 16189C 16294T	73G 152C 195C 263G 309.1C 309.2C 315.1C	16046–16401	T1a1'3	34-397
SKK	KAR 46	16126C 16294T 16304C	73G 152C 263G 309.1C 315.1C	16046–16401	T2b4f	34-397
SKK	KAR 53	16224C 16311C	73G 146C 152C 263G 309.1C 315.1C 324T	16046–16401	K2a5	34-397
SKK	KAR 56	16192T 16270T	73G 150T 263G 315.1C	16046–16401	U5b	34-397
SKK	KAR 58	-	263G 315.1C	16046–16401	H
SKK	OBW 1	16298C 16311C		16046–16401	HV0e
SKK	OBW 2	-		16046–16401	H
SKK	OBW 3	16093C 16192T		16046–16401	H
SKK	OBW 4	16126C 16292T 16294T		16046–16401	T2c

Kultur	Kürzel	HVS-I	range	HVS-II	range	Haplogruppe
SKK	QLB 23	16114a	16046-16401			H
SKK	QUEXII 1	-	15997-16569	263G	1-397	H4a1
SKK	QUEXII 8	n.b.				
GBK	ALB 1	16519C	15997-16569	263G	1-397	H3b
GBK	ALB 2		15997-16409			H
GBK?	BZH 2	16192T 16256T 16270T 16291T 16399G	16056-16409			U5a1b1
GBK?	BZH 4	16293G 16519C	15997-16569	263G	1-397	H1e8
GBK	BZH 5	16126C 16294T 16324C	16056-16409			T2a1b
GBK	BZH 7	16256T 16270T 16399G	16056-16409			U5a1a'g
GBK?	BZH 12	16256T 16270T 16399G	16056-16409			U5a1a'g
GBK	BZH 15	16223T 16292T	16056-16409			W
GBK	EUL 22	16223T 16292T	15997-16409			W
GBK	EUL 23	-	15997-16409	315.1C	34-397	H
GBK	EUL 31	16126C 16140C 16163G 16186T 16189C 16294T	16046-16401			T1a
GBK	KAR 5	16192T 16270T	15997-16409			U5b
GBK	KAR 51	16179T 16356C	16046-16401	73G 195C 263G 315.1C	34-397	U4c1
GBK	KAR 52	16179T 16356C	16046-16401	73G 195C 263G 315.1C	34-397	U4c1
GBK	QLB 44	n.b.				
GBK?	QLB 19	16256T 16270T 16399G	16046-16401	73G 263G 309.1C 315.1C	34-397	U5a1a'g
GBK	QLB 24	16304C	15997-16409	263G 315.1C	37-397	H5
GBK	QLB 25	16126C 16153A 16294T 16296T	15997-16409			T2e
GBK	QLB 26	16519C	15997-16569	263G 309.1C 309.2C 315.1C	1-397	H1
GBK	QLB 27	16189C 16213A 16270T	15997-16409			U5b
GBK	QLB 28	16519C	15997-16569	263G 309.1C 309.2C 315.1C	1-397	H1
GBK	QLB 38	16189C	16046-16401			H
GBK?	QUEXII 2	-	15997-16569	263G	1-397	H4a1
GBK?	QUEXII 3	-	15997-16569	263G	1-397	H13a1a2c
GBK?	QUEXII 4	16069T 16126C	15997-16409			J
GBK?	QUEXII 5	n.b.				
GBK	ROT 1	16256T 16519C	15997-16569	263G	1-397	H3ao2
GBK	ROT 2	16304C	15997-16569	263G	1-397	H5a3
GBK	ROT 3	16086C 16224C 16311C	15997-16409			K
GBK	ROT 4	16256T	15997-16409			H
GBK	ROT 5	n.b.				
GBK	ROT 6	16304C	15997-16569	263G	1-397	H5a3
AK	ALB 3	16311C	15997-16409			HV
AK?	BZH 1	16293G 16311C	15997-16569	195C 263G	1-397	H11a
AK	BZH 3	16189C 16223T 16278T	16059-16409			X
AK	BZH 8	16240t 16354T	15997-16569	263G	1-397	H2a1a3
AK	BZH 9	16224C 16311C	16056-16409			K
AK	BZH 10	16189C 16223T 16278T	16059-16409			X
AK	BZH 11	n.b.				n. d.
AK	BZH 13	16126C 16294T 16296T 16304C	15997-16409			T2b
AK	BZH 14	16220G 16519C	15997-16569	195C 263G	1-397	H82a
AK?	BZH 16	n.b.				n. d.
AK?	BZH 17	16189C 16256T 16270T 16399G	16056-16409			U5a1a'g
AK	BZH 18	16086C 16129A 16223T 16391A	16056-16409			I3a
AK	ESP 2	16086C 16129A 16223T 16391A	15997-16409			I3a
AK?	ESP 3	16192T 16256T 16270T 16399G	16056-16409			U5a1
AK?	ESP 4	16147g 16223T 16292T	15997-16409			W3a1

AK	ESP 9	16189C 16192T 16270T		15997-16409		U5b1a'b
AK	ESP 12	16189C 16223T 16278T		15997-16401		X
AK	ESP 18	16126C 16294T 16296T 16304C		15997-16401		T2b
AK	ESP 23	16114a 16192T 16256T 16270T 16294T		16056-16401		U5a2a
AK?	ESP 27	16126C 16292T 16294T		15997-16401		T2c
AK	ESP 29	16086C 16129A 16223T 16391A		15997-16401		I3a
AK	ESP 31	16189C 16223T 16278T		15997-16401		X
AK	ESP 35	n.b.				
BZ	ESP 6	16129A 16223T 16278T 16311C 16391A		15997-16409		I1
AK?	EUL 28	16069T 16126C 16145A 16172C 16222T 16261T		15997-16409		J1b1a1
AK	EUL 32	n.b.				
AK	EUL 34	n.b.				
AK	EUL 35	16189C 16304C		15997-16409		H
AK	EUL 36	-	263G 315.1C	15997-16409	34-397	H
AK	EUL 37	-	263G 315.1C	16056-16409	34-397	H
AK	EUL 38	n.b.				
AK	EUL 40	16298C		15997-16409		V
AK	EUL 41	-	73G 263G 309.1C 315.1C	15997-16569	1-397	H4a1a1a2
AK	EUL 42	16224C 16311C	73G 146C 152C 263G 309.1C 315.1C	16056-16409	34-397	K
AK	EUL 43	n.b.				
AK	EUL 44	n.b.				
AK	EUL 45	n.b.				
AK	EUL 46	n.b.				
AK	EUL 47	16224C 16311C	73G 146C 263G 309.1C 315.1C	16056-16409	34-397	K2
AK?	EUL 48	16093C 16183c 16189C 16224C 16311C		16056-16409		K1a
AK	EUL 49	16126C 16294T 16304C		16056-16409		T2b
AK?	EUL 50	16093C 16223T 16292T		16056-16409		W
AK	EUL 51	16051G 16129c 16182c 16183c 16189C 16311C 16362C		15997-16409		U2e1f
AK?	EUL 53	16129A 16172C 16223T 16311C 16391A	73G 199C 203A 204C 250C 263G 315.1C	16056-16409	34-397	I1a1
AK?	EUL 54	n.b.				
AK?	EUL 55	n.b.				
AK?	EUL 56	n.b.				
AK	EUL 57A	16192T 16201T 16256T		16056-16409		U5
AK	EUL 57B	16519C	152C 263G 315.1C	15997-16569	1-397	H3
AK?	EUL 58	n.b.				
AK	EUL 59	16172C 16311C		16046-16409		HV6
AK	EUL 60	16129A 16172C 16223T 16311C 16391A	73G 199C 203A 204C 250C 263G 315.1C	16046-16409	34-397	I1a1
AK	EUL 61	16129A 16172C 16223T 16311C 16391A	73G 199C 203A 204C 250C 263G 315.1C	16046-16409	34-397	I1a1
AK	EUL 62	16129A 16172C 16223T 16311C 16391A	73G 199C 203A 204C 250C 263G 315.1C	16046-16409	34-397	I1a1
AK	EUL 63	n.b.				
AK	EUL 64	16291T		16046-16401		H
AK?	KAR 23	16192T 16201T 16256T 16270T		16046-16401		U5a
AK?	KAR 33	n.b.				
AK?	KAR 34	n.b.				
AK?	KAR 35	16126C 16294T 16296T	73G 263G 315.1C	16046-16401	34-397	T2
AK?	KAR 36	16114T 16224C 16270T		16046-16401		U5b2b3a1a
AK?	KAR 37	16145A 16224C 16311C		16046-16401		K1a24a
AK	KAR 39	-	263G 309.1C 315.1C	16046-16401	34-397	H
AK	KAR 42	16129A 16223T 16391A	73G 199C 204C 250C 263G 309.1C 315.1C	16046-16401	34-397	I
AK	KAR 44	-	252C 263G 315.1C	16046-16401	34-397	H
AK?	KAR 48	16192T 16256T 16270T 16399G	73G 263G 315.1C	16046-16401	34-397	U5a1
AK	KAR 49	16304C		16046-16401		H5
AK/EZ	KAR 12	-	263G 309.1C 315.1C	16046-16401	34-397	H

Kultur	Kürzel	HVS-I	range	HVS-II	range	Haplogruppe
AK/EZ	KAR 50	16192T 16256T 16270T 16399G	16046–16401	73G 263G 315.1C	34-397	U5a1
AK	LEA 1	n.b.				
AK	LEA 2	16298C	16046–16401	73C 263G 309.1C 309.2C 315.1C	34-397	V
AK	LEA 3	16298C	16046–16401	73C 263G 309.1C 309.2C 315.1C	34-397	V
AK	LEA 4	16193T 16219G 16362C	16052–16401	204C 239C 263G 309.1C 315.1C	34-397	H6a1b3
AK?	OST 6	n.b.				
AK	PLÖTZ 1	16069T 16126C 16193T 16278T	16046–16401	16069T 150T 152C 263G 295T 315.1C	34-397	J2b1a
AK	PLÖTZ 2	16311C	16057–16401	263G 315.1C	34-397	H
AK	PLÖTZ 3	16311C	16057–16401	263G 315.1C	34-397	H
AK	PLÖTZ 4	16192T 16256T 16270T	16057–16401	73G 263G 315.1C	34-397	U5a
AK	PLÖTZ 5	16192T 16256T 16270T	16046–16401	73G 263G 315.1C	34-397	U5a
AK	PLÖTZ 6	16129A 16172C 16223T 16311C 16391A	16046–16401	73G 199C 203A 204C 250C 263G 315.1C	34-392	I1a1
AK	PLÖTZ 7	16129A 16172C 16223T 16311C 16391A	16046–16401	73G 199C 203A 204C 250C 263G 315.1C	51-397	I1a1
AK	PLÖTZ 8	16192T 16256T 16270T	16058–16401	73G 263G 315.1C	34-397	U5a
AK?	QLB 29	16146G 16342C	16046–16401			U8a1a
AK	QLB 30	16224C 16311C	16046–16401			K
AK	QLB 31	16126C 16163G 16186T 16189C 16294T	16046–16401			T1a
AK	QLB 32	16311C 16362C	16046–16401			R
AK	QLB 33	16183c 16189C 16223T 16278T	16046–16401			X
AK	QLB 34	16051G 16086C 16129c 16189C 16311C 16362C	16046–16401			U2e1f
AK?	QLB 35	16304C	16046–16401	263G 309.1C 315.1C	34-397	H5
AK	QLB 36	16063C 16069T 16126C	16046–16401			J1c3f
AK	QLB 37	16051G 16092C 16129c 16183c 16189C 16362C	16046–16401			U2e2
AK	QLB 39	16223T 16292T	16046–16401	73G 189G 194T 195C 204C 207A 263G 309.1C 315.1C	34-397	W3a1
AK	QLB 40	16069T 16126C	16046–16401			J
AK	QLB 41	16223T 16292T	16046–16401	73G 189G 194T 195C 204C 207A 263G 309.1C 315.1C	34-397	W3a1
AK	QLB 42	16069T 16126C 16189C	16046–16401			J
AK	QLB 43	16304C	16055–16409	263G 309.1C 315.1C	34-397	H5
AK	QUEVIII 1	16189C 16256T 16270T 16311C	15997–16402			U5a
AK	QUEVIII 2	16051G 16092c 16129c 16183c 16189C 16362C	15997–16402			U2e2
AK	QUEVIII 3	16126C 16163G 16186T 16189C 16294T	16047–16401			T1a
AK	QUEVIII 4	16213A 16519C	15997–16569	263G	1-397	H7h
AK	QUEVIII 5	16256T 16270T 16399G	15997–16409			U5a1a'g
AK	QUEVIII 6	16189C	16012–16405			U
AK	QUEXII 7	16192T 16222T 16256T 16270T 16399G	15997–16409			U5a1
AK	QUEXIV 1	16126C 16294T 16296T	15997–16409			T2
AK	RÖC 1	n.b.				
AK	RÖC 2	16066G 16129A 16182c 16183c 16189C 16234T	16046–16401	73G 146C 195C 263G 309.1C 309.2C 315.1C	46-383	U8b1a1
AK	RÖC 3	16066G 16129A 16182c 16183c 16189C 16234T	16046–16401	73G 146C 195C 263G 309.1C 309.2C 315.1C	34-397	U8b1a1
AK	RÖC 4	16051G 16129c 16183c 16189C 16362C	16047–16401	73G 152C 217C 263G 309.1C 309.2C 315.1C 340T	34-397	U2e1
AK	RÖC 5	16356C	16025–16409			U4
AK	RÖC 7	16261T 16293T	16056–16401			H
AK?	RÖC 8	16069T 16126C 16366T	16012–16405			J1c2e
AK?	RÖC 9	16129A 16223T 16391A	16046–16401			I
AK	RÖC 10	16051G 16092C 16129c 16183c 16189C 16335G 16362C	16046–16401			U2e2
AK	RÖC 11	16093C 16224C 16311C	16057–16401			K1a

Proben mit unsicherer Datierung

Kultur	Kürzel	HVS-I	range	HVS-II	range	Haplogruppe
SKK/GBK	KAR 47	16093C 16189C 16224C 16311C	16046–16401			K1a
Neo	OST 5	n.b.				
SKK?	PRO 12	n.b.				
GBK	PRO 1	16192T 16256T 16270T 16291T 16399G	16046–16401			U5a1b1
GBK?	PRO 2	n.b.				
GBK?	PRO 3	n.b.				
GBK	PRO 4	16224C 16311C 16362C	16046–16401	73G 152C 263G	34-397	K1
GBK?	PRO 5	16069T 16126C	16046–16401	73G 228A 263G 295T	34-397	J
GBK	PRO 6	n.b.				
GBK	PRO 7	-	16046–16401			H
GBK	PRO 8	16298C 16311C	16046–16401			HV
GBK	PRO 9	16134T 16356C	16046–16401			U4a1
GBK?	PRO 10	16093C 16192T 16256T 16270T 16311C 16399G	15997–16409			U5a1
GBK	PRO 11	16069T 16126C	15997–16409	73G 228A 263G 295T	34-397	J
GBK	PRO 13	16129A	15997–16409			H
GBK?	PRO 14	16129A 16223T 16391A	15997–16409	73G 199C 204C 250C 263G	34-397	I
GBK?	PRO 17					
GBK?	PRO 18	16051G 16092C 16129c 16183c 16189C 16362C	15997–16409			U2e2
GBK	PRO 19	16093C 16224C 16311C 16319A	15997–16409			K1
GBK	PRO 20	n.b.				
GBK	PRO 21	16093C 16224C 16311C	15997–16409	73G 263G	34-397	K1a
GBK	PRO 22	n.b.				
GBK	PRO 23	16224C 16311C 16362C	15997–16409	73G 152C 263G (B)	34-397	K1
GBK	PRO 24	16093C 16224C 16311C	15997–16409	73G 195C 263G	34-397	K1a
GBK?	PRO 25	16129A 16223T 16391A	15997–16409	73G 199C 204C 250C 263G	34-397	I
AK	PRO 15	16247G 16304C	15997–16409			H5

Tab. 11.3 SNP-Profile der untersuchten Individuen

Die aufgeführten SNP-Daten repräsentieren Konsensus-Profile in *forward*-Orientierung (*L-strand*). Generell wurden die *coding region*-Polymorphismen durch mindestens eine Amplifikation aus zwei Extrakten repliziert. Nicht reproduzierte SNP-Profile, die nur auf einer Amplifikation beruhen sind kursiv dargestellt. Individuen mit unzureichender DNA-Erhaltung oder uneindeutiger Sequenzinformation sind mit n. b. (nicht bestimmbar), nicht bearbeitete Individuen mit n. a. (nicht analysiert) gekennzeichnet.

Kultur	Kürzel	R9_13928	L34_3594	K_10550	A_4248	U_11467	W_8994	C_13263	T_13368	R0_11719	V_4580	B_8280	X_6371	N1_10238	I_10034	H_7028	D_5178	HV_14766	R_12705	N_10873	J_12612	L2'6_2758	M_10400	U_12308	Haplogruppe
LBK	DEB 1	g	-	a	t	a	g	a	g	a	g	a	c	c	t	t	c	t	t	t	a	g	c		N1
LBK	DEB 2	g	-	g	t	g	g	a	g	a	g	a	c	t	t	t	c	t	c/t	t	g	g	c	K
LBK	DEB 3																								n. a.
LBK	DEB 4																								n. a.
LBK	DEB 5																								n. a.
LBK	DEB 6	g	-	a	t	a	g	a	g	g	g	-	c	t	t	c	c	-	c	t	a	g	c	H
LBK	DEB 8																								n. b.
LBK	DEB 9	g	-	a	t	a	g	a	g	g	g	a	c	t	t	c	c	c	c	t	a	g	c	H
LBK	DEB 10	g	-	g	t	g	g	a	g	a	g	a	c	t	t	t	c	t	c	t	a	g	c	K
LBK	DEB 11	g	-	a	t	a	g	a	a	a	g	a	c	t	t	t	c	-	c	t	a	g	c	T
LBK	DEB 12I	g	-	a	t	a	g	a	g	g	a	a	c	t	t	t	c	c	c	t	a	g	c	V
LBK	DEB 13																								n. b.
LBK	DEB 14II																								n. b.
LBK	DEB 15	g	-	a	t	a	g	a	a	a	g	a	c	t	t	t	c	t	c	t	a	g	c	T
LBK	DEB 20	g	-	a	t	a	g	a	g	g	g	a	c	t	t	t	c	c	c	t	a	g	c	HV
LBK	DEB 21	g	-	a	t	a	g	a	g	g	g	a	c	t	t	t	c	c	c	t	a	g	c	H
LBK	DEB 22	g	-	a	t	a	g	a	g	a	g	a	c	c	t	t	c	t	t	t	a	g	c	N1
LBK	DEB 23	g	-	a	t	a	a	a	g	a	g	a	c	t	t	t	c	t	t	t	a	g	c	W
LBK	DEB 25																								n. b.
LBK	DEB 26	g	-	a	t	a	g	a	g	a	g	a	c	t	t	t	c	t	c	t	g	g	c	J
LBK	DEB 29II																								n. b.
LBK	DEB 30	g	-	a	t	a	g	a	g	a	g	a	c	t	t	t	c	t	c	t	a	g	c	J
LBK	DEB 32	g	-	a	t	a	g	-	a	a	g	-	c	t	t	t	c	-	c	t	a	g	c	T
LBK	DEB 33	g	-	a	t	a	g	a	a	a	g	a	c	t	t	t	c	t	c	t	a	g	c	T
LBK	DEB 34II	g	-	a	t	a	a	a	g	a	g	a	c	t	t	t	c	t	t	t	a	g	c	W
LBK	DEB 35I																								n. b.
LBK	DEB 35II	g	-	a	t	a	g	a	a	a	g	a	c	t	t	t	c	t	c	t	a	g	c	T
LBK	DEB 36	g	-	a	t	g	g	a	g	a	g	a	c	t	t	t	c	t	c	t	a	g	c	U
LBK	DEB 37I	g	-	a	t	a	g	a	g	a	g	a	c	t	t	t	c	t	c	t	g	g	c	J
LBK	DEB 38	g	-	g	t	g	g	a	g	a	g	a	c	t	t	t	c	t	c	t	a	g	c	K
LBK	DEB 39	g	-	a	t	a	g	a	a	a	g	a	c	t	t	t	c	t	c	t	a	g	c	T
LBK	HAL 1	-	c	a	-	a	g/a	a	g	g	-	a	c	t	-	t	c	c	c	-	a	-	c	HV/V
LBK	HAL 2																								n. a.
LBK	HAL 3	-	c	a	t	a	g	a	a	a	g	a	c	t	-	t	c	t	c	t	a	g	c	T
LBK	HAL 4	g	c	a	t	a	g	a	g	a	g	a	c	c	-	t	c	t	t	t	a	g	c	N1
LBK	HAL 5	g	c	a	t	a	a	a	a	a	g	a	c	t	-	t	c	t	c	t	a	-	c	T
LBK	HAL 7	-	c	a	t	-	g	a	a	a	g	a	c	c	-	t	c	t	-	-	a	-	c	N1
LBK	HAL 9	-	c	g	t	g	g	a	g	a	g	a	c	t	-	t	c	t	c	t	a	-	c	K
LBK	HAL 11	-	c	a	t	a	g	a	g	g	g	a	c	t	-	c	c	c	c	t	a	g	c	H
LBK	HAL 12	-	c	g	t	g	g	a	g	a	g	a	c	t	-	t	c	t	c	t	a	-	c	K
LBK	HAL 14	g	c	a	t	a	g	a	a	a	g	a	c	t	t	t	c	t	c	t	a	g	c	*T*
LBK	HAL 15	-	c	a	t	-	g	a	g	a	g	a	c	c	-	t	c	t	t	t	a	-	c	N1
LBK	HAL 16	g	c	a	t	a	g	a	g	a	g	a	c	t	t	t	c	t	c	t	a	g	c	*R*
LBK?	HAL 17	g	c	a	t	a	g	a	g	g	-	a	c	t	t	t	c	c	c	t	a	g	c	HV/V
LBK	HAL 18	g	c	g	t	g	g	a	g	a	g	a	c	t	t	t	c	t	c	t	a	g	c	K
LBK	HAL 19	g	c	g	t	g	g	a	g	a	g	a	c	t	t	t	c	t	c	t	a	g	c	K
LBK	HAL 20	g	c	g	t	g	g	a	g	a	g	a	c	t	t	t	c	t	c	t	a	g	c	K
LBK	HAL 21	g	c	a	t	a	g	a	a	a	g	a	c	t	t	t	c	t	c	t	a	g	c	T
LBK	HAL 22	g	c	a	t	a	g	a	a	a	g	a	c	t	t	t	c	t	c	t	a	g	c	T
LBK	HAL 24	g	c	a	t	a	g	a	g	a	g	a	c	c	t	t	c	t	c	t	a	g	c	N
LBK	HAL 25	g	c	g	t	g	g	a	g	a	-	a	c	t	t	t	c	t	c	t	a	g	c	K
LBK	HAL 27	g	c	a	t	a	g	-	g	a	-	-	c	c	t	t	c	-	-	t	a	-	-	N1
LBK	HAL 30	g	c	a	t	a	g	a	a	a	-	a	c	t	t	t	c	t	c	t	a	g	c	T
LBK	HAL 31	g	c	g	t	g	g	a	g	a	g	a	c	t	t	t	c	t	c	t	a	g	c	K
LBK	HAL 32	g	c	a	t	a	g	a	g	g	-	a	c	t	t	c	c	c	c	t	a	g	c	H
LBK	HAL 34	g	c	a	t	-	g	-	g	a	-	-	c	t	t	t	c	-	t	t	a	g	c	N1
LBK	HAL 35	g	c	a	t	a	g	a	a	a	g	a	c	t	t	t	c	t	c	t	g	g	c	J
LBK	HAL 36	g	c	a	t	a	g	a	g	g	g	a	c	-	t	c	c	c	c	t	a	g	c	H
LBK	HAL 37	g	c	a	t	a	a	-	g	a	-	-	c	t	t	t	c	-	-	t	a	g	-	W
LBK	HAL 38	g	c	a	t	a	g	a	g	g	-	-	c	t	t	t	c	-	c	t	a	g	c	R0/HV/V
LBK	HAL 39	g	c	a	t	a	g	a	g	g	g	a	c	t	t	c	c	c	c	t	a	g	c	H
LBK	HAL 40	g	c	a	t	a	g	a	a	a	g	a	c	t	t	t	c	t	c	t	a	g	c	*T*
LBK?	KAR 1	g	c	a	t	a	g	a	a	a	g	a	c	t	t	t	c	t	c	t	g	g	c	J
LBK	KAR 3	g	c	a	t	a	-	a	g	a	-	-	c	t	t	t	c	-	c	t	g	g	c	J
LBK	KAR 4	g	c	a	t	g	g	a	g	a	g	a	c	t	t	t	c	t	c	t	a	g	c	U
LBK?	KAR 6	g	c	a	t	a	g	a	g	g	g	a	c	t	t	c	c	c	c	t	a	g	c	H

Kultur	Kürzel	R9_13928	L3'4_3594	K_10550	A_4248	U_11467	W_8994	C_13263	T_13368	R0_11719	V_4580	B_8280	X_6371	N1_10238	I_10034	H_7028	D_5178	HV_14766	R_12705	N_10873	J_12612	L2'6_2758	M_10400	U_12308	Haplogruppe
LBK?	KAR 7	g	c	g	t	g	-	a	g	a	g	a	c	t	t	t	c	t	c	t	a	g	c		K
LBK?	KAR 8	g	c	g	t	g	g	a	g	a	g	a	c	t	t	t	c	t	c	-	a	g	c		K
LBK	KAR 9	g	c	a	t	a	g	a	a	a	g	a	c	t	t	t	c	t	c	t	a	g	c		T
LBK?	KAR 10	g	c	g	t	g	-	a	g	a	g	a	c	t	t	t	c	t	c	t	a	g	c		K
LBK?	KAR 11	g	c	a	t	a	g	a	g	g	g	a	c	t	t	t	c	c	c	c	a	g	c		H
LBK?	KAR 13	g	c	a	t	a	g	a	a	a	g	a	c	t	t	t	c	t	c	t	a	g	c		T
LBK	KAR 14	g	c	a	t	a	g	a	g	a	g	a	c	t	t	t	c	t	c	t	g	g	c		J
LBK	KAR 15	g	c	a	t	a	g	a	a	a	g	a	c	t	t	t	c	t	c	t	a	g	c		T
LBK	KAR 16	g	c	a	t	a	g	a	g	g	g	a	c	t	t	t	c	c	c	c	a	g	c		H
LBK?	KAR 17	g	c	a	t	a	g	a	g	g	g	a	c	t	t	t	c	c	c	c	a	g	c		HV
LBK	KAR 18	g	c	a	t	a	-	a	g	g	g	a	c	t	t	t	c	c	c	c	a	g	c		H
LBK?	KAR 19	g	c	a	t	g	g	a	g	a	g	a	c	t	t	t	c	t	c	t	a	g	c		U
LBK?	KAR 20	g	c	a	t	a	g	a	g	g	g	a	c	t	t	t	c	c	c	c	a	g	c		H
LBK	KAR 29	g	-	a	t	a	g	a	g	g	g	a	c	t	t	t	c	c	c	c	a	g	c		H
LBK?	KAR 40	g	-	a	t	a	g	a	g	a	g	a	c	c	t	t	c	t	t	t	a	g	c		N1
LBK?	KAR 54	g	-	g	t	g	g	a	g	a	-	a	c	-	-	t	c	t	c	t	a	g	c		K
LBK?	KAR 55	g	-	g	-	g	g	a	g	a	-	a	c	-	-	t	c	-	c	t	a	g	-		K
LBK?	KAR 57	g	-	a	-	a	g	a	g	a	-	a	c	-	t	-	c	t	-	-	c	t	g		J
LBK	KAR 59	g	-	a	t	a	g	a	g	-	-	a	c	-	t	c	-	-	c	t	a	-	-		H
LBK	NAU 1	g	-	a	t	a	g	a	a	a	g	a	c	t	t	t	c	t	c	t	a	g	c		T
LBK	NAU 2	g	-	a	t	a	g	a	g	a	g	a	c	t	t	t	c	t	c	t	g	g	c		J
LBK	NAU 3	g	-	g	t	g	g	a	g	a	g	a	c	t	t	t	c	t	c	t	a	g	c		K
LBK	NAU 4	g	-	a	t	a	g	a	g	g	g	a	c	t	t	t	c	c	-	c	t	a	g	c		H
LBK	NAU 5	g	-	a	t	a	g	a	a	a	g	a	c	t	t	t	c	-	-	t	a	g	c		T
LBK	UWS 1																								n. a.
LBK	UWS 2																								n. a.
LBK	UWS 3	g	c	g	-	g	-	a	g	-	g	a	c	t	-	t	c	t	c	t	-	g	c		K
LBK	UWS 4	g	c	a	t	a	g	a	g	a	g	a	c	t	t	t	c	t	c	t	g	g	c		J
LBK	UWS 5.2	g	c	a	t	a	g	a	g	a	g	a	c	c	t	t	c	t	t	t	a	g	c		N1
LBK	UWS 6	g	c	a	t	a	g	-	g	a	g	a	c	c	-	t	c	-	-	-	a	g	-		N1
LBK	UWS 7	-	c	a	t	a	g	a	a	a	g	a	c	t	t	t	c	t	c	t	a	g	c		T
LBK	UWS 8b	g	c	a	t	a	g	a	g	a	g	a	c	t	t	t	c	t	c	t	g	g	c		J
LBK	UWS 10																								n. a.
LBK	UWS 11	g	c	a	t	a	g	a	a	a	g	a	c	t	t	t	c	t	c	t	a	g	c		T
RSK	ESP 13	g	-	a	t	a	g	a	a	a	g	a	c	t	t	t	c	t	c	t	a	g	c		T
RSK	HAL 13	-	c	a	t	-	g	a	g	g	a	a	c	t	-	t	c	c	c	t	a	-	c		V
RSK	OSH 1	g	c	a	t	a	g	a	g	g	g	a	c	t	t	t	c	c	c	c	a	g	c		H
RSK	OSH 2	g	c	a	t	a	g	a	g	g	g	a	c	t	t	t	c	c	c	c	a	g	c		H
RSK	OSH 3	g	c	a	t	a	g	a	g	g	g	a	c	c/t	t	c	c	c	c	a	g	c		H
RSK	OSH 5	g	c	a	t	a	g	a	g	a	g	a	c	t	t	t	c	t	-	t	a	g	c		N
RSK	OSH 6	g	c	g	t	g	g	a	g	a	-	a	c	t	t	t	c	t	c	t	a	g	c		K
RSK	OSH 7	g	c	a	t	a	g	a	g	g	g	a	c	t	t	c	c	c	c	c	a	g	c		H
RSK	OSH 8	g	c	a	t	a	g	a	a	a	g	a	c	t	t	t	c	t	c	t	a	g	c		T
RSK	OSH 9																								n. b.
RSK	OSH 10	g	c	a	t	a	g	a	g	g	g	a	c	t	t	t	c	c	c	t	a	g	c		HV
RSK	OAO 1	g	c	a	t	a	g	a	g	g	-	a	c	c	t	c	-	-	t	a	g	c		N1
RSK	OAO 2	g	c	g	t	g	-	a	g	a	-	a	c	t	t	t	c	-	c	t	a	g	-		K
RSK	OST 1																								n. b.
RSK	OST 2	g	-	a	t	a	g	a	g	a	g	a	c	t	-	t	c	t	c	t	g	g	c		J
RSK	OST 3																								n. b.
RSK	OST 4																								n. b.
RSK	OST 7	g	-	a	t	g	g	a	g	a	g	a	c	t	t	t	c	t	c	t	a	g	c		U
RSK	OST 8	g	-	a	t	a	g	-	g	a	-	a	c	c	t	t	-	t	t	t	a	g	c		N1
RSK	OST 9	g	-	g	t	g	g	a	g	a	g	a	c	t	t	t	c	t	c	t	a	g	c		K
RSK	OST 10																								n. b.
GLK	EUL 15	g	-	g	t	g	g	a	g	a	g	a	c	t	t	t	c	t	c	t	a	g	c		K
GLK	EUL 16	g	-	a	t	a	g	a	g	a	g	a	c	t	t	t	c	t	c	t	g	g	c		J
GLK	EUL 17	g	-	g	t	g	g	a	a	a	g	a	c	t	t	t	c	t	c	t	a	g	c		T
GLK	EUL 18	g	-	g	t	g	g	a	g	a	g	a	c	t	t	t	c	t	c	t	a	g	c		K
GLK	EUL 19	g	c	a	t	g	g	a	g	a	g	a	c	t	t	t	c	t	c	t	a	g	c		U
GLK?	EUL 20	g	-	a	t	g	g	a	g	a	g	a	c	-	t	t	-	-	c	t	a	-	c		U
GLK?	EUL 21																								n. b.
GLK	OAW 1	g	c	a	t	a	g	a	g	g	g	a	c	t	t	t	c	c	c	t	a	g	c		HV
GLK	OAW 2																								n. b.
SCG	SALZ 8	g	c	g	t	g	g	a	g	a	g	a	c	-	t	t	c	t	c	t	a	g	c		K
SCG	SALZ 9	g	c	g	t	g	g	a	g	a	g	a	c	-	t	t	c	t	c	t	a	g	c		K
SCG	SALZ 10	g	-	a	t	a	g	a	g	a	g	a	c	t	t	t	c	t	c	t	g	g	c		J
SCG	SALZ 11	g	-	a	t	a	g	a	g	a	g	a	c	t	t	t	c	t	c	t	g	g	c		J
SCG	SALZ 12	g	-	a	t	a	g	a	g	a	g	a	c	t	t	t	c	t	c	t	g	g	c		J

Kultur	Kürzel	R9_13928	L3'4_3594	K_10550	A_4248	U_11467	W_8994	C_13263	T_13368	R0_11719	V_4580	B_8280	X_6371	N1_10238	I_10034	H_7028	D_5178	HV_14766	R_12705	N_10873	J_12612	L2'6_2758	M_10400	U_12308	Haplogruppe
SCG	SALZ 13	g	-	g	t	g	g	a	g	a	g	a	c	t	t	t	c	t	c	t	a	g	c		K
SCG	SALZ 14	g	-	g	t	g	g	a	g	a	g	a	c	t	t	t	c	t	c	t	a	g	c		K
SCG	SALZ 15	g	c	g	t	g	g	a	g	a	g	a	c	t	t	t	c	t	c	t	a	g	c		K
SCG	SALZ 18	g	-	a	t	a	g	a	g	g	g	a	c	t	t	t	c	c	c	c	t	a	g	c		H
SCG	SALZ 19	g	-	a	t	a	a	a	g	a	g	a	c	t	t	t	c	t	t	t	a	g	c		W
SCG	SALZ 20	g	c	a	t	a	a	a	g	a	g	a	c	t	t	t	c	t	t	t	a	g	c		W
SCG	SALZ 21	g	-	a	t	a	g	a	g	g	g	a	c	t	t	t	c	c	c	c	t	a	g	c		H
SCG	SALZ 22	g	-	g	t	g	g	a	g	a	g	a	c	t	t	t	c	t	c	t	a	g	c		K
SCG	SALZ 24	g	-	a	t	a	g	a	g	g	g	a	c	t	t	t	c	c	c	c	t	a	g	c		HV
SCG	SALZ 25	g	c	a	t	a	g	a	g	a	g	a	c	c	t	t	c	t	t	t	a	g	c		N1
SCG	SALZ 26	g	c	a	t	a	g	a	g	a	g	a	t	t	t	t	c	t	t	t	a	g	c		X
SCG	SALZ 27	g	-	a	t	g	g	a	g	a	g	a	c	t	t	t	c	t	c	t	a	g	c		U
SCG	SALZ 28	g	c	a	t	a	g	a	g	g	g	a	c	t	t	t	c	c	c	c	t	a	g	c		H
SCG	SALZ 29	g	-	a	t	g	g	a	g	a	g	a	c	t	t	t	c	t	c	t	a	g	c		U
SCG	SALZ 30	g	-	g	t	g	g	a	g	a	g	a	c	t	t	t	c	t	c	t	a	g	c		K
SCG	SALZ 31	g	-	g	t	g	g	a	g	a	g	a	c	t	t	t	c	t	c	t	a	g	c		K
SCG	SALZ 32	g	-	a	t	a	g	a	a	a	g	a	c	t	t	t	c	t	c	t	a	g	c		T
SCG	SALZ 34	g	-	a	t	a	g	a	a	a	g	a	c	t	t	t	c	t	c	t	a	g	c		T
SCG	SALZ 35	g	-	a	t	a	a	a	g	a	g	a	c	t	t	t	c	t	t	t	a	g	c		W
SCG	SALZ 38	g	-	a	t	a	g	a	g	g	g	a	c	t	t	t	c	c	c	c	t	a	g	c		H
SCG	SALZ 39	g	-	a	t	g	g	a	g	a	g	a	c	t	t	t	c	t	c	t	a	g	c		U
SCG	SALZ 40	g	-	g	t	g	g	a	g	a	g	a	c	t	t	t	c	t	c	t	a	g	c		K
SCG	SALZ 41	g	-	g	t	g	g	a	g	a	g	a	c	t	t	t	c	t	c	t	a	g	c		K
SCG	SALZ 42	g	-	a	t	a	g	a	g	a	g	a	c	t	t	t	c	t	c	t	g	g	c		J
SCG	SALZ 43	g	-	a	t	a	g	a	a	a	g	a	c	t	t	t	c	t	c	t	a	g	c		T
SCG	SALZ 44	g	-	a	t	a	g	a	a	a	g	a	c	t	t	t	c	t	c	t	a	g	c		T
SCG	SALZ 107	g	c	a	t	a	g	a	g	g	g	a	c	-	t	c	c	c	c	c	t	a	g	c		H
SCG	SALZ 110	g	c	a	t	a	g	a	g	a	g	a	c	t	t	t	c	t	c	t	g	g	c		J
BAK	ESP 30	g	c	a	t	a	g	a	g	g	g	a	c	t	t	c	c	c	c	t	a	g	c		H
BAK	EUL 13	g	-	g	t	-	g	a	g	a	-	-	c	t	t	c/t	c	-	-	c	t	a	g	c		K
BAK	EUL 14	g	-	a	t	a	g	a	g	g	g	a	c	t	t	c	c	c	c	t	a	g	c		H
BAK	HQU 1																									n. a.
BAK	HQU 2																									n. a.
BAK	HQU 3																									n. a.
BAK	HQU 4																									n. a.
BAK	HQU 5																									n. a.
BAK	KAR 21	g	-	a	t	a	g	a	a	a	g	a	c	-	-	t	c	-	c	t	a	g	c		T
BAK?	KAR 22	g	-	a	t	a	g	a	a	a	g	a	c	-	-	t	c	-	c	t	-	g	c		T
BAK	QLB 1	*g*	*c*	*g*	*t*	*g*	*g*	*a*	*g*	*a*	*g*	*a*	*c*	*t*	*t*	*t*	*c*	*t*	*c*	*t*	*a*	*g*	*c*		*K*
BAK	QLB 2	g	-	a	t	g	g	a	g	a	g	a	c	t	t	t	c	t	c	t	a	g	c		U
BAK	QLB 3	g	-	a	t	a	a	a	g	a	g	a	c	-	t	t	c	t	t	t	a	g	c		W
BAK	QLB 4	g	-	a	t	a	g	a	g	g	g	a	c	t	t	t	c	c	c	c	t	a	g	c		H
BAK	QLB 5	g	-	g	t	g	g	a	g	a	g	a	c	t	t	t	c	t	c	t	a	g	c		K
BAK	QLB 6	g	-	a	t	g	g	a	g	a	g	a	c	t	t	-	t	c	t	c	t	a	g	c		U
BAK	QLB 7	g	-	a	t	a	g	a	g	a	g	a	t	t	t	t	c	-	t	t	a	g	c		X
BAK	QLB 8	g	c	a	t	a	g	a	g	a	g	a	c	c	t	t	c	t	t	t	a	g	c		N1
BAK	QLB 9	g	-	a	t	a	g	a	a	a	g	a	c	t	t	t	c	t	c	t	a	g	c		T
BAK	QLB 10	g	-	a	t	g	g	a	g	a	g	a	c	t	-	t	c	t	c	t	a	g	c		U
BAK	QLB 11	g	c	a	t	a	g	a	g	a	g	a	t	t	t	t	c	t	t	t	a	g	c		X
BAK	QLB 13	g	-	a	t	a	g	a	g	a	g	a	c	t	t	t	c	t	c	t	g	g	c		J
BAK	QLB 14	g	-	a	t	a	g	a	g	g	g	a	c	t	t	t	c	c	c	c	t	a	g	c		H
BAK	QLB 15	g	-	a	t	a	g	a	g	g	g	a	c	t	t	t	c	c	c	c	t	a	g	c		HV
BAK	QLB 16	g	-	g	t	g	g	a	g	a	g	a	c	t	t	t	c	t	c	t	a	g	c		K
BAK	QLB 17	g	-	a	t	a	g	a	a	a	g	a	c	t	t	t	c	t	c	t	a	g	c		T
BAK	QLB 18	g	-	a	t	a	g	a	a	a	g	a	c	t	t	t	c	t	c	t	a	g	c		T
BAK	SALZ 55	g	-	a	t	a	g	a	g	g	g	a	c	t	t	c	c	c	c	t	a	g	c		H
SMK	ESP 24	g	c	a	t	a	g	a	a	a	g	a	c	t	t	t	c	t	c	t	a	g	c		T
SMK	SALZ 1															c									a	H
SMK	SALZ 2	g	-	a	t	a	g	a	g	g	a	a	c	t	t	t	c	c	c	t	a	g	c		V
SMK	SALZ 3															t							g		U
SMK	SALZ 4															t							g		U
SMK	SALZ 5															c									a	H
SMK	SALZ 6															c									a	H
SMK	SALZ 7															c									a	H
SMK	SALZ 48	g	-	a	t	a	g	a	g	g	g	a	c	t	t	t	c	c	c	t	a	g	c		HV
SMK	SALZ 49	g	-	g	t	g	g	a	g	a	g	a	c	t	t	t	c	t	c	t	a	g	c		K
SMK	SALZ 52	g	-	a	t	a	g	a	g	a	g	a	c	t	t	t	c	t	c	t	g	g	c		J
SMK	SALZ 54	g	-	a	t	a	g	a	g	a	g	a	c	t	t	t	c	t	c	t	g	g	c		J
SMK	SALZ 57	g	-	a	t	a	g	a	g	g	g	a	c	t	t	t	c	c	c	t	a	g	c		H
SMK	SALZ 60	g	-	a	t	g	g	a	g	a	g	a	c	-	t	t	c	t	c	t	a	g	c		U

Kultur	Kürzel	R9_13928	L3'4_3594	K_10550	A_4248	U_11467	W_8994	C_13263	T_13368	R0_11719	V_4580	B_8280	X_6371	N1_10238	I_10034	H_7028	D_5178	HV_14766	R_12705	N_10873	J_12612	L2'6_2758	M_10400	U_12308	Haplogruppe
SMK	SALZ 61	g	c	a	t	a	g	a	g	a	g	a	t	t	t	t	c	t	t	t	a	g	c		X
SMK	SALZ 63	g	-	a	t	a	g	a	a	a	g	a	c	t	t	t	c	t	c	t	a	g	c		T
SMK	SALZ 66	g	-	a	t	a	g	a	g	g	g	a	c	t	t	c	c	c	c	t	a	g	c		H
SMK	SALZ 67	g	c	a	t	a	g	a	g	a	g	a	c	c	t	t	c	t	t	t	a	g	c		N1
SMK	SALZ 70	g	-	g	t	g	g	a	g	a	g	a	c	t	t	t	c	t	c	t	a	g	c		K
SMK	SALZ 74	g	-	a	t	a	g	a	g	a	g	a	c	t	t	t	c	t	c	t	g	g	c		J
SMK	SALZ 75	g	-	g	t	g	g	a	g	a	g	a	c	t	t	t	c	t	c	t	a	g	c		K
SMK	SALZ 77	g	-	a	t	a	g	a	g	g	g	a	c	t	t	c	c	c	c	t	a	g	c		H
SMK	SALZ 78	g	-	a	t	a	g	a	g	a	g	a	c	t	t	t	c	t	c	t	g	g	c		J
SMK	SALZ 82	g	c	g	t	g	g	a	g	a	g	a	c	t	t	t	c	t	c	t	a	g	c		K
SMK	SALZ 84	g	-	a	t	a	g	a	g	a	g	a	c	t	t	t	c	t	c	t	g	g	c		J
SMK	SALZ 88	g	-	a	t	a	g	a	g	a	g	a	c	t	t	t	c	t	c	t	g	g	c		J
SMK	SALZ 89	g	-	a	t	g	g	a	g	a	g	a	c	t	t	t	c	t	c	t	a	g	c		U
SMK	SALZ 90	g	-	a	t	a	g	a	g	a	g	a	c	c	t	t	c	t	t	t	a	g	c		N1
SMK	SALZ 116	g	c	a	t	a	g	a	g	g	g	a	c	t	t	c	c	c	c	t	a	g	c		H
SMK	SALZ 118	g	c	a	t	a	g	a	g	g	g	a	c	-	t	c	c	c	c	t	a	g	c		H
BBK	BENZ 1																							g	U
BBK	BENZ 3																								n. a.
BBK	BENZ 6																								n. a.
BBK	BENZ 9																								n. a.
BBK	BENZ 14																							g	U
BBK	BENZ 15																								n. a.
BBK	BENZ 17															c									H
BBK	BENZ 18															t								g	U
BBK	BENZ 19																								n. a.
BBK	BENZ 20																							g	U
BBK	BENZ 21																								n. a.
BBK	BENZ 26																								n. a.
BBK	BENZ 27																								n. a.
BBK	BENZ 29															c									H
BBK	BENZ 33																								n. a.
BBK	BENZ 35																							g	U
BBK	BENZ 36															c									H
BBK	BENZ 37																								n. a.
BBK	BENZ 39															t									nicht H
BBK	BENZ 40															c									H
KAK	QLB 21	g	-	a	t	g	g	a	g	a	g	a	c	t	t	t	c	t	c	t	a	g	c		U
KAK	QLB 22	g	-	a	t	g	g	a	g	a	g	a	c	t	t	t	c	t	c	t	a	g	c		U
SKK?	BZH 6	g	c	a	t	a	g	a	g	g	g	a	c	t	-	c	c	c	c	t	a	g	c		H
SKK	ESP 5	g	c	a	t	g	g	a	g	a	g	a	c	t	t	t	c	t	c	t	a	g	c		U
SKK	ESP 8	g	-	a	t	a	g	a	g	a	g	a	c	t	t	t	c	t	c	-	g	g	c		J
SKK	ESP 11	g	-	a	t	g	g	a	g	a	g	a	c	t	t	t	c	t	c	t	a	g	c		U
SKK	ESP 14	g	-	g	t	g	g	a	g	a	g	a	c	t	t	t	c	t	c	t	a	g	c		K
SKK	ESP 15	g	-	a	t	a	g	a	g	g	g	a	c	t	t	c	c	c	c	t	a	g	c		H
SKK	ESP 16	g	-	a	t	a	a	a	g	a	g	a	c	t	t	t	c	t	t	t	a	g	c		W
SKK	ESP 17	g	c	a	t	g	g	a	g	a	g	a	c	t	t	t	c	t	c	t	a	g	c		U
SKK	ESP 19	g	c	a	t	g	g	a	g	a	g	a	c	t	t	t	c	t	c	t	a	g	c		U
SKK	ESP 20	g	-	a	t	a	g	a	g	a	g	a	c	t	t	t	c	t	c	t	g	g	c		J
SKK	ESP 22	g	c	a	t	a	g	a	g	a	g	a	c	t	t	t	c	t	t	t	a	g	c		N
SKK	ESP 25	g	c	a	t	a	g	a	g	a	g	a	c	t	t	t	c	t	c	t	g	g	c		J
SKK?	ESP 26	g	c	a	t	a	g	a	a	a	g	a	c	t	t	t	c	t	c	t	a	g	c		T
SKK	ESP 28	g	c	a	t	a	g	a	g	a	g	a	c	t	t	t	c	t	c	t	g	g	c		J
SKK	ESP 32																								n. b.
SKK	ESP 33	g	-	g	t	g	g	a	g	a	g	a	c	t	t	t	c	t	c	t	a	g	c		K
SKK	ESP 34																								n. b.
SKK	ESP 36																								n. b.
SKK	EUL 1	g	-	a	t	a	g	a	g	a	g	a	c	c	c	t	c	t	t	t	a	g	c		I
SKK	EUL 2																								n. a.
SKK	EUL 3	g	-	g	t	g	g	a	g	a	g	a	c	t	t	t	c	t	c	t	a	g	c		K
SKK	EUL 4																								n. b.
SKK	EUL 5	g	-	g	t	g	g	a	g	a	g	a	c	t	t	t	c	t	c	t	a	g	c		K
SKK	EUL 6	g	-	a	t	a	g	a	g	g	g	a	c	t	t	c	c	c	c	t	a	g	c		H
SKK	EUL 7	g	c	a	t	a	g	a	g	a	g	a	t	t	t	t	c	t	t	t	a	g	c		X
SKK	EUL 8	g	-	a	-	a	g	a	g	a	g	a	c/t	-	-	t	c	t	t	t	a	-	c		X?
SKK	EUL 9	g	-	a	-	g	g	a	g	a	g	a	c	-	-	t	c	t	c	t	a	-	c		U
SKK	EUL 10	g	-	g	t	g	g	a	-	a	g	a	c	-	-	t	c	t	c	t	a	g	c		K
SKK	EUL 11	g	-	g	-	g	g	a	g	a	g	a	c	-	-	t	c	t	c	t	a	g	c		K
SKK	EUL 12	g	-	g	t	g	g	a	g	a	g	a	c	-	-	t	c	t	c	t	a	g	c		K

Kultur	Kürzel	R9_13928	L3'4_3594	K_10550	A_4248	U_11467	W_8994	C_13263	T_13368	R0_11719	V_4580	B_8280	X_6371	N1_10238	I_10034	H_7028	D_5178	HV_14766	R_12705	N_10873	J_12612	L2'6_2758	M_10400	U_12308	Haplogruppe
SKK	EUL 24	g	-	a	t	a	g	a	a	a	g	a	c	t	-	t	c	t	c	t	-	g	c		T
SKK?	EUL 25	g	-	a	t	a	g	a	a	a	g	a	c	-	-	t	c	t	c	t	-	g	c		T
SKK	EUL 26	g	-	a	t	a	g	a	g	g	g	a	c	t	-	c	c	c	c	t	a	g	c		H
SKK	EUL 27	g	-	a	-	a	g	a	g	g	g	a	c	-	-	c	c	-	c	t	a	g	c		H
SKK?	EUL 29	g	-	a	t	a	g	a	g	g	g	a	c	-	-	c	c	c	c	t	a	g	c		H
SKK	EUL 30	g	-	a	t	g	g	a	g	a	g	-	c	t	t	t	-	t	c	t	a	g	c		U
SKK	KAR 2	g	c	a	t	g	g	a	g	a	g	a	c	t	t	t	c	t	c	t	a	g	c		U
SKK?	KAR 24	g	-	a	t	a	g	a	g	a	g	a	c	-	-	t	c	-	c	t	g	g	c		J
SKK	KAR 25	g	-	a	t	a	g	a	g	g	g	a	c	-	-	c	c	c	c	t	a	g	c		H
SKK	KAR 26	g	-	a	t	a	g	a	a	a	g	a	c	t	t	t	c	t	c	t	a	g	c		T
SKK?	KAR 27	g	-	a	t	g	g	a	g	a	g	a	c	t	t	t	c	t	c	t	a	g	c		U
SKK	KAR 28	g	-	a	t	g	g	a	g	a	g	a	c	-	t	t	c	t	c	-	a	g	c		U
SKK?	KAR 30	g	-	a	t	a	g	a	a	a	g	a	c	t	t	t	c	t	c	t	a	g	c		T
SKK	KAR 31	g	-	a	t	a	g	a	a	a	g	a	c	t	t	t	c	t	c	t	a	g	c		T
SKK?	KAR 38	g	-	a	t	g	g	a	g	a	g	a	c	t	t	t	c	t	c	t	a	g	c		U
SKK	KAR 41	g	-	a	t	a	g	a	a	a	g	a	c	t	t	t	c	t	c	t	a	g	c		T
SKK	KAR 46	g	-	a	t	a	g	a	a	a	g	a	c	t	t	t	c	t	c	t	a	g	c		T
SKK	KAR 53	g	-	g	t	g	g	a	g	a	g	a	c	t	t	t	c	t	c	t	a	g	c		K
SKK	KAR 56	g	-	a	t	g	g	a	g	a	g	a	c	t	t	t	c	t	c	t	a	g	c		U
SKK	KAR 58	g	-	a	t	a	g	a	g	g	g	a	c	t	t	c	c	c	c	t	a	g	c		H
SKK	OBW 1	g	-	a	t	a	g	a	g	g	g	a	c	-	-	t	c	c	c	t	a	g	c		HV
SKK	OBW 2	g	-	a	t	a	g	a	g	g	g	a	c	t	-	c	c	c	c	t	a	g	c		H
SKK	OBW 3	g	-	a	t	a	g	a	g	g	g	a	c	t	-	c	c	c	c	t	a	g	c		H
SKK	OBW 4	g	-	a	-	a	g	a	a	a	g	a	c	-	-	t	c	t	c	t	a	g	c		T
SKK	QLB 23	g	c	a	t	a	g	a	g	g	g	a	c	t	t	c	c	c	c	t	a	g	c		H
SKK	QUEXII 1	g	c	a	t	a	g	a	g	g	g	-	a	c	-	t	c	c	c	t	a	g	c		H
SKK	QUEXII 8																								n. a.
GBK	ALB 1	g	c	a	t	a	g	a	g	g	g	a	c	t	t	c	c	c	c	t	a	g	c		H
GBK	ALB 2	g	c	a	t	a	g	a	g	g	g	a	c	t	t	c	c	c	c	t	a	g	c		H
GBK?	BZH 2	g	c	-	t	g	g	a	g	a	g	a	c	t	-	t	c	t	c	t	a	g	c		U
GBK?	BZH 4	g	c	-	t	a	g	a	g	g	g	a	c	t	-	c	c	c	c	t	a	g	c		H
GBK	BZH 5	g	c	-	t	a	g	a	a	a	g	a	c	t	-	t	c	t	c	t	a	g	c		T
GBK?	BZH 7	g	c	a	t	g	g	a	g	a	g	a	c	t	-	t	c	t	c	t	g/a	g	c		U
GBK	BZH 12	-	c	-	t	g	g	a	g	a	g	-	c	t	-	t	c	-	c	t	a	g	c		U
GBK	BZH 15	g	c	-	t	a	a	a	g	a	g	a	c	t	-	t	c	t	-	t	g/a	g	c		W
GBK	EUL 22	g	-	a	t	a	a	a	g	a	g	a	c	t	t	t	t	c	t	t	t	a	g	c		W
GBK	EUL 23	g	-	a	t	a	g	a	g	g	g	a	c	t	t	c	c	c	c	t	a	g	c		H
GBK	EUL 31	g	-	a	t	a	g	a	a	a	g	a	c	t	t	t	c	t	c	t	a	g	c		T
GBK	KAR 5	g	c	a	t	g	g	a	g	a	g	a	c	t	t	t	c	t	c	t	a	g	c		U
GBK	KAR 51	g	-	a	t	g	g	a	g	a	g	a	c	t	t	t	c	t	c	t	a	g	c		U
GBK	KAR 52	g	-	a	t	g	g	a	g	a	g	a	c	t	t	t	c	t	c	t	a	g	c		U
GBK	QLB 44	g	-	a	t	a	g	a	g	a	g	a	c	c	c	t	c	t	t	t	a	g	c		I
GBK?	QLB 19	g	-	a	t	g	g	a	g	a	g	a	c	t	t	t	c	t	c	t	a	g	c		U
GBK	QLB 24	g	-	a	t	a	g	a	g	g	g	a	c	t	t	c	c	c	c	t	a	g	c		H
GBK	QLB 25	g	-	a	t	a	g	a	a	a	g	a	c	t	t	t	c	t	c	t	a	g	c		T
GBK	QLB 26	g	-	a	t	a	g	a	g	g	g	a	c	t	t	c	c	c	c	t	a	g	c		H
GBK	QLB 27	g	-	a	t	g	g	a	g	a	g	a	c	t	t	t	c	t	c	t	a	g	c		U
GBK	QLB 28	g	-	a	t	a	g	a	g	g	g	a	c	t	t	c	c	c	c	t	a	g	c		H
GBK	QLB 38	g	-	a	t	a	g	a	g	g	g	a	c	t	t	c	c	c	c	t	a	g	c		H
GBK?	QUEXII 2	-	c	a	t	a	g	a	g	g	g	a	c	t	-	c	c	c	c	t	a	g	c		H
GBK	QUEXII 3	g	c	a	t	a	g	a	g	g	g	a	c	t	t	c	c	c	c	t	a	g	c		H
GBK?	QUEXII 4	g	c	a	t	a	g	a	g	a	g	a	c	t	t	t	c	t	c	c	g	g	c		J
GBK	QUEXII 5																								n. b.
GBK	ROT 1	g	c	a	t	a	g	a	g	g	g	a	c	t	t	c	c	c	c	t	a	g	c		H
GBK	ROT 2	g	c	a	t	a	g	a	g	g	g	a	c	t	t	c	c	c	c	t	a	g	c		H
GBK	ROT 3	g	c	g	t	g	g	a	g	a	g	a	c	t	t	t	c	t	c	t	a	g	c		K
GBK	ROT 4	g	c	a	t	a	g	a	g	g	-	a	c	t	t	c	c	c	c	t	a	g	c		H
GBK	ROT 5																								n. b.
GBK	ROT 6	g	c	a	t	a	g	a	g	g	g	a	c	t	t	c	c	c	c	t	a	g	c		H
AK	ALB 3	g	c	a	t	a	g	a	g	g	g	a	c	t	t	t	c	c	c	t	a	g	c		HV
AK?	BZH 1	g	c	-	t	-	g	a	g	g	g	a	c	t	-	c	c	c	c	t	g/a	g	c		*H*
AK	BZH 3	g	c	-	t	a	g	a	g	a	g	a	c	t	-	t	c	t	t	t	a	g	c		N
AK	BZH 8	g	c	-	t	a	g	a	g	g	g	a	c	t	-	c	c	c	c	t	a	g	c		H
AK	BZH 9	g	c	g	t	g	g	a	g	a	g	a	c	t	-	t	c	t	c	t	a	g	c		K
AK	BZH 10	g	c	-	t	-	g	a	g	a	g	a	c	t	-	t	-	-	t	t	a	g	c		N
AK	BZH 11																								n. b.
AK	BZH 13	g	c	a	t	a	g	a	a	a	g	a	c	t	-	t	c	t	c	t	a	g	c		T
AK	BZH 14	g	c	-	t	-	-	a	g	g	g	a	c	t	-	c	c	c	c	t	a	g	c		H
AK?	BZH 16																								n. b.
AK?	BZH 17	*g*	*c*	-	*t*	*g*	*g*	*a*	*g*	*a*	*g*	*a*	*c*	*t*	-	*t*	*c*	*t*	*c*	*t*	*a*	*g*	*c*		*U*

Kultur	Kürzel	R9_13928	L3'4_3594	K_10550	A_4248	U_11467	W_8994	C_13263	T_13368	R0_11719	V_4580	B_8280	X_6371	N1_10238	I_10034	H_7028	D_5178	HV_14766	R_12705	N_10873	J_12612	L2'6_2758	M_10400	U_12308	Haplogruppe
AK	BZH 18	g	c	-	t	a	g	a	g	a	g	a	c	c	c	t	c	t	-	t	a	g	c		I
AK	ESP 2	g	-	a	t	a	g	a	g	a	g	a	c	c	c	t	c	t	t	t	a	g	c		I
AK?	ESP 3	g	-	a	t	g	g	a	g	a	g	a	c	t	t	t	c	t	t	c	t	a	g	c	U
AK?	ESP 4	g	c	a	t	a	a	g	g	a	g	a	c	t	t	t	c	t	t	t	a	g	c	W
AK	ESP 9	g	c	a	t	g	g	a	g	a	g	a	c	t	t	t	c	t	c	t	a	g	c	U
AK	ESP 12	g	-	a	t	a	g	a	g	a	g	a	c	t	t	t	c	t	t	t	a	g	c	N
AK	ESP 18	g	c	a	t	a	g	a	a	a	g	a	c	t	t	t	c	t	c	t	a	g	c	T
AK	ESP 23	c	c	a	t	g	g	a	g	a	g	a	c	t	t	t	c	t	c	t	a	g	c	U
AK?	ESP 27	g	c	a	t	a	g	a	a	a	g	a	c	t	t	t	c	t	c	t	a	g	c	T
AK	ESP 29	g	c	a	t	a	-	a	g	a	-	-	c	c	c	t	c	-	t	t	a	g	c	I
AK	ESP 31	g	c	a	t	a	g	a	g	a	-	a	c	t	t	t	c	t	t	t	a	g	c	N
AK	ESP 35																								n. b.
BZ	ESP 6	g	-	a	t	a	g	a	g	a	g	a	c	c	c	t	c	t	t	t	a	g	c	I
AK?	EUL 28	g	-	a	t	a	g	a	g	a	g	a	c	t	t	t	c	t	c	t	g	g	c	J
AK	EUL 32																								n. b.
AK	EUL 34	g	-	a	t	a	g	a	g	g	g	a	c	t	t	c	c	c	c	t	a	g	c	H
AK	EUL 35	g	-	a	t	a	g	a	g	g	g	a	c	t	t	c	c	c	c	t	a	g	c	H
AK	EUL 36	g	-	a	t	a	g	a	g	g	g	a	c	t	t	c	c	c	c	t	a	g	c	H
AK	EUL 37	g	-	a	t	a	g	a	g	g	g	a	c	t	t	c	c	c	c	t	a	g	c	H
AK	EUL 38	g	-	g	t	g	g	a	g	a	g	a	c	t	t	t	c	t	c	t	a	g	c	K
AK	EUL 40	g	-	a	t	a	g	a	g	g	a	a	c	-	t	t	-	-	c	t	a	-	c	V
AK	EUL 41	g	-	a	t	a	g	a	g	g	g	a	c	t	t	c	c	c	c	t	a	g	c	H
AK	EUL 42	g	-	g	t	g	g	a	g	a	g	a	c	t	t	t	c	t	c	t	a	g	c	K
AK	EUL 43	g	-	g	t	g	g	a	g	a	g	a	c	t	t	t	c	t	c	t	a	g	c	K
AK	EUL 44	g	-	a	t	g	g	a	g	a	g	a	c	t	t	t	c	t	c	t	a	g	c	U
AK	EUL 45	g	-	a	t	a	g	a	a	a	g	a	c	t	t	t	c	t	c	t	a	g	c	T
AK	EUL 46	g	-	a	t	a	g	a	g	a	g	a	c	t	t	t	c	t	c	t	g	g	c	J
AK	EUL 47	g	-	g	t	g	g	a	g	a	g	a	c	t	t	t	c	t	c	t	a	g	c	K
AK?	EUL 48	g	-	g	t	g	g	a	g	a	g	a	c	t	t	t	c	t	c	t	a	g	c	K
AK	EUL 49	g	-	a	t	a	g	a	a	a	g	a	c	t	t	t	c	t	c	t	a	g	c	T
AK?	EUL 50	g	-	a	t	a	a	a	g	a	g	a	c	t	t	t	c	t	t	t	a	g	c	W
AK	EUL 51	g	-	a	t	g	g	a	g	a	g	a	c	t	t	t	c	t	c	t	a	g	c	U
AK	EUL 53	g	-	a	t	a	g	a	g	a	g	a	c	c	c	t	c	t	t	t	a	g	c	I
AK?	EUL 54	g	-	g	t	g	g	a	g	a	g	a	c	t	t	-	c	t	c	t	a	g	c	K
AK	EUL 55	g	-	a	t	g	g	a	g	a	g	a	c	t	t	t	c	t	c	t	a	g	c	U
AK?	EUL 56	g	-	a	t	g	g	a	g	a	g	a	c	t	t	t	c	-	c	t	a	g	c	U
AK	EUL 57A	g	-	a	t	g	g	a	g	a	g	a	c	t	t	t	c	t	c	t	a	g	c	U
AK	EUL 57B	g	-	a	t	a	g	a	g	g	g	a	c	t	t	c	c	c	c	t	a	g	c	H
AK	EUL 58	g	-	g	t	g	g	a	g	a	g	a	c	t	t	t	c	t	c	t	a	g	c	K
AK	EUL 59	g	-	a	t	a	g	a	g	g	g	a	c	t	t	c	c	c	c	t	a	g	c	HV
AK	EUL 60	g	-	a	t	a	g	a	g	a	g	a	c	c	c	t	c	t	t	t	a	g	c	I
AK	EUL 61	g	-	a	t	a	g	a	g	a	g	a	c	c	c	t	c	t	t	t	a	g	c	I
AK	EUL 62	g	-	a	t	a	g	a	g	a	g	a	c	c	c	t	c	t	t	t	a	g	c	I
AK	EUL 63	g	-	a	t	g	g	a	g	g	g	a	c	t	t	c	c	c	c	t	a	g	c	H
AK	EUL 64	g	-	a	t	a	g	a	g	g	g	a	c	t	t	c	c	c	c	t	a	g	c	H
AK?	KAR 23	g	-	a	t	a	g	a	g	g	g	a	c	t	t	c	c	c	c	t	a	g	c	H
AK	KAR 33	g	-	a	t	g	g	a	g	a	g	a	c	t	t	t	c	t	c	t	a	g	c	U
AK?	KAR 34	g	-	a	t	a	g	a	a	a	g	a	c	t	t	t	c	t	t	t	a	g	c	T
AK?	KAR 35	g	-	a	t	a	g	a	a	a	g	a	c	t	t	t	c	t	c	t	a	g	c	T
AK?	KAR 36	g	-	a	t	g	g	a	g	a	g	a	c	t	t	t	c	t	c	t	a	g	c	U
AK?	KAR 37	g	-	g	t	g	g	a	g	a	g	a	c	t	t	t	c	t	c	t	a	g	c	K
AK	KAR 39	g	-	a	t	a	g	a	g	g	g	a	c	t	t	c	c	c	c	t	a	g	c	H
AK	KAR 42	g	-	a	t	a	g	a	g	a	g	a	c	c	c	t	c	t	t	t	a	g	c	I
AK	KAR 44	g	-	a	t	a	g	a	g	g	g	a	c	t	t	c	c	c	c	t	a	g	c	H
AK?	KAR 48	g	-	a	t	g	g	a	g	a	g	a	c	t	t	t	c	t	c	t	a	g	c	U
AK	KAR 49	g	-	a	t	a	g	a	g	g	g	a	c	t	t	c	c	c	c	t	a	g	c	H
AK/EZ	KAR 12	g	c	a	t	a	g	a	g	g	g	a	c	t	t	c	c	c	c	t	a	g	c	H
AK/EZ	KAR 50	g	-	a	t	g	g	a	g	a	g	a	c	t	t	t	c	t	c	t	a	g	c	U
AK	LEA 1	g	-	a	t	a	g	a	g	g	g	a	c	t	-	c	c	c	c	t	a	g	c	H
AK	LEA 2	g	-	a	-	a	g	a	g	a	a	a	c	-	-	t	c	c	c	t	a	g	c	V
AK	LEA 3	g	-	a	t	a	g	a	g	g	g	a	c	t	t	c	c	c	c	t	a	g	c	V
AK	LEA 4	g	-	a	-	a	g	a	-	g	g	a	c	-	-	c	c	c	t	a	g	c	H
AK?	OST 6	g	-	a	t	a	g	a	g	a	g	a	c	c	t	t	c	t	t	t	a	g	c	N1
AK	PLÖTZ 1	g	c	a	t	a	g	a	g	a	g	a	c	t	t	t	c	t	c	t	g	g	c	J
AK	PLÖTZ 2	g	c	a	t	a	g	a	g	g	g	a	c	t	t	c	c	c	c	t	a	g	c	H
AK	PLÖTZ 3	g	c	a	t	a	g	a	g	g	g	a	c	t	t	c	c	c	c	t	a	g	c	H
AK	PLÖTZ 4	g	c	a	t	g	g	a	g	a	g	a	c	t	t	t	c	t	c	t	a	g	c	U
AK	PLÖTZ 5	g	c	a	t	g	g	a	g	a	g	a	c	t	t	t	c	t	c	t	a	g	c	U
AK	PLÖTZ 6	g	-	a	t	-	g	a	g	a	g	a	c	c	c	-	c	-	-	t	a	g	c	I
AK	PLÖTZ 7	g	-	a	t	-	g	a	g	a	g	a	c	c	c	-	c	-	-	t	a	g	c	I
AK	PLÖTZ 8	g	-	a	t	g	g	a	g	a	g	a	c	t	t	t	c	-	c	t	a	g	c	U
AK?	QLB 29	g	-	a	t	g	g	a	g	g	g	a	c	t	t	t	c	t	c	t	a	g	c	U
AK	QLB 30	g	-	g	t	g	g	a	g	g	g	a	c	t	t	t	c	t	c	t	a	g	c	K

Kultur	Kürzel	R9_13928	L3'4_3594	K_10550	A_4248	U_11467	W_8994	C_13263	T_13368	R0_11719	V_4580	B_8280	X_6371	N1_10238	I_10034	H_7028	D_5178	HV_14766	R_12705	N_10873	J_12612	L2'6_2758	M_10400	U_12308	Haplogruppe
AK	QLB 31	g	-	a	t	a	g	a	a	a	g	a	c	t	t	t	c	t	c	t	a	g	c		T
AK	QLB 32	g	-	a	t	a	g	a	g	a	g	a	c	t	t	t	c	t	c	t	a	g	c		R
AK	QLB 33	g	-	a	t	a	g	a	g	a	g	a	t	t	t	t	c	-	t	t	a	g	c		X
AK	QLB 34	g	-	a	t	g	g	a	g	a	g	a	c	t	t	t	c	t	c	-	a	g	c		U
AK?	QLB 35	g	-	a	t	a	g	a	g	g	g	a	c	t	t	t	c	c	c	c	t	a	g	c	H
AK?	QLB 36	g	-	a	t	a	g	a	g	a	g	a	c	t	t	t	c	t	c	t	g	g	c		J
AK	QLB 37	g	-	a	t	g	g	a	g	a	g	a	c	t	t	t	c	t	c	-	a	g	c		U
AK	QLB 39	g	-	a	t	a	a	g	g	a	g	a	c	t	t	t	c	t	t	t	a	g	c		W
AK	QLB 40	g	-	a	t	a	g	a	g	a	g	a	c	t	t	t	c	t	c	t	g	g	c		J
AK	QLB 41	g	-	a	t	a	a	g	g	a	g	a	c	t	t	t	c	t	t	t	a	g	c		W
AK	QLB 42	g	-	a	t	a	g	a	g	a	g	a	c	t	t	t	c	t	c	t	g	g	c		J
AK	QLB 43	g	-	a	t	a	g	a	g	g	g	a	c	t	t	c	c	c	c	c	t	a	g	c	H
AK	QUEVIII 1	g	c	a	t	g	g	a	g	a	g	a	c	t	t	t	c	c	c	c	t	a	g	c	U
AK	QUEVIII 2	g	c	a	t	g	g	a	g	a	g	a	c	t	t	t	c	t	c	-	a	g	c		U
AK	QUEVIII 3	g	c	a	t	a	g	a	a	a	g	a	c	-	t	t	c	t	c	t	a	g	c		T
AK	QUEVIII 4	g	c	a	t	a	g	a	g	g	g	a	c	-	t	c	c	c	c	c	t	a	g	c	H
AK	QUEVIII 5	g	c	a	t	g	g	a	g	a	g	a	c	t	t	t	c	t	c	t	a	g	c		U
AK	QUEVIII 6	g	c	a	t	g	g	a	g	a	-	a	c	t	t	t	c	-	c	t	a	g	c		U
AK	QUEXII 7	g	c	a	t	g	a	a	g	a	g	a	c	t	t	t	c	t	c	t	a	g	c		U?
AK	QUEXIV 1	g	c	a	t	a	g	a	a	a	g	a	c	t	t	t	c	t	c	t	a	g	c		T
AK	RÖC 1	g	-	a	t	g	g	a	g	a	g	a	c	t	t	t	c	t	c	t	a	g	c		U
AK	RÖC 2	g	-	a	-	g	g	a	g	a	g	a	c	-	-	t	c	-	c	t	-	-	c		U
AK	RÖC 3	g	-	a	t	g	g	a	g	a	g	a	c	t	t	t	c	t	c	t	a	g	c		U
AK	RÖC 4	g	-	a	t	g	g	a	g	a	g	a	c	-	-	t	c	t	c	-	a	g	c		U
AK	RÖC 5	g	-	a	t	g	g	a	g	a	g	a	c	t	t	t	c	c	c	c	t	a	g	c	U
AK?	RÖC 7	g	-	a	t	a	g	a	-	g	g	a	c	t	t	t	c	c	c	c	t	a	g	c	H
AK?	RÖC 8	g	-	a	t	a	g	a	g	a	g	a	c	t	t	t	c	-	c	t	g	g	c		J
AK	RÖC 9	g	-	a	t	a	g	a	g	a	g	a	c	c	c	t	c	-	t	t	a	g	c		I
AK	RÖC 10	g	-	a	t	g	g	a	g	a	g	a	c	t	t	-	c	-	c	-	a	g	c		U
AK	RÖC 11	g	-	g	t	g	-	a	g	a	g	a	c	t	t	t	c	-	c	t	a	g	c		K

Proben mit unsicherer Datierung

Kultur	Kürzel	R9_13928	L3'4_3594	K_10550	A_4248	U_11467	W_8994	C_13263	T_13368	R0_11719	V_4580	B_8280	X_6371	N1_10238	I_10034	H_7028	D_5178	HV_14766	R_12705	N_10873	J_12612	L2'6_2758	M_10400	U_12308	Haplogruppe
SKK/GBK	KAR 47	g	-	g	t	g	g	a	g	-	g	a	c	t	t	t	c	t	c	t	a	g	c		K
Neo	OST 5	g	-	a	-	a	g	a	a	a	g	a	c	-	-	t	c	t	c	t	a	g	c		T
SKK?	PRO 12																								n. b.
GBK	PRO 1	g	-	a	t	g	g	a	g	a	g	a	c	t	t	t	c	t	c	t	a	g	c		U
GBK?	PRO 2																								n. b.
GBK?	PRO 3	g	-	a	t	a	g	a	g	g	g	a	c	t	t	t	c	c	c	c	t	a	g	c	H
GBK	PRO 4	g	-	g	t	g	g	a	g	a	g	a	c	t	t	t	c	t	c	t	a	g	c		K
GBK?	PRO 5	g	-	a	t	a	g	a	g	a	g	a	c	t	t	t	c	t	c	t	g	g	c		J
GBK	PRO 6	g	-	a	t	a	g	a	g	g	g	a	c	t	t	c	c	c	c	c	t	a	g	c	H
GBK	PRO 7	g	-	a	t	a	g	a	g	g	g	a	c	t	t	c	c	c	c	c	t	a	g	c	H
GBK	PRO 8	g	-	a	t	a	g	a	g	g	g	a	c	t	t	t	c	c	c	c	t	a	g	c	HV
GBK	PRO 9	g	-	a	t	g	g	a	g	a	g	a	c	t	t	t	c	t	c	t	a	g	c		U
GBK?	PRO 10	g	-	a	t	g	g	a	g	a	g	a	c	t	t	t	c	t	c	t	a	g	c		U
GBK	PRO 11	g	-	a	t	a	g	a	g	a	g	a	c	t	t	t	c	t	c	t	g	g	c		J
GBK	PRO 13	g	-	a	t	a	g	a	g	g	g	a	c	t	t	c	c	c	c	c	t	a	g	c	H
GBK?	PRO 14	g	-	a	t	a	g	a	g	a	g	a	c	c	c	t	c	t	c	t	t	a	g	c	I
GBK	PRO 17	g	-	a	t	g	g	a	g	a	g	a	c	t	t	t	c	t	c	t	a	g	c		U
GBK?	PRO 18	g	-	a	t	g	g	a	g	a	g	a	c	t	t	t	c	t	c	-	a	g	c		U
GBK	PRO 19	g	-	g	t	g	g	a	g	a	g	a	c	t	t	t	c	t	c	t	a	g	c		K
GBK	PRO 20	g	-	a	-	a	g	a	g	g	-	a	c	t	t	t	c	-	c	c	t	a	g	c	H
GBK	PRO 21	g	-	g	t	g	g	a	g	a	g	a	c	t	t	t	c	t	c	t	a	g	c		K
GBK	PRO 22	g	-	a	t	g	g	a	g	a	g	a	c	t	t	t	c	t	c	c	t	a	g	c	HV
GBK	PRO 23	g	-	g	t	g	g	a	g	a	g	a	c	t	t	t	c	t	c	t	a	g	c		K
GBK?	PRO 24	g	-	g	t	g	g	a	g	a	g	a	c	t	t	t	c	t	c	t	a	g	c		K
GBK?	PRO 25	g	-	a	t	a	g	a	g	a	g	a	c	c	c	t	c	t	t	t	t	a	g	c	I
AK	PRO 15	g	-	a	t	a	g	a	g	g	g	a	c	t	t	c	c	c	c	c	t	a	g	c	H

Tab. 11.4 Informationen zum Vergleichsdatensatz der vier rezenten Metapopulationen

Die Datensätze repräsentieren jeweils 500 zufällig ausgewählte HVS-I-Daten aus Zentral-, Nord-, Südwest- und Osteuropa. Die zentraleuropäische Metapopulation wurde konsistent in allen diachronen Vergleichsanalysen integriert (Kap. 6.2.2.1–6.2.2.6). Zudem wurden alle vier Metapopulationen in der *ancestral shared haplotype analyses* verwendet (Kap. 6.2.2.3). Für jede Metapopulation sind die Länder sowie die Anzahl zufällig ausgewählter Sequenzen aus allen verfügbaren Daten angegeben (n). Der Anteil jeder publizierten Studie an der Zufallsauswahl und am Gesamtindividuenumfang einer Metapopulation ist in Klammern angegeben.

Population	Abk.	Land	n	Referenz
Zentraleuropäische Metapopulation	ZEM	Österreich	72/358	Brandstätter u. a. 2007 (56/259), Parson u. a. 1998 (16/99)
		Deutschland	167/755	Baasner/Madea 2000 (18/100), Baassner u. a. 1998 (9/50), Brandstätter u. a. 2006 (23/95), Garcia u. a. 2011 (5/11), Lutz u. a. 1998 (32/200), Poetsch u. a. 2004 (80/299)
		Tschechische Republik	68/268	Malyarchuk u. a. 2006 (39/177), Vanecek u. a. 2004 (29/91)
		Polen	193/846	Grzybowski u. a. 2007 (85/411), Malyarchuk u. a. 2002 (108/435)
Nordeuropäische Metapopulation	NEM	Dänemark	123/191	Mikkelsen u. a. 2010 (123/191)
		Schweden	377/568	Kittles u. a. 1999 (17/28), Lappalainen u. a. 2008 (195/295), Tillmar u. a. 2010 (165/245)
Südwesteuropäische Metapopulation	SEM	Portugal	228/1054	González u. a. 2003 (53/221), Pereira u. a. 2004 (116/548), Pereira u. a. 2010 (59/285)
		Spanien	217/1048	Álvarez-Iglesias u. a. 2009 (97/515), Casas u. a. 2006 (26/108), Cordoso u. a. 2010 (11/60), Garcia u. a. 2011 (26/131), González u. a. 2003 (13/43), Larruga u. a. 2001 (33/149), Picornell u. a. 2005 (11/42)
		Basken	55/275	Bertranpetit u. a. 1995 (9/45), Garcia u. a. 2011 (46/230)
Osteuropäische Metapopulation	OEM	Russland	257/1193	Balanovsky unpubl. (67/295), Grzybowski u. a. 2007 (34/156), Malyarchuk u. a. 2004 (67/324), Morozova u. a. unpubl. (64/316), Orekov u. a. 1999 (25/102)
		Weißrussland	52/259	Balanovsky unpubl. (52/259)
		Ukraine	70/346	Balanovsky unpubl. (67/328), Malyarchuk/Derenko 2001 (3/18)
		Estland	25/117	Lappalainen u. a. 2008 (25/117)
		Lettland	26/114	Lappalainen u. a. 2008 (26/114)
		Litauen	70/342	Kasperaviciūte u. a. 2004 (37/179), Lappalainen u. a. 2008 (33/163)

Tab. 11.5 Informationen zum Vergleichsdatensatz der 73 rezenten Populationen

Der Datensatz repräsentiert 50 688 publizierte HVS-I-Daten aus Europa, Nordafrika, Nord-, Südwest-, Südost- und Zentralasien und wurde bei der multidimensionalen Skalierung sowie der Hauptkomponentenanalyse verwendet (Kap. 6.2.4.1 u. 6.2.4.2). Diese Vergleichsdaten wurden nach Land oder Ethnie gruppiert. Für jede Population sind Kürzel, Individuenumfang (n) und geographische Koordinaten eines Bezugspunktes angegeben (Google Earth Abfrage, http://www.google.de/intl/de/earth/, © 2013 Google Inc.). Der Anteil jeder publizierten Studie am Gesamtindividuenumfang einer Population ist in Klammern angegeben.

Population	Abk.	n	Breite	Länge	Referenz
Ägypten	EGY	491	26,820553	30,802498	Krings u. a. 1999b (87), Rowold u. a. 2007 (115), Saunier u. a. 2009 (265), Stévanovitch u. a. 2003 (24)
Libyen	LIB	269	26,335100	17,228331	Fadhlaoui-Zid u. a. 2011 (269)
Marokko	MOR	836	31,791702	-7,092620	Brakez u. a. 2001 (50), Falachi u. a. 2006 (52), Harich u. a. 2010 (81), Plaza u. a. 2003 (18), Rando u. a. 1998 (32), Rhouda u. a. 2009 (547), Turchi u. a. 2009 (56)
Tunesien	TUN	387	33,886917	9,537499	Cerný u. a. 2005 (47), Cerný u. a. 2009 (201), Loueslati u. a. 2006 (29), Plaza u. a. 2003 (47), Turchi u. a. 2009 (63)
Berber	BER	939	28,033886	1,659626	Cerný u. a. 2005 (47), Cerný u. a. 2009 (19), Côrte-Real u. a. 1996 (85), Coudray u. a. 2008 (294), Ennafaâ u. a. 2011 (80), Fadhlaoui-Zid u. a. 2004 (153), González u. a. 2006b (1), Loueslati u. a. 2006 (30), Ottoni u. a. 2009a (129), Pereira u. a. 2010b (20), Pinto u. a. 1996 (18), Plaza u. a. 2003 (4), Rando u. a. 1998 (59)
Kasachstan	KAZ	457	48,019573	66,923684	Comas u. a. 1998 (55), Comas u. a. 2004 (20), Gokcumen u. a. 2008 (136), Irwin u. a. 2010 (246)
Kirgisistan	KYR	351	41,204380	74,766098	Comas u. a. 1998 (93), Comas u. a. 2004 (20), Irwin u. a. 2010 (238)
Mongolen	MON	387	46,862496	103,846656	Derenko u. a. 2007 (45), Gokcumen u. a. 2008 (90), Kolman u. a. 1996 (98), Kong u. a. 2003 (91), Yao u. a. 2002a (15), Yao u. a. 2004 (48)
Tadschikistan	TAJ	292	38,861034	71,276093	Comas u. a. 2004 (20), Derenko u. a. 2007 (44), Irwin u. a. 2010 (228)
Turkmenistan	TUK	352	38,969719	59,556278	Chaix u. a. 2007 (51), Comas u. a. 2004 (20), Irwin u. a. 2010 (240), Quintana-Murci u. a. 2004 (41)
Usbekistan	UZB	485	41,377491	64,585262	Chaix u. a. 2007 (40), Comas u. a. 2004 (40), Devor u. a. 2009 (47), Irwin u. a. 2010 (316), Quintana-Murci u. a. 2004 (42)
China	CHI	3014	35,861660	104,195397	Betty u. a. 1996 (20), Chen u. a. 2008 (106), Irwin u. a. 2009 (351), Kivisild u. a. 2002 (69), Li u. a. 2007 (821), Liu u. a. 2011 (102), Nishimaki u. a. 1999 (118), Oota u. a. 2002 (153), Qian u. a. 2001 (95), Tajima u. a. 2004 (60), Wen u. a. 2004 (495), Yao u. a. 2002a (261), Yao u. a. 2002b (288), Yao u. a. 2003 (75)
Japan	JAP	1723	36,204824	138,252924	Abe u. a. 1998 (13), Horai u. a. 1996 (61), Imaizumi u. a. 2002 (158), Koyama u. a. 2002 (50), Mabuchi u. a. 2007 (122), Maruyama u. a. 2003 (211), Nishimaki u. a. 1999 (149), Oota u. a. 2002 (66), Tajima u. a. 2004 (230), Tanaka u. a. 2004 (663)
Korea	KOR	811	35,907757	127,766922	Derenko u. a. 2007 (102), Horai u. a. 1996 (64), Lee u. a. 2006 (581), Pfeiffer u. a. 1998 (60), Torroni u. a. 1994c (4)
Taiwan	TAI	313	23,697810	120,960515	Horai u. a. 1996 (66), Melton u. a. 1998 (27), Sykes u. a. 1995 (34), Tajima u. a. 2003 (180), Torroni u. a. 1994c (6)
Russland, Chanten, Mansen	KHA	277	62,228706	70,641006	Derbeneva u. a. 2002c (98), Pimenoff u. a. 2008 (169), Voevoda u. a. unpubliziert (10)
Russland, Jakuten, Jukagiren	YAK	900	66,761345	124,123753	Crubézy u. a. 2010 (155), Derenko u. a. 2007 (35), Fedorova u. a. 2003 (187), Pakendorf u. a. 2003 (308), Puzyrev u. a. 2003 (83), Volodko u. a. 2008 (132)
Russland, Korjaken	KOY	273	56,000000	160,000000	Rubisz 2007 (16), Schnurr u. a. 1999 (147), Tajima u. a. 2004 (110)
Russland, Burjaten	BUR	744	54,833115	112,406053	Derenko u. a. 2000 (38), Derenko u. a. 2003 (85), Derenko u. a. 2007 (290), Pakendorf u. a. 2003 (123), Shimada u. a. 2002 (122), Starikovskaya u. a. 2005 (25), Tajima u. a. 2004 (61)

Population	Abk.	n	Breite	Länge	Referenz
Russland, Tuwiner	TUV	470	51,887267	95,626017	Derenko u. a. 2000 (36), Derenko u. a. 2003 (137), Derenko u. a. 2007 (102), Pakendorf u. a. 2006 (56), Starikovskaya u. a. 2005 (94), Tonks u. a. unpubliziert (45)
Russland, Altaier	ALT	467	50,618192	86,219931	Derenko u. a. 2003 (107), Derenko u. a. 2007 (212), Phillips-Krawczak u. a. 2006 (61), Shields u. a. 1993 (16), Starikovskaya u. a. 2005 (71)
Russland, Ewenken	EVE	325	64,247976	95,110418	Derenko u. a. 2007 (114), Kaessmann u. a. 2002 (47), Pakendorf u. a. 2006 (71), Pakendorf u. a. 2007 (22), Starikovskaya u. a. 2005 (71)
Russland, Osseten	OSS	305	43,045130	44,287097	Kaldma u. a. unpubliziert (199), Richards u. a. 2000 (106)
Russland	RUS	1768	55,749646	37,623680	Balanovsky u. a. unpubliziert (295), Belyaeva u. a. 2003 (158), Grzybowski u. a. 2007 (156), Kornienko u. a. unpubliziert (124), Malyarchuk/Derenko 2001 (50), Malyarchuk u. a. 2002 (197), Malyarchuk u. a. 2004 (324), Morozova u. a. unpubliziert (316), Orekov u. a. 1999 (102), Richards u. a. 2000 (25), Rubisz 2007 & Rubisz u. a. 2010 (21)
Malaysia	MAY	255	4,210484	101,975766	Tajima u. a. 2004 (52), Wong u. a. 2007 (203)
Thailand	THA	725	15,870032	100,992541	Fucharon u. a. 2001 (215), Oota u. a. 2001 (292), Yao u. a. 2002a (32), Zimmermann u. a. 2009 (186)
Vietnam	VIE	258	14,058324	108,277199	Irwin u. a. 2008a (170), Li u. a. 2007 (68), Oota u. a. 2002 (20)
Armenien	ARM	220	40,069099	45,038189	Richards u. a. 2000 (191), Schönberg u. a. 2011 (29)
Aserbaidschan	AZE	116	40,143105	47,576927	Quintana-Murci u. a. 2004 (40), Richards u. a. 2000 (48), Schönberg u. a. 2011 (28)
Georgien	GEO	261	42,315407	43,356892	Alfonso-Sánchez u. a. 2006 (48), Comas u. a. 2000 (45), Quintana-Murci u. a. 2004 (18), Reidla unpubliziert (124), Schönberg u. a. 2011 (26)
Iran	IRA	646	32,427908	53,688046	Comas u. a. 2004 (19), Metspalu u. a. 2004 (434), Nasidze u. a. 2008 (77), Quintana-Murci u. a. 2004 (74), Richards u. a. 2000 (12), Schönberg u. a. 2011 (30)
Irak	IRQ	424	33,223191	43,679291	Al-Zahery u. a. 2003 & Al-Zahery u. a. 2011 (308), Richards u. a. 2000 (116)
Jordanien	JOR	183	30,585164	36,238414	González u. a. 2008 (145), Rowold u. a. 2007 (38)
Kuwait	KUW	350	29,311660	47,481766	Scheible u. a. 2011 (350)
Libanon	LEB	787	33,854721	35,862285	Haber u. a. 2012 (787)
Palestina	PAL	409	31,252973	34,791462	Amar u. a. 2007 (295), Di Rienzo/Wilson 1991 (8), Richards u. a. 2000 (106)
Drusen	DRZ	354	32,994658	35,689532	Macaulay u. a. 1999a (45), Shlush u. a. 2008 (309)
Ver. Arab. Emirate, Oman, Katar	UAE	546	23,424076	53,847818	Alshamali u. a. 2008 (235), Rowold u. a. 2007 (311)
Saudi-Arabien	SAU	551	23,885942	45,079162	Abu-Amero u. a. 2008 (551)
Syrien	SYR	118	34,802075	38,996815	Richards u. a. 2000 (69), Vernesi u. a. 2001 (49)
Türkei	TUR	463	38,963745	35,243322	Calafell u. a. 1996 (28), Comas u. a. 1996 (45), Di Benedetto u. a. 2001 (72), Kivisild u. a. 2002 (5), Mergen u. a. 2004 (75), Quintana-Murci u. a. 2004 (48), Richards u. a. 1996 (22), Richards u. a. 2000 (143), Schönberg u. a. 2011 (25)
Jemen	YEM	394	15,552727	48,516388	Cerný u. a. 2008 (184), Kivisild u. a. 2004 (113), Non u. a. 2011 (50), Rowold u. a. 2007 (47)
Österreich	AUS	374	47,516231	14,550072	Brandstätter u. a. 2007 (259), Handt u. a. 1994b (16), Parson u. a. 1998 (99)
Frankreich	FRA	1216	46,227638	2,213749	Dubut u. a. 2004 (203), Garcia u. a. 2011 (33), Richard u. a. 2007 (866), Richards u. a. 2000 (71), Rousselet/Mangin 1998 (43)

Population	Abk.	n	Breite	Länge	Referenz
Deutschland	GER	2490	51,165691	10,451526	Baasner/Madea 2000 (100), Baassner u. a. 1998 (50), Brandstätter u. a. 2006 (95), Garcia u. a. 2011 (11), Hofmann u. a. 1997 (66), Lutz u. a. 1998 (200), Pfeiffer u. a. 2001 (1197), Pfeiffer u. a. 1999 (109), Poetsch u. a. 2004 (299), Richards u. a. 1996 (155), Tetzlaff u. a. 2007 (208)
Schweiz	SWZ	225	46,818188	8,227512	Dimo-Simonin u. a. 2000 (151), Pult u. a. 1994 (74)
Weißrussland	BEL	350	53,709807	27,953389	Balanovsky u. a. unpubliziert (259), Belyaeva u. a. 2003 (91),
Tschechische Republik	CZE	351	49,817492	15,472962	Malyarchuk u. a. 2006 (177), Richards u. a. 2000 (83), Vanecek u. a. 2004 (91)
Ungarn	HUN	367	47,162494	19,503304	Bogácsi-Szabó u. a. 2005 (73), Irwin u. a. 2007 (201), Tömöry u. a. 2007 (93)
Polen	POL	883	51,919438	19,145136	Grzybowski u. a. 2007 (411), Malyarchuk u. a. 2002 (435), Richards u. a. 2000 (37)
Slowakei	SVK	581	48,669026	19,699024	Lehocký u. a. 2008 (374), Malyarchuk u. a. 2008c (207)
Slowenien	SLO	358	46,151241	14,995463	Malyarchuk u. a. 2003 (102), Metspalu u. a. unpubliziert (128), Zupanic Pajnic u. a. 2004 (128)
Ukraine	UKR	346	48,379433	31,165580	Balanovsky u. a. unpubliziert (328), Malyarchuk/Derenko 2001 (18)
Dänemark	DEN	224	56,263920	9,501785	Mikkelsen u. a. 2010 (191), Richards u. a. 1996 (33)
Estland	EST	262	58,595272	25,013607	Lappalainen u. a. 2008 (117), Richards u. a. 2000 (97), Sajantila u. a. 1995 (28), Sajantila u. a. 1996 (20)
Finnland	FIN	971	61,924110	25,748151	Finnilä u. a. 2001 (189), Hedmann u. a. 2007 (196), Kittles u. a. 1999 (74), Lahermo u. a. 1996 (32), Meinilä u. a. 2001 (401), Richards u. a. 1996 (29), Sajantila u. a. 1995 (50)
Island	ICE	998	64,963051	-19,020835	Helgason u. a. 2000 (394), Helgason u. a. 2003 (551), Richards u. a. 1996 (14), Sajantila u. a. 1995 (39)
Lettland	LAT	412	56,879635	24,603189	Lappalainen u. a. 2008 (114), Pliss u. a. 2006 (298)
Litauen	LIT	342	55,169438	23,881275	Kasperaviciūte u. a. 2004 (179), Lappalainen u. a. 2008 (163)
Norwegen	NOR	628	60,472024	8,468946	Helgason u. a. 2001 (323), Opdal u. a. 1998 (215), Passarino u. a. 2002 (74), Richards u. a. 2000 (16)
Schweden	SWE	637	60,128161	18,643501	Kittles u. a. 1999 (28), Lappalainen u. a. 2008 (295), Sajantila u. a. 1996 (32), Tillmar u. a. 2010 (282)
Italien	ITA	2799	41,871940	12,567380	Achilli u. a. 2007 (315), Babalini u. a. 2005 (200), Bini u. a. 2003 (99), Calì u. a. 2001 (106), Falachi u. a. 2006 (61), Forster u. a. 2002 (159), Francalacci u. a. 1996 (49), Messina u. a. 2010 (124), Mogentale-Profizi u. a. 2001 (68), Ottoni u. a. 2009b (340), Pichler u. a. 2006 (217), Richards u. a. 2000 (138), Stencio u. a. 1996 (70), Tagliabracci u. a. 2001 (83), Thomas u. a. 2008 (263), Turchi u. a. 2008 (388), Verginelli u. a. 2003 (50), Vernesi u. a. 2002 (20), Vona u. a. 2001 (49)
Portugal	POR	1448	39,399872	-8,224454	Côrte-Real u. a. 1996 (54), González u. a. 2003 (299), Pereira u. a. 2004 (548), Pereira u. a. 2010 (285), Prieto u. a. 2011 (232), Richards u. a. 1996 (30)
Spanien	SPA	2506	40,463667	-3,749220	Alvarez u. a. 2007 (265), Álvarez-Iglesias u. a. 2009 (515), Casas u. a. 2006 (108), Cordoso u. a. 2010 (60), Côrte-Real u. a. 1996 (41), Côrte-Real u. a. 1996 & Richards u. a. 1996 (30), Crespillo u. a. 2000 (118), Falachi u. a. 2006 (133), Garcia u. a. 2011 (131), González u. a. 2003 (43), Larruga u. a. 2001 (149), Maca-Meyer u. a. 2003b (160), Picornell u. a. 2005 (183), Pinto u. a. 1996 (18), Plaza u. a. 2003 (95), Prieto u. a. 2011 (365), Salas u. a. 1998 (92)
Spanien, Basken	BAS	618	42,989625	-2,618927	Alfonso-Sánchez u. a. 2008 (55), Alvarez u. a. 2007 (15), Bertranpetit u. a. 1995 (45), Cardoso u. a. 2011 (108), Côrte-Real u. a. 1996 & Richards u. a. 1996 (61), Garcia u. a. 2011 (230), Prieto u. a. 2011 (54), Richards u. a. 2000 (50)

Population	Abk.	n	Breite	Länge	Referenz
Albanien, Mazedonien	ALB	326	41,608635	21,745275	Belledi u. a. 2000 (42), Bosch u. a. 2006 (79), Kouvatsi u. a. 2001 (17), Zimmermann u. a. 2007 (188)
Bosnien-Herzegowina, Kroatien, Serbien	BOS	614	43,915886	17,679076	Babalini u. a. 2005 (96), Harvey u. a. unpubliziert (275), Malyarchuk u. a. 2003 (141), Zgonjanin u. a. 2010 (102)
Bulgarien	BUL	989	42,733883	25,485830	Calafell u. a. 1996 (29), Karachanak u. a. 2012 (850), Richards u. a. 2000 (110)
Griechenland	GRE	996	39,074208	21,824312	Bosch u. a. 2006 (25), Forster u. a. 2002 (82), Irwin u. a. 2008b (300), Kouvatsi u. a. 2001 (52), Martinez u. a. 2008 (178), Richards u. a. 2000 (125), Vernesi u. a. 2001 (48), Villems unpubliziert (186)
Rumänien	ROM	196	45,943161	24,966760	Bosch u. a. 2006 (105), Richards u. a. 2000 (91)
Großbritannien, England, Wales	ENG	2333	52,355518	-1,174320	Garcia u. a. 2011 (9), Piercy u. a. 1993 (96), Richards u. a. 1996 (157), Richards u. a. 2000 (24), Sykes 2006 & Helgason u. a. 2001 (1963), Tonks u. a. unpubliziert (84)
Großbritannien, Schottland	SCO	1853	56,490671	-4,202646	Goodacre u. a. 2005 (108), Sykes 2006 & Goodacre u. a. 2005 (374), Sykes 2006 & Helgason u. a. 2001 (1281), Tonks u. a. unpubliziert (90)
Irland	IRE	299	53,412910	-8,243890	McEvoy u. a. 2004 (299)
		50 688			

Tab. 11.6 Informationen zum Vergleichsdatensatz der 56 rezenten Populationen

Der Datensatz repräsentiert 37 777 publizierte HVS-I-Daten aus Europa, Nordafrika, Südwest- und Zentralasien und wurde für die Cluster- und Procrustes-Analyse verwendet (Kap. 6.2.4.3 u. 6.2.4.4). Die Gruppierung der rezenten Vergleichsdaten erfolgte nach Land oder Ethnie. Für jede Population sind Kürzel, Individuenumfang (n) und geographische Koordinaten eines Bezugpunktes angegeben (Google Earth Abfrage, http://www.google.de/intl/de/earth/, © 2013 Google Inc.). Der Anteil jeder publizierten Studie am Gesamtindividuenumfang einer Population ist in Klammern angegeben.

Population	Abk.	n	Breite	Länge	Referenz
Ägypten	EGY	491	26,820553	30,802498	Krings u. a. 1999b (87), Rowold u. a. 2007 (115), Saunier u. a. 2009 (265), Stévanovitch u. a. 2003 (24)
Libyen	LIB	269	26,335100	17,228331	Fadhlaoui-Zid u. a. 2011 (269)
Marokko	MOR	836	31,791702	-7,092620	Brakez u. a. 2001 (50), Falachi u. a. 2006 (52), Harich u. a. 2010 (81), Plaza u. a. 2003 (18), Rando u. a. 1998 (32), Rhouda u. a. 2009 (547), Turchi u. a. 2009 (56)
Tunesien	TUN	387	33,886917	9,537499	Cerný u. a. 2005 (47), Cerný u. a. 2009 (201), Loueslati u. a. 2006 (29), Plaza u. a. 2003 (47), Turchi u. a. 2009 (63)
Berber	BER	939	28,033886	1,659626	Cerný u. a. 2005 (47), Cerný u. a. 2009 (19), Côrte-Real u. a. 1996 (85), Coudray u. a. 2008 (294), Ennafaâ u. a. 2011 (80), Fadhlaoui-Zid u. a. 2004 (153), González u. a. 2006b (1), Loueslati u. a. 2006 (30), Ottoni u. a. 2009a (129), Pereira u. a. 2010b (20), Pinto u. a. 1996 (18), Plaza u. a. 2003 (4), Rando u. a. 1998 (59)
Kasachstan	KAZ	457	48,019573	66,923684	Comas u. a. 1998 (55), Comas u. a. 2004 (20), Gokcumen u. a. 2008 (136), Irwin u. a. 2010 (246)
Kirgisistan	KYR	351	41,204380	74,766098	Comas u. a. 1998 (93), Comas u. a. 2004 (20), Irwin u. a. 2010 (238)
Tadschikistan	TAJ	292	38,861034	71,276093	Comas u. a. 2004 (20), Derenko u. a. 2007 (44), Irwin u. a. 2010 (228)
Turkmenistan	TUK	352	38,969719	59,556278	Chaix u. a. 2007 (51), Comas u. a. 2004 (20), Irwin u. a. 2010 (240), Quintana-Murci u. a. 2004 (41)
Usbekistan	UZB	485	41,377491	64,585262	Chaix u. a. 2007 (40), Comas u. a. 2004 (40), Devor u. a. 2009 (47), Irwin u. a. 2010 (316), Quintana-Murci u. a. 2004 (42)

Population	Abk.	n	Breite	Länge	Referenz
Russland, Osseten	OSS	305	43,045130	44,287097	Kaldma u. a. unpubliziert (199), Richards u. a. 2000 (106)
Russland	RUS	1768	55,749646	37,623680	Balanovsky u. a. unpubliziert (295), Belyaeva u. a. 2003 (158), Grzybowski u. a. 2007 (156), Kornienko u. a. unpubliziert (124), Malyarchuk/Derenko 2001 (50), Malyarchuk u. a. 2002 (197), Malyarchuk u. a. 2004 (324), Morozova u. a. unpubliziert (316), Orekov u. a. 1999 (102), Richards u. a. 2000 (25), Rubisz 2007 & Rubisz u. a. 2010 (21)
Armenien	ARM	220	40,069099	45,038189	Richards u. a. 2000 (191), Schönberg u. a. 2011 (29)
Aserbaidschan	AZE	116	40,143105	47,576927	Quintana-Murci u. a. 2004 (40), Richards u. a. 2000 (48), Schönberg u. a. 2011 (28)
Georgien	GEO	261	42,315407	43,356892	Alfonso-Sánchez u. a. 2006 (48), Comas u. a. 2000 (45), Quintana-Murci u. a. 2004 (18), Reidla unpubliziert (124), Schönberg u. a. 2011 (26)
Iran	IRA	646	32,427908	53,688046	Comas u. a. 2004 (19), Metspalu u. a. 2004 (434), Nasidze u. a. 2008 (77), Quintana-Murci u. a. 2004 (74), Richards u. a. 2000 (12), Schönberg u. a. 2011 (30)
Irak	IRQ	424	33,223191	43,679291	Al-Zahery u. a. 2003 & Al-Zahery u. a. 2011 (308), Richards u. a. 2000 (116)
Jordanien	JOR	183	30,585164	36,238414	González u. a. 2008 (145), Rowold u. a. 2007 (38)
Kuwait	KUW	350	29,311660	47,481766	Scheible u. a. 2011 (350)
Libanon	LEB	787	33,854721	35,862285	Haber u. a. 2012 (787)
Palestina	PAL	409	31,252973	34,791462	Amar u. a. 2007 (295), Di Rienzo/Wilson 1991 (8), Richards u. a. 2000 (106)
Drusen	DRZ	354	32,994658	35,689532	Macaulay u. a. 1999a (45), Shlush u. a. 2008 (309)
Ver. Arab. Emirate, Oman, Katar	UAE	546	23,424076	53,847818	Alshamali u. a. 2008 (235), Rowold u. a. 2007 (311)
Saudi-Arabien	SAU	551	23,885942	45,079162	Abu-Amero u. a. 2008 (551)
Syrien	SYR	118	34,802075	38,996815	Richards u. a. 2000 (69), Vernesi u. a. 2001 (49)
Türkei	TUR	463	38,963745	35,243322	Calafell u. a. 1996 (28), Comas u. a. 1996 (45), Di Benedetto u. a. 2001 (72), Kivisild u. a. 2002 (5), Mergen u. a. 2004 (75), Quintana-Murci u. a. 2004 (48), Richards u. a. 1996 (22), Richards u. a. 2000 (143), Schönberg u. a. 2011 (25)
Jemen	YEM	394	15,552727	48,516388	Cerný u. a. 2008 (184), Kivisild u. a. 2004 (113), Non u. a. 2011 (50), Rowold u. a. 2007 (47)
Österreich	AUS	374	47,516231	14,550072	Brandstätter u. a. 2007 (259), Handt u. a. 1994b (16), Parson u. a. 1998 (99)
Frankreich	FRA	1216	46,227638	2,213749	Dubut u. a. 2004 (203), Garcia u. a. 2011 (33), Richard u. a. 2007 (866), Richards u. a. 2000 (71), Rousselet/Mangin 1998 (43)
Deutschland	GER	2490	51,165691	10,451526	Baasner/Madea 2000 (100), Baassner u. a. 1998 (50), Brandstätter u. a. 2006 (95), Garcia u. a. 2011 (11), Hofmann u. a. 1997 (66), Lutz u. a. 1998 (200), Pfeiffer u. a. 2001 (1197), Pfeiffer u. a. 1999 (109), Poetsch u. a. 2004 (299), Richards u. a. 1996 (155), Tetzlaff u. a. 2007 (208)
Schweiz	SWZ	225	46,818188	8,227512	Dimo-Simonin u. a. 2000 (151), Pult u. a. 1994 (74)
Weißrussland	BEL	350	53,709807	27,953389	Balanovsky u. a. unpubliziert (259), Belyaeva u. a. 2003 (91)
Tschechische Republik	CZE	351	49,817492	15,472962	Malyarchuk u. a. 2006 (177), Richards u. a. 2000 (83), Vanecek u. a. 2004 (91)
Ungarn	HUN	367	47,162494	19,503304	Bogácsi-Szabó u. a. 2005 (73), Irwin u. a. 2007 (201), Tömöry u. a. 2007 (93)
Polen	POL	883	51,919438	19,145136	Grzybowski u. a. 2007 (411), Malyarchuk u. a. 2002 (435), Richards u. a. 2000 (37)

Population	Abk.	n	Breite	Länge	Referenz
Slowakei	SVK	581	48,669026	19,699024	Lehocký u. a. 2008 (374), Malyarchuk u. a. 2008c (207)
Slowenien	SLO	358	46,151241	14,995463	Malyarchuk u. a. 2003 (102), Metspalu u. a. unpubliziert (128), Zupanic Pajnic u. a. 2004 (128)
Ukraine	UKR	346	48,379433	31,165580	Balanovsky u. a. unpubliziert (328), Malyarchuk/Derenko 2001 (18)
Dänemark	DEN	224	56,263920	9,501785	Mikkelsen u. a. 2010 (191), Richards u. a. 1996 (33)
Estland	EST	262	58,595272	25,013607	Lappalainen u. a. 2008 (117), Richards u. a. 2000 (97), Sajantila u. a. 1995 (28), Sajantila u. a. 1996 (20)
Lettland	LAT	412	56,879635	24,603189	Lappalainen u. a. 2008 (114), Pliss u. a. 2006 (298)
Litauen	LIT	342	55,169438	23,881275	Kasperaviciūte u. a. 2004 (179), Lappalainen u. a. 2008 (163)
Norwegen	NOR	628	60,472024	8,468946	Helgason u. a. 2001 (323), Opdal u. a. 1998 (215), Passarino u. a. 2002 (74), Richards u. a. 2000 (16)
Schweden	SWE	637	60,128161	18,643501	Kittles u. a. 1999 (28), Lappalainen u. a. 2008 (295), Sajantila u. a. 1996 (32), Tillmar u. a. 2010 (282)
Italien	ITA	2799	41,871940	12,567380	Achilli u. a. 2007 (315), Babalini u. a. 2005 (200), Bini u. a. 2003 (99), Cali u. a. 2001 (106), Falachi u. a. 2006 (61), Forster u. a. 2002 (159), Francalacci u. a. 1996 (49), Messina u. a. 2010 (124), Mogentale-Profizi u. a. 2001 (68), Ottoni u. a. 2009b (340), Pichler u. a. 2006 (217), Richards u. a. 2000 (138), Stencio u. a. 1996 (70), Tagliabracci u. a. 2001 (83), Thomas u. a. 2008 (263), Turchi u. a. 2008 (388), Verginelli u. a. 2003 (50), Vernesi u. a. 2002 (20), Vona u. a. 2001 (49)
Portugal	POR	1448	39,399872	-8,224454	Côrte-Real u. a. 1996 (54), González u. a. 2003 (299), Pereira u. a. 2004 (548), Pereira u. a. 2010 (285), Prieto u. a. 2011 (232), Richards u. a. 1996 (30)
Spanien	SPA	2506	40,463667	-3,749220	Alvarez u. a. 2007 (265), Álvarez-Iglesias u. a. 2009 (515), Casas u. a. 2006 (108), Cordoso u. a. 2010 (60), Côrte-Real u. a. 1996 (41), Côrte-Real u. a. 1996 & Richards u. a. 1996 (30), Crespillo u. a. 2000 (118), Falachi u. a. 2006 (133), Garcia u. a. 2011 (131), González u. a. 2003 (43), Larruga u. a. 2001 (149), Maca-Meyer u. a. 2003b (160), Picornell u. a. 2005 (183), Pinto u. a. 1996 (18), Plaza u. a. 2003 (95), Prieto u. a. 2011 (365), Salas u. a. 1998 (92)
Spanien, Basken	BAS	618	42,989625	-2,618927	Alfonso-Sánchez u. a. 2008 (55), Alvarez u. a. 2007 (15), Bertranpetit u. a. 1995 (45), Cardoso u. a. 2011 (108), Côrte-Real u. a. 1996 & Richards u. a. 1996 (61), Garcia u. a. 2011 (230), Prieto u. a. 2011 (54), Richards u. a. 2000 (50)
Albanien, Mazedonien	ALB	326	41,608635	21,745275	Belledi u. a. 2000 (42), Bosch u. a. 2006 (79), Kouvatsi u. a. 2001 (17), Zimmermann u. a. 2007 (188)
Bosnien-Herzegowina, Kroatien, Serbien	BOS	614	43,915886	17,679076	Babalini u. a. 2005 (96), Harvey u. a. unpubliziert (275), Malyarchuk u. a. 2003 (141), Zgonjanin u. a. 2010 (102)
Bulgarien	BUL	989	42,733883	25,485830	Calafell u. a. 1996 (29), Karachanak u. a. 2012 (850), Richards u. a. 2000 (110)
Griechenland	GRE	996	39,074208	21,824312	Bosch u. a. 2006 (25), Forster u. a. 2002 (82), Irwin u. a. 2008b (300), Kouvatsi u. a. 2001 (52), Martinez u. a. 2008 (178), Richards u. a. 2000 (125), Vernesi u. a. 2001 (48), Villems unpubliziert (186)
Rumänien	ROM	196	45,943161	24,966760	Bosch u. a. 2006 (105), Richards u. a. 2000 (91)
Großbritannien, England, Wales	ENG	2333	52,355518	-1,174320	Garcia u. a. 2011 (9), Piercy u. a. 1993 (96), Richards u. a. 1996 (157), Richards u. a. 2000 (24), Sykes 2006 & Helgason u. a. 2001 (1963), Tonks u. a. unpubliziert (84)
Großbritannien, Schottland	SCO	1853	56,490671	-4,202646	Goodacre u. a. 2005 (108), Sykes 2006 & Goodacre u. a. 2005 (374), Sykes 2006 & Helgason u. a. 2001 (1281), Tonks u. a. unpubliziert (90)
Irland	IRE	299	53,412910	-8,243890	McEvoy u. a. 2004 (299)
		37777			

Tab. 11.7 Informationen zum Vergleichsdatensatz der 150 rezenten Populationen

Der Datensatz repräsentiert 44 799 publizierte HVS-I-Daten aus Europa, Nordafrika, Nord-, Südwest- und Zentralasien und wurde für die Erstellung genetischer Distanzkarten herangezogen (Kap. 6.2.4.5). Die Gruppierung der rezenten Vergleichsdaten richtete sich nach der aktuellen administrativen Untergliederung der jeweiligen Länder in Bundesländer oder Regionen. Für jede Population sind Kürzel, Individuenumfang (n) und geographische Koordinaten eines Bezugpunktes angegeben (Google Earth Abfrage, http://www.google.de/intl/de/earth/, © 2013 Google Inc.). Der Anteil jeder publizierten Studie am Gesamtindividuenumfang einer Population ist in Klammern angegeben.

Population	Abk.	n	Breite	Länge	Referenz
Kamerun	CAM	1074	7,369722	12,354722	Cerný u. a. 2004 (144), Coia u. a. 2005 (428), Destro-Bisol u. a. 2004 (125), Quintana-Murci u. a. 2008 (363), Rowold u. a. 2007 (14)
Ägypten	EGY	491	26,820553	30,802498	Krings u. a. 1999b (87), Rowold u. a. 2007 (115), Saunier u. a. 2009 (265), Stévanovitch u. a. 2003 (24)
Äthiopien	ETH	430	9,145000	40,489673	Kivisild u. a. 2004 (270), Poloni u. a. 2009 (160)
Sudan	SUD	136	15,550085	32,532237	Krings u. a. 1999b (136)
Algerien	ALG	129	32,489047	3,678534	Côrte-Real u. a. 1996 (85), Plaza u. a. 2003 (44)
Libyen, Nord	LIBn	269	26,335100	17,228331	Fadhlaoui-Zid u. a. 2011 (269)
Libyen, Süd	LIBs	129	21,566448	24,833216	Ottoni u. a. 2009a (129)
Marokko, Zentral	MORc	268	31,633311	-8,000010	Harich u. a. 2010 (81), Falachi u. a. 2006 (52), Coudray u. a. 2008 (53), Brakez u. a. 2001 (50), Rhouda u. a. 2009 (32)
Marokko, Nordost	MORne	431	34,686667	-1,911397	Rhouda u. a. 2009 (188), Coudray u. a. 2008 (164), Rhouda u. a. 2009 (79)
Marokko, Nordwest	MORnw	325	35,576203	-5,368437	Rhouda u. a. 2009 (248), Pinto u. a. 1996 (18), Rando u. a. 1998 (59)
Tunesien, Nord	TUNn	311	36,818741	10,165977	Cerný u. a. 2009 (248), Turchi u. a. 2009 (63)
Tunesien, Süd	TUNs	263	33,455206	9,767869	Ennafaâ u. a. 2011 (80), Fadhlaoui-Zid u. a. 2004 (153), Loueslati u. a. 2006 (30)
Burkina Faso	BUF	135	12,238333	-1,561593	Cerný u. a. 2006 (97), Pereira u. a. 2010b (38)
Guinea	GUI	383	9,945587	-9,696645	Pinto u. a. 1996 (11), Rosa u. a. 2004 (372)
Mali	MAL	223	17,570692	-3,996166	Ely u. a. 2006 (79), González u. a. 2006b (124), Pereira u. a. 2010b (20)
Mauretanien, Westsahara	MAU	119	21,007890	-10,940835	González u. a. 2006b (64), Rando u. a. 1998 (55)
Senegal	SEN	228	14,497401	-14,452362	Graven u. a. 1995 (108), Rando u. a. 1998 (120)
Sierra Leone	SIR	275	8,460555	-11,779889	Jackson u. a. 2005 (275)
Kasachstan	KAZ	457	48,019573	66,923684	Comas u. a. 1998 (55), Comas u. a. 2004 (20), Gokcumen u. a. 2008 (136), Irwin u. a. 2010 (246)
Kirgisistan	KYR	351	41,204380	74,766098	Comas u. a. 1998 (93), Comas u. a. 2004 (20), Irwin u. a. 2010 (238)
Tadschikistan	TAJ	292	38,861034	71,276093	Comas u. a. 2004 (20), Derenko u. a. 2007 (44), Irwin u. a. 2010 (228)
Turkmenistan	TUK	352	38,969719	59,556278	Chaix u. a. 2007 (51), Comas u. a. 2004 (20), Irwin u. a. 2010 (240), Quintana-Murci u. a. 2004 (41)
Usbekistan, Nordost	UZBne	122	41,266667	69,216667	Devor u. a. 2009 (18), Irwin u. a. 2010 (104)
Usbekistan, Nordwest	UZBnw	203	43,804133	59,445799	Chaix u. a. 2007 (40), Comas u. a. 2004 (20), Devor u. a. 2009 (2), Irwin u. a. 2010 (141)
Usbekistan, Süd	UZBs	160	38,898623	66,046353	Comas u. a. 2004 (20), Devor u. a. 2009 (27), Irwin u. a. 2010 (71), Quintana-Murci u. a. 2004 (42)
Russland, Oblast Archangelsk	ARK	155	63,285280	42,588419	Belyaeva u. a. 2003 (75), Tonks u. a. unpubliziert (80)
Russland, Republik Baschkirien	BSH	83	54,231217	56,164526	Belyaeva u. a. 2003 (83)
Russland, Oblast Belgorod	BGO	242	50,710693	37,753338	Balanovsky u. a. unpubliziert (242)

Population	Abk.	n	Breite	Länge	Referenz
Russland, Oblast Ivanovo, Vladimir, Yaroslavl	YAR	154	57,929669	39,347329	Malyarchuk u. a. 2004 (113), Morozova u. a. unpubliziert (41)
Russland, Oblast Kaluga, Oryol, Tula	TUL	184	54,163768	37,564951	Malyarchuk u. a. 2004 (144), Morozova u. a. unpubliziert (40)
Russland, Oblast Kostrona, Kursk, Lipetsk, Ryazn, Tambov	TAM	231	52,641659	41,421645	Morozova u. a. unpubliziert (129), Orekov u. a. 1999 (102)
Russland, Nord-Kaukasus	CAU	114	43,402330	45,718747	Quintana-Murci u. a. 2004 (37), Richards u. a. 2000 (77)
Russland, Oblast Nowgorod	NOV	190	58,823193	33,412752	Grzybowski u. a. 2007 (156), Morozova u. a. unpubliziert (34)
Russland, Oblast Rostow	ROS	124	47,685325	41,825895	Kornienko u. a. unpubliziert (124)
Russland, Oblast Smolensk	SMO	180	54,988299	32,667738	Balanovsky u. a. unpubliziert (147), Morozova u. a. unpubliziert (33)
Russland, Republik Altai	ALT	467	50,618192	86,219931	Derenko u. a. 2003 (107), Derenko u. a. 2007 (212), Phillips-Krawczak u. a. 2006 (61), Shields u. a. 1993 (16), Starikovskaya u. a. 2005 (71)
Russland, Kalmykien Kalmykien	KMY	106	46,567684	45,773161	Derenko u. a. 2007 (106)
Russland, Republik Karelien	KAR	595	63,753419	33,979229	Lappalainen u. a. 2008 (512), Sajantila u. a. 1995 (83)
Russland, Autonomer Kreis Chanten & Mansen	KHA	277	62,228706	70,641006	Derbeneva u. a. 2002c (98), Pimenoff u. a. 2008 (169), Voevoda u. a. unpubliziert (10)
Russland, Autonomer Kreis Nenzen & Komi	NEN	86	67,607834	57,633833	Tonks u. a. unpubliziert (70), Voevoda u. a. unpubliziert (16)
Russland, Republik Ossetien	OSS	305	43,045130	44,287097	Kaldma u. a. unpubliziert (199), Richards u. a. 2000 (106)
Russland, Republik Tatarstan	TAT	197	55,180236	50,726394	Malyarchuk u. a. 2010b (197)
Afghanistan	AFG	90	33,939110	67,709953	Irwin u. a. 2010 (90)
Parkistan, Nord	PAKn	327	34,952620	72,331113	Quintana-Murci u. a. 2004 (111), Rakha u. a. 2011 (216)
Parkistan, Süd	PAKs	274	25,894302	68,524715	Quintana-Murci u. a. 2004 (274)
Armenien	ARM	220	40,069099	45,038189	Richards u. a. 2000 (191), Schönberg u. a. 2011 (29)
Aserbaidschan	AZE	116	40,143105	47,576927	Quintana-Murci u. a. 2004 (40), Richards u. a. 2000 (48), Schönberg u. a. 2011 (28)
Georgien	GEO	261	42,315407	43,356892	Alfonso-Sánchez u. a. 2006 (48), Comas u. a. 2000 (45), Quintana-Murci u. a. 2004 (18), Reidla unpubliziert (124), Schönberg u. a. 2011 (26)
Iran, Nord	IRAn	342	35,696113	51,423054	Metspalu u. a. 2004 (254), Quintana-Murci u. a. 2004 (58), Schönberg u. a. 2011 (30)
Iran, Süd	IRAs	237	31,436015	49,041312	Metspalu u. a. 2004 (144), Nasidze u. a. 2008 (77), Quintana-Murci u. a. 2004 (16)
Irak	IRQ	283	33,223191	43,679291	Al-Zahery u. a. 2003 & Al-Zahery u. a. 2011 (167), Richards u. a. 2000 (116)
Irak, Marsh	MSH	141	31,536667	47,672222	Al-Zahery u. a. 2011 (141)
Palestina	PAL	409	31,252973	34,791462	Amar u. a. 2007 (295), Di Rienzo/Wilson 1991 (8), Richards u. a. 2000 (106)
Drusen	DRZ	354	32,994658	35,689532	Macaulay u. a. 1999a (45), Shlush u. a. 2008 (309)
Jordanien	JOR	183	31,949381	35,932911	González u. a. 2008 (145), Rowold u. a. 2007 (38)
Kuwait	KUW	350	29,311660	47,481766	Scheible u. a. 2011 (350)
Libanon	LEB	787	33,854721	35,862285	Haber u. a. 2012 (787)
Oman	OMA	95	21,512583	55,923255	Rowold u. a. 2007 (95)
Katar	QAT	90	25,354826	51,183884	Rowold u. a. 2007 (90)

Population	Abk.	n	Breite	Länge	Referenz
Saudi-Arabien	SAU	551	24,688002	46,722433	Abu-Amero u. a. 2008 (551)
Syrien	SYR	118	34,802075	38,996815	Richards u. a. 2000 (69), Vernesi u. a. 2001 (49)
Türkei	TUR	463	38,963745	35,243322	Calafell u. a. 1996 (28), Comas u. a. 1996 (45), Di Benedetto u. a. 2001 (72), Kivisild u. a. 2002 (5), Mergen u. a. 2004 (75), Quintana-Murci u. a. 2004 (48), Richards u. a. 1996 (22), Richards u. a. 2000 (143), Schönberg u. a. 2011 (25)
Ver. Arab. Emirate	UAE	361	23,424076	53,847818	Alshamali u. a. 2008 (235), Rowold u. a. 2007 (126)
Jemen	YEM	394	15,552727	48,516388	Cerný u. a. 2008 (184), Kivisild u. a. 2004 (113), Non u. a. 2011 (50), Rowold u. a. 2007 (47)
Österreich	AUS	374	47,516231	14,550072	Brandstätter u. a. 2007 (259), Handt u. a. 1994b (16), Parson u. a. 1998 (99)
Frankreich, Aquitanien	AQU	81	44,700222	-0,299578	Richard u. a. 2007 (81)
Frankreich, Brittannien	BRI	220	48,202047	-2,932643	Dubut u. a. 2004 (59), Richard u. a. 2007 (161)
Frankreich, Loire	LOI	165	47,763284	-0,329969	Richard u. a. 2007 (165)
Frankreich, Normandie, Picardie	NOM	189	49,524641	0,882833	Dubut u. a. 2004 (38), Garcia u. a. 2011 (27), Richard u. a. 2007 (124)
Frankreich, Poitou, Périgord-Limousin	POU	193	45,833619	1,261105	Dubut u. a. 2004 (69), Richard u. a. 2007 (124)
Frankreich, Korsika	COR	99	42,039604	9,012893	Falachi u. a. 2006 (53), Varesi u. a. 2000 (46)
Deutschland, Zentral	GERc	259	51,433237	7,661594	Baassner u. a. 1998 (50), Baasner/Madea 2000 (100), Pfeiffer u. a. 1999 (109)
Deutschland, Mecklenburg-Vorpommern	MEC	507	53,612650	12,429595	Poetsch u. a. 2004 (299), Tetzlaff u. a. 2007 (208)
Deutschland, Sachsen	SAX	1197	52,264148	10,526380	Pfeiffer u. a. 2001 (1197)
Deutschland, Schleswig-Holstein	HOL	106	54,219367	9,696117	Richards u. a. 1996 (106)
Schweiz	SWZ	225	46,818188	8,227512	Dimo-Simonin u. a. 2000 (151), Pult u. a. 1994 (74)
Tschechische Republik	CZE	351	49,817492	15,472962	Malyarchuk u. a. 2006 (177), Richards u. a. 2000 (83), Vanecek u. a. 2004 (91)
Ungarn	HUN	367	47,162494	19,503304	Bogácsi-Szabó u. a. 2005 (73), Irwin u. a. 2007 (201), Tömöry u. a. 2007 (93)
Polen, Kujawien-Pommern	KUY	435	53,164836	18,483422	Malyarchuk u. a. 2002 (435)
Polen, Pommern	POM	251	54,294425	18,153116	Grzybowski u. a. 2007 (251)
Polen, Schlesien	SIL	87	50,571659	19,321977	Grzybowski u. a. 2007 (87)
Weißrussland, Nord	BELn	99	55,295983	28,758363	Balanovsky u. a. unpubliziert (99)
Weißrussland, Süd	BELs	251	52,164875	29,133325	Balanovsky u. a. unpubliziert (160), Belyaeva u. a. 2003 (91)
Slowakei	SVK	581	48,669026	19,699024	Lehocký u. a. 2008 (374), Malyarchuk u. a. 2008c (207)
Slowenien	SLO	358	46,151241	14,995463	Malyarchuk u. a. 2003 (102), Metspalu u. a. unpubliziert (128), Zupanic Pajnic u. a. 2004 (128)
Ukraine	UKR	252	48,379433	31,165580	Balanovsky u. a. unpubliziert (234), Malyarchuk/Derenko 2001 (18)
Dänemark	DEN	224	56,263920	9,501785	Mikkelsen u. a. 2010 (191), Richards u. a. 1996 (33)
Estland	EST	262	58,595272	25,013607	Lappalainen u. a. 2008 (117), Richards u. a. 2000 (97), Sajantila u. a. 1996 (20), Sajantila u. a. 1995 (28)
Färöer-Inseln	FAR	122	61,892635	-6,911806	Als u. a. 2006 (122)
Finnland, Süd	FINs	159	62,893334	27,679328	Richards u. a. 1996 (29), Meinilä u. a. 2001 (100), Hedmann u. a. 2007 (30)
Finnland, Oulu	OUL	201	64,227000	27,728500	Meinilä u. a. 2001 (201)
Finnland, Westfinnland	WEF	246	61,497856	23,759633	Meinilä u. a. 2001 (100), Hedmann u. a. 2007 (146)

Population	Abk.	n	Breite	Länge	Referenz
Island	ICE	998	64,963051	-19,020835	Helgason u. a. 2000 (394), Helgason u. a. 2003 (551), Richards u. a. 1996 (14), Sajantila u. a. 1995 (39)
Lettland	LTV	412	56,879635	24,603189	Lappalainen u. a. 2008 (114), Pliss u. a. 2006 (298)
Litauen	LIT	342	55,169438	23,881275	Lappalainen u. a. 2008 (163), Kasperaviciūte u. a. 2004 (179)
Norwegen, north	NORn	339	63,430476	10,395094	Helgason u. a. 2001 (323), Richards u. a. 2000 (16)
Norwegen, Süd	NORs	289	59,913869	10,752245	Opdal u. a. 1998 (215), Passarino u. a. 2002 (74)
Schweden, Zentral	SWEc	295	63,171192	14,959180	Lappalainen u. a. 2008 (295)
Schweden, Süd	SWEs	273	58,345364	15,519784	Tillmar u. a. 2010 (245), Kittles u. a. 1999 (28)
Saami	SAA	322	68,905761	27,030464	Delghandi u. a. 1998 (61), Lahermo u. a. 1996 (22), Sajantila u. a. 1995 (115), Tillmar u. a. 2010 (38), Tonks u. a. unpubliziert (86)
Italien, Süd	ITAs	322	40,637242	15,802221	Babalini u. a. 2005 (136), Ottoni u. a. 2009b (186)
Italien, Emilia-Romagna	EMI	189	44,596761	11,218640	Bini u. a. 2003 (99), Turchi u. a. 2008 (90)
Italien, Latium	LAT	280	41,655242	12,989615	Babalini u. a. 2005 (53), Messina u. a. 2010 (124), Richards u. a. 2000 (48), Turchi u. a. 2008 (55)
Italien, Sizilein	SIZ	558	37,397930	14,658782	Calì u. a. 2001 (106), Forster u. a. 2002 (159), Ottoni u. a. 2009b (154), Richards u. a. 2000 (90), Vona u. a. 2001 (49)
Italien, Süd-Tirol	STY	540	46,433666	11,169330	Pichler u. a. 2006 (217), Stencio u. a. 1996 (60), Thomas u. a. 2008 (263)
Italien, Toskana	TUS	473	43,567115	10,980700	Achilli u. a. 2007 (315), Falachi u. a. 2006 (61), Francalacci u. a. 1996 (49), Turchi u. a. 2008 (48)
Italien, Sardinien	SAR	348	40,120875	9,012893	Di Rienzo/Wilson 1991 (68), Falachi u. a. 2006 (234), Richards u. a. 2000 (46)
Portugal, Zentral	PORc	367	40,211491	-8,429201	González u. a. 2003 (78), Pereira u. a. 2004 (238), Prieto u. a. 2011 (51)
Portugal, Nord	PORn	452	41,149968	-8,610243	González u. a. 2003 (84), Pereira u. a. 2004 (187), Prieto u. a. 2011 (181)
Portugal, Süd	PORs	545	38,015624	-7,865235	González u. a. 2003 (137), Pereira u. a. 2004 (123), Pereira u. a. 2010 (285)
Portugal, Azoren	ACO	444	38,721642	-27,220577	Brehm u. a. 2003 (179), Santos u. a. 2003 (146), Santos u. a. 2010 (119)
Portugal, Madeira	MAD	155	32,760707	-16,959472	Brehm u. a. 2003 (155)
Spanien, Zentral	SPAc	144	40,416691	-3,700345	Alvarez u. a. 2007 (31), Larruga u. a. 2001 (38), Prieto u. a. 2011 (75)
Spanien, Andalusien	AND	396	37,544271	-4,727753	Alvarez u. a. 2007 (64), Casas u. a. 2006 (108), Côrte-Real u. a. 1996 (15), Falachi u. a. 2006 (66), Larruga u. a. 2001 (50), Plaza u. a. 2003 (49), Prieto u. a. 2011 (44)
Spanien, Asturien	AST	101	43,250439	-5,983258	Alvarez u. a. 2007 (13), Garcia u. a. 2011 (76), Prieto u. a. 2011 (12)
Spanien, Kantabrien	CTB	377	43,182840	-3,987843	Alvarez u. a. 2007 (11), Álvarez-Iglesias u. a. 2009 (134), Cordoso u. a. 2010 (60), Garcia u. a. 2011 (6), Maca-Meyer u. a. 2003b (160), Prieto u. a. 2011 (6)
Spanien, Kastilien & Lèon	CYL	107	41,835682	-4,397636	Alvarez u. a. 2007 (15), Larruga u. a. 2001 (61), Prieto u. a. 2011 (31)
Spanien, Katalonien	CAT	237	41,591159	1,520862	Alvarez u. a. 2007 (41), Álvarez-Iglesias u. a. 2009 (100), Côrte-Real u. a. 1996 (15), Garcia u. a. 2011 (23), Plaza u. a. 2003 (46), Prieto u. a. 2011 (12)
Spanien, Galizien	GAL	496	42,575055	-8,133856	Alvarez u. a. 2007 (30), Álvarez-Iglesias u. a. 2009 (281), Garcia u. a. 2011 (18), González u. a. 2003 (43), Prieto u. a. 2011 (32), Salas u. a. 1998 (92)
Spanien, Valencia, Murcia	VAL	132	39,470239	-0,376805	Alvarez u. a. 2007 (41), Picornell u. a. 2005 (42), Prieto u. a. 2011 (49)

Population	Abk.	n	Breite	Länge	Referenz
Spanien, Balearen	BAL	219	39,534179	2,857710	Alvarez u. a. 2007 (6), Falachi u. a. 2006 (67), Picornell u. a. 2005 (141), Prieto u. a. 2011 (5)
Spanien, Kanarische Inseln	CAN	868	28,291564	-16,629130	Alvarez u. a. 2007 (8), Pinto u. a. 1996 (54), Prieto u. a. 2011 (4), Rando u. a. 1999 (300), Santos u. a. 2010 (502)
Spanien, Basken, West	BASw	238	43,220429	-2,698387	Alfonso-Sánchez u. a. 2008 (55), Côrte-Real u. a. 1996 & Richards u. a. 1996 (61), Garcia u. a. 2011 (93), Prieto u. a. 2011 (29)
Spanien, Basken, Ost	BASe	266	43,075630	-2,223667	Bertranpetit u. a. 1995 (45), Cardoso u. a. 2011 (108), Garcia u. a. 2011 (113)
Albanien	ALB	84	41,153332	20,168331	Belledi u. a. 2000 (42), Bosch u. a. 2006 (42)
Bosnien-Herzegowina	BOS	300	43,915886	17,679076	Harvey u. a. unpubliziert (159), Malyarchuk u. a. 2003 (141)
Bulgarien	BUL	989	42,733883	25,485830	Calafell u. a. 1996 (29), Karachanak u. a. 2012 (850), Richards u. a. 2000 (110)
Kroatien	CRO	155	43,295246	17,020760	Babalini u. a. 2005 (96), Harvey u. a. unpubliziert (59)
Kroatien, Cres	CRE	119	44,960921	14,412464	Jeran u. a. 2009 (119)
Kroatien, Hvar	HVA	108	43,172591	16,443230	Tolk u. a. 2001 (108)
Griechenland, Nord	GREn	478	40,639350	22,944607	Bosch u. a. 2006 (25), Forster u. a. 2002 (13), Irwin u. a. 2008b (300), Kouvatsi u. a. 2001 (15), Richards u. a. 2000 (125)
Griechenland, Süd	GREs	126	37,979180	23,716647	Forster u. a. 2002 (59), Kouvatsi u. a. 2001 (37), Vernesi u. a. 2001 (30)
Griechenland, Kreta	CRE	392	35,240117	24,809269	Forster u. a. 2002 (10), Martinez u. a. 2008 (178), Vernesi u. a. 2001 (18), Villems unpubliziert (186)
Mazedonien	MAC	242	41,608635	21,745275	Bosch u. a. 2006 (37), Kouvatsi u. a. 2001 (17), Zimmermann u. a. 2007 (188)
Rumänien	ROM	196	45,943161	24,966760	Richards u. a. 2000 (91), Bosch u. a. 2006 (105)
Rumänien, Sekler	SEK	241	46,367001	25,809450	Tömöry u. a. 2007 (74), Brandstätter u. a. 2007 (167)
Serbien	SER	159	44,016521	21,005859	Harvey u. a. unpubliziert (57), Zgonjanin u. a. 2010 (102)
Großbritannien, England, Zentral	ENGc	267	52,482961	-1,893592	Sykes 2006 & Helgason u. a. 2001 (267)
Großbritannien, England, North	ENGn	402	54,250359	-1,470855	Sykes 2006 & Helgason u. a. 2001 (402)
Großbritannien, England, Südost	ENGse	345	51,500152	-0,126236	Sykes 2006 & Helgason u. a. 2001 (345)
Großbritannien, England, Südwest	ENGsw	280	51,014653	-3,103446	Richards u. a. 1996 (68), Richards u. a. 2000 (24), Sykes 2006 & Helgason u. a. 2001 (188)
Großbritannien, England, Ostanglien	ANG	337	52,202544	0,131237	Sykes 2006 & Helgason u. a. 2001 (337)
Großbritannien, Schotland, Südwest	SCOsw	333	55,865627	-4,257223	Sykes 2006 & Helgason u. a. 2001 (333)
Großbritannien, Schottland, Fife, Grampian & Tayside	FIF	377	56,844282	-3,104201	Sykes 2006 & Helgason u. a. 2001 (377)
Großbritannien, Schottland, Highlands	HIG	207	57,120000	-4,710000	Sykes 2006 & Helgason u. a. 2001 (207)
Großbritannien, Orkney	ORK	181	59,014323	-3,234351	Sykes 2006 & Helgason u. a. 2001 (91), Tonks u. a. unpubliziert (90)
Großbritannien, Shetland Inseln	SHE	482	60,344160	-1,256425	Goodacre u. a. 2005 (108), Sykes 2006 & Goodacre u. a. 2005 (374)
Großbritannien, Westliche Inseln	WIS	236	57,602614	-7,305521	Sykes 2006 & Helgason u. a. 2001 (236)
Großbritannien, Wales	WAL	387	52,469978	-3,830377	Richards u. a. 1996 (89), Sykes 2006 & Helgason u. a. 2001 (298)
Irland	IRE	299	53,412910	-8,243890	McEvoy u. a. 2004 (299)
		44 799			

Tab. 11.9 Haplogruppenfrequenzen der MESG-Kulturen und 73 rezenter Populationen

Die Tabelle führt die relativen Häufigkeiten von 23 Haplogruppen der MESG-Kulturen und 73 Populationen aus Europa, Nordafrika, Nord-, Südwest-, Südost- und Zentralasien auf, welche für die Hauptkomponentenanalyse verwendet wurden (Abb. 7.13a–i). Details zum verwendeten Vergleichsdatensatz sind in Tabelle 11.5 zusammengefasst.

Abk.	Asien andere	Afrika	N1a	I	I1	W	X	HV	V	H	H5	T1	T2	J	U	U2	U3	U4	U5a	U5b	U8	K
EGY	18,7	0,6	21,8	1,0	1,4	0,6	1,0	0,6	4,1	0,4	15,3	0,4	5,3	6,1	8,8	2,6	0,6	3,3	1,0	0,6	1,0	0,2	4,5
LIB	10,8	0,0	27,5	0,4	0,4	0,0	0,0	2,2	1,1	7,8	15,6	1,5	1,5	4,5	9,7	4,8	0,4	2,2	0,4	1,5	1,9	0,7	5,2
MOR	8,4	0,0	20,6	0,0	0,0	0,0	0,6	2,5	2,0	7,4	26,9	1,2	0,7	4,2	4,7	9,8	0,5	1,0	0,7	1,3	2,6	0,1	4,8
TUN	7,8	0,5	28,2	0,0	0,0	0,3	0,0	0,8	3,1	3,9	25,8	2,3	3,1	3,6	4,7	7,5	0,3	0,5	0,5	1,0	1,6	2,1	2,6
BER	9,5	0,2	24,8	0,0	0,0	0,1	0,3	1,3	1,3	7,5	30,4	1,0	3,7	1,5	4,4	6,3	0,3	1,5	0,3	0,1	2,0	0,2	3,4
KAZ	8,8	53,4	0,0	1,5	0,0	0,4	1,3	0,2	2,0	0,7	11,4	1,1	1,3	3,1	2,4	1,1	2,0	0,2	2,0	3,5	1,3	0,9	1,1
KYR	14,2	56,7	0,0	0,0	0,6	0,6	1,4	0,3	2,0	0,6	8,8	0,6	1,4	0,3	3,4	0,9	1,1	0,6	3,1	1,4	1,1	0,3	0,6
MON	17,1	72,4	0,0	0,3	0,0	0,0	0,3	0,0	0,5	0,0	2,3	0,5	0,3	0,5	2,6	0,3	0,0	0,0	0,8	0,3	0,8	0,0	1,3
TAJ	8,2	37,3	0,0	0,0	0,0	0,3	6,2	0,0	0,7	0,3	13,0	1,7	4,5	2,7	2,4	7,5	1,7	2,1	1,4	5,5	1,7	0,0	2,7
TUK	12,2	33,2	0,0	0,6	0,6	0,3	1,4	1,7	1,4	0,3	21,9	1,7	1,4	4,3	6,8	1,7	2,0	0,6	2,8	1,7	0,6	0,0	2,8
UZB	15,3	32,0	0,4	0,2	0,6	1,4	1,6	1,2	2,3	0,8	17,3	1,6	2,3	4,1	4,5	2,1	2,3	1,0	2,7	1,6	1,6	0,0	2,9
CHI	35,6	63,3	0,0	0,0	0,0	0,0	0,1	0,0	0,1	0,0	0,4	0,1	0,1	0,0	0,2	0,0	0,2	0,0	0,0	0,0	0,0	0,0	0,0
JAP	29,4	68,8	0,1	0,0	0,0	0,0	0,0	0,0	0,1	0,1	1,3	0,0	0,0	0,0	0,0	0,0	0,0	0,0	0,0	0,0	0,0	0,1	0,0
KOR	23,8	76,0	0,0	0,0	0,0	0,0	0,1	0,0	0,0	0,1	0,0	0,0	0,0	0,0	0,0	0,0	0,0	0,0	0,0	0,0	0,0	0,0	0,0
TAI	25,9	73,8	0,0	0,0	0,0	0,0	0,0	0,0	0,0	0,0	0,3	0,0	0,0	0,0	0,0	0,0	0,0	0,0	0,0	0,0	0,0	0,0	0,0
KHA	3,2	34,3	0,0	0,4	0,0	0,0	0,0	0,0	0,0	0,4	13,7	0,4	4,0	0,7	14,1	8,3	1,4	0,0	12,3	5,4	0,0	0,0	1,4
YAK	2,7	89,1	0,0	0,0	0,0	0,0	0,8	0,0	1,0	0,1	1,8	0,0	0,0	1,4	1,8	0,0	0,0	0,9	0,0	0,2	0,0	0,0	0,2
KOY	13,6	86,4	0,0	0,0	0,0	0,0	0,0	0,0	0,0	0,0	0,0	0,0	0,0	0,0	0,0	0,0	0,0	0,0	0,0	0,0	0,0	0,0	0,0
BUR	9,0	74,3	0,0	0,4	0,3	0,0	0,3	0,3	0,9	0,1	5,4	0,3	0,5	0,9	1,2	0,5	0,3	0,0	0,7	1,6	0,5	0,4	2,0
TUV	4,7	83,2	0,0	0,9	0,0	0,4	0,0	0,4	0,0	0,0	2,3	0,2	0,0	2,3	2,1	0,0	0,2	1,3	0,4	0,0	1,5	0,0	0,0
ALT	9,4	60,8	0,0	0,9	0,6	0,2	0,0	2,1	0,2	0,6	6,9	0,6	1,5	0,2	2,4	0,6	2,4	0,9	5,1	1,5	0,9	0,2	1,9
EVE	1,2	94,8	0,0	0,0	0,0	0,0	0,0	0,0	0,0	0,0	2,8	0,0	0,0	0,0	0,6	0,0	0,0	0,0	0,0	0,0	0,0	0,0	0,6
OSS	14,1	3,9	0,7	0,0	1,0	0,3	2,3	3,0	3,0	1,3	25,6	0,7	4,3	2,3	16,1	5,6	3,6	3,3	0,0	4,9	2,0	0,0	2,3
RUS	5,7	2,0	0,2	0,3	0,5	1,6	1,8	1,3	1,8	4,2	36,3	4,9	2,7	6,5	7,8	1,6	1,4	1,1	3,8	7,7	2,5	0,6	3,7
MAY	48,6	45,1	1,6	0,0	0,4	0,0	0,0	0,4	0,0	0,0	2,0	0,4	0,0	0,0	0,4	0,0	1,2	0,0	0,0	0,0	0,0	0,0	0,0
THA	45,4	53,8	0,1	0,0	0,0	0,0	0,3	0,0	0,0	0,0	0,1	0,0	0,0	0,0	0,0	0,0	0,1	0,0	0,1	0,0	0,0	0,0	0,0
VIE	43,4	55,8	0,0	0,0	0,0	0,0	0,4	0,0	0,0	0,0	0,0	0,0	0,0	0,0	0,0	0,4	0,0	0,0	0,0	0,0	0,0	0,0	0,0
ARM	8,6	0,5	0,0	0,9	0,5	0,9	0,9	3,6	5,9	0,0	27,7	1,4	5,5	5,0	9,5	6,8	0,9	5,0	4,1	2,3	1,4	1,4	7,3
AZE	8,6	6,0	0,0	0,0	2,6	0,0	2,6	3,4	6,0	2,6	22,4	0,9	4,3	9,5	6,0	8,6	0,9	3,4	3,4	4,3	0,0	0,0	4,3
GEO	16,5	1,9	0,0	0,0	0,0	0,4	3,1	2,7	3,8	0,4	18,4	1,5	4,6	8,8	3,1	4,6	1,1	4,6	8,4	3,1	1,1	0,0	11,9
IRA	15,2	3,1	1,4	0,3	1,7	0,6	2,0	2,2	8,0	0,6	16,6	0,9	3,3	4,3	14,2	10,8	0,9	2,5	1,5	2,5	0,8	0,5	6,0
IRQ	15,6	1,2	7,5	0,0	0,5	0,5	2,1	1,2	9,2	0,2	14,6	2,6	5,4	3,5	13,2	7,3	0,9	5,0	2,8	1,2	0,2	0,0	5,2
JOR	10,9	0,5	13,7	0,0	0,5	1,1	1,1	1,1	6,0	0,0	23,5	1,6	0,5	6,6	6,3	3,8	1,1	14,8	1,6	0,5	0,0	0,5	4,4
KUW	31,4	1,7	9,7	0,6	0,9	0,9	1,4	2,6	2,3	0,0	9,4	0,6	2,6	4,0	16,0	7,1	0,9	1,7	1,4	0,9	0,6	0,9	2,6
LEB	10,5	1,7	1,8	0,1	1,3	0,4	1,9	2,0	3,7	2,0	31,3	2,4	5,7	4,6	7,9	4,7	0,8	5,0	1,4	1,7	0,5	0,5	8,3
PAL	20,5	1,5	11,2	0,5	0,2	0,0	1,0	2,0	2,0	0,5	24,7	2,7	2,7	5,1	9,5	3,9	0,2	2,4	0,7	0,7	1,0	0,0	6,8
DRZ	8,2	0,0	2,5	0,0	2,8	0,6	1,1	15,0	5,9	0,6	29,1	0,3	4,8	0,8	4,8	7,6	0,6	0,6	0,0	0,8	0,0	0,8	13,0
UAE	22,5	1,5	17,2	0,4	0,9	1,6	2,9	0,9	5,5	0,2	10,3	0,0	0,9	2,4	11,9	5,1	5,9	1,8	0,9	0,4	0,2	0,0	6,4
SAU	30,3	0,9	9,8	2,4	0,5	0,4	1,1	2,7	0,9	0,0	8,9	0,4	2,2	4,0	20,9	5,8	0,9	2,4	0,5	0,4	0,4	0,4	4,0
SYR	11,9	0,8	5,9	0,0	0,0	0,0	2,5	0,8	2,5	2,5	24,6	1,7	3,4	8,5	8,5	10,2	0,8	5,1	2,5	1,7	0,0	0,0	5,9
TUR	11,0	6,5	1,3	0,4	0,9	0,6	1,9	3,2	4,8	0,6	28,5	2,4	2,8	4,3	8,9	5,6	1,3	3,7	1,9	1,7	1,3	0,6	5,6
YEM	19,5	0,3	34,5	2,3	0,3	0,0	0,5	1,0	2,0	0,0	6,3	0,0	2,0	2,5	15,2	3,0	1,3	0,8	1,0	0,5	0,0	0,3	6,6
AUS	1,1	0,5	0,0	0,5	1,1	0,0	1,3	1,3	0,8	1,9	41,2	3,7	4,0	8,0	8,8	1,1	1,9	0,8	4,5	6,1	2,4	0,3	8,6
FRA	3,3	0,4	0,9	0,2	1,2	0,9	1,9	0,9	2,1	5,0	41,1	3,1	1,9	6,2	7,6	1,0	1,6	1,1	2,5	3,8	4,3	0,4	8,7
GER	3,5	0,8	0,3	0,1	1,5	0,6	1,7	1,3	0,5	4,0	40,1	4,8	2,8	7,8	9,0	0,6	1,0	1,1	2,9	5,1	3,7	0,2	6,5
SWZ	2,7	0,0	0,9	0,0	0,9	0,0	1,8	0,4	0,4	4,9	43,1	4,4	2,2	9,3	11,6	0,0	0,9	0,9	3,1	4,0	2,7	0,4	5,3
BEL	3,7	1,7	0,0	0,0	1,1	0,6	3,7	0,3	2,0	6,0	35,4	3,7	2,3	5,1	8,9	5,4	2,3	2,0	3,1	6,6	2,6	1,1	2,3
CZE	7,4	0,6	0,3	0,6	1,1	1,7	1,1	2,0	1,7	2,8	36,2	4,0	4,0	7,7	10,0	0,3	1,1	1,7	2,3	7,1	2,6	0,3	3,4
HUN	3,8	1,4	0,3	0,0	1,4	0,5	5,2	1,1	0,8	4,9	35,7	3,5	2,5	8,7	10,1	0,8	0,8	0,5	3,3	3,5	3,8	0,5	6,8
POL	1,8	1,0	0,1	0,2	1,2	0,7	3,6	1,9	1,0	4,9	39,4	4,5	2,2	6,9	7,9	0,5	1,2	0,7	5,2	6,0	4,1	0,9	4,0
SVK	2,2	1,5	0,3	0,3	0,9	2,1	2,1	1,0	1,9	3,3	38,0	5,0	1,2	8,1	8,6	0,7	0,9	0,9	5,5	5,2	6,0	0,5	3,8
SLO	2,2	0,8	0,0	0,6	2,2	0,6	2,2	1,1	1,1	4,7	36,3	8,1	2,5	6,4	9,8	0,8	1,1	1,7	2,8	7,0	2,0	0,6	5,3
UKR	3,8	0,9	0,3	0,0	0,6	1,2	2,6	0,9	3,5	4,3	37,0	2,0	2,9	8,4	8,1	0,3	1,7	0,9	5,8	6,1	3,8	0,3	4,9
DEN	2,2	0,0	0,4	0,9	1,8	0,4	0,9	0,9	0,0	3,6	46,0	1,3	1,3	5,8	13,4	0,4	2,7	0,0	2,2	4,5	1,3	0,0	8,9
EST	1,5	0,0	1,1	0,0	1,1	3,1	0,8	0,8	1,5	42,0	3,8	1,5	7,6	10,7	0,4	1,5	0,8	5,7	9,2	4,2	0,8	1,9	
FIN	0,9	2,0	0,0	0,3	2,1	2,2	9,6	1,3	0,0	7,3	34,1	2,3	2,0	2,4	5,9	0,2	0,6	0,0	1,1	6,1	14,6	0,6	4,5
ICE	2,4	0,5	0,2	0,0	1,1	2,8	0,5	1,5	3,6	2,1	34,1	3,6	0,5	10,1	13,7	0,3	0,0	2,4	2,8	5,2	2,5	0,2	9,8
LAT	1,5	0,5	0,0	0,0	0,2	4,4	4,1	0,2	2,2	2,7	35,0	7,0	1,7	6,3	6,1	1,2	3,6	2,2	8,7	7,3	2,7	0,0	2,4
LIT	5,8	0,3	0,0	0,9	0,6	2,6	0,9	0,9	0,9	5,0	43,0	2,3	3,2	7,0	6,4	0,6	0,0	1,2	3,8	6,7	4,7	0,6	1,5
NOR	3,0	0,5	0,3	0,0	1,8	0,9	0,2	1,8	0,5	3,8	42,7	3,0	1,0	7,6	10,5	1,0	0,2	1,3	2,7	5,4	6,1	1,0	5,4
SWE	0,8	1,7	0,6	0,0	2,7	0,2	1,3	1,3	0,5	5,0	43,6	2,2	2,7	4,1	7,7	1,1	0,8	0,6	3,0	6,0	6,1	1,6	6,4
ITA	6,9	0,3	0,8	0,1	1,0	0,4	1,9	2,0	2,9	3,3	36,3	3,9	3,3	8,3	8,1	2,3	1,6	2,1	1,9	3,3	1,3	0,5	7,7
POR	2,8	0,1	6,4	0,1	0,9	1,3	1,8	2,1	0,1	4,8	41,9	2,1	3,2	6,3	6,8	2,8	1,2	0,9	1,7	2,3	4,2	0,1	6,1
SPA	4,8	0,5	2,4	0,0	0,8	0,4	1,4	1,7	0,7	7,5	41,5	2,6	2,1	6,4	6,6	1,5	1,2	1,4	1,9	2,5	5,6	0,2	6,3
BAS	1,8	0,0	0,3	0,0	0,5	0,2	1,1	2,3	0,8	7,9	46,3	2,8	1,5	6,0	7,6	1,3	1,0	0,3	0,8	0,6	11,0	0,6	5,3
ALB	4,6	0,3	0,3	0,3	0,6	1,2	2,5	1,8	0,9	3,4	43,9	4,0	4,3	5,5	7,1	2,1	1,8	0,6	2,5	4,9	1,5	0,6	5,2
BOS	3,4	0,7	0,5	1,0	2,4	0,8	2,9	0,8	1,1	4,7	38,1	7,7	1,8	4,4	8,3	0,8	0,8	0,8	4,9	5,9	2,9	0,3	4,9
BUL	3,9	0,8	0,3	0,6	1,1	0,3	2,5	1,8	3,7	3,5	38,6	3,2	4,7	4,7	7,7	2,1	1,3	2,0	3,9	4,4	2,4	0,4	5,8

Abk.	Asien andere	Afrika	N1a	I	I1	W	X	HV	V	H	H5	T1	T2	J	U	U2	U3	U4	U5a	U5b	U8	K
GRE	7,0	0,4	0,1	0,3	1,0	1,0	1,3	4,2	2,7	1,8	36,7	3,7	3,5	6,6	9,5	2,1	0,7	3,8	2,6	2,7	2,5	0,4	5,1
ROM	5,6	0,5	0,0	0,5	0,0	0,5	3,1	2,6	2,6	3,6	32,7	6,1	6,1	5,1	11,2	0,5	1,5	1,0	2,6	4,6	4,1	0,0	5,6
ENG	1,6	0,1	0,2	0,2	2,5	1,5	1,2	1,6	0,0	3,2	40,7	4,1	1,6	6,2	11,5	2,3	1,5	0,6	2,2	4,9	4,2	0,4	7,8
SCO	1,9	0,4	0,0	0,1	3,1	1,0	0,6	2,5	0,2	3,0	41,0	3,1	2,2	5,9	12,7	2,2	1,2	1,1	2,8	3,9	4,2	0,2	6,9
IRE	0,7	0,3	0,0	0,0	2,7	0,3	2,3	0,7	1,3	5,7	42,8	1,3	1,3	5,4	10,7	0,3	1,3	1,0	1,3	3,3	5,0	0,0	12,0
LBK	0,0	0,0	0,0	12,7	0,0	0,0	2,9	1,0	4,9	4,9	15,7	1,0	0,0	21,6	11,8	0,0	0,0	1,0	0,0	2,0	1,0	0,0	19,6
RSK	0,0	0,0	0,0	9,1	0,0	0,0	0,0	9,1	9,1	9,1	27,3	9,1	0,0	18,2	0,0	0,0	0,0	0,0	0,0	0,0	0,0	0,0	9,1
SCG	0,0	0,0	0,0	3,0	0,0	0,0	9,1	3,0	3,0	0,0	15,2	0,0	0,0	12,1	15,2	0,0	0,0	0,0	0,0	0,0	6,1	3,0	30,3
BAK	0,0	0,0	0,0	5,3	0,0	0,0	0,0	10,5	5,3	0,0	26,3	0,0	5,3	21,1	5,3	0,0	0,0	0,0	0,0	0,0	5,3	5,3	10,5
SMK	0,0	0,0	0,0	6,9	0,0	0,0	0,0	3,4	3,4	3,4	13,8	17,2	0,0	6,9	20,7	0,0	0,0	10,3	0,0	0,0	3,4	0,0	10,3
BBK	0,0	0,0	0,0	0,0	0,0	0,0	5,9	5,9	0,0	5,9	17,6	5,9	0,0	11,8	0,0	0,0	0,0	0,0	0,0	11,8	17,6	0,0	17,6
SKK	0,0	0,0	0,0	0,0	2,3	0,0	2,3	6,8	2,3	0,0	20,5	2,3	6,8	11,4	9,1	0,0	2,3	0,0	6,8	9,1	4,5	0,0	13,6
GBK	0,0	0,0	0,0	0,0	0,0	0,0	6,9	0,0	0,0	0,0	37,9	10,3	3,4	6,9	3,4	0,0	0,0	0,0	6,9	13,8	6,9	0,0	3,4
AK	1,1	0,0	0,0	0,0	5,3	7,4	4,3	5,3	2,1	3,2	18,1	3,2	2,1	6,4	6,4	2,1	6,4	0,0	1,1	12,8	2,1	3,2	7,4

Tab. 11.10 Haplogruppenfrequenzen der MESG-Kulturen und 56 rezenter Populationen

Die Haplogruppen der MESG-Kulturen und von 56 Populationen aus Europa, Nordafrika, Südwest- und Zentralasien wurden in 23 Gruppen unterteilt. Die Frequenzen wurden für die Cluster- und Procrustes-Analyse herangezogen (Abb. 7.14a–i u. 7.15a–i). Informationen zu den Vergleichsdaten sind in Tabelle 11.6 aufgeführt.

Abk.	Asien andere	Afrika	N1a	I	I1	W	X	HV	V	H	H5	T1	T2	J	U	U2	U3	U4	U5a	U5b	U8	K
EGY	18,7	0,6	21,8	1,0	1,4	0,6	1,0	0,6	4,1	0,4	15,3	0,4	5,3	6,1	8,8	2,6	0,6	3,3	1,0	0,6	1,0	0,2	4,5
LIB	10,8	0,0	27,5	0,4	0,4	0,0	0,0	2,2	1,1	7,8	15,6	1,5	1,5	4,5	9,7	4,8	0,4	2,2	0,4	1,5	1,9	0,7	5,2
MOR	8,4	0,0	20,6	0,0	0,0	0,0	0,6	2,5	2,0	7,4	26,9	1,2	0,7	4,2	4,7	9,8	0,5	1,0	0,7	1,3	2,6	0,1	4,8
TUN	7,8	0,5	28,2	0,0	0,0	0,3	0,0	0,8	3,1	3,9	25,8	2,3	3,1	3,6	4,7	7,5	0,3	0,5	0,5	1,0	1,6	2,1	2,6
BER	9,5	0,2	24,8	0,0	0,0	0,1	0,3	1,3	1,3	7,5	30,4	1,0	3,7	1,5	4,4	6,3	0,3	1,5	0,3	0,1	2,0	0,2	3,4
KAZ	8,8	53,4	0,0	1,5	0,4	0,4	1,3	0,2	2,0	0,7	11,4	1,1	1,3	3,1	2,4	1,1	2,0	0,2	2,0	3,5	1,3	0,9	1,1
KYR	14,2	56,7	0,0	0,0	0,6	0,6	1,4	0,3	2,0	0,6	8,8	0,6	1,4	0,3	3,4	0,9	1,1	0,6	3,1	1,4	1,1	0,3	0,6
TAJ	8,2	37,3	0,0	0,0	0,0	0,3	6,2	0,0	0,7	0,3	13,0	1,7	4,5	2,7	2,4	7,5	1,7	2,1	1,4	5,5	1,7	0,0	2,7
TUK	12,2	33,2	0,0	0,6	0,6	0,3	1,4	1,7	1,4	0,3	21,9	1,7	1,4	4,3	6,8	1,7	2,0	0,6	2,8	1,7	0,6	0,0	2,8
UZB	15,3	32,0	0,4	0,2	0,6	1,4	1,6	1,2	2,3	0,8	17,3	1,6	2,3	4,1	4,5	2,1	2,3	1,0	2,7	1,6	1,6	0,0	2,9
OSS	14,1	3,9	0,7	0,0	1,0	0,3	2,3	3,0	3,0	1,3	25,6	0,7	4,3	2,3	16,1	5,6	3,6	3,3	0,0	4,9	2,0	0,0	2,3
RUS	5,7	2,0	0,2	0,3	0,5	1,6	1,8	1,3	1,8	4,2	36,3	4,9	2,7	6,5	7,8	1,6	1,4	1,1	3,8	7,7	2,5	0,6	3,7
ARM	8,6	0,5	0,0	0,9	0,5	0,9	0,9	3,6	5,9	0,0	27,7	1,4	5,5	5,0	9,5	6,8	0,9	5,0	4,1	2,3	1,4	1,4	7,3
AZE	8,6	6,0	0,0	0,0	2,6	0,0	2,6	3,4	6,0	2,6	22,4	0,9	4,3	9,5	6,0	8,6	0,9	3,4	3,4	4,3	0,0	0,0	4,3
GEO	16,5	1,9	0,0	0,0	0,0	0,4	3,1	2,7	3,8	0,4	18,4	1,5	4,6	8,8	3,1	4,6	1,1	4,6	8,4	3,1	1,1	0,0	11,9
IRA	15,2	3,1	1,4	0,3	1,7	0,6	2,0	2,2	8,0	0,6	16,6	0,9	3,3	4,3	14,2	10,8	0,9	2,5	1,5	2,5	0,8	0,5	6,0
IRQ	15,6	1,2	7,5	0,0	0,5	0,5	2,1	1,2	9,2	0,2	14,6	2,6	5,4	3,5	13,2	7,3	0,9	5,0	2,8	1,2	0,2	0,0	5,2
JOR	10,9	0,5	13,7	0,0	0,5	1,1	1,1	1,1	6,0	0,0	23,5	1,6	0,5	6,6	6,0	3,8	1,1	14,8	1,6	0,5	0,0	0,5	4,4
KUW	31,4	1,7	9,7	0,6	0,9	0,9	1,4	2,6	2,3	0,0	9,4	0,6	2,6	4,0	16,0	7,1	0,9	1,7	1,4	0,9	0,6	0,9	2,6
LEB	10,5	1,7	1,8	0,1	1,3	0,4	1,9	2,0	3,7	0,0	31,3	2,4	5,7	4,6	7,9	4,7	0,8	5,0	1,4	1,7	0,5	0,5	8,3
PAL	20,5	1,5	11,2	0,5	0,2	0,0	1,0	2,0	2,0	0,5	24,7	2,7	2,7	5,1	9,5	3,9	0,2	2,4	0,7	0,7	1,0	0,0	6,8
DRZ	8,2	0,0	2,5	0,0	2,8	0,6	1,1	15,0	5,9	0,6	29,1	0,3	4,8	0,8	4,8	7,6	0,6	0,6	0,0	0,8	0,0	0,8	13,0
UAE	22,5	1,5	17,2	0,4	0,9	1,6	2,9	0,9	5,5	0,2	10,3	0,2	0,9	2,4	11,9	5,1	5,9	1,8	0,9	0,4	0,2	0,0	6,4
SAU	30,3	0,9	9,8	2,4	0,5	0,4	1,1	2,7	0,9	0,0	8,9	0,4	2,2	4,0	20,9	5,8	0,9	2,4	0,5	0,4	0,4	0,4	4,0
SYR	11,9	0,8	5,9	0,0	0,0	0,0	2,5	0,8	2,5	2,5	24,6	1,7	3,4	8,5	8,5	10,2	0,8	5,1	2,5	1,7	0,0	0,0	5,9
TUR	11,0	6,5	1,3	0,4	0,9	0,6	1,9	3,2	4,8	0,6	28,5	2,4	2,8	4,3	8,9	5,6	1,3	3,7	1,9	1,7	1,3	0,6	5,6
YEM	19,5	0,3	34,5	2,3	0,3	0,0	0,5	1,0	2,0	0,0	6,3	0,0	2,0	2,5	15,2	3,0	1,3	0,8	1,0	0,5	0,0	0,3	6,6
AUS	1,1	0,5	0,0	0,5	1,1	0,0	1,3	1,3	0,8	1,9	41,2	3,7	4,0	8,0	8,8	1,1	1,9	0,8	4,5	6,1	2,4	0,3	8,6
FRA	3,3	0,4	0,9	0,2	1,2	0,9	1,9	0,9	2,1	5,0	41,1	3,1	1,9	6,2	7,6	1,0	1,6	1,1	2,5	3,8	4,3	0,4	8,7
GER	3,5	0,8	0,3	0,1	1,5	0,6	1,7	1,3	0,5	4,0	40,1	4,8	2,8	7,8	9,0	0,6	1,0	1,1	2,9	5,1	3,7	0,2	6,5
SWZ	2,7	0,0	0,9	0,0	0,9	0,0	1,8	0,4	0,4	4,9	43,1	4,4	2,2	9,3	11,6	0,0	0,9	0,9	3,1	4,0	2,7	0,4	5,3
BEL	3,7	1,7	0,0	0,0	1,1	0,6	3,7	0,3	2,0	6,0	35,4	3,7	2,3	5,1	8,9	5,4	2,3	2,0	3,1	6,6	2,6	1,1	2,3
CZE	7,4	0,6	0,3	0,6	1,1	1,7	1,1	2,0	1,7	2,8	36,2	4,0	4,0	7,7	10,0	0,3	1,1	1,7	2,3	7,1	2,6	0,3	3,4
HUN	3,8	1,4	0,3	0,0	1,4	0,5	5,2	1,1	0,8	4,9	35,7	3,5	2,5	8,7	10,1	0,8	0,8	0,5	3,3	3,5	3,8	0,5	6,8
POL	1,8	1,0	0,1	0,2	1,2	0,7	3,6	1,9	1,0	4,9	39,4	4,5	2,2	6,9	7,9	0,5	1,2	0,7	5,2	6,0	4,1	0,9	4,0
SVK	2,2	1,5	0,3	0,3	0,9	2,1	2,1	1,0	1,9	3,3	38,0	5,0	1,2	8,1	8,6	0,7	0,9	0,9	5,5	5,2	6,0	0,5	3,8
SLO	2,2	0,8	0,0	0,6	2,2	0,6	2,2	1,1	1,1	4,7	36,3	8,1	2,5	6,4	9,8	0,8	1,1	1,7	2,8	7,0	2,0	0,6	5,3
UKR	3,8	0,9	0,3	0,0	0,6	1,2	2,6	0,9	3,5	4,3	37,0	2,0	2,9	8,4	8,1	0,3	1,7	0,9	5,8	6,1	3,8	0,3	4,9
DEN	2,2	0,0	0,4	0,9	1,8	0,4	0,9	0,9	0,0	3,6	46,0	1,3	1,3	5,8	13,4	0,4	2,7	0,0	2,2	4,5	1,3	0,9	8,9
EST	1,5	0,0	0,0	1,1	0,0	1,1	3,1	0,8	0,8	1,5	42,0	3,8	1,5	7,6	10,7	0,4	1,5	0,8	5,7	9,2	4,2	0,8	1,9
LAT	1,5	0,5	0,0	0,0	0,2	4,4	4,1	0,2	2,2	2,7	35,0	7,0	1,7	6,3	6,1	1,2	3,6	2,2	8,7	7,3	2,7	0,0	2,4
LIT	5,8	0,3	0,0	0,9	0,6	2,6	2,0	0,9	0,9	5,0	43,0	2,3	3,2	7,0	6,4	0,6	0,0	1,2	3,8	6,7	4,7	0,6	1,5
NOR	3,0	0,5	0,3	0,3	1,8	0,2	1,8	0,5	0,2	3,8	42,7	3,0	1,0	7,6	10,5	1,0	0,2	1,3	2,7	5,4	6,1	1,0	5,4
SWE	0,8	1,7	0,6	0,0	2,7	0,2	1,3	1,3	0,5	5,0	43,6	2,2	2,7	4,1	7,7	1,1	0,8	0,6	3,0	6,0	6,1	1,7	6,4
ITA	6,9	0,3	0,8	0,1	1,0	0,4	1,9	2,0	2,9	3,3	36,3	3,9	3,3	8,3	8,1	2,3	1,6	2,1	1,9	3,3	1,3	0,5	7,7
POR	2,8	0,1	6,4	0,1	0,9	1,3	1,8	2,1	0,1	4,8	41,9	2,1	3,2	6,3	6,8	2,8	1,2	0,9	1,7	2,3	4,2	0,1	6,1
SPA	4,8	0,5	2,4	0,0	0,8	0,4	1,4	1,7	0,7	7,5	41,5	2,6	2,1	6,4	6,6	1,5	1,2	1,4	1,9	2,5	5,6	0,2	6,3
BAS	1,8	0,0	0,3	0,0	0,5	0,2	1,1	2,3	0,8	7,9	46,3	2,8	1,5	6,0	7,6	1,3	1,0	0,3	0,8	0,6	11,0	0,6	5,3
ALB	4,6	0,3	0,3	0,3	0,6	1,2	2,5	1,8	0,9	3,4	43,9	4,0	4,3	5,5	7,1	2,1	1,8	0,6	2,5	4,9	1,5	0,6	5,2
BOS	3,4	0,7	0,5	1,0	2,4	0,8	2,9	0,8	1,1	4,7	38,1	7,7	1,8	4,4	8,3	0,8	0,8	0,8	4,9	5,9	2,9	0,3	4,9
BUL	3,9	0,8	0,3	0,6	1,1	0,3	2,5	1,8	3,7	3,5	38,6	3,2	4,7	4,7	7,7	2,1	1,3	2,0	3,9	4,4	2,4	0,4	5,8
GRE	7,0	0,4	0,1	0,3	1,0	1,0	1,3	4,2	2,7	1,8	36,7	3,7	3,5	6,6	9,5	2,1	0,7	3,8	2,6	2,7	2,5	0,4	5,1
ROM	5,6	0,5	0,0	0,5	0,0	0,5	3,1	2,6	2,6	3,6	32,7	6,1	6,1	5,1	11,2	0,5	1,5	1,0	2,6	4,6	4,1	0,0	5,6
ENG	1,6	0,1	0,2	0,2	2,5	1,5	1,2	1,6	0,0	3,2	40,7	4,1	1,6	6,2	11,5	2,3	1,5	0,6	2,2	4,9	4,2	0,4	7,8
SCO	1,9	0,4	0,0	0,1	3,1	1,0	0,6	2,5	0,2	3,0	41,0	3,1	2,2	5,9	12,7	2,2	1,2	1,1	2,8	3,9	4,2	0,2	6,9
IRE	0,7	0,3	0,0	0,0	2,7	0,3	2,3	0,7	1,3	5,7	42,8	1,3	1,3	5,4	10,7	0,3	1,3	1,0	1,3	3,3	5,0	0,0	12,0
LBK	0,0	0,0	0,0	12,7	0,0	0,0	2,9	1,0	4,9	4,9	15,7	1,0	0,0	21,6	11,8	0,0	0,0	1,0	0,0	2,0	1,0	0,0	19,6
RSK	0,0	0,0	0,0	9,1	0,0	0,0	0,0	9,1	9,1	9,1	27,3	9,1	0,0	18,2	0,0	0,0	0,0	0,0	0,0	0,0	0,0	0,0	9,1
SCG	0,0	0,0	0,0	3,0	0,0	0,0	9,1	3,0	3,0	0,0	15,2	0,0	0,0	12,1	15,2	0,0	0,0	0,0	0,0	6,1	3,0	0,0	30,3
BAK	0,0	0,0	0,0	5,3	0,0	0,0	0,0	0,0	10,5	5,3	0,0	26,3	0,0	5,3	21,1	5,3	0,0	0,0	0,0	0,0	5,3	5,3	10,5
SMK	0,0	0,0	0,0	6,9	0,0	0,0	0,0	3,4	3,4	3,4	13,8	17,2	0,0	6,9	20,7	0,0	0,0	10,3	0,0	0,0	0,0	0,0	10,3
BBK	0,0	0,0	0,0	0,0	0,0	0,0	0,0	5,9	5,9	0,0	5,9	17,6	5,9	0,0	11,8	0,0	0,0	0,0	0,0	11,8	17,6	0,0	17,6
SKK	0,0	0,0	0,0	0,0	2,3	0,0	2,3	6,8	2,3	0,0	20,5	2,3	6,8	11,4	9,1	0,0	2,3	0,0	6,8	9,1	4,5	0,0	13,6
GBK	0,0	0,0	0,0	0,0	0,0	0,0	6,9	0,0	0,0	0,0	37,9	10,3	3,4	6,9	3,4	0,0	0,0	0,0	6,9	13,8	6,9	0,0	3,4
AK	1,1	0,0	0,0	0,0	5,3	7,4	4,3	5,3	2,1	3,2	18,1	3,2	2,1	6,4	6,4	2,1	6,4	0,0	1,1	12,8	2,1	3,2	7,4

Tab. 11.11 Genetische Distanzen zwischen den MESG-Kulturen und 150 rezenten Populationen

Die Tabelle enthält die genetischen Distanzen (F_{st}) der MESG-Kulturen zu 150 Populationen aus Europa, Nordafrika, Nord-, Südwest- und Zentralasien, die anhand von Haplogruppenfrequenzen berechnet und für die Erstellung der genetischen Karten verwendet wurden (Abb. 7.16a–i). Datensatzinformationen sind Tabelle 11.7 zu entnehmen.

Abk.	LBK	RSK	SCG	BAK	SMK	BBK	SKK	GBK	AK
CAM	0,21340	0,20145	0,22415	0,20346	0,20744	0,20779	0,19300	0,23738	0,19190
EGY	0,04152	0,01278	0,04501	0,01385	0,03014	0,03075	0,01715	0,05002	0,02447
ETH	0,10583	0,08574	0,11361	0,09007	0,09675	0,09635	0,08350	0,12959	0,08548
SUD	0,10376	0,07906	0,11135	0,08335	0,09207	0,09290	0,07901	0,11980	0,08095
ALG	0,06238	0,02005	0,07300	0,02629	0,04663	0,05224	0,04271	0,04798	0,04411
LIBn	0,04486	0,00480	0,04853	0,01544	0,03389	0,02844	0,02309	0,04576	0,02727
LIBs	0,17923	0,10607	0,21193	0,11626	0,19941	0,18222	0,17890	0,07534	0,15277
MORc	0,04558	-0,00485	0,05051	0,00637	0,03763	0,02362	0,02733	0,02645	0,02771
MORne	0,04433	-0,00375	0,05068	0,00645	0,03790	0,02850	0,02665	0,02663	0,02752
MORnw	0,04593	-0,00702	0,05624	0,00364	0,04081	0,02645	0,03084	0,01906	0,02925
TUNn	0,05641	0,00388	0,06567	0,01227	0,04665	0,03696	0,03687	0,02752	0,03393
TUNs	0,04761	0,00253	0,05383	0,01397	0,03823	0,03170	0,02851	0,03747	0,02967
BUF	0,13219	0,10066	0,14621	0,11039	0,12732	0,12063	0,11364	0,13724	0,10854
GUI	0,19931	0,19020	0,21153	0,19114	0,19494	0,19360	0,17938	0,22549	0,17699
MAL	0,21353	0,20774	0,23164	0,20803	0,21523	0,21644	0,19804	0,23826	0,19101
MAU	0,08531	0,05601	0,08814	0,06006	0,07680	0,06560	0,06377	0,09136	0,06688
SEN	0,23279	0,23450	0,25263	0,23385	0,23628	0,23935	0,21853	0,26584	0,21064
SIR	0,21984	0,21665	0,23694	0,21746	0,22013	0,22328	0,20356	0,25076	0,19778
KAZ	0,06707	0,03650	0,07512	0,04264	0,05788	0,04907	0,04180	0,07181	0,04217
KYR	0,08368	0,05235	0,08956	0,05873	0,07229	0,06684	0,05730	0,08831	0,05803
TAJ	0,05908	0,02557	0,06061	0,03091	0,04833	0,03361	0,02790	0,05290	0,02929
TUK	0,05207	0,01058	0,05722	0,01730	0,04263	0,03325	0,02659	0,04163	0,02737
UZBne	0,05615	0,02390	0,06111	0,02864	0,04540	0,02800	0,02707	0,05841	0,02779
UZBnw	0,04552	0,00756	0,04932	0,01209	0,03384	0,02825	0,01827	0,03890	0,02188
UZBs	0,04896	0,00359	0,05451	0,01297	0,03720	0,03077	0,02610	0,03405	0,02550
ARK	0,03558	-0,01359	0,03463	-0,00845	0,02790	0,00944	0,01021	0,00731	0,01613
BSH	0,06421	0,01004	0,07392	0,01696	0,05682	0,03502	0,03798	0,02083	0,03013
BGO	0,02892	-0,01049	0,03939	-0,00135	0,01710	0,00557	0,00671	0,01005	0,00575
YAR	0,03329	-0,00766	0,03646	-0,00247	0,02390	0,00576	0,00100	0,01164	0,00320
TUL	0,04269	-0,01131	0,05297	-0,00050	0,02651	0,01487	0,01699	0,00044	0,01493
TAM	0,04148	-0,01080	0,04903	-0,00115	0,02826	0,01598	0,01683	-0,00341	0,01634
CAU	0,02496	-0,00499	0,02725	-0,00483	0,01429	0,00974	-0,00110	0,02641	0,00596
NOV	0,03297	-0,00860	0,04524	0,00175	0,02349	0,00799	0,00947	0,01045	0,00537
ROS	0,04293	-0,00772	0,05014	0,00192	0,03006	0,02126	0,02098	0,00703	0,02046
SMO	0,03644	-0,00997	0,04528	0,00167	0,01911	0,01157	0,00529	0,00666	0,00645
ALT	0,09688	0,07141	0,10338	0,07692	0,08667	0,08140	0,06967	0,11205	0,07192
KMY	0,09952	0,07664	0,10464	0,08046	0,08943	0,08666	0,07429	0,12038	0,07745
KAR	0,05343	0,00154	0,05714	0,00647	0,04109	0,00984	0,02541	0,01131	0,02439
KHA	0,07038	0,04067	0,07877	0,04498	0,06076	0,05505	0,03735	0,07105	0,04346
NEN	0,06604	0,01693	0,07422	0,01959	0,05614	0,03975	0,02705	0,03549	0,03335
OSS	0,04369	0,00387	0,04894	0,00632	0,03154	0,02172	0,01535	0,02630	0,01500
TAT	0,04278	-0,00857	0,04542	0,00138	0,03331	0,02494	0,01732	0,01037	0,01772
AFG	0,03849	0,02271	0,02128	0,02562	0,03989	0,02593	0,01994	0,07438	0,03632
PAKn	0,07295	0,04892	0,07853	0,04862	0,06517	0,06229	0,04856	0,08670	0,05248
PAKs	0,11437	0,08449	0,12338	0,08846	0,10646	0,10280	0,08989	0,11632	0,08876
ARM	0,03304	-0,00684	0,03629	-0,00753	0,02290	0,01531	0,00718	0,02061	0,01254
AZE	0,03205	-0,00303	0,03700	0,00008	0,02271	0,01191	0,00272	0,02907	0,00586
GEO	0,03166	0,00168	0,02614	0,00219	0,02614	0,01177	0,00323	0,03566	0,01444
IRAn	0,03787	0,00838	0,04027	0,00697	0,02848	0,02476	0,01438	0,03928	0,01872
IRAs	0,03029	0,00734	0,03090	0,00627	0,02019	0,01871	0,00612	0,04181	0,01362
IRQ	0,03527	0,00663	0,04010	0,00465	0,02082	0,02622	0,01194	0,04035	0,01846
MSH	0,03896	0,01829	0,03714	0,02212	0,01923	0,02710	0,01424	0,05691	0,02260
PAL	0,03322	-0,00494	0,03464	-0,00004	0,02186	0,01811	0,01277	0,02509	0,01811
DRZ	0,04223	0,00673	0,03238	0,00108	0,03936	0,02104	0,01363	0,03608	0,02331
JOR	0,04182	0,00804	0,04872	0,01065	0,02079	0,03052	0,02343	0,03959	0,02637
KUW	0,05074	0,02725	0,05479	0,02786	0,03742	0,04012	0,02608	0,06575	0,03071
LEB	0,03595	-0,01137	0,03668	-0,00660	0,02573	0,01854	0,01349	0,01120	0,01763
OMA	0,05473	0,02334	0,05412	0,02842	0,04560	0,04180	0,03380	0,06339	0,03790
QAT	0,05372	0,03980	0,05659	0,03937	0,04169	0,04874	0,03266	0,08265	0,03927
SAU	0,06018	0,04093	0,06431	0,04138	0,04840	0,05351	0,03817	0,08433	0,04409
SYR	0,02638	-0,01033	0,03038	-0,00550	0,01452	0,01405	0,00586	0,02117	0,01129
TUR	0,03415	-0,00878	0,03623	-0,00705	0,02181	0,01725	0,01152	0,01450	0,01420
UAE	0,04359	0,02164	0,04282	0,02335	0,03660	0,03252	0,02197	0,06282	0,02693
YEM	0,05649	0,03752	0,05912	0,04059	0,04832	0,04999	0,03597	0,08360	0,04269
AUS	0,03737	-0,01129	0,04073	-0,00494	0,03013	0,01564	0,01396	-0,00241	0,01787
AQU	0,07580	0,01339	0,08713	0,01956	0,06659	0,07016	0,06072	0,01235	0,06066
BRI	0,03094	-0,01299	0,02909	-0,00655	0,02363	0,00174	0,01182	-0,00114	0,01427
LOI	0,06182	-0,00438	0,07161	0,00503	0,05891	0,04074	0,04460	0,00011	0,03923
NOM	0,03074	-0,01674	0,03158	-0,00991	0,02857	0,00606	0,01136	0,00088	0,01418
POU	0,05118	-0,00638	0,05398	0,00191	0,04620	0,03447	0,03759	0,00174	0,03862

Abk.	LBK	RSK	SCG	BAK	SMK	BBK	SKK	GBK	AK
COR	0,06138	0,00576	0,07089	0,01094	0,06577	0,04080	0,05417	0,01168	0,04964
GERc	0,03498	-0,01590	0,03950	-0,00510	0,02730	0,00748	0,01361	-0,00190	0,01368
MEC	0,03602	-0,01315	0,04366	-0,00128	0,02534	0,01592	0,01637	0,00110	0,01761
SAX	0,03269	-0,01356	0,03810	-0,00304	0,02116	0,00615	0,01038	0,00246	0,01264
HOL	0,05116	-0,00790	0,05352	0,00002	0,04506	0,02810	0,03191	-0,00362	0,03120
SWZ	0,04283	-0,01043	0,05146	-0,00034	0,03052	0,02373	0,02330	-0,00147	0,02373
CZE	0,03399	-0,01122	0,04267	-0,00372	0,02067	0,01015	0,00701	0,00731	0,00769
HUN	0,02729	-0,01367	0,02885	-0,00620	0,01867	0,00371	0,00711	0,00493	0,00992
KUY	0,03566	-0,01255	0,04248	0,00113	0,02483	0,00887	0,01094	0,00403	0,01226
POM	0,04341	-0,01001	0,05044	-0,00215	0,03180	0,01099	0,01585	-0,00356	0,01530
SIL	0,03001	-0,01241	0,03808	-0,00387	0,02413	0,01157	0,01493	0,00589	0,01323
BELn	0,03787	-0,00549	0,04412	0,00344	0,02292	0,01136	0,01056	0,00458	0,00795
BELs	0,04188	-0,01294	0,05099	-0,00031	0,02991	0,01644	0,01863	0,00166	0,01431
SVK	0,03843	-0,01215	0,04313	-0,00327	0,02344	0,00894	0,01140	0,00165	0,01270
SLO	0,03332	-0,01523	0,04010	-0,00019	0,01291	0,01022	0,00871	0,00332	0,00874
UKR	0,03705	-0,01051	0,04394	-0,00365	0,03159	0,00968	0,01297	0,00003	0,01407
DEN	0,02957	-0,01128	0,03518	-0,00419	0,02674	0,01550	0,01309	0,00699	0,01603
EST	0,03302	-0,00128	0,04291	0,00540	0,02094	0,00765	0,00524	0,01449	0,00750
FAR	0,08819	0,03763	0,10245	0,04087	0,07181	0,08990	0,07467	0,03082	0,07022
FINs	0,04685	-0,00016	0,04479	0,00457	0,03418	0,00456	0,01949	0,00958	0,01773
OUL	0,06810	0,03114	0,06238	0,03171	0,05796	-0,00056	0,03413	0,03851	0,03299
WEF	0,04835	0,00217	0,04275	0,00442	0,04314	-0,00107	0,02323	0,00904	0,02387
ICE	0,03512	-0,00865	0,04063	-0,00485	0,02327	0,01652	0,01314	0,00876	0,01525
LTV	0,03587	-0,00073	0,04585	0,01064	0,01891	0,00938	0,00831	0,01745	0,00785
LIT	0,03858	-0,00757	0,05231	0,00271	0,03177	0,01010	0,01636	0,00496	0,01374
NORn	0,04440	-0,00494	0,05191	0,00219	0,03686	0,02194	0,02613	-0,00120	0,02569
NORs	0,05549	-0,00310	0,06259	0,00316	0,04724	0,02179	0,03551	-0,00380	0,03283
SWEc	0,03723	-0,00346	0,03612	-0,00150	0,03121	0,00526	0,00742	0,01200	0,01195
SWEs	0,03177	-0,01419	0,03428	-0,00658	0,02392	0,00402	0,00913	0,00522	0,01273
SAA	0,21281	0,19695	0,22537	0,20637	0,20518	0,13195	0,19377	0,22860	0,18689
ITAs	0,03109	-0,01290	0,03128	-0,01069	0,02507	0,01464	0,01148	0,00503	0,01541
EMI	0,03000	-0,01528	0,02633	-0,00855	0,02801	0,01809	0,01551	0,00770	0,02450
LAT	0,04328	-0,01117	0,04660	-0,00146	0,03680	0,02060	0,02483	0,00346	0,02345
SIZ	0,04054	-0,01482	0,04371	-0,00714	0,02822	0,01976	0,01917	0,00178	0,02048
STY	0,04447	-0,00796	0,04870	-0,00113	0,03699	0,02478	0,02316	-0,00016	0,02468
TUS	0,03894	-0,01634	0,04291	-0,00714	0,02740	0,01675	0,01859	0,00340	0,01922
SAR	0,07461	0,01374	0,08040	0,01562	0,07462	0,04718	0,06132	0,00944	0,05896
PORc	0,04599	-0,00985	0,05222	-0,00086	0,04293	0,02499	0,03135	0,00102	0,03125
PORn	0,04126	-0,01301	0,04684	-0,00319	0,03379	0,01293	0,02040	-0,00029	0,01997
PORs	0,06123	-0,00184	0,06559	0,00359	0,05735	0,03367	0,04002	0,00160	0,03775
ACO	0,04179	-0,00936	0,05096	-0,00042	0,03999	0,01735	0,02637	0,00448	0,02377
MAD	0,04374	-0,01043	0,04749	-0,00213	0,04391	0,01326	0,02232	0,00840	0,02177
SPAc	0,05028	-0,00821	0,05459	-0,00099	0,03719	0,02339	0,02944	-0,00363	0,03042
AND	0,04926	-0,00968	0,05319	-0,00031	0,04436	0,02004	0,03022	0,00090	0,02824
AST	0,06754	0,00406	0,07259	0,00908	0,05632	0,03765	0,05146	-0,00193	0,04830
CTB	0,04736	-0,01789	0,05766	0,00170	0,04280	0,02047	0,03270	0,01185	0,03009
CYL	0,05568	-0,01091	0,05670	-0,00017	0,04726	0,02609	0,03640	0,00058	0,03652
CAT	0,04004	-0,01779	0,04284	-0,00586	0,03273	0,00759	0,01831	-0,00164	0,01743
GAL	0,05435	-0,00602	0,06088	0,00314	0,04687	0,02945	0,03736	-0,00093	0,03593
VAL	0,04664	-0,01558	0,05313	-0,00347	0,03875	0,02148	0,02828	0,00018	0,02698
BAL	0,03441	-0,00878	0,03443	-0,00701	0,03403	0,01309	0,01758	0,01127	0,02580
CAN	0,05351	0,00502	0,06060	0,00496	0,05000	0,03516	0,03519	0,01841	0,03659
BASw	0,07860	0,01031	0,08494	0,01321	0,07434	0,05499	0,06062	0,00810	0,05792
BASe	0,07314	0,01271	0,07609	0,01432	0,06641	0,02990	0,05545	0,00867	0,05583
ALB	0,08831	0,01916	0,10256	0,02580	0,08948	0,06702	0,07097	-0,00146	0,06117
BOS	0,04163	-0,01322	0,04962	0,00162	0,02240	0,01579	0,01526	0,00013	0,01523
BUL	0,03599	-0,01284	0,04045	-0,00720	0,02622	0,01517	0,01190	0,00171	0,01536
CRO	0,03717	-0,01642	0,04125	0,00095	0,01778	0,00597	0,01412	-0,00527	0,01215
CRE	0,05226	0,01563	0,05794	0,02914	0,04758	0,02979	0,03914	0,05039	0,03340
HVA	0,03659	-0,00932	0,04180	0,00552	0,02746	0,00094	0,01300	0,02082	0,01257
GREn	0,03830	-0,00964	0,04487	-0,00411	0,02290	0,02131	0,01483	0,00324	0,01609
GREs	0,03788	-0,01199	0,04068	-0,00603	0,02489	0,01905	0,01693	0,00480	0,02242
CRE	0,03324	-0,00980	0,03717	-0,00829	0,01793	0,00823	0,00995	0,01068	0,01482
MAC	0,04331	-0,01243	0,04733	-0,00439	0,03434	0,02151	0,01944	-0,00188	0,01993
ROM	0,03858	-0,01112	0,04216	-0,00451	0,02190	0,01602	0,01431	-0,00254	0,01853
SEK	0,03230	-0,01209	0,03351	-0,00696	0,02181	0,00641	0,00510	0,00353	0,00860
SER	0,03106	-0,01288	0,03571	-0,00496	0,01751	0,01242	0,00851	0,00277	0,00985
ENGc	0,03483	-0,01308	0,03769	-0,00238	0,02221	0,00575	0,01245	-0,00169	0,01294
ENGn	0,03339	-0,00936	0,03597	-0,00273	0,02487	0,01311	0,01518	0,00171	0,01615
ENGse	0,03689	-0,01156	0,04058	-0,00418	0,02573	0,01115	0,01728	-0,00007	0,01780
ENGsw	0,05526	0,00323	0,05932	0,00489	0,04665	0,03912	0,03513	0,00408	0,03661
ANG	0,04171	-0,00895	0,04512	-0,00150	0,03686	0,01271	0,01877	-0,00005	0,01824
SCOsw	0,03584	-0,00783	0,04326	-0,00182	0,03427	0,01485	0,02026	0,00504	0,02240
FIF	0,04596	-0,00143	0,05412	0,00508	0,03453	0,03456	0,02958	0,00756	0,02937
HIG	0,04106	-0,00712	0,05206	0,00134	0,03392	0,01599	0,01872	0,00302	0,01444
ORK	0,04479	-0,00301	0,04079	-0,00241	0,02449	0,00668	0,01211	0,00673	0,01486

Abk.	LBK	RSK	SCG	BAK	SMK	BBK	SKK	GBK	AK
SHE	0,06883	0,00285	0,07609	0,01004	0,05628	0,03977	0,04634	-0,00047	0,04437
WIS	0,02290	-0,00575	0,01955	-0,00523	0,01698	0,00965	0,00462	0,01715	0,01221
WAL	0,04036	-0,01132	0,04201	-0,00187	0,02770	0,01475	0,02202	0,00099	0,02244
IRE	0,04388	-0,00292	0,04585	0,00249	0,04311	0,02259	0,03131	0,00366	0,03248

11.2 Geräte, Material, Chemikalien und Software

Geräte

- Absauggerät D-LE 280, Harnisch & Rieth GmbH, Winterbach, Deutschland
- Digitales Geldokumentationssystem INTAS Science Imaging Instruments GmbH, Göttingen, Deutschland
- Dispenser Dispensette® organic 0,5–5 ml, Brand GmbH & Co. KG, Wertheim, Deutschland
- Elektrophorese-Gelkammer Midi, Carl Roth GmbH, Karlsruhe, Deutschland
- Elektroporator EQUIBIO Easyject Prisma, peQLab Biotechnologie GmbH, Erlangen, Deutschland
- Kompressor JUN-AIR Typ OF1202-40B, JUN-AIR GmbH, Ahrensburg Deutschland
- Magnetrührer IKA-Combimag RCT, IKA-Werke GmbH & Co. KG, Staufen, Deutschland
- Magnetrührer Cimarec® Mobil Direct 600, Thermo Fisher Scientific, Waltham, USA
- Mahlbecher Zirkonoxid für MM200, Retsch GmbH, Haan, Deutschland
- Mikrozentrifuge Eppendorf 5415R, Eppendorf GmbH, Hamburg, Deutschland
- Minizentrifuge Rotilabo®, Carl Roth GmbH, Karlsruhe, Deutschland
- Pipetten Discovery Comfort 10 µl, 20 µl, 100 µl, 200 µl, 1000 µl, 5000 µl, Abimed GmbH, Langenfeld, Deutschland
- Powersupply Consort EV243, Carl Roth GmbH, Karlsruhe, Deutschland
- Präzisionswaage PCB 1000-2, Kern & Sohn GmbH, Balingen, Deutschland
- Punktstrahlgerät P-G 400/2 K, Harnisch & Rieth GmbH, Winterbach, Deutschland
- Rotationssäge KaVo EWL K11 Typ 4980, KaVo Dental GmbH; Leutkirch im Allgäu, Deutschland
- Schwingmühle MM200, Retsch GmbH, Haan, Deutschland
- Sequenzierer ABI PRISM™ 3130 Genetic Analyzer, Applied Biosystems GmbH, Darmstadt, Deutschland
- Thermocycler Eppendorf Mastercycler 5333, Eppendorf GmbH, Hamburg, Deutschland
- Thermocycler Eppendorf Mastercycler Gradient 5331, Eppendorf GmbH, Hamburg, Deutschland
- Thermomixer Eppendorf Comfort 5355, Eppendorf GmbH, Hamburg, Deutschland
- Tisch-pH-Meter FiveEasy™ Starter-Kit FE20-Kit, Mettler-Toledo GmbH, Gießen, Deutschland
- Tischzentrifuge Universal 320, A. Hettich GmbH & Co. KG, Tuttlingen, Deutschland
- Umkehr-Osmose-Anlage Umwelt 3, IEM GmbH, Mainz, Deutschland
- UVC-Tauchstrahler sterilAqua AQT2020, sterilAir GmbH, Kürten, Deutschland
- UV-Strahlenquelle GPH303T5l/4, UV-Consulting Peschl e. k., Mainz, Deutschland
- Vakuumfiltrationssystem MultiScreen-HTS, Millipore GmbH, Schwalbach, Deutschland

Material

- Abstrichbesteck Heinz Herenz Medizinbedarf GmbH, Hamburg, Deutschland
- Ärmelschoner, Medikalprodukte, Mönchengladbach, Deutschland
- Astronautenhauben, Hansa Trading, Hamburg, Deutschland
- Diamanttrennscheiben Horico H350 220, Hopf, Ringleb & Co. GmbH & CIE, Berlin, Deutschland
- Einweghandschuhe Latex Medical 24, Hansa Trading, Hamburg, Deutschland
- Einweghandschuhe Nitril Medical 24, Hansa Trading, Hamburg, Deutschland
- Elektroporationsküvetten 2mm, peQLab Biotechnologie GmbH, Erlangen, Deutschland
- Filtereinheiten Amicon Ultra-15 50 kDa, Millipore GmbH, Schwalbach, Deutschland
- Filtrationsplatten MultiScreen94 PCR, Millipore GmbH, Schwalbach, Deutschland
- Filtrationsplatten MultiScreen384 SEQ, Millipore GmbH, Schwalbach, Deutschland
- Gesichtsschirm Sekuroka®, Carl Roth GmbH, Karlsruhe, Deutschland
- Glanzstrahlmittel Kl. EW60/250 my, Harnisch & Rieth GmbH, Winterbach, Deutschland
- Mundschutz Medicom Safe + Mask Premier Tie-On, Medicom Inc., Quebec, Kanada
- Petrischalen 92x16 mm, Sarstedt AG & Co., Nürnbrecht, Deutschland
- Pipettenspitzen Art® Barrier Tips 10 µl, 20 µl, 100 µl, 200 µl, 1000 µl Fisher Scientific GmbH, Schwerte, Deutschland
- Pipettenspitzen EcoLine 200 µl, 1000 µl, MS-L GmbH, Wiesloch, Deutschland
- Pipettenspitzen epT.I.P.S.® Dualfilter 5000 µl, Eppendorf GmbH, Hamburg, Deutschland
- Pipettenspitzen OMNITIP 10 µl, Abimed GmbH, Langenfeld, Deutschland
- Pipettenspitzen UNITIPS 5000 µl, Abimed GmbH, Langenfeld, Deutschland
- Probenbeutel Rotilabo®, Carl Roth GmbH, Karlsruhe, Deutschland

- Reagenz- und Zentrifugenröhre 15ml, 50ml, Sarstedt AG & Co., Nürnbrecht, Deutschland
- Reaktionsgefäße Fisherbrand Premium PCR Tubes 0,5ml, Fisher Scientific GmbH, Schwerte, Deutschland
- Reaktionsgefäße Safe-Lock PCR Tubes 0,5 ml, Eppendorf GmbH, Hamburg, Deutschland
- Reagiergefäße Safe Seal 1,5 ml, 2ml, Sarstedt AG & Co., Nürnbrecht, Deutschland
- Reaktionsgefäße Rotilabo® PCR-Reaktionsstreifen, Carl Roth GmbH, Karlsruhe, Deutschland
- Reinraumoverall Tyvek® P2-TY Classic, DuPont, Wuppertal, Deutschland
- Sequenzierplatten MicroAmp™ Optical 96-Well Reaction Plate und 96-Well Plate Septa, Applied Biosystems GmbH, Darmstadt, Deutschland
- Spezial Edelkorund Kl. 30B / 50 my, Harnisch & Rieth GmbH, Winterbach, Deutschland
- Überziehstiefel Tyvek® UH-TY-50, DuPont, Wuppertal, Deutschland
- Wägepapier, Carl Roth GmbH, Karlsruhe, Deutschland

Chemikalien

- Thermo-Start DNA-Polymerase, PCR-Puffer und Magnesiumchlorid, Thermo Fisher Scientific, Waltham, USA
- ABI PRISM® SNaPshot™ Multiplex-Kit, Applied Biosystems GmbH, Darmstadt, Deutschland
- Agar-Agar, Carl Roth GmbH, Karlsruhe, Deutschland
- Agarose UltraPure™, Invitrogen GmbH, Darmstadt, Deutschland
- EDTA molecular biology grade 0.5M pH 8.0, Ambion GmbH, Darmstadt, Deutschland
- Ampicillin Natriumsalz, Carl Roth GmbH, Karlsruhe, Deutschland
- AmpliTaq Gold® DNA-Polymerase, PCR-Puffer und Magnesiumchlorid, Applied Biosystems GmbH, Darmstadt, Deutschland
- Big Dye® Terminator v1.1 CycleSeq Kit, Applied Biosystems GmbH, Darmstadt, Deutschland
- Bovine Serum Albumin, Roche Diagnostics GmbH, Mannheim, Deutschland
- DNA-ExitusPlus™ IF, AppliChem GmbH, Darmstadt, Deutschland
- dNTP Mix PCR Grade 10mM, Qiagen, Hilden, Deutschland
- Ethidiumbromidlösung 1 %, Carl Roth GmbH, Karlsruhe, Deutschland
- Exonuclease I, MBI Fermentas GmbH, St. Leon-Rot, Deutschland
- GeneRuler™ 50bp DNA Ladder, MBI Fermentas GmbH, St. Leon-Rot, Deutschland
- GeneScan™ -120 Liz™ Size Standard, Applied Biosystems GmbH, Darmstadt, Deutschland
- Hefeextrakt, Carl Roth GmbH, Karlsruhe, Deutschland
- Hi-Di™ Formamid, Applied Biosystems GmbH, Darmstadt, Deutschland
- HPLC-Wasser, Fisher Scientific GmbH, Schwerte, Deutschland
- Hydroxylapatit, Sigmar-Aldrich Chemie GmbH, Steinheim, Deutschland
- Invisorb® Spin Swab Kit, Invitek GmbH, Berlin, Deutschland
- IPTG, Carl Roth GmbH, Karlsruhe, Deutschland
- Loading Dye, MBI Fermentas GmbH, St. Leon-Rot, Deutschland
- MSB® Spin PCR Rapace Kit, Invitek GmbH, Berlin, Deutschland
- Natriumacetat, Merck KGaA, Darmstadt, Deutschland
- Natriumchlorid, Carl Roth GmbH, Karlsruhe, Deutschland
- Natriumhypochlorid DanKlorix, Palmolive-Colgate GmbH, Hamburg, Deutschland
- N-Laurylsarcosin Natriumsalz, Merck KGaA, Darmstadt, Deutschland
- POP-6™ Polymer, Applied Biosystems GmbH, Darmstadt, Deutschland
- Primer, Biospring GmbH, Frankfurt am Main, Deutschland
- Proteinase K, Roche Diagnostics GmbH, Mannheim, Deutschland
- Quarzsand Siliziumdioxid, Carl Roth GmbH, Karlsruhe, Deutschland
- Roti®-Phenol/Chloroform/Isoamylalkohol 25:24:1 pH 7,5–8,0, Carl Roth GmbH, Karlsruhe, Deutschland
- Rotisol® Ethanol 99%, Carl Roth GmbH, Karlsruhe, Deutschland
- Running Buffer EDTA 10x, Applied Biosystems GmbH, Darmstadt, Deutschland
- Shrimp Alkaline Phosphatase, MBI Fermentas GmbH, St. Leon-Rot, Deutschland
- T4 DNA Ligase und Ligationspuffer, MBI Fermentas GmbH, St. Leon-Rot, Deutschland
- Trichlormethan/Chloroform ROTISOLV®, Carl Roth GmbH, Karlsruhe, Deutschland
- Trypton, Carl Roth GmbH, Karlsruhe, Deutschland
- X-β-GAL, Carl Roth GmbH, Karlsruhe, Deutschland

Software

- ArcGis Version 10.0, Environmental Systems Research Institute (Esri) Inc., Redlands, USA
- Arlequin Version 3.5.1, http://cmpg.unibe.ch/software/arlequin35/ (Excoffier/Lischer 2010)
- DnaSP Version 5.0, http://www.ub.es/dnasp (Librado / Rozas 2009)
- DNASTAR Version 9.04 DNASTAR Inc., Madison, USA
- FastmtDNA, http://www.mtdnacommunity.org (Behar u. a. 2012a)
- HaploGrep, http://haplogrep.uibk.ac.at (Kloss-Brandstätter u. a. 2011)
- jModelTest Version 0.1.1, http://darwin.uvigo.es/software/modeltest.html (Posada u. a. 1998)
- PASW Statistik Version 18.0.0, SPSS Inc., Chicago, USA
- R Version 2.13.1, The R Foundation for Statistical Computing 2011, http://www.r-project.org (Efron / Tibshirani 1994)

11.3 Abkürzungs- und Abbildungsverzeichnis

Abkürzungsverzeichnis

ACAD	*Australien Centre for Ancient DNA*
aDNA	*ancient DNA*
AIC	*Akaike information criterion*
AK	Aunjetitzer Kultur
AMOVA	*analyses of molecular variance*
ASHA	*ancestral shared haplotype analyses*
BAK	Baalberger Kultur
BBK	Bernburger Kultur
BC	*before Christ*
BIC	*Bayesian information criterion*
BP	*before present*
bp	Basenpaare
BSA	*Bovine Serum Albumin*
BZK	Bronzezeit Kasachstan
BZS	Bronzezeit Sibirien
cal BC	*calibrated years before Christ*
CAR	(Epi-)Cardial-Kultur
CRS	*Cambridge Reference Sequence*
D-loop	*displacement loop*
DNA	*desoxiribonucleic acid*
dNTP	Desoxinukleotidtriphosphat
EDTA	Ethylendiamintetraessigsäure
EXO I	Exonuklease I
Fst	*fixation index*
GBK	Glockenbecherkultur
GLK	Gaterslebener Kultur
H/H-strand	*heavy strand*
HLA	*human leucocyte antigen*
HPLC	*high-performance liquid chromatography*
HVS-I	*hypervariable segment I*
HVS-II	*hypervariable segment II*
IfA	Institut für Anthropologie
IPTG	Isopropyl-β-D-thiogalactopyranosid
JSO	Jäger-Sammler Osteuropa
JSS	Jäger-Sammler Südwesteuropa
JSZ	Jäger-Sammler Zentraleuropa
KAK	Kugelamphorenkultur
kDa	Kilodalton
L/L-strand	*light strand*
LB	*lysogeny broth*
LBK	Linearbandkeramik
LDA	Landesamt für Denkmalschutz und Archäologie in Sachsen-Anhalt
M	Molar
m	Steigung der Regressionsgraden
MDS	*multidimensional scaling*
MESG	Mittelelbe-Saale-Gebiet
mM	Millimolar
MRCA	*most recent common ancestor*
mtDNA	mitochondriale DNA
n	Populationsgröße
n. b.	nicht bestimmbar
NBK	Neolithikum Baskenland & Navarra
NEM	Nordeuropäische Metapopulation
ng	Nanogramm
NKA	Neolithikum Katalonien
NPO	Neolithikum Portugal
Numts	*nuclear mtDNA insertions*
OEM	Osteuropäische Metapopulation
p	*probability*
PC	*principal component*
PCA	*principal component analyses*
PCR	*Polymerase chain reaction*
pH	Pondus Hydrogeni, Protonenaktivitätsexponent
Pop	*Performance optimized Polymer*
PPNA	*pre-pottery Neolithic A*
PPNB	*pre-pottery Neolithic B*
Projekt AK	Projekt Aunjetitz
Projekt BENZ	Projekt Benzingerode
Projekt KwBw	Projekt Kulturwandel = Bevölkerungswechsel
Projekt SALZ	Projekt Salzmünde
PWK	*Pitted-Ware-Kultur*
R	*reverse*
rCRS	*revised Cambridge Reference Sequence*
RFLP	Restriktionsfragment-Längenpolymorphismus
RNA	*ribonucleic acid*
ROS	*reactive oxygen species*
rpm	*rounds per minute*
rRNA	Ribosomale-RNA
RSK	Rössener Kultur
RSRS	*Reconstructed Sapiens Reference Sequence*
SAP	*Shrimp Alkaline Phosphatase*
SBE	*single base extension*
SBK	Stichbandkeramik
SCG	Schöninger Gruppe
SEM	Südwesteuropäische Metapopulation
SKK	Schnurkeramik
SMK	Salzmünder Kultur
SNP	*single nucleotide polymorphism*
t	Zeit
TRB	Trichterbecherkultur
TRE	Treilles-Kultur
TSK	Tiefstichkeramik
tRNA	Transfer-RNAs
U	*Unit*
UV	Ultraviolett
V	Volt

Vol	Volumen
WBK	Walternienburger Kultur
X-GAL	5-Brom-4-chlor-3-indoxyl-β-D-galactopyranosid
ZEM	Zentraleuropäische Metapopulation
F	*forward*
µF	Mikrofarad
µl	Mikroliter
µM	Mikromolar
ø	im Durchschnitt

Abbildungsverzeichnis

Abb. 2.1	Photos © Landesamt für Denkmalpflege und Archäologie Sachsen-Anhalt; Juraj Lipták
Abb. 3.2	modifiziert nach Jobling u. a. 2004
Abb. 3.3	modifiziert nach http://www.phylotree.org, build 15, veröffentlicht am 30. September 2012; van Oven/Keyser 2009
Abb. 3.6	modifiziert nach Cavalli-Sforza u. a. 1994
Abb. 3.7	modifiziert nach Richards u. a. 2000
Abb. 3.8	modifiziert nach Haak 2006
Abb. 8.5a–b	modifiziert nach Shennan u. a. 2013
Abb. 8.6	modifiziert nach Gronenborn 2012

Bislang erschienene Bände in der Reihe »Forschungsberichte des Landesmuseums für Vorgeschichte Halle«

Die neueste Reihe des Landesamtes für Denkmalpflege und Archäologie Sachsen-Anhalt existiert seit 2012. An dieser Stelle werden die Ergebnisse längerfristiger Forschungsvorhaben, beispielsweise der Deutschen Forschungsgemeinschaft, der VolkswagenStiftung oder der »Lutherarchäologie« publiziert. Ziel ist es, mehrere Einzelbände zu einem umfassenden Themenkomplex, die über mehrere Jahre verteilt erscheinen, projektbezogen vorzulegen.

Die ersten drei Bände stellen jeweils Teilergebnisse des DFG-Forschungsprojektes zur Himmelsscheibe von Nebra vor, danach folgen einige Bände des mehrjährigen Projektes zur Lutherarchäologie. Künftig werden in dieser Reihe weitere wissenschaftliche Vorhaben publiziert.

Lieferbar sind folgende Bände:

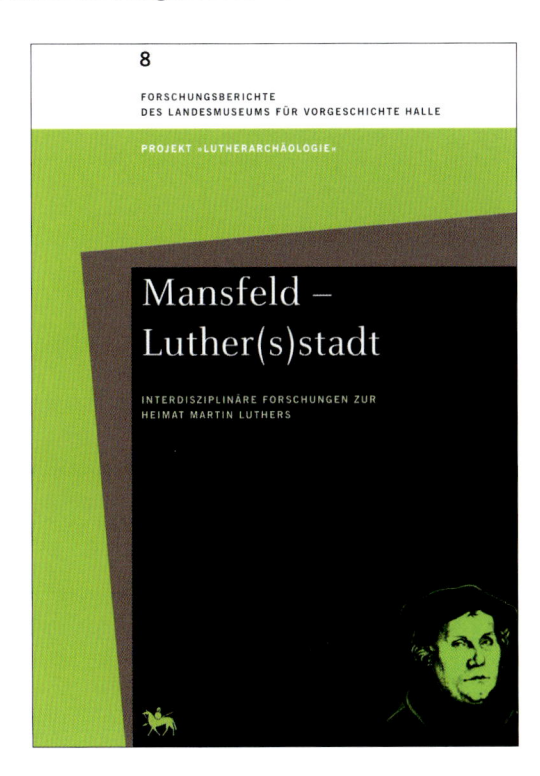

Band 1/2012 Manuela Frotzscher,
Geochemische Charakterisierung von mitteleuropäischen Kupfervorkommen zur Herkunftsbestimmung des Kupfers der Himmelsscheibe von Nebra.
ISBN 978-3-939414-80-3, € 29,00

Band 2/2012 Daniel Berger,
Bronzezeitliche Färbetechniken an Metallobjekten nördlich der Alpen. Eine archäometallurgische Studie zur prähistorischen Anwendung von Tauschierung und Patinierung anhand von Artefakten und Experimenten.
ISBN 978-3-939414-81-0, € 49,00

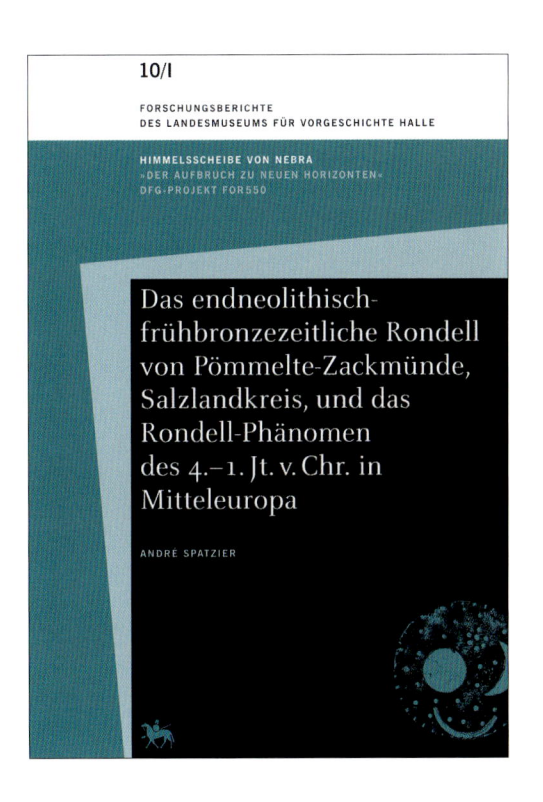

Band 3/2013 Mike Haustein,
Isotopengeochemische Untersuchungen zu möglichen Zinnquellen der Bronzezeit Mitteleuropas
ISBN 978-3-939414-99-5, € 16,00

Band 4/2014 Harald Meller (Hrsg.),
Mitteldeutschland im Zeitalter der Reformation: Interdisziplinäre Tagung vom 22. bis 24. Juni 2012 in Halle (Saale)
ISBN 978-3-939414-95-7, € 46,00

Band 5/2014 Nicole Eichhorn/Nadine Holesch/
Sophia Linda Stieme/Daniel Berger,
Glas, Steinzeug und Bleilettern aus Wittenberg
ISBN 978-3-944507-05-7, € 54,00

Band 6/2015 Günter Jankowski,
 Mansfelder Schächte und Stollen
 ISBN 978-3-944507-09-5, € 39,00

Band 7/2015 Harald Meller (Hrsg.),
 Fokus: Wittenberg; die Stadt und ihr
 Lutherhaus; multidisziplinäre Forschungen
 über und unter Tage
 ISBN 978-3-944507-19-4, € 59,00

Band 8/2015 Harald Meller (Hrsg.),
 Mansfeld – Luther(s)stadt: interdisziplinäre
 Forschungen zur Heimat Martin Luthers
 ISBN 978-3-944507-20-0, € 65,00

Band 9/2017 Guido Brandt,
 Beständig ist nur der Wandel!
 Die Rekonstruktion der Besiedelungsgeschichte
 Europas während des Neolithikums mittels
 paläo- und populationsgenetischer Verfahren
 ISBN 978-3-944507-27-9

Band 10/2017 André Spatzier,
 Das endneolithisch-frühbronzezeitliche Rondell
 von Pömmelte-Zackmünde, Salzlandkreis,
 und das Rondell-Phänomen des 4.–1. Jt. v. Chr.
 in Mitteleuropa
 ISBN 978-3-944507-46-0, € 99,00

Erhältlich im Buchhandel oder beim

Verlag Beier & Beran
Thomas-Müntzer-Straße 103
D-08134 Langenweißbach

Tel. 037603 / 36 88
verlag@beier-beran.de
www.Denkmal-Buch-Geschichte.de